本书为欧盟2020地平线研究与创新项目
FERTINNOWA(NO.689687)项目成果

欧盟
水肥一体化技术

[澳]罗德尼·汤普森
[比]伊尔斯·德尔库尔
[比]埃尔斯·贝尔克莫斯　　　主编
[希]埃莱夫塞里娅·斯塔夫里多

邹国元　杨俊刚　主译

中国农业出版社
北京

译 者 名 单

主　　译 邹国元　杨俊刚

译者成员（按姓名笔画排序）

马茂亭	王立庆	王　旭	王孝忠	王丽英	王　钢
王　斌	王　磊	王激清	石　宁	田小明	毕晓庆
朱　堃	刘红芳	刘福来	安顺伟	孙义祥	孙志梅
孙钦平	孙　娜	孙焱鑫	寿丽娜	杜连凤	李吉进
李贵桐	李顺江	李　彦	李艳梅	李钰飞	李　鹏
杨俊刚	束良佐	邹百川	邹国元	张白鸽	张宝贵
张贵龙	陆　星	陈延华	岳焕芳	金文卿	赵会薇
赵　秋	保万魁	顾红艳	栾好安	高　力	高利娟
郭松岩	郭　旋	黄绍文	曹美琳	康凌云	梁　飞
董　环	雷喜红	廖上强	薛文涛	穆雪梅	

序 | Preface

　　历时 2 年，由北京市农林科学院植物营养与资源研究所牵头，组织全国 21 家科研院校和数家涉农企业等单位共同翻译的这本《欧盟水肥一体化技术》正式出版。全书分为概论、灌溉水与水质优化、水肥一体化设备、水肥一体化管理与环境保护 4 大部分，共 12 个章节，在总结欧盟 9 个国家近 30 年灌溉施肥技术经验的基础上，按照实际生产流程，详细梳理了欧盟水肥一体化技术系统及各个部分组成特点、系统的适用性及技术成熟度，以及欧盟农民对各类水肥一体化技术的接受程度和对未来技术的期望。通览全书，给人耳目一新的感觉，全书以技术单元为主线，不仅有通俗的理论分析，而且有详细的技术描述和最新的技术展示，图文并茂，翻译准确、前后连贯，兼具可读性和实践性，有助于读者系统、全面地理解欧盟在水肥一体化技术方面的现状和进展，是一本不可多得的技术参考资料。

　　当前我国正在全面推进农业绿色发展，水肥一体化技术将发挥十分重要的作用。借鉴欧美发达国家的经验，根据地区水土资源特点，用好水肥一体化技术，使水肥资源定量化匹配作物生产系统，将为我国提升资源利用效率，实现环境友好型农业提供关键支撑。希望本书的出版为推动我国水肥一体化技术进步做出贡献。

中国工程院院士　中国农业大学教授

（张福锁）

2020 年 7 月 24 日

原文前言
The original preface

　　水肥一体化是利用灌溉系统向作物提供养分和水分的措施。在园艺生产（果树、蔬菜和观赏植物）中最常用的是滴灌。滴灌在园艺中大规模、迅速和持续的应用，促进了其在水肥一体化中的使用。

　　本书由 FERTINNOWA 项目（www.fertinnowa.com）编制，主要目的是为园艺部门提供各种水肥一体化技术的实用资料。除此之外，FERTINNOWA 项目组正在开发易于各类用户掌握使用的技术信息，如概况介绍、实践摘要，均可从 www.fertinnowa.com 获得，这些信息涵盖了水肥一体化的各个方面。

　　水肥一体化系统与加压灌溉系统的结合使用（如滴灌或先进的喷灌装置），为种植者提供了许多潜在的实用性优势，其中最重要的优势是自动化灌溉和施肥及作物全生育期更加精准化的水肥控制，可减少使用甚至完全不使用机械施肥，节省劳动力，减少灌溉用水量。

　　目前以及未来，越来越多的欧盟园艺生产将在节水、环保的背景下开展。而水肥一体化除了实用和经济外，日益增长的环境压力、政策导向和消费者对减少用水的需求以及养分流失问题等使其对种植者愈发有吸引力。

　　现代农业中最有效的水肥一体化系统不只是向灌溉水中添加养分，它还涉及农场水循环（水从自然环境进入农场，流经作物生产系统，再回到大自然）中的各个环节。因此，水肥一体化也可认为是涉及一系列过程的"灌溉施肥序列"。

　　本书中内容分为灌溉水与水质优化篇、水肥一体化设备篇、水肥一体化管理与环境保护篇。

　　书中除了介绍优化水肥一体化各个环节的不同工艺和技术外，还说明了优化技术和管理问题的相关措施。以下将对水肥一体化中的主要工艺和技术进行概述。

　　对于水肥一体化的供水而言，优化供水的技术包括减少蓄水池排水（内衬蓄水池）或蒸发（覆盖、地下贮水）造成的损失，借助工具计算蓄水池大小，收集雨水和温室中的冷凝水增加用水量，储水设施中浮式泵的使用。

　　水质优异是保障最佳的作物灌溉和水资源管理及主要施肥单元持续、有效运作的根本。确保水质优异有四种技术可考虑使用：①调节化学组成，②去除杂质，③控制藻类，④消毒。消毒通常用于排水再循环的水肥一体化系统。调节化学成分的措施可利用物理方法（如正反向渗透、离子交换、电渗析和纳米过滤等）和化学方法（如调节 pH、去除不需要的化学成分）。可利用各种过滤方法去除杂质微粒，使用一系列不同的技术来控制蓄水池中的藻类。除此之外，还可利用不同化学品、水生植物或鱼类、蓝色染料、水蚤和超声波技术等措施来提升水质。类似地，对于进水或再循环营养液的消毒也有各种不同的技术，包括化学添加物（如过氧化物、氯化物）、过滤系统（如沙子、生物过滤）、物理过程（如热消毒和紫外线消毒）和物理化学过程（如光催化氧化、臭氧化、电离过程）。

水肥一体化设备可看作是灌溉设备和施肥设备的组合，本书中的无土栽培系统也视为水肥一体化设备。灌溉设备包括用于滴灌系统的管道、滴头和地下滴灌管，以及新型的具有抗根系微生物性能的主管道和滴灌管。施肥设备较多，如简易的施肥罐、注射泵、磁驱动泵设备、混合罐、手动和自动的文丘里系统。用作生长介质的基质也有多种，主要包括岩棉、珍珠岩和椰糠。完全和部分再循环的封闭和半封闭基质栽培系统需要配合各具技术特点的管理措施。除了传统的基质栽培系统外，还有各种各样的再循环水培系统可以使用，如潮汐式栽培、营养液膜技术和深液流技术。

作物水平的水肥一体化管理包括灌溉管理和肥料管理。可用于优化灌溉管理的措施有很多，如在估算作物的耗水量的前提下，利用传感器评估土壤水分状况和植物水分状况，使用决策支持系统（DSS）来计算作物的需水量，以及一些专门针对基质栽培作物的技术。

对于养分管理而言，相关的措施包括肥料推荐方案，土壤提取液或土壤溶液的分析，叶片组织或植物汁液的分析，不同的光学传感器评估作物氮素状况和协助计算作物养分需求的模型和决策支持系统（DSSs）的使用。此外，养分管理还包括肥料的选择，如缓释肥和有机肥。作物的养分和水分管理中还涉及盐分管理，其主要利用已建立的农艺方法和新型的传感器进行管理。基质栽培作物的养分则可根据测量尾液和根区溶液中的养分浓度和盐分含量进行管理。

尾液中养分的去除和回收可使用不同的废液处理措施，如磷吸附介质、电化学磷沉淀、改性离子交换等物理化学过程，以及人工湿地养分去除、移动床生物膜反应器、使用浮萍等生物方法。

"欧盟水肥一体化技术"团队

译者前言

The translator preface

推进农业可持续发展，打好面源污染防治攻坚战，逐年减少化肥农药用量一系列政策方案的出台，使我国水肥一体化技术受到越来越多的关注。水肥一体化不仅在设施蔬菜上，而且在果树、粮食、马铃薯和棉花等大田作物上也进行了大面积的试验示范和推广，取得了明显的成效，减轻了劳动强度，提高了资源利用效率，促进了现代农业的高效发展。但是与发达国家相比，我国的水肥一体化技术研究仍然相对滞后，生产应用过程中还面临着很多制约性因素，如灌溉水源的选择与预处理、灌溉装备的配套、高效水溶肥料的开发与应用、废液的处理与回用等，目前尚没有形成足够标准化的技术体系，各地气候、资源条件的差异等也是制约水肥一体化技术高效推广的重要因素。欧盟在水肥一体化技术方面很早就开展了系统研究，荷兰、西班牙等国的设施园艺水肥一体化精准化程度很高，水肥利用率也很高。我国在以往的工作中曾经引进过他们的温室系统和水肥管理装备，但对整个体系的管理理论和技术细节缺乏深入的了解，在实际应用中又缺乏有针对性的区域研究，在引进应用中尚存在种种不适应。

本书是欧盟 2020 年远景研究与创新计划项目 FERTINNOWA 的最新技术成果，致力于为蔬菜、果树等研究人员、生产管理和技术工作者提供实用的水肥一体化技术内容和相关配套设备等信息。该书的作者来自意大利、法国、西班牙、荷兰等 9 个欧盟国家的 25 个机构，将欧盟近 30 年的水肥一体化经验和最新技术进展进行了梳理和归纳。全书的内容涉及灌溉水的供应、优化灌溉水的质量、水肥一体化的设备、水肥一体化技术与管理、养分循环利用与减少环境污染 5 个部分，总结出 125 种适用技术，尤其是对多种水分和养分的再利用技术做了详细的介绍。这些内容将为我国水肥一体化科学发展和应用起到较大的借鉴和推动作用。当欧盟的合作伙伴即该书的作者之一 Thompson 教授把最终的原版书稿分享给我们时，正值我国"十三五"大力倡导水肥一体化、推进资源高效利用的关键时期。鉴于此，我们与全国 21 家科研院校、行业协会及部分企业一道，共同完成了该书的翻译工作，期间主要译者与原作者进行了很好的沟通和协作，确保该书的翻译最大限度地忠实于原著，能"原汁原味"地将欧盟技术思想呈现给读者，译者也希望通过本书为我国水肥高效利用贡献微薄之力。

本书各章的翻译作者如下：

原著前言、缩略词由杨俊刚、郭松岩、曹美琳、穆雪梅、金文卿翻译；第 1 章由邹国元、梁飞翻译；第2章由邹百川、梁飞翻译；第3章由王旭、刘红芳、保万魁翻译；第4章由黄绍文、栾好安翻译；第5章由孙义祥、束良佐、王孝忠翻译；第6章由李贵桐、张宝贵、朱堃、王钢、刘福来翻译；第7章由王激清、田小明翻译；第8章由陈延华、孙娜、康凌云、张贵龙、赵秋翻译；第9章由王丽英、孙志梅、董环翻译；第10章由李顺江、杜连凤、郭旋、毕晓庆、李鹏、高利娟、马茂亭、王磊、康凌云、李钰飞、赵会薇翻译；第11章由杨俊刚、孙焱鑫、李艳梅、孙娜、陈延华、孙钦平、李吉进、薛文涛、廖上强、顾红艳、高力、王立庆、李彦、石宁、张白鸽、陆星、寿丽娜翻译；第12章由雷喜红、安顺伟、岳焕芳翻译。

其中在京部分作者及中国农业出版社王斌还参与了后期的大量审定工作，在此不一一列举。由于译者水平有限，书中难免有错误之处，恳请广大读者不吝赐教。

全体译者

2020 年 5 月

免责声明
Disclaimer

本文介绍了 FERTINNOWA 项目所做的工作和调研结果，著作权归项目组成员所有。文中提供的资料仅供参考，不具有法律效力及专业建议，亦不应以此作为依据。

我们采取了一切合理的措施来保证本文内容的准确性和完整性，但这仅是在"原样"的基础上提供的，我们不提供任何保证，也不就其内容的准确性或完整性做任何说明。无论是项目组还是参与创建和发布的个人编者，均不对使用文中内容导致的后果承担任何责任。

文中提到的公司或产品名称可能是其各个公司的商标或已注册的商标，各公司保留其所有权，对于提及的公司或产品并不代表对其进行推荐。

本文反映的仅是作者的观点。欧盟对本文内容的使用不负任何责任。

有关使用本文的所有条件，请访问：http://www.fertinnowa.com/wp-content/uploads/2017/11/FERTINNOWA-website-terms-and-conditions.pdf。

再传播原则

对于 FERTINNOWA 所创建和发布文件的再传播和使用，需满足以下条件：

1）再传播的文件或部分文件必须保留含有 FERTINNOWA 标识的封面页，其中包含免责声明。

2）不得将 FERTINNOWA 的名称和编者的名称用于认可或推广源自其文档中的产品。

2018 年 3 月 15 日

Transfer of INNOvative techniques for
sustainable WAter use in FERtigated crops

Disclaimer

Redistribution Policy

15 March 2018

作者单位列表
List of Author Units

序号	作者	机构
1	Georgina Key	英国农业和园艺发展委员会
2	Claire Goillon	法国普罗旺斯研究和实验协会（APREL）
3	Katarina Kresnik	斯洛文尼亚农林协会马里博尔农林研究所（CAFS）
4	Alain Guillou Esther Lechevallier	法国凯特试验站（CATE）
5	Carlos Campillo Javier Carrasco Valme González Sandra Millán Henar Prieto	西班牙埃斯特雷马杜拉科学技术研究中心（CICYTEX）
6	Justyna Fila	波兰 Brwinowie 农业咨询中心（CDR）
7	Federico Tinivella	意大利实验和农业援助中心
8	Dolors Roca	西班牙瓦伦西亚共同农业政策和农村发展总司（DGDRPAC）
9	María Dolores Fernández Juan José Magán	西班牙卡哈马尔基金会（FC）
10	Jennifer Bilbao Alejandra Campos Iosif Mariakakis Vanessa Bolivar Paypay	德国弗劳恩霍夫公司（FRAU）
11	Rafael Baeza Milagros Fernández Miguel Giménez Evangelina Medrano Mercedes Romero Elisa Suárez-Rey	西班牙安达卢西亚农业、渔业、食品和生态生产研究培训研究所（IFAPA）

序号	作者	机构
12	Krzysztof Klamkowski Bozena Matysiak Jadwiga Treder Waldemar Treder	波兰园艺研究所（INHORT）
13	Alberto Alfaro Juan del Castillo	西班牙纳瓦罗技术研究所（INTIA）
14	Luis Bonet Rafael Granell José Miguel de Paz Ana Quiñones	西班牙瓦伦西亚农业调查研究所（IVIA）
15	Mike Davies Eleftheria Stavridou	英国东茂林研究院（NIAB EMR）
16	Ockie Van Niekerk	德国 Optima Agrik 私人有限公司（OA）
17	Elise Vandewoestijne	荷兰蔬菜种植试验中心（PCG）
18	Peter Melis	比利时霍赫斯特拉滕测试中心（PCH）
19	Ilse Delcour Joachim Audenaert	荷兰花卉测试中心（PCS）
20	Nico Enthoven Marinus Michielsen Julia Model	荷兰 PRIVA BV
21	Els Berckmoes	荷兰蔬菜栽培试验站（PSKW）
22	Wilfred Appelman Jan Willem Assink Willy Van Tongeren	荷兰应用科学研究组织（TNO）
23	Marisa Gallardo Francisco Padilla Rodney Thompson	西班牙阿尔梅里亚大学（UAL）
24	Matthijs Blind Ronald Hand	荷兰 Proeftuin Zwaagdijk 基金会（ZW）
25	Benjamin Gard	法国水果蔬菜行业技术中心（CTIFL）

致谢：感谢来自法国水果与蔬菜行业技术中心（CTIFL）的 Benjamin Gard 对本书做出的卓越贡献。

关于《欧盟水肥一体化技术》
About The Fertigation Bible
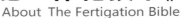

本书将为欧盟境内的园艺机构提供各种水肥一体化技术的实用资料。

从第2～12章，每个章节都介绍了一系列的技术，每项技术均按以下几个方面进行描述：

- 目标
- 适用地区、作物和耕作制度
- 工作原理
- 操作条件
- 成本
- 优势与局限性
- 技术、经济、社会与法规制约因素
- 衍生技术
- 支持系统
- 发展阶段
- 技术提供者

本书末尾提供了书中相关技术描述的缩写词列表。

为了保证本书内容的全面性，FERTINNOWA项目做了最大的努力，组织了9个国家的25个机构成员共同来编写这些最常用和最有前景的技术，这些技术有的已经商业化，有的在不久的将来也将商业化。

我们特别感谢Joachim Audenaert（PCS）有效地组织、发起和鼓励技术的总结与撰写。这为本书的编写奠定了基础。

我们努力将所有相关的技术都融入书中，但仍可能有未考虑到的技术。另外，考虑到欧盟的规模，书中的价格信息仅给出了适当的价格范围；供应商资料也仅代表一个到多个不同区域。在整个欧盟范围内，我们对各项技术介绍的完整性也可能存在一定的不足。

我们希望这份资料对读者有所帮助。

"欧盟水肥一体化技术"团队

目 录
Contents

序
原文前言
译者前言

1

第 1 章

概　论

（作者：Rodney Thompson[23]*，Esther Lechevallier[4]，Wilfred Appelman[22]，Eleftheria Stavridou[15]，Els Berckmoes[21]）

1.1　水肥一体化简介

　　所谓水肥一体化，是指通过灌溉管道给作物施肥、浇水的一种方法。因此，灌溉水和肥料都要通过相同的灌溉系统进入作物根区。水肥一体化多用于微灌系统，也可用于移动式喷灌系统，如中心枢轴、直线移动和固定喷灌系统。在园艺产业（水果、蔬菜和观赏作物）上，水肥一体化方法常用的是滴灌。园艺部门大量、迅速和持续地采用滴灌系统，也促进了水肥一体化的推广。欧盟的许多园艺产区，乃至全世界均是如此。

　　通过水肥一体化能减少肥料用量，并可避免经常采用机械化措施施肥。水肥一体化与滴灌系统或者先进的喷灌系统相结合，可发挥许多潜在的优势。

　　这些优点包括：

　　① 提高作物水肥利用效率。

　　② 根据需要，可通过滴灌直接向作物根区施肥。

　　③ 可根据作物需要精确使用水肥。

　　④ 提高灌溉和养分管理能力，适应作物的特定栽培需求（地理、气候）。

　　⑤ 减少水肥用量，减轻对环境的不利影响。

　　⑥ 与机械化施肥相比，可节省施肥成本和时间。

　　⑦ 能够迅速对施肥和（或）灌溉过多、过少情况做出反馈。

　　⑧ 可以通过优化水肥供应来提高作物产量和产品质量。

　　⑨ 由于减少重型机械设备的使用，可降低土壤压实程度。

　　为了有效地、可持续地操作，对水肥一体化管理有如下要求：

　　① 选择和设计合理的水肥一体化或灌溉系统。

　　② 水质要符合水肥一体化或灌溉系统的要求。

　　③ 要仔细选择和管理肥料，避免养分之间（如磷和钙）的拮抗，避免堵塞灌水器和

---

* 作者旁边的数字代表其所属机构，文前详细列出。——编者注

1

管道。

④ 选择高溶解度的肥料。

⑤ 对所有部件进行适当的维护和操作，确保系统处于最佳运行状态，如过滤器的维护和清洗。

⑥ 同时加强对作物营养、灌溉制度和土壤盐分的管理。

⑦ 灌溉系统必须工作稳定，从而保证养分供应的均匀一致。

1.2　欧盟水肥一体化实用技术种类

水肥一体化有多种不同的系统，均可随灌溉水给作物供肥，同时满足施肥和灌溉的需要。这些系统既有简单的旁通式施肥罐，也有全自动的水肥一体化系统。旁通式施肥罐是将肥料置于罐中，然后灌溉水通过人工控制的方式通过施肥罐，确保能够应用一种或多种相互兼容的肥料。全自动的水肥一体化系统是利用计算机控制系统，在所有灌溉事件中，均可向两个或两个以上的大罐（每个装有一种、两种或多种水溶肥料）中注入浓缩肥料，以计算机控制的方式提供给作物所需的、全养分的、特定浓度的营养液。这些自动化系统可以其最先进的形式用于基质栽培的尾液再循环，并调整回收溶液的成分。在这两种水肥一体化系统之间，还存在一系列复杂性和自动化程度不同的系统。几乎所有的系统都采用某种形式的过滤来降低颗粒堵塞滴头和管道的风险。目前，水肥一体化系统的设备类型有多种，此外还有这些类型设备的变体，因此选择较多。

简易的手动操作系统可满足水肥一体化单一的肥料应用场景（如用于一种、两种或多种肥料的追肥），或在特殊需要时用于补充施肥。以这种方式施用的肥料，通常作为常规施肥的补充，而常规施肥则是通过拖拉机驱动的肥料撒施器来完成的。而在计算机控制的系统中，一般有两种或两种以上的浓缩肥料溶液，都是通过水肥一体化管道添加的。简单的肥料罐可以用于频繁的施肥，但是劳动力需求较大，并且不相容的肥料必须分次灌溉。

所有的水肥一体化都需要对系统的设备和技术进行适应性选择，适应各管理阶段的需求。从广义上讲，水肥一体化管理链包括以下几个阶段：

① 水源调水。

② 储水——收集灌溉用水和废水。

③ 栽培系统或基质的选择。

④ 为灌溉或水肥一体化准备用水。

⑤ 营养补充。

⑥ 通过灌溉系统施用到农作物上。

⑦ 作物灌溉管理。

⑧ 作物营养管理。

⑨ 尾液回收后病原体、盐度及营养的处理（如进行再循环）。

⑩ "末端"解决办法，从排水系统中清除养分和害虫产物（在有惯例的情况下，或在有立法要求或将有要求的情况下）。

FERTINNOWA 项目（www.fertinnowa.com）的主要目标是向种植者、顾问和其他利益相关者提供关于水肥一体化各方面的信息、最佳技术和实践经验，并向他们介绍先进的、创新的方法来解决现有问题和未决问题。

1.3　水果和蔬菜产业在欧盟经济中的重要地位

水果和蔬菜产业除了为人类在营养饮食方面提供农产品外，还在欧盟农村经济中发挥着支柱性作用。水果和蔬菜产值约占欧盟整个农业产值的 37%，却只占用了 3% 左右的耕地面积（Arelfh et al.，2016）。在欧盟内部，园艺是一个占地面积较小的产业，并且是一个正在发展的高价值行业。

据估计，欧盟有 140 万家农场（Arelfh et al.，2016）生产水果和蔬菜，生产总值超过 500 亿欧元。整个水果和蔬菜供应链，包括采后、批发和分销渠道涉及雇员约 75 万名，年营业额约为 1 500 亿欧元。

欧盟的水果和蔬菜总产量约为 1.2 亿 t，其中约 7 000 万 t 用于鲜食，其余用于加工，如葡萄用于酿酒，番茄用于制浆，橙子和苹果用于制果汁等（Arelfh et al.，2016）。在 1.2 亿 t 产品中，有酿酒葡萄约 2 100 万 t，种植面积约 300 万 hm^2。在 7 000 万 t 的鲜食农产品中，新鲜水果占 3 600 万 t，新鲜蔬菜占 3 400 万 t。

1.4　欧盟园艺作物的灌溉和水肥一体化

在欧盟，灌溉通常用在园艺作物上。在欧盟南部地区，灌溉是增加收益的必要措施。在西北和中东部地区，也通常需要补充灌溉，以保证稳产、优质。而在温室栽培区，灌溉水是农作物的唯一水源。

近几十年来，园艺生产中使用滴灌和压力式喷灌系统的趋势强劲增长，而使用沟灌和漫灌等地面灌溉的方法在减少。在水果和蔬菜生产中采用滴灌的情况特别多。以西班牙为代表的南欧国家，2016 年总灌溉面积为 360 万 hm^2（占农业总面积的 21%），其中 190 万 hm^2 用了滴灌（Mapama，2017）。西班牙的滴灌面积每年都在显著增加，在 2004—2016 年期间增加了 54%。2016 年，西班牙 80% 的灌溉果树采用滴灌，55% 的灌溉蔬菜采用滴灌（Mapama，2017）。2016 年，西班牙 93% 的柑橘属果树、29% 的柑橘以外的柑橘属果树和 89% 的蔬菜和观赏植物进行了滴灌（Mapama，2017）。

在欧盟，园艺作物水肥一体化管理持续且迅速增加。通常，水肥一体化采用滴灌方式进行。随着园艺生产集约化程度增加，水肥一体化日益普遍。如集约化程度不高的果树和蔬菜生产，常使用简单的施肥罐；而那些高度集约化的作物生产，如温室作物和更集约化的露地蔬菜和水果生产，则更常用计算机控制的多罐组成的水肥一体化系统。从整体上看，大多数的水肥一体化系统采用的是简单的施肥罐，但采用计算机控制的多罐系统的应用比例在不断增加，特别是在集约蔬菜生产中。

1.5　水肥一体化管理的阶段性要求

为了达到水肥一体化的最佳效果和可持续运行，从抽水到灌溉用水及作物养分的供应，整个过程都需要良好的管理。欧盟园艺产业环境减排压力正在增加，并将持续增加。比如，

3

目前在比利时的法兰德斯，从事温室作物无土栽培的种植者不能将富营养的废水排放到地表水中；在荷兰，从事温室作物无土栽培的种植者必须遵守法律，在2018年1月1日之前向天然水体实现农药零排放，预计在2027年实现向天然水体实现氮和磷的零排放。

未来，欧盟将从各方面要求种植者优化水肥的管理。此外，除了要求在作物生产过程中加强管理外，还需要采用"末端"技术，以减少排水系统污染物进入天然水体。

水肥一体化管理涉及一系列的过程。FERTINNOWA项目正在开发一个全面的数据库，以多种形式如概况介绍、实践摘要等（详细信息可在www.fertinnowa.com查阅）提供与水肥一体化有关的信息，该数据库大致分为以下几个部分：

① 灌溉水的供应。

② 优化水质，如改变水体中的化学物质，去除颗粒物、藻类，消灭有害生物。

③ 水肥一体化设备，如灌水、施肥、无土栽培设备。

④ 水肥一体化管理，如优化灌溉、养分高效利用与盐分控制技术。

⑤ 尾液排放环境控制，如养分回收再利用、去除农药。

本书将介绍以上内容，但不包括去除农药的内容，它在FERTINNOWA项目的其他产品部分会有相应陈述。图1-1中按顺序展示了要管理的内容。

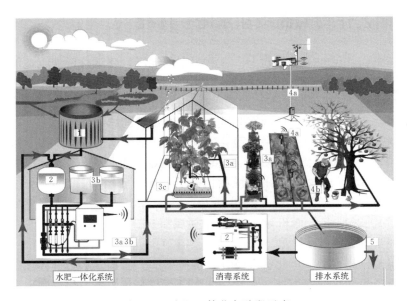

图1-1　水肥一体化各阶段示意

1. 灌溉水的供应　2. 优化水质（主要去除化学物质、颗粒物、藻类、有害生物）　3. 水肥一体化设备：灌水（3a）、施肥（3b）和无土栽培（3c）　4. 水肥一体化管理：优化灌溉技术（4a）、养分高效利用（4b）和盐分控制　5. 降低环境风险——养分移动和恢复

1.6　灌溉或水肥一体化管理措施

下面列出了本书涉及的许多技术清单。本书描述了目前使用和最有前途的大多数技术，但不是全部。

1.6.1　灌溉水的供应

加强供水的技术措施，既有减少渗漏（防渗的储水池）或蒸发（覆盖、地下储水）损失的技术，也包括用于计算蓄水量及设施规模的工具。在温室系统中，收集雨水和凝结水可增加供水量。在储水设施中，浮式水泵比固定或淹没式水泵更有利于向灌溉或水肥一体化系统供应储存水。本节对供水的前后环节只做一般性介绍，主要介绍农场内水管理。下一节主要介绍水质的优化技术，这些技术将在处理不同水源中得到应用。

1.6.2　优化水质

灌溉或水肥一体化系统中有许多技术可用于优化水质。不同水源有不同的处理要求。这些技术可分为四类：①改变化学成分；②去除颗粒物；③去除藻类；④消毒。其中一些技术也适用于循环营养液。

改变化学成分的主要方法：①物理方法，用于去除不需要的化学成分，如反向和正向渗透、离子交换、电渗析和纳米渗滤等；②化学方法，如 pH 调节。去除颗粒物的方法包括多种过滤方法。为控制储水池内的藻类，可采用的技术包括控制各种化学物质含量、利用水生植物或鱼类、细菌、酶、蓝色染料、水蚤，以及使用超声波技术。在废液再循环方面，可采用多种方法对废液进行消毒，其中包括添加化学物质（如过氧化物、氯化物和酸性物质）、使用过滤系统（砂石、生物过滤）、进行物理处理（热消毒和紫外线消毒）和物理化学处理（光催化氧化、臭氧氧化、电离）等。

1.6.3　水肥一体化设备

水肥一体化设备由灌溉和肥料添加设备组成。基础的灌溉设备包括用于滴灌系统的管道和灌水器。创新型的灌溉设备包括地下滴灌（SDI）设备，以及具有抗微生物和根入侵功能的新型管道和灌水器。施肥系统有多种，包括简单的肥料罐、注肥泵、水力驱动比例式加药器、混肥池以及手动和自动文丘里系统。许多基质可用作生长介质，常用的有岩棉、珍珠岩和椰子纤维。除基质外，还有各种水培技术，包括潮汐灌溉、营养液膜技术和深液流技术；有了这些技术，营养液可被再循环利用。基质最初是开放的系统，其中的废水不再收集并会排放到土壤中。现在，特别是在欧盟北部的国家，常用的是封闭排水系统，废液要收集和再循环，以优化水和养分的使用，并尽量减少污染。根据水质的不同，在某些环境中，无土栽培必须采用半封闭系统来管理，以避免因盐分或钠、氯化物等潜在有害元素累积而使产量下降。

1.6.4　水肥一体化管理

从作物层面来看，水肥一体化管理既包括灌溉管理，也包括肥料管理。水肥一体化系统中灌溉方式（特别是滴灌体系）的本地化应用，通常立足于最大限度地发挥技术优势，以少量多次的方式为作物提供水和养分，实现精确管理。然而，为了优化管理，必须提供有效的工具，以便种植者能够用好这一精准技术。

针对水肥一体化作物，现有多种技术和工艺，可用于优化灌溉管理；当然，这些技术和工艺仅可用于灌溉。从广义上说，这些方法可视为灌溉决策，具体有：基于作物耗水情况评估结果来计算作物用水需求量；基于土壤水状况感知传感器、作物水状况感知传感器结果来计算作物用水的预期需求；利用决策支持系统（DSS）来计算作物用水需求量。此外，还有一些技术是专门针对基质栽培作物的。

灌溉决策的范例有：亏缺灌溉和局部干旱。基于作物用水情况评估结果计算作物用水需求的方法有：水平衡方法〔如联合国粮食及农业组织（FAO）制定的方法〕和利用天气传感器。预测作物用水需求常用的是天气预报相关工具。许多传感器和技术可用于评估土壤水分状况，提供关于灌溉时间和灌溉量的信息，如张力计、基质势传感器、时域反射测量传感器、电容探测器、数字穿透雷达和中子探测器。同样，可以使用各种传感器来评估作物的水分状况，提供需要灌溉的时间信息，如热红外传感器、叶脉传感器、树形计和压力室系统。决策支持系统可以用来简化对作物需水量的追溯性估算或与天气预报数据一起计算。在基质栽培中，有多种系统可用于自动灌溉，如平板天平、排水管传感器和托盘等。

与灌溉一样，还有许多技术和工艺可用于优化作物施肥管理，其中包括各种传统的肥料推荐方案，以土壤分析、土壤-水萃取物或土壤溶液的分析调整肥料方案，以叶片组织或植物 SAP 的分析调整肥料方案，还有可以用来评估作物氮状况的各种光学传感器，以及帮助计算作物养分需求的模型和决策支持系统。此外，养分管理涉及肥料的选择，例如缓释肥料和有机肥料。作物养分管理也涉及盐分管理，可用的方法有农艺方法和更新的传感器方法。对于基质栽培作物的养分管理，靠的是测量排水和根区溶液的养分含量和盐度。

1.6.5　尾液排放环境控制

各种"末端"解决办法可用于去除和回收作物尾液中的养分。养分去除和回收技术包括物理化学方法如磷的介质吸附、电化学磷沉淀和改性离子交换，以及生物方法如用人工湿地去除养分、应用移动床生物膜反应器和浮萍。

1.7　园艺作物灌溉或水肥一体化管理相关问题

由于灌溉和施肥结合进行，与水肥一体化有关的环境问题既牵涉到灌溉问题也牵涉到施肥问题。此外，鉴于许多使用水肥一体化的园艺系统是集约化管理体系，灌溉和肥料应用频繁，而且许多人使用农药（PPP），这些集约化管理做法增加了环境污染风险。

1.7.1　水源竞争

在靠近地中海的欧盟南部地区，如意大利、西班牙、希腊等，灌溉常常需要满足露地园艺作物生产的大部分或全部用水需求。在中欧和北欧，通常在干旱的夏季和露地沙质土壤上补充灌溉。在温室种植中，灌溉提供作物需要的所有用水。

在较温暖和较干燥的南部地区，灌溉用水消耗占用了大部分人类活动所需的淡水资源。例如，在西班牙和意大利，农业（包括园艺）用水占淡水使用量的 $70\% \sim 80\%$。鉴于人口增长、生活水平提高、工业化和旅游业发展对淡水的需求日益增加，需要减少农作物灌溉用水量。南部国家尤其如此，其淡水储备有限，灌溉是主要用途，此外还有大量的旅游基础设施也要用水。相比之下，在降水量明显较高的比利时法兰德斯地区，农业和园艺仅占淡水使用量的 6%～8%，该地区的淡水消耗量最大的是工业和生活（Messely et al.，2008）。

此外，淡水资源能提供舒适体验和环境服务，其社会效益日益增加。在一些地区，这些问题增大了农业和园艺部门灌溉用水减量的压力。例如，荷兰和比利时的法兰德斯正在制定计划，在干旱时期限制农业和园艺产业使用淡水资源，以防止消费者淡水短缺。

1.7.2 当地水资源数量和质量下降

由于淡水资源有限，竞争日益激烈，淡水资源的供应和质量不断下降。南欧地区的地下水资源状况尤其如此，但这也发生在像比利时这样的西欧及北欧国家。为了灌溉和其他用途而抽取地下水超过自然补给的现象并不少见，这种情况被称为"过度抽水"，导致含水层压力水平下降。压力水平下降表明地下水的深度正在下降，含水层水量正在减少。因此，迫使抽取水的水井逐渐加深，从而增加抽水成本。在沿海含水层中，压力水平下降还会消除或大大减少含水层水与海水界面的正压，这可能导致盐水侵入，一旦高盐水进入陆海界面的含水层，就会使这些地区含水层的水无法用于灌溉。

由于施肥作用，以及盐在土壤中的渗滤和作物的蒸腾作用，作物体系废水的盐浓度高于灌溉用水。当这种含盐量较高的废水进入地下蓄水层时，就会助长含水层的盐化。这种地下水如被用于灌溉，就会造成盐渍化的恶性循环。在欧盟南部干旱地区就存在这样的问题，那里的地下水通常用于灌溉，而土壤中的盐含量通常较高。

1.7.3 地表水和含水层硝酸盐污染

高产园艺作物需要增施氮肥。一般情况下，氮（N）的用量在 $100 \, kg/hm^2$ 以上，在超高产的作物中，每公顷可以达到数百千克。在土壤中，所有施用的矿质形态〔以铵态氮肥（NH_4^+）计〕和有机形态（如尿素）的氮肥都迅速转化为硝酸盐（NO_3^-）。当氮的供应量超过作物的需求量时，NO_3^- 就会积累在土壤中。硝酸盐是高度可溶的，不与土壤颗粒相互作用。当排水时，累积的 NO_3^- 从作物根区渗滤出去，最终进入土壤含水层。

自然条件下含水层中 NO_3^- 的浓度很低，通常小于 $5 \, mg/L$（Burkartaus et al.，2008）。从农地渗滤出的硝酸盐可造成明显的污染。含水层的硝酸盐污染是一个公共健康问题，会导致婴儿和未出生的胎儿出现高铁血红蛋白症，也被称为"蓝色婴儿综合征"。当胎儿血液中的亚硝酸盐（NO_2^-）浓度达到阻断血红蛋白运送氧气时，就会表现出症状。这是一种可能致命的严重疾病。当婴儿达到几个月大后，他们的血红蛋白输送氧气的途径不再被亚硝酸盐（NO_2^-）所阻断。硝酸盐可由井中和人体内的某些细菌转化为 NO_2。为了避免硝酸盐污染的危害，地下水和地表水中 NO_3^- 和 NO_2^- 的浓度受到限制。在欧盟，NO_3^- 限量为 $50 \, mg/L$（NO_3^--N，$11.3 \, mg/L$），世界卫生组织（WHO）建议的 NO_3^- 限量为 $44 \, mg/L$（NO_3^--N，$10 \, mg/L$）。在欧盟，NO_2^- 的限值为 $0.5 \, mg/L$（NO_2^--N，$0.1 \, mg/L$），FAO 的推荐值和美国的应用值为 $4.4 \, mg$（NO_2^--N，$1 \, mg/L$）。这些限制是为饮用水制定的，也适用于地下和表层水体。

人们也怀疑成年人各种癌症的发生与饮用水中的 NO_3^- 有关系，但这些大多是推测，没有明确的科学依据（Follet et al.，2008）。

1.7.4 水体富营养化

水生生态系统的营养浓度非常低。集约化农业由于添加氮或磷会改变生态平衡，促进某些物种的快速生长。在淡水系统中，氮通常是限制生长的营养素，而在盐渍水系统中，磷通常是限制因素。淡水系统中氮的增加和盐渍水系统中磷的增加促使藻类在水面上快速生长，形成藻华。藻类生长可通过减少光穿透和改变物种组成，进而对生态系统产生直接影响。此外，藻类产生的毒素可能对水生动物具有毒性。藻类死亡，随后藻类生物分解，会大量消耗水中的溶解氧，造成溶解氧含量低的状况。低氧和缺氧对各种水生物种都是致命的。除了对水生生态系统的影响外，水体富营养化还可能会对旅游或娱乐休闲区的水体舒适性价值产生不利影响。

水体富营养化是集约化农区水体中常见的问题。世界各地有许多例子表明，集约化农业系统造成了地表水富营养化，并通过藻类生长和低氧或缺氧条件的结合，对水生生态系统产生了重大的负面影响。近年来法国布列塔尼海岸、美国墨西哥湾沿岸地区，以及澳大利亚的莫里-达令河水系等出现了富营养化。

1.8　欧盟种植者关注的水肥一体化问题

2016 年 5—10 月，FERTINNOWA 项目对欧盟不同地区的 371 个园艺农场进行了基准调查，以研究它们的灌溉和施肥方法，以及它们在技术、社会经济和立法层面面临的挑战和问题。该研究包含了三个主要领域：供水和蓄水的管理、水分和养分管理及降低环境影响的方法。

从灌溉水源看，60% 被调查的种植者将地下水作为主要水源。在欧洲西北部，经常用雨水作为灌溉水源。在地中海地区，最常见的水源是地下水。在欧洲中东部，地表水的使用比其他地区更为普遍。研究发现了一些与供水有关的重大未决问题。

接受采访的种植者中约有 1/3 担心水资源短缺，并希望可以避免该问题。在一些地区，种植者多渠道使用水源，以减少缺水的风险。然而，在地中海等地区，这并不是唯一的问题，灌溉用水的矿物成分含量高也是一个普遍关注的大问题。种植者希望有改善水质的技术，调控供水的盐度，包括总电导率（EC）和潜在有害元素如钠（Na）和氯（Cl）的浓度。一些种植者提到，做好高浓度铁的管理是一个特别重要的问题。就特定离子浓度管理的问题，种植者往往不知道有什么解决办法，知道办法的也由于经济原因不能实施。

约 2/3 的受访种植者在农场内储水。储水存在一些问题，特别严重的是生长（微型）藻类。30% 的受访种植者提到了这个问题。通常，种植者采用短期解决办法来控制藻类生长（例如清洁储存设施或过滤器），但种植者没有提到他们了解哪些长期有效的技术办法。此外，种植者对影响藻类生长的因素知之甚少。

作物安全问题（真菌、细菌）主要与无土栽培作物使用循环水有关。人们对诸如紫外线（UV）、慢砂滤、氯化、反渗透、使用臭氧等在再循环前处理废水的方法越来越感兴趣，但成本是一个障碍，限制了这些方法的应用。此外，一些种植者对其中一些技术/系统的有效性表示怀疑，或者是由于技术限制，如处理能力（体积或流量）、空间、使用严格管制的化学品、维护要求高等，或者是由于立法限制，如关于工人安全和向环境排放的国家条例。

种植者报告说，水质问题影响到灌溉系统的维护，主要是由于产生了生物膜或化学沉淀。这两个问题都可能导致出水口堵塞或水和养分在作物根区的分配不均。许多种植者提到这些问题是妨碍灌溉管理的主要问题。一些种植者似乎倾向于采用过量灌溉来解决这些问题，以避免局部区域作物灌溉不足。

近 2/3 的受访种植者在灌溉时会考虑作物或土壤的外在表现。对于 20% 的种植者来说，这是监测灌溉的唯一途径。对于其他种植者，监测灌溉时，除了用肉眼观察作物及土壤的外观表现外，还需借助土壤传感器、气候数据收集设备或决策支持系统等工具。在对灌溉高度敏感的耕作系统中，如无土栽培系统，使用这类工具较多，一般用于自动灌溉系统。一般来说，土壤（基质）传感器比作物传感器使用得更多，有可能更多地采用各种协助灌溉管理的工具。种植者愿意接受这些工具，但他们表示更倾向于简单可靠的工具，即可随时使用且具有节本效益的工具。目前，使用人工系统的大多数种植者对灌溉和水肥一体化自动化技术感兴趣。在灌溉方面，种植者大多依赖技术顾问。然而，对于对特定技术或系统感兴趣的种植者而言，如果能够看到这些技术或系统的演示，并能从正在使用这些技术或系统的用户那里得到反馈信息，将会很有帮助。

在养分管理方面，种植者反映说，缺乏适当的农场工具或当地服务（价格低廉可靠的当地分析服务、监测营养液浓度的离子专用传感器等）。这些工具和服务将有助于它们监测其作物的营养状况，方便其对养分补充方式作出调整，以保持作物的最佳营养状况，减少养分补充过度造成的浪费。与灌溉一样，种植者对补充养分的自动化设备也很感兴趣，尤其是对应用简单的设备，如自动测量控制 EC 和 pH 的设备。

一般来说，很少有种植者使用营养推荐方案，其理由如下：
① 并非为所有园艺作物开发的。
② 产生了新的方法，该方法已过时。
③ 种植者不了解这些方案。
④ 过于复杂，无法在农场上实际使用。
⑤ 种植者对它们缺乏信心。

显然，需要有工具来帮助种植者管理施肥，以避免过度施肥和由此造成的养分损失。然而，这些工具必须考虑到种植者在不同作物种类、品种和种植方法条件下的特殊要求，而且必须方便用户使用。若要开展有效的技术推广，最好向种植者讲解和演示这些工具。

为尽量减少对环境的负面影响，无土栽培和土壤耕作系统的种植者拟采取的做法有所不同。在使用无土栽培的种植者中，约 75% 的种植者部分或全部循环利用废水，22% 的种植者没有收集废水，3% 的种植者收集废水但没有再循环利用。没有循环利用或只部分循环利用废水的种植者对避免有害离子积累和避免疾病传播的再循环利用废水技术感兴趣。而相当比例的无土栽培者连续或定期排放废水，只有极少数人控制废水的成分或在排放前进行无害化处理。鉴于欧洲西北部对向环境排放污水的立法越来越严格，种植者很可能对相关的技术解决方案越来越感兴趣。

在土壤栽培的种植者中，13% 的种植者对土壤进行了冲洗，以避免盐的积累（EC 的增加）。然而，这种做法也会造成如氮等养分的淋溶损失，造成水资源的污染。种植者强烈要求采取一定的办法来控制和降低土壤盐度。

总体而言，仍然缺乏处理清洁灌溉系统后产生的废水的办法。尽管这些水中可能含有来自清洁产品的潜在有害化学物质，但还是直接排放到了水体或土壤中。由于用于清洁灌溉系统的用水量相对较小，没有专门为此开发任何技术。有效地维护灌溉系统可使堵塞、疾病传播等问题减少，但同时也会产生更多需要处理的废水。

对调查中所涉及的问题进行整体考察，发现种植者对于可以帮助他们解决所面临的一些问题的技术并不了解。要让种植者采用一种新的工具或技术，首先必须让种植者确信其有效性。往往这些工具或技术推广应用的主要瓶颈是投资成本和效益情况。其他限制因素则与业务条件（技术及维修服务）和国家立法相关。

1.9 气候变化和水肥一体化对园艺产业的影响

园艺产业高度依赖气候条件，气候变化可能对其产生重大影响（Ramos et al. 2011；Van Lipzig et al.，2015）。预计未来气候变化的影响将因地域而异。预期的影响包括气温上升、海平面上升、降水模式和年降水量变化。可能的变化包括更频繁的极端天气事件，如热浪、干旱、暴雨和洪水。气候变化对供水和作物生长（特别是园艺产业）的主要威胁如下：

① 年降水量、分布和强度的变化。

② 有效供水量减少，如径流减少、地下水补给减少，但人类用水需求仍在增加。

③ 作物需水量的变化。气温升高将导致作物蒸腾速率及对水的需求增加。

④ 因干旱或洪水（气候变化引起的极端天气事件）而造成的水供应变化。

⑤ 增加沿海地区淡水（地面）系统的盐化（盐水侵入）。

⑥ 气温升高将影响到作物品种的区域适宜性。预计许多水果和蔬菜作物的生产将向北迁移。

⑦ 极端高温事件增加，对水果和蔬菜花粉生产和受精过程产生不利影响；这些过程对高温非常敏感。

有效水不足影响到欧盟 1/3 地区的作物生产。缺水和干旱不再是局限于南欧的问题。过度抽取水资源（特别是用于灌溉，也用于工业和城市发展），是对欧盟水环境的主要威胁之一。这不仅是干旱地区的问题。在干旱和较干旱的夏季，如温带地区的比利时，由于发展集约化农业、旅游和工业，也经常面临缺水的问题。

在南欧的一些国家，大约淡水抽取总量的 80% 用于农业，主要用于灌溉。作物对水的需求（生长季节消耗的水）取决于作物种类、生长季节以及气温、大气湿度和风速等因素。气候变化将对作物用水产生影响，由于气温升高，作物生长速度加快，从而缩短作物生长期。

需要采取适应性措施和综合性管理方法，以解决今后农业、日常生活、工业、旅游、能源和生态系统服务之间的用水竞争。一些地区将需要新的，或至少是完善的灌溉基础设施。对全球气候变化可能采取的应对措施是，减排温室气体和采取适应性举措缓解气候变化，提高现有农业和其他系统的复原力。

气候变化可能影响园艺种植者的收入，也可能在区域水平上影响经济、生态和社会效益。例如，生长条件（如水的供应、温度、虫害等）的变化将影响农产品的销售、土地使用和经济基础设施，所有这些都将产生社会和政治影响。

除极端天气外，气候变化发生的时间范围为几十年，使得欧洲园艺产业有时间适应，并对生产区作出调整。如今可采用多种技术来制定一些有效措施，如利用滴灌减少用水、使用封闭的无土栽培再循环系统、使用遮网覆盖等。

1.10 有关园艺产业灌溉或水肥一体化管理的相关立法

农业活动造成的用水消耗和污染是欧洲最重要的环境问题之一。在欧洲，农业用地所占比例最大，占总土地面积的 50%。欧洲的农业约占总用水的 33%，也是该地区水体最大的污染源（European Environment Agency，2012）。鉴于园艺产业对灌溉的共同要求，该产业显然对欧洲水资源的环境压力具有重要影响。

欧盟以及园艺部门（如认证计划）制定了一些指令和政策，涵盖了欧盟园艺产业的肥料使用和灌溉。其中最重要的列于表 1-1。

表 1-1 影响园艺中肥料使用和灌溉的最重要指令和政策

一般立法和政策	目标与评价
共同农业政策（CAP）	CAP 支持投资旨在节约用水、改善灌溉基础设施，并使农民能够改进灌溉技术
水资源框架指令（WFD），包括硝酸盐指令	使水体质量达标 硝酸盐指令：防止农业源硝酸盐污染地下水和地表水，并推广良好的耕作方法，保护整个欧洲的水质
硝酸盐指令	减少农业源氮污染
可持续使用农药指令	降低农药对人类健康、环境的影响和风险，促进虫害综合防治的应用
饮用水指令	规定人类生活用水的最低健康标准，并与其他水政策挂钩
欧盟气候政策	气候政策强调土地使用、粪肥管理和化肥使用的温室气体排放问题
"无害环境"认证制度	产品标签诸如 EKO、Bio、SKAL 或有机农业，为产品创造附加值

指令（directive）是欧盟的一项法律行为，它要求成员国必须达到特定的目标，而不对如何达到该目标提供方法。指令必须与规范相区别，规范用于阐明必须采取的措施。指令通常使成员国在应采用的确切规则方面享有一定程度的自由。一般而言，除与共同农业政策有关的指令外，其余指令都是向所有负责执行这些指令的成员国发出的。

欧盟指令的执行，如硝酸盐指令（Anonymous，1991）、水资源框架指令（Anonymous，2000）（其中包含了早期的硝酸盐指令）、饮用水指令（Anonymous，1998）等，对农业实践有直接影响。这一点在西北欧国家中可以清楚地看到，现在硝酸盐指令的执行最为严格。硝酸盐指令的实施首先明确了硝酸盐脆弱区（NVZs），是指地下含水层有硝酸盐污染的和水体富营养化的农业区域。NVZs 地区必须采取行动，以减少农业源硝酸盐污染。如每年对以肥料形式施用的氮实施限制，使用化肥推荐计划，对作物施用的氮总量实行限制，限制氮肥的施用时间和地点，要求采用科学的水肥一体化措施等。其中一些做法是强制性的，另一些则是推荐的。根据地区立法规定，在 NVZs 中的园艺种植者有义务遵守强制性规定。作为交叉执行机制的一部分，NVZs 种植者一方面受到共同农业政策（CAP）资助，另一方面他们必须按照严格的行动计划执行。

1.11 园艺产业灌溉或水肥一体化来自其他方面的压力（如消费者、买方、认证计划）

消费者，尤其是西北欧和中欧国家的消费者对他们购买的水果和蔬菜的生产方式要求越来越高。如要求农产品中农药残留量低，并日渐期望生产方法对环境影响小。对环境保护的需求越来越大，这反映在认证制度上。农产品要想进入西欧和中欧主要市场，认证越来越重要。

GLOBAL GAP 认证是水果和蔬菜最常用的认证之一，它被认为是大多数欧盟超市的最低标准。随着时间的推移，全球对肥料和灌溉管理的要求（建议）不断增加，以减轻氮肥和灌溉用水的过度使用程度。GLOBAL GAP 认证对农场管理做法有三类要求，分别是主要必需（major must）、次要必需（minor must）和推荐（recommended）。目前，与肥料和灌溉管理有关的许多做法被评为次要必需，包括使用工具计算灌溉用量和优化灌溉方法，由专职人员提供施肥建议，同时记录肥料的使用情况，记录下施肥的面积、日期、类型和用量，还建议在可行的情况下采取措施对水源进行收集，并酌情对水进行再循环利用。

1.12 主要参考文献[*]

Anonymous，1991. Council Directive 91/676/EEC concerning the protection of waters against pollution caused by nitrates from agricultural sources. Official Journal of the European Communities，L135/1-8

Anonymous，1998. Council Directive 98/83/EC on the quality of water intended for human consumption. Official Journal of the European Communities，L330/32-54

Anonymous，2000. Directive 2000/60/EC of the European Parliament and of the Council of 23 October 2000 establishing a framework for Community action in the field of water policy. Official Journal of the European Communities，L 327/1-72

Anonymous (2017) CIW aangesteld als droogtecoordinator. Coordinatiecommissie integral waterbeleidhttp：//www. integraalwaterbeleid. be/nl/nieuws/ciw-aangesteld-als-droogtecoordinator

ARELFH, EUVRIN, EUFRIN & FRESHFEL (2016). *Strategic innovation and research agenda for the fruit and vegetable sector*. Retrieved from：http://euvrin. eu/Portals/476/Final％20-％20STRATEGIC％20RESEARCH％20AND％20INNOVATION％20AGENDA％20FOR％20THE％2 0FRUIT％20AND％20VEGETABLE％20SECTOR％20v2016％2021-10-2016. pdf

Burkartaus，M. R. & Stoner，J. D.，（2008）. Nitrogen in Groundwater Associated with Agricultural Systems. In：J. L. Hatfield & R. F. Follet (Eds)，*Nitrogen in the Environment：Sources，Problems，and Management*，Second edition（pp. 177-202）. Elsevier，Amsterdam. The Netherlands.

European Environment Agency (2012). *Towards efficient use of water resources in Europe*. Retrieved from https：//www. eea. europa. eu/publications/towards-efficient-use-of-water/download

Follett，J. R. & Follett，R. F.（2008）. Utilization and Metabolism of Nitrogen by Humans. In：J. L. Hatfield & R. F. Follet (Eds)，*Nitrogen in the Environment：Sources，Problems，and Management*，Second edition（pp. 65-92）. Elsevier，Amsterdam. The Netherlands.

---

* 为方便读者查阅相关文献，本书保留原文参考文献体制。——编者注

MAPAMA，(2017). Encuesta sobre Superficies y Rendimientos Cultivos (ESYRCE)；Informe sobre regadíos en España. El Ministerio de Agricultura y Pesca，Alimentación yMedio Ambiente，Spain. Retrieved from：http://www. mapama. gob. es/es/estadistica/temas/novedades/regadios2016 _ tcm7-460767. pdf

Messely L. ，Lenders S. ，& Carels K. (2008) *Watergebruik in de Vlaamse land-en tuinbouw：Inventarisatie en alternatieven*，Beleidsdomein Landbouw en Visserij，Afdeling Monitoring en Studie，Brussels. https://lv. vlaanderen. be/sites/default/files/attachments/yperdi _ Watergebruik% 20in% 2 0de% 20Vlaamse% 20land-%20en%20tuinbouw%281%29. pdf

Ramos C. ，Intrigliolo D. ，& Thompson，R. B. (2011). Global change challenges for horticultural systems. In：J. L. Araus and G. A. Slafer (Eds) *Agriculture in Times of Global Change：A Crop-Ecophysiological Perspective of Risks and Opportunities*. CAB International，Wallingford，Oxon. ，UK. pp. 58-84

van Lipzig，N. P. M. ，& Willems，P. (2015) Actualisatie en verfijning klimaatscenario's tot 2100 voor Vlaanderen，study commissioned by the Flanders Environment Agency，MIRA，MIRA/2015/01，KU Leuven in collaboration with RMI \ [scientific report on climate change scenarios for Flanders and Belgium-Dutch report with abstract in English \ ] (pdf，4 MB). Retrieved from http://www. milieurapport. be/Upload/main/0 _ Klimaatrapport/2015-01 _ MIRA _ klimaatscenarios _ TW. pdf on 28 June 2017

Anonymous (2013). Summary of the benchmark study on innovative techniques for sustainable nutrient management in horticulture and a European comparison of nutrient legislation in horticulture. http://www. ilvo. vlaanderen. be/Portals/69/Documents/Summary _ benchmark _ study. pdf

Bar-Yosef，B. (1999). Advances in Fertigation. *Advances in Agronomy*，65，1-77

Beerling，E. A. M. ，Blok，C. ，Van Der Maas，A. A. ，& Van Os，E. A. (2014) Closing the water and nutrient cycles in soilless cultivation systems. *Acta Horticulturae*，1034，49-55

Burt C. ，O'Connor K. ，& Ruehr T. (1995). *Fertigation*. Irrigation Training and Research Center，California Polytechnic State University，San Luis Obisbo，CA，USA

Calder，T. & Burt，J. (2007). Selection of fertigation equipment. Farm note 35/2001. Department of Agriculture，Western Australia http://www. agric. wa. gov. au/objtwr/imported _ assets/content/hort/eng/f03501. pdf

Gallardo，M. ，Thompson，B. ，& Fernández，M. D. (2013). Water requirements and irrigation management in Mediterranean greenhouse：the case of the southeast coast ofSpain. In：*Good Agricultural Practices for Greenhouse Vegetable Crops. Principle for Mediterranean Climate Areas*. FAO，Rome，pp. 109-136

Goyal，M. R. (2015). *Sustainable Micro Irrigation：Principles and Practices*. Apple Academic CRC Press

Incrocci L，Massa D，& Pardossi A. (2017). New Trends in the Fertigation Management of Irrigated Vegetable Crops. *Horticulturae*，3 (2)，37

Kafkafi，U. ，& Tarchitzky，J. (2011). *Fertigation：A tool for Efficient Water and Nutrient Management*. International Fertiliser Industry Association (IFA) and International Potash Institute (IPI)，Paris，France. http://www. ipipotash. org/en/publications/detail. php? i=327

Levidow，L. ，Zaccaria，D. ，Maia，R. ，Vivas，E. ，Todorovic，M. ，& Scardigno，A. (2014) Improving water-efficient irrigation：Prospects and difficulties of innovative practices. *Agricultural Water Management*，146，84-94

Morin A. ，Katsoulas N. ，Desimpelaere K. ，Karkalainen S. ，& Schneegans A. (2017) Starting paper：EIP-AGRI Focus Group Circular Horticulture：https://ec. europa. eu/eip/agriculture/sites/agri-eip/files/eip-agri _ fg _ circular _ horticulture _ starting _ paper _ 2017 _ en. pdf

Ramos C. ，Intrigliolo D. ，& Thompson，R. B. (2011). Global change challenges for horticultural systems. In：J. L. Araus G. A. Slafer (Eds) *Agriculture in Times of Global Change：A Crop-Ecophysiologi-*

cal Perspective of Risks and Opportunities (pp. 58-84). CAB International，Wallingford，Oxon.，UK

Raviv，M.，& Lieth，J. H. （eds.）（2007）. *Soilless Culture：Theory and Practice*. Elsevier.

Resh，H. M.（2012）. *Hydroponic Food Production：A Definitive Guidebook for the Advanced Home Gardener and the Commercial Hydroponic Grower*. CRC Press. p. 560

Ruadales，R. E.，Fisher R. P. & Hall C. R.（2017）The cost of irrigation sources and water treatment in greenhouse production. *Irrigation Science*，35，43-54

Savvas，D. & Passam，H.（eds.）（2002）. *Hydroponic production of vegetables and ornamentals*. Embryo Publications

Sonneveld，C.，& Voogt，V.（2009）. *Plant Nutrition of Greenhouse Crops*. Springer，Dordrecht，The Netherlands. p. 431

Thompson，R. B.，Martínez-Gaitán，C.，Giménez，C.，Gallardo，M.，& Fernández. M. D.（2007）. Identification of irrigation and N management practices that contribute to nitrate leaching loss from an intensive vegetable production system by use of a comprehensive survey. *Agricultural Water Management*，89，261-274

Thompson，R. B.，Tremblay，N.，Fink，M.，Gallardo，M.，& Padilla，F. M.（2017a）. Tools and strategies for sustainable nitrogen fertilisation of vegetable crops. In：F. Tei，S. Nicola，& P. Benincasa （Eds），*Advances in Research on Fertilization Management in Vegetable Crops*（pp 11-63）. Springer，Heidelberg，Germany

Thompson，R. B.，Incrocci，L.，Voogt，W.，Pardossi，A.，& Magán，J. J.（2017b）. Sustainable irrigation and nitrogen management of fertigated vegetable crops. *Acta Horticulturae*，1150，363-378

Zabeltitz，C. V.（2011）. *Integrated greenhouse systems for mild climates：Climate conditions，design，construction，maintenance，climate control*. Springer-Verlag，Berlin

灌溉水与水质优化篇

第 2 章

灌溉水的供应

（作者：Ilse Delcour[19]，Els Berckmoes[21]，Ronald Hand[24]，Esther Lechevallier[4]）

2.1　概述

2.1.1　用途

该技术用于灌溉水的准备、收集。

2.1.2　适用地区

该技术适用于欧盟地区。

2.1.3　适用作物

不考虑作物的独特性，而是综合考虑灌溉用水的储存问题，适用于多种作物。

2.1.4　适用作物模式

该技术适用于所有种类作物。

2.1.5　技术概述

在园艺生产中，为保证作物的最优生长环境，通常需要充足的灌溉量。由于自来水价格很高并且灌溉用水量极大，迫使种植者去寻找其他水源用于灌溉。在气候适宜的地区，收集的雨水可作为良好的灌溉水源。在气候更为潮湿的地区，雨水完全可以满足作物整个生育期用水。在较干旱的地区，收集雨水可以满足部分灌溉要求，进而减少对其他水源（例如地下水）的需求。雨水作为灌溉水应该考虑一些实际问题，例如需要根据降水量、降水时间和雨水质量等的情况确定雨水的收集、储存。此外，还必须考虑相关法律。

2.1.5.1　储水量测定方法在新的地区与作物上的应用

现在已有一些雨水储存和测算方法。然而，它们通常基于固定表格和特定区域的典型作物（例如在欧洲西北地区利用再循环设备的番茄作物生产）。因此，应该利用现有数据改进模型，使这些模型适用于其他作物和区域（如西班牙北部、法国等）。目前这方面尚需补充相关有效数据。

2.1.5.2　储水经济性评估

雨水被视为高质量的"免费"或"廉价"水。然而，如果考虑到雨水储存设备购买与安装成本和生产空间的占用，储存雨水就很昂贵了。因此，需要利用综合模型来计算存储空间并进行经济性评估，以指导种植者设计储水设施。但目前这类评估的可靠性仍需调查。

为了最大限度利用雨水资源，种植者需要非常大的蓄水空间。因此，应将储水量的大小与经济模型联系起来，模型应考虑到预期降水量和满足作物总需水量的比例。

任何蓄水计算，首先必须考虑收集雨水的区域（例如温室屋顶），以计算集水潜力。因此，该技术专门用于有覆盖的种植系统。利用测量方法可计算出储存水量与作物淡水需求量的关系。这些设备主要基于长期的降水数据和作物每周或每日的淡水需求来计算。例如，在WADITO模型中，额外用于冲洗过滤器和灌溉设施或润湿基质的水量没有包括在模型中，但通过改变程序可以轻易地解决这个问题。

2.1.5.3　大型防渗漏水库的风险评估

近来，西北欧的温室空间日益增加。这些大型温室需要储存大量的雨水，建立大型有内衬的水库可在强降雨时防止周围地区发生洪水。这些计算需要应用特定的数学模型。在法国，大型防渗漏水库的风险评估是由工程顾问管理的，且每项研究都是针对特定地点的。在比利时的法兰德斯也是一样，也进行了特定地点的研究。对于其他国家和地区，仍需要进行调查。

2.1.5.4　有关新蓄水方式的国家/地区法律许可

储存水的创新实践中，SubSol项目正在实施地下储存。目前还不明确SubSol这种新式储水方式，是否合乎欧洲成员国的国家或地区法律要求。

2.1.5.5　初场降雨水质不良

来源于屋顶的初场雨水中会含有污染物，如农药、白垩、屋顶沉积物，用于清洁屋顶的化学品等，会对作物和灌溉系统造成影响。此外，水富营养化会引发藻华。如何阻止以上污染物进入储水系统是一个重要问题。

2.1.6　社会经济制约因素

2.1.6.1　蓄水经济性评估

将雨水视为"免费"或"廉价"的水是一种误区。在许多地区，使用雨水需要大规模的蓄水设备。例如，西北欧温室无土栽培番茄作物每年需要 5 000 m^3/hm^2 的淡水。建造这种大容量储存设施成本很高（存储成本为 4～45 欧元/m^3，不包括土地成本），具体价格取决于储水设施类型。在降水充足的年份，可以储存额外的水，以便在干燥的年份使用。因此，为了在灌溉中尽可能多地使用雨水以替代其他水源，需要极大的储水量，这会使种植者承担更高的设备安装成本。

2.1.6.2　大型水库风险评估

在人口密集的地区，种植者可能会遇到邻近居民们的抗议，他们担心兴建大型温室和储水设施后土壤丧失渗透能力而可能引起水灾。

2.1.7　监管制约因素

在法国，当地法律要求建造温室的种植者必须管好收集的雨水，防止渗入土壤。在英国，在屋顶上收集并合法储存的水属于拥有该建筑的种植者。雨水在储存前若流经地面，适用法律则有所不同。

目前还不清楚新的储水方式是否符合欧盟成员国的法律要求。

2.1.8　解决现有问题的技术

2.1.8.1　在不同作物上和不同地区推广扩大蓄水规模的技术

有 WADITO 模型和瓦赫宁根大学技术支持（Waterstromen 公司）。

2.1.8.2　说明新的储水方法（如 SubSol）的相关国家和区域法规

大多数欧盟成员国允许进行较小规模（3 000 m³）的地下蓄水。目前尚不清楚是否所有成员国都允许使用 SubSol 的储水（10 000 m³）方法。目前的立法提到了小型防渗漏的地下水库。SubSol 方法储水设备不防渗，有渗入更深的地下水层的风险。必须明确应用此类储水方法的相关法律。

2.1.8.3　初期雨水质量低劣

初场雨水中的沉积物和白垩可通过过滤器去除，可以用氧化钛涂层处理温室屋顶（发生光催化氧化），减少因飘移附着在屋顶上的 PPP 残留物。目前尚不清楚温室窗户上的涂层是否被允许用于食品生产领域。此外，如果这种技术昂贵，种植者也不会使用。

2.1.9　主要参考文献

Zabeltitz，C. V.（2011）. *Integrated greenhouse systems for mild climates*：*climate conditions*，*design*，*construction*，*maintenance*，*climate control*. Springer

Feuilloley，P.，& Guillaume，S.（1990）. The Heat Pump：a Tool for Humidity Excess Control in Greenhouses. CEMAGREF，BTMEA，54，9-18

Bonachela，S.，Hernández，J.，Lopez，J. C.，Perez-Parra，J. J.，Magan，J. J.，Granados，M. R.，& Ortega，B.（2009，June）. Measurement of the condensation flux in a venlo-type glasshouse with a cucumber crop in a Mediterranean area. *International Symposium on High Technology for Greenhouse Systems*：*GreenSys*2009 893，pp. 531-538

Maestre-Valero，J. F.，Martinez-Alvarez，V.，Baille，A.，Martín-Górriz，B.，& Gallego-Elvira，B.（2011）. Comparative analysis of two polyethylene foil materials for dew harvesting in a semi-arid climate. *Journal of Hydrology*，410（1-2），84-91

Pieters，J. G.，Deltour，J. M.，& Debruyckere，M. J.（1994）. Condensation and static heat transfer through greenhouse covers during night. *Transactions-American Society of Agricultural Engineers*，37，1965-1965

Zuurbier，K. G.，Raat，K. J.，Paalman，M.，Oosterhof，A. T.，& Stuyfzand，P. J.（2017）. How subsurface water technologies（SWT）can provide robust，effective，and cost-efficient solutions for freshwater management in Coastal Zones. *Water Resources Management*，31（2），671-687

Subsol（2017）. http://www. Subsol. org/

2.2　技术清单

储水相关技术情况见表 2-1。

表 2-1 储水相关技术情况

项目	技术	储水方式	成本		需求	局限性	优势	限制因素
			安装	维修				
储水系统	防渗漏水池	地表储水：水库	A 型：极微量 B 型：5～9 欧元/m³ C 型：4 欧元/m³	每年：藻类控制成本加5%安装成本	藻类防控及防止蒸发（高温地区）	由于藻类滋生问题和蒸发损失，其商业用地的价值降低	使用寿命长	储量大于 1 000 m³，深度取决于地下情况，顶部需要 0.5 m 缓冲区，底部 0.5 m 深储水不可用，沉积物问题及水温过高（低水位时）
	雨水仓	地表储水：水仓	A 型：23 欧元/m³ B 型：26 欧元/m³ C 型：花费巨大	每年：藻类控制成本加5%安装成本，每两年进行一次强度检测	藻类防控	商业用地损失，最大寿命只有 15 年，有藻类滋生及蒸发问题		生产中一般不超过 500 m³，顶部需要 0.5 m 缓冲区，由于沉积物和水温过高，底部 0.5 m 深储水不可用
	钢筋混凝土水库（预制）	地下储水	1.5～2 m³，500 欧元，包括运送、挖掘及安装管道的费用				水温恒定，使用寿命长，可有效防控藻类滋生及蒸发问题	适用蓄水量在 20 m³ 以下的蓄水池
	钢筋混凝土水库（现场浇筑）	地下储水						
	克里姆雷克缓冲器	地下储水	30～45 欧元/m³ 储量（不包括安装费用）					深度没有具体限制，需要与温室的支撑杆相适合
	渗透箱	地下储水	45 欧元/m³ 储量（不包括安装费用）					深度没有具体限制，需要与温室的支撑杆相适合
	SubSol 储水器	地下储水	无 A、B 型数据，C 型每次安装成本在 25 000～50 000 欧元					水源可用性取决于地下水层

（续）

项目	技术	储水方式	成本		需求	局限性	优势	限制因素
			安装	维修				
储水测定工具	标准尺寸储水表	地表储水：水仓或水库	依具体情况而定			没有应用	没有应用	储水量在 500～6 000 m³，仅适用于欧洲西北部的循环系统的无土番茄作物，限制深度未知
	WADITO 模型	地表储水：水库	商业方面建议依据具体情况计算		电脑技术	没有应用	没有应用	最多有 5 组储水空间，需要长期的气候数据，涵盖每周需水信息（至少十年）
	Waterstromen 公司	地表储水：水仓或水库	可在网上免费申领		电脑技术	没有应用	没有应用	单独储水
储水覆盖物	锡箔罩	地表储水：水仓或水库	A 型：20 欧元/m² B 型和 C 型：9 欧元/m²				防控藻类及预防蒸发问题	
	钢制水罩	地表储水：水仓或水库	A 型：100 欧元/m² B 型和 C 型：无数据					最大尺寸 100 m³，规模较小
	遮盖浮球	地表储水：水仓或水库	A 型：14 欧元/m² B 型和 C 型：13.75 欧元/m²					
集水	收集冷凝水	地表储水	占地成本：6 000 欧元/hm²；在连栋温室中安装水槽配件		Parral 温室：会和钢网接触形成水滴滴落；Multispan：靠近中间横梁部分角度较小，液滴难以滑落		避免冷凝水滴落到作物上（降低作物患病概率），收集高品质可持续的水资源	收集水量很少：理论上每年为 750 L/m²（西班牙阿尔梅里亚番茄和茄子）需要足够的塑料包覆材料，所需角度14°～40°，高温高效率冷凝；防滴效果最多维持 2 个月
设备	悬浮式水泵	地表储水：水仓或水库	因公司而异			会被藻类堵塞，表面会出现生物膜	可防止抽取到沉积物	

A 型：<750 m³ 或<100 m²；B 型：750～5 000 m³ 或 100～250 m²；C 型：>5 000 m³ 或>250 m²；不包括包装费用

2.3 雨水储存

（作者：Els Berckmoes[21]，Esther Lechevallier[4]）

2.3.1 用途

该技术适用于储备灌溉水。

2.3.2 适用地区

该技术适用于欧盟地区。

2.3.3 适用作物

该技术适用于所有作物，如草莓、甜椒、生菜、韭葱、菊苣和玫瑰等钠敏感作物，这类作物的首选灌溉水源是雨水。

2.3.4 适用耕种模式

该技术适用于所有耕种模式。

2.3.5 技术概述

2.3.5.1 技术目标

很多欧洲集约化园艺栽培地区，雨水水质适合用于灌溉。在大多数地区雨水中仅含有微量的钠及其他元素，有的地区甚至不含这些元素。

在耕种季节大多数情况下降水的可用量与作物的需求量不一致，需要人为储水补充。图 2-1 为比利时法兰德斯带有水循环系统的茄子需水量与当地月平均降水量的情况。

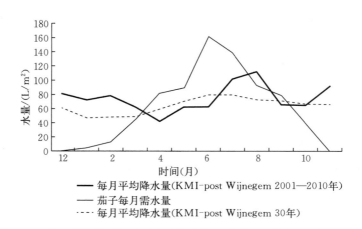

图 2-1 无土栽培茄子每月需水量变化与比利时法兰德斯年平均降水量

储存的雨水需要阻止钠离子的累积，无土栽培作物的营养液用水的钠含量必须要低，这一点至关重要。

2.3.5.2　工作原理

2.3.5.2.1　具有防渗层的雨水储存系统

建造一个储水设施需要如下步骤：

在测绘雨水库前，需要调查土壤结构。例如，了解深层地下水水位及其变化情况对于决定蓄水深度至关重要。

确定合理的水库储水量。所需用水取决于几个参数，如每年的降水模式，特定作物的需水量，建筑的相关参数（温室、管道、储存场所等），更多细节在 2.6 节测定储水的方法中会详细叙述。

挖掘作业：大型的水库主要使用土墙和堤坝，一般来说这些堤坝应足以承受储存水带来的水压，在开工前及施工过程中必须确保堤坝的质量与强度均达标。

修建堤坝：挖掘出来的土壤可以用于构建堤坝，但是应当避免使用富含腐殖质的土壤，因为腐殖质会分解，将影响水坝的强度。壤土是最为理想的材料。虽然水坝的容量有多种选择，但是水坝的建造形态却很固定，水坝以 45°仰角建造，水坝上端宽度在 0.8～1.2 m，在水库容量较大的情况下，在迎风面需修建更厚实的水坝以应对出现波浪的情况。

排水系统：如果蓄水池底部接近地下水水位，则需要排水系统（图 2-2、图 2-3）。该系统用于确保地下水水位保持在储水水位之下。同时，排水系统会排出有机物质分解时产生的多余气体。金属箔下面的地下水和空气积累都可能对堤坝和金属箔本身造成严重损害（图 2-4）。

图 2-2　在蓄水池底部安装排水系统　　图 2-3　将椰子纤维排水管置入排水沟中

（来源：PSKW）　　　　　　　　　　（来源：PSKW）

图 2-4　蓄水池底存在水或空气使池底鼓出水面

（来源：PSKW）

安装防渗箔膜：安放过程需要消耗大量人力（图2-5），先将箔膜放到水库中央然后展开，在水坝的上端有预备出一些小沟（图2-6），将箔片置入然后填充沟渠固定；如果沟渠中含有小碎石，需要预先铺设保护布。

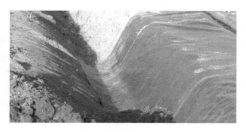

图2-5 将箔膜拉入水库　　　　　　　　图2-6 将箔膜固定在水坝上

堤坝完工：如果选用的箔片紫外线敏感度较高，堤坝则需要覆盖来保护箔片，这个工序可以通过铺设保护膜来完成，堤的对面可以铺上箔纸，也可以种草。

安装进水和排水管：水管的铺设有两种方式，使水管穿过（图2-7）或者是使水管跨过水坝。安全起见，应该安装安全绳，在有人落水时方便攀爬。

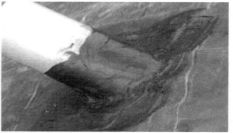

图2-7 透过堤坝安装防水管道
（来源：PSKW）

2.3.5.2.2 储水池

储水池由钢结构与塑料膜制成（图2-8）。池体镶嵌在地下的储水池，将储水池向下掩埋时则应该将地表挖掘至地下80 cm处，同时底部接触面应当是水平的，池体的底部至少应该比地下水的水位高20 cm，如果地下水的水位比较高则应该安装排水系统。在储水池下应该有10 cm的沙层用于保护储水池底部不会被砾石扎

图2-8 储水池

穿。在储水池底部把混凝土石砖砌成圆圈作为储水池壁的根基。如果储水池部分在地表以下，应该在仓体外部加上特殊涂层，从底部一直涂到地表以上30 cm处。

在安装水仓盖板时，有几个重要注意事项：①将较厚的板放置在圆圈的低处，较薄的板放置在高处；②相较于下层板，上层板应该向上移动半个板距；③盖板应该安装得像一个屋

顶一样，以防止雨水渗入板材与箔膜之间。

然后铺设防护布，最后安装箔片。储水池使用的箔片一般为聚氯乙烯（PVC）或者是Astryn箔。EPDM箔由于弹性较高而不适宜用在池体上。

2.3.5.3 应用条件

2.3.5.3.1 含防渗层的水库

大多数情况下防渗漏水库要建在地面上，这意味着在建造蓄水盆地（water basins）时势必要严格遵守建设要求。堤坝必须根据水压进行设计，大型水库有时需要把水分成几个区域储存，以避免出现巨浪（图2-9）。

图2-9 用水坝分割水库以避免出现巨浪

2.3.5.3.2 储水罐

① 型号：储水罐是由铁板拼接而成。大量储水水压会很高，这种结构难以支持，所以这种制作工艺已经限制了储存的容量。储水罐的最大容量约在 $2\,000\ m^3$，一般使用的是 $500\ m^3$ 的。

② 使用寿命：板材因受到腐蚀会出现斑点，这些斑点十分容易破裂（图2-10）。因此，需要经常排查罐体。

图2-10 底部的板材受到腐蚀使仓体破裂

2.3.5.3.3 可用水的分布

储存水时要注意最大刻度线的标志，储水罐不能完全储满水（图2-11）。通常来说，距顶部50~75 cm的部分是不能储存水的。该区域是用于防止波浪漫过桶顶及遇到大降雨时的缓冲区域，如果水漫过堤坝会对堤坝造成重大伤害，有时甚至直接会摧毁堤坝。一般水仓底部50 cm的水也无法使用，因为这一部分的水中通常含有过量的沉积物且水温过高。

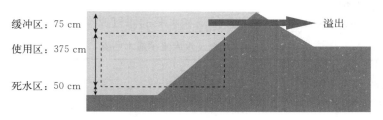

图2-11 储水池可用水的分布

2.3.5.3.4 降水量

降水可能会影响储水设施的建设。在降水较少的地区（欧洲南部）或者短时间内降水量极大的区域建造大型水库并不具备经济效益。

2.3.5.4 成本

2.3.5.4.1 储存水的成本

储存水的成本主要受到4个因素的影响：①建筑成本（挖掘工程和水管排布等）；②材料种类（PVC，EPDM，Astryn）和薄箔的厚度（0.5~1 mm）；③防护罩（储水罐必要的

25

防护罩，如果储水罐底部有植物根系或者石块建议铺设防护罩；④储水罐所需的铁板。

储水的成本与特定工作环境有关，表2-2列出了一些有防渗层的水库样例，表2-3是水仓的相关样例。

表2-2 蓄水库/蓄水池投资成本

投资	规格			
	1 000 m³	2 000 m³	3 000 m³	50 000 m³
挖掘，防渗箔*和管道	7 941 欧元		13 613 欧元	
其余（安装等）	1 134 欧元		2 269 欧元	
总花费（不含运费）	9 075 欧元	16 650 欧元	15 882 欧元	200 000 欧元
储水池的包装花费（18.15 欧元/米²）	15 428 欧元	24 502 欧元	36 300 欧元	
总花费（包装运费）	24 503 欧元	41 152 欧元	52 182 欧元	

注：* 为非特定材质防渗箔。

表2-3 储水罐投资成本

投资	材质及规格			
	250 m³ - 1 190 cm×231 cm		1 000 m³ - 1 830 cm×385 cm	
	Astryn	EPDM	Astryn	EPDM
储水罐	2 106 欧元	2 106 欧元	8 096 欧元	8 096 欧元
0.5 mm 厚 Astryn 材质防渗箔的储水罐	2 567 欧元		5 754 欧元	
1.0 mm 厚 EPDM 材质防渗箔的储水罐		4 715 欧元		10 226 欧元
水仓覆盖物（漂浮）	1 138 欧元	1 138 欧元	2 334 欧元	2 334 欧元
总花费（不含运费，由农户安装）	5 811 欧元	7 959 欧元	16 184 欧元	20 656 欧元
储水池包装（18.15 欧元/m²）	2 178 欧元	2 178 欧元	4 991 欧元	4 991 欧元
总花费（含包装运费）	7 989 欧元	10 137 欧元	21 175 欧元	25 647 欧元

2.3.5.4.2 保养维护

水库的保养维护成本（表2-4），包括箔和水泵的修复成本。

表2-4 水仓及水库维护成本估算

维护	规格	
	1 000 m³	3 000 m³
有防渗层的水库（投资额的5%，不包括运费）	454 欧元	794 欧元
水仓（投资额的1.5%，不包括运费）	431 欧元	794 欧元

注：储水罐应该由专业的公司进行检查。检查的成本每次在200～300欧元，当使用到七年以后就应该每2年检查一次。

2.3.5.5 技术制约因素

初次收集的雨水可能含有污染物，如初次从温室屋顶收集的雨水中可能含有农药残留物、白垩、沉积物等。

温室锌（Zn）回收可能是一个难题。可能需要使用密封剂来保护温室的排水沟，以防止锌从储存的雨水中淋洗损失。

某些地区降水不足或者降水模式会发生变化（如南欧）。

藻类滋生和沉降问题可能会加速蒸发，导致严重的水分流失。

收集到的雨水水质未达标，需要优化处理。

2.3.5.6　优势与局限性

优势：可作为优质水的来源，可解决部分作物的缺水问题（有些作物完全依赖储存水）；不受与地下水相关法律的影响。

局限性：占用了具有商业价值的空间；雨水缓冲性差；储备水具有受到农药、白垩、锌污染的风险。

2.3.5.7　支持系统

① 排水系统。

② 防渗箔：有不同材质（Astryn，PVC，EPDM）的箔。

③ 土工布：当存在小岩石、根等时，可将土工布铺设在金属箔下面。

④（浮动）泵系统。

⑤ 水位传感器：在水库达到最大或最小水平时提醒种植者。

⑥ 根据需要进行 pH 调节处理。

⑦（紧急）阀门：以防止过度降雨期间水库雨水泛滥，或在屋顶出现可能影响雨水质量事件（清洁屋顶，漂白）时转移雨水。

⑧ 防治藻类滋生的设备。

⑨ 紧急绳索。

2.3.5.8　发展阶段

该技术已经商业化了。

2.3.5.9　技术提供方

水贮存设施：由工程咨询公司承建。

防渗箔：Albers Alligator 等。

储水罐：Benfried、Brinkman 等。

2.3.5.10　专利情况

该技术没有申请专利。

2.3.6　竞争技术

SubSol 储水系统：将水储存在较深的地下水层，并在需用时抽水使用的系统。

地下水存储系统，如渗透板条箱，混凝土水箱等（见 2.4）。

2.3.7　应用范围

该技术并不适用于缺乏有效降雨是地区，如地中海地区。

2.3.8　监管制约因素

如果种植者想要修建大型的雨水水库，国家或地区会对其潜在影响进行研究，如对旱涝灾害风险评估等。

在一些国家或地区，种植者在获得修建水库的相关建筑许可之前，需要办理许多手续。

2.3.9 社会经济制约因素

要满足作物生长周期的用水需求，必须储存大量雨水。若作物的用水需求量增加，相应的储水能力也需要提升。建造雨水储存设施要占据空间，这些空间本应用于建温室或栽培作物。另外，还应该考虑到因再循环而节约的水分和养分。现有的经济模型和计量模型还没有建立关联关系。

2.3.10 衍生技术

目前该项科技没有衍生技术。

2.3.11 主要参考文献

Berckmoes, E., Mechant, E., Dierickx, M., Van Mechelen, M., Decombel, A., & Vandewoestijne, E. (2014). Bereken zelf hoe groot je wateropslag moet zijn. *Management & Techniek*, 5, 48-49

Peter Dictus (2013). Hendic company. Personal communication.

van Woerden, S.C. (2001). Kwantitatieve informatie voor de Glastuinbouw 2001-2002. Praktijkonderzoek Plant en Omgeving, p.134

De Rocker, E., Verbraecken, L., & Berckmoes, E. (2007). Opvang en opslag van hemel-en drainagewater. Onderdeel van duurzaam watergebruik op het tuinbouwbedrijf. Brochure

EU (2017). Retrieved from http://www.eea.europa.eu/data-and-maps/figures/average-annual-precipitation on 05/05/2017

2.4 地下水储存

（作者：Ronald Hand[24]，Els Berckmoes[21]，Georgina Key[1]）

2.4.1 用途

该技术用于准备灌溉用水和提高水的有效利用率。

2.4.2 适用地区

该技术适用于欧盟地区。

2.4.3 适用作物

该技术适用于所有种类的作物。

2.4.4 适用种植模式

该技术适用于保护性耕作、无土栽培、土壤栽培。

2.4.5 技术概述

2.4.5.1 技术目标

水库可储存大量储备水且不损失生产区域，通常以储水池和水库实现。

2.4.5.2　工作原理

储存地下水可采用不同的方法。

（1）混凝土水库：地下水储存主要采用钢筋混凝土蓄水池，蓄水池安装在修建的温室及建筑附近。当所需蓄水量较小时可使用塑料水箱。

（2）动态缓冲水——Klimrek 水缓冲储存装置：灌溉水库采用双层衬管建造成两个隔间（图 2-12）。雨水储存在上部隔间，隔间为浮动隔间。其他来源的水，如附近的小溪水储存在下部隔间。该设计需要水库时刻保持满容量，因为该设计的温室地板漂浮在水库上，当雨水充沛时该水库可以储存所有雨水。在降水短缺季节可以由下部其他水源分区提供，维持水位。

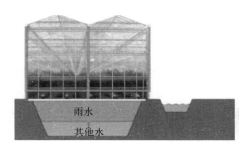 

图 2-12　Klimrek 水缓冲装置示意

（左图为上下两个仓均被填满时；右图为降雨时上部水量增加）

为了方便水可以从侧面流入，水库的前部有一个溢流脊，其侧面略低，当上部雨水流入上部隔间时，下部隔间多余的水则会被自动排出。

当抽取上部隔间的水时，地板会微微下降，这时会触发一个简单的机关启动泵，用下层空间的水填补空缺。

（3）渗透箱：渗透箱结构示意见图 2-13。

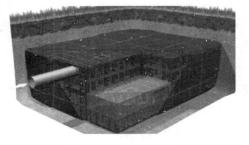

图 2-13　渗透箱示意

2.4.5.3　操作条件

仅适用于在建温室，建筑地下掏空并以储水取代，其他条件见表 2-5。

表 2-5　不同系统使用条件概览

系统	限制条件
塑料储水箱	容积 5 m³ 内
钢筋混凝土储水箱——预制	容积 1.5~20 m³
钢筋混凝土储水箱——原位浇筑	容积大于 20 m³
Klimrek 水缓冲储存装置	局限于每一个温室内*
渗透箱（图 2-13）	局限于每一个温室内* 可能受地下水位的影响

注：* 温室承重柱下不能储水。

2.4.5.4 成本

仅适用于在建温室内，因为需要腾空地下空间储水，表2-6列出了相应的价格参考。

表2-6 费用概览

项目	费用
塑料储水箱	0.33～1.56 欧元/m³（不含安装费）
钢筋混凝土储水箱——预制	200～350 欧元/m³（含安装费）
钢筋混凝土储水箱——原位现浇	200～240 欧元/m³（不含安装费）
Klimrek 水缓冲储存装置	30～45 欧元/m³（不含安装费）
渗透箱	45 欧元/m³（不含安装费）

2.4.5.5 技术制约因素

Klimrek 水缓冲储存装置和渗透箱的最大问题是需要在地下储水，而温室的相应支撑系统可能会和这两种系统不兼容，所以这两种系统的长与宽要以温室本身长与宽为准。Klimrek 水缓冲储存系统的调节要基于水泵。在地下储水时要保证水体溶氧量，以防止发生厌氧降解，同时也要避免生物膜的出现。

2.4.5.6 优势与局限性

优势：没有影响生产空间；实现了藻类滋生最小化；实现了蒸发损失最小化；可防止水温升高；减少了生物污染（鸟粪）；可储存所有类型的水资源。

局限性：成本会相对更高；很难解决泄漏的问题。

2.4.5.7 支持系统

水泵；开关和转向程序（Klimrek）。

2.4.5.8 发展阶段

该技术已商业化。

2.4.5.9 技术提供者

Klimrek 水缓冲储存系统：Klimrek 制作（http://www.klimrek.com）。

Gaasbox 渗透箱：JES 产品开发，HTW Infiltratie Uden、BPO 等。

2.4.5.10 专利情况

该技术没有申请专利。

2.4.6 竞争技术

① 防渗的储水库（见2.3）。
② 水仓式储水池（见2.3）。

2.4.7 应用范围

只要有充足的集水面积，带防渗层的地下蓄水池就同时可用于室内和露天栽培的作物。

渗透箱和 Klimrek 水缓冲储存系统仅可用于无土栽培，因为该系统无法以土壤作为生长介质，且必须要作物与水有足够的接触面积。

2.4.8　监管制约因素

该技术没有监管瓶颈。

2.4.9　社会经济制约因素

该技术与有防渗层的水库和水仓相比较，成本更为高昂，不考虑地表占地时更是如此。如果将其他技术占用的生产面积损失纳入计算，则价格差距会相对较小。

2.4.10　衍生技术

Klimrek 水缓冲储存系统：由塑料板构成装满雨水的闭合容器，底部有地下水时会向上推，这时如果容器内盛满雨水就不会被地下水推上来，如果没有雨水就会被地下水推到地表上。

Gaasboxx（图 2-14）：地下蜂窝网，支持种植作物和储水。

图 2-14　Gaasboxx 安装

2.4.11　主要参考文献

Klimrek producten（2017）. Retrieved from http://www.klimrek.com/klimrek-buffer-voor-gietwater on 21/03/2017

JES product development（2017）. Retrieved from http://jesproducts.nl/gaasboxx-systeem.htm on 21/03/2017

2.5　地下水开发应用

（作者：Ronald Hand[24]，Els Berckmoes[21]，Georgina Key[1]）

2.5.1　用途

该技术用于储备灌溉用水；提高用水效率。

2.5.2　适用地区

该技术适用于欧盟地区。

2.5.3 适用作物

该技术适用于所有作物。

2.5.4 适用种植模式

该技术适用于所有种植模式。

2.5.5 技术概述

2.5.5.1 技术目标

采用地下水管理和淡水供应的先进技术，保护、回采并利用地下水资源。

2.5.5.2 工作原理

先进的新式井设计、配置和管理可以最大程度调控水源，其技术远远超出标准水管理技术和控制水平。由于沿海地区地下盐水与微盐水的存在，所以管控地下水成了一项严峻的挑战。但该方案可以应用于沿海地区（图 2 - 15、图 2 - 16）。

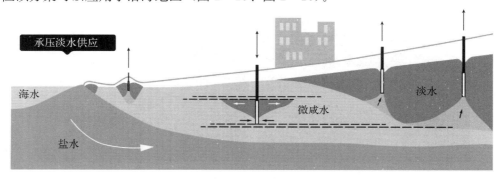

图 2 - 15　地下水的盐碱化以及咸淡含水层中淡水盈余的储存和回收（ASR）
不成功，导致沿海地区的淡水供应面临压力

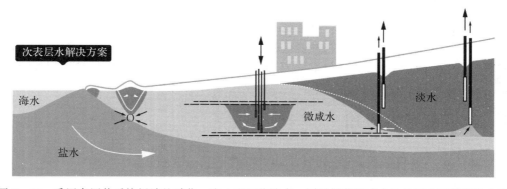

图 2 - 16　采用专用井系统抵消盐碱化，注入和回收淡水，同时拦截微咸水的地下水工程解决方案

2.5.5.3 操作条件

通常每年可供应 5 000～1 000 000 m³ 的灌溉水；可用于个体或农业集群；需要合适的含水层（渗透性沙层或碳酸盐岩）才能进行渗透和回收；沿海地区，在有优质地下水的区域对微咸水进行渗透可能是相对有益的，因为这可能解决渗透过程中水位下降及抽取水中铁含量

较低的问题。

2.5.5.4 成本

安装成本 25 000～500 000 欧元，具体价格取决于规模；每年维护成本 2 000 欧元；水处理成本约 0.05 欧元/m³。

2.5.5.5 技术制约因素

安装自动化：含水层水存储和回收系统（ASR，图 2-17）和拦截井的稳定运行需要自动化，以保证最佳的预处理，包括渗透和淡水回收以及最小化维护/停机时间。这可以通过传感器决策、定期反冲洗、预处理过滤器和渗透井来实现。

图 2-17 荷兰温室部门含水层水储存和回收系统

[雨水通过缓慢的沙滤进行预处理，并渗入深层含水层（10～50 m 深的沙层）]

盐化含水层淡水高效回收：淡水受到浮动和漂移影响很难回收，入渗的优质水资源经与地下盐化水混合便不再适用于灌溉（图 2-18）。

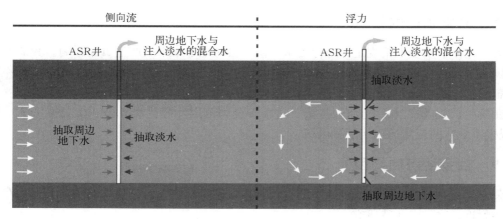

图 2-18 在利用横向流动和浮力效应回收淡水

效果预测：自然系统内地下水分布极不均匀，因此获知地下水数据与相关参数尤为重要。其次，这些数据还需要进一步的转化和计算，以预测地下水的有效性。

2.5.5.6 优势与局限性

优势：地表占地需求少；增加了淡水供应量；提高水质。

局限性： 因为缺乏地下相关数据，难以确保成功；总的来说，荷兰示范区种植者反应积极，在 Dinteloord 的 200 hm² 温室中，该系统有望扩大应用。

2.5.5.7 支持系统

地下水注入或抽取井、预处理系统、泵、程序化控制器、监控。

2.5.5.8 发展阶段

现场试验正在 Nootdorp（2 hm² 西兰花）、Gravenzande（Westland，27 hm² 番茄）和 Freshmaker Ovezande（果园）进行。

该技术已商业化：AFC Nieuw-Prinsenland，Dinteloord，Bleiswijk，Aalsmeer，Agriport A7 等地区已有 100 套系统。

2.5.5.9 技术提供者

农业部门的几家工程公司提供这种技术：Codema B-E de Lier（http：//codema. nl）（SubSol 会员），Meeuwse Handelsonderneming（www. meeuwse-goes. com），Allied Waters（http：//www. alliedwaters. com/collabs/salutions）。

2.5.5.10 专利情况

该技术没有相关专利。

2.5.6 竞争技术

① 微咸水反渗透技术。
② 地表储存雨水技术（见 2.3）。
③ 外部供水（地表水，自来水）。

2.5.7 应用范围

应用范围非常广，甚至可应用于高级园艺、工业及饮用水部门。

2.5.8 监管制约因素

关于地下水水质框架规定：应保证水入渗不会对地下水水质产生负面影响。验证渗透水质的国家法规会尽可能严格（高频率的抽样和分析），这对该技术在商业方面的发展产生一定的影响。

在荷兰，"水法"和"土壤保护法"适用于全国范围，荷兰水务局（小规模系统）和省（大规模系统）的规定适用于部分区域。

2.5.9 社会经济制约因素

公众是否愿意在未受污染的地下储存不同质量和具有潜在污染物质的水，尤其是在饮用水井场附近，这一点还待研究。

2.5.10 衍生技术

技术 A：Freshkeeper（技术支持公司有 KWR、Vitens Water Supply）

采用双井抽水技术，防治井水盐碱化。不同深度的地下水同时通过泵输出淡水和微盐水，从而确定淡水与微咸水的界面位置，通过泵输出的微咸水淡化后可作为高附加值淡水应用的额外水源（图 2 - 19）。

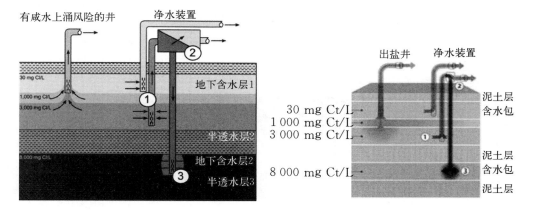

图 2 - 19 Freshkeeper Vitens 供水系统
(Zuurbier et al.，2017，www.SubSol.org)

技术 B：Freshmaker（技术支持公司有 KWR、Meeuwse Goes BV）

通过水平扩大井，保护和利用淡水透镜（漂浮在更密集的盐水顶部的新鲜地下水的凸层）。这项技术是由最近开发的水平定向钻井（HDDW）技术衍生而来的。HDDW 可以在较长的横断面上抽取淡水透镜下方较深的盐水，而在第二个浅层中 HDDW 可以入渗和抽取大量的淡水（图 2 - 20、图 2 - 21）。

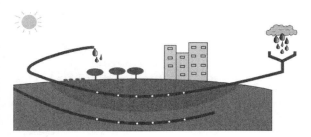

图 2 - 20 Freshmaker Meeuwse 运行示意
(www.kwrwater.nl/projecten/zoet-zout-ovezande)

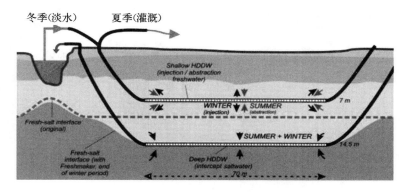

图 2 - 21 Freshmaker Meeuwse 运行示意（HDDW）
(Zuurbier et al.，2017)

技术 C：ASR-coastal（技术支持公司有 KWR、Codema B-E de Lier）

在微咸水中暂时储存淡水。标准含水层水储存和回收（ASR）方法不适用于地下盐水环境。ASR-coastal 使用多个渗透井来实现淡水的深度注入和浅层回收，淡水回收率从不到

20%提高到60%以上，见图2-22至图2-24。

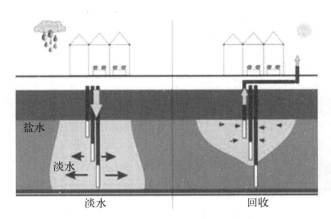

盐水

淡水

淡水   回收

图2-22　园艺应用含水层储存及回收淡（ASR）

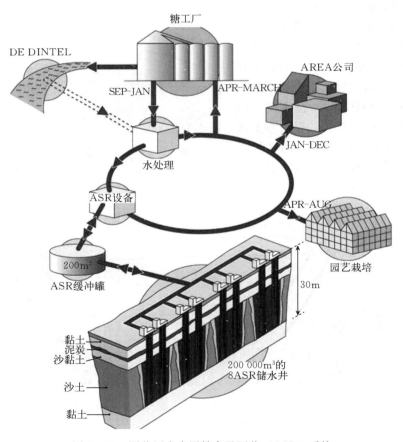

糖工厂

DE DINTEL

AREA公司

SEP-JAN   APR-MARCH

JAN-DEC

水处理

ASR设备   APR-AUG

园艺栽培

200m³

ASR缓冲罐   30m

黏土
泥炭
沙黏土

沙土

黏土   200 000m³的
8ASR储水井

图2-23　园艺用含水层储存及回收（ASR）系统

　　这个地下水解决方案最初是由水市场创新者在企业与政府合作过程中开发出来的，早期形成了一定市场，并从中获得了一定的收益。

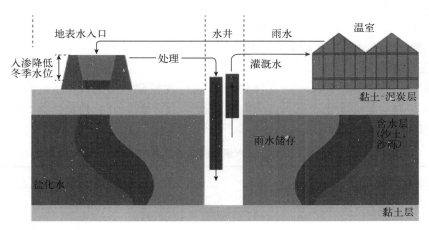

图 2-24　园艺用地下含水层储存及回收（ASR）系统（Westland 园艺公司）

2.5.11　主要参考文献

SubSol（2017）. Retrieved from www. SubSol. org on 10/03/2017

Zuurbier，K. G.，Raat，K. J.，Paalman，M.，Oosterhof，A. T.，& Stuyfzand，P. J.（2017）. How sub-surface water technologies（SWT）can provide robust, effective, and cost-efficient solutions for freshwater Management in Coastal Zones. *Water Resources Management*，31（2），671-687

2.6　温室作物储水测定方法

（作者：Els Berckmoes[21]，Esther Lechevallier[4]）

2.6.1　用途

该技术用于准备灌溉用水。

2.6.2　适用地区

该技术适用于欧盟区域。

2.6.3　适用作物

该技术适用于所有作物。

2.6.4　适用种植模式

该技术适用于所有种植模式。

2.6.5　技术概述

2.6.5.1　技术目标

这些测量方法可以为温室作物储水提供合理建议。因为雨水本身含极少量的钠和氯，所以欧洲地区正在通过推广收集雨水以解决农业用水问题，雨水成了重要的灌溉水资源，尤其

是在无土栽培的循环系统中。

人们认为雨水是一种低成本的水源，但算上储存成本后可能会变得十分昂贵。因此，该技术旨在根据温室作物的需水量确定应储水量，使储水成本变得更为合理。

2.6.5.2 工作原理

（1）标准化表格：多年来，温室作物雨水储存规模建议是基于 Van Woerden（2001）和 CTIFL（2002）等标准化表格。这些表格（表 2-7、表 2-8）提供了每公顷温室所需用水量及对应的雨水储存量。

表 2-7　每公顷温室作物应储水量和储水占地面积（基于雨水供水占比）

储水量/m³	雨水占总用水量的百分比/%	地表面积/m²	
		水仓	水库
500	60	225	500
1 000	70	450	850
1 500	75	675	1 100
2 000	80	900	1 350
2 500	83		1 850
3 000	86		2 000
4 000	95		2 500

表 2-8　每公顷温室番茄应储水量和其他水源量

（CTIFL，2002）

储水量/(m³/hm²)	雨水占总用水量的百分比/%	雨水使用量/(m³/hm²)	剩余所需用水量/(m³/hm²)
500	65	4 800	2 700
1 000	70	5 200	2 300
2 000	80	6 000	1 500
3 000	86	6 400	1 100
4 000	92	6 900	600
5 000	96	7 200	300
6 000	100	7 500	0

（2）基于作物耗水和降水参数建立的模型：这些模型主要基于气候参数（降水、太阳辐射、蒸发等，图 2-25）的长期数据集以及作物特定吸水量的数据集或模型。Verdonck & Berckmoes 的 Flemish 模型和荷兰的 Glastuinbouw Waterproof 模型都基于这些参数建立的。

例如，WADITO 模型是基于每日储存水的水位变化。根据历年气候数据（1965—2013）估算每日降水量。将传输损失、蒸发和溢流造成的损失数据都整合到模型中。温室作物的水消耗量计算是基于每日平均用水量（基于长期用水量数据）。在 Glastuinbouw Waterproof 模型中，作物日耗水量是基于太阳辐射计算的。

将公司提供的特定参数输入模型，以此来提高模型的准确性。因此，该模型可以计算出当前存储的雨水与作物需水量的百分比。此外，该模型提供了 1965—2013 年间的缺水频率、平均值和最大量数据集。

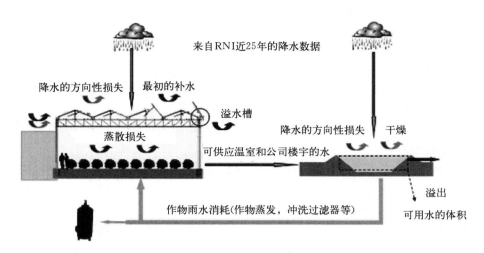

来自RNI近25年的降水数据

降水的方向性损失　最初的补水

溢水槽

降水的方向性损失　干燥

蒸散损失

可供应温室和公司楼宇的水

溢出

作物雨水消耗（作物蒸发，冲洗过滤器等）

可用水的体积

图2-25　基于WADITO模型计算的水循环过程

(Berckmoes et al.，2013)

2.6.5.3　操作条件

表2-9列出了使用不同工具所需的条件。

表2-9　不同测量工具的使用条件

工具/表格	测量量/m³	作物	储水方式	耕种模式	范围
Van Woerden 表	500～4 000	番茄	水库储水	温室无土栽培	荷兰
CTIFL 表	500～6 000	番茄	无特定	温室无土栽培	法国布列塔尼
WADITO 模型	≥500	标准化栽培作物（番茄、甜椒、草莓、生菜、杜鹃花、玫瑰）和其他已知每周淡水需求量的所有作物	水库	温室有土栽培 无土栽培	比利时梅赫伦
Waterstromen	≥500	番茄、甜椒、黄瓜、玫瑰、无花果、非洲菊	水库	温室无土栽培	荷兰

2.6.5.4　成本

不同表/模型获取数据的成本见表2-10。

表2-10　不同表/模型获取数据的成本

计算系统	花费
Van Woerden 表	无有效数据
CTIFL 表	无有效数据
WADITO 模型	该模型为公司专用模拟，因此不能免费获得。获取数据的成本取决于公司特定的要求
Waterstromen	该模型已在 Waterproof 的网站上公布

2.6.5.5　技术制约因素

不同地区降水情况各异，如沿海地区与山区降水情况相差极大。

为了得到合理的建议，模型需要有长期的降雨数据支持。

2.6.5.6 优势与局限性

优势：可以确定较为合理的储水规模建议。

局限性：通用表格中的数据对于某些作物可能并不适用，如甜椒比番茄的需水量要少得多。

2.6.5.7 支持系统

长期的气候数据（降雨、太阳辐射、蒸发等）和作物的每日需水情况。

2.6.5.8 发展阶段

研发：延伸开发可用于计算温室作物所需的缓冲能力，计算除灌溉之外其他应用（例如蔬菜的清洗等）所需的雨水储存量，并计算出储水设施的型号。研发提供方：Proefstation voor de Groenteteelt（PSKW）。

现场测试：在不同地区对 WADITO 模型的应用效果进行连续测试。

商业化：在比利时建造的 3 个新温室（占地 25 hm²）中采用了 WADITO 模型的建议，并在其中的 2 个温室（占地 15 hm²）中进行了推广。

2.6.5.9 技术提供者

Van Woerden 表由瓦赫宁根大学 Praktijkonderzoek Plant en Omgeving 提供，CTIFL 表由 CTIFL 提供。在线计算程序由 Glastuinbouw Waterproof 提供。

针对不同温室计算作物最佳储水量的技术（目前只有荷兰种植者应用）。该技术由瓦赫宁根大学的 Waterstromen 公司提供。

2.6.5.10 专利情况

该技术没有相关专利。

2.6.6 竞争技术

没有与之竞争的相关技术。

2.6.7 应用范围

在作物的日耗水量及气候数据的基础之上可以轻松地将该测算系统应用到其他作物，气候及耕作模式上。

WADITO 模型目前正在向不同的应用场景中拓展：

① 测定雨水储量及储水场地的养分流失（试验阶段）。

② 测算应用类消耗所需的雨水储量，如小型农场清洗韭菜（商业阶段）用水。

③ 测定雨水储存设施缓冲能力及大中型温室大雨条件下的雨洪灾害风险（现场测试）。

2.6.8 监管制约因素

欧洲地区多数人认为雨水是最优质最稳定的灌溉水源。但部分国家的种植者必须通过相应程序才能获得建造储水设施的许可。在比利时法兰德斯等地区建设储水设施的安全法规要求十分严格，若发生暴雨的情况下种植者必须能提供防雨洪能力。

2.6.9 社会经济制约因素

大多数模型只考量了储存雨水可以替代多大比例的其他水源消耗，却没有计算储存这些雨水的成本。虽然长期以来雨水被认为是廉价水源，但实际上加上其储水成本（设施建设、藻类防治、生产用地损失等），雨水成本也会很高。应全面考虑储存雨水各方面的成本以精确计算最优储存量。

2.6.10　衍生技术

① 在线工具 Glastuinbouw Waterproof 由 Glastuinbouw Waterproof 提供。

② WADITO 模型（Proefstation voor de Groentettteelt 提供）。

2.6.11　主要参考文献

van Woerden，S. C.（2001）. Kwantitatieve informatie voor de Glastuinbouw 2001 – 2002，Praktijkonderzoek Plant en Omgeving，p. 134

Berckmoes，E.，Decombel，A.，Dierickx，M.，Mechant，E.，Lambert，N.，Vandewoestijne，E.，Van Mechelen，M.，& Verdonck，S.（2013）. Telen zonder spui，chapter 8，pp. 30 – 38

Glastuinbouw Waterproof（2017）. Retrieved from https://www. glastuinbouwwaterproof. nl/kaswaterweter on 10/03/2017

Le Quillec，S.，Brajeul，E.，Sedilot，C.，Raynal，C.，Letard，M.，& Grasselly，D.（2002）. Gestion des effluents des cultures légumières sur substrat. CTIFL，ISBN 2 – 87911 – 187 – 0

2.7　储水罩

（作者：Ronald Hand[24]，Els Berckmoes[21]）

2.7.1　用途

该技术用于准备灌溉用水，提高水的利用率，最大限度减少水体中营养物质对环境的影响。

2.7.2　适用地区

该技术适用于欧盟地区。

2.7.3　适用作物

该技术适用于所有作物。

2.7.4　适用种植模式

该技术适用于所有耕种模式。

2.7.5　技术概述

2.7.5.1　技术目标

储水罩用于解决以下问题：

（1）藻华。水罩隔绝了阳光与水的接触，可防止形成藻华。

（2）蒸发损失。通过覆盖防止水温升高，减少蒸发损失。

（3）防止污染。水罩和容器壁形成密闭空间，可以防止容器外的污染物对水的污染。

2.7.5.2 工作原理

水罩分固定式和漂浮式两种。

（1）固定式水罩。这种罩子主要是由塑料薄膜制成，该罩拉开罩住整个蓄水容器并固定在容器壁上（图2-26）。这种水罩会阻止降水进入储水容器，同时也可以隔绝如鸟粪、灰尘、树叶等污染物进入水中。这种塑料盖比钢罩便宜很多。

（2）漂浮式水罩。可移动水罩应用于水仓和盆地式水库。水罩漂浮在储存水以上（箔、球等）以隔绝阳光，目的是阻隔阳光、破坏藻类生长条件。

图2-26 水仓上的固定式水罩

2.7.5.3 操作条件

固定式水罩：不透水膜罩直径限制为5.5 m，如果有支架直径上限可以上升到15.5 m，钢罩直径上限为12 m，可渗透膜式罩受储水容器的直径限制。

漂浮式水罩：直径为8.3 m或更大，可以制作成各种形状。

2.7.5.4 成本

水仓和盆地式水库水罩成本分别见表2-11和表2-12。

表2-11 水仓安装固定式和漂浮式水罩的成本总览

水罩类型	小（25 m²）	中（250 m²）	大（500 m²）
固定式钢罩	100 欧元/m²	无有效数据	无有效数据
固定式可渗透塑料膜水罩	10 欧元/m²	6 欧元/m²	5.5 欧元/m²
漂浮式可渗透水罩	20 欧元/m²	9 欧元/m²	9 欧元/m²
漂浮球	16 欧元/m²	15 欧元/m²	14 欧元/m²

表2-12 为盆地式水库安装水罩成本总览

水罩类型	小（1 000 m²）	中（5 000 m²）	大（10 000 m²）
Kristaldek®	40 欧元/m²	40 欧元/m²	40 欧元/m²
可移动式漂浮球	14 欧元/m²	13.75 欧元/m²	13.75 欧元/m²

2.7.5.5 技术制约因素

① 大型漂浮式防水罩必须由专业人员安装。

② 水罩需要有抵御恶劣天气的能力（如冰雹、风、霜等）。

③ 漂浮式水罩对水鸟具有极大的吸引力（图2-27），因此可能使上层水遭到污染。

图 2-27 水鸟在储水池的漂浮物上停留
(来源：Els Berckmoes)

2.7.5.6 优势与局限性

优势：有效防止藻华，见效快（2 周后），可减少 90%～95% 的水分蒸发。固定式水罩可防止降水与污染物进入储存水。浮球使用十分简单、方便。浮球能有效阻止水鸟进入水库并在水中筑巢。

局限性：安装成本高。浮动式水罩会吸引水鸟而弄脏水罩。落叶与其他颗粒物仍然会进入蓄水池。需要由专业人士安装。水罩上的沉积物会导致植物在水罩上生长。浮球会阻止鸭子进入蓄水池并在水中筑巢。部分水罩抗风性很差。

不同水罩的优缺点概述见表 2-13。

表 2-13 不同类型水罩的优缺点概述

指标	漂浮式水罩	浮球	固定式水罩
防止水体污染	良好	足够好	良好
防止藻华	非常好	非常好	非常好
防止蒸发损失	非常好	非常好	非常好
安装难易程度	一般	十分容易	容易
维护需求	低	非常低	低
沉积物积累量	低	非常低	一般
抗风性	非常高	一般	一般

2.7.5.7 支持系统

有些漂浮式防水罩需要漂浮结构。对于 LP-dek 这种类型的水罩需要连接软管以排出水罩上的积水。阿特拉斯绳索（图 2-28）可用于防止鸟类降落在大型蓄水池的漂浮或水罩上。如果使用浮球，需要安装筛网或滤网以防止球进入管道。

2.7.5.8 发展阶段

该技术已经商业化。

图 2-28 大型蓄水池上的阿特拉斯绳索
(来源：Els Berckmoes)

2.7.5.9 技术提供者

水罩可由 Royal Brinkman、Albers Alligator（荷兰）提供。

浮球可由 Beekenkamp verpakkingen（荷兰）提供。

2.7.5.10 专利情况

一些水罩有专利，如 LP-dek® from Albers Alligator、Kristaldek® from Albers Alligator、Shadow Balls™。

2.7.6 竞争技术

① 防控藻类生长的所有技术。

② 蒸发损失控制类技术：地下储水技术。

2.7.7 应用范围

该技术可以应用于需要为作物储水并存在藻华和蒸发损耗的地方。

2.7.8 监管制约因素

该技术没有监管瓶颈。

2.7.9 社会经济制约因素

种植者使用该技术会承担高额成本，该技术成本应该除去节本增效所带来的效益（即不存在藻类，防止蒸发损失，提供清洁水，减少水中的有机物质等），目前尚缺乏对这些损失的经济评估。

2.7.10 衍生技术

固定式水仓罩（LP-Dek®、Albers Alligator 提供）

该固定式水仓罩有专利保护。该水仓罩会随着水位变化而相继发生位置变化，水罩的构造使水罩全面覆盖储水容器的内部与外部，在水罩中间安装了通风口使空气流通，水罩上的积水由装在上面的软管排出（图 2-29）。

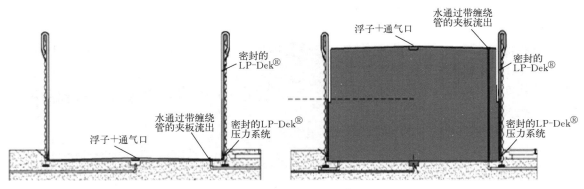

图 2-29 密封式 LP-Dek® 示意

Kristaldek 罩（图 2-30）是一种浮动水罩，由一层不透光的涂层织物制成，水罩中央部分薄膜面积接近于底面积，在浮动箔的侧面附接了垂直板，用于防止光照射到盖下方的水体。盖子通过柔性电缆连接到海岸。

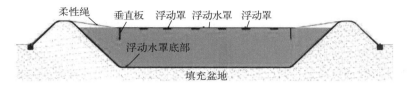

图 2-30　Kristaldek®浮动式水罩示意

气浮和 PAS Drijfdek 罩是专为水仓设计的浮动罩。

图 2-31 至图 2-33 展示了水罩的安装方式。

浮球为球形或六面体空心球，可置于储水容器中。在浮球数量足够的情况下，覆盖率可达 91%~99%（图 2-34）。

图 2-31　安装箔片
（来源：PSKW）

图 2-32　压载物附着在垂直板上，附着在浮动水平箔周围
（来源：PSKW）

图 2-33　需要人为安置箔片，安装过程可能花费数小时
（来源：PSKW）

图 2-34　浮球可覆盖 91%~99%的水面
（浮球由 Beekenkamp 提供）

2.7.11　主要参考文献

Albers Alligator（2017）. Kristaldek, LP-dek, multi-f. Retrieved fromhttp://www. albersalligator.com on

23/03/2017

PAS Mestopslagsystemen（2017）. Drijfdek. Retrieved fromhttp：//pastanks. nl/drijfdek/on 23/03/2017

AWTTI（2017）. Armor ball：hollow plastic ball cover. Retrieved fromhttp：//www. awtti. com/armor _ balls _ cover. php on 23/03/2017

Vissers，M.（2005）. Algen in bassins 1，Nieuwsbrief geïntegreerde Bestrijding 4，nr2，pp. 2-5

2.8　冷凝水收集

（作者：Juan José Magán[9]，Elisa Suárez - Rey[11]）

2.8.1　用途

该技术用于提高水分利用率。

2.8.2　适用地区

该技术适用于欧盟地区。

2.8.3　适用作物

该技术适用于温室作物。

2.8.4　适用种植模式

该技术适用于保护地栽培、土壤栽培、无土栽培。

2.8.5　技术概述

2.8.5.1　技术目标

该技术主要目的是收集温室覆盖面上的冷凝水，一方面防止冷凝水滴在作物上（降低作物发生病害的风险），另一方面将收集到的冷凝水用于灌溉。冷凝水为洁净的水资源。

2.8.5.2　工作原理

空气是干燥气体与水蒸气的混合物，空气所能蕴含的水蒸气比例随温度降低而降低。如果空气接触到的物体表面温度低于或等于露点温度，则会在该物体表面凝结（图 2 - 35）。由于与外部空气接触并受到长波辐射影响，温室覆盖物和金属结构往往是温度最低的部分，这些部分会是温室最先出现露水的地方。

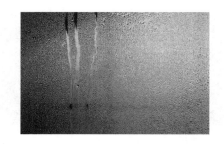

图 2 - 35　发生在温室玻璃上的冷凝现象

温室内冷凝主要发生在清晨时段，当阳光以更高强度照射时，温室内物体温度上升速度比温室内气体温度上升要更快，同时会加速温室内的蒸腾并使空气湿度增加。在下午和晚上也会出现露水，因为此时温室内空气湿度很高，且温度下降。

物体表面出现冷凝水有两种情形：①冷凝作用覆盖整个表面，形成一个连续的薄膜，然后形成一个与初始表面大小相等的新的冷凝表面；②冷凝发生在三重接触面上：固体、气体和之前冷凝的液滴表面。液滴最初尺寸很小，独立存在，通过与蒸汽分子的结合而增大，这种现象称为聚合（图 2 - 36）。在该不断聚合过程中，当水滴的重力超过毛细力（凝聚力）时，水滴就会滑落，使其得以收集。

图 2 - 36　水滴由大量水分子聚合而成

一个完整的冷凝循环中有四个阶段：①干燥阶段；②尚未出现径流；③出现径流；④蒸发。

与表面凝结现象相关的气候变量有空气湿度与温度、冷凝表面温度和风速，同时与凝结面的性质也有关。

2.8.5.3　操作条件

不同材质表面张力不同，玻璃上冷凝时通常呈现出水膜，有利于回收再利用，而在很多塑料材质上冷凝出水滴，回收利用困难。这对光的传输也有影响，因为水滴对光的反射更强（图 2 - 37）。

图 2 - 37　冷凝水对光传输的影响

有数种方式可以制造出相互连接的水膜冷凝层，例如处理薄膜表面或氧化聚合物表面，但农用膜上应用最有效的方法是在制造过程中加入可防止农用膜表面形成水滴的添加剂。在图 2 - 38 中，可以看到与防滴塑料相比，传统塑料冷凝效果是不同的。在西班牙阿尔梅里亚进行的一项研究表明，在没有作物的封闭温室中（但是灌满水的水槽覆盖了近 10% 的土壤表面），常规塑料和防滴灌塑料的平均冷凝回收量，分别是每天 0.08 L/m²

图 2 - 38　不同塑料冷凝水状态
（左：防滴塑料，表面出现冷凝水膜；
右：传统塑料，表面出现冷凝水滴）

和 0.228 L/m²。在使用常规塑料时冷凝后会在塑料上蒸发或滴落在地面后蒸发。而防滴塑料在水收集上相当不错，尽管这种收集到的水无法推广到商业温室，但即便如此也可以体现出其有效性，相较普通塑料收集其效果高出近 300%。

将封闭的温室作为被动式太阳能净水系统进行了测试（图 2 - 39），实验数据表明，每年可以收集约 750 L/m² 的凝结水（除了雨水）。该系统商业使用的限制因素是土地价格，但在高温和高冷凝速率条件下，限制因素为是否有足够的抗滴效应时长的塑料包覆材料。极端条件下，抗滴效果持续时间目前只有几个月。但是在传统种植条件下，这种技术效果可以延长到一年以上。

针对西班牙阿尔梅里亚的 Venlo 商业温室（种植番茄、黄瓜和茄子）进行冷凝水回收量测试，结果见表 2 - 14。种黄瓜的玻璃温室所在区域冬天夜晚较为温暖，这可能对结果有所影响。

图 2-39　可利用太阳能收集淡化水的封闭温室

表 2-14　不同研究条件下冷凝水回收量概述

作物	周期	屋顶材质	累计冷凝量/(L/m²)	最大日回收量	平均日回收量/(L/m²)
番茄	10 月到翌年 6 月	玻璃	27.7	0.4	0.11
番茄	10 月到翌年 6 月	塑料	27.0		
黄瓜	2—3 月	玻璃	无有效数据	0.15	0.04
茄子	10 月到翌年 5 月	玻璃	11.6	无有效数据	0.05

法国南部有一项实验，观察到每日平均冷凝量在 $0.23 \mathrm{~L/m^2}$，这么大的凝结量与巨大的室内外温差，导致温度跳跃式下降。

2.8.5.4　成本

在连栋温室安装用于收集冷凝水的排水沟，成本约为 6 000 欧元/hm²，其中包括排水沟、配件和劳动力成本。

2.8.5.5　技术制约因素

在平房型温室中，覆盖屋顶的塑料薄膜夹在两个镀锌钢网之间，并连接到一系列张力线上，这些张力线连接支撑屋顶的垂直柱。内部屋顶的冷凝水经常会与钢网接触并形成液滴滴落在作物上，这会使这类温室中冷凝水收集效率很低（在西班牙的地中海东南部常见）。

在覆盖有塑料薄膜的连栋温室中，脊部附近的屋顶坡度非常小，这使这部分膜上的水滴滑动变得困难。Zabeltitz（2011）对温室屋顶的材料进行研究，有如下发现：

（1）不含防滴添加剂的传统塑料。坡度＞14°时会形成径流线。这些径流线中的大部分水在到达收集沟槽之前会滴落。

（2）普通塑料。屋顶坡度＞15°导致大量滴水，无论是在温室中心（坡度较小）还是在温室的其余部分（坡度较大，水滴随着径流线快速下滑）都会发生滴落现象。普通塑料覆盖的温室，收集的水滴几乎完全来自温室的中心区域（坡度通常较低）。

（3）防滴塑料。温室屋顶坡度为 14°～40°，很少滴落。

添加到塑料中的防滴添加剂会呈现出向表面移动的趋势，并会被冷凝水冲刷掉，在塑料寿命结束前往往就会失去抗滴落性能，多层塑料结构在两层塑料中间储存部分防滴添加剂，当外部添加剂被冲刷掉后，夹层中的添加剂可以迅速补充。在极端条件下，这种夹层中的防滴添加剂也会很快被消耗掉。

在连栋温室中引起滴水的原因：水滴与通风口的防虫网接触，阻止了凝结水的下滑。在这种类型的温室中，覆膜材料通过与雨水排水沟连接的特殊长片与结构捆绑在一起，塑料通常会向温室内部弯曲以增加阻力。如果切割不正确，多余的塑料也会造成水滴滑动困难和促进滴漏。Venlo 商业温室（广泛用于寒冷地区）可用于收集冷凝水。塑料薄膜覆盖的连栋温室常不能有效地收集冷凝水，尤其是冬季天气温和的地区。

2.8.5.6　优势与局限性

优势：高效利用灌溉水；降低作物患病风险。

局限性：收获的水很少；效率很低。

2.8.5.7　支持系统

收集冷凝水的排水沟需要连接到水库的管道。

2.8.5.8　发展阶段

该技术已商业化。

2.8.5.9　技术提供者

建造工业温室的公司可提供安装冷凝水回收系统的服务。

2.8.5.10　专利情况

该技术没有相关专利。

2.8.6　竞争技术

自主除湿系统与封闭温室内的换热器。

2.8.7　应用范围

该技术可应用于大多数温室。

2.8.8　监管制约因素

该技术没有监管瓶颈。

2.8.9　社会经济制约因素

该技术没有社会经济上的制约因素。

2.8.10　衍生技术

在一些 Venlo 温室中，有两条用于收集冷凝水的排水沟（图 2-40）。上部排水沟收集来自屋顶的冷凝水以及外部的雨水，下部排水沟收集上部排水沟产生的冷凝水。

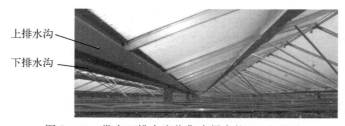

图 2-40　带有双排水沟收集冷凝水的 Venlo 温室

（来源：Santiago Bonachela）

在连栋温室和一些 Venlo 温室中，可以在雨水收集沟槽下方安装排水沟，进行冷凝水回收，冷凝水从包覆材料沟经由上部排水沟滑落到下部排水沟。

西班牙阿尔梅里亚的一些种植者在塑料薄膜连栋温室中利用多余的塑料制作排水沟，以确保冷凝水回收（图 2-41）。

图 2-41　带有冷凝水收集排水沟的连栋温室
（左：单独的排水沟；右：由多余塑料制成的排水沟）

2.8.11　主要参考文献

Feuilloley，P.，& Guillaume，S.（1990）. The Heat Pomp：a Tool for Humidity Excess Control in Greenhouses. CEMAGREF，BTMEA，54，9-18

Garrido，R. J.（2012）. Condensación de agua en invernaderos tipo venlo con cubierta de vidrio y de plástico. Final Project for Agronomy Degree，University of Almería，p. 79

Bonachela，S.，Hernández，J.，López，J. C.，Perez-Parra，J. J.，Magán，J. J.，Granados，M. R.，& Ortega，B.（2009，June）. Measurement of the condensation flux in a venlo-type glasshouse with a cucumber crop in a Mediterranean area. In *International Symposium on High Technology for Greenhouse Systems*：GreenSys2009 893，pp. 531-538

López de Coca，A. R.（2016）. Efectos de un material plástico de cubierta con propiedades anticondensantes en el microclima del invernadero. Final Project for Agronomy Degree，University of Almería，p. 58

Maestre-Valero，J. F.，Martinez-Alvarez，V.，Baille，A.，Martín-Górriz，B.，& Gallego-Elvira，B.（2011）. Comparative analysis of two polyethylene foil materials for dew harvesting in a semi-arid climate. *Journal of hydrology*，410（1-2），84-91

Perales，A.，Perdigones，A.，Garcia，J. L.，Montero，J. I.，& Antón，A.（2003）. El control de la condensación en invernaderos. *Horticultura*，168，14-19

Pieters，J. G.，Deltour，J. M.，& Debruyckere，M. J.（1994）. Condensation and static heat transfer through greenhouse covers during night. *Transactions-American Society of Agricultural Engineers*，37，1965-1965

Chr. von Zabeltitz.（2011）. *Integrated greenhouse systems for mild climates：climate conditions，design，construction，maintenance，climate control*. Springer.

Agüera，J. M.，Zaragora，G.，Pérez-Parra，J.，& Tapia，J.（2004）. Funcionamiento y caracterización de una desaladora solar pasiva con cubierta de plástico. *Riegos y drenajes XXI*，136，72-77

2.9　漂浮式水泵

（作者：Esther Lechevallier[4]，Els Berckmoes[21]，Justyna Fila[6]）

2.9.1　用途

该技术适用于提高灌溉水利用率。

2.9.2　适用地区

该技术适用于欧盟地区。

2.9.3　适用作物

该技术适用于所有作物。

2.9.4　适用种植模式

该技术适用于所有耕种模式。

2.9.5　技术概述

2.9.5.1　技术目标

漂浮式水泵可以从水库特定水位抽水，因此会有以下优势：

① 防止抽取到漂浮的颗粒（水生植物、藻类等）及水底的沉淀。

② 可抽取到水库适宜温度的水（一般从水库深层抽水）。

③ 可在水库正中心处抽水，此处可到达水库最深处。

2.9.5.2　工作原理

漂浮式水泵并不像一般水泵一样固定在水库的底部（图 2-42），而是悬浮在水体中，悬浮式水泵是通过浮漂（如空水罐制成的浮筏）或连接在支撑物上固定。

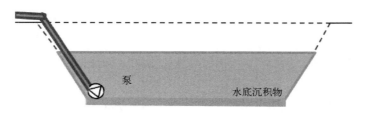

图 2-42　固定系统将水泵固定在水库底部

（来源：Esther Lechevallier）

（1）带浮漂的泵。此类泵会随着水位变化而移动。

可在浮筒上安装一个柔性管道，并将其固定，使泵在大约 0.5 m 以下的水面和储水池底部移动（图 2-43），泵的位置会因水位变化而变化。

（2）连接固定结构的水泵。如果水泵连接在固定结构上，水泵会位于水库的中下部，以此防止抽取到水底沉积物（图 2-44）。水泵放置深度可以手动调节，泵的位置不因水位变化而变化。

2.9.5.3　操作条件

（1）连接浮漂的水泵。该水泵对水库规模及容量没有限制，但对水深有所要求，当水位下降时，浮漂也会随之下降。当水位非常低时就需要关闭水泵以预防抽取高温水及沉积物。

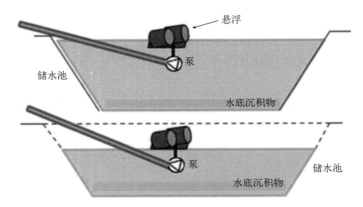

图 2-43　泵连接在阀板上
（来源：Esther Lechevallier）

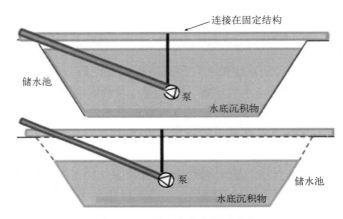

图 2-44　泵连接在支撑系统上

　　（2）连接在固定结构上的水泵。水库的宽度会对固定支架有所限制，并且在水位非常低时需要手动调节水泵位置。同时，也要注意避免抽取高温水及沉积物。

2.9.5.4　成本

　　通常来说，浮动水泵系统由种植者制作，而成本取决于泵的类型及施工材料（悬挂式的木杆、浮漂等）。

2.9.5.5　技术制约因素

　　水库水位很低时需要自动/手动关闭水泵，以预防抽取到沉积物与高温水的风险。最低位置通常距离水底 0.5 m。

2.9.5.6　优势与局限性

　　优势：可避免抽到水库底部的沉积物和水面的藻类；易于实施；可以从深度最大的水库中央抽水；冬季可从水面下 20～30 cm 处抽取到温度适宜的水。

　　局限性：如果水位很低时需要关闭水泵；连接固定结构的水泵需要手动调节位置，以抽取水库中最优质的水（冬季需要温度较高的水，夏季需要温度较低的水）。

2.9.5.7　支持系统

　　泵的抽水口处需要安装一个简易的滤网，以防止颗粒物进入水泵。需要安装柔性管使浮动式水泵可随水位移动。固定式结构需要安装控制水泵升降的装置。低水位自动感应关闭水泵的系统。

2.9.5.8 发展阶段

该技术已经实现商业化，许多种植者已经自行安装了浮动式水泵。

2.9.5.9 技术提供者

大多数本地商户可提供这些水泵。

2.9.5.10 专利情况

该技术没有相关专利。

2.9.6 竞争技术

固定式水泵。避免水库内进入沉积物的技术，如储水罩的利用。避免水库内积累沉积物的技术，如储水用真空吸尘器。

2.9.7 应用范围

该技术与地区、作物、耕作模式均无关，仅与储水方式直接相关（水仓或水库）。

2.9.8 监管制约因素

该技术没有监管方面的制约因素。

2.9.9 社会经济制约因素

该技术没有相关社会经济制约因素。

2.9.10 衍生技术

该技术没有相关衍生技术。

2.9.11 主要参考文献

Lechevalier，E.（2017）. Station expérimentaledu Caté，France

第3章

优化水质——化学物质

（作者：Wilfred Appelman[22]，Ilse Delcour[19]）

3.1 概述

3.1.1 用途

该技术用于灌溉水的制备。

3.1.2 适用地区

该技术适用于欧盟地区。

3.1.3 适用作物

本章所描述技术是适用于所有作物的通用技术，同时考虑了优化灌溉水化学质量的常见问题和技术等因素。使用该项技术时需清楚盐度（含盐量）及有害成分对不同作物的影响效果。例如不同作物对钠（Na）或氯（Cl）的耐受性或敏感性存在明显差异，其中番茄具有较强耐受性，而蝴蝶兰则对盐非常敏感。本章内容包括作物对盐度的耐受性或敏感性以及灌溉水成分的区域性要求等技术。

3.1.4 适用种植模式

灌溉水质量应该在盐分、化学元素及化合物含量方面达到所灌溉作物的生长需求。除作物种类外，不同种植类型也会对水质有不同需求。具有循环利用水资源的无土栽培系统，对灌溉水中 Na 和 Cl 的含量要求极为严格，需要循环水中的盐分含量处于较低水平。

通常在地下水灌区，必须考虑灌溉水的盐度和化学成分等因素。部分地区地下水含盐量较高，为满足作物灌溉要求，地下水可能需要进行处理，尤其在气候较干燥的地中海地区。在地中海部分地区，地下水盐度正在持续升高，对灌溉水再处理的需求还会逐渐加大。在这些地区，灌溉水再处理可能是制约作物生长的主要问题，可能将来应用排水再循环的无土栽培系统更具有价值。

在欧盟范围内，随着地下水盐度的升高及无土栽培系统的循环利用水资源作用，去除灌溉水中的化学成分会变得越来越重要。

3.1.5　技术概述

优质灌溉水供给是保证园艺作物生产的基本因素之一。除了灌溉水化学成分调控技术外，本章还重点介绍了与改善灌溉水化学质量（总盐度、养分、Na、Cl、Fe 和 Mn）相关的内容。鉴于作物对盐的敏感性差别较大，已建立作物灌溉水化学质量相关定量标准，以实现最佳种植和产出效果。灌溉水中的化学成分可能因地区、水的类型、含水层性质等因素而存在较大差异。

一般而言，达到最佳灌溉水质要求将各成分保持在所需水平，并去除不需要的成分。当营养液再循环时，会发生盐分积累，仅有少量会被作物吸收。当盐浓度明显增加时，作物可能发生盐中毒现象。钠盐过量累积通常会影响欧洲沿海地区园艺生产。通过降低灌溉水中的钠盐水平，可延长水再循环周期，并且可降低循环水净化频率。对于种植在土壤中的作物，钠盐积累也会影响其生长。

园艺产业温室循环水系统中的部分成分去向见图 3-1。

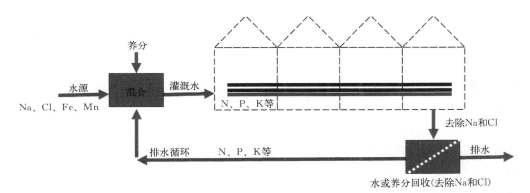

图 3-1　温室园艺种植中循环水系统的示意

与养分和盐相关的问题包括以下内容：

① 水的淡化。

② 在封闭水循环中去除 Fe 和 Mn 制备灌溉用水。在封闭水循环中积累对植物有潜在毒害的盐，如 Na 和 Cl。

③ 养分去除成本。

④ 水质要求。

⑤ 水质监测。

本章描述的问题也与以下内容密切相关：第 4 章中涉及清除灌溉水中的颗粒物部分内容；第 11 章中涉及最佳养分管理部分内容；第 12 章中涉及从废水中去除和回收养分，以控制对环境的影响部分内容。

3.1.5.1　去除水中 Fe 元素

当从含水层中抽取含有 Fe 元素（离子形式、溶解的无机络合物形式、胶体或悬浮的有机络合物形式）的地下水用于灌溉时，Fe 元素会发生部分氧化。由此产生的氧化态 Fe 会逐渐沉淀，从而导致灌溉系统结垢和堵塞。未经预处理，含 Fe 量超过 0.5 mg/kg 的水源不能用于滴灌系统。

有效地去除水中的 Fe 元素，需对系统进行良好管理，尤其是水体的 pH、碱度和氧化反应。同时，技术成本较高和占用商业空间会影响该技术的应用。

3.1.5.2 水的淡化

水淡化的主要问题：

① 用于脱盐的膜系统产生的污垢。反渗透、纳米过滤、电渗析和膜蒸馏等膜系统对结垢敏感。通常需要进行预处理去除颗粒。另外，低溶解度的盐可能形成沉淀并导致结垢，降低 pH 可以缓解这个问题。

② 脱盐浓缩物的排放。大多数海水淡化技术都基于浓缩原理。该技术产生淡水的同时也产生了浓缩物，浓缩物的排放可能引起环境问题和受到规章制度的限制。

改进后的离子交换技术可产生适合再利用的浓缩物。现场测试仍需证实这一点。

③ 选择性低。大多数淡化技术只是降低包括有效养分在内的所有成分的浓度。因此要控制在营养液循环过程中损失的作物生长所需的养分。此外，浓缩物由于可能含有高浓度的 Na^+、Cl^- 及其他有害离子，而不能用于作物生长。

3.1.5.3 需要更全面的方法

一般而言，养分去除技术重点是去除盐分。去除农药、微生物或其他有害物质的效果并不是很清楚。考虑到技术和经济因素，采用一种更全面的方法来去除各种不必需的物质将会有用。

3.1.5.4 需要确认去除养分的水处理方法在经济上的可行性

与较低的灌溉水成本相比，水处理成本可能很高，与再循环技术措施一起使用成本会更高。通过使用更具选择性的技术可以提高在经济上的可行性，促进作物养分再循环。一般所产生的养分流是可溶性液体肥料。由于长距离运输、储存导致成本较高，因此最好在当地使用这些再生养分，如果当地无法消纳，则在运输或存储之前将其进一步浓缩，如果无法实现现场使用，那么将会提前进行液体肥料浓缩。

3.1.5.5 需要更好地了解作物的化学水质要求和阈值

对于不同作物品种，化学水质的要求和阈值变化范围较大，农户对此并不十分了解。对于一个园艺工作者而言，应该充分了解和掌握作物对 Na^+ 和 Cl^- 的耐受性。例如，荷兰正在开展一项不同作物对 Na^+ 浓度反应的调查研究。

3.1.5.6 再循环营养液的水质监测

保持水质良好的相关技术中，其中之一就是测定 Na^+ 含量。一般通过手动采集营养液样品，在实验室在线监测总电导率来完成。

3.1.6 社会经济制约因素

保持灌溉水最佳化学成分配比有利于灌溉、水肥一体化和再循环利用，主要表现在如下几方面：

① 降低无土栽培系统中循环水净化频率，同时进行再循环并减少排放（降低净化/排放成本）。

② 减少新养分供给量，从而降低肥料成本。

③ 减少地下水开采量。

在荷兰的温室中水的淡化循环利用已经很普遍（应用面积占温室面积的 80% 以上）。在温室地区，由于密集的无土栽培，地表水的质量往往不符合水框架指令的要求。当循环营养液化学成分质量出现问题时，应不再使用。化学成分质量存有疑问时，可弃用循环营养液。荷兰的无土栽培每年使用 650 万 m^3 的淡水，每年排放 1 300 t 氮、200 t 磷和 1 134 kg 农药。计算表明，荷兰通过减少废弃营养液排放，每年可减少淡水使用 260 万 m^3，降低养分和农药产品引起的水资源污染 60%。

3.1.7　监管制约因素

部分国家或地区对水净化过程中浓缩物的排放有一定限制。浓缩物通常盐含量较高，还可能包含植物养分和其他有害物质如 PPP。针对海水淡化过程中产生的浓缩物（也称为卤水），应该制定适用于该区域的相应法规，禁止将有害物质排放到地表水或下水道或运输到其他地方排放。一般来说相关规定有：①关于排放浓缩物的限制；②关于二次材料运输的规定。

3.1.8　现行处理技术

本章介绍了优化灌溉水中化学成分含量的相关技术：
① pH 的调节。
② 去除铁和锰：絮凝/凝结原理。以去除铁为例，铁过滤器包括絮凝和砂滤两个步骤。
③ 水的淡化方法：正向渗透、反渗透、膜蒸馏、改性离子交换、电物理沉淀、电解/电渗析、电容去离子。

3.1.9　当前无法解决的问题

亟待解决但尚未找到适当办法的问题如下：
① 水淡化成本高。
② 浓缩物/盐水的去处。
③ Na^+ 的选择性去除。
④ 需要采取整体方法。

3.1.10　主要参考文献

Beerling，E. A. M.，Blok，C.，Van der Maas，A. A.，& Van Os，E. A.（2013）. Closing the water and nutrient cycles in soilless cultivation systems. *Acta Horticulturae*，1034，49-55

Morin，A.，Katsoulas，N.，Desimpelaere，K.，Karkalainen，S.，& Schneegans，A.（2017）Starting paper：EIP-AGRI Focus Group Circular Horticulture Retrieved fromhttps：//ec. europa. eu/eip/agriculture/sites/agri-eip/files/eip-agri _ fg _ circular _ horticulture _ starting _ paper _ 2017 _ en. pdf

Raudales，R. E.，Fisher，P. R.，& Hall，C. R.（2017）. The cost of irrigation sources and water treatment in greenhouse production. *Irrigation Science*，35（1），43-54

Stijger，H.（2017，）. Leren omgaan met oplopend natriumgehalte in de teelt. Retrieved fromhttps：//www. glastuinbouwwaterproof. nl/nieuws/leren-omgaan-met-oplopend-natriumgehalte-in-de-teelt/on 06/02/2018

Voogt，W. Retrieved from Verzilting in de zuidwestelijke delta en de gietwatervoorziening glastuinbouw. http：//edepot. wur. nl/13084

3.2 技术清单

相关技术清单见表3-1。

表3-1 水质优化技术清单

技术	成本			要求	优势	不足	技术发展阶段
	投资	维护	总成本				
离子浓度							
电容去离子	3.5万～10万欧元	能源：0.5～2.5 kW·h/m³	1～5 欧元/m³	基本的农艺知识和电脑技能	不需要化学品或防垢产品；水回收率80%～90%	需要优化电极对低盐度饲饮用水更有效	商业试点
电物理沉淀（EpF）	不适用	不适用	不适用	最小的维护前处理	能耗低	有结垢风险处理废水和冲洗需要用水生成氢	商业试点
电渗析	每年投资成本9 000～64 000欧元（1～10 m³/h）	能源：0.05 kW·h/m³ 运营成本：每年2 000～15 000 欧元（1～10 m³/h）	1.3～2.6 欧元/m³		高能效	没有选择性 当需要处理的水中盐浓度较低时，电渗析便不太经济	商业试点
改性离子交换	5万～10万欧元（120 m³/d）	化学药品成本可由生产肥料的价值抵消一部分 树脂5～10年更换一次，一次花费1 000～5 000欧元		化学背景	生产肥料 污垢潜力低 半选择性去除钠	系统较复杂	商业试点
纳米过滤	200～1 000欧元/（m³·d），膜增加 20～45欧元/m²	能源：0.15 kW·h/m³	0.2～1欧元/m³，具体取决于安装规模。	只需要工作人员很少的关注预处理	提供可靠的水体消毒；轻松实现自动化；可持续供水；选择性	对污垢敏感；处理废水和冲洗需要水；需要昂贵的膜	商业化
水的浓度							
反渗透	3 万欧元（200 m³/d）	能源：2～3 kW·h/m³	0.5～3欧元/m³	预处理	技术可靠；可持续供水；易于扩展	可能会发生膜污染；会产生浓缩物（10%～50%）；没有选择性；硼去除率有限，为1mg/L	商业化

（续）

技术	成本			要求	优势	不足	技术发展阶段
	投资	维护	总成本				
水的浓度							
正向渗透	不适用	能源：1.3～1.5 kW·h/m³	不适用	浓缩提取液（如液体肥料）	在温和的工艺条件下运行；膜污染的风险低	获得高质量水所需的步骤烦琐	试点，没有在园艺产业实践
膜蒸馏	900 欧元/(m³·d)	能源：2.8 kW·h/m³	0.94～1.61 欧元/m³	几乎不需要手动操作预处理	可持续供水；可分离多价离子，除去部分单价离子；可消毒	有污染和堵塞风险；会产生浓缩液	试点
其他							
pH 调节	3 000 欧元	要中和化学品的储罐保持充满		校准 pH 探头			商业化
去除铁元素	适用于 2 mL/m³ 流量和 10 m/h（曝气泵，快速砂滤器 2 槽×850 mm，混合罐和圆盘过滤器）：4 300 欧元			操作简单	低成本；可持续供水；不需要化学品投入	占地面积较大；需要处理废水和漂洗水；去除铁的能力有限	商业化

3.3　反渗透

（作者：Wilfred Appelman[22]，Willy Van Tongeren[22]，Ockie Van Niekerk[16]）

3.3.1　用途

该技术适用于灌溉水的制备。

3.3.2　适用地区

该技术适用于欧盟地区。

3.3.3　适用作物

该技术适用于所有作物。

3.3.4　适用种植模式

该技术适用于所有种植模式。

3.3.5　技术概述

3.3.5.1　技术目标

反渗透（RO）是一种微咸水或盐水（海水）的淡化技术，产生脱盐水和浓盐水。用于大规模的水处理，制备适合饮用和生产的水，对废水进行处理。

（1）处理咸水用于灌溉。对于可持续的设施农业，低钠含量的灌溉水是必不可少的。为了使微咸水适合灌溉，可以使用反渗透技术进行脱盐。另外，反渗透技术可处理废水以用于后续的再循环或排放。

在园艺应用中，反渗透技术已实现商业化并广泛用于处理微咸水。

（2）处理海水用于灌溉。反渗透广泛用于以灌溉为目的的大规模海水淡化设施中，特别是在欧洲南部。

（3）回收利用废水。RO技术在废水回收利用方面进行了试点研究，取得了良好的效果。用于废水再循环的反渗透技术尚未商业化。

3.3.5.2　工作原理

反渗透是一种利用半透膜去除水中离子、分子和较大颗粒的技术。反渗透过程中，外加压力是克服水中溶解的盐量引起的渗透压力所需的驱动力。反渗透可以从水中去除多种溶解性物质和悬浮颗粒，包括微生物，可应用于工业和饮用水生产（图3-2）。

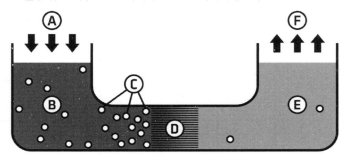

图3-2　反渗透原理

A. 施加压力　B. 含盐水　C. 污染物　D. 半透膜　E. 去矿物质水　F. 供水

（维基百科，2016）

反渗透系统以95%～99%的典型排斥率去除总溶解离子。

针对园艺用途，设计了用于微咸地下水的标准低压反渗透系统（最高工作压力为8×10^5 Pa），该系统可用塑料代替高压金属设备制造。当抽取地下水时，将用于提取地下水并将盐水浓缩物再注入井中。当使用海水时，需对海水中的硼单独处理。将无土栽培中的废水净化为灌溉水，可利用该系统测试废水是否需要预处理。

对于盐含量较高的海水等，可用工作压力高达60 bar的较大系统。

3.3.5.3　操作条件

无。

3.3.5.4　成本数据

水的总成本［运营支出（OPEX）和资本支出（CAPEX）］：0.5～3欧元/m³，具体取决于安装规模。能源成本（电力）为2～3 kW·h/m³。

一个每天产水 200 m³ 的典型反渗透装置大约需要投资 30 000 欧元。

3.3.5.5 技术制约因素

膜污染是该技术发展的重要制约因素之一,可通过良好的预处理和监测来克服。

3.3.5.6 优势与局限性

优势:可持续供水;技术可靠而成熟;易于扩展,可根据要求适应更大的容量。

局限性:需要排放浓缩物;回收废水时无法选择性地去除化合物中的特定元素;该技术产生的浓缩物(当使用微咸水时,实际上为 10%~50%)必须重新注入;常规反渗透膜不能将渗透液中的硼浓度降低到 1 mg/L 以下,这可能对有些作物有害。

3.3.5.7 支持系统

一般来说,不需要支持系统;但当反渗透系统用于废水回收时,可以考虑与超滤结合进行预处理。

3.3.5.8 发展阶段

试验阶段:用于处理回收排水和废水处理厂产生的废水。现场测试:使用新设计思路进行多次现场测试。商业化:用于海水和地下水淡化。

3.3.5.9 技术提供者

世界各地有许多供应商,有些是非常大的公司,如苏伊士(Suez)和威立雅(Veolia),但也有许多中小型企业,如 Priva、Bruine de Bruin、Lenntech、Logisticon 和 Hatenboer。

3.3.5.10 专利情况

反渗透技术是一种通用技术。系统供应商使用来自多家膜制造商的反渗透膜组件构建自己的系统。特殊环节或技术已经获得专利或正在申请专利,例如 Airo 和 Puro。

3.3.6 竞争技术

其他多种技术可用于生产淡化水,如离子交换、电渗析、电容双电离、膜蒸馏、正向渗透和纳米过滤。

3.3.7 应用范围

该系统适用于所有类型的水流,并且由于它是采用模块化系统构建的,因此很容易升级。

3.3.8 管理制约因素

一般而言,许多国家的浓缩液排放是受限制的。当从蓄水层中提取微咸地下水进行反渗透时,可以将浓缩物(盐水)排回至第二个含水层。这些占水总体积 10%~50% 的浓缩物含有防垢剂,会引起环境问题,不符合水框架指令(WFD)。

3.3.9 社会经济制约因素

反渗透本身不存在特定的社会、经济制约因素。该技术具有高水平的盐保留率(>99%),并可生产可安全使用的去矿质水。对于地下水和海水的处理,人们关注该技术产生的浓缩物对海洋生物的影响。

3.3.10 衍生技术

和反渗透系统的设计在规模、膜组件的类型（管状、螺旋状、中空纤维）和操作条件的方面有很大差异，但基本原则是一样的。有许多供应商拥有自己的系统和概念，但所使用的技术无本质区别，但有些存在区别，如 AiRO 的反渗透元件垂直放置，并且定期使用加压空气来防止系统结垢；又如 PURO 是一个集成概念，反渗透单元位于井内深处。地下水在地下进行处理并泵送到地面，同时盐水浓缩物留在后面。其优点是安装时可以利用深层地下水的压力为该过程节省能源，并且安装的占地面积非常小（系统占用的面积）。

3.3.11 主要参考文献

Dutch Policy Document：Beleidskader：Goed gietwater glastuinbouw，November 2012

Van Os，E. A.，Jurgens，R.，Appelman，W.，Enthoven，N.，Bruins，M. A.，Creusen，R.，... & Beerling，E. A. M.（2012）. *Technische en economische mogelijkheden voor het zuiveren van spuiwater* （No. 1205）. WageningenURGlastuinbouw. Retrievedfrom https：//www. glastuinbouwwaterproof. nl/content/3Onderzoek/GW _ Substraat _ WP5 _ Busine sscase. pdf on 06/02/2018

Kabay，N.，& Bryjak，M.（2015）. Boron Removal From Seawater Using Reverse Osmosis Integrated Processes. *Boron Separation Process*，219-235

Martinez-Alvarez，V.，Martin-Gorriz，B.，& Soto-García，M.（2016）. Seawater desalination for crop irrigation—A review of current experiences and revealed key issues. *Desalination*，381，58-70

Puro，http：//www. logisticon. com/nl/puro-concept（Dutch）

Over，K. N. W.，Jong，K. N. W.，& Mijn，K. N. W.（2014）. Periodiek spoelen met lucht en water（AiRO）voorkomt membraanvervuiling in hogedrukfiltratie-membranen. Retrieved fromhttps：//www. h2owaternetwerk. nl/vakartikelen/355-periodiek-spoelen-met-lucht-en-water-airo-voorkomt-membraanvervuiling-in-hogedrukfiltratie-membranen on 06/02/2018

Delft Blue Water project，http：//www. delftbluewater. nl/

3.4 膜蒸馏

（作者：Wilfred Appelman[22]，Willy Van Tongeren[22]）

3.4.1 用途

该技术适用于制备灌溉水；提高水的利用效率；尽量减少养分排放对环境的影响；浓缩水流，例如用于养分回收。

3.4.2 适用地区

该技术适用于欧盟地区。

3.4.3 适用作物

该技术适用于所有作物。

3.4.4　适用种植模式

该技术适用于所有种植模式。

3.4.5　技术概述

3.4.5.1　技术目标

膜蒸馏（MD）将膜过滤与蒸馏相结合，可利用不同水源的水（地表水、排水）产出清洁水（去矿物质水）。

3.4.5.2　工作原理

工作原理如图 3-3 所示。膜蒸馏最初是为海水淡化而开发的。荷兰研究机构 TNO 开发了 Memstill® 膜蒸馏技术，通过蒸发和随后的冷凝选择性地分离含水原料（例如海水）中的水，从而产生高质量的软化水和卤水。温度低于 100 ℃ 的低热（废热）可用于这种高效工艺，其特点是在致密的膜组件中使原料和卤水发生逆流流动。膜蒸馏的主要优点是水蒸气的回收距离短（膜厚度），与其他蒸馏技术相比，允许非常致密的安装。进料流和产物流的完全分离，可以实现盐分的高度保留。膜蒸馏技术是最先进的海水淡化技术（如反渗透、多效蒸馏）的

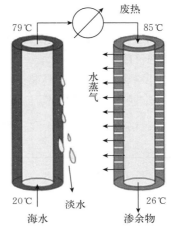

图 3-3　海水淡化的膜蒸馏方法

重要替代技术。膜蒸馏通常使用低温热量，使其适合利用废热和太阳能。与反渗透相比，基本上不需要添加剂或阻垢剂来防止膜蒸馏模块中膜的（生物）结垢。

膜蒸馏已经发展成不同的配置（图 3-4）：

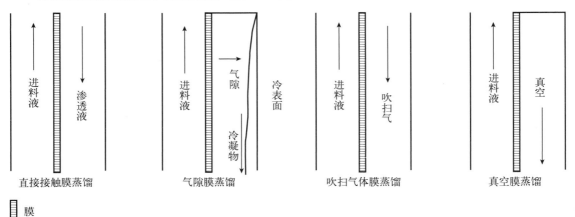

图 3-4　膜蒸馏配置

(Meindersma et al.，2006)

（1）直接接触膜蒸馏。两种流体都与膜接触。产物流在热交换器上循环，以除去产出水的冷凝热并保持驱动力。

（2）气隙膜蒸馏。气隙用于通过膜传导减少热量损失；传导损失对工艺的能量效率有负面影响。这种结构的缺点是气隙和冷凝水层对水蒸气的输送具有额外的阻力，导致通量较低

（即每平方米膜的生产率）。

（3）吹扫气体膜蒸馏。产生的水蒸气被输送到外部热交换器，被冷凝成水，吹扫气体通常被再循环到膜蒸馏单元。

（4）真空膜蒸馏。通过施加真空可大大降低气隙的阻力。通常在真空泵的下游，产生的水蒸气被引导到冷凝表面。

3.4.5.3 操作条件

膜蒸馏可在接近环境压力条件下和 40～95 ℃的温度范围内操作，其他操作条件如表 3-1 所示。该系统由一系列膜组件组成，因此可以组建大容量配置。

3.4.5.4 成本

大多数情况下，膜蒸馏被用于海水淡化。表 3-2 概述了膜蒸馏和反渗透的典型技术性能和海水淡化的具体成本。

表 3-2 反渗透和膜蒸馏海水淡化的操作和性能参数汇总

（Shahzad et al.，2017）

参数	反渗透	膜蒸馏
典型的设备规模/（×10^3 m^3/d）	多达 128	24
单位设厂成本/［美元/（m^3·d）］	1 313	1 131
工作温度/℃	环境温度	60～90
电能消耗/（kW·h/m^3 馏分）	1.5～3.65	2.8
热能消耗（MJ/m^3 馏分）	不适用	360
热能消耗/（kW·h/m^3 馏分）	不适用	100
性能比/（kg/MJ 馏分）	不适用	高达 5
水费/（美元/m^3 馏分）	0.26～0.54	1.17～2.0
技术增长趋势	高	—
环境影响：温度	盐水在环境温度下排放	排放温度比环境温度高 10～15 ℃
环境影响：溶解性固体总量（TDS）	TDS 增加 50%～80%	TDS 增加 15%～20%
二氧化碳排放量（kg/m^3）	1.7～2.8	7.0～17.6
二氧化碳减排/（美元/m^3）	—	0.18～0.35
回收率/%	30%～50%	60%～80%
产水/（mg/L）	<500	<10
每吨水产量需要海水吨数	2～4	5～8
足迹/［m^2/（m^3·h）］	3.5～5.5	
关闭进行维护	约 4 年 1 次或更久	
可用性	92%～96%	
设备寿命/年	10～15	

3.4.5.5 技术制约因素

膜蒸馏技术对表面活性剂的存在敏感，可能会导致疏水膜湿润，因此，需要进行预处理。该技术使用热量作为驱动力而不是机械压力。反渗透是压力驱动且受待处理液体渗透压的限制，与其相比，膜蒸馏技术可以处理高度浓缩的水流。膜蒸馏需要开发具有更高通量的膜，与其他脱盐技术（如反渗透）存在竞争。

3.4.5.6 优势与局限性

优势：提供可靠的水质；轻松实现自动化；可持续供水；可以替代反渗透膜（没有完全去除离子）；分离多价离子（硫酸盐、磷酸盐、钙、金属等），除去部分一价离子，P、N 和 K 离子的部分分离；降低水体颜色和混浊度；可能软化水；很少或根本不需要化学品投入；与反渗透相比，保留物（膜所保留的物质）的体积较小，离子浓度较低也可重复使用；可完全去除病毒、噬菌体和大分子生物；无需化学品（清洁活动除外）；几乎不需要手动操作（仅更换模块）。

局限性：有污染和堵塞膜的风险。可能需要进行预处理（预过滤规格 0.1～20 μm）；膜受污染，可能需要清洁；需要处理废水和冲洗水。

3.4.5.7 支持系统

膜蒸馏过程所需的是水预处理的热量。

3.4.5.8 发展阶段

现场测试：作为荷兰国家项目温室园艺防水基质培养的一部分，2012 年在温室园艺操作中使用试验装置研究了 Memstill® 膜蒸馏的可行性。该项目的目标是防止温室中基质培养作物排放硝酸盐、磷酸盐和农药。

Memstill® 试验装置能够将基质排出水中的离子浓度降低 7～8 倍，这意味着可以回收 80% 以上的水。该试验显示出盐分和营养成分的高度保留。预计该技术在市场开发和升级之后，可以降低当前的初始成本，而可变成本现在已经低于反渗透技术。

在描述技术准备水平（TRL）的等级上，膜蒸馏被认为具有 4～6 级的准备状态。这是从实验室环境系统/子系统模型的验证到相关环境中的原型演示。

3.4.5.9 技术提供者

膜蒸馏技术可由不同的制造商提供，如 Aquastill、Hellebrekers Technieken、I3 Innovative Technologies、SolarSpring GMBH、Memsys。

3.4.5.10 专利情况

特定的应用和特定的膜及模块类型已获得专利。然而，膜蒸馏是一种可用于园艺的通用技术。系统供应商可使用来自一家或多家膜制造商的膜蒸馏膜组件构建专用系统，而膜供应商也有自己的系统。

3.4.6 竞争技术

反渗透可被视为膜蒸馏技术一种竞争技术。

3.4.7 应用范围

该系统适用于所有类型的水流，并且由于是模块化系统，因此易于升级。在大多数应用中，预处理是一个重要问题。由于膜污染，可能需要对膜组件定期进行（原位）化学清洁。

3.4.8 管理制约因素

无管理制约因素。

3.4.9　社会经济制约因素

对于膜蒸馏本身的使用，还没有具体的社会、经济制约因素。除挥发性分子外，该技术具有较高的盐和其他分子保留水平，生产出来的水通常被认为是安全的。该技术已被证明可用于海水淡化。

3.4.10　衍生技术

（1）MemPower：利用废水和废热产生优质水和电力（图 3-5）。其特征在于产生高压蒸馏物，使用水力涡轮机可从中收集电力。在膜蒸馏过程中，通过对蒸馏产物进行节流，使液压朝向膜的液体进入压力（LEP）增加，从而产生功率。涡轮机可以获得的功率＝流量×压力。

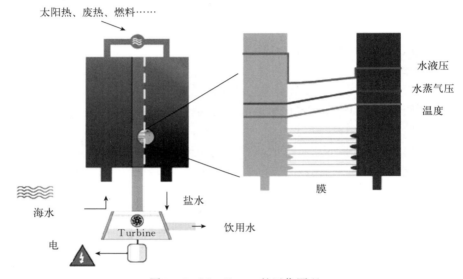

图 3-5　MemPower 的运作原理

（2）渗透蒸馏。该技术可视为等温膜蒸馏（图 3-6）。它不是使用膜上的温差作为驱动力，而是使用具有高渗透压的所谓汲取液来使原料脱水。同样的原理也用于正向渗透，不同之处在于渗透蒸馏中是水蒸气被渗透而不产生液态水。

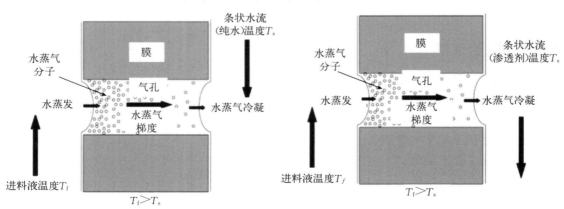

图 3-6　膜蒸馏（左）和渗透蒸馏（右）原理（Johnson et al.，2017）

3.4.11　主要参考文献

Dutch Policy Document：Beleidskader：Goed gietwater glastuinbouw，November 2012（https：//www. glastuinbouwwaterproof. nl/grond/gietwater/nieuws/goed-gietwater-beleidskader-voor-duurzaam-geschikt-gietwater-voor-de-glastuinbouw/pagina/7/）

Van Os，E. A.，Jurgens，R.，Appelman，W.，Enthoven，N.，Bruins，M. A.，Creusen，R.，... & Beerling，E. A. M.（2012）.*Technische en economische mogelijkheden voor het zuiveren van spuiwater*（No. 1205）. Wageningen UR Glastuinbouw. Retrievedfrom https：//www. glastuinbouwwaterproof. nl/content/3Onderzoek/GW _ Substraat _ WP5 _ Busine sscase. pdf on 06/02/2018

Jansen，A.，Assink，W.，Hanemaaijer，J.，& Medevoort，J.（2007）. Membrane Distillation—Producing High Quality Water From Saline Streams by Deploying Waste Heat. Retrieved fromhttps：//www. tno. nl/media/1509/membrane _ distillation. pdf on 06/02/2018

Camacho，L. M.，Dumée，L.，Zhang，J.，Li，J. D.，Duke，M.，Gomez，J.，& Gray，S.（2013）. Advances in membrane distillation for water desalination and purification applications.*Water*，5（1），94-196

Johnson，R. A.，& Nguyen，M. H.（2017）.*Understanding Membrane Distillation and Osmotic Distillation*. John Wiley & Sons

Souhaimi，M. K.，& Matsuura，T.（2011）.*Membrane distillation：principles and applications*. Elsevier

Shahzad，M. W.，Burhan，M.，Ang，L.，& Ng，K. C.（2017）. Energy-water-environment nexus underpinning future desalination sustainability.*Desalination*，413，52-64

Meindersma，G. W.，Guijt，C. M.，& De Haan，A. B.（2006）. Desalination and water recycling by air gap membrane distillation.*Desalination*，187（1-3），291-301

https：//emis. vito. be/en/techniekfiche/membrane-distillation

3.5　正向渗透

（作者：Wilfred Appelman[22]，Willy Van Tongeren[22]）

3.5.1　用途

该技术用于制备灌溉水；提高水的利用率；尽量减少养分排放对环境的影响。

3.5.2　适用地区

该技术适用于欧盟地区。

3.5.3　适用作物

该技术适用于所有作物。

3.5.4　适用种植模式

该技术适用于所有种植模式。

3.5.5　技术概述

3.5.5.1　技术目标

正向渗透（FO）目的是为了浓缩低浓度的溶液。该技术可以处理各种微盐水，浓缩后形成高浓度的盐水。正向渗透还可通过使用渗透性强的汲取溶液选择性脱水，具有处理废水的潜力。为了回收渗透水，需要在 FO 系统中加入汲取溶液回收系统，可以用反渗透（RO）或膜蒸馏（MD）。

3.5.5.2　工作原理

正向渗透是一种渗透过程，与 RO 一样，使用半透膜将水与溶解的溶质分离。这种分离的驱动力是渗透压梯度，使得高浓度的汲取溶液（相对于进料溶液）诱导净水流通过膜进入汲取溶液，因此有效地将水与其中的溶质分离（图 3-7）。相反，RO 过程使用液压作为分离的驱动力，其用于抵消渗透压梯度，否则导致优化水从渗透液流回进料中。因此，与 FO 相比，RO 需要更多的能量。然而，FO 需要汲取溶液浓缩系统来回收水，并允许再利用汲取溶液。

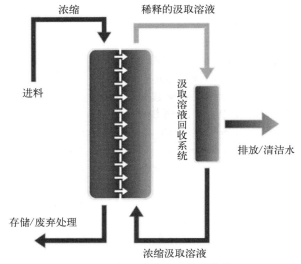

图 3-7　具有汲取溶液回收系统的 FO 系统运作原理
（Bluetec，2017）

RO 和 FO 工艺之间的另一个区别是 RO 工艺产生的渗透水在大多数情况下是可以使用的淡水。在 FO 过程中，情况并非如此，因为渗透水溶入了汲取溶液。实际上，FO 过程的膜分离导致了进料溶液与汲取溶液之间的溶质交换。该过程取决于原料液中溶质的浓度和 FO 工艺产品的预期用途。

3.5.5.3　操作条件

FO 在正常大气压和室温的环境条件下运行，且需要具有高渗透压的汲取溶液来驱动这一过程。

可以使用多种类型的汲取溶液：如氯化钠、氯化镁、氯化锂、硫酸盐、碳酸氢铵等盐溶液，以及可溶的有机化合物溶液，如乙醇、糖等；磁性纳米颗粒、浓缩废水、海水等。

在某些情况下，FO 可以在无汲取溶液回收系统的情况下操作，将此称为渗透稀释。如利用 FO 膜处理废水，使海水在脱盐前得到淡化。

3.5.5.4　成本

目前研究了 FO 系统在经济和能耗方面的可行性。对于海水淡化，与独立 RO 系统相比，集成的 FO-RO 系统可以通过降低 FO 系统稀释步骤中海水的盐度，潜在地降低总体成本和能源消耗。

据估计，FO-RO 系统能耗 $1.3 \sim 1.5 \, kW \cdot h/m^3$，它通过从二级废水中提取水来稀释海水。这低于独立单通道 RO 系统，其平均能耗约为 $2.5 \, kW \cdot h/m^3$。

使用集成的 FO-RO 系统替换两通 RO 系统及其相关的预处理步骤来估算潜在的节能量。与 50% 运行的两通 RO 系统（能耗 $4 \, kW \cdot h/m^3$）相比，集成系统的比能更低（能耗 $3 \, kW \cdot h/m^3$）（图 3-8a）。最近的一项研究在假设独立式 RO 和 FO-RO 两种配置都具有一定的效率的情况下，计算出了独立式 RO 和 FO-RO 所需的能量（图 3-8b）。

由于再生过程的能量损失，FO-RO系统的能量平衡仍然超过独立式RO过程的能量平衡。已证实，市场上RO系统渗透的单位成本较高（超过0.1美元/m³），集合FO-RO系统的成本相对较低。只要稀释步骤中通量足够高［超过30 L/（h·m²）］，FO与RO的集合就是合理的（图3-8c）。这表明了FO实施中的主要差距以及研究需求，即克服低渗透通量和高膜成本两个主要障碍。

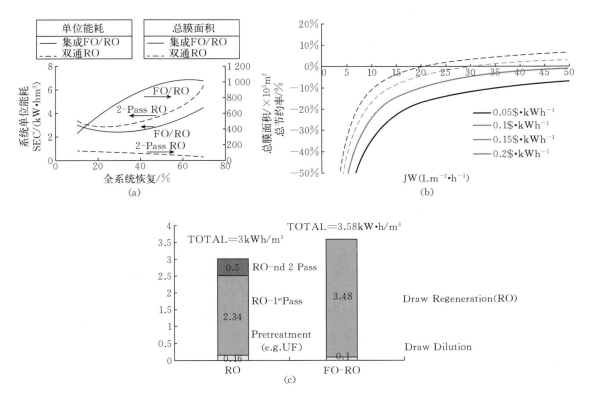

图3-8 FO-RO与独立的RO系统在经济和能耗方面的差异比较

（a）FO/RO胜过独立的双通RO （b）考虑到FO过程的低效率，FO-RO在能量上高于RO

（c）只有在通量大于30 L/（h·m²）以及独立RO的实际成本很高时，才能FO-RO才能实现整体节能

(Akther et al.，2015)

3.5.5.5 技术制约因素

FO膜的基本性能特征：透水性高；低盐渗透性；低内部浓度极化的支撑层结构。内部浓度极化导致膜上的驱动力较低，因此产生较低的水渗透通量，这可以根据膜两侧体相中溶解物质的浓度来预计。

对于汲取溶液，必须具有高渗透压，同时在用渗透水稀释后能够以低能耗进行脱水。

3.5.5.6 优势与局限性

优势： FO在温和工艺条件下运行（低压或无液压，环境温度）。FO对各种污染物具有高排斥性。FO从汲取溶液中获得的较高的驱动力（5 mol/L的氯化镁水溶液可以产生$1×10^8$ Pa的驱动力）。与压力驱动的膜过程相比，FO可能具有较低的膜污染风险。FO

设备非常简单且易于扩展，与 RO 相比，膜维护的问题较少。FO 在温和条件下浓缩进料，即不产生机械损耗和热损耗。通过压力延缓渗透，从水和汲取溶液的混合物中获取能量。

局限性：与 RO 系统相比，FO 系统的缺点是不能在一个步骤中提供高质量的水。在 FO 步骤之后，将高质量的水与汲取溶液混合，并且需要第二阶段（RO、MD）来回收水并再生汲取溶液。由于该技术是园艺的新技术，因此尚无实际经验。

3.5.5.7 支持系统

要运行 FO 系统，需要一种汲取溶液。膜渗透侧的浓缩溶液是 FO 系统驱动力的来源。不同的术语可用来描述驱动力来源，如渗透剂、渗透介质、驱动溶液、渗透引擎、样品溶液或者是盐水。选择汲取溶液的要求是其具有比进料溶液更高的渗透压。

3.5.5.8 发展阶段

试验阶段：该技术的 TRL 级别为 4～7 级。通过可行性研究和污水处理试验工厂的持续性测试，该技术将在 Eurostars 路线中进一步发展至 TRL 7 级。当进一步扩展到示范工厂，该技术将达到 TRL 9 级。

3.5.5.9 技术提供者

正向渗透系统可由多个制造商提供，如荷兰的 Bluetec（http://www.blue-technologies.nl/technologies-forwardosmosis）。

3.5.5.10 专利情况

人们对 FO 原理的了解已有一段时间。在有关高性能的膜和模块上可能产生新的专利。

3.5.6 竞争技术

RO 和 MD 被认为是 FO 的竞争技术，但这些技术也可以与 FO 互补（或相反）结合，用于水回收和汲取溶液再生。

3.5.7 应用范围

该系统适用于所有类型的水流（海水、废水、饮料等），并且是模块化系统，易于升级。在许多应用中，预处理可能是一个重要问题。

3.5.8 管理制约因素

该技术无管理制约因素。

3.5.9 社会经济制约因素

作为一种创新技术，需要一定的知识支撑才能正常使用该系统。目前为止，还没有在园艺方面应用。

3.5.10 衍生技术

在压力延缓渗透（Pressure Retarded Osmosis）的过程中，可以通过混合渗透水和汲取溶液来获取能量。此外，还需要 FO 汲取溶液的回收技术。

3.5.11　主要参考文献

Dutch Policy Document：Beleidskader：Goed gietwater glastuinbouw，November 2012（https：//www. glas-tuinbouwwaterproof. nl/grond/gietwater/nieuws/goed-gietwater-beleidskader-voor-duurzaam-geschikt-giet-water-voor-de-glastuinbouw/pagina/7/）

Van Os，E. A.，Jurgens，R.，Appelman，W.，Enthoven，N.，Bruins，M. A.，Creusen，R.，...& Beerling，E. A. M.（2012）. *Technische en economische mogelijkheden voor het zuiveren van spuiwater*（No. 1205）. WageningenURGlastuinbouw. Retrievedfrom　https：//www. glastuinbouwwaterproof. nl/con-tent/3Onderzoek/GW＿Substraat＿WP5＿Busine sscase. pdf on 06/02/2018

Cath，T. Y.，Childress，A. E.，& Elimelech，M.（2006）. Forward osmosis：principles，applications，and recent developments. *Journal of Membrane Science*，281（1-2），70-87

Lutchmiah，K.，Verliefde，A. R. D.，Roest，K.，Rietveld，L. C.，& Cornelissen，E. R.（2014）. For-ward osmosis for application in wastewater treatment：a review. *Water Research*，58，179-197

IDA World Congress-Perth Convention and Exhibition Centre（PCEC），Perth，Western Australia September 4-9（2011），http：//www. modernwater. com/assets/pdfs/PERTH％20Sept11％20-％20FO％20Desal％20A％20Commercial％20Reality. pdf

https：//www. waterinnovatieprijs. nl/project2016/forward-osmose/

Akther，N.，Sodiq，A.，Giwa，A.，Daer，S.，Arafat，H. A.，& Hasan，S. W.（2015）. Recent ad-vancements in forward osmosis desalination：a review. *Chemical Engineering Journal*，281，502-522

3.6　电物理沉淀

（作者：Wilfred Appelman[22]，Willy Van Tongeren[22]）

3.6.1　用途

该技术用于制备灌溉水；尽量降低养分排放对环境的影响。

3.6.2　适用地区

该技术适用于欧盟地区。

3.6.3　适用作物

该技术适用于所有作物。

3.6.4　适用种植模式

该技术适用于所有种植模式。

3.6.5　技术概述

3.6.5.1　技术目标

电物理沉淀（EpF）取代了传统的化学絮凝技术，其优点是絮凝剂可以从固态电极电解过程中获得。

3.6.5.2 工作原理

在 EpF 中，将需处理的水通过一个反应器，在这个反应器中，电流流过牺牲电极。在电极之间发生电化学反应，牺牲电极溶解，从而释放出金属离子，在该过程中生成金属氢氧化物絮凝物（图 3-9）。这些金属氢氧化物絮凝物具有很强的吸附性，并且可以与分散的颗粒物结合。此外，溶解的有机物质和无机物质会在同时发生的共沉淀反应和包裹沉淀反应中沉淀下来。这种沉淀或吸附的物质可以机械分离（图 3-10、图 3-11）。

图 3-9 基于实验室条件的电凝试验示例

图 3-10 园艺温室中的电物理沉淀的试点装置的示例一　图 3-11 园艺温室中的电物理沉淀的试点装置的示例二

3.6.5.3 操作条件

规模和容量没有限制。运行条件取决于应用程序。

3.6.5.4 成本

这取决于具体的应用，目前无可用的成本数据。

3.6.5.5 技术制约因素

该技术无技术制约因素。

3.6.5.6 优势与局限性

优势：对工业水、过程水和废水的治理具有经济有效和可持续性的解决方案；不会使盐度增加，可以进行再循环；工艺稳定，可以达到满足排放标准；运行较快，可以进行待机操作；适用于不同的废水和污染物负荷；维护少，可靠性高；能耗低；铁或铝电极价格低廉，容易获得，便于操作；无需购买、处理或分散絮凝剂。

局限性：可能需要预处理（预过滤规格 0.1~20 μm）；螺旋缠绕模块总是需要预处理；可能对污垢很敏感；处理所需的废水和冲洗的水；电解气体（生成氢）。

3.6.5.7 支持系统

该技术只是为了降低磷酸盐和总有机碳等成分的浓度，因此需要对水进行预处理。图 3-12 的装置中，EpF 只是整个装置的一部分，以形成完整的水循环封闭系统。

3.6.5.8 发展阶段

试验阶段：某试验工厂已经在应用该技术（2015 年），流量为 0.1~1 m³/h。该技术已

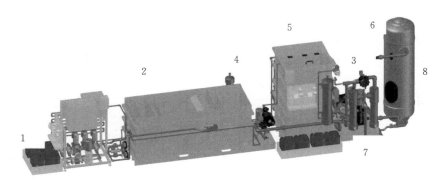

图 3-12 "合格灌溉水"产业研究工厂化试点方案
1. pH 控制和静态混合器 2. 电凝 3. 烛式过滤器 4. 盘式过滤器
5. 中间存储 6. 高级氧化 7. 反渗透 8. 活性炭过滤器

被证明可去除有机物和磷酸盐。该技术尚未在商业规模的水肥一体化中进行测试。

3.6.5.9 技术提供者

Fraunhofer IGB 和 Hellebrekers Technieken（荷兰）可提供该技术。

3.6.5.10 专利情况

电物理沉淀装置是一般的单元操作。例如，用于园艺温室的精确尺寸和特征可以受到知识产权的保护。

3.6.6 竞争技术

与该技术有竞争关系的技术有常规化学絮凝技术和剂量化学包。

3.6.7 监管制约因素

可能对电极材料有要求。铜/铝电极可能会导致水中这些元素的浓度增加。

3.6.8 社会经济制约因素

无特定的社会经济制约因素。除挥发性分子外，该技术具有高水平的保留率；该技术所生产的水一般可安全使用。

3.6.9 衍生技术

该技术暂无衍生技术。

3.6.10 主要参考文献

Sherer T. 2017. Retrieved from http://www. igb. fraunhofer. de/en/research/competences/physical-process-technology/process-and-wastewater-purification/water-treatment/electrophysical-precipitation. html

Commercial presentation of Fraunhofer，2017. Retrieved fromhttp://www. igb. fraunhofer. de/content/dam/igb/de/documents/Brosch％C3％BCren/Process _ water _ treatment _ by _ oxidative _ and _ electrolytic _ processes. pdf

Appelman 2015，Feasibility report Pilotonderzoek Goed gietwater op opkweekbedrijven. Retrievedfrom https：//www. glastuinbouwwaterproof. nl/onderzoeken/15116 _ pilotonderzoek _ goed _ gietwater _ op _ opk-weekbedrijven/

Feenstra et. al. 2012 Verwijdering van fosfaat uit drainagewater：elektrocoagulatie biedt perspectieven. Retrieved from H_2O magazine，nr 11，2012

3.7 电渗析

（作者：Wilfred Appelman[22]，Willy Van Tongeren[22]）

3.7.1 用途

该技术用于制备灌溉水；更有效地利用水资源；尽量减少养分排放对环境的影响。

3.7.2 适用地区

该技术适用于欧盟地区。

3.7.3 适用作物

该技术适用于所有作物。

3.7.4 适用种植模式

该技术适用于所有种植模式。

3.7.5 技术概述

3.7.5.1 技术目标

电渗析（ED）是一种膜过程，用于去除溶液中的离子。

3.7.5.2 工作原理

电渗析在施加电势差的条件下，将盐离子从一种溶质通过离子交换膜输送到另一种溶质中，它是在 ED 单元中配置完成的。该单元由进料（稀释）隔室和由阴离子交换膜与放置在两个电极之间的阳离子交换膜形成的浓缩物（卤水）隔室组成。在几乎所有 ED 实际运行过程中，交替的阴离子和阳离子交换膜形成多个 ED 单元，多个 ED 单元排列组成一个 ED 组件结构。电渗析方法不同于蒸馏技术和其他基于膜的方法（如反渗透），其可溶颗粒不是被保留而是从进料水中被移除了。因此，流出液中可溶颗粒的数量远高于进料水，ED 技术的应用大大提高了进料水的回收率。颗粒在进料流中是被移除而不是反向流动。由于进料流中溶解的颗粒数量远小于流体的数量，因此，ED 的实际优势是在许多应用中提供了更高的进料回收率。实验装置的示意见图 3 - 13。

电流通过由交替的阳离子和阴离子离子交换膜层组成的 ED 组件，使硝酸盐和钠等溶解的盐离子迁移。在实验装置中，使用单价选择性膜从多价离子（如磷酸盐）中分离出一价离子（如钠和钾）。通过反转施加的电流极性，周期性地反转离子流的方向，以减少膜的结垢。

试验设置的总体流程及 ED 装置分别见图 3 - 14、图 3 - 15。

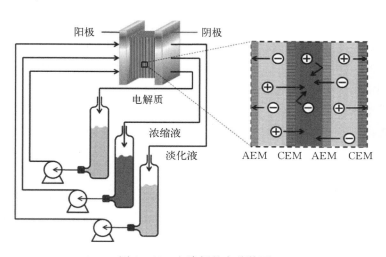

图 3-13 电渗析的实验装置
（RESFOOD 项目，2015）

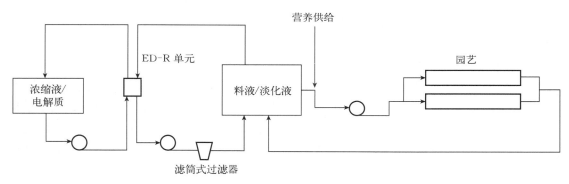

图 3-14 园艺业 ED 装置设计流程
（RESFOOD 项目，2015）

图 3-15 ED 装置试样
（IEC，2017）

3.7.5.3 操作条件

虽然 ED 过程已开始推广，但是目前所涉及的规模多数较小，尚缺乏进行大规模应用的基础。由于该项技术的特殊性，需要进行大量应用测试才能进行大规模应用。

ED 操作中会发生膜污染。建议事先去除分散的颗粒、胶体或腐殖酸。砂滤、滤筒过滤、微滤、超滤、絮凝方法或活性炭可用于去除这些物质。此外，还必须除去油脂（通过凝结或活性炭吸附）。在许多情况下，可能定期需要用特定清洁产品（如酸、碱等）清洁膜。ED 膜的平均使用期限为 5～7 年。

通常认为溶解物质的浓度为 3 000 mg/L 是通过反渗透和 ED 之间的更有效处理的阈值。如果溶解物质的浓度小于 3 000 mg/L，则可以使用 ED；如果高于 3 000 mg/L，则更合适使用反渗透。

3.7.5.4 成本

ED 的主要成本是膜和用电量。极限电流密度决定了 ED 过程的价格。成本价格可能因废水类型而有很大差异。在 RESFOOD 项目中，基于预处理系统（Fleck 过滤器、多介质组合砂滤器）以及 5% 的利率估算成本。安装的折旧可以持续 10 年，而膜组件的典型折旧时间为 5 年。ED 系统的预期能耗约为 0.05 kW·h/m³，能源成本约为 0.08 欧元/kW·h。

对于安装规模为 1～10 m³/h（3 500～50 000 m³/年）的 ED，随着安装规模的增加，CAPEX 会每年增加 0.9 万～6.4 万欧元，而 OPEX 会每年增加 0.2 万～1.5 万欧元。典型的处理成本下降为 1.3～2.6 欧元/m³。

3.7.5.5 技术制约因素

对于经典的 ED 系统，只需要三个简单（独立）的液体回路：稀释剂流、浓缩液流和必须配置一定体积的电解质。标准叠层可提供适合所需应用的膜和标准电源。对于参数优化，可以首先运行单个 ED 装置，包括用在 ED 测试期间跟踪过程的特定仪器。这些仪器主要用于测量压力、体积、温度、pH 和电导率。一旦针对特定应用优化了条件，对过程限制设置了优化参数，工业装置原则上可独立操作而无需大量仪器。在这方面，如果可预防（偶然的）膜污染，ED 装置在操作上具有相当高的可靠性。

电流密度限制是 ED 的限制因素。具有最低稀释剂浓度的最后一个堆叠是可以发生限制电流密度的风险地带。因此，建议通过实验确定极限电流密度，并将其用于 ED 设计软件，以确定最佳（系列）堆叠配置（总长度和总膜表面）。ED 是根据浓度规格设计，完全由具体应用决定。

ED 具有一定的局限性，最适合从进料流中除去低分子量离子组分。通常不会明显除去不带电荷、分子量较高和移动较少的离子物质。此外，与 RO 相比，当水质要求极低的盐浓度时，ED 显得不经济。因此，需要相对大的膜面积来满足低浓度和低电导率进料溶液的容量要求。

3.7.5.6 优势与局限性

优势：可为园艺生产供水的 ED 系统在连续运作下可降低循环水中钠的浓度。

在实践中，通常认为溶解物质浓度为 3 000 mg/L 是采用反渗透或 ED 之间更具成本效益的阈值。因此，如果低于 3 000 mg/L 则使用 ED，如果高于 3 000 mg/L 则使用反渗透。另一个支持 ED 的论点可能是高回收率的需要。

局限性：连续运行 ED 系统会损失部分营养物质，如硝酸盐和钾。

3.7.5.7　支持系统

与 RO 一样，ED 系统需要对进料进行预处理，以去除可包裹于、沉淀于或以其他方式污染离子交换膜表面的物质。不进行预处理会使污垢降低 ED 系统的效率。预处理去除的颗粒包括钙和镁的无机化合物、悬浮固体、二氧化硅以及有机化合物。水软化可以降低水的硬度，微米或多介质过滤可用于去除悬浮固体。水硬度较大，可以在膜上结垢。各种化学品也可用于帮助防止结垢。此外，具有一定容量或反向流动的 ED 系统、ED - R 系统，通过周期性地反转稀释、浓缩物的流动方向以及电极的极性来尽量减少结垢。

需要除去直径超过 10 μm 的悬浮固体，以防堵塞膜孔，还需去除一些能够中和膜的物质，如大的有机阴离子、胶体、氧化铁和氧化锰等，以防影响膜的选择性功能。除去以上物质的预处理方法有活性炭吸附（用于有机物质）、絮凝（用于胶体）和过滤技术。

3.7.5.8　发展阶段

电渗析已在不同行业建立了工艺流程，但目前在园艺方面尚未应用。但是，相关研究已经开展并且正在进行中。例如，在 RESFOOD（www.resfood.eu）项目旨在开发、验证、展示创新"绿色"解决方案，以实现资源高效、食物安全生产和加工目标。

① 研究：在欧盟 RESFOOD 项目中，已经在实验室和实践中证明了 ED 从水中选择性去除水中一价离子的良好潜力。在极端条件下，实践能够选择性去除平均 70% 的单价离子。

② 现场测试：如果进行足够的预处理，在园艺生产中应用 ED 系统能够获得良好的效果。为防止生物污染和任何有机物质堵塞 ED 组件，需要进行预处理。考虑到试验装置是转换后的实验室装置，大规模装置将形成一个更具弹性的系统。在园艺供水系统中连续运作 ED 可降低循环水中钠的浓度。连续运行 ED 的局限性是造成了硝酸盐和钾等营养物质的损失。ED 技术对作物生产性能和质量影响的研究尚无定论。灌溉水中的钠含量升高对作物生产有影响，但这不能确定为可计量的显著影响。

③ 商业化：ED 系统在园艺生产中尚未商业化。温室园艺生产的现有技术水平是使用无土基质材料和排水再循环的无土栽培系统，这些系统在水足迹方面非常有效。然而，水的再循环导致钠和其他一价离子积聚到有害浓度，这些物质不能被农作物利用。此外还有作物保护剂的排放，所以完全关闭水循环或强制使用水处理单元等措施预计将成为强制性措施。因此，ED 在园艺生产上应用必须定期排出循环水。

3.7.5.9　技术提供者

技术提供者有几个供应商，如 IEC（www.iec.be）、Logisticon 水处理公司（www.logisticon.com/en）、GE's Water & Process Technologies、Lenntech、Novasep、MEGA a.s.。

3.7.5.10　专利情况

尽管 ED 是一项通用技术，但不同的供应商和制造商使用的是受专利和其他知识产权保护的优化系统。

3.7.6　竞争技术

其他同类的脱盐技术有电容去离子（CDI 等）、离子交换、反渗透以及纳米过滤。

3.7.7　应用范围

一般来说，只要水的溶解物质浓度低于 3 000 mg/L，该技术就可应用到任何作物、气候条件和种植系统，如果水的溶解物质浓度高于 3 000 mg/L 则需要预处理。

3.7.8　监管制约因素

通常，许多国家限制 ED 流程产生的浓缩物排放。预计有关方面的规定将与反渗透引起的浓缩物规定类似。当在咸淡水中使用反渗透时，浓缩物仍然存在（盐水），其通常被排放回地下水中。这些盐水浓缩物，占总体积的 10%～50%，含有防垢剂。这引发出了环境问题，并且与水框架指令的要求相违背。

3.7.9　社会经济制约因素

在（半）封闭的园艺生产系统中使用 ED，当钠浓度增加时省去净化水的环节。在荷兰等国家，净化公司需要采用一定处理技术去除作物保护剂，使用 ED 可以避免投资这些处理技术。然而，由于其他原因种植者也不可能对水进行净化了。ED 是一种实现园艺可持续水管理的方法，且会逐渐普及。

3.7.10　衍生技术

存在几种基于 ED 的技术，如 ED‐R。这种改良形式的 ED 可能有助于在很大程度上避免膜污染。在 ED‐R 电极上的电压每 30～60 min 反转 1 次，与稀释剂和浓缩流同时反转。由于变换了离子传输的方向（因此也影响了污染物质的传输运移），从而每次反转都需要清洁膜。在 ED‐R 中，具有极性基团的表面活性物质可能对膜造成严重的甚至无法修复的污染。

3.7.11　主要参考文献

VITO EMIS WASS. Retrieved from https://emis. vito. be/en/techniekfiche/elektrodialysis

Torres Vilchez, M., U H2020 RESFOOD project, GA No. 308316, Appelman e. a., Treatment of drainage water of substrate growth and re-use of Water and Nutrients, Deliverable No. D8. 3. Retrieved fromhttp://www. resfood. eu/web/wp-content/uploads/RESFOOD-D8. 3-PU-Treatment-of-drainage-water-of-substrate-growth. pdf

3.8　除铁技术

（作者：Waldemar Treder[12]，Jadwiga Treder[12]，Ockie Van Niekerk[16]）

3.8.1　用途

该技术用于制备灌溉水。

3.8.2　适用地区

该技术适用于欧盟地区。

3.8.3　适用作物

该技术适用于所有作物。

3.8.4　适用种植模式

所有种植模式。

3.8.5　技术概述

3.8.5.1　技术目标

地下水中的铁可以通过氧化、沉淀和过滤的方法去除。

铁是地球上储量最丰富的金属之一，通常存在于土壤和水中。铁能够以下列五种形式存在于水中：溶解的离子、溶解的无机配合物、溶解的有机配合物、胶体或悬浮态。铁在水中的状态取决于 pH 和氧化还原电位。地下水中的铁通常以还原态形式存在〔二价铁以溶解的亚铁离子（Fe^{2+}）或 $Fe(OH)^+$ 形式存在〕，但当用泵送水进行灌溉时，就会发生部分氧化。在水中存在氧气的条件下，水的氧化还原电位使 Fe^{2+} 氧化成三价铁（Fe^{3+}），并以氢氧化铁〔$Fe(OH)_3$〕的形式沉淀，而这种沉淀可能会造成微灌系统堵塞。天然水中铁的浓度通常受其碳酸盐溶解度的限制。因此，高 pH 的水通常比低 pH 的水铁含量要低，含铁的水可以为向药性细菌提供良好的生长环境。在富含铁的水生环境中，生长良好的细菌（铁细菌），如丝状菌属（*filamentous genuses*）的 *Gallionella* sp.、纤毛菌属（*Leptothris*）和球衣菌属（*Sphaerotilus*），以及杆菌属：如假单胞菌属（*Pseudomonas*）和肠杆菌属（*Enterobacter*），通过氧化过程与 Fe^{2+} 反应生成不溶的 Fe^{3+}，不溶的三价铁被丝状细菌菌落包围，形成黏稠的铁泥凝胶，导致滴头堵塞。通常认为 Fe^{2+} 浓度低于 0.15 mg/L 时将影响滴灌系统。实际上，当水中铁的浓度高于 0.5 mg/L 时，就不能用于滴灌系统。

3.8.5.2　工作原理

水中除铁需要经过化学和物理两个阶段。

① 化学阶段：氧化→沉淀。

铁的氧化及去除是基于可溶的 Fe^{2+} 转化为不溶形式（Fe^{3+}）。可以简化的表示为，

$$4Fe^{2+} + O_2 + 2H_2O \rightarrow 4Fe^{3+} + 4OH^-$$

$$4Fe^{3+} + 4OH^- + 8H_2O \rightarrow 4Fe(OH)_3 + 8H^+$$

该式表明，1 mg 铁的氧化需要约 0.14 mg 氧气。因此，充气的水中的氧浓度理论上足以完全氧化天然地下水中的铁，氧化作用还可以防止铁细菌的生长，同时避免铁细菌与残留物一起堵塞微灌发射器。铁可以被空气或具有氧化性的物质氧化，如氯气、过氧化氢、高锰酸钾、二氧化氯、臭氧或需氧氧化的化合物。应用空气对铁进行氧化成本更低廉、应用更普遍，氧化后不溶的氢氧化铁颗粒沉淀到蓄水池底部。在封闭系统中，空气通过空气压缩机或注射器注入灌溉系统（在过滤器之前），当铁被加压空气氧化时，水中氧浓度与系统中的空气压力成正比，氧浓度的升高可显著提高铁的氧化速率。

② 物理阶段过滤。

沉淀后，用快速砂滤器除去氢氧化铁絮凝物。铁的氧化物颗粒非常小（1.5～50 μm），因此只能使用砂滤器进行过滤。快速砂滤是首选的方法，因为它更经济、操作简单，并且几乎不使用其他化学试剂。

空气中铁的氧化可以在露天蓄水池中或直接在封闭系统中进行。在开放系统中，采用梯

联（cascades）、喷雾曝气（spray aeration）、塔曝气（tower aeration，并流和逆流）、文丘里曝气（Venturi aeration）和板曝气（plate aeration）等曝气系统给水充气和进行铁的有效氧化，这样可以产生最大的暴露表面积和最长的接触时间。在开放系统中，中性或碱性条件下（pH≥7），暴露于空气约30 min即会有超过70％的铁被氧化（图3-16）。

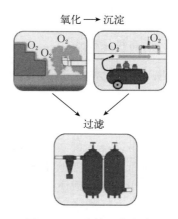

图3-16 除铁工艺方案
（来源：Waldemar Treder）

3.8.5.3 操作条件

铁的氧化速度取决于水的pH。当pH高时，空气对铁的氧化速度很快；当pH低时，过程则较慢。据报道，其他水质参数如碱度（碳酸氢盐浓度）、温度、有机物质和一些元素或离子也对铁的氧化速率有显著影响。

氧化装置的容积必须根据水泵系统的容量进行规划，并调整水的pH，保证足够长的接触时间，确保铁能够完全氧化。对于容积较大的蓄水池，需要额外1 d或更长时间进行沉降。

当pH>7，Fe^{2+}浓度<5 mg/L，并且存在很少甚至不存在有机物或其他还原剂时，曝气氧化是有效的。水的pH<5.8时，铁处于溶解状态，很难去除，但浓度很小时不会造成堵塞。在使用压缩空气进行氧化的系统中，应将水与空气充分混合，确保空气可长时间溶解于水中，以便在水过滤之前使铁氧化。在沙砾（或沙子）过滤器前增加水电气旋过滤器，可确保空气或氧化剂充分与水混合，还可使一些铁的沉积物得到分离。最简单、成本低廉的解决方法是增加一段较长、较粗的（低速）管道或压力罐，用来延长总氧化时间。除铁过程需进行低速过滤，过滤速度一般不超过12.5 m³/h。沙砾的大小会影响过滤器的吸收和流速，若要符合上述流速，可以使用直径0.65～0.85 mm的石英砂，深度不小于60 cm。

3.8.5.4 成本

以Fe^{2+}浓度约为2 mg/L、流速为10 m³/h的系统为例：

组件包括曝气泵、2个850 mm快速砂滤器、混合罐和盘式过滤器。成本约4 300欧元。

3.8.5.5 技术制约因素

铁被氧化后形成的物质不是单一的$Fe(OH)_3$，而是不同种类氢氧化铁组成的混合物。因此，该技术在整个系统设计时，还须考虑其他物理和化学因素。

3.8.5.6 优势与局限性

优势：可提供可靠的水质，自动化程度高，可持续供水，成本低，操作简单，可长期使用，不需要化学试剂。

局限性：需要一定空间，需处理废水和漂洗水，除铁能力有限。

3.8.5.7 支持系统

处理的漂洗水可能需要临时存放。

3.8.5.8 发展阶段

商业化应用实例很多，如乳清处理、废水处理、饮用水生产等。

3.8.5.9 技术提供者

目前的供应商有波兰的 Wigo - Gąsiorowski、Agrofim、PPHU Soldrip Sp. z o. o.、TANAKE ul.，比利时的 Mais automatisering、Hortiplan。

3.8.5.10　专利情况

该技术尚未获得专利。

3.8.6　竞争性技术

竞争性技术有空气或化学氧化技术、微滤技术。

3.8.7　应用范围

该系统是一个模块化系统，广泛适用于所有类型的水流，且易于升级。在大多数应用中，预处理过程非常重要。

3.8.8　管理制约因素

该技术暂无管理制约因素。

3.8.9　社会经济制约因素

该技术暂无社会经济制约因素。

3.8.10　衍生技术

该技术暂无衍生技术。

3.8.11　主要参考文献

Koegelenberg，F.，& van Niekerk，R.（2001）. Treatment of low quality water for drip irrigation systems. Published by the ARC‑Institute for Agricultural Engineering（ARC‑ILI）

Nakayama，F. S.，& Bucks，D. A.（1991）. Water quality in drip/trickle irrigation：a review. *Irrigation Science*，12（4），187‑192

Netafim. Drip maintenance：Iron and manganese removal

Saroj Kumar Sharma（2001）. Adsorptive Iron Removal from Groundwater. DISSERTATION

Submitted in fulfilment of the requirements of the Academic Board of Wageningen University and the Academic Board of the International Institute for Infrastructural，Hydraulic and Environmental Engineering for the Degree of DOCTOR. 2001 Swets & Zeitlinger B. V.，Lisse

3.9　电容去离子

（作者：Wilfred Appelman[22]，Willy Van Tongeren[22]）

3.9.1　用途

该技术用于制备灌溉水，提高水的利用率，尽量减少养分排放对环境的影响。

3.9.2　适用地区

该技术适用于欧盟地区。

3.9.3 适用作物

该技术适用于所有作物。

3.9.4 适用种植模式

该技术适用于所有种植模式。

3.9.5 技术概述

3.9.5.1 技术目标

电容去离子（CDI）是一种脱盐方法，又称电容脱盐、电化学脱盐或液流式电容脱盐。CDI 技术无污染、节能、效益高，其开发利用替代了反渗透和电渗析等脱盐技术。

3.9.5.2 工作原理

电容去离子过程中，水流过电池。该电池的电场由一对电极产生，离子向两极迁移并不断累积。已开发的系统包括以下系统：

（1）膜基系统：电极通过膜与水隔开，膜具有选择性，仅允许阳离子或阴离子通过。

（2）流通系统：在流通式 CDI 系统中，水流过电极，而不是在电极之间流动。

（3）混合系统：利用电场作用使钠离子和氯离子通过离子交换膜。

（4）熵电池系统：将电荷储存在电极的主体——化学键中，而不是将电荷存储在电极表面的双电层中。

常规 CDI 系统的循环操作分为两个阶段：一是水被脱盐的吸附阶段，二是电极再生的脱附阶段（图 3-17）。在吸附阶段，对两个电极施加电位差，吸附水中离子，离子通过多孔碳电极的颗粒间孔隙输送到内层孔隙，在双电层中进行电吸附，当电极上的离子达到饱和后，吸附的离子便会被释放而使电极再生，此时电极之间的电位差会反转或减小到零。通过这种方式，离子离开电极孔隙并从 CDI 电池中排出，导致具有高盐度的含盐水或浓缩液流出，通过脱附步骤可以回收在吸附阶段所输入的部分能量。

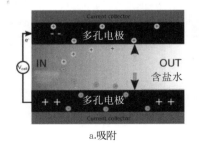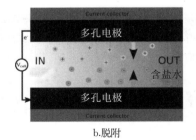

a.吸附   b.脱附

图 3-17 常规 CDI 系统的运作

膜基 CDI 工艺（CapDI）基于商业用 CDI 工艺形成，图 3-18 阐述了 CapDI 过程的工作原理。

步骤 1 为净化，当咸水流入 CapDI 模块时，带相反电荷的电极吸引离子并使离子通过选择性膜，离子在电极上吸附聚集，得到清洁的、脱盐的水，最后流出系统。

步骤 2 为再生，电极表面的离子一旦饱和，就可以通过反转电极的电荷而使电极再生。

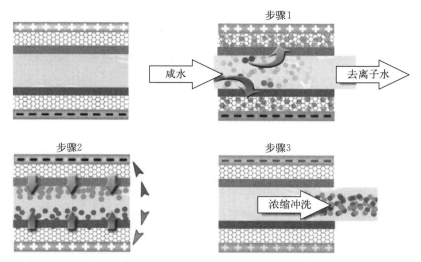

图 3-18 CapDI 净水工艺的三步骤

(Voltea, 2017)

由于相同的电荷相互排斥，离子被推出电极并被困在膜之间。

步骤 3 为冲洗，将系统中两个膜之间的浓盐水冲洗掉。电极的电荷恢复正常，系统再次准备脱盐。

3.9.5.3 操作条件

给水质量要求：溶解性固体总量（TDS）应<2 500 mg/L。

占地面积（所需表面积）相对较小，仅需要几平方米。可能还需要外部缓冲区。

商业用 CDI 系统还应考虑以下局限性：

（1）CDI 过程在很大程度上依赖于电容电极的离子吸附能力。目前，它更适用于微咸水脱盐，而不适用于海水等 TDS 含量高的水。

（2）随着溶液温度和流速的增加，除盐效率降低。

（3）初始给水中 TDS 浓度越高 TDS 的去除效率越低。

（4）该系统还容易受颗粒的影响，因此需要进行预处理，如先进行砂滤。

3.9.5.4 成本

（1）能耗：0.5～2.5 kW·h/m³。

（2）成本取决于系统规模、给水的 TDS 数值和相关能耗，成本一般与 RO 相当。对于规模相对较小的园艺设施，预计成本在 35 000～100 000 欧元。

3.9.5.5 技术制约因素

电极结垢是 CDI 技术的最大问题之一。事实上，所有的水源都含有钙和镁离子，这些离子在日常供水中是无害的，但在浓度较高时容易形成沉淀。

操作期间，负电极不加选择地吸附阳离子，包括钙、镁离子。当装置放电时，会释放出高浓度的镁和钙离子，造成镁和钙化合物的积聚。到目前为止，用弱酸除垢（如柠檬酸）是首选的除垢方法。但是，监控整个过程并确定装置的除垢时间会增加操作的复杂性。

3.9.5.6 优势与局限性

优势：CDI 技术不需要任何化学试剂；CapDI 处理的水回收率较高，一般可回收80％～

90%，而反渗透则为50%～70%；除盐率高达99%；不需要施加电压；极性反转作用使电极自清洁。

局限性：用于盐分离的电极效率需要优化；海水脱盐数据有限；低盐度给水资源的脱盐效率更高（TDS<15 000 mg/L）。

3.9.5.7 支持系统

暂不需要支持系统。

3.9.5.8 发展阶段

商业化：CDI技术的应用比较新颖。商业应用较多的是锅炉给水生产、低TDS地下水和地表水脱盐以及一些工业中。有些公司可提供CDI技术装置，有些公司可提供温室园艺的CDI技术用户的案例信息。

3.9.5.9 技术提供者

CDI设备供应商有Voltea（荷兰，www.voltea.com）、AquaEWP（美国）、Atlantis（美国）、Idropran Inc（意大利）、LT Green Energy（澳大利亚）、Enpar（加拿大）（http://www.enpar-tech.com/）（静电去离子）。

3.9.5.10 专利情况

虽然CDI技术原理相对较老，但目前各供应商都有自己的发展，知识产权受专利保护。在EOB数据库中，CDI技术已获得243项专利。相关IPC分类为C02F1/00水、废水或污水处理（C02F3/00—C02F9/00优先），C02F1/46通过电化学方法C02F1/4604进行海水或微咸水脱盐。

3.9.6 竞争技术

与CDI相当的替代技术有：纳米过滤、反渗透、离子交换、电渗析。

3.9.7 应用范围

CDI是一种通用的技术，可用于大多数作物，包括无土栽培作物和土壤栽培作物。

3.9.8 监管制约因素

3.9.8.1 欧洲指令的影响

监管问题与浓缩液的排放有关，见3.9.8.2节。

3.9.8.2 国家层面实施

一般而言，许多国家限制了浓缩液的排放。

在荷兰，当利用CDI技术对第一含水层提取的含盐地下水进行脱盐时，富集的浓缩液（盐水）会排放到地下，进入第二含水层。这将引起环境问题，且与水框架指令要求不符，但在当地部分政策允许这种情况持续一段时间。

3.9.8.3 区域层面实施

该技术在区域层面暂无制约因素。

3.9.9 社会经济制约因素

CDI技术本身的使用没有特定的社会经济制约。该技术可得到高水平的保留率

（＞90％），且净化过的水安全可靠。

3.9.10　衍生技术

电容去离子也称为电容脱盐、电化学脱盐、液流式电容、静电去离子。

3.9.11　主要参考文献

Weinstein, L., & Dash, R. (2013). Capacitive Deionization: Challenges and Opportunities. *Desalination Water Reuse*, 23, 34-37

https://en.wikipedia.org/wiki/Capacitive_deionization

Subramani, A., & Jacangelo, J.G. (2015). Emerging desalination technologies for water treatment: a critical review. *Water Research*, 75, 164-187

Wikipedia (2017). https://en.wikipedia.org/wiki/Capacitive_deionization

CapDi in agriculture, Interview. Retrieved fromhttp://thewaterchannel.tv/media-gallery/6441-capdi-in-agriculture-melle-nikkels

Product sheet on CDI project in irrigated agriculture. Retrieved fromhttp://edepot.wur.nl/416597

3.10　纳米过滤

（作者：Wilfred Appelman[22]，Willy Van Tongeren[22]）

3.10.1　用途

该技术用于制备灌溉水；提高水的利用率；尽量减少养分排放对环境的影响。

3.10.2　适用地区

该技术适用于欧盟地区。

3.10.3　适用作物

该技术适用于所有作物。

3.10.4　适用种植模式

该技术适用于所有种植模式。

3.10.5　技术概述

3.10.5.1　技术目标

纳米过滤简称纳滤（NF），是一种膜分离技术，旨在从主要水体中保留（去除）胶体颗粒、大分子和多价离子，同时对水体进行消毒；如果不采取其他措施，病原体种群可能会在下游重新生长。

NF 是一种相对较新且已被验证过的技术，目前正被用于地表水、淡水等溶解性固体总量较低的水源。其目的是软化水（去除多价阳离子）或去除有机化合物，例如将副产物杀菌。在化工和制药行业、氢氧化钠溶液的回收以及奶酪行业的乳清处理中都有实际应用。海水淡化可以通过 NF 和 RO 的简单组合来实现。在大多数情况下，NF 必须先进行预处理，这与 RO 技术的预处理类似。

3.10.5.2 工作原理

NF 是压力驱动的膜过滤工艺。压力通常在 $(3\sim10)\times10^5$ Pa，但可能会有更高的压力（最高 4.5×10^6 Pa）。

NF 膜的孔径小于超滤膜，孔径为 $1\sim5$ nm。小分子（<200 D）和一价盐主要随水通过膜，大分子和多价离子大部分无法通过而被保留。

膜选择性由水的组成和膜的类型决定。膜模块可以是中空纤维类型（孔径为 $0.2\sim3$ mm）或螺旋缠绕，后者对结垢或堵塞更敏感，但允许更高的操作压力。陶瓷膜、平板膜和其他类型的膜也有使用。聚酰胺通常用作膜材料。

操作方案包括终端过滤或错流过滤模式，以及各种循环模式，以提高 NF 工艺中离子的分离质量（图 3-19）。通常需要实验室工作来确定最佳配置。

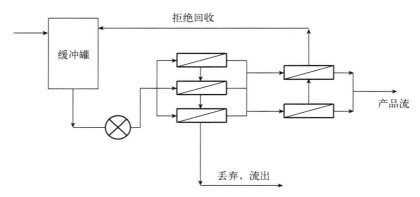

图 3-19 两级纳滤工艺（3-2 型）第二阶段运行示意

3.10.5.3 操作条件

NF 单元可通过并行（或串联）应用更多模块，轻松扩展成更大的系统。

当因膜污染导致水流下降时，可能需要进行膜清洗。冲洗或反冲洗（通过模块逆转流程）相对较快，通常被认为是最佳解决膜污染的方案。用洗涤剂、酸或碱溶液清洗可以去除更严重的污垢。

操作限制取决于膜的质量和供应商。聚酰胺膜的特性示例如下：最大浓度 0.5 mg/L Fe、Al、Zn、Mn；SDI 水平 <5；浊度 <1；没有游离氯或其他氧化剂（<0.1 mg/L）；最高温度：$40\sim50$ ℃；最大压力：4.5×10^6 Pa〔中等 $(5\sim10)\times10^5$ Pa〕；pH $3\sim11$（短时间内可能在 $2\sim12$ 之间变化）。

3.10.5.4 成本

资本性支出约为 200 欧元/（m^3・d）（滤液）（规格为 400 m^3/d 装置），不包括膜，但小型装置（50 m^3/d）将增加到约 1 000 欧元/（m^3・d）（滤液）。膜模块之间会产生 $0.3\sim1.5$ m^3/d（每平方米膜），将增加 $20\sim45$ 欧元/m^2 的成本。

能源成本与系统压降和回收率有关，通常约为 0.15 kW・h/m^3。

水的总成本（运营成本和资本性支出）为：$0.2\sim1$ 欧元/m^3，具体取决于安装规模。

3.10.5.5　技术制约因素

NF 是一种相对较新的膜技术，但在不同领域已得到广泛应用。其运行特性与反渗透比相对较好。为了防止膜的污染和堵塞，通常需要进行预处理。

当压降太大或渗透流量减少太多时，可能需要漂洗/冲洗；这是一个自动化过程。定期进行化学清洗，以反复清除膜模块上更具弹性的污垢。

为了增加 NF 的市场潜力，供应商正在试图开发更具选择性的膜，以便更好地分离某些离子以及使用更便宜的材料。

3.10.5.6　优势与局限性

优势：可提供安全的水。彻底清除细菌/病毒及噬菌体和大分子。可轻松实现自动化，仅更换模块时需手动操作。可持续供水。可以替代 RO 膜（不能完全去除离子）。分离多价离子（硫酸盐、磷酸盐、钙、金属等）；除去部分一价离子；分离部分磷、氮和钾离子。降低水体颜色和浊度。水可能软化。除清洁操作外，很少或根本不需要化学品的投入。使水的侵蚀性低于 RO（但仍有一些侵蚀性）。与 RO 相比，保留水的体积更小，离子浓度更低。操作压力可能低于 RO，通常为（5~10）×10^5 Pa，能耗低。低工作压力；NF 与 RO 相比，能耗低（但高于超滤和微滤）。

局限性：可能需要预处理（预过滤孔径 0.1~20 μm）。尤其是螺旋缠绕模块，总是需要预处理。对污垢敏感。需要处理的废水和冲洗水。保留一价离子的能力有限。NF 膜通常比 RO 膜更昂贵。能耗高于超滤或微滤，一般为 0.02~0.4 kW·h/m^3。膜可能对氧化性化学物质敏感，如次氯酸钠。

3.10.5.7　支持系统

冲洗水的去除可能需要临时储存。

当水循环利用时需要缓冲罐，当使用地下水时需要从井中抽取。

NF 通常在处理组合装置中应用。NF 可用于获得离子的部分分离，或减少后续处理步骤的负荷。

3.10.5.8　发展阶段

已商业化，用于许多处理装置中，如乳清处理、废水处理、饮用水生产。

3.10.5.9　技术提供者

美国陶氏（DOW）、美国科氏（Koch）、美国奥斯莫尼斯（GE Osmonics）、X-Flow/Pentair、TriSep 等供应商提供膜和安装服务。荷兰莱恩泰科（Lenntech）、德国普罗名特（Prominent）和法国德格雷蒙特（Degrémont）等系统企业供应商，提供广泛的技术。

3.10.5.10　专利情况

有授予特定应用和特定膜类型的专利。然而 NF 是一种可用于园艺的通用技术。尽管如此，系统供应商使用来自一个或多个膜制造商的 NF 所组成的模块来构建专用系统，其中一些膜供应商有自己的系统。

3.10.6　竞争技术

NF 独特的离子选择性很难与其他技术进行比较，最具竞争性的方案是一个（弱）离子交换器与碳过滤器结合作为预过滤器去除有机物的技术。电渗析膜对阳离子或阴离子都具有选择性，这与更通用的 NF 选择性不同。

一种相对较新的竞争方案是电容去离子化技术，以去除大部分离子，对多价离子的作用比一价离子更有效。

3.10.7 应用范围

该系统广泛适用于所有类型的水流，并且由于是模块化系统，因此易于升级。在大多数应用中，预处理是一个重要问题。

3.10.8 监管制约因素

一般而言，许多国家限制膜装置中浓缩物的排放。

3.10.9 社会经济制约因素

NF 本身的使用并不存在具体的社会经济制约因素。除小分子和一价离子外，该技术具有高水平的保留率；生产出来的水通常是安全的。

3.10.10 衍生技术

暂无。

3.10.11 主要参考文献

Dutch Policy Document，November 2012：Beleidskader：Goed gietwater glastuinbouw

Delft Blue Water project，http://www.delftbluewater.nl/

Van Os，E. A.，Jurgens，R.，Appelman，W.，Enthoven，N.，Bruins，M. A.，Creusen，R.，... & Beerling，E. A. M.（2012）．*Technische en economische mogelijkheden voor het zuiveren van spuiwater*（No. 1205）．WageningenURGlastuinbouw. Retrieved from https://www.glastuinbouwwaterproof.nl/content/3Onderzoek/GW _ Substraat _ WP5 _ Busine sscase. pdf on 06/02/2018

3.11 改性离子交换

（作者：Ockie Van Niekerk[16]，Wilfred Appelman[22]，Willy Van Tongeren[22]）

3.11.1 用途

该技术用于制备灌溉水；提高水的利用效率；尽量减少养分排放对环境的影响；回收养分；在封闭或半循环生产系统中处理水。

3.11.2 适用地区

该技术适用于欧盟地区及南非。

3.11.3 适用作物

该技术适用于所有作物。

3.11.4　适用种植模式

该技术适用于土壤栽培、无土栽培、设施栽培。

3.11.5　技术概述

3.11.5.1　技术目标

改性离子交换（MIX）是一种旨在从灌溉水中去除溶解盐的技术，产生高百分比的去矿物质水、极少量的浓盐水和含有营养成分的溶液。这意味着与其他去矿物质的方法不同，由 MIX 生产的盐水浓缩物可以进行蒸发而不必排放，使盐不会再次进入水循环。

（1）将地下水处理成灌溉水。为了获得高产，必须保持较低的钠含量。此外，一些作物对氯也很敏感。在许多使用地下水灌溉的地区，因为水中溶解的盐比作物吸收的更多，使盐在土壤中积聚。

（2）处理温室循环水，以防止盐积累（半选择性）。在连续回收的温室水中，盐会积聚，定期从温室循环水中去除积累的盐分，可防止钠从积累物中进入循环水中，若增加预处理流程，大部分钠会被去除。

（3）从温室排水中回收养分。从温室排出的水中通常含有大量的营养物质，如硝酸盐。排放到自然水系前应用 MIX。

（4）处理排水以便再利用。与膜基技术不同，MIX 可以防控淤塞，被用于生物质含量较高的水处理中。MIX 去除经过预处理的水中的盐分，使其适合灌溉。

3.11.5.2　工作原理

改性离子交换应用了广泛使用的离子交换原理，从高浓度的溶液中去除阳离子和阴离子。这也可用于预处理流程，以分离不需要的离子，如钠离子和氯离子。离子交换树脂可以用特定的化学品再加工成终端产品。该技术的一个优势是这些肥料的价值在很大程度上超过再生所需的化学物质成本。

在 MIX 中，水流通过树脂床，类似于砂滤器中的沙床。该树脂预先加入一种离子，该离子对树脂的选择性低于待处理水中去除的离子的选择性。MIX 分别使用预装有氢离子的阳离子和氢氧根离子的阴离子交换剂，以从水中去除所有离子。当氢离子和氢氧根离子被从树脂中置换出来时，就会结合形成水，使水中 99% 的盐被去除，该流程见图 3 - 20。

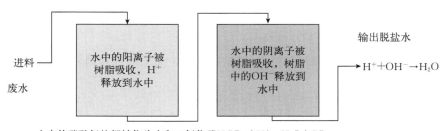

水中的碳酸氢盐都转化为水和二氧化碳 $HCO_3^- + H^+ \rightarrow H_2O + CO_2$

图 3 - 20　从水中除去可溶性离子的 MIX 流程

3.11.5.3　操作条件

对于含有高浓度碳酸氢盐的地下水，需要 2×10^5 Pa 的压力，以确保产生的 CO_2 留在溶液中，否则，MIX的压力就会与砂滤器一样低了。这个过程很容易按比例放大，以满足更大的流速需要。

肥料的产量与去除盐的量成正比，这意味着盐含量越高，产生的肥料就越多。利用MIX处理的水量要根据现场使用或出售给附近用户的肥料量确定，因为运输肥料的成本较高。

3.11.5.4 成本

处理 120 m³/d 的单位成本为每套装置 50 000～100 000 欧元，包括安装成本。树脂需要每 5～10 年更换一次（成本 1 000～5 000 欧元）。成本可能因种植者的具体情况而异。

所用化学品的成本预计与所生产的化学肥料价值相当。

能源成本（电力）为 0.1～0.3 kW/m³。

3.11.5.5 技术制约因素

被处理的水量受限于所产生肥料的市场需求。如果处理水中含盐量过高，将会产生过多的肥料（使用 MIX 处理技术），这可能会给种植者带来麻烦，需要找到恰当且合法的方法来销售这些肥料。

3.11.5.6 优势与局限性

优势：提高水质。副产品是当地农业生产所需的肥料。据称，操作过程中所需的氯化钾、氢氧化钾和硝酸的成本低于该工艺生产的硝酸钾的价值。来自灌溉水的盐可以从水循环中移除并且可以被出售或排放到下水道中。结垢可能性低，树脂非常耐用，对环境污染小，并可以处理不溶解的固体。可在作物生产系统中使用，可从回收溶液中去除钠和氯化物。

局限性：农场需要一个复杂的系统。化学品可能是危险的，需要额外的安全预防措施。生产的肥料是液体肥料，存储或长距离运输的成本很高。因此，最好直接在温室中使用。

3.11.5.7 支持系统

蒸发池或多级闪蒸装置处理盐浓度；可以整合含有肥料混合物溶液的系统；砂滤器，以防水中含有悬浮固体（预处理）。含有 Na 的氯化物溶液仍含有一些农药。因此，在荷兰，有必要对解决方案进行调整，使其符合 PPP 的现行法律要求。

3.11.5.8 发展阶段

研究阶段：净化污水用于灌溉。

商业化阶段：地下水淡化、养分回收、在线优化处理再生温室水，以防止盐分积聚。

3.11.5.9 技术提供者

该技术由 Optima Agrik（Pty）Ltd.、Horticoop 和 Verhoeve Milieu&Water 提供。

3.11.5.10 专利情况

该技术由 Optima Agrik（Pty）Ltd. 开发，多个工艺和部件获得专利。

3.11.6 竞争技术

生产淡化水或减少水中盐含量的技术主要是基于膜的技术。这些技术都需要大量的预处理以防止膜的结垢，膜通常易受硬水和水中的生物产品影响，但这不需要使用较多的化学试剂进行处理。这些膜技术大多使用电能将溶解的盐与水分离。相关系统具有较低的投资成本，如果考虑到所产生肥料的价值，则净运行成本高于 MIX。此外，这些技术产生更多的卤水，可以排放到海洋中，但在内陆处置时会导致地下水盐化或土壤盐化。

实际上，与 MIX 技术相比，这些技术可用于处理浓度更高的水。尽管 MIX 更可靠，但会受到肥料销量的限制。对于含盐量非常低的水，最经济的组合是 MIX 和基于膜的技术的组合，如反渗透。

3.11.7 应用范围

该技术可应用于任何作物、气候和种植系统，只要水质达到该地区农民等对施肥量的要求。

3.11.8 监管制约因素

MIX 生产高浓度的盐溶液和肥料溶液，必须储存大量的化学品原料。所生产的肥料溶液和化学品的管理因地区而异。

在许多国家，高浓度卤水的排放受到限制，但 MIX 提供了处理盐水的不同方法。由于 MIX 产生的卤水量是所有海水淡化技术中最小的，因此可以经济地蒸发盐水（使用蒸发池、多级闪蒸等），以提供固体形式的盐，既具有经济价值又能减少对环境的压力。

3.11.9 社会经济制约因素

该系统很复杂，完全理解它需要一定的化学知识。这是一项新技术，因此农民尚未习惯，不愿意应用，也并不完全了解与其相关的复杂方案。

产生少量的高浓度卤水，成为将卤水蒸发而回收固体盐的一种方法，从而避免盐排放到环境中。这使流程变得更为复杂，这可能使生产者不愿意使用 MIX。

对于种植者来说，稍高的资本成本、技术的复杂性、MIX 的陌生性以及潜在用户缺乏理解的劣势可能会掩盖 MIX 提供较强的海水淡化能力和较少的运营成本优势。

3.11.10 衍生技术

MIX 可以通过去除可能积聚的盐来进行闭环灌溉：

（1）除钠装置（SRU）：该过程在水中的氯浓度足够低时才能使用（图 3-21）。

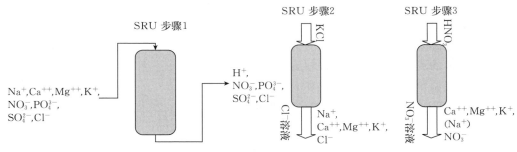

图 3-21 除钠装置中的三个步骤

对于水再循环的温室，它非常适合氯吸收量等于给水中的氯浓度的作物。

该装置同样适用于高碳酸氢盐浓度的水，因为碳酸氢盐将转化为水和二氧化碳。

① 步骤 1 通过阳离子交换树脂泵输送低氯浓度的水（用于再循环或地下水的排水）。水中的所有阳离子在交换氢的过程中被吸附到树脂上。其结果使得流出树脂柱的水包含进料水

中的阴离子，仅 H^+ 为阳离子。溶液的 pH 太低而无法灌溉，通过使用碳酸钙、氢氧化钙或氢氧化钾将其调整为具体农作物的适宜水平。

② 步骤 2 通过将氯化钾溶液泵入柱中，从柱中除去钠。

最终 Cl^- 溶液中除钠以外，阳离子的量取决于给水的成分。需要被去除的钠含量也是一个决定因素，除钠百分比越高，溶液中其他阳离子也就越多。

③ 步骤 3 用硝酸再生树脂。再生步骤需要过量约 70% 的酸。过量部分必须用碳酸钙、氢氧化钙或氢氧化钾中和。

（2）有关 SRU 的其他信息：当该装置应用于温室排水时，钠离子浓度降低。虽然对于大多数养分而言，回收率为 100%，但对于其他养分，如铜，可能损失量高达 30%。

表 3-3 说明了回收养分的百分比。

表 3-3 钠去除装置中的营养物质的回收

养分	回收
K	100%
NO₃	100%
PO₄	100%
SO₄	100%
Fe	100%
B	100%
Mo	100%
Ca	97%左右
Mg	86%左右
Mn	90%左右
Zn	80%左右
Cu	70%左右

该装置溶液中 50%～70% 的钠被除去。

该装置中的硝酸用氢氧化钾、碳酸钙或氢氧化钙中和。在荷兰，氢氧化钾和硝酸的成本低于产出硝酸钾的成本，使这一过程较为经济。

应用该装置温室气体的排放量减少 80%～90%。

尽管用于树脂除钠的氯化钾成本仅能回收 1%，但这一过程对工艺成本的影响是有限的。

3.11.11　主要参考文献

Dabrowski, A., Hubicki, Z., Podkościelny, P., & Robens, E. (2004). Selective removal of the heavy-metal ions from waters and industrial wastewaters by ion-exchange method. *Chemosphere*, 56 (2), 91-106

Qian, P., & Schoenau, J. J. (2002). Practical applications of ion exchange resins in agricultural and environmental soil research. *Canadian Journal of Soil Science*, 82 (1), 9-21

3.12　pH 变化/调整

（作者：Ockie Van Niekerk[16]，Esther Lechevallier[4]）

3.12.1　用途

该技术用于制备灌溉水。

3.12.2　适用地区

该技术适用于欧盟地区。

3.12.3　适用作物

该技术适用于所有作物。

3.12.4　适用种植模式

该技术用于所有种植模式。

3.12.5　技术概述

3.12.5.1　技术目标

在灌溉前，会调整灌溉用水的 pH，以确保其维持在 5.5～6.5 这个大多数作物可接受的范围内。很多时候调整 pH 到适当范围是必要的，通常水源的 pH 是稳定的，雨水和地下水之间存在差异。例如地下水的 pH，有时需要降低，有时可能需要升高。

在水肥一体化系统中，必须将 pH 维持在最佳范围内，以便作物更好地吸收养分，特别是微量营养素，同时还需确保灌溉系统不堵塞。

3.12.5.2　工作原理

（1）酸或碳酸盐的注入。

酸处理：将酸注入水中可降低 pH。通过在线调节器控制注入速率或使用自动调节器在储罐中校正 pH，可确保 pH 恒定。

含有低浓度碳酸氢盐的水可用硝酸或磷酸处理，要将 N 或 P 添加量计入总施肥量。含有高浓度碳酸氢盐的水最好用硫酸处理，以避免对作物施用过量的 N 和 P。

碳酸盐处理：对于 pH 过低的水，可以使用含碳酸盐的化学物质如碳酸氢钾、碳酸钾、碳酸钙（$CaCO_3$）、方解石或石灰石来提高 pH。碳酸氢盐也起到缓冲水的作用。pH 低的水通常没有缓冲能力，因此，使用碳酸盐中和水中的酸将提供缓冲能力，进而实现 pH 的在线控制。

此外还应该考虑碳酸盐的溶解度。碳酸钾易于使用计量泵进行泵送，添加的钾量应计入总施肥量中。

市场上有几种酸或碳酸盐注入式 pH 调节器，由流量计、进样器和 pH 计组成，可自动调节酸的用量（图 3-22）。

（2）与碳酸钙层接触。使水流经石灰或碳酸钙层是一种提高 pH 较简易的方法。碳酸钙

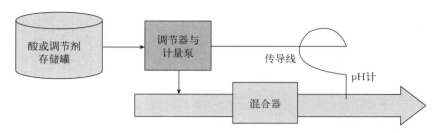

图 3-22　pH 在线调节器原理示意

的溶解度低，可自然调节 pH。水的 pH 低，就会溶解碳酸钙；随着 pH 的升高，碳酸钙的溶解速率逐渐降低，在 pH 约为 6 时维持稳定。过量的 CO_2 会自动从水中解离，通常由该反应形成的碳酸氢盐浓度为 0.5 mmol/L。

该技术适用于将阳离子浓度低的酸性水转化成为矿化的中性水。

3.12.5.3　操作条件

当注入酸或碳酸盐时，泵和注入系统的尺寸应根据处理规模和水流量来确定。

为了与 $CaCO_3$ 层良好接触，每层的直径设计为 2 m，流量为 10 m^3/h。

应注意维持 pH 的稳定性。但同时，pH 较高会导致浓缩的肥料溶液中的营养物质沉淀，并升高栽培基质的 pH，降低微量营养元素的利用率。

3.12.5.4　成本

（1）酸和碳酸盐处理。单位成本很大程度上取决于处理规模，但基础成本大约可从 3 000 欧元开始计算。pH 计必须每月校准一次，每次需要 15～30 min。存放调节 pH 的化学品储罐必须保持足量。

（2）流经碳酸钙层。碳酸钙粉末或颗粒层要保持足够的厚度以达到中和要求。由于 pH 的影响因素很多，因此用户必须确保罐中碳酸钙符合最佳要求。

3.12.5.5　技术制约因素

加入酸：在水肥一体化方案中应考虑在酸性条件下添加的营养素。在进料水中的碳酸氢盐浓度非常高时，可能导致 N 或 P 含量超标。这可能导致在 pH 降至最佳水平之前，N 或 P 的含量已达到标准剂量水平（以 kg/hm^2 或 mmol/L 计）。

加入碳酸盐：碱性较高可导致浓缩肥料溶液中的营养物质沉淀，并升高栽培基质的 pH 降低微量营养素的可用性。

3.12.5.6　优势与局限性

优势：易于使用和调整；采用碳酸钙层接触技术不需要电力；易于推广。

局限性：酸是危险品，需妥善处理和储存以保障安全生产。

3.12.5.7　支持系统

酸或碳酸盐自动注入控制系统更有利于保持相对恒定的 pH。

3.12.5.8　发展阶段

现场测试：使用 $CaCO_3$ 层进行了一些现场测试。

商业化：酸和碳酸盐注入系统已商业化。

3.12.5.9　技术提供者

市场上有几种酸注入器，这些设备由流量计、进样器和 pH 计组成，可自动调节酸的用量。

3.12.5.10 专利情况

该技术为通用技术，没有专利。

3.12.6 竞争技术

碳酸盐注入泵与 $CaCO_3$ 层接触技术存在竞争。

3.12.7 应用范围

酸或碳酸盐注入泵技术可推广到其他农作物、气候和种植系统中。要确定最佳 pH，还要考虑给水的碱度和 pH。

3.12.8 监管制约因素

用户应遵守相应区域内的酸处理作业安全操作规定。

3.12.9 社会经济制约因素

暂未发现该技术的社会经济制约因素。

3.12.10 衍生技术

Maërl 过滤器是碳酸盐添加过程的具体实施，所使用的基质物质作为碳酸钙的来源，是由海藻陶粒形成的石灰深积物，其中含有海水的结晶矿物质。它特别适用于使用雨水的系统。

该项技术已经开发出用于调节灌溉水 pH 的管理决策支持系统。

3.12.11 主要参考文献

Whipker, B. E., Bailey, D. A., Nelson, P. V., Fonteno, W. C., & Hammer, P. A. (1996). A novel approach to calculate acid additions for alkalinity control in greenhouse irrigation water. *Communications in Soil Science and Plant Analysis*, 27 (5-8), 959-976

De Grave, S., Fazakerley, H., Kelly, L., Guiry, M. D., Ryan, M., & Walshe, J. (2000). A study of selected maërl beds in Irish waters and their potential for sustainable extraction. *Marine Resource Series*, (10), 0_1

Letard M, Erard P., & Jeannequin B. (1995). Maitrise de l' irrigation fertilisante. Tomate sous serre et abris en sol et hors sol. *Centre technique interprofessionnel des fruits et légumes* (CTIFL)

第4章

优化水质——颗粒物

（作者：Rodney Thompson[23]，Peter Melis[18]，Ilse Delcour[19]）

4.1　概述

4.1.1　用途

该技术用于制备灌溉用水，可更有效地利用水资源。

4.1.2　适用地区

该技术适用于欧盟地区。

4.1.3　适用作物

该技术适用于所有需要滴灌施肥的作物。

4.1.4　适用种植模式

该技术适用于所有种植模式。

4.1.5　技术概述

滴灌管及滴头出口的尺寸较小，为避免滴灌系统堵塞，去除灌溉水中的颗粒物是保证滴灌顺利进行的基本要求。如若滴灌系统发生堵塞，会降低灌溉的均匀性，并可能导致水分和养分利用率降低、作物减产等问题。一般情况下，建议在滴灌施肥设备后安装过滤系统（最大过滤孔隙为滴头出口的1/10）。但是在密闭的有机基质无土栽培系统中应用滴灌施肥设备必须特别注意，因为该系统排放的废液中往往含有有机颗粒物（可能会变色），这会干扰一些消毒技术（如紫外线消毒等）。

去除灌溉水中的颗粒物有如下难点：

4.1.5.1　尾液中的颗粒物会干扰水资源的再循环

有机基质园艺栽培系统的尾液通常含有大量的有机颗粒物，当收集该尾液用于再循环时，一般需要消毒步骤。然而常规的消毒装置要求进入其中的尾液不能含有有机颗粒物，以确保有足够的光透射过悬浮液并防止连续反冲洗活动。

4.1.5.2　含有养分或农药的冲洗水不能随意丢弃

欧洲法律和欧盟成员国的国家法律提倡在园艺业中尽量实现废水的再利用。然而，许多用于去除颗粒物的过滤系统（设备）会产生含有养分或农药的反冲洗水，这就要求种植者收集这些反冲洗水并按照相关法规进行处理。

4.1.6　社会经济制约因素

在欧洲某些地区，水质和水资源量正成为限制园艺业发展的一个主要问题。雨水是迄今为止最理想的水源，但降水量不足往往成为限制其应用的重要因素。基质栽培的尾液可收集并重复利用，但由于该尾液中可能存在病菌，建议在用于作物前进行消毒；此外，尾液中含有的养分也应该考虑在内。当使用有机基质时，尾液中含有大量的有机颗粒物会干扰消毒效果，这就要求在消毒前进行有效的预过滤。

出于对成本的考虑，一些经营规模较小的种植者更愿意安装成本较低的、带有手动清洗系统的过滤设备，而非成本较高的、带有自动清洗系统的过滤设备。然而，在手动清洗系统中，为了避免过滤器堵塞（需要经常清洗），通常选择筛孔比较大的过滤网，从而增加了滴头堵塞的风险。

4.1.7　监管制约因素

4.1.7.1　欧盟层面

清洁过滤器的冲洗水中可能含有养分和有机物质，如若直接排放会污染自然水资源。欧盟（EU）有关指令（如《水框架指令》）规定了有关向水体（如河流、湖泊和含水层）排放污染物质的标准。随着时间的推移，该指令在国家和地区水平上的实施越来越严格。

4.1.7.2　国家层面

欧盟成员国将该欧盟指令制定为国家法律，各国政府有义务组织管理机构提高自然水体质量。各成员国之间在立法内容上应该是相似的，但是在立法细节和执行方面可以存在差异。一般而言，欧洲西北部的国家（和地区）在欧盟内部执行最严格，例如荷兰正致力于到2027年实现园艺用水中污染物的零排放。

4.1.7.3　地区层面

在地区层面上，这些法律法规一般与国家法律非常相似。

4.1.8　现有技术

解决颗粒物问题的现有技术可分为以下几类：

（1）比滤：如弧形筛过滤。

（2）粗滤：如水力旋流器。

（3）反冲洗精细过滤：快速砂滤、滤布过滤、盘式过滤、自动清洗（SAF）过滤、鼓式过滤（无真空泵）、微滤。

（4）无反冲洗精细过滤：纸带过滤、鼓式过滤（有真空泵）。

4.1.9　技术制约因素

上面列出的所有技术都会有废弃物产生。在多数情况下，这些废弃物是来自反冲洗过程的污水，也可能是被污染的纸带或被真菌孢子和养分污染的有机基质。因此，有必要为处理这些废弃物找到一个解决方案。

4.1.10　主要参考文献

Wen-Yong W.，Yan H.，Hong-Lu L. & Yong N.（2015）. Reclaimed water filtration efficiency and drip irrigation emitter performance with different combinations of sand and disc filters. *Irrigation and Drainage*，64，362-369

Roncancio M. G.，Pinilla P. A. F. & Martinez Q. F.（1989）. Evaluación de filtros de arena y de malla para riego por goteo. *Ingeniería e Investigación*，19，52-62

Ruadales R. E.，Fisher R. P. & Hall C. R.（2017）. The cost of irrigation sources and water treatment in greenhouse production. *Irrigation Science*，35，43-54

Adin A. & Alon G.（1986）. Mechanisms and process parameters of filter screens. *Journal of Irrigation & Drainage Engineering*，112（4），293-304

Niu W.，Liu L. & Chen X.（2013）. Influence of fine particle size and concentration on the clogging of labyrinth emitters. *Irrigation Science*，31，545-555

4.2　技术清单

表4-1为颗粒物去除技术清单。

表4-1　颗粒物去除技术清单

技术类型		特征		优势	局限性	补充信息；副产物
		过滤的驱动力、去除颗粒的类型和大小	流量			
比滤	弧形筛过滤	重力作用 较大的颗粒 取决于筛孔尺寸 （150~5 000 μm）	36~1 000 m^3/h（取决于滤筛的大小和选择性）	原理简单 可靠、有效 易于安装 仅基于重力的物理作用 所有过滤水均可重复使用（无反冲洗） 高容量（过滤能力）	仅能过滤较大的颗粒 需预过滤以获得适合消毒的水 污泥必须在容器中收集 清洗主要是用橡胶软管人工完成（虽然有自动清洗的机型）	通常作为处理富含有机物和基质颗粒的废水的第一个过滤步骤 副产物：粗底物
粗滤	水力旋流器	向心力+重力 比水重的颗粒 >50 μm	2（直径0.08 m）~360 m^3/h（直径0.8 m）	快速、有效去除重颗粒 不产生废水 没有移动部件	仅能清除沙子和重颗粒 不能去除有机物质 不适用于超滤、慢砂滤或紫外线消毒	副产物：沙子+重颗粒

（续）

技术类型		特征		优势	局限性	补充信息；副产物
		过滤的驱动力、去除颗粒的类型和大小	流量			
精细过滤	纸带过滤	重力 所有颗粒 取决于筛孔尺寸 （5～10 μm）	2～50 m^3/h（取决于水体的污染程度、滤绒选择性和表面宽度）	无反冲洗过程 所有水消毒后可重复使用 可对各种废水进行消毒 提供自洁功能	有副产物（脏纸带）产生 如果滤网是平的，而没有形成杯状，污水会流过滤筛边界（不经过滤）直接进入滤筛下面	由于筛孔非常小，可去除非常细小的颗粒 副产物：脏纸带
	快速砂滤	压力 所有颗粒	4～12 m^3/h	操作简单 流量可根据需求调整 提供自洁功能	过滤器需要很大的空间 需定期更换沙层 产生大量的浓缩废水 需处理反冲洗水	因为有更有效的过滤技术，故快速砂滤不是较好的技术手段 副产物：反冲洗废物
	盘式过滤	泵压 所有颗粒 取决于盘式分离机的圆盘尺寸 （55～400 μm）	0.2～30 m^3/h（每个盘式过滤器）	小型装置，且过滤能力高 提供自洁功能	产生反冲洗水 不能解决水中沙含量高的问题	副产物：反冲洗废物
	SAF 过滤	带泵压的水流 所有颗粒 10～800 μm	7～400 m^3/h	颗粒过滤可靠、有效 可连续过滤，即使在自动反冲洗过程中也是如此 自动清洗 维护需求较少 高容量（过滤能力）	需处理反冲洗水	副产物：反冲洗废物
	滤布过滤	水流/重力/真空泵 所有颗粒 取决于筛孔大小 （5～10 μm）	小机型（多达6个垂直滤盘）：10～60 m^3/h 大机型（多达12个垂直滤盘）：50～570 m^3/h	有效地去除颗粒物 可回收大量清洁废水 提供自洁功能	产生少量富含颗粒物的废水	该技术不常用于园艺产业 副产物：反冲洗废物

(续)

技术类型		特征		优势	局限性	补充信息；副产物
		过滤的驱动力、去除颗粒的类型和大小	流量			
精细过滤	鼓式过滤	水流/真空泵 所有颗粒 取决于筛孔大小（5～10 μm）	10～3 000 m³/h	在带有真空泵的机型中，仅产生基质废物 流量可能非常高，但是机型尺寸会增加 提供自洁功能	没有真空泵的机型会产生颗粒状浓缩废水	带有真空泵的机型无反冲洗水产生 副产物：反冲洗废物
	微滤	水流（非压力下） 所有颗粒 0.1～10 μm		不需要压力 较高的流量（大于超滤） 过滤掉颗粒及其他杂质 提供自洁功能	无法去除可溶性污染物 选择性不如超滤 颗粒会引起多次反冲洗，从而干扰过滤活动 需处理反冲洗水	副产物：反冲洗废物
	超滤	水流（压力下） 所有颗粒 达 0.01 μm	每个模块 3 m³/h	比微滤更有选择性 过滤细菌和真菌 提供自洁功能	需要加压流 不适合过滤颗粒（易堵塞） 自动清洗功能经常干扰过滤活动 必须有预滤器 需处理反冲洗水	建议与纸带过滤结合使用 副产物：反冲洗废物

4.3 带式过滤

（作者：Peter Melis[18]，Rodney Thompson[23]）

4.3.1 用途

该技术用于制备灌溉用水，可更有效地利用水资源。

4.3.2 适用地区

该技术适用于欧盟地区。

4.3.3 适用作物

该技术适用于适用于草莓、观赏植物、温室作物以及所有生长在有机基质上的作物。

100

4.3.4　适用种植模式

该技术适用于无土栽培、保护地栽培、露地栽培。

4.3.5　技术概述

4.3.5.1　技术目标

清除灌溉水、废水或污水中的颗粒物杂质，过滤的效果取决于滤绒材料孔径的大小（最小为 5 μm）；此外，该技术可以有效地去除水体中的养分或农药等。

4.3.5.2　工作原理

带式过滤器利用重力来实现其过滤功能（图 4-1）。具体过程如下：需过滤的污水由液体进口端（1）通过液体分配器（2）进入带有过滤网（滤绒）（8）的环形传送带（3）上。随着环形传送带的移动，固体物质（污垢颗粒、污泥等）被滤绒截留（过滤掉），而净化后的液体流入滤液池（4），可重复使用。滤绒过滤截留的固体物质越多，通过滤绒的液体就越少，导致滤绒会被堵塞；同时残留于滤绒上的污泥颗粒会形成滤饼（5）。如果滤饼的密度和厚度阻碍了液体通过过滤器而达不到最佳流量，或者当滤饼（6）达到一定高度（7 为预先设定的液位）时，被污

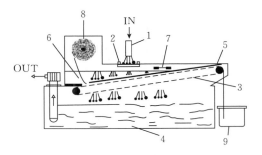

图 4-1　带式过滤器示意
1. 液体进口端　2. 液体分配器　3. 滤绒床
4. 过滤后的液体　5. 滤饼　6. 被污染的液体　7. 液位检查　8. 滤绒（100～250 m）　9. 储泥池

染的滤绒被排放到储泥池（9）中，同时从辊筒上更换干净的滤绒（作为新的清洁过滤材料）。上述整个过程是连续的、全自动的，不会中断过滤过程。

4.3.5.3　操作条件

该设备的过滤能力取决于进水的污染程度、筛孔的大小和滤绒宽度，其局限性因供应商而异，最好的滤绒精度可达 10 μm。该设备的尺寸由其过滤能力（流量）决定。小型设备的过滤流量为 2～50 m³/h，其对应的设备尺寸为 1.5 m×0.6 m 到 1.0 m×5.5 m 不等。

在过滤过程中，滤绒会在该系统内逐渐堆积形成滤饼。当滤饼厚度达到一定程度后，滤绒被替换并丢弃。更换滤绒的速率取决于废水的污染程度、筛孔的大小和滤绒的过滤规格。

4.3.5.4　成本

带式过滤装置的成本最低为 4 000 欧元，这样的机型流量较小（10 m³/h），精度为 20 μm，而高精度滤绒（5 μm）的机型成本较高，达 10 000 欧元。当装置中的滤绒过脏时，滚筒会带动滤网向下滚动，从而形成新的清洁过滤表面。此外，装置的过滤能力（流量）越强，成本越高。

此装置的唯一维护成本是滤网的移除和更换，其成本因滤网的孔隙大小而有很大差异。目前该装置没有自动清洗滤绒的功能。因此，更换滤绒的费用是不可避免的。

4.3.5.5　技术制约因素

该过滤设备不会产生反冲洗水，但会产生需要处理的脏滤绒，目前还没有一种设备具有

自动清洗滤绒的功能。

4.3.5.6 优势与局限性

优势：不排放反冲洗水；所有水在消毒后都可以重复使用；可作为消毒处理的预过滤步骤。

局限性：如果滤网是平的，而没有形成杯状，污水可能会漫过滤筛边界（不经过滤）直接进入滤筛下面。当滤筛上有滤饼形成时，这种情况更有可能发生。

4.3.5.7 支持系统

该技术无支持系统。

4.3.5.8 发展阶段

该技术已商业化。

4.3.5.9 技术提供者

Agrozone、AquaDNS、Royal Brinkman 和 ECOfilter 等可提供该技术。

4.3.5.10 专利情况

纸带过滤技术已有专利授权。

4.3.6 竞争性技术

带式过滤与滤布过滤、鼓式过滤的原理相同。此外，盘式过滤、微滤、SAF 过滤、快速砂滤和弧形筛过滤等也可过滤颗粒物。带式过滤的优点在于其滤网孔隙小，可以去除非常细小的颗粒物。

4.3.7 应用范围

该技术不受气候或温度方面的限制；但是，用于露地生产该设备必须安装于室内；该技术也可用于净化土壤或基质栽培产生的尾液。

4.3.8 监管制约因素

由于无反冲洗水排放，因此与水体排放相关的水质法规不适用于该技术。

4.3.9 社会经济制约因素

该技术未发现社会经济制约因素。

4.3.10 衍生技术

该技术是一项独立的技术，目前还没有开发出衍生技术。

4.3.11 主要参考文献

http://www.filtermat.be/EC/BandfilterEnglish.htm

https://search-proquest-com.kuleuven.ezproxy.kuleuven.be/docview/1956077671? rfr_id=info%3Axri%2Fsid%3Apri mo

https://emis.vito.be/en/techniekfiche/fabric-filter

4.4　滤布过滤

（作者：Peter Melis[18]，Rodney Thompson[23]）

4.4.1　用途

该技术用于制备灌溉用水，可更有效地利用水资源。

4.4.2　适用地区

该技术适用于欧盟地区。

4.4.3　适用作物

该技术适用于所有生长在有机基质上的作物。

4.4.4　适用种植模式

该技术适用于所有种植模式。

4.4.5　技术概述

4.4.5.1　技术目标

该技术用于清除污水或废水中的颗粒物。

4.4.5.2　工作原理

该设备有多个版本可供选择，有过滤、反冲洗和去除固体废物三种功能（图 4-2），它们的工作原理都基本相似。

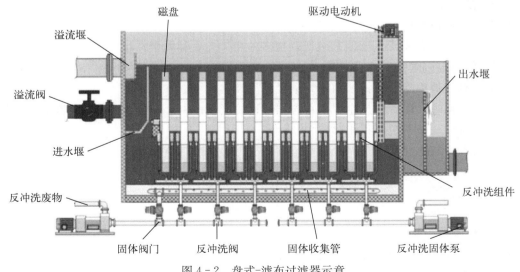

图 4-2　盘式-滤布过滤器示意

过滤：需过滤的废水从设备进口端进入过滤池，并完全淹没位于若干垂直排列的滤盘上的滤布。在重力的作用下，废水通过滤布，固体颗粒在滤布上积聚并形成泥饼，导致过滤池内液位升高；过滤后的液体进入滤盘内部，在滤盘内过滤后经中空管排出。

反冲洗：当滤池内的水位达到预定值或经过设定的工作时间后，反冲洗循环功能被启动。在每个滤盘两侧的液体吸力的作用下，滤布表面和过滤层中的污泥（固体颗粒）通过反冲洗抽吸排出，而反冲洗水可直接进入首部系统（即过滤过程的初始阶段）。在反冲洗过程中，除非使用单个滤盘单元，否则滤盘将被多次清洗，同时滤盘旋转缓慢以便达到彻底清洗的目的。值得注意的是，即便在反冲洗过程中过滤活动仍在进行（不会被打断）。

去除固体废物：过滤过程中不需要移动部件。较重的固体污泥沉淀到过滤槽底部，然后将这些固体污泥间歇性地泵回设备的首部系统或其他固体收集区。

4.4.5.3　操作条件

滤布的表面积和特性决定了该设备的过滤能力。在盘式-滤布过滤器中，滤盘数量的增加会增加污水过滤的表面积，从而提高过滤器过滤污水的能力。大型盘式过滤装置（AquaDisk 系统：包含 12 个垂直排列的滤盘，直径可达 3 m）的过滤能力（流量）为 50～570 m³/h；小型盘式过滤装置（如 mini-disc，包含多达 6 个垂直排列的滤盘）处理污水的能力为 10～60 m³/h。在移动桥式过滤器（如 AquaDiamond）中，过滤槽中桥数量（最多可包含 8 个垂直排列的侧向分支）的增加会增加过滤的表面积。

4.4.5.4　成本

根据过滤器的机型及过滤能力，其投资成本在 1 000～13 000 欧元不等。过滤材料本身的成本为 500～700 欧元，其成本占总投资成本的比例为 10%～50%。

运行成本包括：维护安装的人工成本（每周 2 h），辅助材料和剩余材料成本及废物的运输成本。辅助材料和剩余材料每年需花费 100～140 欧元，过滤出污泥的运输成本由残渣种类决定。其中惰性材料成本约 75 欧元/t，含有化学有害物质的残渣处理成本 150～250 欧元/t，业务费用为 0.2～1.5 欧元/（m³·h）。

4.4.5.5　技术制约因素

该设备通常占地面积很大，例如 Aqua Aerobics 的 Aqua MegaDisk 系统占地面积约为 6 m×2.4 m。该设备不常用于园艺生产，更多地用于工业和城市污水处理。

4.4.5.6　优势与局限性

优势：有效地去除颗粒物，回收大量轻度污染的废水。

局限性：通过反冲洗会产生少量富含颗粒物的废水；由于养分和农药的存在，上述废水不能被直接排放；该系统体积相对较大。

4.4.5.7　支持系统

该设备不需要特定的支持系统。

4.4.5.8　发展阶段

该设备已商业化。

4.4.5.9　技术提供者

该设备有许多供应商，其中一家是 AquaAerobics 公司。

4.4.5.10　专利情况

滤布材料及滤布过滤器均已授权专利。

4.4.6　竞争技术

滤布过滤与带式过滤、鼓式过滤有相同的工作原理。在现有的过滤技术中，盘式过滤、纸带过滤、微滤、SAF 过滤、快速砂滤和弧形筛过滤也可过滤颗粒物；同时，滤布过滤在园艺中应用并不广泛。

4.4.7　应用范围

该技术不受气候或温度方面的限制，可用于净化土壤或基质栽培产生的尾液。

4.4.8　监管制约因素

该技术无管理制约因素。

4.4.9　社会经济制约因素

主要是设备的大小和成本。

4.4.10　衍生技术

该技术是一项独立的技术，目前还没有开发出衍生技术。

4.4.11　主要参考文献

http://www.aqua-aerobic.com/index.cfm/products-systems/filtration/aquadisk/

https://emis.vito.be/en/techniekfiche/fabric-filter

Ribiero T.，Paterniani J. Airoldi R. & da Silva M（2004）.Performance of non woven synthetic fabric and disc filter for fertigation water treatment. *Scientia Agricola*，61，127-133

4.5　盘式过滤

（作者：Peter Melis[18]，Rodney Thompson[23]）

4.5.1　用途

该技术用于制备灌溉用水，可更有效地利用水资源。

4.5.2　适用地区

该技术适用于欧盟地区。

4.5.3　适用作物

该技术适用于生长在有机基质上的作物。

4.5.4　适用种植模式

该技术适用所有种植模式。

4.5.5 技术概述

4.5.5.1 技术目标

该技术用于清除污水或废水中的颗粒物。

4.5.5.2 工作原理

盘式过滤装置由过滤系统和使用"反冲洗"技术的自动清洗系统组成，其基于滤盘顶部的弹簧对装置内滤盘的压紧来进行过滤（图4-3）。当污水被泵入过滤器后导致压力增大，从而使环形阀瓣紧紧地压缩在一起，迫使污水流过环形阀瓣的沟槽，将颗粒杂质等截留于沟槽内，并将清洁水释放到中空管。当过滤器内的压力差达到设定值或经过设定的工作时间后，反冲洗循环开始。在此过程中进水口管道关闭，装置内的液体开始反冲洗。先前过滤的水被泵入中空管，并通过压缩顶部的弹簧打开环状阀瓣，使得阀瓣旋转并将颗粒随水经排水口排出。当反冲洗循环结束后，进水口管道重新打开，过滤活动重新启动。反冲洗时长可达20 s，耗水量应小于出水量的0.5%。

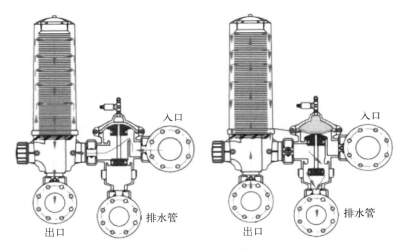

图4-3 盘式过滤器示意

4.5.5.3 操作条件

该技术的过滤能力（容量）取决于盘式过滤器的数量，最多可安装7个单元。不同尺寸的盘式过滤器的过滤能力不同（单个盘式过滤器的处理污水的能力可达0.2～30 m³/h）；同时，环形阀瓣的特性决定其过滤效果的好坏。在众多供应商中，Netafim公司提供的环形阀瓣可过滤55～400 μm范围的颗粒，不同环形阀瓣的颜色代表过滤网不同孔隙的尺寸。

4.5.5.4 成本

设备的安装和维护成本很大程度上取决于设备的规模，建议从设备制造商或经销商处获得估价。

4.5.5.5 技术制约因素

在反冲洗过程中，过滤会中断；此外，沙粒会损坏环形阀瓣，需要经常更换。

4.5.5.6 优势与局限性

优势： 设备规模小，流量（过滤能力）高。

局限性：产生反冲洗水；不能处理废水中高含沙量的问题。

4.5.5.7　支持系统

当污水的含沙量较高时，需进行预过滤。

4.5.5.8　发展阶段

该技术已商业化。

4.5.5.9　技术提供者

Netafim、UVAR Holland b. v.、Amiad 可提供该技术。

4.5.5.10　专利情况

在某些系统中，某些组件可能已授权专利。

4.5.6　竞争技术

类似的颗粒物过滤技术有带式过滤、滤布过滤、鼓式过滤、快速砂滤、SAF 过滤、弧形筛过滤和微滤等。

4.5.7　应用范围

该技术不受气候和温度方面的限制，也可用于净化土壤或基质栽培产生的尾液；可以安装在污水池和消毒装置之间。

4.5.8　监管制约因素

参见 4.1.7 节。

4.5.9　社会经济制约因素

该技术尚无社会经济制约因素。

4.5.10　衍生技术

该技术是一项独立的技术，目前还没有开发出衍生技术。

4.5.11　主要参考文献

Wen-Yong W.，Yan H.，Hong-Lu L. & Yong N.（2015）. Reclaimed water filtration efficiency and drip irrigation emitter performance with different combinations of sand and disc filters. *Irrigation and Drainage*，64，362-369

Ribiero T.，Paterniani J.，Airoldi R. & da Silva M（2004）. Performance of non woven synthetic fabric and disc filter for fertigation water treatment. *Scientia Agricola*，61，127-133

4.6　鼓式过滤

（作者：Peter Melis[18]，Rodney Thompson[23]）

4.6.1　用途

该技术用于灌溉用水的制备，可更有效地利用水资源。

4.6.2　适用地区

该技术适用于欧盟地区。

4.6.3　适用作物类型

该技术适用于所有生长在有机基质上的作物。

4.6.4　适用种植模式

该技术适用于所有种植模式。

4.6.5　技术概述

4.6.5.1　技术目标

该技术用于清除污水或废水中的颗粒。

4.6.5.2　工作原理

待处理的污水经过滤设备进口端流入转鼓（转鼓表面覆有滤布且下部充满水，以便能够收集被过滤掉的颗粒物）内，随后通过旋转过滤掉留在转鼓内部的颗粒，并将其带入转鼓顶部；同时，转鼓顶部的喷嘴将颗粒物冲洗掉，随后污水在出口端收集（图 4-4）。

鼓式过滤器也可与其中央的真空泵配合使用（图 4-5）。待过滤的污水被收集到水槽内（内有转鼓在旋转），由于转鼓内处于真空条件，所以过滤的洁净水会被吸入转鼓内，随后从转鼓的中空管流出；而颗粒会黏附在转鼓外面形成滤饼，随后被刮去作为固体废物收集。

图 4-4　无真空泵的鼓式过滤器示意

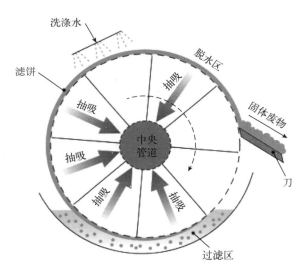

图 4-5　带中央真空泵的鼓式过滤器示意

4.6.5.3　操作条件

鼓式过滤器规格越大，其过滤污水的能力越强。此外，转鼓内的滤网网孔尺寸也是决定其过滤能力的一个重要因素。该设备的过滤表面积为 0.5～125 m^2，其过滤能力（流量）为 3～850 L/s，滤网网孔尺寸则为 0.25～2.5 mm。

4.6.5.4 成本

设备的安装和维护成本很大程度上取决于设备的规模，建议从设备制造商或经销商处获得估价。

4.6.5.5 技术制约因素

过滤器的规模较大是限制其在园艺业上应用的一个主要因素；该系统常用于造纸业和洗衣服务。

4.6.5.6 优势与局限性

优势：带有真空泵的机型仅可排放固体废弃物；大型过滤器的过滤能力（流量）非常高。

局限性：无真空泵的机型会产生含高浓度颗粒物的废水；由于含有养分和农药，未经处理的废水不能直接排放。

4.6.5.7 支持系统

该技术不需要特定的支持系统。

4.6.5.8 发展阶段

该技术已商业化。

4.6.5.9 技术提供者

市场上有许多技术供应商（如 Bokela），详情可登录 www.environmental-expert.com/companies。

4.6.5.10 专利情况

某些技术可能已授权专利。

4.6.6 竞争技术

过滤颗粒物的技术有带式过滤、滤布过滤、盘式过滤、快速砂滤、SAF 过滤、弧形筛过滤和微滤等。

4.6.7 应用范围

该技术不受气候和温度的限制，也可用于净化土壤或基质栽培产生的尾液。

4.6.8 监管制约因素

参见 4.1.7 节。

4.6.9 社会经济制约因素

该技术的主要社会经济制约因素为鼓式过滤器的尺寸和成本。

4.6.10 衍生技术

该技术是一项独立的技术，目前还没有开发出衍生技术。

4.7 水力旋流过滤器

（作者：Peter Melis[18]，Wilfred Appelman[22]）

4.7.1　用途

该技术用于灌溉用水的制备，可实现更有效地利用水资源。

4.7.2　适用地区

该技术适用于欧盟地区。

4.7.3　适用作物

该技术适用于所有生长在有机基质上的作物，也可用于过滤含沙的河流水。

4.7.4　适用种植模式

该技术适用于所有种植模式。

4.7.5　技术概述

4.7.5.1　技术目标

该技术用于去除灌溉水、废水或污水中的沙粒和重颗粒物。

4.7.5.2　工作原理

过滤式水力旋流器利用向心力将颗粒物从液体（如废水或灌溉水）中分离。水流从靠近中空圆柱体顶端的入口进入水力旋流器，然后沿旋流器的锥体部分向下流动，并形成循环涡流。较重的颗粒外移并沿器壁边缘旋转、下移，最终从旋流器的底流口排出；净化后的水移向涡流中央，并上升至水力旋流器的顶部，沿溢流口排出（图4-6）。该设备没有移动部件，只需要一个水泵来产生必要的水流。

4.7.5.3　操作条件

旋流器的净水过滤能力取决于该设备的尺寸。小型水力旋流器（设备直径为0.08 m）的净水效率为2～3.5 m³/h；随着设备尺寸的增加，水力旋流器（设备直径为0.8 m）的净水效率可达230～360 m³/h。

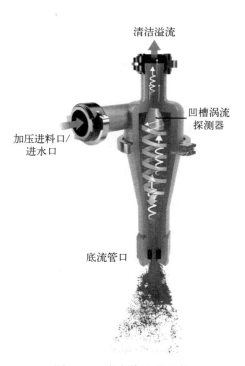

清洁溢流

凹槽涡流
探测器

加压进料口/
进水口

底流管口

图4-6　水力旋流器示意

水力旋流器只能去除废水中较大（粒径≥50 μm）和较重的颗粒。此外，由于有机物的密度比水轻，因而也不能被去除。

4.7.5.4　成本

设备的安装和维护成本取决于设备尺寸，建议从设备制造商或经销商处获取估价。例如，一台净水速率为1 000 m³/d或50 m³/h的设备成本约25 000欧元（https://emis.vito.be/en/techniekfiche/hydrocyclone）。

4.7.5.5　技术制约因素

该技术无技术瓶颈。

4.7.5.6 优势与局限性

优势：快速、高效地去除重颗粒物；不产生废水；无移动部件。

局限性：该技术只能去除沙粒和重颗粒物；一般需要后续的精滤；过滤程度不够，过滤后的水不能用于超滤、慢速砂滤或紫外线消毒；不能去除有机物。

4.7.5.7 支持系统

需处理的废水必须在适当的泵压下才能进入过滤器。由于水力旋流器只能去除较重的颗粒物，因而在园艺灌溉中，使用水力旋流器过滤后必须再进行一次精细过滤（盘式过滤）才能用于灌溉。

4.7.5.8 发展阶段

该技术已商业化。

4.7.5.9 技术提供者

有很多供应商可以生产过滤式水力旋流器，如 Netafim、UVAR Holland b. v. 和 Equova 等。

4.7.5.10 专利情况

某些机型可能已授权专利。

4.7.6 竞争技术

过滤颗粒物的技术有很多，如带式过滤、滤布过滤、鼓式过滤、快速砂滤、SAF 过滤、弧形筛过滤和微滤等。与水力旋流器相比，上述多数技术都能过滤掉粒径更小的颗粒物。

4.7.7 应用范围

该技术不受气候或温度方面的限制，应用范围较广。

4.7.8 监管制约因素

参见 4.1.7 节。

4.7.9 社会经济制约因素

该技术不受社会经济制约。

4.7.10 衍生技术

该技术主要是一项独立的技术，目前还没有开发出衍生技术。

4.7.11 主要参考文献

https://emis. vito. be/en/techniekfiche/hydrocyclone

Yurdem H. ，Demir V. & Degirmencioglu A. （2010）. Development of a mathematical model to predict clean water head losses in hydrocyclone filters in drip irrigation systems using dimensional analysis. *Biosystems Engeneering*，105，495-506

Soccol，O. J. ，& Botrel，T. A. （2004）. Hydrocyclone for pre-filtering of irrigation water. *Scientia Agricola*，61（2），134-140

4.8　微滤和超滤

（作者：Peter Melis[18]，Wilfred Appelman[22]）

4.8.1　用途

该技术用于灌溉用水的制备，可更有效地利用水资源。

4.8.2　适用地区

该技术适用于欧盟地区。

4.8.3　适用作物

该技术适用于有机基质生长的所有作物类型。

4.8.4　适用种植类型

该技术适用于无土栽培、保护地栽培、露地栽培。

4.8.5　技术概述

4.8.5.1　技术目标
该技术用于从污水或废水中清除颗粒物和污染物。

4.8.5.2　工作原理
微滤是一种膜过滤技术，它利用微孔滤膜（孔径范围为 $0.1 \sim 10\ \mu m$）去除流体中的颗粒物和污染物（图4-7）。该技术不同于反渗透和纳米过滤，它不需要辅助压力，也不能去

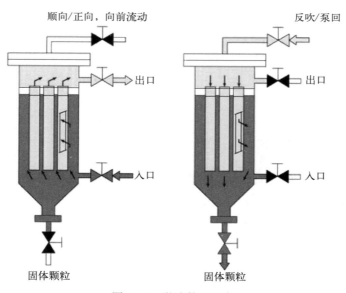

图4-7　微滤装置示意

除水溶性污染物。多数系统都具有清洗功能,其原理是通过反冲洗来清除滤膜上的过滤颗粒物和微生物。此外,微滤可以除去细菌。

超滤的工作原理与微滤类似,但其选择性更强,并且需要加压水流才能运行。超滤的滤膜孔径可小至 $0.01~\mu m$,故能拦截病毒和真菌孢子。每个模块组中水的流量可达到 $6~m^3/h$。考虑到过滤器易堵塞以及自动清洗会频繁中断过滤过程等原因,不建议用超滤法来处理颗粒物。因此,建议在超滤前用选择度(精度)低至 $5~\mu m$ 的过滤器(如带式过滤器)进行预过滤(图 4-8)。

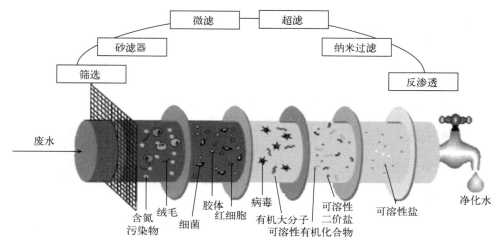

图 4-8 连续式过滤法去除颗粒物和污染物示意

4.8.5.3 操作条件

由于微滤的选择性低于超滤,故其过滤能力更强。该设备的过滤能力取决于所安装模块的数量(每个模块的过滤能力为 $3~m^3/h$)。

4.8.5.4 成本

超滤设备的安装和维护成本取决于设备的尺寸,建议从设备制造商或经销商处获得估价。在比利时草莓种植区,超滤与带式过滤联用的过滤效率达 $3~m^3/h$,整套设备成本约 30 000 欧元。

安装过滤效率为 $25~m^3/d$ 的微滤器(滤膜为管状、聚偏氟乙烯滤膜)的成本为 25 000~50 000 欧元,具体费用取决于供水质量。有些难处理的水处理成本相对较高,这归因于选择的膜材料价格较高、消耗的滤膜量较大及特定的膜清洁技术等。微滤平均运行成本估计为 0.1~0.15 欧元/m^3。

4.8.5.5 技术制约因素

微滤可在没有压力泵的情况下运行。一旦采用选择性更强的膜过滤技术(如超滤),就需要压力泵来提供并保持运行压力。

反冲洗会中断过滤/消毒过程,而处理富含颗粒物的污水会导致频繁的反冲洗。

4.8.5.6 优势与局限性

优势:

微滤:无需施加压力,流量大于超滤,可过滤颗粒物和其他物质。

超滤：选择性强，可过滤细菌和真菌。

局限性：

微滤：不能清除可溶性污染物，选择性较低，废水中的颗粒物过多时，会导致频繁的反冲洗，从而中断过滤。

超滤：需要增压，需要预过滤，不适合用于过滤颗粒物（易堵塞），自动清洗功能会频繁中断过滤。

4.8.5.7 支持系统

在微滤或超滤前需预过滤以去除较大颗粒物；可作为辅助手段以化学方式清洗微滤装置的有漂白剂、过氧化氢、酸、碱、洗涤剂等。

4.8.5.8 发展阶段

该技术已商业化。

4.8.5.9 技术提供者

该技术有很多技术供应商，如 Lenntech 和 AquaDNS 等。

4.8.6 竞争技术

该技术无竞争性技术。

4.8.7 应用范围

就去除颗粒物而言，微滤在园艺灌溉中并非是一个很好的选择，其他技术可能在去除颗粒物方面更加经济高效，如带式过滤、滤布过滤、鼓式过滤、快速砂滤、SAF 过滤和弧形筛过滤等。

4.8.8 监管制约因素

参见 4.1.7 节。由于微滤和超滤产生的浓缩废液中悬浮物和微生物的含量很高。如果不违反排放标准，它可以与废水一起排放；而化学清洗后的冲洗水，由于含有很多化合物，如漂白剂、过氧化氢等，只能排放到特定的污水净化系统中。

4.8.9 社会经济制约因素

除了预过滤的成本较高和要求较严格外，没有其他社会经济制约因素。

4.8.10 衍生技术

该技术是一项独立的技术，目前还没有开发出衍生技术。

4.8.11 主要参考文献

https://emis.vito.be/en/techniekfiche/microfiltration

https://emis.vito.be/en/techniekfiche/ultrafiltration

Dogan, E. C., Yasar, A., Sen, U., & Aydiner, C. (2016). Water recovery from treated urban wastewater by ultrafiltration and reverse osmosis for landscape irrigation. *Urban Water Journal*, 13 (6), 553-568

Zheng X., Mehrez R., Jekel M. & Ernst M (2009). Effect of slow sand filtration of treated wastewater as pre-treatment of UF. *Desalination*，249，591-595

http://watertool. inagro. be/interface/Technieken. aspx? techniekID=28

4.9 快速砂滤

（作者：Peter Melis[18]，Rodney Thompson[23]）

4.9.1 用途

该技术用于灌溉用水的制备，可更有效地利用水资源。

4.9.2 适用地区

该技术适用于欧盟地区。

4.9.3 适用作物

该技术适用于所有生长在有机基质上的作物。

4.9.4 适用种植模式

该技术适用于无土栽培、保护地栽培、露地栽培。

4.9.5 技术概述

4.9.5.1 技术目标
该技术用于清除污水中的颗粒物。

4.9.5.2 工作原理
快速砂滤器运用相对较粗的沙子及其他颗粒介质来去除废水中的颗粒物（图4-9）。进入快速砂滤器中的废水在重力或泵压的作用下通过过滤介质，而悬浮于水中的颗粒物被拦截在砂床上。砂滤器的废水处理效率为4～12 m³/h（每平方米砂床表面积）。为避免砂滤器堵塞，通常需要对砂床进行定期反冲洗来清除砂床上的颗粒物质，而反冲洗会中断过滤过程并持续几分钟，反冲洗产生的废水必须排放或作其他用途。在某些欧盟国家，反冲洗产生的废水不允许直接排放到自然水体中。

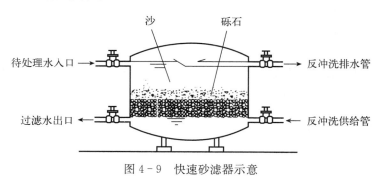

图4-9 快速砂滤器示意

4.9.5.3　操作条件

砂滤器的过滤能力取决于砂滤器表面积，每平方米砂床的滤水效率为 $4\sim12$ m^3/h，过滤器的高度一般为 $1.5\sim2.0$ m。若待处理废水较污浊，则需要每天反冲洗多次，从而产生比其他技术（设备）更多的污泥废水，通常采用化学预处理的手段凝结或絮凝废水中的悬浮颗粒物。

4.9.5.4　成本

设备安装和维护的成本取决于设备的尺寸，建议从设备制造商或经销商处获得估价。该设备由于设计简单，是一种价格相对低廉的过滤设备。

适用于 $48\sim60$ m^3 大小的泳池、过滤速率为 12 m^3/h 的小型聚酯砂滤器价格在 $550\sim600$ 欧元；而规格为 5 m^2、过滤速率为 50 m^3/h 的工业用连续砂滤器价格在 50 000 欧元左右。该设备设计简单，维护需求较少，因而运行成本较低。

4.9.5.5　技术制约因素

该技术的主要瓶颈是反冲洗会中断过滤过程，并会产生大量的浓缩污泥废水。

4.9.5.6　优势与局限性

优势：技术简单（管理维护简单），过滤流量可根据园艺作物需要调节。

局限性：需反冲洗，每隔 $3\sim5$ 年需要更换一次滤砂，维护成本较高，过滤器占地面积大，会产生大量的浓缩污泥水，在一些国家或地区需要遵守处置或处理反冲洗水方面很严格的法规规定。

4.9.5.7　支持系统

该技术无需特定的支持系统。

4.9.5.8　发展阶段

该技术已商业化。

4.9.5.9　技术提供者

该技术有很多技术供应商，如 UVAR Holland b. v. 等。

4.9.5.10　专利情况

该技术是一项早已存在且被广泛应用的技术，未授权专利。

4.9.6　竞争技术

有很多技术可以过滤颗粒物，如带式过滤、滤布过滤、鼓式过滤、盘式过滤、SAF 过滤、弧形筛过滤和微滤等，与快速砂滤形成竞争关系。

4.9.7　应用范围

该技术不受气候或温度的限制，也可用于净化土壤或基质栽培产生的尾液，还可以安装在污水池和消毒装置的桥接位置。

4.9.8　监管制约因素

参见 4.1.7 节。在荷兰和比利时等国家/地区已经实施了向水体排放反冲洗水的管制条例。

4.9.9　社会经济制约因素

该技术未受到社会经济的制约。

4.9.10　衍生技术

该技术是一项独立的技术，目前还没有开发出衍生技术。

4.9.11　主要参考文献

https://emis. vito. be/en/techniekfiche/sand-filtration

Wen-Yong W.，Yan H.，Hong-Lu L. & Yong N.（2015）. Reclaimed water filtration efficiency and drip irrigation emitter performance with different combinations of sand and disc filters. Irrigation and Drainage，64，362-369

http://watertool. inagro. be/interface/Technieken. aspx? techniekID=6

Berckmoes E.，Dierickx M.（2012）. Wat met het spoelwater van filters? *Sierteelt & Groenvoorziening*，17，35-37

Berckmoes E.，Van Mechelen M.，Mechant E.，Dierickx M.，Vandewoestijne E. & Decombel A.（2013）. Quantification of nutrient wastewater flows in soilless greenhouse cultivations，*Proceedings of NUTRI-HORT conference*，September 16-18 2013，Ghent，Belgium

4.10　自动清洗过滤器

（作者：Peter Melis[18]，Rodney Thompson[23]）

4.10.1　用途

该技术用于灌溉用水的制备，可更有效地利用水资源。

4.10.2　适用地区

该技术适用于欧盟地区。

4.10.3　适用作物

该技术适用于所有生长在有机基质上的作物。

4.10.4　适用种植模式

该技术适用于无土栽培、保护地栽培、露地栽培。

4.10.5　技术概述

4.10.5.1　技术目标

该技术用于清除灌溉水、排水或污水中的颗粒物。

4.10.5.2　工作原理

污水进入自动清洗过滤器（SAF）底部，随后污水中的颗粒物在滤网上富集并形成滤饼，过滤后的水则从过滤器出口端流出。SAF过滤器具有自动清洗功能，可在不中断过滤过程的情况下工作。当滤饼成型时，滤网内的压力会增大，在特定条件下（压差为50 000 Pa时）会启动清洗功能。具体过程如下：过滤器顶部的清洗阀打开，使内部气压下降，这种压力差导致颗粒物被吸入SAF中央的柱形管中，由液压泵驱动的转子带动集污器旋转并向上移动，两个连接在集污器上的水管将清洗整个滤网，而污水被排出排水阀（清洗流程持续5～60 s，具体时长取决于机型）（图4-10）。由于滤饼的去除不会占据整个滤网表面，因而过滤过程不会被打断。

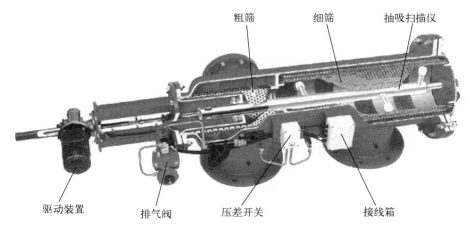

图4-10　SAF过滤示意

4.10.5.3　操作条件

过滤器的大小决定了其工作效率，SAF处理废水的效率为7～400 m³/h，最小工作压力为200 000 Pa；同时可对滤网孔径进行选择，范围在10～800 μm。

4.10.5.4　成本

每台设备的平均成本为4 000～5 000欧元，其处理废水的效率约为10 m³/h。该设备有自动清洗功能，因此维护费用较少；如果需要进行维护，需要专门的技术人员。

4.10.5.5　技术制约因素

该设备是一个技术先进的过滤系统，因而需要专业的技术人员进行维护操作。

4.10.5.6　优势与局限性

优势：过滤颗粒物可靠、有效；可连续过滤，自动反冲洗过程也不中断可自动清洗，可维护需求较少；过滤能力（容量）高。

局限性：必须处理反冲洗产生的废水，详见4.1.7节。

4.10.5.7　发展阶段

该技术已商业化。

4.10.5.8　支持系统

水流必须加压后才能进入该设备过滤。

4.10.5.9　技术提供者

该技术有很多技术供应商，如：UVAR Holland b. v.、Amiad、Aytok。

4.10.5.10　专利情况

某些技术已授权专利。

4.10.6　竞争技术

很多可以过滤颗粒物的技术与 SAF 过滤有竞争关系，如带式过滤、滤布过滤、鼓式过滤、快速砂滤、盘式过滤、弧形筛过滤和微滤等。

4.10.7　应用范围

该技术不受气候的限制，应用范围较广。

4.10.8　监管制约因素

与快速砂滤器相比，SAF 只产生少量的反冲洗水，但也需要处理后再排放。

4.10.9　社会经济制约因素

该技术未受到社会经济条件的制约。

4.10.10　衍生技术

该技术是一项独立的技术，目前还没有开发出衍生技术。

4.10.11　主要参考文献

Berckmoes E.，Van Mechelen M.，Mechant E.，Dierickx M.，Vandewoestijne E. & Decombel A.（2013）. Quantification of nutrient wastewater flows in soilless greenhouse cultivations，*Proceedings of NUTRI-HORT conference*，September 16-18 2013，Ghent，Belgium

https://www.lenntech.com/filtratie/english/filtrationtechnologies/hydraulic-selfcleaning-screenfilter.htm

http://www.revaho.nl/products-and-services/filtration/saf-filters/? lang=en

Berckmoes E.，Dierickx M.（2012）. Wat met het spoelwater van filters? *Sierteelt & Groenvoorziening*，17，35-37

https://www.youtube.com/watch? v=J2EhhKoPopA

4.11　弧形筛过滤

（作者：Peter Melis[18]，Wilfred Appelman[22]）

4.11.1　用途

该技术用于灌溉用水的制备，可更有效地利用水资源。

4.11.2　适用地区

该技术适用于欧盟地区。

4.11.3　适用作物

该技术适用于所有生长在有机基质上的作物。

4.11.4 适用种植模式

该技术适用于无土栽培、保护地栽培、露地栽培。

4.11.5 技术概述

4.11.5.1 技术目标

该技术用于清除污水中的颗粒物。

4.11.5.2 工作原理

废水泵入过滤器的进口端并从顶部流入过滤筛，筛网截留固体颗粒物，同时水穿过筛孔向下流动，最终颗粒物和基质等被截留在弧形筛底部，水则从过滤器底部出口端流出。弧形筛的插槽宽度为 $150 \sim 5\,000\ \mu m$，由于滤网是垂直放置的，因而选择性更好（即可拦截更小的颗粒物）（图 4-11）。该过滤器的过滤速率主要取决于筛孔大小和滤网的选择性，过滤能力可达 $1\,000\ m^3/h$。尽管存在自动清洗模式，但多数清洗工作仍需借助橡胶软管手动完成。

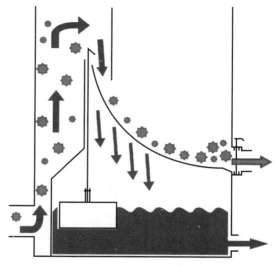

图 4-11 弧形筛过滤器示意

4.11.5.3 操作条件

对于富含有机物和颗粒物的废水，通常选用弧形筛作为过滤的第一步。在此过滤过程中，粗大的颗粒物被优先滤除，过滤能力（流量）较弱的机型（筛孔大小为 0.5 mm）过滤速率也达 $36\ m^3/h$。

废水中粗大颗粒物的含量必须在 $10\% \sim 50\%$ 的范围。若粗颗粒含量过高，就无法清洁过滤筛。在这种情况下，过滤筛可按筛孔从粗到细的顺序进行设置。

4.11.5.4 成本

最小号的设备成本（包括安装，例如安装在污水仓上面）约 5 000 欧元。

可手动清洗、过滤能力为 $10 \sim 100\ m^3/d$ 的筛网设备成本 1 700～3 000 欧元，过滤能力为 $500 \sim 5\,000\ m^3/d$ 的设备则需要 5 000～10 000 欧元，运行成本为 0.005（非自动化系统）～0.15 欧元/m^3（自动化系统）。

过滤能力为 $50 \sim 500\ m^3/d$ 的弧形筛过滤器成本为 8 500～25 000 欧元，运行成本为 0.01～0.35 欧元/m^3。

4.11.5.5 技术制约因素

该技术尚无技术方面的制约因素。

4.11.5.6 优势与局限性

优势：原理非常简单；可靠、有效；易于安装；基于重力的物理作用；过滤后的水均可再利用，无反冲洗水产生；过滤能力强。

局限性：只能过滤较大颗粒物；需要进一步过滤后才可进行消毒；污泥必须在容器中收

集；不能实现自动清洗。

4.11.5.7　支持系统

该技术无需特定支持系统。

4.11.5.8　发展阶段

该技术已商业化。

4.11.5.9　技术提供者

弧形筛过滤技术提供者在欧洲西北部，主要的制造商是 REKO。

4.11.5.10　专利情况

某些技术可能有专利授权。

4.11.6　竞争技术

很多可以过滤颗粒物的技术与弧形筛过滤存在竞争关系，如带式过滤、滤布过滤、鼓式过滤、盘式过滤、SAF 过滤、快速砂滤和微滤等。

4.11.7　应用范围

该技术不受气候的限制，也可用于净化土壤或基质栽培产生的尾液，还可以安装在污水仓上方。

4.11.8　监管制约因素

参见 4.1.7 节。

4.11.9　社会经济制约因素

该技术未受到社会经济条件的制约。

4.11.10　衍生技术

该技术是一项独立的技术，目前还没有开发出衍生技术。

4.11.11　主要参考文献

https://emis. vito. be/en/techniekfiche/grids-and-sieves

https://www. lenntech. com/curved-screen. htm

第 5 章

优化水质——藻类的控制

（作者：Juan José Magán[9]，Els Berckmoes[21]，Ilse Delcour[19]）

5.1　概述

5.1.1　用途

该技术用于灌溉水的制备、储存灌溉水中的藻类控制。

5.1.2　适用地区

该技术适用于欧盟地区。

5.1.3　适用作物

该技术注重灌溉水储存，与特定作物无关。

5.1.4　适用种植模式

该技术适用于需要蓄水的所有种植模式。

5.1.5　技术概述

灌溉水中的藻类是导致滴头和过滤器堵塞的重要原因之一。因此，控制水中的藻类生长对于灌溉系统的最优化运行至关重要。当使用藻类控制技术时，必须考虑以下要点：

5.1.5.1　储水池的长期藻类控制缺乏技术背景

用于长期控制藻类的方法很多，但多存在以下缺点：添加化学试剂具有短期作用，需要重复处理；在池塘底部添加石灰需要在冬季排水；藻类增加了过滤器堵塞的风险；覆盖蓄水池非常昂贵；水流运动仅具有局部效应，处理整个蓄水池的水需要过多的泵或拥有较强处理能力的设备；蓝色染料需要重复处理，并根据所应用的剂量调节蓝色；细菌和酶对藻类的控制作用在夏季减弱。

此外，用于大量水的藻类控制方法仍然空白。关于利用水生植物控制藻类，没有足够的信息说明哪些物种具有这样的功能，也不知如何有效地管理这些植物。关于超声波设备的功效存在很大的不确定性。

5.1.5.2　部分藻类的控制方法有立法限制

利用鱼和蓝色染料控制藻类要符合规定。在不同的欧盟成员国，并非所有鱼类物种都允许用于控制藻类，蓝色染料同样如此。尽管最近的技术满足了欧盟食品添加剂的规定，并使用欧洲批准的食品颜料，但尚不清楚它是否可作为水处理/杀藻剂应用于所有成员国。

5.1.5.3　缺少有毒蓝藻控制的风险评估

大多数装置报告了其对绿藻的有效性，但当这些装置用于控制可能含有毒成分的蓝藻时，尚不清楚存在的风险。

5.1.5.4　种植者的想法需要改变

施用蓝色染料、水生植物、细菌、鱼等都是控制藻华有前景的技术。然而，目前种植者想要使水尽可能洁净，而这些技术都是试图保持藻类数量的平衡，不能保证水的洁净。很明显，某些地区的种植者的想法可能需要转变。

5.1.6　社会经济制约因素

藻类倾向于生长在池塘的灌溉水中，在滴灌施肥系统中必须控制藻类以避免产生堵塞问题，而使维护费用增加。如果灌溉均匀性降低，作物生长及水和养分的利用效率将受到负面影响。

一些控制藻类的技术成本很高（如池塘覆盖），种植者往往倾向于这些技术的替代方法。

应用以维持藻类种群平衡的技术需要种植者转变思维才能被接受，这可以通过活动展示和种植者之间的知识交流来实现。

5.1.7　监管制约因素

对于用于控制藻类而销售和使用的鱼类在各国有不同的限制。

欧盟委员会条例第 1130/2011 号附件修正了第 1333/2008 号附件Ⅲ，并列入了经过授权的批准用于食品添加剂、酶和调味品的食品添加剂清单。蓝色染料技术符合欧洲食品添加剂法规，但其专利可能没有明确说明其在粮食作物中的应用。

5.1.8　控制藻类的现有技术

现有常规技术可被分为化学方法、生物方法和物理方法。化学方法包括磷固定、降低 pH、溶解铜、利用氧化作用（H_2O_2）、破坏细胞壁（NH_4^+）、使用石灰（$CaCO_3$）。生物方法可应用的生物有水蚤、细菌、酶、鱼类和水生植物，也可利用草包覆盖。

物理方法包括利用水体运动、利用超声波设备、着色剂如蓝色食品染料、储水池覆盖。

5.1.9　当前无法解决的问题

人们普遍认为很难甚至不可能找到一种环境可接受的化学药剂，可以控制特定藻类物种而不会对其他生物或栽培植物造成不利影响，因此一直没有积极地应用化学防治。

对于小型和大型储水系统，可以选择水面覆盖和超声波装置，但必须考虑经济成本。也可应用生物方法。理论上有许多生物可以用于控制藻华。但是生物控制藻类仍有很多问题，该技术尚未充分发展用于实践，还需要进一步的实验研究。在评估这些生物用于赤潮防治时，应用的时间、频率和模式（分散剂配方及方法）等都是需要解决的重要问题。

关于立法，有些技术存在不确定性。需要更详细地了解染色剂是否可以用于不同成员国，以及哪些生物制剂可以在每个成员国应用，这些制剂用于哪种类型的藻类。

5.1.10 主要参考文献

Schmack, M., Chambers, J., & Dallas, S. (2012). Evaluation of a bacterial algal control agent in tank-based experiments. *Water Research*, 46 (7), 2435-2444

Purcell, D., Parsons, S. A., Jefferson, B., Holden, S., Campbell, A., Wallen, A., ... & Ellingham, A. (2013). Experiences of algal bloom control using green solutions barley straw and ultrasound, an industry perspective. *Water and Environment Journal*, 27 (2), 148-156

Stratford H. Kay. Weed control in irrigation water supplies. The North Carolina Cooperative extension service. http://www.weedscience.ncsu.edu/aquaticweeds/ag-438.pdf

Maestre-Valero, J. F. & Pedrero, F. (2014). Evaluación del efecto de los ultrasonidos en balsas de riego que almacenan aguas regeneradas procedentes de un tratamiento terciario. CEBAS-CSIC. http://www.crcc.es/wp-content/uploads/2012/11/informe-CRCC-ULTRASONIDOS.pdf

Goldman, J. C., Porcella, D. B., Middlebrooks, E. J., & Toerien, D. F. (1972). The effect of carbon on algal growth—its relationship to eutrophication. *Water Research*, 6 (6), 637-679

5.2 技术清单

去除水中藻类的技术清单见表 5-1。

表 5-1 去除水中藻类的相关技术清单

名称		用途		成本	工艺要求	优点	缺点	附言
		藻类控制	其他					
化学方法	利用化学药品控制藻类：磷固定	预防/治理绿藻有效，蓝藻无效		维护：每100 m³ 0.04欧元	防护服	无破坏蓄水风险	暂时有效，恶性循环，效率不足，需要频繁添加化学药品，形成沉淀	
	利用化学药品控制藻类：降低pH	治理绿藻有效，蓝藻不能应用（毒素释放风险）	补充施肥	维护：每100 m³ 1.6欧元（H₂SO₄），每100 m³ 7.2（ZWAKAL）	防护服pH监测	无破坏蓄水风险	暂时效应，恶性循环，效率不足，需要频繁添加化学药品，pH下降，有毒害植物风险，有破坏储水风险	不能使用含有N或P的酸（抗击藻类的第一步，且应在任何化学处理之前进行）
	利用化学药品控制藻类：溶解铜（Cu）	治理绿藻有效，蓝藻不能应用（毒素释放风险）	增加生物膜补充施肥（Cu）	维护：每100 m³ 1.6～3.6欧元	防护服	无破坏蓄水风险	暂时效应，恶性循环，氧气减少，中等效率，需要频繁添加化学药品，不环保	有降低水体含氧量的风险，不能与鱼类相容 水 pH<7

（续）

名称		用途		成本	工艺要求	优点	缺点	附言
		藻类控制	其他					
化学方法	利用化学药品控制藻类：氧化（H_2O_2）	治理绿藻有效，蓝藻无效	减少细菌减少生物膜增加氧气	维护：每100 m^3 9.87欧元	防护服	环境友好	短期效应（1个月），需要频繁添加化学药品，见光不稳定，破坏蓄水风险	对管道、罐、温室设备有长期影响。过氧化物条指示、数字式过氧化物计更准确
	利用化学药品控制藻类：细胞壁破坏（NH_4）	治理绿藻有效，不能应用于蓝藻（毒素释放风险）	补充施肥（NH_4）		防护服	对地上红藻有效（泡沫）	暂时效应、恶性循环，效率不足，需要频繁添加化学药品，有毒害植物风险	
	利用石灰控制藻类（$CaCO_3$）	预防绿藻和蓝藻有效		维护：每100 m^2 0.08～2欧元	氢氧化钙防护服	长期效应（每年更换），效率好，无毒，减少金属毒性，整个欧洲可用，环境友好，与鱼类相容（氢氧化钙除外）	底部加石灰需要排出池塘里的水，氢氧化钙具有极强的腐蚀性	石灰的用量与pH高度相关
生物方法	利用水蚤控制藻类	预防/治理绿藻和蓝藻：微小的种类		安装：0～12欧元/L（水蚤）	泵，保护设备	长期效应，高效，无毒，可用于整个欧洲，用户和环境友好	过滤器和灌溉系统堵塞的风险	对pH、氧含量波动敏感，存在重金属，与鱼类不相容
	利用草捆控制藻类	预防/治理绿藻和蓝藻：部分种类		维护：每100 m^2 0.25～0.75欧元（藻类大量生长的池塘中增加3倍）	无	无蓄水风险，可用于整个欧洲，可作为水蚤的庇护所，环境友好，与鱼类相容	短期效应（约45 d），逐步去除，pH下降，有秸秆中残留农药污染水体的风险	干麦秸秆的效果似乎最高
	利用细菌和酶控制藻类	预防/治理绿藻有效，蓝藻无效		维护：每100 m^3 约70欧元（取决于产品）	无	长期效应，无毒，可用于整个欧洲，用户和环境友好	过滤器堵塞的风险，夏季水温提高会影响好氧过程	这些产品在水温足够高（12 ℃）时应用效果更明显
	利用鱼类控制藻类	预防/治理绿藻有效，蓝藻无效	减少水生植物补充施肥	安装：每100 m^3 0.5～1.0欧元	关于鱼的一些知识	长期效应，高效，无毒，无破坏蓄水风险，环境友好	会产生鱼类排泄物；一些鱼种在某些欧盟成员国受到限制；一段时间后，可能需要将鱼收获	10 ℃以下阻止鱼类进食，不希望一些鱼在进食时挖底泥并搅起泥浆，低盐度耐受性、鱼类活动受水质的影响

欧盟水肥一体化技术

（续）

名称		用途		成本	工艺要求	优点	缺点	附言
		藻类控制	其他					
生物方法	利用水生植物控制藻类	治理绿藻和蓝藻有效	减少细菌	维护：收获水生植物（如需要）	选择合适的物种，确定种植方式	长期效应，高效，可作为水蚤的庇护所，无毒，无破坏蓄水风险，环境友好，与鱼类相容	植物在水中生长导致氧气减少并覆盖水面，可能需要收获植物，不同区域有物种特异性	缺乏水生植物的优化维护与种植的重要知识
物理方法	利用水体运动控制藻类	治理绿藻和蓝藻有效	增加氧气	安装：4 000～7 500 欧元（Oloïd）能源：25～150 W/h（Oloïd）	无	长期效应，整个欧洲适用（如泵），防冻，与鱼类相容，用户和环境友好	中等效率，移动的颗粒堵塞过滤器	Oloïd 不再可用
	利用超声波控制藻类	预防/治理绿藻有效，蓝藻无效	减少生物膜	安装：A 类型 900 欧元，B 类型 1 650～1 950 欧元，C 类型 1 950～2 540 欧元此外还有维护成本和能源成本	无	长期效应，无破坏蓄水风险，用户友好，可用于整个欧洲，与鱼类相容	过去并非所有的设备都能有效地工作，蓝藻若与高功率装置结合则有毒性作用，高功率装置可能危害鱼和浮游动物	所有装置仅能在 180° 的角度范围内发挥作用，水生植物可能影响超声波传播，作用半径 10～200 m
	利用蓝色染料控制藻类	预防/治理绿藻和蓝藻有效		每 100 m³ 维护成本：A 类型 0.9 欧元，B 类型 0.6 欧元，C 类型 0.5 欧元	无	高效，与鱼类相容，用户和环境友好	短期效应（每年 2～3 次处理），水体呈蓝色，仅适用于英国	除加深水体颜色外，不影响水质和水生生物
	利用覆盖储水池控制藻类	预防/治理绿藻和蓝藻有效	减少水生植物	安装：每 100 m² 4 000 欧元	无	长期效应，高效，减少蒸发损失，用户和环境友好，适用于全欧洲	降低氧气含量水平	

注：A 类型＜750 m³ 或＜150 m²，B 类型 750～5 000 m³ 或 150～250 m²，C 类型＞5 000 m³ 或＞250 m²。

5.3 利用化学药剂控制藻类

（作者：Ilse Delcour[19]，Juan José Magán[9]，Els Berckmoes[21]，Dolors Roca[8]）

5.3.1 用途

该技术用于灌溉水的制备。

5.3.2 适用地区

该技术适用于欧盟地区。

5.3.3 适用作物

该技术适用于所有作物。

5.3.4 适用种植模式

该技术适用于所有种植模式。

5.3.5 技术概述

5.3.5.1 技术目标

在水库中添加化学药剂是为了防止或抑制藻类生长，一些化学药剂甚至具有杀藻作用。

5.3.5.2 工作原理

化学物质的添加通常基于通过人工固定磷而抑制磷的有效性。水库中磷的量与生长在其中的藻类数量之间存在着直接的关系。随着磷含量的增加，藻类的数量也增加。在磷含量非常高时，其他营养物质或光可能限制藻类的生长。去除水体中的磷是藻类长期控制的关键步骤。不同的化学物质固定磷的原理如下：

（1）氯化铁：在水中磷易与氯化铁结合，在池塘底部形成锈色沉淀。

（2）铝：可降低水体的 pH。酸度的增加改变了藻类获得特定矿物质的能力。水的酸度影响二氧化碳的数量和化学形态，所有光合生物都需要二氧化碳，水生植物可与藻类竞争水中的二氧化碳。

（3）溶解铜：由螯合的单价铜组成，海藻会因吸收过多的铜而死亡。

（4）过氧化氢（H_2O_2）：过氧化氢是一种强氧化剂，这种特性使它成为对有机污染物（藻类、细菌等）有效的消毒剂。普遍认为 5.5 mg/kg 活性氯的活性相当于 10 mg/kg 过氧化氢，但是过氧化物需要更长的时间来杀死细菌。

（5）破坏藻类细胞壁的化学物质：主要是季铵化合物，能够破坏藻类和细菌的细胞壁，从而杀死它们。

5.3.5.3 操作条件

该技术可在污水处理公司大规模使用，并可应用于花园池塘。然而，在添加铝的情况下，应考虑副作用/环境风险，残留在底部的氢氧化铝和絮凝污泥会干扰鱼类繁殖及有益细菌和以有机淤泥为食的昆虫的活动。

不同产品的建议使用剂量及成本见表5-2和表5-3。

表5-2 不同除藻剂的用量和价格

产品	原理	用量	频率	单次处理参考价格	备注
Cu/Fe preparates	5.3.5.2节（1）				园艺用水池不足
Alg-Stop	5.3.5.2节（1）	36.5 g/L	每10 d添加1次	每100 m³ 0.04欧元	
Algen-Stop	5.3.5.2节（1）	100 L/L		每100 m³ 1 300欧元	可预防藻类生长，微生物消耗水中的营养物，防止藻类生长
Zwakal（KMgSO₄）	参见5.3.5.2原理（2）	12 kg/L		每100 m³ 7.2欧元	
Proteck-van Iperen，Westmaas NL	参见5.3.5.2原理（3）	4 L/L	每3周添加1次，或当添加淡水时混入	每个温室每年需273欧元	该产品还螯合镁和钙，所以这些营养物质对于藻类是不可用的（类似于原理1）
H₂O₂（35%）	参见5.3.5.2原理（4）	5 L/L		每100 m³ 9.87欧元	与鱼相容：添加前用水稀释
硫酸（H₂SO₄）	参见5.3.5.2原理（2）	20 L（37%）/L		每100 m³ 1.6欧元	
明矾	5.3.5.2节（1）			每100 m² 4.9～12.35欧元 取决于需求用量和调动设备成本	增加游离铝、硫酸盐和一氧化二氮的浓度，在破坏栖息在淡水底部的微生物和无脊椎动物群落中起着重要作用

表5-3 不同肥料中硫的质量（kg/L）和酸的浓度（mol/L）

酸	硫	硫酸盐	酸（H⁺）	K⁺	Mg²⁺
Zwakal（Yara Benelux）	1.32	3.96	3.96	0.79	1.6
H₂SO₄ 44.1%（van Iperen）	1.35	6.07	12.15		
Sulfacid（Biofeed）	1.4	7.14	14.28		
KZZ（Fertigro）	1.2	2.4	3.0	1.8	
ZZ30（Fertigro）	1.22	3.66	7.32		

5.3.5.4 成本

设备成本：化学药剂通过人工添加，因此不需要设备。然而，不同的剂量系统都是市售的。

脉冲剂量系统：费用为 1 700～1 820 欧元（不包括水表）（图 5 - 1）。

用于在设定时间下连续加料的系统：由泵、体积计数器、测量杯子组成，成本 1 360～1 560 欧元。

维护成本：最终成本与所需的剂量密切相关。

5.3.5.5　技术制约因素

该技术应用氯化铁固定磷的情况下，形成锈色沉淀。不易溶于水的产物可能积聚在蓄水池的底部，可能从水体中提取时造成泵或过滤器的技术故障。较高浓度的化学药剂可能损害盆箔、胶水的牢固性等，因此产品应均匀施用，以避免局部损害。

图 5 - 1　剂量泵
（泵、管等必须耐化学品的腐蚀）

5.3.5.6　优势与局限性

优势：

通过加入酸来降低 pH：雨水缓冲能力低，仅需少量的酸；易于应用；价格低廉；如果是温室可以使用基质单元施用酸；添加到水中的营养物可以从营养液中扣除，不需要单独购买，因此没有额外的成本。

添加铜：具有治理藻类的作用；长期效应，对管道和温室中的藻类也有影响，保持了托盘清洁；不会对植物有毒害，但会导致氧含量暂时降低而对鱼有害；可作为高效的铜肥，可以通过倒入池角施用，较为便利。

H_2O_2：具有即时效应；在小型池塘中，每月人工施用一次稳定的过氧化物就足够了；包装稳定性可达 2 年；施用后有机物快速降解（比过甲酸慢）；无残留物；对肥料没有影响；植物安全；环境友好；对细菌和病毒也有影响；结合紫外线，有助于去除水中的农药残留。

局限性：

化学处理：藻类死亡并腐烂后养分会释放回水中，新的藻类得到生长。这种情况需要化学处理。氧气含量在化学处理后迅速下降，许多数据表明应用化学物质过量使化学处理弊大于利。化学物质同样也可以杀死帮助清除池底有机污泥的有益细菌。随着时间的推移，一些藻类会对化学药剂产生抗性。

添加铜：如果用硫酸铜处理蓝藻，会发生细胞裂解（膜塌陷），释放藻类中所含的毒素；随着蓝藻对硫酸铜的抗性越来越强，为了有效控制，需要持续加大剂量（每周数吨）；对浮游动物和其他生命的影响导致对其使用的许可要求越来越严格；仅逐渐去除藻类；不能应用于有鱼的水池（清洁水池时氧气含量迅速下降）；水池的 pH 高于 7 时必须使用硫酸降低 pH。

添加酸降低 pH：仅适用于绿藻；需要连续监测 pH；需要有效的冲击效应；可能有植物毒性（特别是开花植物）；如果施用不均匀，可能会损害水池的材料导致泄漏；须从营养液中减去施加在水池中的酸量，增加营养液配制难度；不使用含 N 或 P 的酸；效率不足。

H_2O_2：中等效率；效果短期；大量应用时价格昂贵；与金属接触发生强烈反应；需要防护服；效果 5 周后才可见；导致水体 pH 下降；能使聚烯烃材料的水池溶解（胶乳对 H_2O_2 有耐性）需要稳定剂抑制其分解；需要低温抑制其分解；H_2O_2 与水中的有机物发生

反应而消失。

5.3.5.7 支持系统

通常，化学试剂可通过人工施用。尽管如此，借助船或分配系统可以保证试剂的均匀分布，避免对储水材料的局部损坏。为控制如 pH 之类的水质参数，需要相关检测设备；需要防护设备如防护眼镜，手套等；需要测量藻类水华减少的方法；用于测量化学试剂的方法，例如可购买商用测量条检测 H_2O_2（图 5-2）。

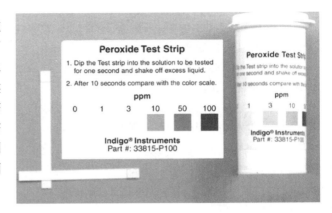

图 5-2　用于测量水中 H_2O_2 浓度的测量条

5.3.5.8 发展阶段

所有化学试剂都是市售的。

5.3.5.9 提供技术者

许多供应商提供这些化学品，如 Yara Benelux 的 Zwakal、Van Iperen 的 proteck、Hortiplan 的 H_2O_2 剂量输入系统、Prayon-Hortipray（荷兰）的 H_2O_2 产品、Kemira（荷兰）的 H_2O_2 产品、Airedale Chemical（英国）的 H_2O_2 产品。

5.3.5.10 专利情况

该技术未获得专利。

5.3.6 竞争技术

该技术可能严重减少氧气，导致鱼类死亡，因此利用鱼类控制藻类与应用化学药剂控制藻类竞争。其他化学处理如氯化处理或生物床/生物过滤器会破坏其中的活性生物膜。

5.3.7 应用范围

该技术不受作物类型、气候和种植条件的限制，应用范围较广。

5.3.8 监管制约因素

5.3.8.1 欧洲指令及其对种植者的影响简述

化学药剂对浮游动物和其他生命的影响已导致对水中使用化学药剂的要求越来越严格。Zwakal：符合欧盟条例（EG）第 1907/2006（REACH），附件Ⅱ。

过氧化氢：欧盟委员会执行 2015 年 9 月 28 日第 2015/1730 号条例（欧盟），批准过氧化氢作为活性物质用于 1、2、3、4、5 和 6 类生物农药产品。

5.3.8.2 国家层面的实施

条例（EG）第 453/2010 号（比利时）：比利时立法命令用于灌溉水消毒的药剂被授权为用于食品或饲料的 4 类杀菌剂。并非所有市售的 H_2O_2 都是经过授权的，因此在购买时需注意。

荷兰：随着植物保护药剂和杀菌剂的授权，2010 年开始杀菌剂注册。

2005 年，美国食品和药品管理局批准 H_2O_2 用于瓶装饮用水："添加于人类消费的食物（21CFR 部分 172），为瓶装饮用水提供安全使用的抗菌剂…"（美国联邦卫生和人类服务部；美国食品药物管理局；21CFR 部分 172；案卷编号 FDA‐2005—F‐0505）。

5.3.8.3 地区层面的实施

采用化学药剂控制藻类的方法在地区层面不适用。

5.3.9 社会经济制约因素

应用该技术的灌溉水用于蔬菜时可能出现食品安全问题；使用化学药剂存在环境问题；化学药剂需要持续投入，因而费用昂贵。

5.3.10 衍生技术

固定磷的药剂，如 Alg-Stop、Aqua Forte、铝化合物等。

降低 pH 的药剂，如 Zwakal、Yara（H_2SO_4）、Royal Brinkman。

杀藻药剂，如 Prutek、Van Iperen 等。

基于氧化作用的药剂，主要为过氧化氢，如 Huwa. San（图 5‐3）、Royal Brinkman、DelgoSan、Delgeconv 等。

含季铵的破坏细胞壁的药剂，如 Clean special、Greenstop Pro、Quatam、Lema、Dimanin、Virocid 等。

图 5‐3 杀藻剂——过氧化氢

5.3.11 主要参考文献

Prins，M.（1992）. De ideale algenbestrijder bestaat niet. *Vakblad Voor de* Bloemisterij，34，24-28

Bulk，R. van den（1995）. Bassin aanzuren alleen bij problemen. *Groenten*＋Fruit/Glasgroenten，11，8-9

Vegter，B.（1996）. De alg aan de galg. *Vakblad Voor de Bloemisterij*，11，24-30

https://www. extension. purdue. edu/extmedia/ho/ho-247-w. pdf

http://dnr. wi. gov/lakes/publications/documents/alum _ brochure. pdf

http://www. ecy. wa. gov/programs/wq/plants/algae/lakes/ControlOptions. html

Proeftuinnieuws 2-23 January 2015（Inagro，PSKW）

Atwood，J.（2016）. Chlorine and its oxides：Chlorate and perchlorate review. https://horticulture. ahdb. org. uk/project/chlorine-and-its-oxides-chlorate-perchlorate-review

http://www. pcsierteelt. be/hosting/pcs/pcs _ site. nsf/0/61313d033d82e632c1257a0f 002cb07d/＄FILE/2％20Reciclean％20Prayon％20-％202. pdf

Von Bannisseht，Q. ＆ Sleegers，J.（2016）. 40 vragen en 40 antwoorden over waterzuivering. *Vakblad voor de Bloemisterij*，47，22-31

DNR Wisconsin.（2003）. Alum Treatments to Control Phosphorus in Lakes.

Farneselli，M.，Simonne，E. H.，Studstill，D. W.，＆ Tei，F.（2006）. Washing and/or cutting petioles reduces nitrate nitrogen and potassium sap concentrations in vegetables. *Journal of Plant Nutrition*，29（11），1975-1982

Admiraal，W.，Drábková，M.，Maršálek，B.，Drábková，M.（2007）. Combined exposure to hydrogen peroxide and light-selective effects on cyanobacteria, green algae, and diatoms *Environmental Science and Technology*，1 January 2007，41（1），pp. 309-314

Yang，L.，Zhiming，Y.，Xiuxian，S.，Lixia，Q.（2016）．Controlling harmful algae blooms using aluminum-modified clay．*Marine Pollution Bulletin*，103（1-2），211-219

5.4 利用石灰控制藻类

（作者：Justyna Fila[6]，Els Berckmoes[21]）

5.4.1 用途

该技术用于灌溉水的制备。

5.4.2 适用地区

该技术适用于欧盟地区。

5.4.3 适用作物

该技术适用于所有作物。

5.4.4 种植模式

该技术适用于所有种植模式。

5.4.5 技术概述

5.4.5.1 技术目标
应用石灰防止池塘和水库藻类暴发。

5.4.5.2 工作原理
石灰是石灰石的衍生物（方解石），主要成分是碳酸钙（$CaCO_3$），可中和水和土壤中的酸，并缓解水和土壤 pH 的剧烈波动。石灰石通常用于草坪、花园、牧场和耕地，以提供植物必需钙质养分，并降低土壤酸度，还可用于湖泊、池塘及其周边流域，以保护它们免受酸化影响，增加钙素养分并恢复其重要的生态、经济和娱乐价值。投加石灰可以维持水体 pH 近中性以保持湖泊和池塘的水生生物安全。

传统上，硫酸铜处理用于短期控制藻类水华。然而使用水合石灰（氢氧化钙）是改善池塘水质更彻底、更持久的方法。

水合石灰（氢氧化钙）搅拌入池水中，然后沉淀。在随后的季节，磷酸盐的沉淀将导致藻类生长减少。有经验表明，由于营养元素的减少，石灰处理将减少大多数有根水生植物的生长，如眼子菜。

为了限制池塘水华，石灰可以以下两种方式使用：

池塘底部投加石灰：临冬之前施用，效果最好（图 5-4、图 5-5）。

直接投入水中：建议秋季或早春时期应用。

对于投加石灰的池塘，可以使用不同分子结构的石灰，如氧化钙、碳酸钙和氢氧化钙。这三种结构的石灰主要施加在池塘底部，很少直接投入水中。

图 5-4　2016 年 2 月池塘底部施用石灰　　　图 5-5　人工将石灰施用到池塘底部

直接投入水中的石灰剂量比池塘底部施用要低 25%。为了合理投加石灰，应预先测定水的 pH，最佳投加次数是每年 1 次（图 5-6、图 5-7）。

图 5-6　将池塘分成两部分，添加　　　图 5-7　池塘分成两部分，添加石灰
　　　　　石灰前的情况　　　　　　　　　　　　后的情况（右边未添加石灰）

石灰通常用定制的投加器施用。氢氧化钙混合成湿润泥浆均匀地喷洒在池塘的整个水面上。池塘的深层区域以及沿池塘边缘任何有根的植物上都需要保证有一定浓度的氢氧化钙溶液。氢氧化钙必须与水完全混合。在处理后的几天内，曝气可促进石灰的沉降，因风而起的波浪也会促进混合。

处理之后的水无论用于何种用途，均建议水面变清后（3~7 d）再使用。

5.4.5.3　操作条件

正确检测水的 pH 是确定石灰合理用量的基础。

石灰需求量通常与存在的磷酸盐的数量无关，而主要取决于废水的碱度（表 5-4）。有时可能需要中和反应以降低 pH。二氧化碳再碳酸化可用于降低 pH。

表 5-4　水的 pH 与 CaO 的剂量关系

水的 pH	CaO 剂量/(t/hm²)		
	沙地	偏沙黏土	重黏土
<4.0	1.45	2.2	4.2
4.0~4.5	1.45	1.7	3.2
4.5~5.0	1.2	1.45	2.7
5.0~5.5	0.7	1.2	1.7
5.5~6.0	0.45	0.7	1.2
6.0~6.5	0.2	0.7	0.7

该技术不推荐用于需要周年储存以满足作物（例如温室作物）用水需求的地区，因为水必须每年排放一次。

5.4.5.4 成本

不同地区和经销商的价格不同，在波兰马佐维亚地区石灰 2016 年成本平均为 40 欧元/t。

5.4.5.5 技术制约因素

尽管每年在池塘底部施用石灰之前需要排水，但是其效率依然高于直接把石灰投入到池塘中。

5.4.5.6 优势与局限性

优势：成本低；抵抗酸化及其效果较好；增加水生生物的丰度和多样性；降低重金属毒性（如 Al、Cu、Cd、Pb、Ni、Zn）促进水生生物繁殖；促进鱼类健康和种群均衡；可与草食性鱼类同时使用（氢氧化钙除外）；可预防藻华；环境友好；减少沉水扎根植物的生长。

局限性：池塘底部施用石灰需提前排水；氢氧化钙增加了水的 pH；氢氧化钙可能导致植物和鱼类的死亡；将鱼或动物重新引入池塘之前需等待 3 d 的时间；氢氧化钙具有极强的腐蚀性；需要安全设备；改变了水的味道。

5.4.5.7 支持系统

在池塘底部施用石灰的情况下，需要用泵来排水；保证产品均匀撒施的设备（在大多数情况下，手动施用已足够）；应用氢氧化钙情况下的安全设备。

5.4.5.8 发展阶段

石灰的应用已商业化。

5.4.5.9 提供技术者

目前任何公司都不提供这种技术，但这不是限制因素，因为种植者本身如果具有足够的知识，就可熟练掌握这项技术。

5.4.5.10 专利情况

该技术尚无专利授权。

5.4.6 竞争技术

利用鱼控制藻类，添加铜/铁从水中去除磷（化学处理）与该技术形成竞争关系。

5.4.7 应用范围

该技术不受作物种类、气候条件、种植系统的限制，具有广泛的适用性。石灰施用于池塘底部时效果更好。

5.4.8 监管制约因素

该技术不受管理制约。

5.4.9 社会经济制约因素

冬季排水的情况下，水的损失是一项重要的成本。排水与否取决于各种因素如气象条件、种植者需求。

5.4.10　衍生技术

该技术无衍生技术。

5.4.11　主要参考文献

https://pubs. ext. vt. edu/420/420-254/420-254. html

http://www1. agric. gov. ab. ca/ $ department/deptdocs. nsf/all/agdex706

http://www. dunnsfishfarm. com/ph _ levels. htm

Folkman Y. & Wachs A. M. （1973）. Removal of algae from stabilization pond effluents by lime treatment. *Water Research*，7，419-435

5.5　利用水蚤控制藻类

（作者：Ilse Delcour[19]，Els Berckmoes[21]，Dolors Roca[8]）

5.5.1　用途

该技术用于灌溉水的制备。

5.5.2　适用地区

该技术适用于欧盟地区。

5.5.3　适用作物

该技术适用于所有作物。

5.5.4　适用种植模式

该技术适用于所有种植模式。

5.5.5　技术概述

5.5.5.1　技术目标
通过饲养水蚤以逐步去除藻类。

5.5.5.2　工作原理
水蚤能够捕食藻类从而能够净化水质。它们以小型藻类为食，其中包括某些蓝藻（蓝绿色）（图 5-8）。若藻细胞太大，水蚤无法食用。

5.5.5.3　操作条件
在德国北部，尽管气温在一年中有时会迅速上升到 10～15 ℃，夏季最高温度会达到 20～23 ℃，在温和的冬季池塘，0～4 ℃时，大型水蚤开始孵化。

图 5-8　水蚤与微囊藻

在温带池塘中，种群充分利用较长的生长季，可繁殖大量的后代。当温度下降时，就会产生休眠卵，处于休眠状态。当温度高于 16 ℃时，水蚤就可以进行无性繁殖。

水蚤生存的最适宜温度是 18～22 ℃，但其耐温范围广，在 25 ℃时平均能耐受 40 d。

鱼会吃水蚤，因而水中不要有鱼。

水蚤以小型藻类为食，其中包括某些种类的蓝藻（蓝绿色）。现已发现，在蓝藻、鞭毛藻和绿藻中，水蚤以微囊藻、微小的红单胞菌属和假单胞菌属生物为食时，表现最好。

水蚤对金属离子极为敏感。因此，它被用作检测水体金属污染的一种指示生物。

5.5.5.4　成本

水蚤成本：建立一个能够捕食藻类并能够在池塘中繁殖的水蚤种群是非常有必要的。水蚤存在于天然湖泊、河流等水体。水蚤可以从天然池塘、湖泊或河流中收集，并引入到储备水中。

还可以从商店买到水蚤。在英国的鱼类食品贸易商店，每升含有活的大型水蚤的水售价60 欧元。在英国线上销售每 100 mL 水蚤价格为 11.9 欧元。

维护成本：如果没有食物，水蚤就会死掉，但在大池塘里很少会出现这种情况。水蚤的寿命为 7～10 周，当水蚤 1.5 周大的时候，就会出现第一代卵。在藻类再次扩繁的情况下，有必要为水蚤增加额外的食物或加入新的水蚤来维持水蚤种群。

5.5.5.5　技术瓶颈

水蚤适宜投用量目前尚不清楚。

该技术目前还没有大规模应用，因此仍需研究利用水蚤控制藻类所需的光照、温度、酸度等最佳条件。

5.5.5.6　优势与局限性

优势：非常有效，非常便宜，很少或根本不需要维护，环境友好。

局限性：当藻类被食尽后，需要采取措施保持水蚤种群活力；必须保持足够高的水温，才能使水蚤处于活跃和繁殖（16 ℃）状态；水蚤对水中的化学物质敏感；水蚤可能会导致过滤器堵塞，特别是在数量过多的情况下；鱼吃水蚤，而对水蚤造成严重影响；水蚤可能只去除浮游类水藻；一些蓝藻类对水蚤有抑制作用，甚至有毒害作用；该技术尚未被大规模应用。

5.5.5.7　支持系统

连接到池塘的所有管道都需要一个精细的过滤器，以过滤掉水蚤，使其保留在池塘中。

5.5.5.8　发展阶段

比利时已开展了部分研究。也有学者已经进行了现场测试，但研究水蚤与砂过滤器的结合没有成功。

水蚤应用于小型池塘、水族馆等已商业化。

5.5.5.9　技术提供者

水蚤没有具体的供应商。一般可以在专门的水族馆商店买到水蚤。

5.5.5.10　专利情况

水蚤的应用尚未获得专利。

5.5.6 竞争技术

应用食用藻类的鱼、蓝色池塘染料阻止藻类生长的技术与应用水蚤控制藻类技术。

5.5.7 应用范围

该技术不受作物类型、气候或种植条件限制。

5.5.8 监管制约因素

该技术尚不存在管理制约因素。

5.5.9 社会经济制约因素

该技术不受社会经济条件制约。

5.5.10 衍生的技术

该技术无衍生技术。

5.5.11 主要参考文献

http://www. waterportaal. be/WATERKWALITEIT/Waterzuivering/Algenbestrijding. aspx

Lampert，W. (1981). Inhibitory and Toxic Effects of Blue-green Algae on *Daphnia*. *Hydrobiology*，66 (3)，285-298

http://www. ciliata. nl/index. php/voeding

Mitchell，S. E. , Carvalho, G. R. , & Weider, L. J. (1998). Stability of genotype frequencies in an inter-mittent*Daphnia magna* population. In *Diapause in the Crustacea-with invited contributions on non-crustace-an taxa*，pp. 185-194

Schwartz，S. S. (1984). Life history strategies in Daphnia：a review and predictions. *Oikos*，114-122

Shapiro，J. (1990). Biomanipulation：the next phase－making it stable. *Hydrobiologia*，200 (1)，13-27

Aquatic Live fish foods. (2014). http://livefishfood. co. uk/

http://www. waterwereld. nu/daphniaeng. php

http://www. ag. auburn. edu/fish/image_gallery/details. php? image_id=1822

https://www. dierenwinkelxl. nl/Aquarium/Voeding/4038358100185-Levende-Watervlooien

http://www. ag. auburn. edu/fish/image_gallery/details. php? image_id=1822&sessioni d=eb4e832e58fada

Lavens，P. , & Sorgeloos, P. (1996).*Manual on the production and use of live food for aquaculture* (No. 361). Food and Agriculture Organization (FAO)

Ebert，D. (2005).*Ecology, epidemiology, and evolution of parasitism in Daphnia*. National Library of Medicine

http://animaldiversity. org/accounts/Daphnia_magna/

5.6 利用秸秆捆控制藻类

（作者：Ilse Delcour[19]，Dolors Roca[8]，Justyna Fila[6]，Els Berckmoes[21]）

5.6.1　用途

该技术用于灌溉用水的制备。

5.6.2　适用地区

该技术适用于欧盟地区。

5.6.3　适用作物

该技术适用于所有的作物。

5.6.4　种植模式

该技术适用于所有种植模式。

5.6.5　技术概述

5.6.5.1　技术目标

该技术用于限制藻类的增殖，逐步去除藻类。

5.6.5.2　工作原理

当秸秆捆淹没在储水中时，秸秆开始腐烂降解。在秸秆腐烂降解过程中，会产生对藻类有毒的渗出物。真正起作用的有毒物质或其作用方式尚不清楚，但有可能是氧自由基的作用。秸秆为水蚤和变形虫提供适宜的栖息地，有利于它们生长繁殖，并能抑制藻类等生物生长。

有研究提到，在入水口处放置用网包裹的松散的秸秆可以提高系统的处理效率。大麦秸秆似乎是这方面最有效的秸秆类型。

5.6.5.3　操作条件

通常每平方米池塘面积需 10～25 g 秸秆。池塘水深并不重要。在经常出现浑浊或曾经有严重的水藻生长史的池塘中，初次处理可能需要正常用量 2～3 倍的秸秆（图 5-9）。

图 5-9　用网裹着大麦秸秆沉入水面以下有利于控制藻类

需要新旧包同时使用，以获得最佳的效果。

不能使用新鲜秸秆，必须用干燥的秸秆。

秸秆用量因区域而异（表 5 - 5）。

表 5 - 5　文献中关于池塘控藻秸秆建议用量

来源	每 1 000 m² 水体秸秆用量/kg	每 1 000 m² 水面秸秆用量/kg
DLV（荷兰）	50	
生态和水文中心（英国）	8～125	25～50
罗格斯（美国）	1 200	25
思维思托克（Swistock 美国）		10～25

5.6.5.4　成本

购置费用：很低，因为只需购买秸秆。在比利时，200 kg 秸秆的价格约为 20 欧元；在波兰，200 kg 秸秆的价格约为 16.70。此外，利用麻袋（如 80 L 的袋子）可减少秸秆沉入池塘底部。

维护成本：秸秆捆每年必须更换几次。在比利时，建议每年更换 2～3 次，并在 8 月去除所有秸秆捆；在波兰，种植者发现每隔约 45 d 必须更换 1 次。

5.6.5.5　技术制约因素

本系统只应用于庭院规模（即花园中的小池塘），并没有大面积推广。该技术对短期内提高灌溉池塘（通常水体较大，10 000 m³ 以上）的水质不太明显。对这种技术的细节了解甚少，秸秆用量因地区不同而有很大的差异。如果秸秆在水中扩散，过滤器还可能会被堵塞，另外，秸秆中残留的农药释放也会造成一定的水体污染风险，这些都有可能产生问题。

5.6.5.6　优势与局限性

优势：非常便宜，环境友好。

局限性：在水中 6 个月后，才能发挥最佳功能；为取得充分的效率有必要预防性地添加秸秆，这是临时性的解决方案，不能从源头上解决问题（营养水平过高）；导致水体 pH 下降，需要投入添加剂；需 6～8 周后才能见到效果；农药残留有污染水体的风险。

5.6.5.7　需要的辅助系统

麻袋（如 80 L 的袋子）可减少秸秆下沉到池塘底部。

需要一个筛网或支撑系统，以方便取走秸秆。

5.6.5.8　发展阶段

在不同的国家（荷兰、波兰、英国等）进行了实地测试。

5.6.5.9　技术供应方

秸秆容易获取，来源广泛。

5.6.5.10　专利情况

该技术未获得专利。

5.6.6　其他竞争性技术

使用蓝色染料也是对抗藻类的生态解决方案，因此可与该技术形成竞争关系。

5.6.7　应用范围

该项技术不受作物种类、气候条件或种植制度的限制，只应用于灌溉储水。

5.6.8 管理制约因素

该技术不存在管理制约因素。

5.6.9 社会经济制约因素

该技术没有受到社会经济条件的制约。

5.6.10 衍生技术

该技术没有衍生技术。

5.6.11 主要参考文献

CTIFL.（2006）.Gestion des effluents. Carquefou，France.

http://www. waterportaal. be/WATERKWALITEIT/Waterzuivering/Algenbestrijding. aspx

http://www. pcsierteelt. be/hosting/pcs/pcs ＿ site. nsf/0/dcaff0f97fea6c0cc12570b900 31a27e/＄FILE/nieuws-brief％2012％20ALGEN％20deel％202％20beluchten％20en％20andere％ 20methoden％20afgewerkt. pdf

Prins，M.（1992）.De ideale algenbestrijder bestaat niet. *Vakblad Voor de Bloemisterij*，34，24-28

Anonymous（1996）.Strijd tegen algen kent veel middelen. *Vakblad Voor de Bloemisterij*，37，30-31

Nunninck，E.（Groenten＋Fruit）.（1992）.Algen in bassin biologisch te lijf. *Groenten＋Fruit/Glasgroenten*，25，14-15

Anonymous.（1992）.Nog geen wondermiddel tegen algengroei in gietwater. Tuinbouw Visie.

Van Der Burg，N.（1995）.Aanzuren en afdekken bieden perspectief. *Groenten＋Fruit/Glasgroenten*，6，33-37

https://www. btny. purdue. edu/Pubs/APM/APM-1-W. pdf

http://extension. psu. edu/natural-resources/water/ponds/barley-straw

https://www. extension. purdue. edu/extmedia/HO/HO-247-S-W. pdf

Purcell，D.，Parsons，S. A.，Jefferson，B.，Holden，S.，Campbell，A.，Wallen，A.，... ℰ Elling-ham，A.（2013）.Experiences of algal bloom control using green solutions barley straw and ultrasound，an industry perspective. *Water and Environment Journal*，27（2），148-156

Haberland，M. ℰ Mangiafico，S. S.（2011）.Pond and lake management partⅥ：Using barley straw to con-trol algae. https://njaes. rutgers. edu/fs1171/

http://adlib. everysite. co. uk/adlib/defra/content. aspx? id＝000HK277ZW. 09TGJP5026E0D9

Swistock，B.（2017）.Barley Straw.

Vegter，B.（1996）.De alg aan de galg. *Vakblad Voor de Bloemisterij*，11，24-30

5.7 利用细菌和酶控制藻类

（作者：Ilse Delcour[19]，Juan José Magán[9]，Els Berckmoes[21]，Dolors Roca[8]）

5.7.1 用途

该技术用于灌溉用水的制备。

5.7.2 适用地区

该技术适用于欧洲地区。

5.7.3   适用作物

该技术适用于所有作物。

5.7.4   适用种植模式

该技术适用于所有种植类型。

5.7.5   技术概述

5.7.5.1   技术目标

使用细菌和酶，通过降低其活性来降解藻类。

5.7.5.2   工作原理

酶、细菌和营养物质对藻类都有影响。碳酸钙和碳酸镁对存在于水中的所有有机物都具有沉淀作用。酶（纤维素酶和蛋白酶）能够从藻类、正在腐烂的叶子和有机沉积物中溶出有机分子。

一旦有机分子沉淀在池塘或湖底，细菌就开始对它们进行矿化分解，产生气体，并导致水体浑浊。因此，细菌（如假单胞菌和芽孢杆菌）主导了所有植物体好氧分解有关的生物反应。细菌同化的磷以不溶性沉淀物的形式释放，该沉淀物被多孔载体所吸附，打破了富营养化循环，从而恢复水的自然平衡。

这些细菌生活在由藻类群落的矿物骨架组成的多孔微粒上，这些微粒均匀地分布在水中（图 5 - 10）。

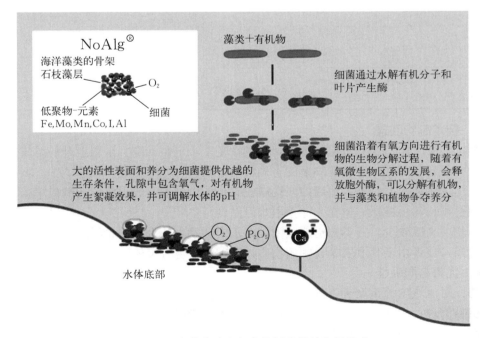

图 5 - 10   水体中酶和细菌控制藻类的作用模式

5.7.5.3 操作条件

某些产品的应用需要对水体 pH 进行监控，当使用水体清洁剂时，pH 需要为 5～9。

当水温比较高时（12 ℃），要施用这些产品，这样效果会更为显著。1 年可以应用 2 次，在比利时，4 月用量 40～60 g/m² 以预防当年度的藻类繁殖，或者在 10 月处理水体，预防下一年水体中的藻类繁殖。当夏季藻类暴发的时候，可以增加一次水体处理。仍以比利时为例，在 6 月可增设 1 次防控处理，建议剂量为 40～60 g/m²。因此，建议每年 1～3 次处理。

5.7.5.4 成本

水体清洁剂：每 100 m³ 的水体用 12 kg，价格为 6 欧元/kg 或每 100 m³ 72 欧元。为了维持效果，每年需要施用 1～3 次。

Fixaflor Equilibre：春季或秋季每公顷施用 600 kg，用于预防藻类暴发（12.2 欧元/kg）

Fixaflor Flash：夏季每公顷施用 1 500 kg，可保证直接产生效果。

不同产品的价格是变化的，具体情况见表 5-6。

表 5-6 不同含酶和细菌产品的施用剂量及价格

产品	剂量		价格
	首次施用	维持	每次施用
Fixaflor Equilibre（Lobial 公司，法国）	600 kg/hm²		每 100 m² 73.2 欧元
Fixaflor Flash（Lobial 公司，法国）		1 500 kg/hm²	—
Aquaclear（Greenhouse Holland 公司，Benfried 公司，荷兰）	每 100 m³ 12 kg		每 100 m³ 72 欧元
NoAlg（Kali AG 公司，瑞士）			每 100 m³ 72 欧元
Poly A＋Biocure（Agrimor 公司）	每 100 m³ 0.02 kg 每 100 m³ 0.08 L	每 100 m³ 0.01～0.100 L	每 100 m³ 3.24 欧元 每 100 m³ 0.9 欧元
Clean ﹠ Clear Concentrated Enzymes（CleanFlo 公司，美国）	每 100 m³ 3.8 L		每 100 m³ 62.5 欧元

5.7.5.5 技术制约因素

细菌的效率可能会受到水温的影响，尤其在夏季，水位下降、水温上升的时候。随着水温的增加，氧含量降低，会破坏细菌的有氧活动过程。

当从池塘中取水时，施入池塘的多孔微粒有可能会进入泵或过滤器而造成堵塞。

微粒必须均匀地撒播，但在大池塘里难以做到。

目前相关文献较少，并不知道这些微粒在水中会发生什么。随着时间的推移，微粒可能会堆积起来，或者由于其本质是含钙的物质，微粒最终也有可能溶解。

5.7.5.6 优势与局限性

优势：对流域内的鱼没有影响；具有高效性；持久性；质量好且价格低廉；不需要进行人工及机械清理；无副作用；在使用过程中，不需要捞出鱼和植物。

局限性：在大型水体中，需要借助船将微粒均匀地撒播在水中；由于分解速率未知，经过几年后微粒有可能堆积在水池底部；2～3 周后才见效；7 月中旬到 8 月应用效率降低，因为细菌在 1 年中的这个时候竞争不过藻类；由于水体中水流的变化其效率会发生变化；使用剂量有时必须是推荐剂量的 10 倍，才能达到效果；紫外线灯对该产品中的细菌有害。

5.7.5.7　支持系统

如果是大池塘，就需要借助工作船，以便在池塘中均匀撒播微粒。

从池塘或者储备水中取水时，为防止将微粒吸入需要增加过滤器（尤其在水位较低时），安装浮动泵是一种解决问题的方案。

5.7.5.8　发展阶段

1998 年在比利时和法国开展过相关研究。

目前在法国的一个天然池塘中进行应用试验。

5.7.5.9　技术供应者

技术供应方有 Fixaflor：fa. Lobial。

5.7.5.10　专利情况

FixFaLor 由 SGOVAL 实验室获得专利（FR2 659 645 A1）。

5.7.6　竞争技术

可以与细菌共同使用的包括：鱼、曝气（如好氧过程）技术。

当水体已经应用了超声波、水体流动、有杀菌作用的化学药剂、水生植物（竞争营养物质）后，应避免使用细菌。

5.7.7　应用范围

该项技术与作物、气候或种植条件无关，应用范围较广。

5.7.8　监管制约因素

该技术目前无相关法律。

5.7.9　社会经济制约因素

该技术被认为是生态环保的技术，因此被广泛接受。因受所使用的产品影响，价格波动极大。

5.7.10　衍生技术

Fixaflor Equilibre（fa. Lobial，法国）：Fixaflor Equilibre 由附着在多孔的、富有营养的介质上面的无害细菌组成（12.2 欧元/kg）。

Fixaflor Flash（fa. Lobial，法国）：仅在微粒大小和细菌浓度方面与 Fixaflor Equilibre 不同。在夏季，当需要立即控制藻类时使用。

Aquaclear（Greenhouse Holland 公司，Benfried 公司，荷兰）：为了能够使用该产品，有必要在公司绘制所有的水流图，也可以调整水流，甚至可以改变给水的组成。

NoAlg（Kali AG，瑞士）。

CLEAR&CLEAR CONCENTRATED ENZYMES 是一种独特的混合物，该混合物由天然蔬菜的无毒酶组成，可以充当催化剂，可以生物降解非活性的有机物质，并减少水体中的有效养分，从而改善水质。

Poly A+Biocure（Agrimor）：是多种微生物（枯草芽孢杆菌、巨大芽孢杆菌、酵母、以色列苏云金杆菌）和一种酶细菌催化剂的混合物。

5.7.11　主要参考文献

Gabriels，R.（1998）. Algenproblemen in waterbassins. Verbondsnieuws，17-19

Anonymous（1996）. Strijd tegen algen kent veel middelen. *Vakblad Voor de Bloemisterij*，37a，30-31

http：//www. ecochem. com/t _ 504. html

http：//www. interempresas. net/Horticola/Articulos/72922-Tratamiento-biologico-para-estanques-y-waterscape. html

http：//www. infralac. ch/documents/noalg _ bootshaefen _ fr. pdf

http://documentation. pole-zhi. org/opac/doc _ num. php? explnum _ id=344p 98

https：//www. clean-flo. com/weed-algae-identification/clean-cleartm-enzymes-for-lake-pond-and-reservoir-algae-control/

Schmack M.，Chambers J. & Dallas S（2012）. Evaluation of bacterial algal control agent in tank-based experiments. *Water Research*，46，2435-2444

5.8　利用鱼类控制藻类

（作者：Justyna Fila[6]，Els Berckmoes[21]）

5.8.1　用途

该技术用于灌溉用水的制备。

5.8.2　适用地区

该技术适用于中欧、东欧。

5.8.3　适用作物

该技术适用于所有的作物。

5.8.4　适用种植模式

该技术适用于所有的种植模式。

5.8.5　技术概述

5.8.5.1　技术目标
利用鱼类控制池塘里的藻类是灌溉用水预处理的一种环境友好的方法。

5.8.5.2　工作原理
草鱼（*Ctenopharyngodon idella*）是池塘净化中最常用的鱼类，主要是因为草鱼可以净化污染相当严重的池塘（图 5-11）。以浮游生物为食的白鲢（*Hypophthalmichthys molitrix*）也常用于净化池塘（图 5-12）。它们每天可以消耗自身体重 2~3 倍的浮游生物。此外，还可以使用一种常见的软口鱼（*Chondrostoma nasus*），这种鱼生活在池塘底部附近，以藻类和其他水生植物为食。鲤、鲫属和丁𫚐属在池塘底部喜好钻泥，在摄食的过程中对底泥产生扰动，因而不适合用于净化池塘。

图 5-11　成年草鱼

（来源：Jeffrey E. Hill，佛罗里达大学）

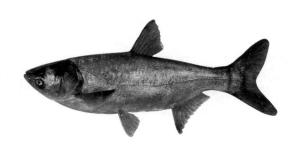

图 5-12　白鲢

草鱼是全球水产养殖产量最大的鱼类（每年超过 500 万 t）。它是一种大型食草淡水鱼。草鱼繁殖迅速。春季养 20 cm 的幼鱼到秋季可超过 45 cm。一般成年草鱼平均长度为 60～100 cm，最大长度为 1.4 m，重 40 kg。这种鱼属于鲤科，原产于东亚，从越南北部到中国边境的黑龙江均有分布。

在富营养化的水体中引进白鲢，可控制浮游植物生长，并且它也可以作为食用鱼进行饲养。它是一种滤食性动物，具有一个可过滤小至 4 μm 颗粒的特殊进食部位——鳃耙，融合成海绵状过滤器，外鳃器官分泌黏液，能帮助捕获小颗粒。其强大的颊泵迫使水通过这个过滤器。和所有的鲢一样，白鲢没有胃，一般认为它们都是以浮游植物为食，但浮游动物和碎屑也可作为它们的食物来源。因为它们以浮游生物为食，有时也被用于净化水质，特别是控制有害的蓝藻。然而某些种类的蓝藻，特别是有毒的微囊藻，可以经白鲢的肠道而不会受到伤害，并能够在这个过程中吸收营养。因此，在某些情况下，白鲢还可能加重某些藻类的暴发。现已证明，在有白鲢存在的情况下，微囊藻能产生更多的毒素。这些鲢对毒素具有天然的防御能力，但有时其体内可能累积大量的藻毒素，以至于食用它们具有一定的危险性。

5.8.5.3　草鱼的饲养

草鱼耐受的温度和氧气浓度范围很广，然而，它们的摄食行为却受到水温严重影响。在 10 ℃ 左右时，它们几乎停止进食；在 14 ℃ 时，它们将捕食较喜欢食用的物种；在 20～23 ℃，捕食活跃（幼鱼每天的食量达到体重的 100%）；在 25 ℃ 时，它们将吃掉几乎所有可找到的杂草。

草鱼的其他习性：在浅水（3 m 以下）生存，但一般避免水深不足 30 cm；适宜在淡水域生存，它们的耐盐能力很低；不同地点的水化学组成差异会影响到草鱼对一些植物的摄食偏好。

水质：如果水生植物密度大幅度降低或消失，水的通透性可能会降低；草鱼因去除水生植物较为彻底而闻名。如果准备使用草鱼来控制杂草，需要考虑水体中的植物是否全部除去。在彻底清理储水池后，建议捕鱼。

计算饲养草鱼的数量取决于水体类型、水生杂草种类、水温等一系列条件。

若用草鱼去除水生植物，通常建议饲养密度根据 250 mm 的分叉长度标准鱼类（从嘴尖到尾鳍叉）来计算：3～5 岁的草鱼每公顷 20～30 条；2 岁的草鱼每公顷 50～100 条。农业水渠的饲养密度通常比湖泊和池塘高，因为通常情况下水渠里杂草生长更旺。草鱼的饲养密度根据最大预期杂草覆盖率和表 5 - 7 中的摄食偏好等级确定。

表 5 - 7　草鱼对几种常见水生植物的摄食偏好

极喜欢	中度喜欢	不喜欢
伊乐藻	狸藻类植物	喜旱莲子草
软水草、麝香草	金鱼藻	香蒲
淡水贝	浮萍	苦草
	水盾草属	徐长卿
	丝状藻	西洋蓍草
	水池草	水生肉豆蔻
	水蛭	芦苇
	水报春花	莎草
		鱼雷草
		睡莲
		无根萍
		莼菜
		黄百合

有研究表明利用草鱼可以实现对水生植物进行有效管理（图 5 - 13）。

图 5 - 13　佛罗里达州东南部的一个池塘投放草鱼前（左）和投放草鱼 1 年后（右）的水面情况
（来源：David Sutton，佛罗里达大学）

5.8.5.4　成本

体长 10～15 cm 的幼鱼价格为每条 1 欧元。建议在整个处理期间不要喂鱼。在池塘彻底清洁后，建议捕捞鱼。

5.8.5.5　技术制约因素

必须遵守放养和捕捞鱼的相关规定。

5.8.5.6　优势与局限性

优势：价格低廉；生态环保，可保护生物多样性；可改善环境退化地区的景观；适用于有机农场；可消除很多种杂草，并向水中排放富含营养的排泄物；对环境的适应性较强；可吸收所吃下的水生植物中 60%～70% 的营养物质；在大片地区长期有效；可彻底根除水生杂草。

　　局限性：不同国家对草鱼销售和利用的各种规定不同；草鱼的饲养率有严格要求；移走鱼类的速度较慢（受捕鱼活动和自然死亡等因素的影响）；移走鱼类需要许可证。

5.8.5.7　支持系统

　　该技术不需要辅助系统。

5.8.5.8　发展阶段

　　该技术已经商业化应用于一些中型农场。

5.8.5.9　技术供应者

　　这项技术目前没有任何供应商，但是这并不影响该技术的应用。种植者如果有足够的知识，自己就可以在池塘中养殖草鱼。

5.8.5.10　专利情况

　　该技术尚未获得专利。

5.8.6　竞争技术

　　向池塘撒石灰控制藻类的技术与该技术形成竞争关系。

5.8.7　应用范围

　　该技术的应用范围主要依赖于环境条件。

5.8.8　监管制约因素

　　不同国家对草鱼的销售和使用有不同的规定。

5.8.9　社会经济制约因素

　　该技术未受到社会经济条件的制约。

5.8.10　衍生技术

　　该技术暂无衍生技术。

5.8.11　主要参考文献

Sutton，D. L.，Vandiver，V. V. & Hill，J. E.（2012）. Grass carp：a fish for biological management of hydrilla and other aquatic weeds in Florida. Florida Agricultural Experiment Station Bulletin，867，13 pp. https://edis. ifas. ufl. edu/pdffiles/FA/FA04300. pdf

Pípalová，I.（2006）. A review of grass carp use for aquatic weed control and its impact on water bodies. *Journal of Aquatic Plant Management*，44，1-12

http://www. doc. govt. nz/get-involved/apply-for-permits/interacting-with-freshwater-species/options-for-weed-control/grass-carp/

Stratford H. Kay. Weed control in irrigation water supplies（1998）. The North Carolina Cooperative extension service. http://www. weedscience. ncsu. edu/aquaticweeds/ag-438. pdf

Lewis，W. G. Use of sterile grass carp to control aquatic weeds. The University of Georgia College of Agricultural & Environmental Sciences Cooperative Extension Service.

Grass carp control weeds in ponds and lakes. Missouri Department of Conservation. Pond Management series. http://mwands.com/pdf _ files/pond _ care/grass-carp-weed-control. pdf

http://entnemdept. ufl. edu/creatures/BENEFICIAL/MISC/Ctenopharyngodon _ idella. h tm♯top

5.9　利用水生植物控制藻类

（作者：Juan José Magán[9]，Els Berckmoes[21]，Justyna Fila[6]）

5.9.1　用途

该技术用于灌溉用水的准备。

5.9.2　适用地区

该技术适用于地中海地区。

5.9.3　适用作物

该技术适用于池塘水灌溉作物。

5.9.4　种植类型

该技术适用于所有种植类型。

5.9.5　技术概述

5.9.5.1　技术目标

通过繁殖沉水水生植物（SAV），减少灌溉池塘中藻类的生长和总悬浮固体含量，降低滴头堵塞风险。此外，某些种类的水生植物能有效地控制灌溉水中存在的水生植物病原体。

5.9.5.2　工作原理

浮游植物通常在停滞水体中生长良好，并与水生植物争夺光和养分，而水生植物由于生长在底部而处于不利地位。由于这个原因，许多水生植物形成了与微藻的竞争机制，能够产生抑制微藻发育的化感物质。此外，水生植物还可成为以藻类为食的浮游动物（如水蚤）抵御潜在捕食者的避难所。浮游动物则通过消耗悬浮的微藻净化水质，允许更多的光辐射到达底部，从而间接地帮助水生植物。另外，许多无脊椎动物（昆虫、蜗牛和甲壳动物的幼虫）在水生植物的叶子或叶状体上找到食物或将其作为避难所，消耗附着在表面的沉积颗粒或微藻有助于提高水生植物的光合活性。因此，在灌溉池塘中维持某些植物的水下草甸可以提高池塘的生物多样性，这对于降低灌溉系统的堵塞风险至关重要。

5.9.5.3　操作条件

池塘是水生植物生长的适宜环境，因为它们是浅水生态系统，所以能保证有足够的光辐射到达有植物扎根的池塘系统底部。在西班牙东南部，尽管在夏季在池塘疏浚工程中使用杀菌剂（平均每8.6年进行1次），但商业农场中几乎有50%的池塘都种植沉水水生植物。红线草（Potamogeton pectinatus）（图5－14）和轮藻（Chara）（图5－15）是这些池塘中发现的最重要的水生植物群落。

图5－14 水位较高的池塘中生长到池塘水面的红线草
（来源：Melchor Juan Cazorla 和 J. JesúsCasasJiménez）

图5－15 轮藻的照片
（来源：Melchor Juan Cazorla）

BunaCela等人的研究（2013）表明，池塘中养殖水生植物可提高水的透明度，降低露天池塘中的叶绿素含量。在无水生植物和有水生植物的露天池塘中，悬浮物平均含量分别为10.3 mg/L 和 9.2 mg/L。在这两种池塘都是使用地下水或地表水。但是，水生植物在有覆盖的或者以城市废水作为水源的池塘中不能很好地生长，这可能是由于光照限制和苛刻的水质条件。在池塘中应用不同的水生植物对池塘水质没有显著影响。然而，在池塘中养殖轮藻引起的问题比红线草少，并且具有额外的优点。

在不同的水生植物物种中，轮藻已被证明是西班牙东南部的最佳选择，因为它可在池塘底部生长，有较高的存活率，对细菌和腐霉活力有抑制作用。

5.9.5.4 成本

安装成本：在池塘中接种水生植物可以由种植者来完成。具体成本依不同情况确定。

维护成本：对于垂直生长的物种（例如红线草），需要定期用机械收获，以避免由灌溉泵吸到管内，造成堵塞问题。随着物种在池塘底部形成密集的草甸（例如轮藻）会降低风险，对维护的需求同时也降低。

5.9.5.5 技术制约因素

关于这项技术的知识还存在一些空白。例如，如何实现轮藻的最佳接种和种植繁育，以及在红线草存在的情况下，如何在池塘中促进轮藻增殖还没有得到研究。

5.9.5.6 优势与局限性

优势：价格低廉；环境友好；有助于保护生物多样性；可改善环境退化地区的景观；一些水生植物，如轮藻、红线草和茨藻已显示出抗菌特性；减少由细菌产生的絮凝物堵塞滴头的问题；因病原菌少而使植物质量提高；轮藻可抑制藻类繁殖；轮藻具有很强的耐干旱能力。

局限性：如果水生植物在整个水体中垂直生长，水中的光辐射和氧气浓度会降低；植物会阻塞灌溉系统；蒸发导致池塘失水（西班牙东南部蒸发水量占灌溉用水总量的8.3%），除非池塘被覆盖，其他藻类控制方法也存在这种缺点；城市废水回收效率低；关于在池塘中构建和繁育这类植物而制定的有效管理措施很少。

5.9.5.7 支持系统

该技术不需要辅助系统。

5.9.5.8 发展阶段

该技术已商业化，成功应用于西班牙东南部的一些商业农场。

5.9.5.9 技术提供者

目前没有任何公司提供该技术，但这并不是一个限制因素，因为种植者可以自行的池塘中接种水生植物。

5.9.5.10 专利情况

该技术暂无专利授权。

5.9.6 竞争技术

杀菌剂、池塘遮阳、超声波、声发射在灌溉用水中的应用与该技术形成竞争关系。

5.9.7 应用范围

该技术不受作物、气候、种植条件的限制。不同池塘中生长的水生植物种类可能有所不同，为了更好地适应当地的环境条件，应提前研究池塘适宜的水生植物。

5.9.8 监管制约因素

在西班牙的安达卢西亚，园艺保护作物综合生产管理的法律建议，不要在露天水库中施用铜，以保证水生植物得以繁殖，以使水体质量和含氧量达到最佳，并控制病原体数量。

5.9.9 社会经济制约因素

许多种植者并不知道在池塘中应用水生植物的好处，他们认为避免堵塞问题的最好方法是尽可能地保持池塘无菌。因此，他们通常在池塘水中添加化学物质，这可能会影响到水生植物的繁殖。池塘中应用水生植物使灌溉泵的吸水管有被堵塞的危险，许多种植者对该技术持否定想法。因此，这种技术的大规模应用需要得到多数种植者的认可。

5.9.10 衍生技术

该技术无衍生技术。

5.9.11 主要参考文献

Bonachela, S., Acuña, A. R. & Casas, J. J. (2007). Environmental factors and management practices controlling oxygen dynamics in agricultural irrigation ponds in a semiarid Mediterranean region: Implications for pond agricultural functions. *Water Research*, 41, 1225-1234

Bonachela, S., Juan, M., Casas, J. J., Fuentes-Rodríguez, F., Gallego, I. & Elorrieta, M. A. (2013). Pond management and water quality for drip irrigation in Mediterranean intensive horticultural sys-

tems. Irrigation Science，31（4），769-780

Juan，M.，Casas，J. J.，Elorrieta，M. A.，Bonachela，S.，Gallego，I.，Fuentes-Rodríguez，F. & Fenoy，E.（2014）. Can submerged macrophytes be effective for controlling waterborne phytopathogens in irrigation ponds? An experimental approach using microcosms. *Hydrobiologia*，732，183-196

Scheffer，M.（2004）. Ecology of shallow lakes. Population and community biology. Series 22，Kluwer Academic Publishers，Dordrecht，the Netherlands.

van Nes，E. H.，Scheffer，M.，van den Berg，M. S. & Coops，H.（2002）. Aquatic macrophytes：Restore，eradicate or is there a compromise? . *Aquatic Botany*，72（3-4），387-403

5.10　利用水体运动控制藻类

（作者：Els Berckmoes[21]，Ilse Delcour[19]）

5.10.1　用途

该技术用于灌溉用水的制备。

5.10.2　适用地区

该技术适用于欧盟地区。

5.10.3　适用作物

该技术适用于所有作物。

5.10.4　适用种植模式

该技术适用于所有种植模式。

5.10.5　技术概述

5.10.5.1　技术目标

利用曝气和水流运动来防止大型水库中藻类的滋生。

5.10.5.2　工作原理

首先，水的运动使藻类在水体中不断移动，可防止它们停留在水体表层中。当藻类生长在较暗的区域时，由于需要光合作用，生长受到抑制。

其次，由于藻华通常是由水体的富营养化引起的（由于池塘中分解的有机物和水生生物会导致氧含量显著下降，同时增加氮和磷酸盐水平），因此增加水体的氧气含量也是一个解决方案，水的运动可增加水中溶解氧的含量，实现对池塘中氮和磷酸盐的自然控制，有助于有益好氧细菌的茁壮成长，并能使其更好地与藻类争夺营养。

水的连续流动也导致富氧水在水体中的均匀分布，整个水库或水箱的水质和温度趋于均匀，为作物提供更稳定的生长条件，促进有机物分解。

5.10.5.3　操作条件

表 5-8 列出了一些现有曝气和水移动装置的操作条件。

表 5-8 曝气和水运动装置的操作条件

设备	体积	深度	储罐直径
Oloïd 200x	最大 1 000 m³	最深 2～3 m	最大 30 m
Oloïd 400x	最大 12 000 m³	最深 4～5 m	最大 130 m
喷泉	无数据	无数据	无数据
水泵	变量	变量	不适用

5.10.5.4 成本

不同的曝气和水移动装置的安装和维修费用见表 5-9。

表 5-9 曝气和水运动装置的成本数据

设备	安装成本	能源成本	维护成本
Oloïd 200x	3 950 欧元	25～60 W/h	每 2 年 1 次
Oloïd 400x	7 500 欧元	150 W/h	每 2 年 1 次
喷泉	无数据	无数据	无数据
水泵	800 欧元（处理能力 18 m³/h）	未知	未知

5.10.5.5 技术制约因素

与 oloïd 相比，喷泉曝气只对水体局部产生影响。水泵可以产生类似喷泉曝气的效果，但需要更多的能源才能达到。

5.10.5.6 优势与局限性

优势：技术简易；维护成本低；无需额外空间，设备置于水中或水上。

局限性：移动的颗粒可能会阻塞过滤器；有机物质无法在底部腐烂；可能会抽取水中的泥浆；利用率低；效果不确切。

不同曝气和水运动装置的优缺点见表 5-10。

表 5-10 不同曝气和水运动装置的优缺点

设备	优点	缺点
Oloïd	需求功率低 提高水体的氧含量 使水质均匀（pH、EC、温度、氧气） 可避免贮水装置结霜	对于小规模池塘价格较贵 技术的可用性有限
喷泉	保持贮水装置不结霜	只有局部作用 与 Oloïd 相比，能源需求高
水泵	提高水体的氧含量 使水质均匀（pH、EC、温度、氧气） 保持贮水装置不结霜	需求高能源

5.10.5.7 支持系统

该技术需要有效的治理技术，因为水体的移动只有预防作用。

5.10.5.8 发展阶段

该技术已商业化，有几家供应商提供该技术。

5.10.5.9 技术提供者

Oloïd 可由 Hortiplan 提供；喷水池可由一般供应商提供；水泵可由一般供应商提供。

5.10.5.10 专利情况

Oloïd 已获得了专利，其他设备没有。

5.10.6 竞争技术

与该技术形成竞争关系的技术有 CLEAN-FLO。CLEAN-FLO 能从上到下对整个水体进行充氧处理。充氧处理有助于清除水中的二氧化碳，它是水生植物进行光合作用的一个基本营养，是保证植物生长和生产率所必需的成分。沉积物中的其他气体如硫化氢和氨气也被净化。充氧处理有助于有益的微生物取食底部有机沉积物，能够促使水生昆虫捕食微生物，使鱼类栖息在水底并以昆虫为食，为鱼类的健康生长提供宝贵的天然食物（图 5-16）。

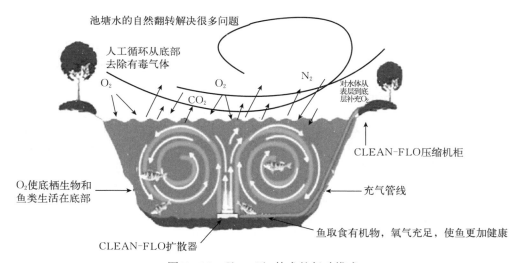

图 5-16 Clean-Flo 技术的行动模式

5.10.7 应用范围

该技术与特定作物、气候或种植条件无关，应用范围广泛。

5.10.8 监管制约因素

该技术不受监管。

5.10.9 社会经济制约因素

该技术不受社会经济条件制约。

5.10.10　衍生技术

Oloïd 配有电动搅拌机构，具有独特的几何形状和驱动机构。旋转搅拌体可产生脉动的单向水流，有效地搅动大量的水。这种水流会流过储水层或储水罐，而不只是停留在表面，使富氧水均匀地分布在整个水体中。Oloïd 可根据不同深度进行调整，在较高的位置，部分高于水面，将空气（也就是氧气）混入水中，在较低的位置，Oloïd 大部分被淹没，可促进水的流动，这个位置在冬天用来防止水面结冰，还可以防止可生物降解物质和废物在水库底部聚集（图 5-17）。

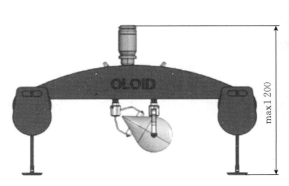

图 5-17　Oloïd（左）和池塘中的 Oloïd（右）

5.10.11　主要参考文献

http://www. hortimax. com/uploads/editor/Leaflet%20GB009%20v1＿1%20Oloïd%20. pdf

http://www. pcsierteelt. be/hosting/pcs/pcs＿site. nsf/0/dcaff0f97fea6c0cc12570b900　31a27e/＄FILE/nieuws-brief%2012%20ALGEN%20deel%202%20beluchten%20en%20andere%20methoden%20afgewerkt. pdf

http://homeguides. sfgate. com/pond-aeration-algae-growth-52613. html

Prins，M.（1992）. De ideale algenbestrijder bestaat niet. *Vakblad Voor de Bloemisterij*，34，24-28

Beutel，W. J. & Horne，A. J.（1999）. A Review of the Effects of Hypolimnetic Oxygenation on Lake and Reservoir Water Quality. *Lake and Reservoir Management*，15（4），285-297

5.11　利用超声波控制藻类

5.11.1　用途

该技术用于灌溉水的制备。

5.11.2　适用地区

该技术适用于欧盟地区。

5.11.3　适用作物

该技术适用于所有作物。

5.11.4　适用种植模式

该技术适用于所有种植模式。

5.11.5　技术概述

5.11.5.1　技术目标

超声波设备的使用，使在预防和治理两方面控制藻类的暴发成为可能。

5.11.5.2　工作原理

（1）声音屏障（低功耗器件）：超声波器件发射特定参数的超声波，形成声音屏障。蓝藻和绿藻由于具有气泡，能够在水中上下移动。超声波在水的上层产生超声波压力。这种超声波屏障可以阻止藻类浮到水面吸收光，进行光合作用，从而阻止藻类的生长，藻类就会在细胞壁保持完整的情况下死亡，从而阻止毒素从藻类释放到水中。藻类会沉到水库底部，被细菌降解。

（2）振荡（低功耗器件）：这些器件是基于高频脉冲，可冲击藻类细胞，导致细胞振荡。如果藻类有气泡（形成浮力），如蓝藻、绿藻，那么气泡也开始共振——当到达一定程度后气泡开始增大，然后气泡变得不稳定并崩溃，而使藻类沉入池塘底部。

没有气泡的藻类则反应不同。来自超声波的振动会导致藻类细胞（细胞质膜）的内壁与外壁分离——这意味着水、气体和营养物质既不能被吸收也不能被排出，从而导致藻类死亡。

（3）空化（大功率器件）：这些设备都是基于高功率超声波形成微气泡，微气泡引起内爆，产生强烈的热压，该过程可以破坏藻类的气泡。例如，VitFloating 可向水中垂直发射超声波。

5.11.5.3　操作条件

低功耗器件的作用半径最小为 5 m，最大可达 500 m，如池塘较大，可多个器件组合，覆盖整个区域。

大功率设备可覆盖最大 6 000 m³（VitaFloat 500）到 15 000 m³（VitaFloat 1 000）的水池。

不同设备组合的作用角度可以达到 360°。

5.11.5.4　成本

安装成本：智能声波池塘/湖 858～2 233 欧元；VitaFloat 4 100～6 100 欧元；AquaSonic/LG 声波 150 m 的池塘 1 650 欧元；AquaSonic 150 m 的池塘 1 950 欧元；未特定的设备 2 540 欧元，覆盖同一池塘的费用为 6 800～9 075 欧元；超声波探测器 350 欧元。

能源成本：超声波设备应考虑能源成本。低功率器件能源需求较低（<60 W）；大功率设备能源需求可能增加到 1 kW。

维护成本：根据供应商而不同，若供应商提供相关维护则无须此项。

5.11.5.5　技术制约因素

覆盖面积的大小取决于多个因素，包括控制的藻类类型、池塘形状，是否有喷水/曝气器、水的清澈度、杂草的生长情况等。在形状复杂的较大池塘中，可能需要一个以上的装置或转换装置的位置（图 5-18）。

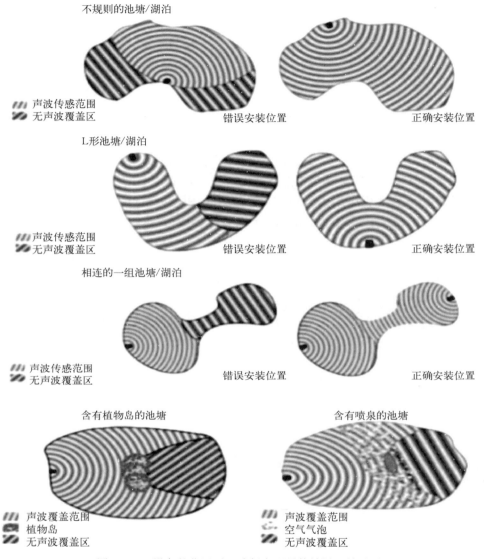

不规则的池塘/湖泊

〃 声波传感范围
〃 无声波覆盖区   错误安装位置   正确安装位置

L形池塘/湖泊

〃 声波传感范围
〃 无声波覆盖区   错误安装位置   正确安装位置

相连的一组池塘/湖泊

〃 声波传感范围
〃 无声波覆盖区   错误安装位置   正确安装位置

含有植物岛的池塘   含有喷泉的池塘

〃 声波覆盖范围   〃 声波覆盖范围
〃 植物岛   〃 空气气泡
〃 无声波覆盖区   〃 无声波覆盖区

图 5 - 18　设备的位置对于确保实现最佳效果至关重要

　　发射的超声波在水中传播时会被吸收。从本质上讲，超声波离传感器越远就越弱。因此，易于控制的藻类即便在远离传感器的地方也能得到控制，而较难控制的藻类只能在很近的范围内得到控制。沉水植物的生长会对声波传导有负面影响。

　　超声波在 180°的狭窄范围内发射是不够的，一般需要几个超声波发射器覆盖整个区域（360°）。这增加了设备的成本。

　　如果超声波是由正则脉冲产生，则会被池塘边缘或障碍物（如岩石或岛屿）反射回来。因此，输出和返回的波可以相互"抵消"，会形成不影响藻类的安全区域。有了智能音响装置，超声波就能以不规则的间隔产生，以确保最佳效果。

　　适宜的超声频率一般为 20 000～60 000 Hz。声音强度也是一个重要的参数。如果声音的强度太低，藻类可以通过增厚细胞壁来适应，使超声波对其的影响减弱。VitaFloat 所选的声音强度可使藻类无法适应。

5.11.5.6　优势与局限性

优势：低功耗设备不释放蓝藻毒素；对人类、鱼类、植物和昆虫都是安全的；使设备控制特定类型的藻类成为可能；安装方便快捷；作用半径大（200～500 m）；低能耗；去除/预防生物膜比浮动式遮蔽罩便宜。

局限性：小功率设备只有少数设备被证明是有效的，需要几个超声波发射器来覆盖整个区域（360°），对于不规则或大型流域需要增加设备投入。大功率设备，使蓝藻释放毒素，由于能破坏细胞，可能对鱼类和浮游动物造成伤害。

5.11.5.7　支持系统

额外曝气：在有机污染物较多（树叶、土壤颗粒等）或藻类暴发的情况下，可能需要额外曝气来促进藻类的降解。

额外的水移动：大功率设备的超声波是垂直方向发出的，水的运动可显著提高治理效果。

超声波探测仪：利用超声波探测仪可以测量水中的信号。

水质监测系统：将在线水质监测与超声波技术相结合，为湖泊、水库提供完整、性价比高的藻类控制解决方案。这种控制单元可以根据特定的藻类来调整发出声音的具体参数。

5.11.5.8　发展阶段

一些设备已经商业化，可供出售。

5.11.5.9　技术供应商

技术供应商有 LG 声波、Smart Sonic、Hortimax、BE De Lier、托马斯电子。

5.11.5.10　专利情况

有些设备获得了专利。

5.11.6　竞争技术

与该技术形成竞争关系的技术有水面覆盖（只适应于小型贮水设施）、曝气、水的流动（只适用于小型贮水池）。

5.11.7　应用范围

此项技术与特定作物、气候或种植条件无关。因此，可广泛应用于不同农作物、地区和存储系统。

5.11.8　管理制约因素

该技术不受管理制约。

5.11.9　社会经济制约因素

大功率的超声波设备可能会伤害浮游动物和鱼类。

5.11.10　衍生技术

衍生的技术中低压设备有 LG-sonic E-line（作用半径 10～200 m）、MPC-BUOY（作用

半径 200～500 m)、Smart Sonic Pond（作用半径 15～40 m)、Smart Sonic Lake（作用半径 50 m±400 m)、SS 100 - SS600（40 W，作用半径 120～180 m)、Algasonic，高压设备有 VitaFloat（功率 0.55～1 kW)、AquaSonic（100 W)。

5.11.11　主要参考文献

https://www.lgsonic.com/ultrasonic-algae-control-technology/

http://www.pcsierteelt.be/hosting/pcs/pcs _ site.nsf/0/eb13ddb4d0d9efdbc1257090 0022287d/$FILE/nieuwsbrief%2011%20ALGEN%20deel%201%20afdekking%20en%20ultras oon%20afgewerkt.pdf

https://www.lgsonic.com/product/control-monitor-algae-mpc-buoy/

http://www.ultrasonicalgaecontrol.co.uk/product-range/the-smart-sonic-range/

http://vandingsgrossisten.dk/vejledning/1293449650 _ VitaOlod _ VitaFloat _ GB.pdf

http://www.ethosaeration.com/ultrasonic-algae-control-system-up-to-82-x-41/

http://www.macarthurwatergardens.com/uv-sterilizers/Ultra-sonic-control.shtml

Vegter，B.（2006）. Wisselende werking van hoge tonen tegen algen. *Vakblad voor de Bloemisterij*，34，36-37

Maestre-Valero，J. F. & Pedrero，F.（2014）. Evaluación del efecto de los ultrasonidos en balsas de riego que almacenan aguas regeneradas procedentes de un tratamiento terciario. CEBAS-CSIC. http://www.crcc.es/wp-content/uploads/2012/11/informe-CRCC-ULTRASONIDOS.pdf

Personal conversation with Thomas，H.（Thomas Electronics）and Peeters，Y.（Innovative and ecological Solutions）on March 21st，2017

5.12　利用蓝色食用色素控制藻类

（作者：Georgina Key[1]，Els Berckmoes[21]，Justyna Fila[6]）

5.12.1　用途

该技术用于灌溉用水的制备。

5.12.2　适用地区

该技术适用于欧洲西北部。

5.12.3　适用作物

该技术适用于观赏作物。

5.12.4　适用种植模式

该技术适用于所有种植模式。

5.12.5　技术概述

5.12.5.1　技术目标

使用蓝色染料的目的是抑制水库里藻类的生长，以保持灌溉水的清洁，从水中去除藻类还可降低过滤器堵塞的风险。

5.12.5.2 工作原理

将蓝色染料加入水中会产生一种浅蓝颜色，这种颜色可以过滤光线，破坏藻类光合作用过程。更准确地说，是光谱中促进光合作用的红外线部分被过滤掉，从而阻止水下杂草和藻类的生长，还可以在藻类和杂草已经形成规模的情况下发挥作用（图 5-19，图 5-20）。

每年应该向水库中添加池塘蓝 2～3 次。池塘蓝不含化学物质、杀藻剂和除草剂。

图 5-19　添加蓝色染料的湖泊

图 5-20　蓝色染料通过泵被分散到水中

5.12.5.3 操作条件

制造商建议，一瓶 5 kg 的蓝色染料浓缩液可以用于治理 2 875 万 L 水。一位英国种植者发现，如果在水库中添加 1 L 染料，可以处理 100 万 L 的水，施用后 4 个月内不会出现藻类问题。该产品对水质或 pH 没有影响。应用蓝色染料既是预防藻类的措施，也是解决藻类的方法。它不能阻止池塘或水库中有机物的正常分解。

5.12.5.4 成本

需要每 3～4 个月补充施用 1 次，具体用量及成本见表 5-11。

表 5-11　1 000 m³ 的水中蓝色染料的用量和成本

产品	形式	体积/m³	成本/欧元	每处理 1 000 m³ 成本/欧元
Dyofix Pond Blue	1 kg 可溶性小袋	10 000	47.65	4.8
	1 kg 液体浓缩液	5 750	35.74	6.2
	5 kg 液体浓缩液	28 750	148.91	5.2
Dyofix Lake Shadow	1 kg 可溶性小袋	4 000	35.74	8.9
Dyofix C Special	1 kg 可溶性小袋	4 000	35.74	8.9

5.12.5.5 技术制约因素

价格已含邮费和包装费，无其他费用，不含英国以外的地区。种植者可以通过电话/电子邮件向销售部门咨询，商讨该地区以外如何交货。

5.12.5.6 优势与局限性

优势：水质好、成本低；产品环保，对人、动物、鱼和昆虫都是安全的；应用效果持久；节省过滤器和人工清洁过滤器的费用；产品保质期长；对水质无影响。

局限性：如果将其用于粮食作物，可能需要立法方面的管控。

5.12.5.7　支持系统

该技术不需要辅助系统。

5.12.5.8　发展阶段

现场试验：C 型正在试验治理 Crassula helmsii 和轮藻。

商业化方面：是供种植者、园艺师、商业捕鱼湖、地方当局和高尔夫俱乐部使用的一种成熟的产品。

5.12.5.9　技术提供者

技术供应商主要有 Dyofix（Townsend Ltd.）。

5.12.5.10　专利情况

该技术已申请专利。

5.12.6　竞争技术

在水库上种植浮萍抑制藻类的技术与该技术形成竞争关系。

5.12.7　应用范围

该技术专利没有明确说明可用于粮食作物。

5.12.8　管理制约因素

该技术所用的染料需符合欧洲食品添加剂法规，使用欧洲食品批准的颜色，对野生动物及家畜不产生影响。因此，它有可能被推广应用到粮食作物上。

5.12.9　社会经济制约因素

该技术不受社会经济条件的制约。

5.12.10　衍生技术

该技术衍生的技术有添加饲料色素技术如池塘蓝、湖水灰。（Pond Blue，Lake shadow，by Dyofix Townsend Ltd）池塘蓝是可加到水中的一种蓝色食用色素。湖水灰是一种由红、黄、蓝三原色色素混合而成的特殊色素，因此在水域中应用该染料很难看出。

第6章

优化水质——有害生物去除

（作者：Julia Model[20]，Claire Goillon[2]，Benjamin Gard[25]，Ilse Delcour[19]）

6.1 概述

6.1.1 用途

该技术用于灌溉用水的准备，可提高用水效率，通过养分控制减小对环境的不良影响。

6.1.2 适用地区

该技术适用于欧洲地区。

6.1.3 适用作物

该技术适用于所有作物，特别是基质栽培的作物。

6.1.4 适用种植模式

该技术适用于所有种植模式。

6.1.5 技术概述

本章介绍了多种对灌溉水（包括雨水或地表水）和尾液进行消毒的技术，旨在避免作物被水生病原体污染。无土栽培体系中外排水的循环再利用，避免了尾液（含有氮、磷等养分）向环境直接排放，从而提高水的利用率，是一种节约水和养分资源的好方法。在封闭栽培体系中，水质的好坏是确保尾液是否可安全循环利用的重要因素。

6.1.6 社会经济制约因素

在欧盟硝酸盐框架指令下，尾液的排放受到了严格的监管。在有些国家，禁止无土栽培的苗圃向地表水排放硝酸盐含量超标的尾液。因此，尾液的消毒处理迫在眉睫。

种植者可能不会应用尾液再循环利用技术，主要受如下条件影响：

风险效益：应在不影响作物产量和质量的情况下实现技术提升、改进。

成本效益：再循环技术可以显著提高灌溉水质量，同时也可节省用水成本，但此技术投资成本可能非常高。

苗圃规格：根据苗圃的大小及技术现状，投资和维护成本可能太高而导致尾液无法重复使用。

种植者的意识：种植者并不总是相信这项技术的推广应用会带来利益。

6.1.7 监管制约因素

6.1.7.1 欧洲层面

欧盟水资源框架指令和硝酸盐指令的目的是监督、保护欧洲整体的水资源，避免受到农业源硝酸盐的污染。对于无土栽培体系，种植者可以重复使用尾液，避免尾液中营养物质排放到地表水中。在这种情况下，水质安全对于尾液再循环利用至关重要。

关于化学法消毒技术，其中氧化化合物的使用受欧盟《生物杀灭产品条例》（BPR）EU528/2012 的管制，该条例涉及生物杀灭剂产品能否进入市场以及如何使用。例如氯、次氯酸钠（NaClO）和次氯酸钙出现在该条例的目录中。此外，条例同样要求对尾液中氧化物质进行连续监测。消毒处理后的水中条例规定的物质浓度必须低于最大残留指标水平。

亚硝酸和亚磷酸等化合物在 REACH（欧盟化学品注册、评估、许可和限制的简称）中被登记为有毒物质。因此，使用这类化合物时必须遵循专门的安全使用指导。

6.1.7.2 国家层面

上述欧盟指令已经得到每个欧盟成员国的承认。根据该指令规定，每个欧盟成员国的法律明文规定了外排尾液中营养元素的含量上限。一些国家对化合物的管制可能会影响一些氧化剂的使用。

6.1.8 现有技术

化学氧化技术可分为以下两类：

化学氧化法（非 AOP），包括添加化学试剂，例如臭氧（O_3）、过氧化氢、次氯酸钠、二氧化氯、过硫酸盐、过氧乙酸及其各种组合。

高级氧化工艺（AOP），通过使用 UV-C 灯、H_2O_2/O_3 组合或催化剂［如酚红试剂中的 Fe^{2+}，光催化氧化中的二氧化钛（TiO_2）］产生高活性、短寿命的羟自由基（—OH）。

物理处理技术主要依靠热或光的作用来杀死水中的微生物，也有利用过滤的方法，去除微生物：如 UV-C 灯、热消毒、慢砂滤。

生物处理技术依赖于拮抗微生物的作用和生物膜形成的作用，控制病原体：如生物过滤。

为了提高控制灌溉水或尾液中病原体的效果，其中一些技术可以联合使用。

6.1.9 目前尚未解决的问题

化学氧化和物理处理是非选择性技术，即几乎所有有机物都被降解。通常情况下化学氧化法的产物是以羧酸的形式存在，这些产物很难通过添加臭氧或过氧化氢去除。化学氧化法非常适合处理芳香族和不饱和化合物。

在以下情况中化学氧化法会受到制约：

① 高化学需氧量（COD）（>500 mg/L），会导致使用剂量增加，增加成本。

② 含有大量的自由基清除剂，如碳酸氢盐，导致使用剂量增加（与所有高级氧化工艺

方法均相关）。

③ 当使用的氧化剂量不足时（如亚硝胺），处理过的水会具有毒性（形成了非目标分解副产物）。

④ 氧化剂本身的毒性，尤其是臭氧。

⑤ 形成氯化物衍生物、二氯胺和三氯胺。

使用某些高毒性的氧化物（如臭氧）会危害种植者的健康，这是一个仍未解决的问题。

关于生物消毒法，影响过滤器中生物群落的因素也会影响过滤和消毒效果。生物有效性取决于过滤器中微生物的种类和多样性。一些研究表明，可以将特定的有益微生物接种到生物过滤器中，以加快系统的运转。

对于物理消毒法，紫外线是目前使用最多且最可靠的技术，但投资成本高，可在 2～3 年内收回成本。热消毒法对真菌、细菌和病毒有效，但可靠性差，能耗高。此外，这些技术可能对水中的营养物具有负面影响。

总而言之，目前有两类竞争性选择：一是使用高效消毒系统，但处理过的水中存在死角，有可能被病原体再次污染；二是使用生物处理方法，这需要监测有益微生物和病原微生物之间的平衡。

6.2　技术清单

有害生物去除相关技术见表 6-1。

表 6-1　有害生物去除相关技术

技术类型		造价（起始）		所需技术知识	局限性	优势	限制条件
		安装费用	维护费用				
化学氧化法	氯化	次氯酸钠：4583 欧元 次氯酸钙：2837 欧元	次氯酸钠和次氯酸钙：每年 1 701 欧元	中	对人类和植物均有毒性，会形成有机氯化物，具有腐蚀性，会与铝、铁和锰形成沉淀	易于安装和维护，残留的消毒剂依旧具有活性，保持管道和灌溉系统的清洁	氯酸盐浓度受最大残留水平控制，对有机物浓度高的水不利（可能形成有机氯）
	臭氧化	40 000 欧元	每年 2 000 欧元	高	氧化剂毒性很高，形成毒副产物的风险大，具有腐蚀性，投资大	强有力的消毒效果，去除部分有机物（生长抑制剂）和农药，增加可溶性氧含量	需要控制工艺条件以及专业公司安装
	过氧化物	安装费用：2 500 欧元 过氧化氢液体：0.73 欧元/m³	无	低	如果氧化剂浓度过高会对根部有显著的损伤效果，需要一个系统时刻监控氧化物浓度	有效防止生物膜的形成；易于使用，仅需要一个计量泵	功效和剂量取决于水质和作物敏感性，需要密切监测剂量

（续）

技术类型		造价（起始）		所需技术知识	局限性	优势	限制条件
		安装费用	维护费用				
高级氧化工艺	电化学激活水	17 000 欧元	0.047 欧元/m³	高	会形成副产物，对金属有腐蚀性，投资大	不使用化学物品原位生产氧化剂。能耗低，病原体不具有抵抗能力，会有残留，保护滴管和管道免受生物膜影响（没有堵塞）	通常需要将水软化
	光催化氧化	无法估算	无法估算	中	有可能形成副产物，有腐蚀性，对幼苗细根有毒性，需要占用空间	有效对抗病原体、化学物质（农药）和有机物质（生长抑制剂）	需要控制工艺条件，水再利用需要催化剂过滤系统
物理方法	UV-C灯	18 000 欧元	1 800 欧元/10 000 h 使用时间	中	投资成本高	有效可靠地自动化处理水	高度依赖于水的传输
	热消毒	25 000 欧元	无法估算	中	高能耗，由于加热器易结垢而可靠性差，投资成本高	自动化处理水，适合于小型温室	加热器可靠性差并且设备老化速度快，处理过的水需要酸化以避免碳酸盐沉积，需要冷却以避免根部损坏，需要操控两次消毒之间的待机温度，以避免浪费能源
	慢砂滤	65 000 欧元	0.13 欧元/m³	低	安装费用和投资费用高	消除土传病原体，绿色科技	仅能除去部分镰刀菌、病毒和线虫
生物方法	生物过滤	18 000 欧元	0.04 欧元/m³	低	过滤流量缓慢，存放体积大，对棒形杆菌和病毒的功效知之甚少，投资成本高	对真菌有效，但对细菌效果不显著，维持再利用水中微生物的平衡，不会对已处理的水造成影响（pH、养分含量），绿色科技	必须使用水箱来改善消毒效果，如果处理水的体积很大则需要很大空间，过滤器中生物的活性受温度限制，最佳温度为15～25℃

（续）

技术类型		造价（起始）		所需技术知识	局限性	优势	限制条件
		安装费用	维护费用				
生物方法	曝气充氧	无法估算	0.07 欧元/m³	低	无	增加水中的可溶性氧的含量，提高水质，系统简单可靠	由于缺乏经验和研究，对于储存水的充气效应了解甚少

6.3 化学氧化法

6.3.1 用途

该技术用于灌溉用水的准备，并可提高用水效率，通过减少尾液中养分含量来降低排水对环境的不良影响。

6.3.2 适用地区

该技术适用于欧洲地区。

6.3.3 适用作物

该技术适用于所有作物。

6.3.4 适用种植模式

该技术适用于所有种植模式。

6.3.5 技术概述

6.3.5.1 技术目标

化学氧化过程将有害污染物转化为无害或毒性较低的化合物，这些产物惰性更强、更稳定、流动性更小。

在园艺种植公司，为了遵守地方性法规，化学氧化技术主要用于尾液的再利用，也可用于减少尾液中作物保护剂的含量。

6.3.5.2 工作原理

最常用的氧化剂是臭氧、过氧化氢、次氯酸钠、二氧化氯、过硫酸盐类（例如二硫酸盐）、过氧乙酸或其组合。

因成本较高、形成残渣和有毒副产物的风险较高，其他氧化剂的使用受到很大限制。本部分主要介绍溶解性有机物的消毒和去除。组合技术通常用于去除部分污染物。

大多数化学氧化过程是加工业中的成熟技术，如饮用水生产、污染地下水处理、游泳池管理等。

化学氧化是指控制氧化剂的添加量和次生物质的产生。消毒和污染物转化都需要足够的接触时间，大多数情况下需要 10～30 min，偶尔需要 60 min 或更长时间。温度在这一过程起重要作用，高温快，低温慢。

该装置包括缓冲罐（带有静态混合器
的罐或管式反应器）、加料单元（用于氧化
剂加入）和储罐发生器。一个或多个透明
流量计或水流计的传感器来控制氧化剂的
添加剂量。

仅仅通过化学氧化法去除高浓度的有
机化合物成本是相对昂贵的。因此，该技
术通常与其他技术组合使用（图 6-1）。

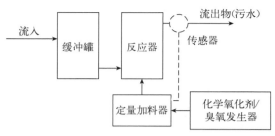

图 6-1 化学氧化技术的一般操作方案

6.3.5.3 操作条件

使用之前通常需要咨询供应商、安装人员或作物顾问，以确定最佳的氧化剂用量和
工艺条件，如剂量、保留时间、最优 pH 或所需的预处理。预处理是要去除水中的悬浮
颗粒，这对于有效的氧化过程十分重要。去除悬浮颗粒可以通过砂滤、带滤或筒滤
完成。

消毒效果受时间和氧化剂浓度影响。易形成孢子的微生物需要的时间更长，或氧化剂的
浓度更高。

使用臭氧的化学消毒法通过水与气态臭氧接触来实现。臭氧通常由（干）空气或纯氧现
场制备。消毒过程中 O_3 质量分数为 5%～12%。臭氧最适用于 COD＜100 mg/L 的水流，因
为它在水中的溶解度较低（＜30 mg/L）。

通常将过氧化氢配置成质量分数为 30%～50% 的溶液进行消毒，并且可以在 COD＜
500 mg/L 水流中使用。

据报道，过氧化氢浓度为 0.01～5 mg/L 时，对微生物和病毒的去除率可达 99%。去除
对象不同，氧化剂的有效性不同，例如，孢囊和孢子难以去除，而轮状病毒和大肠杆菌很容
易去除。

臭氧比过氧化氢会更有效，因为某些类型的生物体中具有过氧化物酶，可以防止过氧化
氢将其氧化。

6.3.5.4 成本

纯过氧化氢的价格 0.4～1.0 欧元/kg，但也因国家不同而有所差异。生产臭氧的耗能
为 6～15 kW·h。如果添加空气，生产臭氧的耗能可能达 17～30 kW·h。生氧气的成本为
140～200 欧元/t。

容量为 1.5 kg/h 的臭氧发生器（相当于处理能力为 1～2 kg/h），需要大约 10 万欧元的
投资成本。

6.3.5.5 技术制约因素

参见 6.1.9。

6.3.5.6 优势与局限性

优势：有效消毒（但需要达到一定浓度和一定接触时间）；去除部分有机物，包括生长
抑制剂和害虫控制化学品；保留无机物，如钾、氮和磷。磷可能会和铁形成铁螯合物进而降
低铁的肥效。

局限性：对去除的污染物有一定选择性（芳香族和不饱和化合物很快被去除）；工

艺条件需要一定限制并且需要残留物指标测试；形成有毒副产物的风险相对较高（例如氯酸盐）；对臭氧发生器的投资相对较高；氧化剂具有腐蚀性（应仔细选择反应器和管道材料，如 PVC，玻璃衬里的反应器或其他耐腐蚀材料）；在使用臭氧时，需要专业人员。

6.3.5.7 支持系统

当水中含有大量溶解的有机物（COD>100 mg/L）或悬浮颗粒（>10 mg/L）时，预处理是十分必要的，这样可以大大降低经济成本。预处理通常选择絮凝和过滤技术。在使用臭氧的情况下，需要考虑处理废气的安全措施，以防止臭氧逸出到周围环境中（例如碳过滤器或热处理）。同时为了提高臭氧发生器的效率（冷却、压缩、吸收），也可将空气或重复使用的氧气干燥。

在使用过氧化氢的情况下，可能需要除去过量的过氧化氢，这可借助惰性的具有较大表面积的过滤器实现，如活性炭过滤器。此外，通过 UV 光线照射或改变 pH 也可以实现。在这种情况下，污染物发生了微小变化（如在低氧化剂剂量下），因此在排放到环境中之前，可能需要进行"再处理"（即膜过滤或生物处理）。低浓度的有机物也可以利用碳过滤器处理。

6.3.5.8 发展阶段

该技术已商业化。

6.3.5.9 技术提供者

该技术的供应商有 Wedeco-Xylem、Degremont、Enviolet、Logisticon、Van Remmen、AgroZone、Priva。

6.3.5.10 专利情况

系统供应商构建出自己的系统，某些特定的专业技术可能已经获得专利保护，例如臭氧发生器的微小改进，但通常化学氧化是众所周知的概念，已经应用了数十年。

6.3.6 竞争技术

该技术的主要竞争对手是生物性转化和膜分离技术（超滤、纳滤或反渗透技术）。生物性转化可能受到水质多变性（和毒性）的影响，而膜分离技术可能会产生膜污染，因此必须处理其废物。当水流中的 COD 水平较低时，可以考虑碳吸附技术。

6.3.7 应用范围

该项技术可以应用于大部分作物、不同气候条件和种植制度。

6.3.8 监管制约因素

尾液中含有有毒成分和养分，并且只有当尾液中 COD 或生物需氧量等参数在相关规定的限值范围内时才能进行排放。法规还可能要求连续监测尾液中的氧化剂含量。

6.3.9 社会经济制约因素

该技术没有社会经济方面的制约。

6.3.10 衍生技术

该技术的衍生技术主要是不同技术的组合，包括化学氧化/高级化学氧化法组合：将过氧化氢加入紫外回路中进行高级氧化；在陶瓷过滤系统中添加臭氧和过氧化氢，用于排水消毒和去除排放水中的作物保护剂。

6.3.11 主要参考文献

Dutch Policy Document：Beleidskader：Goed gietwater glastuinbouw, november 2012

Joziasse，J. and Pols，H. B.（1990）. Inventory of treatment techniques for industrial. TNO report 90-055

Van der Maas，B.，Raaphorst，M.，Enthoven，N.，Blok，C.，Beerling，E.，van Os，E.（2012）Monitoren bedrijven met toepassing van geavanceerde oxidatie als waterzuiveringsmethode-Werkpakket 1：groeiremming voorkomen. Rapport GTB-1199，Wageningen UR Glastuinbouw

van Os，E.，Jurgens，R.，Appelman，W.，Enthoven，N.，Bruins，M.，Creusen，R.，…de Bruin，B.（2012）. Technische en economische mogelijkheden voor het zuiveren van spuiwater. Rapport GTB-1205，Wageningen UR Glastuinbouw

Water treatment selection system（WASS），2010（https：//emis. vito. be/en/node/33467）

6.4 氯化消毒技术

（作者：Ronald Hand[24]，Marinus Michielsen[20]）

6.4.1 用途

该技术用于灌溉用水的准备。

6.4.2 适用地区

该技术适用于欧盟地区。

6.4.3 适用作物

该技术适用于所有作物。

6.4.4 适用种植模式

该技术适用于所有种植模式。

6.4.5 技术概述

6.4.5.1 技术目标

氯化消毒法可以杀死某些细菌、病毒和真菌，适用于灌溉、施肥、收获后洗涤、冷却、表面及设备清洗用水。

6.4.5.2 工作原理

可以通过向水中添加次氯酸钠（NaClO）、次氯酸钙或氯气等方式进行氯化消毒。在欧洲最常用的方式是添加次氯酸钠。次氯酸钠用电动定量泵注入水中，见图 6-2。通常市面上购买的次氯酸钙是固体颗粒，首先需要将其溶解到水中，然后使用液体泵或文丘里施肥器将药注入水中。当加入氯时，它与水发生水解反应，形成氯化的主要活性成分——次氯酸（HOCl）。

消毒剂溶解后会分解成活性（游离）氯：次氯酸和次氯酸根离子（OCl⁻）。例如添加的次氯酸钠：

$$NaClO + H_2O \rightleftharpoons Na^+ + OH^- + HOCl$$
$$HOCl \rightleftharpoons H^+ + OCl^-$$

次氯酸是比次氯酸根离子更强的氧化剂，作为消毒剂更有效。因此，pH 越低（酸性更强）越有利于消毒。

6.4.5.3 操作条件

水是否需要消毒取决于水的来源及水中有机质和微生物的含量，如水库的水和地表水通常需要处理，而井水和自来水通常可以不经过处理。水的 pH 影响次氯酸和次氯酸根离子在溶液中的平衡。pH 为 7.5 时，50% 的次氯酸会解离成次氯酸根离子。pH 为 6 时，只有 3% 的次氯酸解离成次氯酸根离子。次氯酸的消毒效果是次氯酸根离子的 80～100 倍。因此，当水的 pH 接近于 6 时可达到理想的杀菌效果（图 6-3）。

次氯酸的有效杀菌浓度取决于水生微生物的种类。例如，0.6 mg/L 次氯酸钠的处理足以在 10 min 内使灰霉病菌的繁殖体失活，而对疫霉病菌来说，5 mg/L 次氯酸钠的有效处理在 1 min 内可以使其繁殖体失活。在 Raudales 等（2014）撰写的一篇综述文章中可以找到关于氯对水生微生物有效性的完整列表。

图 6-2 观赏植物苗圃的次氯酸钠注入系统，包含电动泵和储水箱

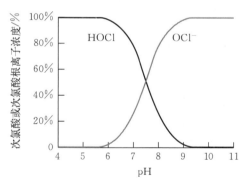

图 6-3 次氯酸和次氯酸根离子有效性与 pH 的关系

（Qin et al.，2015）

6.4.5.4 成本

安装成本：关于成本的信息非常有限。下面的成本计算是基于美国的一个案例见表 6-1。安装成本预计是 2 837 欧元，包括水井、池塘或雨水系统的搭建以及水泵的购置。

每年所需维护或投入化学品成本：二氧化氯的用量在处理 1 万～10 万 L 水之间没有变化，这表明二氧化氯在处理水量更大的情况下更划算。依据表 6-2 中数据，紫外线消毒可能更划算。

处理水量越大成本越低的技术越有优势。

表6-2　氯化系统的基础建设和运行成本（以美国农户为例）

单元：欧元

化学品	基础建设成本	年度成本	每处理1 000 L水的边际成本（占总成本的百分比）			
			基建	耗材	人力	总成本
次氯酸钙	2 837	1 701	0.08 (23.5%)	0.15 (44.1%)	0.11 (32.4%)	0.34
次氯酸钠	4 583	1 701	0.11 (33.3%)	0.11 (33.3%)	0.11 (33.3%)	0.34

6.4.5.5　技术制约因素

该技术不适合处理含有高浓度可溶解有机物的水；在处理前的过滤是很重要的；需要电动定量泵或文丘里加药器将次氯酸钠浓缩溶液注入灌溉水中；所用到的材料必须耐腐蚀。

6.4.5.6　优势与局限性

优势：安装和维护相对简单；创造抑制藻类生长的环境；可以保持管道和灌溉系统的清洁；安装成本低廉；水中会残留的消毒剂仍具活性。

局限性：使用量过高会导致植物中毒；次氯酸盐抑制人体对碘的吸收，从而影响人类健康；具有形成有机氯的风险。氯会与氨发生沉淀反应，因此不能与氮肥一起使用。纯氯气可与氨气发生剧烈反应。空气中这两种气体的过度混合会生成危险的化合物，如爆炸性的三氯化氮。在使用氯化作用的设施中，纯氯和氨需要单独分别存放在密封的容器中。

次氯酸盐与（可溶的）铁或锰发生反应，形成不溶性沉淀物，造成灌溉管路的堵塞。对于螯合态的铁，这方面的影响则要小得多。

次氯酸具有腐蚀性；可食用产品中可能会积累次氯酸盐；根据浓度的不同，消毒后的水需要储存一段时间，以便氯的消散。

6.4.5.7　支持系统

需要去除有机质和其他悬浮物的过滤系统。

6.4.5.8　发展阶段

这项技术已经实现商业化。

6.4.5.9　技术提供者

技术供应商有耐特菲姆（Netafim）、马泽（Mazzei）等。

6.4.5.10　专利情况

此项技术没有专利。

6.4.6　竞争技术

双氧氯化和氯化、臭氧、过氧化氢、碘等消毒技术与该技术形成竞争关系。

6.4.7　应用范围

该技术应用广泛。

6.4.8　监管制约因素

氯气、次氯酸钠和次氯酸钙都列在BPR EU 528/2012中，涉及市场上能否生产和生物杀菌剂能否使用的问题。

6.4.9　社会经济制约因素

该技术没有社会经济制约因素。

6.4.10　衍生技术

该技术没有衍生技术。

6.4.11　主要参考文献

Gordon，G. and Tachiyashiki，S. （1991）. Kinetics and mechanism of formation of chlorate ion from the hypo-chlorous acid/chlorite ion reaction at pH 6-10. *Environmental Science & Technology*，25，468-474

Raudales，R. E. （2014）. Characterization of water treatment technologies in irrigation. University of Flori-dahttp://ufdc. ufl. edu/UFE0046234/00001

https://horticulture. ahdb. org. uk/oomycetes

Raudales，R. E.，Parke，J. L.，Guy，C. L.，& Fisher，P. R. （2014）. Control of waterborne microbes in irrigation：A review. *Agricultural Water Management*，143，9-28

Qin，Y.，Kwon，H. J.，Howlader，M. M.，& Deen，M. J. （2015）. Microfabricated electrochemical pH and free chlorine sensors for water quality monitoring：recent advances and research challenges. *RSC Advances*，5 （85），69086-69109

6.5　臭氧消毒技术

（作者：Ronald Hand[24]，Benjamin Gard[25]）

6.5.1　用途

该技术用于灌溉用水的准备，并可提高用水效率，减少营养物质排放对环境的影响。

6.5.2　适用地区

该技术适用于欧盟地区。

6.5.3　适用作物

该技术适用于所有作物。

6.5.4　适用种植模式

该技术适用于所有种植模式。

6.5.5　技术概述

6.5.5.1　技术目标

该技术用于处理尾液中的病原体，以达到循环利用的目的。臭氧化处理中通过臭氧发生器产生臭氧进行消毒。将臭氧直接注入尾液中，使微生物（真菌、微生物和病毒）和有机物质被氧化破坏。

6.5.5.2 工作原理

臭氧化消毒技术是基于对有机化合物的氧化。臭氧具有双重氧化作用，臭氧对有机化合物的直接氧化和臭氧通过在水中分解产生羟自由基而进行的间接氧化（图6-4）。

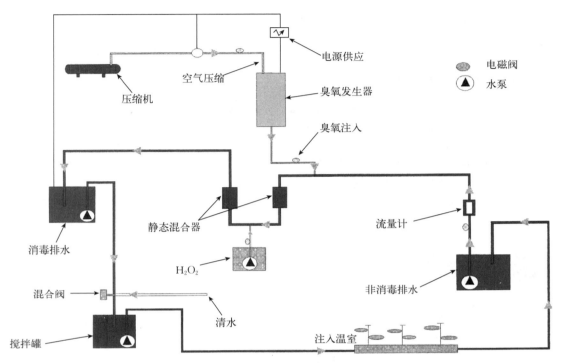

图6-4 借助空气产生臭氧的消毒污水操作方案

（来源：CATE，1997）

臭氧消毒等化学氧化过程生成氧化剂或需要向尾液中添加氧化剂。消毒和去除污染物需要足够的接触时间，通常为10～30 min，有时长达60 min或更长。微生物失活的动力学（消毒）与化学反应相当。描述臭氧水消毒最常用的模型是一级反应（Chick-Watson定律）：

$$k=C\times t$$

式中，k 为反应常数，取决于微生物和消毒剂的类型；

C 为溶解的臭氧浓度（mg/L）；

t 为接触时间，指消毒剂与水接触的时间；

k 的取值范围可能会很大。有报道认为，对于微生物和病毒的去除，k 值变化幅度从 0.01～5 mg/(L·min)。k 值变化主要取决于生物体在氧化后的抵抗和恢复。例如，孢囊和孢子难以去除，而轮状病毒和大肠杆菌很容易去除。为了获得一定水平的臭氧反应时间，在实际消毒开始之前，应该给出其他污染物与臭氧的反应速度。臭氧比过氧化氢更有效，因为某些类型的生物体会产生过氧化酶以防止过氧化氢氧化。供应商可以提供更详细的信息。

荷兰批准用臭氧化技术作为园艺公司处理污水和尾液的技术，以满足减少植保药剂使用的要求。

臭氧消毒的化学氧化装置包括缓冲罐、反应器（具有静态混合器的罐或管式反应器）、用于氧化剂的添加以及存放氧化剂的储罐或臭氧发生器。臭氧化处理通常作为系列工艺的一部分，因为仅利用臭氧去除高浓度的有机化合物成本相对昂贵，因此，上游处理要去除大量污染物或干扰化合物（如颗粒和一些特定的自由基），下游处理用来去除添加的氧化剂和未完全转化的污染物残留物。例如在不完全转化的情况下使用生物处理或活性炭过滤以实现澄清液体，当然也可以考虑膜处理。

6.5.5.3 操作条件

臭氧是一种非常不稳定的、对人体健康毒害非常大的气体（浓度为 $8.5\ mg/m^3$ 时会致死）。此外，臭氧对灌溉设备具有很强的腐蚀性。因此，必须在现场根据需要直接生产，并立即混入水中进行处理，以避免不良影响。臭氧发生器利用空气中的氧气来产生臭氧。消毒功效取决于各种因素：污水中有机物的浓度、流量、接触时间和溶液中臭氧浓度。彻底消毒建议臭氧浓度为 $8\sim 10\ g/m^3$，接触时间为 $1\sim 2\ s$。因为臭氧在水中的溶解度低（$<30\ mg/L$），臭氧适合处理 COD 低的污水（$<100\ mg/L$）。当与过氧化氢联合使用时，理想的过氧化氢与臭氧比例是 $0.15\ g$。这些参数适合处理流量为 $2\sim 6\ m^3/h$ 的液体。

6.5.5.4 成本

静态水臭氧处理及其他水处理技术的成本见表 6-3。

表 6-3 臭氧消毒系统的安装和维护成本

系统	处理能力	投资成本/欧元	每年维护成本	能耗
臭氧静态水处理	$10\sim 100\ m^3/d$	40 000~100 000 欧元	2 000 欧元	$10\ m^3$ 为 $1.5\ kW\cdot h$（设备 $0.5\ kW\cdot h$，泵 $1\ kW\cdot h$）；$100\ m^3$ 为 $6.2\ kW\cdot h$
Tides，仅去除酚	$4\sim 10\ m^3/h$	30 000~40 000 欧元	1 000 欧元	
Tides，完全净化处理	$10\sim 66\ m^3/h$	40 000~100 000 欧元	2 000 欧元	

对于部分有机物的化学氧化，每千克 COD 需要 $0.5\sim 2.0\ kg$ 臭氧或每千克 COD 需要 $0.8\sim 5.0\ kg\ H_2O_2$。数据中，氧化剂的纯度为 100%；臭氧（质量分数为 $5\%\sim 12\%$）通常由（干燥）空气或纯氧现场生产，过氧化氢通常以质量分数为 $30\%\sim 50\%$ 的溶液形式输送。

安装过程的投资成本：一台容量为 $1.5\ kg/h$ 的臭氧发生器大约需要 100 000 欧元。

运行成本：根据运输距离和卡车的大小，过氧化氢成本为 $0.4\sim 1$ 欧元/kg。臭氧生产能耗为 $6\sim 15\ kW\cdot h/kg$，进料气体干燥度不够或臭氧浓度非常高时数值还要高，使用空气的情况下，能耗增加至 $17\sim 30\ kW\cdot h/kg$。氧气成本为 $140\sim 200$ 欧元/t。

6.5.5.5 技术制约因素

在有工作人员的空间中使用臭氧，高毒性和高风险是制约因素。化学氧化不具选择性，几乎所有的有机物都会被降解；化学氧化处理通常会产生羧酸，单独用臭氧或过氧化氢难以去除。化学氧化非常适合处理芳香族和不饱和化合物。

其他制约因素参见 6.1.9。

6.5.5.6 优势与局限性

优势：消灭细菌、真菌和病毒；去除部分有机物和生长抑制剂；去除莠去津等化学农药；增加溶解氧浓度；降低铁、锰浓度；不会移走氮、磷、钾等营养物质；配合使用过氧化氢，可保持 pH 的稳定。

局限性： 副产物有毒；臭氧和水具有足够的接触时间处理才有效；操作具有危险性；对工人有风险；避免气体泄漏需要密封完好；工艺条件控制要求苛刻；效果无法即刻控制；对污染物的去除有选择性；臭氧发生器投资较高；氧化剂具很强的腐蚀性，需慎重选择反应器和管道的材料，如 PVC、有玻璃衬里的反应器或其他耐腐蚀的材料。使用臭氧时需要专业公司进行安装。

6.5.5.7 支持系统

当水中含有大量溶解性有机物（COD＞100 mg/L）或悬浮颗粒（＞10 mg/L）时，预处理具有必要性或经济性，通常采用的技术是絮凝和过滤。

在使用臭氧的情况下，为防止臭氧逸出到周围环境，需要采取安全措施处理废气（碳过滤器，加热）。为了使臭氧发生器高效运行（冷却、压缩、吸收），需要进行空气干燥和氧气重复使用（图 6-5）。为降低消毒处理中的臭氧浓度，可以将臭氧与过氧化氢偶联注入。每克臭氧中加入 0.15 g 的过氧化氢可使臭氧的使用浓度减少一半，并能达到相同的消毒效果。

图 6-5 园艺用水的臭氧处理设施

在污染物转化程度不够时（如氧化剂剂量低），在向环境排放之前，可能需要进行所谓的"澄清"的后处理（即膜过滤或生物处理）。低浓度的有机物也可以用碳过滤吸附。

需要使用一个或多个传感器（UV 透明度，流量）来保证氧化剂使用的剂量合理。

6.5.5.8 发展阶段

该技术已商业化。

6.5.5.9 技术提供者

提供该技术的供应商有许多，如 Wedeco - Xylem、Degremont - Suez、Logisticon、PRAX-AIR、AGROZONE。

6.5.5.10 专利情况

该技术已获得专利保护，工艺的不同部分存在多项专利。

6.5.6 竞争技术

与该技术有竞争关系的技术为基于高级氧化过程的技术，如 UV‐C 消毒、氯化、过氧化物消毒、光催化氧化等。

其他主要竞争技术是生物转化和膜分离（超滤、纳滤，还可能包括反渗透）。生物转化技术可能受限于水流量（或毒性）的变化，而膜分离技术的限制是可能发生的膜污染和对剩余物的处理。当污水 COD 浓度非常低时，可考虑碳吸附，而高浓度的 COD 将导致频繁更换过滤器，增加使用成本。

6.5.7 应用范围

该技术适用于所有作物类型且不受气候限制，应用范围较广。

6.5.8 监管制约因素

因为臭氧是有毒气体，因此在使用和储存方面有限制。欧盟将臭氧列为生物杀灭剂，要依据欧盟生物杀灭剂产品监管（EU）528/2012 框架使用。

假设其他参数（如 COD、生物需氧量等）处在当地、国家或欧盟指令规定的范围内，化学氧化和高级氧化工艺处理的水排放需要考虑毒性和残余的养分含量，指令要求尾液中的氧化剂也要持续监测。

6.5.9 社会经济制约因素

到目前为止，尚未发现任何社会经济制约因素。但是，臭氧的毒性可能会妨碍这项技术的使用。

6.5.10 衍生技术

臭氧的衍生技术有多种类型。膜分离排出物的进一步处理，园艺上最简单和最有效的替代方法是处理膜技术产生的滞留物，以便养分回用并避免直接排放。滞留物的浓度不应太高，以避免降解速度缓慢（如由自由基清除剂引起的）。

6.5.11 主要参考文献

Martinez，S.（1997）.Désinfection et rééquilibrage de la concentration en éléments minéraux de solutions nutritives recyclées. ENSAT. Master degree Thesis

Martinez，S.（2005）.Procédé d'optimisation de la gestion du recyclage des effluents des serres（PR. O. G. R. E. S）. Institut National Polytechnique de Toulouse. Ph-D thesis

Cees de Haan, Agrozone, cdh@agrozone. nl

Pieter Duin, Proeftuin Zwaagdijk, personal communication

Proeftuin Zwaagdijk/TNO/Wageningen UR/Greenport NHN："Factsheet closed water cycle in tulip forcing"

Derden，A.，Schiettecatte，W.，Cauwenberg，P.，Van Ermen，S.，Ceulemans，J.，Helsen，J.，…Hoebeke，L.（2010）. Water treatment selection system（WASS）. VITO, Boeretang, Belgium（https://

emis. vito. be/en/node/33467)

Guillou A (1997) Désinfection des solutions nutritives par ozonation. CATE.

Joziasse，J. & Pols，H. B.，（1990）. Inventory of treatment techniques for industrial waste water，*TNO report* 90-055

Maas，A. A. van der，Raaphorst，M. G. M.，Enthoven，N.，Blok，C.，Beerling，E. A. M.，& Os，E. A. van.（2012）.*Monitoren bedrijven met toepassing van geavanceerde oxidatie als waterzuiverings-methode-Werkpakket* 1：*groeiremming voorkomen*（Rapporten GTB：1199）.592：Wageningen UR Glastuinbouw

Os，E. Van，Jurgens，R.，Appelman，W.，Enthoven，N.，Bruins，M.，Creusen，R.，…Beerling，E.（2012）.Technische en economische mogelijkheden voor het zuiveren van spuiwater，30. Retrieved from（https://www.glastuinbouwwaterproof.nl/content/3Onderzoek/GW _ Substraat _ WP5 _ Busin esscase. pdf）

6.6　过氧化物消毒技术

（作者：Ilse Delcour[19]，Benjamin Gard[25]）

6.6.1　用途

该技术用于制备灌溉用水，并可提高用水效率。

6.6.2　适用地区

该技术适用于欧盟地区。

6.6.3　适用作物

该技术适用于所有作物。

6.6.4　适用种植模式

该技术适用于所有种植模式。

6.6.5　技术概述

6.6.5.1　技术目标

该技术旨在处理排水和灌溉水中的病原体，以便循环利用水资源。过氧化物在水中诱导发生化学氧化过程，杀死细菌、真菌、藻类和病毒，并去除生物膜。

6.6.5.2　工作原理

过氧根由两个单键相连的氧原子组成。过氧化物离子的两个氧原子之间的键，即所谓的过氧键，非常不稳定，容易分裂成具有强氧化活性的自由基。多种化合物都含有过氧根离子，如过乙酸或过氧化氢，其中后者是最经济的过氧化物。

含有过氧化物离子的化合物，通过分解可以产生羟自由基。这些自由基迅速与其他物质反应，形成新的自由基，并发生链式反应。羟自由基是一种强氧化剂和良好的消毒剂。羟自由基诱导蛋白质、膜脂质和微生物 DNA 发生氧化过程，破坏其结构。反应完成后，自由基分解成氢和水，不会形成副产物。

过氧化物不稳定，因此需要加入硝酸银或过氧乙酸（图6-6）等作为稳定剂。过氧化氢处理的效率取决于几个因素，包括pH、催化剂、温度、过氧化物浓度和反应时间等。对于水处理，过氧化氢使用质量分数为30%～50%。根据实际水质和作物的敏感性，过氧化物在水中的投加量可以通过计算获得。

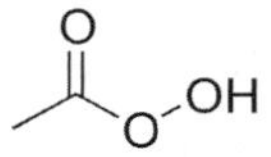

图6-6 过氧乙酸

6.6.5.3 操作条件

投加量取决于作物的敏感性和水质，需要密切监测。另外，也需要相应的药剂投加系统。

6.6.5.4 成本

该技术只需要产品的成本，因市售产品而异。水消毒平均成本是0.73欧元/m³。

6.6.5.5 技术制约因素

到目前为止，尚未发现技术制约因素。

6.6.5.6 优势与局限性

优势：氧化物对去除生物膜也有效，可以使灌溉管道保持清洁。

局限性：如果经该技术处理的水用在作物上则其中的氧化物浓度太高，会对根部造成显著的伤害。为避免这种风险，需要借助截获氧化物的系统。

6.6.5.7 支持系统

需要投加系统，该系统可参照文丘里管驱动投加器或投加泵。

6.6.5.8 发展阶段

该技术已商业化。

6.6.5.9 技术提供者

该技术的供应商有Certis、Yara、Hortiplan、Brenntag、Priva。

6.6.5.10 专利情况

该技术无专利保护。

6.6.6 竞争技术

电解、次氯酸化学消毒和产生过氧化物的所有氧化工艺与该技术具有竞争关系。

6.6.7 应用范围

该技术适用于所有作物类型。

6.6.8 监管制约因素

美国环境保护署在1977年将过氧化氢列为农药。欧洲饮用水标准98/83/EC中未提及过氧化氢。根据欧盟法规，过氧化氢是一种杀菌剂。在法国，不允许排放用过氧乙酸处理的废水。

6.6.9 社会经济制约因素

到目前为止，尚未发现任何社会经济制约因素。

6.6.10　衍生技术

Jet 5：由 Certis 公司生产 10 g/L 过氧化物＋55 g/L 过氧乙酸作稳定剂。

Antibloc Organic：Yara 公司生产质量分数为 45%～50% 过氧化物＋0.5%～5.0% 过氧乙酸作稳定剂。

Hydroclean：由 Hortiplan 公司生产质量分数为 50% 过氧化物＋0.36 g/L Ag 作稳定剂。

Brenntag：由 Brenntag 公司生产质量分数为 27.5% 过氧化物。

Reciclean：由 Kemira 公司生产质量分数为 35% 过氧化物即 395.5 g/L；15% 过甲酸。

Ecoclearprox：由 ABT 公司生产质量分数为 42% 过氧化物＋山梨糖醇作为稳定剂。

Chlorinated Ecoclearprox：由 ABT 公司生产质量分数为 42% 过氧化物＋山梨糖醇＋2% Cl 作稳定剂。

6.6.11　主要参考文献

Wikipedia（https://en. wikipedia. org/wiki/Peracetic _ acid）

Kenniscentrum Water（http://www. watertool. be/interface/Technieken _ Opvragen. aspx？ techniekID＝22）

Lenntech（http://www. lenntech. com/processes/disinfection/chemical/disinfectants-hydrogen-peroxide. htm）

Inagro（2017）. Watertool kostprijs van alle Technieken. http://www. watertool. be

Vissers，M.，Van，P. P.，Audenaert，J.，Kerger，P.，De，W. W.，Dick，J.，& Gobin，B.（2009）. Study of use of different types of hydrogen peroxides（2006-2008）. *Communications in agricultural and applied biological sciences*，74（3），941-949

6.7　水的电化学活化（ECA）

（作者：Ilse Delcour[19]，Benjamin Gard[25]）

6.7.1　用途

该技术用于制备灌溉用水，通过再循环更有效地利用水。

6.7.2　适用地区

该技术适用于欧盟地区。

6.7.3　适用作物

该技术适用于所有作物。

6.7.4　适用种植模式

该技术适用于所有种植模式。

6.7.5 技术概述

6.7.5.1 技术目标
ECA 用于水系统的清洁和彻底消毒。

6.7.5.2 工作原理
ECA 装置的核心是电解槽，槽内氯化钾转化为活性氯。该装置必须连接到已经脱钙的自来水。加入氯化钾，在水中通过电流，启动电解过程，形成含有游离氯自由基的 ECA 水。通过投加泵或注射泵将 ECA 水添加到灌溉水中，最佳投加浓度为 8 mg/L（图 6-7、图 6-8）。

图 6-7 电化学活化水装置（Hortiplan）

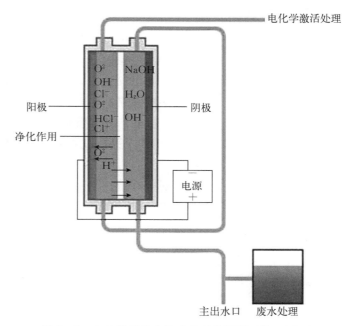

图 6-8 电化学活化水技术的工作原理（Hortiplan）

电化学活化水的特性见表 6-4。

表 6-4 电化学活化水的特性

特性	Aquaox	Hortiplan
pH	6.5～8.0	＞8.5
游离氯（FAC）	50～500 mg/L	4 250 mg/L
电导率	＜15 mS	45～50 mS
氧化、还原电位		＋800～850 mV

6.7.5.3 操作条件
ECA 水受水的硬度、pH 和电导率的影响大（表 6-5）。因此，在大多数情况下需要进行预处理（水软化）。

179

表 6-5 不同 ECA 水系统的消毒能力 （Hortiplan）

类型	电化学活化水生产量/L	不同浓度的日消毒能力/L	
		0.1％	0.2％
Wafer 80	176	176 000	88 000
Wafer 160	352	352 000	176 000
Wafer 240	528	528 000	264 000
Wafer 320	704	704 000	352 000
Wafer 2-50	1 100	1 100 000	550 000
Wafer 2-100	2 200	2 200 000	1 100 000
Wafer 2-150	3 300	3 300 000	1 650 000
Wafer 2-200	4 400	4 400 000	2 200 000

6.7.5.4 成本

对于平均每天处理 78 500 L 水的园艺公司，使用 Wafer 80，每天（以 22 h 计）可以生产 176 L ECA 水。在 0.1％ 的浓度水平，每天可以对 88 000 L 的尾液进行消毒。

包括 ECA Wafer 80 装置、盐罐、磁力泵和用于连接混合罐的材料、850 L 的供应罐、流量计、VC 材料、测试套件和安装费用在内，估计成本为 17 000 欧元（不含增值税）（表 6-6）。

表 6-6 Wafer 80 型系统生产 1 L 电化学活化水的成本

投入	数量	价格
KCl（99％不含防结块剂）	20～25 g	每 25 g 0.0290 欧元
硬水软化盐（Broxo 或类似产品）	取决于水的硬度±4.5 g	0.0027 欧元
自来水	1 L	0.0024 欧元
电	50 W	0.0030 欧元
长效电池	2～3 年	
电池更换费用	0.01 欧元/L 电化学活化水（未稀释）	0.010 欧元
总计		0.047 欧元/L 电化学活化水（未稀释）
	园艺公司案例	每年 3 274 L/m² ≥0.15 欧元

6.7.5.5 技术制约因素

该技术无技术制约因素。

6.7.5.6 优势与局限性

优势： 原地生产电化学活化水；不使用化学药品；低能耗，每升电化学活化水耗能 0.05 kW·h；清洁混合罐、筒仓和地下室；滴头不会被有机物堵塞；管道无生物膜；可清除疫霉、腐霉、藻类和生物膜等；不会使病原物产生抗性；作物高产；绿色、高效；用于切花前处理；装置的技术寿命长达 15 年；符合 ISO 9001、CE 和 ATEX 95 标准，安全可靠。

局限性： 电化学活化水制备前往往需要水的软化处理；由于电极上的水垢，该技术需要大量维护工作；产生副产物；在高氯条件下对人的嗅觉和味觉产生影响；电化学活化水对金属有腐蚀作用。

6.7.5.7　支持系统

该技术无需支持系统。

6.7.5.8　发展阶段

该技术已商业化。

6.7.5.9　技术提供者

技术供应商有 Hortiplan、Newtec water systems（无需添加盐，利用水中自然存在的盐）、Royal Brinkman（Chlorinsitu）、Spranco（Aquaox）。

6.7.5.10　专利情况

Radical Waters 有限责任公司（Pty）利用 20 多年的时间，专注于开发和商业化其持有专利的绿色 ECA 技术。该公司已在六大洲、27 个国家安装了操作设备，主要用于蓝筹公司。该公司的产品在依赖化学药品控制污染和细菌感染的市场中应用广泛。该公司专注于饮料生产、肉类和海鲜销售、酱料制造和淀粉生产以及酒店业。Pty 公司生产设备的工厂位于南非约翰内斯堡郊外。负责国际经销商关系的国际自由水公司［Radical Waters International（UK）LLP］在伦敦。

用于电化学活化水生产的专利：Sterilox Medical（Europe）Limited，一种水溶液的电化学处理技术（EP1074515A2，EP1074515A3，US6632347，US7303660）；Radical Waters International Ltd.，制备电化学活化水的方法（US9533897）。

6.7.6　竞争技术

与该技术形成竞争关系的技术有二氧化氯（Di‐Ox Forte）、Reciclean（过氧乙酸）消毒技术。

6.7.7　应用范围

该技术不受气候、种植系统的影响，应用范围广泛。但作物对氯的敏感性是其应用的限制因素。

6.7.8　监管制约因素

欧盟 BPR 法规（EU‐528/2012）规范生物杀灭剂产品的投放市场。生物杀灭剂所含的活性物质保护人类、动物、材料或物品免受害虫或细菌等有害生物的侵害。该法规旨在促进欧盟生物杀灭剂产品市场的健康运行。

6.7.9　社会经济制约因素

到目前为止，该技术尚未发现任何社会经济制约因素。

6.7.10　衍生技术

该技术无衍生技术。

6.7.11　主要参考文献

Royal Brinkman (2017). De nieuwe generatie ECA-Units van Royal Brinkman (http://www. royalbrinkman. nl)

Gruwez，J.（2003）. Alternatieve desinfectietechnieken voor Legionella：pro en contra's. Studiedag Legionel-la，3 april 2003

Spranco-matic. Aquaox Electrolyzed Water（ECA）. Folder

Scheers，E.（2003）. Ontsmetting met ECA-Technologie. Studiedag Legionella，3 april 2003

Vissers，M.（2013）. Vergelijking waterontsmettingssystemen 2012-2014. PCS

6.8　慢砂过滤消毒法

（作者：Federico Tinivella[7]，Ilse Delcour[19]）

6.8.1　用途

该技术用于制备灌溉用水，通过循环使用水提高用水效率，通过减少排放降低对环境影响。

6.8.2　适用地区

该技术适用于欧盟地区。

6.8.3　适宜作物

该技术适用于所有作物。

6.8.4　适用种植模式

该技术适用于所有种植模式。

6.8.5　技术概述

6.8.5.1　技术目标

慢砂过滤是一种可靠、低成本的技术方案，可以消除温室园艺无土栽培系统中土传病原菌。该方法能有效地控制疫霉和腐霉，但对镰刀菌、病毒和线虫的去除效果有限。通常情况下，砂层孔隙的大小大于所要消除的病原菌，因此慢砂过滤对污染物的消除机制除了依靠机械过滤，关键是在滤砂表面形成生物活性层，因为它是由抑制上述土传病原菌的微生物群落组成。应用适宜的拮抗真菌菌株（主要是木霉菌属），可以进一步增强滤砂表层微生物菌群的自然抑制作用。此外，慢砂过滤可以与紫外线处理相结合，作为一种有效的消毒方法。

6.8.5.2　工作原理

慢砂过滤系统示意见图6-9。营养液从培养基质（1）中流出后收集到集水箱（2），然后再泵入日存储箱（3），随后进入过滤器顶部的金属筒仓（4），从顶部滴入1 m厚的砂层（5）。在金属筒仓和砂层之间的薄层就是生物活性滤膜层（Schmutzdecke），也称为过滤器的皮肤。（6）和（7）分别是10 cm厚的细砂层和15 cm厚的粗砂层。滤液最后从砂层中泵出进入储水箱（8）。如果是金属筒仓式过滤器，则滤液是从仓顶泵出，如果是合成式过滤器，滤液也可以从过滤器底部泵出。过滤器的初始充水是将储水箱（8）的水从过滤器底部

泵入，依次充满（7）、（6）及以上砂层。流量计（9）用于控制水的流速。滤液在储水箱
（8）中还可以和干净水混合配制成新的营养液，用于植物栽培。

慢砂过滤器的实体见图 6 - 10，在用慢砂过滤器消毒之前，先要用弧形筛网过滤掉有机
物质。

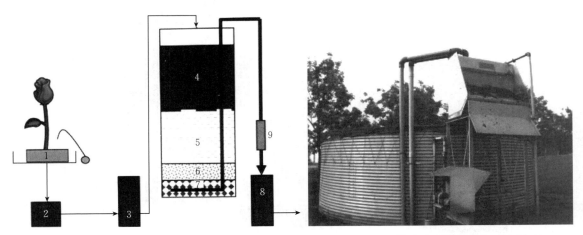

图 6 - 9　慢砂过滤基本操作流程　　　　　　　图 6 - 10　慢砂过滤器的实体（比利时）

[Raviv 和 Lieth，*Soilless Culture*《无土栽培》，爱思唯尔，美国]

慢砂过滤的关键组成部分如下：

水层：提供水头（水压），推动水通过下面的砂滤。为了使砂滤表面的生物活性滤膜层
处于相对恒定的温度和水分条件下，水层应该在 0.9 m 深左右。

生物活性滤膜层：这一层是主要由微生物以及其他有机和无机材料组成的生物膜，
随着时间的推移逐渐向砂床表面发展，可能达到 40 cm 的厚度。生物活性滤膜层是砂滤中
控制生物致病菌的主要物质。构成这一层的拮抗生物包括真菌、细菌、线虫、原生动
物等。

砂床：砂床为生物活性滤膜层和微生物群落提供了生长介质，同时有物理过滤的作用。
砂石粒质地会影响孔隙度以及最终生物膜的生成。建议砂石粒为圆形，以避免紧密堆积，砂
石粒直径可为 0.3 mm，以尽量扩大表面积。砂床深度至少为 80 cm。

支撑砾石：这一层允许水从砂床中自由排出，同时防止砂石粒泄漏到出口槽中。该层可
在 0.15 m 左右，由砾石或其他排水材料组成。砾石的粒径大小从细（2～5 mm）到粗（7～
15 mm）均可；可以均匀混合在一起，也可以将不同粒径的砾石层叠加在一起。

控制阀：用于调控流量和调节砂床上方水层的深度。

出口水箱：出口水箱包含一个堰，用于防止砂滤上方的水层下降到砂层以下（保持砂滤
的最小水深）。在过滤水流入灌溉管路之前，出口水箱的通风口可以吸收氧气并排出其他
气体。

在意大利实验与农业援助中心（Cersaa）的场地上所应用的慢砂过滤装置方案如图 6 -
11 所示。图中数字所代表的系统组成分别为：

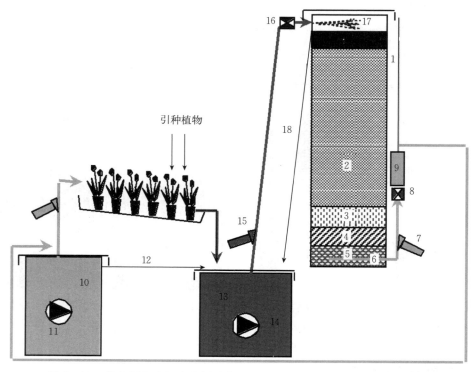

图 6 - 11　意大利实验与农业援助中心 Cersaa 所安装的慢砂过滤装置示意

[资助项目是"微生物优化预防根系疾病（Microbial Optimisation to Prevent Root Diseases，MIOPRODIS）"，1999—2003 年]

1：砂滤容器，PVC 管，高 1.5 m，直径 0.4 m。

2：过滤层 80～100 cm，砂石粒径 0.2～2.0 mm；有效粒径（通过滤料质量 10％的筛孔孔径）0.086 78 mm；均匀系数（UC - d60/d10）3.061 7；密度 2.6 g/cm³；SiO₂ 含量＞96％。

3：排水层 15～20 cm，砂石粒径 2～3 mm；绝对密度 2.6 g/cm³；SiO₂ 含量＞94％。

4：排水层 15～20 cm，砂石粒径 8～12 mm；绝对密度 2.6 g/cm³；SiO₂ 含量＞94％。

5：排水层 15～20 cm，砂石粒径 20～40 mm；绝对密度 2.6 g/cm³；SiO₂ 含量＞99％。

6：PVC 扩散出水管，直径 19 mm，长 35 cm，管壁有 140 个直径 2 mm 的小孔。

7：过滤器（直径 19 mm），用于从砂滤层过滤去除无机（石英）粉尘。

8：不锈钢流量计调节阀（直径 12.7 mm）。

9：流量计（流量 6.5～65 L/h），与直径 8 mm 的管道相连，用于监测过滤水位。

10：砂滤池出口聚乙烯储水箱（200 L）。

11：灌水泵（出水），与 PN 4 直径 20 mm 的水管相连，水管滴头直径为 0.9 mm，长度 50 cm，高度最大 16 m。泵与滴头管道之间设有逆止阀，避免回流。

12：聚乙烯（PN 6 直径 16 mm）溢流储水箱。

13：非洲菊作物排水用聚乙烯储水箱（200 L）。

14：输入泵（进口），与 PN 6 直径 16 mm 的输入管相连，最大高度 6.5 m。

15：叠片过滤器，去除来自非洲菊作物的有机和无机颗粒（直径 19 mm，孔径 120 目*，厚 130 μm）。

16：聚乙烯调节阀，用于进水口输入扩散器（直径 12.7 mm）。

17：聚乙烯输入扩散器（PN 6 直径 16 mm，长度 35cm，含 40 个孔径 2 mm 的小孔）。

18：进水口聚乙烯溢流管（PN 6 直径 32 mm）。

6.8.5.3 操作条件

过滤器必须通过充满水去除容器内所有的空气后才可以正常使用。

通过砂层的水流速度可能是决定过滤效率的主要因素。流速应相对缓慢，以便进行充分的过滤，并形成足够的微生物群落，达到杀灭病原体的效果。即使是针对高含量病原菌或小型病原菌繁殖体（如镰刀菌），较慢的流速也能实现较为充分的病菌控制效果。100 L/（h·m²）左右的流速可以最大限度地提高杀菌性能。不过，如果疾病防控不是重点，较快的流速也是可行的。小于 300 L/（h·m²）的流速可以成功去除腐霉菌和疫霉菌，在病害压力不高的情形下，可以采用较快的流速。

过滤器的结构参数需要综合考虑过滤优化和流速控制。流速越慢，过滤单位体积的水所需过滤器的体积越大。低流量过滤病原体效果更佳，然而，如果每天必须处理大量的水，可能就需要一个非常庞大的过滤器。如果流量增大，则过滤器的尺寸可以适当减小，但这可能导致病原体的杀灭效果不佳。在确定所需流量（基于病原菌种类的不同防控）之后，可以根据处理水量来确定所需过滤器的规格。过滤器规格的计算方法：设备每小时用水量除以所需流量 [L/（h·m²）]。表 6-7 列出了一些不同规格的过滤器在不同流量下的过滤能力。

表 6-7 不同过滤器表面积和流速条件下的过滤量

表面积（m²）	流速 100 L/h	流速 200 L/h	流速 300 L/h
1	2 400 L/d	4 800 L/d	7 200 L/d
5	12 000 L/d	24 000 L/d	36 000 L/d
10	24 000 L/d	48 000 L/d	72 000 L/d
15	36 000 L/d	72 000 L/d	108 000 L/d

除流量外，其他一些因素也可能影响过滤效果。增加过滤器的有机质含量可以改善微生物吸附表面积、减小孔径，同时也可以为有益微生物提供食物。

6.8.5.4 成本

通常情况下，慢砂过滤系统是依据具体情况进行设计的。因此，其总成本取决于技术提供商。

案例：表 6-8 统计了 4 个德国苗圃基地（杜鹃花和观赏针叶树为主）安装大型慢砂过滤装置的成本。

---

* 目为非许用单位，表示每英寸（0.025 4 m）的网眼数量。

表 6 - 8　慢砂过滤系统的成本

(Ufer et al.，2008)

总建设成本	65 200 欧元
建设＋运行成本	每年 11 200 欧元
	31 欧元/d
固定成本的比例	每年 8 800 欧元（79%）
	24 欧元/d
可变成本的比例	每年 2 400 欧元（21%）
	6 欧元/d
获得 1 m³ 滤液的建设成本＋运行成本	124 欧元/m³
	0.13 欧元/m³

6.8.5.5　技术制约因素

影响过滤器生物群落的因素也会影响过滤效果。低温会阻碍微生物活动，从而会降低过滤有效性（最优温度范围是 10~20 ℃）。另外，缺氧也会降低过滤效果。过滤效率主要取决于过滤器微生物群落中存在的微生物种类和物种多样性。研究表明，某些特定微生物物种可能比其他物种更有利于过滤。因此，理论上来说，过滤效率可以通过直接将这些物种接种到过滤器中来提高，而不是等待微生物群落的自然形成。然而，目前有关这些特定微生物物种的信息太少，无法推广这种微生物接种技术。利用较长时间内自然生长的天然微生物群，也可以最大限度地控制病原体。生物活性滤膜层占主导地位的藻类类型也可能影响过滤效果。丝状藻类能够增加过滤速率，降低过滤阻力，从而有可能过滤效果较差。因此，建议盖住过滤器以减少丝状藻类的生长。当排出水中有机质含量较多时，由于杂质在过滤器中的不断积聚，减少了孔的体积，过滤器就需要更多的维护。

6.8.5.6　优势与局限性

优势：技术相对简单；运行成本较低；与用于化肥溶液的活性处理系统相比，维护成本较低；技术监控需求较少；可以减少农药的使用；特别适用于受真菌（如腐霉属、疫霉属、油壶菌属、柱枝双孢霉属、根串珠霉属）或细菌（如黄单胞菌属、假单胞菌属、欧文氏菌属、棒状杆菌属）感染的作物；可去除有机物、杂质和悬浮颗粒；可作为储水器使用。

局限性：安装成本高；需要大量的空间和基础设施；过滤器的孔隙度不均匀；过滤器较大的变异性降低了过滤性能；偶尔会出现过滤性能失常（例如病原菌繁殖体杀灭率从 100% 下降到 80%~90%）可能需要相对频繁地进行维护以减少过滤器的堵塞；需要监测致病菌（如军团杆菌）的含量，以防止对工人造成伤害；过滤器中的生物活性需要 2~4 周的时间才能稳定下来；效率与温度有关；对线虫或病毒无效。

6.8.5.7　支持系统

通常情况下，慢砂过滤系统是依据具体情况进行设计的，另外也会附有一些控制组件（台式电脑等）。对于个别作物（耐寒苗木），有必要进行预过滤，以去除叶片和小枝等粗粒有机物质。

6.8.5.8　发展阶段

此项技术已实现商业化。

6.8.5.9　技术提供者

不同的私营企业专门提供此项技术，例如：

澳大利亚的 River Sands Pty Ltd，美国的 AS Filtration、Everfilt Water Filtration、Blue Future Filters，Inc.，英国的 Bluewater Filter Clear Limited、Warden Biomedia，荷兰的 Lenntech Water Treatment，北爱尔兰的 Colloide Engineering Systems，挪威的 Filtralite Saint - Gobain Byggevarer As，德国的 Bilfinger Water Technologies GmbH，比利时的 KAMPS s. a.，日本的 METAWATER Co.，Ltd.，阿联酋的 Pure Water Technology，中国的衡水广兴滤材有限公司（Haixing Wedge Wire Co，.Ltd），意大利的 Interecos. n. c、EMWG s. r. l.，法国的 Rolland Sprinklers。

6.8.5.10　专利情况

此项技术没有专利，同时慢砂过滤系统的任意组件也没有专利。但是如果把整套系统视为一个整体，由专业公司来提供，可以申请专利。

6.8.6　竞争技术

本技术与生物过滤技术相竞争，特别是与紫外过滤、氯化、热消毒等无土栽培排水处理中采用的所有活性水处理技术。

6.8.7　应用范围

该技术主要应用于蔬菜和观赏植物的无土栽培。也可以被应用于其他作物和气候条件，但是生物膜的组成可能会有所不同，从而影响过滤器的效率。这需要根据具体情况来调整和评估。

6.8.8　监管制约因素

该技术没有监管制约因素。

6.8.9　社会经济制约因素

主要的社会经济制约因素是慢砂过滤装置前期安装的高投资成本。

此外，在慢砂过滤装置中发现军团杆菌占细菌总数的很大一部分。军团杆菌的某些种类是人类病原体。因此，建议不要把过滤器放在温室内，因为温室内的高温会加剧军团杆菌的繁殖。

6.8.10　衍生技术

该技术没有衍生技术。

6.8.11　主要参考文献

Calvo-Bado，L. A.，Morgan，J. A. W.，Sergeant，M.，Pettitt，T. R.，&Whipps，J. M.（2003）. Molecular characterization of Legionella populations present within slow sand filters used for fungal plant pathogen suppression in horticultural crops. *Applied and Environmental Microbiology*，69（1），533-41

Calvo-Bado，L. A，Pettitt，T. R.，Parsons，N.，Petch，G. M.，Morgan，J. A. W.，&Whipps，J. M.

(2003b). Spatial and Temporal Analysis of the Microbial Community in Slow Sand Filters Used for Treating Horticultural Irrigation Water. *Applied and Enviromental Microbiology*，69（4），2116-2125

Ehret, D. L., Alsanius, B., Wohanka, W., Menzies, J. G., & Utkhede, R. (2001). Disinfestation of recirculating nutrient solutions in greenhouse horticulture. *Agronomie*，21，323-339

Fisher, P. (2011). Water Treatment：A grower's guide for nursery and greenhouse irrigation. www. WaterEducationAlliance. org

Furtner, B., Bergstrand, K., & Brand, T. (2007). Abiotic and biotic factors in slow filters integrated to closed hydroponic systems. *European Journal of Horticultural Science*，72（3），104-112

McNair, D. R., Sims, R. C., Sorensen, D. L., & Hulbert, M. (1987). Schmutzdecke characterization of clinoptilolite-amended slow sand filtration. *American Water Works Association Journal*，79（12），74-81

Pettitt，T. (2002). Slow sand Filters for control of fungal plant pathogens. *Good Fruit & Vegetables （August）*，48

Runia, W. T., Michielsen, J. M. G. P., van Kuik, A. J. & van Os, E. A. (1997). Elimination of root infecting pathogens in recirculation water by slow sand filtration. *Proceedings 9th International Congress on soilless cultures*，Jersey，395-408

Stewart-Wade, S. M. (2011). Plant pathogens in recycled irrigation water in commercial plant nurseries and greenhouses：Their detection and management. *Irrigation Science*，29（4），267-297

Tu J. C. and Harwood B. (2005). Disinfestation of recirculating nutrient solution by filtration as a means to control Pythium root rot of tomatoes. *Acta Horticulturae*，695，303-307

Van Os, E. A., Amsing, J. J., Van Kuik, A. J., & Willers, H. (1999). Slow sand filtration：A potential method for the elimination of pathogens and nematodes in recirculating nutrient solutions from glasshouse-grown crops. *Acta Horticulturae*，481，519-526

Van Os, E. A., Amsing, J. J., Van Kuik, A. J., & Willers, H. (1997). Slow sand filtration：a method for the elimination of pathognes from a recirculating nutrient solution. *Proceedings 18th Annual Conference Hydroponic Society of America*，Windsor，Ontario，Canada，169 - 180

Van Os, E. & Postma, J. (2000). Prevention of root diseases in closed soilless growing systems by microbial optimization and slow sand filtration. *Acta Horticulturae*，481，577-583

Van Os, E. A. (2001). Design of sustainable hydroponic systems in relation to environment-friendly disinfection methods. *Acta Horticulturae*，548，197-205

Wohanka，W. (1995). Disinfection of recirculating nutrient solutions by slow sand filtration. *Acta Horticolturae*，382，246-255

http：//www. pcsierteelt. be/hosting/pcs/pcs ＿ site. nsf/0/901BA734D87980C8C125741 E0043CE46/$file/Brochure%20recirculatie＿water＿glastuinbouw. pdf

6.9 光催化氧化（PCO）

（作者：Wilfred Appelman[22]，Benjamin Gard[25]）

6.9.1 用途

该技术用于制备灌溉用水，灌溉用水的循环使用，以提高用水效率，通过减小排放降低对环境的影响。

6.9.2 适用地区

该技术适用于欧盟地区。

6.9.3 适用作物

该技术适用于所有作物。

6.9.4 适用种植模式

该技术适用于所有种植模式。

6.9.5 技术概述

6.9.5.1 技术目标

通过化学转化的方式去除水中的有机污染物或使其转化成无害（或危险性较小）的物质。其中，有机物质可以被完全降解为二氧化碳和水，或者其他无机物，如盐酸、硝酸和硫酸；水消毒；改善流水的颜色、气味和味道；去除水中的某些无机成分（如氰化物和硫化氢）；提高下游水处理工艺（比如生物处理）的处理效果。水中某些有机组分的部分氧化（如一些难降解有机官能团的裂解），使得它们在后续水处理过程中更易被生物降解，同时降低其生物处理中功能微生物的生物毒性。化学氧化工艺还可以通过部分氧化已形成的污泥来降低生物处理过程中污泥产量，并将其送回生物反应器中。

6.9.5.2 工作原理

在 PCO 工艺中，惰性、无毒、廉价的催化剂（如二氧化钛）与水、氧气（来自空气）和太阳光（或使用 UV-A 光源）联用，产生羟自由基。这些自由基具有很强的氧化作用，可以净化水，分解细菌和杀虫剂等。TNO、Productshap Tuinbouw、Priva、TTO 和 WUR 等研究机构的合作研究结果已经证明，直接利用太阳光的光催化氧化可以降解水中 90% 以上的农药，同时有效去除其中 99% 的病原体（图 6-12）。

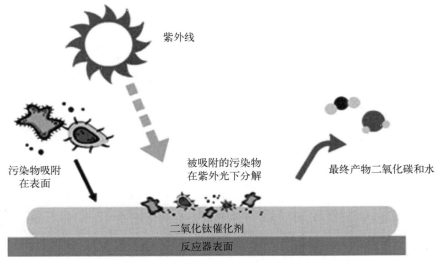

紫外线

污染物吸附在表面　　被吸附的污染物在紫外光下分解　　最终产物二氧化碳和水

二氧化钛催化剂

反应器表面

图 6-12　光催化氧化的工作原理

　　为了测定作物保护剂的降解速率，开展了实验室研究。实验结果见图 6-13，对于初始浓度为 50～780 ng/ml 的作物保护剂，在 10 min 的实验周期内，其平均去除率超过 80%，即 $\ln(c/c_0) < -1.6$。

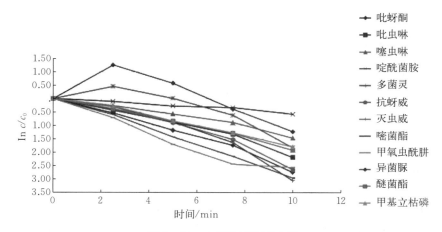

图 6-13　农药的降解动力学

（初始浓度为 50～780 ng/ml，光照条件为 10 W/m² UV-A）

(Jurgens et al.，2013)

6.9.5.3　操作条件

　　PCO 的限制条件主要是每平方米光催化剂涂层的污染物负荷量。此外，光照也可能被悬浮颗粒或色素所阻挡，从而降低光催化效果。对于园艺农业，实施 PCO 的必备条件之一是温室内部和周围的可利用光充裕。自然光照的强度（也就是 UV-A 光强度）对于实现二氧化钛光催化涂层的催化降解功能起到决定性作用。

　　PCO 的转化率一般来说较低，主要是因为光照中的紫外线强度以及其量子产率（污染物利用光照中的紫外线进行有效氧化反应所需的光子数量和全部紫外线光子的数量比值）都很低，往往都稍低于 1%（图 6-14）。

图 6-14　番茄（左）和非洲菊（右）温室种植中的空间和光照高效利用

(Jurgens et al.，2013)

6.9.5.4 成本

相比于传统技术，PCO 技术在废水处理的效率和成本方面都具有优势。对于处理废水量为 10 t/d 的利用自然光的 PCO 反应器，其每吨废水（含有一定量的农药废水）的处理成本预估为 1.10~3.60 欧元，此价格已包括初步去除 TOC 的费用（大约为 0.30 欧元/m³）。在可利用时间、空间充足的情况下，自然光 PCO 反应器可以作为低浓度 COD 废水的理想选择（Jurgens et al.，2013）。

6.9.5.5 技术制约因素

由于在光催化氧化废水处理过程中，往往会有脱落的二氧化钛颗粒悬浮于废水中，因此必须在废水处理工艺中增加催化剂的过滤工序，而过滤收集的二氧化钛也可以被重复使用。同时，去除水中的悬浮二氧化钛颗粒也是为了避免其对后续的生物处理过程中的微生物生长产生抑制，以及二氧化钛的违规排放。

6.9.5.6 优势与局限性

优势：能够对水进行有效的消毒；能够有效清除所有有机物，包括生长抑制剂和害虫防治化学品等；能够提高水中的溶解氧含量。

局限性：没有选择性，对于循环用水，其在去除污染物的同时也会去除其他有机养分；工艺条件受限（如光照等）；有毒副产品形成的风险；反应器和管道的材料（如 PVC）、玻璃衬里反应器或其他耐腐蚀材料必须经过严格挑选，以满足反应器运行和环保要求；不能去除无机物，如氮、磷和钾；反应器需要由专业公司进行安装。

6.9.5.7 支持系统

该技术无需专门的支持系统。然而，实施二氧化钛涂层需要专业知识和技术。

6.9.5.8 发展阶段

研究：该技术目前尚未在园艺上应用，相关的研究和开发工作正在推进中。例如，荷兰的 TNO 公司目前正在开发一种基于 PCO 的新型和可持续发展的废水处理和净化工艺，以便应用于温室园艺农业。

试验阶段：主要针对农业排水以及污水处理厂尾水的回用。在 PCO 工艺中，惰性、无毒、廉价的催化剂（如二氧化钛）与水、氧气（来自空气）和太阳光（或使用 UV-A 光源）作用，从而产生羟自由基。羟自由基具有很强的氧化作用，可以净化水，分解细菌和杀虫剂等。

商业化应用：光催化氧化是一项众所周知的技术。其应用实例包括应用光催化剂二氧化钛制造自清洁玻璃，以及使用光催化剂来净化水。

6.9.5.9 技术提供者

目前，市场上有数个厂商能够提供不同的光催化剂材料，如二氧化钛粉末或涂层材料。然而，当前该技术仍处于研发阶段，尚未有供应商具备系统的完成交钥匙工程的能力。

6.9.5.10 专利情况

该技术不受专利保护，但是光催化剂和相关材料有可能是专利产品。

6.9.6 竞争技术

与该技术形成竞争关系的技术主要是其他氧化技术，包括臭氧化技术和利用紫外光（H_2O_2/UV 和 O_3/UV）的高级氧化工艺（AOP）技术等。但是相比于 PCO 消毒技术，上述技术在处理成本、污泥产生量以及高风险有毒副产物的产生等方面均存在较大弊端。

化学氧化和高级氧化技术都是成熟的工程处理技术，被广泛地应用在饮用水生产、受污染地下水的修复处理、游泳池消毒以及其他水处理工程中；然而，除了用臭氧进行回水消毒外，上述工艺技术在园艺生产中并不常见。

6.9.7　应用范围

只要环境中有足够的紫外线辐射即可应用该技术。PCO技术在温室生产中也有广泛的应用，并且随之产生了新的灭菌和（污染物）降解工艺技术。另外，人造光源的应用减少了该技术对催化反应面积的需求。

6.9.8　监管制约因素

在欧洲，有的公司要求强制性地监控二氧化钛催化剂的使用，并严格防范其泄露，因为二氧化钛以及其他类似催化剂是非环境友好型制剂，是潜在的污染源。

6.9.9　社会经济制约因素

该技术尚未发现任何社会经济制约因素。

6.9.10　衍生技术

目前，具有应用前景的相关衍生技术包括：二氧化钛-混凝土复合墙面或地板；把固定化的二氧化钛光催化剂（如以可卷曲式薄膜作为光催化剂的固定化载体或其他固定化制剂的形式）作为能被临时部署的辅助装置，用于农药降解或灭菌；作为光纤使用（可在任何位置提供光照）或新型的、更加紧凑的反应堆系统。

6.9.11　主要参考文献

Jurgens R. M.，Appelman W. A. J.（2013）.Fotokatalytische oxidatie in de glastuinbouw：Fase 1 - Ontwikkelingen en evaluatie van technologieconcepten voor desinfectie en afbraak van middelen in de kas.TNO - rapport，TNO 2013 R11269

Dutch Policy Document（2012）.Beleidskader：Goed gietwater glastuinbouw

6.10　紫外消毒法

（作者：Claire Goillon[2]，Ilse Delcour[19]，Nico Enthoven[20]，Benjamin Gard[25]）

6.10.1　用途

该技术用于灌溉用水的准备，可实现更有效地利用水资源，通过减少养分排放降低对环境的影响。

6.10.2　适用地区

该技术适用于欧盟地区。

6.10.3 适用作物

该技术适用于所有作物。

6.10.4 种植类型

该技术适用于所有种植类型。

6.10.5 技术概述

6.10.5.1 技术目标

紫外消毒是一种在饮用水行业使用很广泛的技术。在园艺行业，紫外消毒主要用于水源（如排水沟和自然水体中的地表水或雨水）的消毒。紫外消毒可以杀灭如真菌、细菌、线虫、病毒等病原体，从而确保用水安全。短波紫外线可以破坏微生物的 DNA 结构，从而杀死病原体或者使其不能再繁殖（图 6-15）。

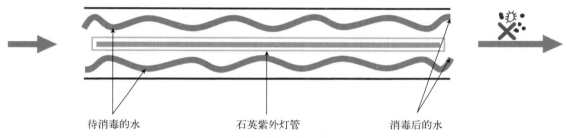

待消毒的水　　　　　　石英紫外灯管　　　　　　消毒后的水

图 6-15　紫外消毒系统的紫外腔室示意

6.10.5.2 工作原理

短波紫外光可由紫外灯产生，紫外灯位于圆柱形紫外室中央的石英管中，石英管能保护内部的紫外灯免受水的侵害，同时允许紫外光通过（普通玻璃可屏蔽所有的紫外光）。待消毒的水高速流过紫外线腔室，高流速使进入室内的水流呈湍流状态，因此，流经腔室的所有水都被等剂量的短波紫外光照射消毒。用于园艺行业的紫外消毒器一般都是专门设计的，以便能被用来消毒处理低 T10 数值的水（T10 数值是指波长为 254 nm 的短波紫外光通过 10 mm 厚水膜的透射率）。

短波紫外光剂量是指照射于目标水体的所有短波紫外光的能量，单位为 mJ/cm^2。短波紫外光剂量的决定因素：紫外腔室内生成的紫外光的平均强度；水在紫外腔室内的停留时间；待消毒水的 T10 数值是计算（预测）受处理水能接收的紫外光剂量的必要条件；最小和最大水流速率；为了提高消毒效率，待处理的水必须以湍流模式通过紫外腔室，以便确保受处理的水在紫外腔室内停留相同的时间，并被等剂量的紫外光消毒处理。而为了确保受处理水以湍流模式通过紫外腔室，必须使水的流速达到或超过装置的最小设计流速；同时，为了确保受处理水能在紫外腔室内停留足够长的时间，以便接收足够消毒剂量的紫外光，水的流速也不能超过其最大设计值（图 6-16）。

三种常见的紫外消毒系统：低压（LP）、中压（MP）和高压（HP）紫外消毒系统。三种消毒系统的特征参数，见表 6-9。这几种紫外消毒系统的不同之处在于所使用（或产生）

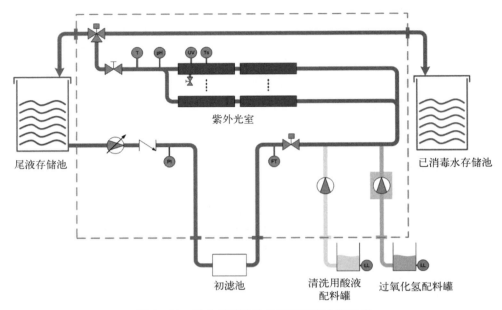

图 6-16　排水系统紫外光消毒运行方案示意

表 6-9　紫外消毒系统的特征参数

参数	低压紫外消毒	中压紫外消毒	高压紫外消毒
紫外灯数量/个	大量	较少量	1
单个紫外灯功率	200~300 W	800 W	3 000~12 000 W
紫外光波长	254 nm	254 nm	200~300 nm
消除细菌、藻类、真菌所需的有效紫外线剂量	80~100 mJ/cm²	80~100 mJ/cm²	80~100 mJ/cm²
消除花叶病毒所需的有效紫外线剂量	250 mJ/cm²	250 mJ/cm²	250 mJ/cm²
系统性能（电能转换为有效紫外线辐射的比例）	± 35%	± 33%	± 12%
紫外传感器数量	每个消毒系统 1 个	每八个紫外灯 1 个	每个紫外灯 1 个

的紫外光波长。低压和中压紫外消毒系统使用固定波长（254 nm）紫外，高压紫外消毒系统所使用的紫外光波长为 200~300 nm。低压紫外消毒系统的紫外灯功率小于高压消毒系统。因此，低压紫外消毒系统需要串联紫外灯以提供足够的紫外光，而高压紫外消毒系统仅使用一个紫外灯即可满足要求。低压和中压紫外消毒系统的紫外灯使用寿命比高压系统的长。高效的紫外线输出会加速（高功率）紫外灯的老化，此外，也应考虑其他紫外线输出损失，如石英管对紫外线的吸收。

6.10.5.3　操作条件

设备供应商会提供紫外消毒系统的紫外线最小透过率。紫外消毒系统的处理效率极大地依赖于水的透明度（T10 数值）。水中的悬浮颗粒物会造成阴影而影响紫外消毒的效果，同时，这样的悬浮颗粒物也会携带病原体。因此，有必要对待消毒水用砂滤或筛网进行预过滤处理，使受处理水中所含的悬浮颗粒粒径小于或等于 25 mm，悬浮颗粒的浓度不超过 5 mg/L。

6.10.5.4 成本

紫外消毒系统的成本明细如表 6 - 10 所示。

表 6 - 10 紫外消毒系统的成本明细

类型	灌溉垫		低/高潮	
	10% 排水	30% 排水	90% 排水，10% 消毒	90% 排水，100% 消毒
每年消毒水量/(m³/hm²)	11 110	14 286	11 000	110 000
24 小时排水量/(m³/hm²)	30	39	39	300
处理能力/(m³/h)	4.9	4.9	4.9	29.0
额定功率/kW	2.5	2.5	2.5	7.0
费用/欧元（包含安装费）	22 000	22 000	22 000	32 000
折旧费/欧元	3 143	3 143	3 143	4 571
利息/欧元	770	770	770	1 120
维护费用/欧元	660	660	660	960
可变成本				
电费/欧元	249	320	246	1 760
水泵动力费用/欧元	178	229	176	1 760
紫外灯老化折旧/欧元	177	228	175	391
年度费用/欧元	5 177	5 350	5 170	10 562
吨水成本/(欧元/t)	0.47	0.37	0.47	0.10

紫外消毒系统的成本主要取决于：需处理的水量；为了有效去除潜在的病原体所需的消毒剂量，通常为 $80\sim250$ mJ/cm²；待处理水的透射率（T10 数值），其数值在作物生长季会有波动。另外，应当考虑日最高处理水量（一般出现在春季或夏季的晴天），以及当时待处理水的紫外线透射率。

消毒系统应该每年进行维护或修缮：由于石英管是热的，可能会在管道内壁沉积肥料，阻碍紫外线的穿透。这些沉积物通过注射硝酸（通常 pH 在 $2\sim3$）去除。高压紫外消毒系统具有机械清洗系统，需要每年进行维护。紫外线灯通常可以工作 10 000~16 000 h，需定时更换。警报装置可以及时提醒种植者（农场主）紫外消毒系统的工作状态，其年度维护费用为 900~1 800 欧元。

6.10.5.5 技术制约因素

当待处理水体中存在有机残渣时（如木质纤维残体），会降低水的透光率，导致消毒不完全，这种情况在耕作季初期尤其常见。因此，需要添兑清水来优化紫外消毒的效果。另外，含铁的肥料也会降低透光率，铁含量在一定范围内不会对紫外消毒过程产生影响。

6.10.5.6 优势与局限性

优势：高效、可靠，提供全自动处理方案；有时需要添兑清水以提高待处理水的透光率，以提高消毒效率；处理有效性不受水的 pH 影响。

局限性：破坏土壤中的铁螯合物形态，在 pH 较高时尤其明显；杀灭病原菌的同时，也杀灭有益微生物；处理效果受水的透明度影响。

6.10.5.7　支持系统

该技术无需专门的支持系统。

6.10.5.8　发展阶段

该技术目前已经商业化。

6.10.5.9　技术提供者

欧洲地区供应商：Hortimac 提供 VitaLite CXL 系统，PRIVA 提供 VIALUX 系统，FiTaStEnk。其他小型公司也提供这类设备，如法国 UVRER‐ANEMO。

6.10.5.10　专利情况

该技术不受专利保护。

6.10.6　竞争技术

与该技术形成竞争关系的是其他类似消毒技术，包括生物过滤技术、热消毒技术和化学消毒技术（如加氯消毒、臭氧消毒等）。

6.10.7　应用范围

该技术可应用于大多数温室。

6.10.8　监管制约因素

该技术没有监管制约因素。

6.10.9　社会经济制约因素

投资成本较高，但是投资回报期短，仅需 2～3 年。该消毒系统需要良好的售后服务，以保障系统顺利运行。投资方应该根据需水量、紫外线剂量的设计当量和待处理水的透明度（透射率）进行最优化设计。

6.10.10　衍生技术

在紫外发生装置中添加氧化剂（如过氧化氢）可以有效去除水中的农药等有机化合物。此方法可以确保荷兰农场主的农业废水排放达到荷兰从 2018 年 1 月 1 日开始实施的相关法规标准。其他欧盟成员国也即将实施此项排放法规。

6.10.11　主要参考文献

Le Quillec, S. (2002). La gestion des effluents des cultures légumières sur substrat. Hortipratic. Paris, France: Centre technique interprofessionnel des fruits et légumes

Zhang, W., & Tu, J. C. (2000). Effect of ultraviolet disinfection of hydroponic solutions on Pythium root rot and non‐target bacteria. *European Journal of Plant Pathology*, 106 (5), 415‐421

Ehret, D. L., Alsanius, B., Wohanka, W., Menzies, J. G., & Utkhede, R. (2001). Disinfestation of recirculating nutrient solutions in greenhouse horticulture. *Agronomie*，21，323-339

Sutton，J. C.，Yu，H.，Grodzinski，B.，& Johnstone，M.（2000）. Relationships of ultraviolet radiation dose and inactivation of pathogen propagules in water and hydroponic nutrient solutions. *Canadian Journal of Plant Pathology*，22（3），300-309

Luyten，L.，Vanachter，A.，Vermeiren，T.，Willems，K.（2006）. Water，een verspreider van ziekteki-emen? *Proeftuinnieuws*，10，32-33

Helpdesk Water（https://www. helpdeskwater. nl/onderwerpen/emissiebeheer/agrarisch/glastuinbouw/rendement/@43286/bzg-lijst/？PagClsIdt＝335241）

6.11　热力消毒

（作者：Alain Guillou[4]，Esther Lechevallier[4]）

6.11.1　用途

该技术用于灌溉用水的准备，通过循环用水提高水的使用效率。

6.11.2　适用地区

该技术适用于欧盟地区。

6.11.3　适用作物

该技术适用于所有作物。

6.11.4　适用种植模式

该技术适用于所有种植模式。

6.11.5　技术概述

6.11.5.1　技术目标

该技术对排水进行消毒处理以实现循环用水。此技术属于水的物理消毒方法，即在一定时间内，将水加热到一定温度并维持一定时间，从而使病原体失活。

6.11.5.2　工作原理

热力消毒利用巴氏消毒原理，将排水加热到特定温度而使微生物失活。热力消毒对病原体微生物（病毒、细菌和真菌）及其孢子和菌丝体等均有灭杀作用。在园艺农业中，通常将待处理水加热到 95 ℃并保持 30 s 灭菌，然后通过一个热交换器以达到降温效果（或循环利用预热）。同时，为了避免在热交换器上生成水垢，在热水进入热交换器之前通常会加入硝酸调节 pH 到 4 左右。水在经过热交换器后，会再通过 75 μm 的滤网以去除有机和无机残渣。

第一道热交换器可以把待处理水预加热到 90 ℃，同时冷却消毒后的水。经过预加热处理的水随之通过第二道热交换器，并结合加热系统或者热水箱，一直被加热到 95 ℃后即被导入一个隔热管道系统开始灭菌（灭菌温度维持在 95～97 ℃，持续 30 s）。灭菌水与待处理水在第一个碟式热交换器内进行热交换，热水随之被冷却。处理好的灭菌水的温度为 25～30 ℃（比待处理水高约 5 ℃），待完全冷却后即可导入灌溉系统。该系统水处理速率为 2～15 m³/h。

6.11.5.3　操作条件

热力消毒处理后的水要经冷却才可使用，否则，该技术会对植物产生次生危害。然而，热力消毒的主要限制因子是加热过程能耗大，因此，对于大规模的农业生产而言过于昂贵，而更适用于育种农业（仅需要少量的水）。另外，假如热力消毒过程未做加酸处理，那么在热交换器上容易出现碳酸钙等水垢。

6.11.5.4　成本

蒸汽热力消毒系统（图 6-17）的安装成本如表 6-11 所示。

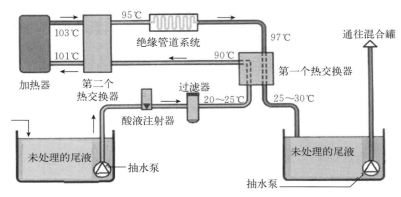

图 6-17　农业排水热力消毒系统运行示意
(Ctifl，2002)

表 6-11　蒸汽热力消毒系统的安装成本估算

(CTIFL，2002)

巴氏消毒	投资成本/欧元		运行成本/欧元	
	95 ℃ 持续 30 s	85 ℃ 持续 180 s	95 ℃ 持续 30 s	85 ℃ 持续 180 s
15 000 m² 的温室 处理水量 2～3 m³/h	20 400	18 300	每 100 m³ 36	每 100 m³ 34
30 000 m² 的温室 处理水量 4～6 m³/h	25 300	22 800	每 100 m³ 24	每 100 m³ 22

由于热力消毒过程需要加酸和加热，因此，系统中的加热设备和过滤器需要每月定期清理。另外，消毒间歇期间需要对热力消毒系统的待机温度进行合理的管理，以便节能。

6.11.5.5　技术制约因素

加热装置的可靠性是该技术的一个重要制约因素。因此，为保证消毒系统运行平稳，有必要对加热装置进行高标准维护。这也是该技术至今没有被广泛应用的原因之一。如果加热装置属于进口产品，那么，更换维护加热设备所导致的热力消毒系统的长时间停工对农场主来说是主要难题。

6.11.5.6 优势与局限性

优势：能够有效消除细菌、真菌和病毒，灭杀效果可靠；设备易拓展；自动化的巴氏消毒；对植物无毒害；适用于小型温室。

局限性：加热装置需要高标准维护；不能去除离子，因而会出现结垢；高能耗；消除病原体的同时，也灭杀有益微生物。

6.11.5.7 支持系统

无需专门的支持系统。

6.11.5.8 发展阶段

该技术目前已经商业化。

6.11.5.9 技术提供者

该技术可由 Van Dijk Heating 供应商提供。

6.11.5.10 专利情况

该技术当前未获得专利。

6.11.6 竞争技术

其他类似针对排水的消毒技术，包括紫外消毒、加氯消毒、臭氧消毒、生物过滤技术等，都可与本技术形成竞争关系。

6.11.7 应用范围

该技术适用于所有受保护的无土栽培系统，且不受气候条件限制。

6.11.8 监管制约因素

该技术目前尚未存在监管制约因素。

6.11.9 社会经济制约因素

该技术目前尚未发现社会经济制约因素。

6.11.10 衍生技术

研究表明，采用连续、不同时长的低温热力消毒，可以消除大多数病原体。灭菌处理的温度和时长设置应根据目标病原体来确定。文献资料表明，将灌溉用水加热至 60 ℃ 并保持该温度 2 min，可以有效地抑制大多数温室的病原体。相比于常规方法，该技术可节约 42% 的能耗。然而，如果灌溉用水中存在病毒污染，则建议将消毒温度提高至 85 ℃ 并持续 3 min，此法对抑制尖孢镰刀菌很有效，同时具有节能效果。

6.11.11 主要参考文献

Le Quillec，S（2002）. La gestion des effluents des cultures légumières sur substrat. Hortipratic. Paris，France，Centre technique interprofessionnel des fruits et légumes

Runia，W. T.，& Amsing，J. J.（2001）. Lethal temperatures of soilborne pathogens in recirculation water from closed cultivation systems. *Acta Horticulturae*，554，333-339

Raudales，R. E.，Parke，J. L.，Guy，C. L.，& Fisher，P. R. （2014）.Control of waterborne microbes in irrigation：A review.*Agricultural Water Management*，143，9-28.

6. 12 生物过滤消毒

（作者：Claire Goillon[2]，Alain Guillou[4]，Esther Lechevallier[4]，Benjamin Gard[25]）

6. 12. 1 用途

该技术用于灌溉用水的准备，通过再循环提高水的利用效率，减小尾液对环境的影响。

6. 12. 2 适用地区

该技术适用于欧盟地区。

6. 12. 3 适用作物

该技术适用于所有作物。

6. 12. 4 种植模式

该技术适用于所有种植模式。

6. 12. 5 技术概述

6. 12. 5. 1 技术目标

这项技术的目的是对排水进行处理，防止病原体通过水的再循环利用进入作物环境。生物过滤技术主要包含两个过程：一个是基于有机物过滤、沉积和吸附的过程，另一个是基于特定微生物捕食和拮抗的生物过程。

6. 12. 5. 2 工作原理

如图6-18所示，过滤器充满了多孔的惰性支撑材料，一般是火山灰。排水流经火山灰

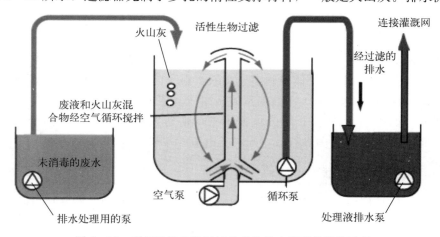

图6-18 利用活性生物过滤技术为排水消毒的操作示意

（CTIFL，2002）

时过滤器开始工作，生物净化是通过一种细菌生物膜的作用来实现的，而这种生物膜可以在火山灰上自然形成，该生物膜由假单胞菌和芽孢杆菌组成，它们对植物病原真菌和细菌具有拮抗作用。为了加快过滤器的杀菌效果，可以在水箱中接种具有选择性的生物膜，这种技术被称为静态生物过滤。过滤后的溶液收集在过滤器底部，然后泵入储存滤液的水箱中。

为改善生物过滤效果，增加过滤水流量，在水箱内设置一个空气循环系统，这样可以增加过滤装置与排水中微生物的接触时间，从而提高生物膜的过滤有效性。这种技术被称为动态过滤或活性生物过滤。微生物刺激物的使用也可以提高生物过滤的效果。为了达到最优的过滤效果，过滤流速应该慢一些，一般流速为 $100\sim350$ L/($m^2 \cdot$ h)，该流速取决于生物过滤器是否具有空气循环装置。

6.12.5.3　操作条件

生物过滤器对排水的处理能力与水箱的直径和容积有关。以一个面积为 4 hm^2 的无土栽培番茄的温室为例，处理其产生的排水需要一个直径 4 m，容积 22 m^3，装有 23 t 火山灰的生物滤池。活性生物过滤池的过滤性能见表 6-12。

表 6-12　活性生物滤池的过滤性能

过滤能力/(m^3/h)	生物过滤器的直径/m	功率/kW	空气循环的管道数量/个
2.5	3.10	0.55	4
3.5	3.55	0.75	5
4.5	4.00	0.75	7
5.0	4.40	0.75	7
7.0	5.10	1.10	9
9.5	5.95	1.10	13
13.4	7.04	2.20	19

6.12.5.4　成本

生物过滤技术的成本估算见表 6-13。

表 6-13　静态和动态生物过滤技术的投资和运行成本估算

温室规格及处理能力	投资成本		运行成本	
	动态过滤	静态过滤	动态过滤	静态过滤
1.5 hm^2 的温室 处理流量 2~3 m^3/h	11 600 欧元	18 300~20 000 欧元	成本较低	每 100 m^3 4 欧元
3.0 hm^2 的温室 处理流量 4~6 m^2/h	16 100 欧元	24 400~25 600 欧元	成本较低	每 100 m^3 3.8 欧元

该技术额外的费用包括两个方面：购买一个 1 000 L 的标准体积的抗紫外线水箱的费用 14 215 欧元和水箱中出现有机磷化合物后的清理费用 455 欧元。

6.12.5.5　技术制约因素

生物过滤器必须安装在气温适当且具有一定保护措施的场所，如果安装在地中海等较热的地区，生物过滤器可能会产生一些问题。这主要是因为生物膜的生物活性的最佳温度范围是 15～25 ℃，并且过滤器需要用黑色塑料覆盖以避免藻类的繁殖。为保护生物过滤器的活性，排水不能含有农药残留和化学消毒物质。此外，过滤器中的水位必须保持在火山灰层之上，以防止过滤器缺水变干。换季时，生物过滤器必须每天在密闭的系统中运行几个小时，以维持生物的活性。同时，生物过滤器和未经消毒的排水必须定期通风，在静态过滤中，需要定期用反冲法清洗。

6.12.5.6 优势与局限性

优势：简单实用；管理和维护水平低；运行成本低；对处理后溶液的部分指标（pH、营养成分、温度）影响较小；对排水进行选择性消毒，有助于保持微生物的平衡。

局限性：关于番茄作物对溃疡病菌、病原菌和病毒的抗逆性的认识还存在一定的不足，且总菌群的抑菌效果还处在中等水平；静态消毒可处理的排水量较小；过滤器或系统内部需要控温；需在生长季节内操作，以保持生物膜活性。

6.12.5.7 支持系统

该技术不需要其他支持系统。

6.12.5.8 发展阶段

已进入现场试验阶段及商业化阶段。

6.12.5.9 技术提供者

该技术的供应商有 Access Irrigation、Eden irrigation、Laterlite、Rotorflush self - cleaning filters、Lusseau Squiban。

6.12.5.10 专利情况

该技术包含两项专利：循环水产养殖系统和生物滤池（Recirculating aquaculture systems and biofilters，therefore，US20130247832）和低容重介质和螺旋管形介质的生物过滤器和搅拌装置（Bio - filter with low - density media and toroidal media stirring configuration，US20070264704 A1）。

6.12.6 竞争技术

与该技术存在竞争关系的技术包括生物滤池、紫外线消毒、热消毒、氯化消毒和臭氧化消毒等技术。

6.12.7 应用范围

该项技术可以应用于大部分作物、不同气候条件和不同种植制度，应用范围较广。

6.12.8 管理制约因素

该技术没有管理制约因素。

6.12.9 社会经济制约因素

该技术没有社会经济方面的制约因素。

6.12.10 衍生技术

该技术无衍生技术。

6.12.11　主要参考文献

Chemineau, N., Deniel, F., Le Quillec, S., & Rey, P. (2013). Recyclage de solutions nutritives. Les procédés de désinfection se perfectionnent. Cultures Légumières, 30-34

Deniel, F., Renault, D., Tirilly, Y., Barbier, G., & Rey, P. (2006). A dynamic biofilter to remove pathogens during tomato soilless culture. *Agronomy for Sustainable Development*, 26 (3), 185-193

Ehret, D. L., Alsanius, B., Wohanka, W., Menzies, J. G., & Utkhede, R. (2001). Disinfestation of recirculating nutrient solutions in greenhouse horticulture. *Agronomie*, 21, 323-339

Fogg, P., 2008. Biobeds/biofilters for the safe treatment of pesticides waste and washing. Retrieved fromhttps://horticulture. ahdb. org. uk/project/biobedsbiofilters-safe-treatment-pesticides-waste-and-washing-0 on 16/01/17

Le Quillec, S (2002). La gestion des effluents des cultures légumières sur substrat. Paris, France. Centre Interprofessionel des Fruits et Légumes

Le Quillec, S., Guillou, A., Déniel, F., & Rey, P. (2005). L'épuration des eaux de drainage. CTIFL Info (209) pp. 49-54

Le Quillec, S.; Déniel, F. & Guillou, A. (2005). L'épuration des eaux de drainage par biofiltration. Le Point Sur

Vallance J., Déniel F., Le Floch G., Guérin-Dubrana L., Blancard D., Rey P. (2011). Pathogenic and beneficial microorganisms in soilless cultures. *Agronomy for Sustainable Development*, 31 (1), pp. 191-203

Runia, W. T. (1995). A review of possibilities for disinfection of recirculation water from soilless cultures. *Acta Horticulturae*, 382, 221-229

6.13　园艺储水的曝气（气升）充氧技术

（作者：Matthijs Blind[24]）

6.13.1　用途

该技术用于灌溉用水储备。

6.13.2　适用地区

该技术适用于欧盟地区。

6.13.3　适用作物

该技术适用于所有作物。

6.13.4　适用种植模式

该技术适用于所有种植模式。

6.13.5　技术概述

6.13.5.1　技术目标

这项技术旨在提高储存水的溶氧量。溶解氧是影响水质的主要因素。不仅鱼和其他水生动物需要，而且好氧细菌分解有机物也离不开溶解氧的参与。当氧气浓度降低时，可能会出现缺氧的情况，这会降低水体维持生命的能力。当储水系统缺氧时，就会产生二氧化碳、甲烷或硫化氢等有毒气体，应该避免缺氧的发生。氧气对根的健康状态非常重要。通过加气贮存，使水生植物在获得水的同时也获得氧气。

6.13.5.2　工作原理

一般来说，曝气技术通过将水引入空气（瀑布、喷泉）或将空气引入水中来扩大水与空气的接触面积。这些技术需要水泵和大量的能源。

曝气（气升）充氧技术虽然基于同样的原理，但非常节能，唯一需要的能量是由压缩空气提供的。这种空气通常由鼓风机（可用于水深 2.5 m）或压缩机（可用于水深 2.5 m 以上）压缩。压缩的空气被注入输水管道的下部，空气的密度比水小，通过浮力会快速上升。通过流体压力，液体被吸入上升气流，并与空气沿同一方向运动。利用两相流的物理性质，可以计算液体的体积流量（图 6-19）。

图 6-19　曝气（气升）充氧装置及应用展示

微孔曝气是一种有效的向水体输送氧气的方法。岸上的鼓风机通过与水下曝气装置连接的软管泵输送空气。曝气装置与扩散器相连，这些扩散器以穿孔膜盘的形式存在。空气通过扩散膜抽入水中，产生微气泡。这种类型的曝气具有很高的氧气输送效率。

微孔扩散曝气可以使气泡的表面积最大化，从而使每个气泡向水中输送更多的氧气。此外，最大化的气泡到达水面需要更多的时间，因此，气泡在水中停留的时间延长，使其有更多的时间向水中输送氧气。一般来说，气泡越小，释放点越深，氧气转移速度越快。

然而，氧气从气泡扩散到水中的过程几乎都发生在气泡形成的时候，在气泡浮到水面的过程中却很少发生。因此，小气泡曝气比大气泡曝气效果要好。大气泡破碎成小气泡也重复了氧气向水中扩散这一过程。

6.13.5.3　操作条件

传统模式和曝气（气升）充氧模式适用于任何规模。

6.13.5.4　成本

曝气（气升）充氧技术在储水中的应用比较新，有关技术成本的数据相对较少，以下例子可供参考：对于 14 000 m³ 的储水设施，传统系统的安装费用为 1.10 欧元/m³，而带有曝气（气升）充氧系统的设施仅需 0.57 欧元/m³。传统系统（基于 1 台压缩机）的年能源成本约为 0.56 欧元/m³，而曝气（气升）充氧系统（基于 1 台鼓风机）的年能源成本约为 0.07 欧元/m³（图 6-20）。

6.13.5.5 技术制约因素

该技术暂时无技术制约因素。

6.13.5.6 优势与局限性

优势：溶解氧含量高；与传统方法相比，投资少，能耗低；泵的可靠性强；原理简单；液体不与任何机械元件接触；可用作为水中曝气器，在某些配置中，可以将停滞在底部的水提升到地面；可以不依靠任何机械泵装置，抽送大小接近 70% 管道直径的固体；改善水质。

局限性：该技术暂无局限性。

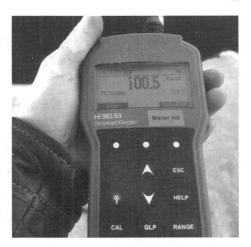

图 6-20 荷兰 Proeftuin Zwaagdijk 装有漂浮曝气（气升）充氧装置的蓄水池的溶解氧含量测定

6.13.5.7 支持系统

该技术不需要其他支持系统。

6.13.5.8 发展阶段

测试阶段：目前，在荷兰 Zwaagdijk 研究中心的水培池塘中已经实现了几种增氧机系统〔曝气（气升）充氧系统〕

商业化阶段：处于优化阶段（例如：系统的最佳尺寸需要基于经验和测量来确定）。

6.13.5.9 技术提供者

荷兰的 Botman Hydroponics B.V. 于 2015 年引进并开发了用于蓄水和水培的气升技术。

6.13.5.10 专利情况

该技术未授权专利。

6.13.6 竞争技术

固定在储水系统底部与压缩机相结合的扩散系统与该技术形成竞争关系。

6.13.7 应用范围

适用于所有具有储水系统的作物种植系统。

6.13.8 管理制约因素

该技术暂无管理制约因素。

6.13.9 社会经济制约因素

由于缺乏经验和研究，循环水和曝气水的益处还没有被普遍接受。正因为如此，许多种植者并不确信在此系统上投资是否值得。

6.13.10 衍生技术

该技术的衍生技术有 Botman 曝气（气升）充氧水培技术。

6.14 与深液流技术相结合的营养液曝气充氧技术

（作者：Matthijs Blind[24]）

6.14.1 用途

该技术通过再循环提高水的利用效率，减小废水对环境的影响。

6.14.2 适用地区

该技术适用于欧盟地区。

6.14.3 适用作物

该技术适用于绿叶蔬菜、草本植物、观赏性植物。

6.14.4 适用种植模式

该技术适用于无土栽培、保护地种植、露地种植。

6.14.5 技术概述

6.14.5.1 技术目标

在生产系统中，该技术利用深液流技术对营养液进行加气循环。

通过研究站进行的试验和园艺实践经验得出，采用深液流技术（DFT）种植作物，高浓度的溶解氧和良好的营养液循环可以促进作物的生长发育。试验结果表明，当氧气浓度较低时，一些作物无法完成生命周期。该试验首次证明了曝气（气升）充氧技术能以较低的能耗实现大型生产池塘的通气和液体循环（图6-21）。

图6-21 用深液流技术种植作物的试验

（左为观赏植物，右为野生芝麻菜根系）

6.14.5.2 工作原理

该技术的工作原理如图6-22所示。

该系统的核心是水池下方2 m长的循环和充气垂直管道。与鼓风机连接的曝气装置固定在管道底部，营养液通过水池下方的管道系统，沿着中心管道的方向流动，气流的驱动力由

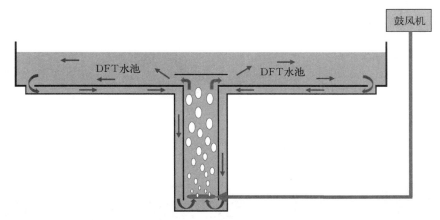

图 6-22　曝气（气升）充氧结构示意

鼓风机产生。曝气装置上方会形成气泡，这些气泡的密度比水小，因而会不断上升，整个水系统将开始流动，从而使气泡中的氧气溶于营养液中。

该原理可用于养鱼池和水质净化。

6.14.5.3　操作条件

从本质上说，该技术的操作是没有限制的。然而，大规模深液流系统的应用相对较新，在大型生产中，必须安装更多的单元体（如立式管道、曝气装置、供应管），每增加 $300 \ m^2$ 需增加一个单元体。

6.14.5.4　成本

安装成本：一套可曝气和循环 $2\,500 \ m^3$ 水的曝气（气升）充氧-鼓风机-管道系统，需要的初始安装参考成本是 $7\,500$ 欧元。

每年的维护或投资成本主要包括定期更换鼓风机空气过滤器的费用，检查是否有管道泄漏的费用。

6.14.5.5　技术制约因素

该技术暂无技术制约因素。

6.14.5.6　优势与局限性

优势：促进作物生长，提高产量；降低病害对重要作物造成损失的风险；与其他循环曝气技术相比，该技术简单可靠；能源需求较低。

局限性：在一些地区（如岩石地区），中心管线和管道的安装难度大、成本高。

6.14.5.7　支持系统

该技术不需要其他支持系统

6.14.5.8　发展阶段

研究阶段：目前，在荷兰的 Proeftuin Zwaagdij 研究中心有若干曝气（气升）充氧装置在试运行。

测试并商业化阶段：第一个更大规模的应用（约 $8\,000 \ m^2$）于 2016 年 4 月到 5 月建成。

6.14.5.9　技术提供者

该技术的供应商有 Botman Hydroponics B. V. 和 Stan van Eekelen BV。

6.14.5.10　专利情况

该技术暂无专利授权。

6.14.6　竞争技术

与该技术形成竞争关系的技术主要有主动曝气和瀑布曝气。

主动曝气：主动曝气是将潜水泵与文丘里技术结合使用。水泵引起水的流动，产生压力差，从而将空气吸入到营养液中（图6-23）。

瀑布曝气：在小规模应用中，使用曝气石（图6-24）。

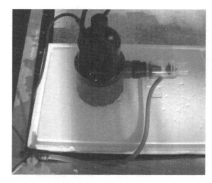 

图6-23　基于文丘里原理的可扩展曝气潜水泵　　　图6-24　应用深液流技术的水池种植蔬菜

6.14.7　应用范围

该技术基于DFT系统，适用于所有作物。由于氧气的需求量也受温度影响，所以在平均温度较高的情况下，曝气更加重要。

6.14.8　管理制约因素

该技术暂无管理制约因素。

6.14.9　社会经济制约因素

该技术暂无社会经济制约因素。

6.14.10　衍生技术

该技术无衍生技术。

水肥一体化设备篇

第 7 章

水肥一体化设备

（作者：Julia Model[20]，Claire Goillon[2]，Benjamin Gard[25]，Ilse Delcour[19]）

7.1 概述

7.1.1 用途

该设备用于实现水分、肥料、化学品高效利用，通过减少养分损失降低对环境的影响。

7.1.2 适用地区

该设备适用于欧盟区域。

7.1.3 适用作物

该设备适用于所有农作物。高效利用水肥资源以减少对环境的影响是作物种植系统中极其重要的部分，因此合理设计的灌溉系统及其管理十分必要。

7.1.4 适用种植模式

该设备适用于所有的种植模式。由于土壤栽培作物灌溉和施肥系统不同于无土栽培，其对灌溉和养分优化管理的需求也不同，因此对灌溉系统的设计和运行要求也不同。

7.1.5 技术说明

微灌是一种缓慢地将水输送到小面积/体积生长介质（土壤或基质）中的灌溉方法。滴灌是微灌广泛应用的一种形式，另一种形式则是专业喷灌系统。微灌通常由阀门、管道组成的网络将水输送至田间，再由滴头将水输送到土壤表面或作物根部附近以达到灌溉作物的目的。

在欧盟，尤其是在地中海地区，滴灌在集约化蔬菜生产、观赏植物和果树生产中的应用面积不断增加。滴灌和施肥一体化通常同时应用于集约化蔬菜和观赏植物，以及高度集约的水果生产系统（如核果）。滴灌更高产、节水，因此所有基质栽培和多数露地作物栽培都采用滴灌，且滴灌系统也会根据实际应用中种植模式（保护地与露地栽

211

培；土壤与无土栽培）、作物类型（水果、蔬菜、观赏作物）、作物种类和水源的不同有所调整。

灌溉均匀性是滴灌在集约型园艺和果树中有效利用的一项重要指标。灌溉均匀性虽然不能保证灌溉的高效率，但水肥利用效率会随着均匀性的降低而降低。

尽管理论上微灌系统具有很多优点，但作物群体内相对均匀的灌溉是必不可少的，合理设计对于田间或温室内均匀灌溉十分必要。在坡耕地上的蔬菜作物中安装滴灌系统很常见，应特别注意滴头的布设（如沿等高线、侧向长度等），低海拔地区要防止涝灾。同时管道老化会影响水在田间的分布，可以用薄壁滴灌带解决这个问题，这种滴灌带一次性使用，成本较低，可在每茬作物种植中都使用新管。

地下滴灌（SDI）在地面以下某一深度（取决于作物）直接将水输送到根部附近，是目前最先进的方法之一，具有以下优点：可使用处理过的废水灌溉果树或蔬菜作物，因为废水不被送到土壤表面，防止对果蔬的污染。另外，SDI 还可防止水分蒸发带来的损失。但是由于系统比较复杂，SDI 更适合大中型规模化生产。

颗粒、有机物、细菌黏液、藻类、化学沉淀物的积累引起的滴头堵塞可能是滴灌（无论是表面滴灌还是 SDI）使用限制因素之一，根入侵滴灌带可能是 SDI 应用中的另外一个问题。当输送较高生物负荷的水时，新开发的有湍流式滴头可能比压力补偿式滴头性能更好。此外，防止根部侵入的化学品处理的滴灌带和滴头正在研发中。

7.1.6 社会和经济制约因素

当使用更复杂的灌溉方法时通常面临一些困难，例如 SDI 需要熟练的技术、精心设计的系统、良好管理的灌溉和施肥系统，从而最大限度地提高效率，避免滴头堵塞。SDI 的初始投资成本较高，在水资源供应不便的地区则无法保证资金到位。

此外，随着消费者尤其是那些西北欧国家的消费者环保意识的增强，他们可能要求所购买的产品在生产过程中尽可能减少对环境的影响。滴灌和施肥联合使用可以减少肥料投入，降低种植成本，增加企业盈利。

7.1.7 监管制约因素

7.1.7.1 欧洲层面

欧盟目前关于影响作物水管理的指令（硝酸盐指令，欧洲水框架指令）表明，欧盟委员会正朝着以减少用水和提高自然水体质量为优先事项的农业系统迈进，这些指令促进了保护自然水体的国家和区域立法的出现。

种植者更多地参与到农场用水和养分管理的立法中，在荷兰、德国、比利时等国家越来越多的人要求种植者减少肥料使用，以达到国家或区域内自然水体污染防治标准。未来在这些国家会更严格地实施这项立法，其他欧盟国家也将紧随其后。

7.1.7.2 国家层面

由于农业和环境的法律责任由欧盟和成员国政府共同承担，欧盟的指令已经转为国家层面的指令。

7.1.7.3 区域层面

各区域已结合国家和欧盟立法制定了本区域内水体和肥料使用条例，且当局可以限制干旱导致的农业用水。

7.1.8　现有技术

灌溉设备常用的材料有灌溉管、滴头和滴灌带、薄壁滴灌带，以及具有抗微生物和抗根入侵功能的滴灌管和滴头。主要技术有坡地滴灌安装系统、高生物负荷的滴灌适配系统地下滴灌系统（SDI）。

7.1.9　目前无法解决的问题

种植者从其他灌溉系统（surface，ebb or flow system）切换到压力灌溉系统（滴灌、喷灌）必须确保其设计与材料、设备相结合。设计和材料对于用水效率和灌溉均匀性都至关重要，诸如水质差、土壤粗糙或地形限制之类的问题会阻碍加力灌溉的使用。对于某些种植者来说，高投资成本和必要的设备维护可能是较大难题。设计、部件选择、维护和管理不适当可导致与灌溉材料有关的两个主要问题：滴头堵塞和水分及养分供应不均匀。解决以上问题可以最大程度地减少堵塞和提高灌溉均匀性。

7.1.10　主要参考文献

Monroe，B. R.（1996）.*The handbook of technical irrigation information. A complete reference source for the professional*. Hunter Industries Inc. Retrieved from https://www. hunterindustries. com/sites/default/files/tech _ handbook _ of _ technical _ irrigati on _ information. pdf

Levidow，L.，Zaccaria，D.，Maia，R.，Vivas，E.，Todorovic，M.，Scardigno，A.（2014）. Improving water-efficient irrigation：Prospects and difficulties of innovative practices. *Agricultural Water Management*，146，84-94

Schwartzman，M.，& Zur，B.（1986）. Emitter spacing and geometry of wetted soil volume. *Journal of Irrigation and Drainage Engineering*，112（3），242-253

Dosoretz，C. G.，Tarchitzky，J.，Katz，I.，Kenig，E.，& Chen，Y.（2010）. Fouling in microirrigation systems applying treated wastewater effluents. *Treated Wastewater in Agriculture：Use and Impacts on the Soil Environment and Crops*，328-350

Reich，D.，Broner，I.，Chavez，J.，& Godin，R.（2009）. Subsurface Drip Irrigation，SDI. Retrieved fromhttp://fyi. uwex. edu/cropirrigation/files/2015/12/SDI-Colorado. pdf

Camp，C. R.（1998）. Subsurface drip irrigation：A review. *Transactions of the ASAE*，41（5），1353

7.2　技术清单

灌溉设备主要组成部分见表 7-1。

7.3　灌溉管道

（作者：Miguel Giménez[11]，Rafael Baeza[11]）

7.3.1　用途

该管道可实现水分的高效利用。

表 7-1　灌溉施肥设备的主要组成部分

技术		成本	知识及技能要求	缺点	优点	限制
		安装	维护				

（分类：材料 / 设计管理 / 系统）

技术	安装	维护	知识及技能要求	缺点	优点	限制
灌溉管道	管道+滴头在 3 000~8 000 欧元/hm²	灌溉均匀性评价 抗堵塞处理	管道维护基本知识 压力和流量测量技巧	初始投资成本高	更好地控制水流和压力 滴灌施肥的地方更有效地使用水和肥料	PVC 材料回收所面临的环境问题
滴头和滴灌带	灌溉管 0.02~0.03 欧元/m 压力补偿式滴头 0.2~0.4 欧元/个	灌溉均匀性评价 抗堵塞处理	维护灌溉网络，更好地了解植物营养和水分平衡	初始高投入、农艺操作复杂	作物灌溉方式的改进 增加产量 非常适合供水有限地区使用	对水质要求高 灌溉板块组装置 需安装水压泵
材料：用于微灌的新型管道和滴头	1.99 欧元/kg（2% 添加剂）和 3.69 欧元/kg（6%添加剂）		灌溉网络维护的基本知识	废旧管道和滴头的需要回收利用 这种服务可以由制造商公司自己提供	减少灌溉用水中的藻类和病害 减少根系堵塞滴头	尚未商业化
薄壁滴灌带	600~750 欧元/hm²		灌溉网络维护 对植物营养和水分平衡有很好的理解	0.2 MPa 以上的压力造成损坏 不推荐用于石质或粗质地土壤	一次性薄膜材料成本低	寿命短 每种作物需要的新设备
设计管理：坡地滴灌系统的安装	压力补偿式滴头为 4 欧元/m，灌溉带为 0.03 欧元/m	定期维护处理，如用氯处理和酸注入	灌溉网络维护 对植物营养和水分平衡有很好的理解	使用中低质量水时成本高、效率低	可补偿压力使流量稳定 水分利用效率高	高生物负荷灌溉水
滴灌系统对高生物质负荷水的适应性研究	与常规滴流相同	定期维护处理，如用氯处理和酸注入	灌溉网络维护的基本知识 对植物营养和水分平衡有很好的理解	不适合无土栽培设施 不允许小型灌溉脉冲	具有合适滴管，可避免堵塞或滴头的流动不平衡	每年需要维护 灌溉均匀性的周期性评价
系统：地下滴灌	900~2 000 欧元/hm²	定期维护处理，如用氯处理和酸注入	灌溉网络维护的基本知识 优质水	寿命短 无转售价值	水分直接施加到地表之下根区附近	在水和燃料供应不确定的地区 投资不能保证

7.3.2　适用地区

该管道适用于欧盟区域。

7.3.3　适用作物

该管道适用于蔬菜、水果和其他作物。

7.3.4　适用种植模式

该管道适用于所有的种植模式。

7.3.5　技术说明

管道灌溉分配系统示意见图 7-1。

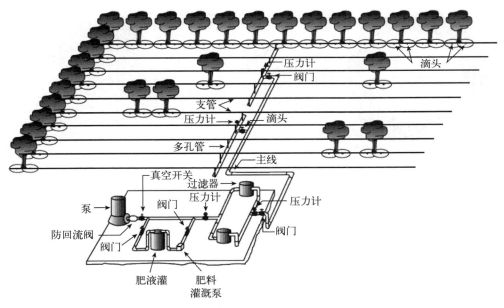

图 7-1　管道灌溉分配系统示意

7.3.5.1　技术目标

所有的滴灌系统包含三部分：灌溉首部（控制设备和过滤器）、供水管路和滴头。其中供水管路将经过滤器过滤后的水输入到滴头。滴灌系统中管道和配件的选择是以灌溉地块的大小、形状和布局来定的，管道和配件在整个灌溉系统中的作用和位置不同而有不同专用名称，如主管是灌溉首部或水源与灌区控制阀之间的所有管道（主、副），支管是插入滴头的管道或滴灌带。

7.3.5.2　工作原理

灌溉管道通常由塑料材料制成，主要是聚氯乙烯（PVC）或聚乙烯（PE）。

由于 PVC 是一种兼具刚性和脆性的材料，它的使用仅限于没有冲击或外部压力超量的条件，通常用于外径大于 50 mm 的管道，通常掩埋在地下以避免机械或阳光对其的损坏。

基于以上特点，PVC 管道通常用作主管道。

管道材料由 PVC 逐渐向着 Oriented 聚氯乙烯（PVC-O）的方向发展，PVC-O 是在生产聚氯乙烯时通过重新排列聚氯乙烯分子而制成的，与传统的 PVC 管道相比其强度提高了两倍左右，抗冲击性能提高了十倍。使用 PVC-O 可以使管壁厚度减少 50%，同时保持与传统 PVC 管相同的抗压压力，使 PVC-O 具有较大的内径，可在同等外径条件下提供更大流速。

PE 是一种柔韧易使用的材料，相比 PVC 可以更简便、快速地安装，并且可以机械化操作，建议使用外径小于 50 mm。根据最大工作压力的不同，管道的种类也不同。PE 管道在制造时采用防紫外线和氧化防护功能，在日照下多年使用也没有重大损害。PE 管道耐盐水、酸或碱性溶液（高浓度溶液除外）以及农业中应用的大多数物质。低密度 PE 通常用于连接滴头的滴管上，低密度 PE 的高柔韧性是滴灌管的一个重要特性，高密度 PE 可用于其他管道（图 7 - 2）。

图 7 - 2　灌溉管道的纵截面，以及 PVC（中图）和 PE（右图）管道的实例

灌溉管（塑料衍生）分类的基本依据：额定压力，20 ℃时的最大工作压力；直径，制造商标明的外径；壁厚，生产厂家标明的管壁厚度。

7.3.5.3　操作条件

灌溉系统的设计影响系统性能，因此对于灌溉至关重要。所有管道和配件都应选择合适尺寸，以保证最大的工作压力，并确保它们以最小的压力损失输送水。作物灌溉要求、土壤类型和水质都是必须考虑的关键因素。

灌溉管网在作物最大需水期间的灌溉总量需要输送效率和排水系统因素的修正。根据水力学确定符合农艺要求的管道和配件的尺寸、分布及最佳工作条件。管道直径的计算需考虑滴头的工作压力和沿管道输送过程中的压力损失，有许多公式可进行压力损失的计算。除了设计用于提供正常灌溉所需流速的管路分配系统外，还必须具有足够的流速，以确保灌溉系统中的高水速条件下形成的适当冲洗速度（最小 0.3 m/s）。

在西班牙阿尔梅里亚地区平均灌溉区（一次灌溉的最大面积）占地面积 5 100 m²，平均灌溉分区（可通过关闭或打开阀门管理灌溉压力的最大面积）占地面积 1 034 m²。灌溉区及灌溉分区要求最大流量分别为 30.6 m³/h 和 6.2 m³/h。因此，根据这些流量，推荐的灌溉区管道直径为 90～110 mm，分区管道直径为 50 mm。

此外应考虑在正常地面操作条件下发生的管道膨胀和收缩，以避免可能的损坏，且应检查所有配件是否安全，尤其是地下安装系统。

7.3.5.4　成本

安装成本取决于安装位置、供应商、设备质量、设备大小、作物种类和种植密度。对于西班牙阿尔梅里亚地区来说，经验估计 1 hm² 温室（种植密度为 2 株/m² 左右，1 个滴头/m²）。作物的管道和滴头的成本对于湍流和压力补偿式滴头为 3 000～8 000 欧元。此外，灌溉水枢纽装置的管道和配件的成本将在 1 000～2 000/hm²。

7.3.5.5　技术制约因素

该技术无制约因素。

7.3.5.6　优势与局限性

优势：更好地控制水流和压力；在水肥一体化的地区更有效地利用水分；易于安装和维护。

局限性：聚氯乙烯材料的回收利用可能对环境有一定影响；与地面或沟渠灌溉方法相比，其安装成本较高。

7.3.5.7　支持系统

该技术需要灌溉枢纽装置和水泵。如果不能持续供水，可能需要在农场安装蓄水设施。

7.3.5.8　发展阶段

该技术已商业化。

7.3.5.9　技术提供者

多家经销商和供应商可提供该设备。

7.3.5.10　专利情况

该设备应用非常普遍，没有专利授权。

7.3.6　竞争技术

地面灌溉与该技术形成竞争关系。

7.3.7　应用范围

该技术已经在许多地区使用。

7.3.8　监管制约因素

可持续灌溉策略的采用影响了欧盟的政策制定，如第 6 次和第 7 次环境行动纲领和水框架指令，这些政策旨在促进水资源的长期可持续利用，并在长期保护现有可利用水资源的基础上节约用水；此外，国家、区域和地方当局需要采取措施提高用水效率，并鼓励保护水资源（和质量）所必需的农业操作的发展。

7.3.9　社会经济制约因素

管道安装时的高初始投资成本，管道和加压水的使用增加了农业实践操作的复杂性，需要操作者对水力学和作物需水量的足够了解，以上因素制约了该技术的应用。

7.3.10　衍生技术

该技术衍生出可用于喷灌、滴灌和地下灌溉的管道。

7.3.11 主要参考文献

Monroe, B. R. (1996). *The handbook of technical irrigation information. A complete reference source for the professional*. Hunter Industries Inc. Retrieved from https://www. hunterindustries. com/sites/default/files/tech _ handbook _ of _ technical _ irrigati on _ information. pdf

Irrigation Tutorials: Irrigation mainlines. Retrieved fromhttps://www. irrigationtutorials. com/irrigation-mainlines/

Levidow, L., Zaccaria, D., Maia, R., Vivas, E., Todorovic, M., Scardigno, A. (2014). Improving water-efficient irrigation: Prospects and difficulties of innovative practices. *Agricultural Water Management*, 146, 84-94

Netafim. *Drip Irrigation Handbook: Understanding the Basics*. Retrieved from https://www. netafim. com. au/Data/Uploads/Netafim _ Drip％20Irrigation _ Understand％20th e％20Basics _ Jan17％20％20v1-1％20LR. pdf

RainBird. Friction Loss Charts. Retrieved fromhttp://www. rainbird. com/landscape/resources/FrictionLoss-Charts. htm

7.4 滴头和滴灌带

（作者：Rafael Baeza[11]，Miguel Giménez[11]，Milagros Fernández[11]）

7.4.1 用途

该设备用于灌溉水的准备，可提高水分的利用效率，通过减少养分释放降低对环境的影响，并实现肥料的高效利用。

7.4.2 适用地区

该设备适用于欧盟地区。

7.4.3 适用作物

该设备适用于所有的作物。

7.4.4 适用种植模式

该设备适用于所有的种植模式。

7.4.5 技术概述

7.4.5.1 技术目标

滴灌是少量的水在局部地区高频施用，这些水分在该地区形成一个"湿球"，当这些"湿球"重叠时，形成一个"湿条"。在良好的管理下，滴灌会提高灌溉水的利用效率。滴灌的另一个优点是水分分布均匀性高，可提高对根区水量的控制和增强对根区盐分的管控力，使水质较差时作物也能较好生长。另外，与施肥相结合可降低人工成本，提高肥料利用率。滴灌的核心部件是滴头，滴头安装在管道上作为小节流阀，可确保均匀的水量输送。不同作物类型和种植条件所使用的滴头型号也有所不同，为了确保最优的应用效果（灌溉均匀性和水分利用效率），必须根据作物类型和当地条件选择最合适的滴头。管道和滴头的技术特征和规格决定了适用条件和作物类型。迷宫路径的长度和形状、流速、压力补偿硅膜片有无、防排水体系、防根入侵的物理屏障等参数决定了最佳使用范围。通常滴头和滴灌带是在地上使用，也有一小部分在地下安装使用。

7.4.5.2　工作原理

滴头和滴灌带安装在土壤表面的主管道、副管道和侧管以最均匀和有效的方式向作物输送水分和养分。灌溉布局的设计不仅应考虑作物的需要、土壤物理性质、水质相关问题，还应考虑水力学，通过计算确定压力和水流所需的合适材料。

滴头制造商应提供关于其产品的技术特点，客户据此选择适合的滴头。大型制造商其官方网站上需列出产品信息，包括流量、工作压力范围和一些液压参数的数据。此外，关于不同入口压力和不同坡度推荐的最大侧管长度的信息也非常有用。滴头和管道的水力学设计决定适合的作物或种植系统，例如，滴灌带可以被标记为适用于地面多季节作物。

（1）滴头的类型：根据滴头如何组装到侧面的主管道上，可以将其分为如下两类。

内置式滴头、滴管或滴灌带：在制造过程中，滴头被插入管道或焊接在滴灌带上，因此滴头和滴灌带成为一体设备。滴头沿管均匀间隔，通常有几种不同的间隔选择。由于预先安装了滴头，这种滴灌带的主要优点是易于安装。然而在某些情况下，滴头只在短管段之间插入（0.4 m 和 0.5 m 的距离），因此可以通过将两个短管段分开的方式进行人工拆除，有利于人工清除堵塞滴头，但滴头是通过倒钩式接合处装入滴管的，因此高温可能导致意外破裂。

镶嵌式滴头：这种滴头是在外侧干线上组装和置入的，为了安装滴头，在支管道上开一个孔，插入带刺滴头，倒钩将其锁定在适当的位置。主管道的直径并不限制不同尺寸滴头的选择。这种类型的组装适合于不同的植物密度，因为滴头是人工布置的。预先安装的滴头侧管已商业化，可广泛用于无土和容器种植的滴灌系统（图 7 - 3）。

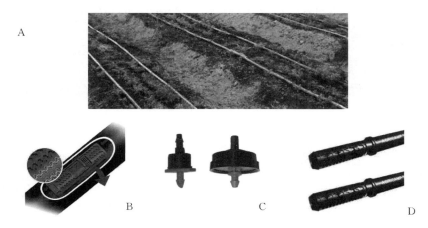

图 7 - 3　滴灌在田中的应用及相关部件
A. 滴灌带在田中的应用　B. 滴灌带　C. 镶嵌式滴头　D. 插入式滴头

（2）与滴头分类有关的其他特征。

迷宫路径长度：长路径的滴头较昂贵，可保持低流量和均匀性；短程滴头更便宜，适用于其他类型滴头无法使用的低压系统。后者更易堵塞，特别是水质不够好的情况下，其流动性能更差。

控制流量和压力的方法：湍流式滴头的工作原理是使水通过一个迷宫路径，引起水的湍流可降低流量、压力，减少堵塞。隔膜滴头使用一些柔性膜片来降低流量和压力，这些膜片会逐渐磨损，但它们在控制流量和压力方面相比其他滴头更加精确，还具有防漏性能，因此当灌溉水流停止时，灌溉水留在管道中，没有额外的水流出。组合式滴头兼具这两个特点，目前已被商业化压力补偿式滴头无论水压如何变化，都保持恒定的流量。

滴头的易堵塞程度：滴头的易堵塞程度主要取决于内部水通道的最小直径，不同直径的滴头阻塞敏感性见表 7-2。

表 7-2 不同直径的滴头阻塞敏感性

最小直径/mm	阻塞敏感性
<0.7	高
0.7~1.5	中
>1.5	低

7.4.5.3 操作条件

合适的滴头可以保证灌溉的均匀和高效率。首先，应根据作物类型和作物布局考虑滴头的流量和布局，形成适合于作物根系的湿球或湿条。土壤湿润体积的大小取决于土壤的质地和结构、滴头的流速和灌溉量。

市面上可以买到各种类型的滴头，对于无土栽培作物或灌溉时间短而频繁的作物，推荐使用压力补偿和防排水滴头。相反，如果用于灌溉的水呈现高生物负荷，则滴头应在每次灌溉之后将灌溉系统内的水完全排出。在这种情况下，推荐使用湍流式滴头，这样灌溉水会通过迷宫结构流出。

含高浓度悬浮颗粒的水可在专门设计具有防止堵塞功能的滴灌系统使用，同时应考虑水通过的最小直径。

滴灌带设置建议要考虑带侧管在作物生长发育时期可以加长或者剪短。若水呈现高生物负荷或者有悬浮颗粒，那么一次性灌溉管可能是最合适的材料。

应选择变异系数低的（coefficient of variation）滴头以确保灌溉的最大均匀性。

7.4.5.4 成本

投资成本在很大程度上取决于选择的材料，价格从 0.02~0.03 欧元/m 的低成本灌溉带到 0.2~0.4 欧元/m 防漏压力补偿式滴头不等。

7.4.5.5 技术制约因素

大多数技术制约因素与滴头和当地条件的不匹配相关，进而造成操作过程中的障碍。已开发的某类滴头可避免土壤颗粒和根部进入，由于水质较差而造成堵塞，以及意外渗漏造成灌溉效率低下。因此良好的维护措施十分必要，在应用便宜的 PE 材料及连续机械操作的情况下，滴头需要频繁的更换。

7.4.5.6 优势与局限性

优势：允许高频灌溉；可在低压下使用；节水节肥；可使用循环水；更均匀地供水和供

肥，提高施肥效率；高效精确的技术；减少蒸发和径流损失；易于适应小而形状不规则及斜坡地块；对土地分级要求低；降低作物冠层的相对湿度；减少植株发病；减少地下水污染和养分淋失；适用于蔬菜、园艺作物等高附加值作物；可以提高产量并减少营养、农药和劳动力投入；限制深水排水；增加在干燥和裸露土壤上水分的渗透和储存；任何水溶性肥料都可以施入。

局限性：初始高成本；保证滴头均匀性比较困难；仔细的系统设计是必不可少的；必须解决土壤盐分问题以及过量碳酸钙溶解在灌溉水中的影响；滴头堵塞会影响水分及养分分布均匀性；必须控制藻类的生长和结垢（$CaCO_3$）；必须规定使用冲洗水，就像所有使用过滤器的系统一样；必须定期供水；在栽培的早期阶段，灌水不足可能会限制作物根系生长，从而堵塞滴头；滴灌带安装限制了土壤耕作。

7.4.5.7　支持系统

可能需要调整灌溉系统以便于使用该技术。

7.4.5.8　发展阶段

该技术已商业化。

7.4.5.9　技术提供者

从事制造滴灌设备的公司。

7.4.5.10　专利情况

这项技术没有申请专利，是一种通用技术。

7.4.6　竞争技术

该技术的竞争技术有喷灌系统和地面灌溉系统，但两者都对湿润锋的控制力不够，并且水和肥料使用效率较低。

7.4.7　应用范围

该技术不受作物种类、气候、种植系统的限制，应用较为广泛。与雨养农业相比，灌溉可以稳定甚至显著增加作物产量和农业收入，减少农业风险。对于干旱、半干旱、炎热、多风等水源有限的地区，这是一种非常合适的技术。该技术同样适用于人工环境，如温室。它通常用于垄作作物、果园和藤本植物。

7.4.8　监管制约因素

该技术没有相关的欧洲指令或欧洲层面的监管制约因素。作为一个在水应用方面效率较高的系统，该技术常见于集成高效灌溉指令。

7.4.9　社会经济制约因素

当土地从雨养农业逐渐改变为灌溉农业时，滴灌的初始投资成本较高。此外，滴灌在农业操作中更复杂，需要操作者有一定的植物营养和水分平衡的相关知识。

7.4.10　衍生技术

该技术的衍生技术有地下滴灌直接向根区提供灌溉水和养分的技术。

7.4.11 主要参考文献

Amin, M. S. M., & Ekhmaj, A. I. M. (2006). DIPAC-Drip Irrigation Water Distribution Pattern Calculator. *7th International Micro-Irrigation Congress*, 10-16 Sept., Pwtc, Kuala Lumpur, Malaysia

Alonso, F., Contreras, J. I., Baeza, R. (2014). Comportamiento de emisores de riego localizado de bajo caudal con aguas residuales urbanas regeneradas. Instituto de Investigación y Formación Agraria y Pesquera. Retrieved fromhttp://www.servifapa. es

Baeza, R., López, J. G., Gavilán, P. (2013). Comportamiento de emisores de riego localizado de bajo caudal con aguas residuales urbanas regeneradas. *XXXI Congreso Nacional de Riegos. Sinopsis de los Trabajos*. pp. 99-100. Orihuela, Spain. 12-14, June 2013. Asociación Nacional de Riegosy Drenajes (www. aeryd. es)

Baeza R., Segura, M. L., Contreras, J. I., Eymar, E., García-Delgado, C., Moreno, J., Suarez, F. (2012). Gestión sostenible de la reutilización de aguas residuales urbanas en los cultivos hortícolas. Instituto de Investigación y Formación Agraria y Pesquera. Retrieved fromhttp://www.servifapa. es

Schwartzman, M., & Zur, B. (1986). Emitter spacing and geometry of wetted soil volume. *Journal of Irrigation and Drainage Engineering*, 112 (3), 242-253

7.5 微灌管道和滴头的革新

（作者：Jadwiga Treder[12], Federico Tinivella[7], Waldemar Treder[12]）

7.5.1 用途

该技术用于实现水分的高效利用。

7.5.2 适用地区

该技术适用于欧盟地区。

7.5.3 适用作物

该技术可用于蔬菜、观赏作物和果树。

7.5.4 适用种植模式

该技术适用于保护地栽培和露地栽培。

7.5.5 技术概述

7.5.5.1 技术目标

RIGA 项目（www. rigaproject. eu）的 CIP 生态改革计划已经开始开发新的灌溉系统，该系统具有防止微生物和根系（除草剂氟乐灵）入侵的特点，主要有如下方法：

通过在微灌管中添加抗菌添加剂，减少灌溉用水中藻类和病害积累形成的生物菌膜（《生物杀菌剂标准》，98/8/CE 和 RD 1054/2002）。

为了减少滴灌带被根系堵塞，使用低毒性的添加剂作为氟乐灵（一种除莠剂）的替代品，在灌溉水中注入这些添加剂来浸渍滴头。

7.5.5.2 工作原理

微灌是一种将水缓慢地输送到植物根部的灌溉方法,通过将水沉积在土壤表面或通过阀门、管道、滴灌带和滴头等设备输送到根区。在各种形式的微灌中,滴灌是使用最广泛的一种,可节约用水,减少农业化学品的使用(图7-4至图7-6)。

图7-4 PCS(比利时)的滴灌装置安装   图7-5 PCS(比利时)的滴灌装置

图7-6 Albenga(意大利)的滴灌设备

微灌系统有好处,但也有如下缺点:

滴头堵塞:土壤颗粒、有机物、细菌黏液、藻类或化学沉淀物很容易堵塞滴头小口,因此微灌系统需要非常洁净的过滤水,即有良好的水质供应。

为了防止根的侵入造成滴灌滴头的堵塞,目前的滴灌系统需要进行抗根化学处理,然而,多用氟乐灵进行处理会对鱼类和其他水生生物具有高毒性,在欧洲这些化学品还没有被批准用作农药。

通过挤压和注射工艺分别加入抗根和抗菌添加剂的管道和滴管,可以保证作物生长发育期内的恒定流量,避免滴管堵塞。

7.5.5.3 操作条件

操作条件与传统的滴灌带和滴头相同。

7.5.5.4 成本

这项技术还处于预商业化阶段,产品的成本受制造商影响。通常的成本核算是包含滴灌带和嵌入的滴头（每 15 cm 滴灌带含 1 个滴头），不同的产品价格不同，一般有 1.99 欧元/kg（2％添加剂含量）和 3.69 欧元/kg（6％添加剂含量）。

7.5.5.5　技术制约因素

该技术没有遇到技术制约因素。

7.5.5.6　优势与局限性

优势：滴灌带和滴头使用时间较长；耗水量少；减少收集和回收的塑料废物；减少对环境的影响。

局限性：与传统聚烯烃相比，最终产品的成本略高。

7.5.5.7　支持系统

主要致力于收集废旧管道和滴头，以便于塑料的回收。这样的服务可以由制造商公司提供。

7.5.5.8　发展阶段

该技术目前处于大田实验阶段。

7.5.5.9　技术提供者

该技术的供应商有 Galopaster（西班牙，添加剂母料）、Irritec（意大利，管道和滴头生产）。

7.5.5.10　专利情况

抗根、抗菌添加剂已获得专利。

7.5.6　竞争技术

该技术的竞争技术有由标准聚烯烃材料制成的微灌用管道和滴管应用技术。

7.5.7　应用范围

通过一些调整该技术可以轻松地应用到在容器中生长的植物上。

7.5.8　监管制约因素

关于废弃物的第 2008/98/EC 号法令、垃圾填埋第 1999/31/EC 号法令、欧洲议会和理事会 2000 年 12 月 4 日关于焚烧废物的第 2000/76/EC 号法令，区域理事会 2015 年 3 月 25 日通过的关于废物管理的第 14 号决议，影响该技术的应用。

7.5.9　社会经济制约因素

与现有聚乙烯系统相比，市场引入创新型微灌管和滴头的主要问题可能是其成本较高。最终成本差异主要归因于新添加剂的价格：已有资料表明产品的最终成本相对于一般产品增加 10％～15％，可能会限制其在生育期短（低于 5 个月）且管道再利用频繁的作物中使用。

7.5.10　衍生技术

这项技术仍处于预商业化阶段。因此，新的管道和滴管的分配将根据项目合作伙伴之间的商业协议和制造商收到的商业需求确定。

7.5.11 主要参考文献

Dazhuang，Y. A. N.，Zhihui，B. A. I.，Rowan，M.，Likun，G. U.，Shumei，R.，& Peiling，Y. A. N. G. （2009）. Biofilm structure and its influence on clogging in drip irrigation emitters distributing reclaimed wastewater. *Journal of Environmental Sciences*，21（6），834-841

Dosoretz，C. G.，Tarchitzky，J.，Katz，I.，Kenig，E.，& Chen，Y. （2010）. Fouling in microirrigation systems applying treated wastewater effluents. *Treated Wastewater in Agriculture：Use and Impacts on the Soil Environment and Crops*，328-350

FAO （2011）. Retrieved fromhttp：//www. fao. org/DOCREP/005/Y3918E/y3918e10. htm

Li，Q.，Mahendra，S.，Lyon，D. Y.，Brunet，L.，Liga，M. V.，Li，D.，& Alvarez，P. J. （2008）. Antimicrobial nanomaterials for water disinfection and microbial control：potential applications and implications. *Water Research*，42（18），4591-4602

Vissers，M.，Van，P. P.，Audenaert，J.，Kerger，P.，De，W. W.，Dick，J.，& Gobin，B. （2009）. Study of use of different types of hydrogen peroxides （2006-2008）. *Communications in Agricultural and Applied Biological Sciences*，74（3），941-949

https：//goo. gl/j0jcq3

www. irritec. com

www. galloplast. com

7.6 薄壁滴灌带

（作者：Rafael Baeza[11]，Milagros Fernández[11]，Elisa Suárez-Rey[11]）

7.6.1 用途

该技术可实现水肥的高效利用。

7.6.2 适用地区

该技术适用于欧盟地区。

7.6.3 适用作物

该技术适用于所有的作物。

7.6.4 适用种植模式

该技术适用于保护地栽培和露地栽培。

7.6.5 技术概述

7.6.5.1 技术目标

利用低成本的一次性薄壁滴灌带可克服缺乏适当维护或老化灌溉网络的不足，使得作物每个生长发育期都可使用新材料。

7.6.5.2 工作原理

滴灌均匀性是发展集约化园艺作物的重要保证。虽然分配的均匀性并不能保证高的灌溉效率，但较低的均匀性会降低灌水和施肥的效率。IFAPA 对地中海温室和利用传统厚壁滴灌带灌溉园艺作物的研究表明，较高比例的设施中的分配均匀性并不高（图 7 - 7）。

由于化学结垢和生物菌落逐渐地沉积，灌溉水的均匀度逐渐下降。如果用材成本和变异系数（CV）均较低的情况下，可以每一个或两个生长周期更换一次，从而确保分配的均匀性。目前市面上有价格低廉、质量较好的滴灌带（0.03～0.06 欧元/m），IFAPA 最近对 13 种不同灌溉带样本进行的研究表明，大部分管的生产质量较高（图 7 - 8）。

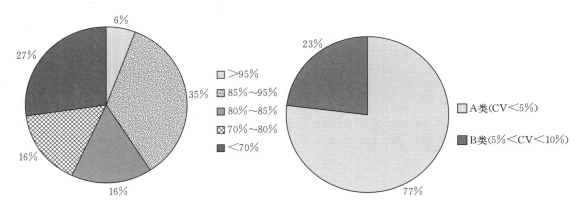

图 7 - 7　在 80 个种植者设备的样本中得到的
分配均匀性
（按照 Merriam 和 Keller 提供的方法）（Baeza et al.，2010）

图 7 - 8　将滴灌带按照生产的变异系数进行分类
（Baeza et al.，2016）

7.6.5.3　操作条件

薄壁滴灌带不允许在高压条件下灌溉（0.2 MPa 以上的压力会损坏材料）。不建议在石块或粗粒含量高的农场使用薄壁滴灌带。

7.6.5.4　成本

这些材料的成本约为常规灌溉管道成本的 20%～25%，然而，每年或每两年拆除和更换管路所需的劳动力费用应与定期维修费用一并考虑。

7.6.5.5　技术制约因素

该滴灌带无技术制约因素。

7.6.5.6　优势与局限性

优势：确保灌溉的均匀度高；降低初始的投资；不需要高水平的技术知识就能掌握使用；该滴灌带已经得到了广泛的发展。

局限性：不适用于无土设施栽培和石子或其他粗粒含量高的农场；不利于农场人工和机械化操作；易被昆虫和动物破坏。

7.6.5.7　支持系统

薄壁滴灌带不需要支持系统。

7.6.5.8　发展阶段

薄壁滴灌带的应用已经商业化。

7.6.5.9　技术提供者

灌溉系统的生产者和经销商可提供薄壁滴灌带。

7.6.5.10 专利情况

薄壁滴灌带已获得专利。

7.6.6 竞争技术

传统的厚壁灌溉管与薄壁滴灌带形成竞争关系。

7.6.7 应用范围

薄壁滴灌带可应用于不同作物、气候条件及种植系统。

7.6.8 监管制约因素

薄壁滴灌带无监管制约因素。

7.6.9 社会经济制约因素

薄壁滴灌带没有社会经济制约因素。

7.6.10 衍生技术

薄壁滴灌带无衍生技术。

7.6.11 主要参考文献

Caro，J. M. B.，París，J. C.，& Zafra，P. G.（2015）. Análisis de la uniformidad del riego en cultivos de fresa. *Agricultura：Revista Agropecuaria*，988，710-718

Baeza，R.，Alonso，F.，Contreras，J. I.（2015）. Simulación de la eficiencia de riego en cintas instaladas en pendiente y para diferentes volúmenes de aplicación. *SERVIFAPA Boletín Trimestral del Información al Regante*，31，3-11

Baeza Cano，R.，Gavilán Zafra，P.，Del Castillo Lupiañez，N.，Berenguer，P.，López Segura，J. G.（2010）. Programa de evaluación y asesoramiento en instalaciones de riego en invernadero con uso de dos fuentes distintas de agua：subterránea y regenerada. *XXVIII Congreso Nacional de Riegos*. León，Spain. 15-17 June 2015. Asociación Española de Riegos y Drenajes

Cánovas Fernández, G.，Baeza Cano, R.，Gavilán Zafra, P.，Contreras París, J. I.（2015）. Influencia de la Pendiente del Terreno en la Uniformidad de Distribución de Caudal en Cintas de Riego Localizado. *SERVIFAPA. Consejería de Agricultura，Pesca y Desarrollo Rural，Instituto de Investigación y Formación Agraria y Pesquera*，pp. 1-12

Contreras París，J. I.，González Expósito，L.，Cánovas Fernández，G.，Baeza Cano，R.（2015）. Efecto del número de campañas de uso en la uniformidad de distribución de caudal en cintas de riego. Comunicación. *XXXIII Congreso Nacional de Riegos. Asociación Española de Riegos y Drenajes*，Valencia，Spain. 16-18 June 2015. Asociación Nacional de Riegos y Drenajes（www. aeryd. es）

Baeza Cano R，Zapata Sierra，A. J.，Alonso López，F.，Fernández Guerrero，A. J.，Contreras París，J. I.（2016）. Comportamiento de 13 modelos de cinta de riego en condiciones de invernadero con agua regenerada. Comunicación. *XXXIV Congreso Nacional de Riegos. Asociación Española de Riegos y Drenajes*. Seville，Spain. 7-9 June 2015. Asociación Nacional de Riegos y Drenajes（www. aeryd. es）.

7.7 坡地滴灌系统安装

（作者：Rafael Baeza[11]，Elisa Suárez-Rey[11]）

7.7.1 用途

该技术可实现肥料和水分的高效利用；通过减少养分流失降低对环境的影响。

7.7.2 适用区域

该技术适用于欧盟地区。

7.7.3 适用作物

该技术适用于所有的作物。

7.7.4 适用种植模式

该技术适用于露地栽培。

7.7.5 技术概述

7.7.5.1 技术目标

这种灌溉方式在坡地上应用时需克服沿管线压力和滴灌速率的变化。

7.7.5.2 工作原理

在大田蔬菜生产中，坡地上安装滴灌系统是很常见的，当这些滴灌系统运行很好时，灌溉均匀性很高。然而海拔每变化 0.7 m，滴灌带的压力将发生 700 Pa 的变化。例如在 5% 倾斜率的地块上，滴灌带的距离为 91 m，压力变化约为 4 kPa。假设滴灌管道是中等流速 [5 L/(h·m)]，支管管道的压力是 7 kPa，那么与坡顶相比，在田块的坡底需要多灌 25% 的水。

进行地面灌溉时地面坡度对滴灌带侧向的滴头流量有影响（图 7-9）。上坡的滴灌带中的压力始终会导致沿管道加速损失，从而降低系统的均匀性。当下坡坡度过高时，滴管末端

A   B

图 7-9　均匀度系数的测定（A）和坡地灌溉（B）

的滴头水排放速率变得特别地高。最佳倾斜率随着滴灌带和滴头特性的不同而变化，如图 7-10 所示的例子中，最佳倾斜率为 1％。

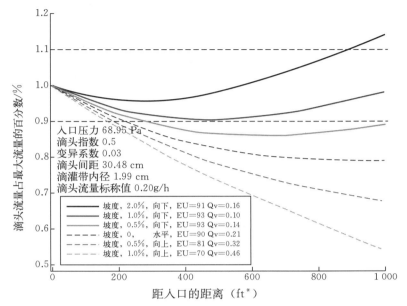

图 7-10　地形对滴头流量的影响及滴头流量、均匀性的估算

　　滴溉均匀度通常在滴灌流量变得均匀（排除空气和恒定压强）时测量，不考虑开关机器的时间。在短期灌溉过程中（常见于无土栽培）通常灌溉均匀度不会很高，因此建议在评估此类灌溉系统时应考虑整个灌溉装置。

　　如果评估包括开关机器的过程，在操作和维护不良的灌溉系统中，灌溉结束后可能导致滴头产生不均匀的水流，使灌溉均匀性急剧下降。同时当灌溉系统向下排水时，斜坡底部的这些滴头要比顶部的滴头流量大。此外，如果要在沙质土壤中提高灌溉水的利用效率，有必要按照少量多次的方法进行灌溉，与此同时也增加了灌溉管道的排水次数。灌溉水分布不均匀对作物和环境也会造成负面影响，当顶部供水已停止时，下部依然在排放（排水），从而导致农场低地产生水涝。因此，遵循一些简单的技术指导和维护，可以显著改善坡地灌溉的均匀性。

　　解决方案：按照等高线安装灌溉毛管；增加灌溉时间的长度并减少灌溉频率；安装防漏器；减少毛管的长度；安装电动阀门，避免灌溉结束时灌溉管道的排水；掩埋第三根滴灌带，保持其高度比第一根滴灌带低，避免在灌溉结束时排水。在区域内高度差≥1.5 m 时使用增压设备。与普通灌溉设备相比，增压设备会均衡在斜坡上因高度差异产生的压力差，灌水的均匀性更高。当区域内海拔高低不同时，可以将其分割后独立使用增压设备。尽可能让滴灌带与斜坡等高线平行。

　　由于地下径流可能发生在坡度大于 3％ 的区域，因此必须考虑从坡顶的顶部到底部的滴灌带间距。滴灌带的间距应根据不同土壤类型和作物种类在斜坡顶部的 2/3 处设置。在坡地

---

　　* ft 为非法定计量单位，1 ft＝30.48 cm。——编者注

底部的 1/3 处，滴灌带间距应该较顶部宽 25%。如果坡地倾斜率超过 5%，可以不设置最后一条滴灌带。对于海拔变化超过 3 m 的区域，将斜坡下 1/3 区域与其余部分分开控制灌水。

7.7.5.3 操作条件

Anti-drain 滴头的使用仅限于灌溉设备内产生高度差异。

7.7.5.4 成本

电动阀和防漏装置的配备增加了安装费用，同时该成本也取决于农场内灌溉系统的规模和技术。增压滴头的价格大约为 0.4 欧元/m，灌溉带的价格为 0.03 欧元/m。50 mm 直径的电动阀的成本约为 100 欧元。

每年的维护或所需的投入费用很低。如果安装了防漏装置则需要定期维护，因为它们的失效可能会导致灌溉设备漏水。

7.7.5.5 技术制约因素

在使用一段时间后，防漏装置可能会降低阀门的闭合能力。

7.7.5.6 优势与局限性

优势：增加灌溉均匀度；提高水分和养分的利用效率。

局限性：使用中低质量水时效率低。

7.7.5.7 支持系统

该技术无支持系统。

7.7.5.8 发展阶段

该技术已商业化。

7.7.5.9 技术提供者

灌溉和施肥公司可提供该项技术。

7.7.5.10 专利情况

该技术没有专利。

7.7.6 竞争技术

土地平整技术（高成本的大型农场适用）该技术具有一定的竞争关系。

7.7.7 应用范围

该技术可用于大部分作物、不同气候条件和种植系统。

7.7.8 监管制约因素

该技术无管理制约因素。

7.7.9 社会经济制约因素

该技术与大型农场的土地平整的高成本相关。

7.7.10 衍生技术

该技术无衍生技术。

7.7.11 主要参考文献

Baeza，R.，Gavilán P. y Contreras，J. I.（2014）. Influencia de la pendiente del terreno en la uniformidad de distribución de caudal en cintas de riego localizado. *XXXII Congreso Nacional de Riegos*. Madrid，（Spain） 10-12 June 2014. AERYD

Baiamonte，G.，Provenzano，G.，& Rallo，G.（2014）. Analytical approach determining the optimal length of paired drip laterals in uniformly sloped fields. *Journal of Irrigation and Drainage Engineering*，141 （1），1-8

Gavilán，P.，Lozano，D.，Ruiz，N. y Molina，F.（2014）. El riego de la fresa en el entorno de Doñana. Evapotranspiración，coeficientes de cultivo y eficiencia del riego. *XXXII Congreso Nacional de Riegos*. Madrid（Spain），10-12 June 2014. Asociación Nacional de Riegos y Drenajes（www. aeryd. es）

Keller，J.，& Karmeli，D.（1974）. Trickle irrigation design parameters. *Transactions of the ASAE*，17 （4），678-684

Lozano，D.，Ruiz，N. y Gavilán，P.（2014）. Evaluación de la uniformidad de distribución de cintas de riego en condiciones de campo en una producción comercial de fresa en Almonte. *XXXII Congreso Nacional de Riegos*.，10-12 June 2014. Asociación Nacional de Riegos y Drenajes（www. aeryd. es）

UNE 68-075-86.（1986）. Material de riego. Emisores. Requisitos generales y métodos de ensayo. Spanish Regulation UNE

7.8 滴灌系统对高生物负荷水的适应性研究

（作者：Rafael Baeza[11]，Milagros Fernández[11]，Elisa Suárez-Rey[11]）

7.8.1 用途

该研究有利于实现水肥的高效利用。

7.8.2 适用地区

该研究适用于各个地区。

7.8.3 适用作物

该研究适用于所有作物。

7.8.4 适用种植模式

该研究适用于各种种植模式。

7.8.5 技术概述

7.8.5.1 技术目标

灌溉水质低时会发生滴头堵塞或流量不平衡现象。本章旨在为如何选择合适的滴头提供建议。除悬浮固体外，在管道和滴头内形成的团聚产物（含一定微生物数量的有机-无机颗粒）是影响灌溉系统的主要问题，尤其是在灌溉水中添加营养物时（滴灌施肥），该问题更

加严重，这是因为添加的营养物是水中微生物的食物来源，继而增加了生物量。

7.8.5.2　工作原理

堵塞的原因：水中存在微生物、营养物质，灌溉管道中残留水。

为了适应灌溉需求，有多种类型的滴头可供选择。滴头（drippers 或 emitters）是以特定方式向植物输送水的末端装置。灌溉滴头的类型、灌溉装置的设计、灌溉系统的运行和维护是避免上述问题的关键。滴头的类型主要分为紊流滴头和压力补偿式滴头两种（图 7 - 11）。紊流滴头的工作原理是水通过有各种转弯和障碍物的通道，这种较大的通道一般不会让滴头发生堵塞，但流量是否恒定取决于水压。压力补偿式滴头不受长时间管道运行和地形高度改变而引起压力变化的影响，可以精确输送恒定的水量。IFAPA 通过对这两种滴头排出的水研究表明，压力补偿式滴头中的细菌群落会对设备中的滤膜产生一定的影响，因此其性能差于紊流滴头（图 7 - 12）。

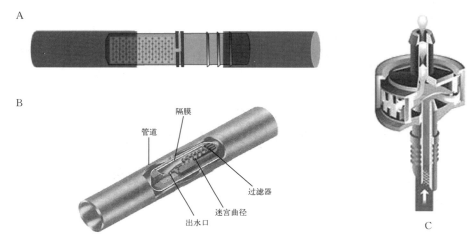

图 7 - 11　紊流滴头（A）和压力补偿式滴头（B 和 C）

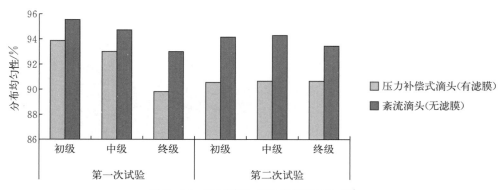

图 7 - 12　不同滴头水的分布均匀性/％

在紊流滴头另一端安装灌溉泵后可以驱动整个灌溉系统的排水，加大水的流量。同时在使用灌溉泵一段时间后，滴灌带中残留的养分会被冲走，有助于保持灌溉的均匀性。关于设备维护方面，建议经常打开阀门和使用杀菌剂来清洗毛管的内腔。

7.8.5.3　操作条件

短时间灌溉使用紊流滴头的效果较差，这是由于充注（灌装）滴灌带需要花费的一定的时间，当滴头流量小于 3 L/h 时，灌溉的均匀性会急剧降低。例如，在 180 m 长的支管中，仅达到正常的工作压力便需要 3 min。为避免灌溉系统中压力损失过大，需要设计较小的灌溉区域进一步提高水的运输速度。在短时间灌溉的无土壤栽培过程中则不需要遵循这些原则。

7.8.5.4　成本

按照相关技术标准，滴灌设备使用城市再生废水并定期维护与传统水源相比不会增加成本。

成本主要来源于每年的维护或投入、定期监测灌溉的均匀性、定期清理滴灌带末端、必要时使用杀菌剂或除垢剂。

7.8.5.5　技术制约因素

该技术无制约因素。

7.8.5.6　优势与局限性

优势：增加灌溉设备的耐用性；降低初期投资；降低能源消耗；不需要高水平的技术知识就能操作；技术应用面广，简单易上手。

局限性：不适合无土栽培设施；不能使用小型灌溉泵。

7.8.5.7　支持系统

该技术无支持系统。

7.8.5.8　发展阶段

该技术已商业化。

7.8.5.9　技术提供者

灌溉和肥料相关的公司可提供该项技术。

7.8.5.10　专利情况

该技术无专利授权。

7.8.6　竞争技术

配有高科技滴头、采用滴灌带的灌溉系统与该技术具有竞争关系。

7.8.7　适用范围

该技术适用于多种作物、不同气候及种植系统。

7.8.8　监管制约因素

该技术无管理制约因素。

7.8.9　社会经济制约因素

该技术无社会经济制约因素。

7.8.10　衍生技术

该技术无衍生技术。

7.8.11　主要参考文献

Segura Pérez，M. L.，Contreras París，J. I.，Fernández Fernández，M. M.（2012）．Gestión sostenible de la reutilización de aguas residuales urbanas en los cultivos hortícolas. Instituto de Investigación y Formación Agraria y Pesquera（www. servifapa. es）

Segura，M. L.，Baeza，R.，Fernández，M.（2012）．Recomendaciones para el uso de las aguas regeneradas en los cultivos hortícolas. Instituto de Investigación y Formación Agraria y Pesquera（www. servifapa. es）

Contreras París，J. I.，Baeza Cano，R.，López，J. G.，Gavilán Zafra，P.（2013）．Comportamiento de emisores de riego localizado de bajo caudal con aguas residuales urbanas regeneradas. *XXXI Congreso Nacional de Riegos*. *Asociación Española de Riegos y Drenajes*. *Publicación*：*Sinopsis de los Trabajos*. pp. 99-100，Orihuela，Spain，18-20 June 2013. Asociación Nacionalde Riegos y Drenajes（www. aeryd. es）.

Segura Pérez，M. M.，Llanderal，A.，Contreras París，J. I.，Fernández Fernández，M.（2013）．Estudio prospectivo sobre la gestión de aguas regeneradas en los cultivos hortícolas en la zona regable del bajo Andarax. *Congreso Nacional de Riegos*. *Asociación Española de Riegos y Drenajes*. *Sinopsis de los Trabajos*. pp. 67-68. Asociación Nacionalde Riegosy Drenajes（www. aeryd. es）

Baeza Cano，R.，Contreras París，J. I.，Eymar Alonso，E.，García-Delgado，C.，Moreno Casco，J.，Suárez Estrella，F.，Segura Pérez，M. L.（2013）．Gestión sostenible de la reutilización de aguas residuales urbanas en cultivos hortícolas. *Congreso Nacional de Riegos*. *Asociación Española de Riegos y Drenajes*. *Publicación*：*Sinopsis de los Trabajos*. pp：61-62. Orihuela，Spain，18-20 June 2013. Asociación Nacional de Riegos y Drenajes（www. aeryd. es）

Alonso，F.，Contreras，J. I.，Baeza，R.（2014）．Comportamiento de emisores de riego localizado de bajo caudal con aguas residuales urbanas regeneradas. Instituto de Investigación y Formación Agraria y Pesquera（www. servifapa. es）

7.9　地下滴灌

（作者：Elisa Suárez-Rey[11]，Carlos Campillo[5]，Mercedes Romero[11]）

7.9.1　用途

该技术用于准备灌溉水，实现高效利用水资源，通过减少养分流失降低对环境的影响。

7.9.2　适用地区

该技术适用于欧盟地区。

7.9.3　适用作物

该技术适用于所有作物。目前广泛种植的粮食、饲料和纤维作物，包括苜蓿、玉米、棉花等都适用该技术。

7.9.4　适用种植模式

该技术适用于保护地栽培和露地栽培。

7.9.5 技术概述

7.9.5.1 技术目标

系统通过设置在地表以下的灌溉设备（如孔口、喷头和多孔管）直接将水输送到植物根部。

7.9.5.2 工作原理

地下滴灌系统的设计与普通滴灌系统相似，其不同点在于需在地下进行安装，这也是安装设计环节最重要的一点。该系统通过沉淀池（条件允许情况下）、抽水机组、减压阀、止回阀（防回流阀）、水力旋流分离器（没有沉淀池的系统需要）、化学/肥料注入装置、配有反冲洗的过滤装置、压力调节器、排气阀和PVC管将水输送到作物根部。其中过滤系统是保护滴灌带的主要防护系统（图7-13）。

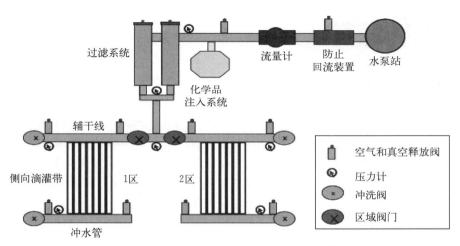

图7-13 地下滴灌（SDI）系统原理图及配件要求
(Rogers and Lamm, 2005)

过滤系统的类型主要取决于灌溉水的特性。因作物和土壤质地（毛细管吸引力）的不同，滴灌带一般位于地下10～60 cm，通常黏壤土深度在40～45 cm，沙壤土深度在25～35 cm。滴灌带堵塞是地下灌溉系统故障的主要原因。经过处理的灰水甚至黑水是可以作为灌溉水源的，但是进水流量未妥善解决的话堵塞的风险会更大。因此，在放入沉淀池前有必要对水（如非植入式过滤系统、人工湿地或是化粪池）进行处理。

滴灌带一般是成卷的，通常通过拖拉机上定制的刀柄掩埋在地下（图7-14）。

图7-14 安装滴灌带的设备
(Payero et al., 2006)

235

7.9.5.3 操作条件

地下滴灌系统作为一种高效的灌溉系统，能够将水准确地运送到植物根区，可防止蒸发造成的水分损失以及地面灌溉引起的其他负面影响。这种灌溉系统特别适用于干旱、半干旱、炎热、刮风及缺水地区。但是该系统相对复杂且大多是自动化，所以更适合于中、大规模的区域。

在没有黏土层作为底土的轻质土壤中，深层渗水能力会很强，滴灌带之间需要足够小的距离来确保滴灌带之间的区域得到充分的灌溉，避免深层渗水造成大量的水分损失。

滴灌带的倾斜率建议不大于2%，因为在坡度较大的情况下，需要使用自动补偿式滴头来降低第一个滴灌带与最后一个滴灌带之间的流量差异。同样在具有显著起伏的地块中也不建议使用这种灌溉系统。

7.9.5.4 成本

地下滴灌系统的投资成本在900～2 000欧元/hm²，其成本受包括水源、产品质量、过滤装置、材料选择、土壤特性和自动化程度的影响。预期寿命为12～15年，如果系统经常维护并且灌溉水质较好，则使用寿命会更长。

7.9.5.5 技术制约因素

精确的设计、安装、操作和维护地下滴灌系统可以让该系统运行时间更长。通常滴灌设备会面临一些难以发现和解决的困难，主要包括滴头堵塞、根部侵入、真空吸附和昆虫、啮齿动物损坏和机械损伤等，这些问题都可以通过合理的规划和管理成功地解决。与其他灌溉系统相比，地下滴灌要求管理时间更长，特别是在投入应用的前几年学习最为困难。这主要由于地下滴灌系统需要定期的（如氯气处理和酸的注入）特殊维护。此外，通过地下滴灌系统施用化肥和其他化学制剂需要深入的掌握相关知识。

防止堵塞需要定期的维护，主要包括适当地对水进行过滤、注入化学品和设备冲洗。滴灌带掩埋地下虽然可以为作物发芽提供充足的水分，但根系可能会堵塞滴头，特别是在沙质土壤中。因此，如果种植一些扎根深的作物，需要对滴灌带的布置进行全方位的监控，避免滴灌带的断裂。其中，拖拉机必须配备高分辨率GPS-RTK技术，设立导向系统实时监控灌溉管道的位置，以实现作物的深层灌溉。

7.9.5.6 优势与局限性

优势：允许高频灌溉；可以满足低压作业；仅需要少量的水和肥料；适合使用再生水；水和肥料分布更加均匀，利用率更高；是一项高效精密的技术；可减少蒸发和水分流失；易于适应小而零散的土地；对土壤平整要求不高；可降低作物冠层的相对湿度，减少疾病的发生；减少地下水污染和营养物质的淋溶损失；适合高回报作物，如园艺作物，可以提高产量，减少对肥料、杀虫剂和劳动力的需求；限制深层水渗漏；增加水的渗入；减少杂草生长；提高农业生产效率和管理水平，降低土壤容重和避免土壤板结。

局限性：初始成本及耗能成本较高；滴头很难统一标准；需要投入大量精力来掌握操作和维护的步骤以及一些预期的结果；与其他灌溉系统相比，需要技术更为娴熟的工人来操作；难以检查和评估灌溉所产生的问题；如果管理不善，可能会出现水分分配不均、土壤通气性差、产量低和深层渗流损失等严重的问题；安装前需要更为精细的设计该系统；当滴灌带间距固定后，不同行距的作物之间轮作是非常困难的事；水分很难渗透到地表，特别是在沙质土壤中，需要增加灌水来满足作物的需要。管道回收和移除成本高；必须解决土壤盐分问题以及过量碳酸钙溶解在灌溉水中的影响；滴头堵塞会影响灌溉的均匀性；必须控制藻类生长和结垢（$CaCO_3$）问题；必须制定使用冲洗水的规定，与使用过滤器的所有系统相同；必须定期提供水；种植初期亏缺灌溉可能导致滴头湿润面积太小和根系进入管道；滴灌带安装深度限制了土壤耕作；需要使用带 GPS - RTK 技术和自动转向的拖拉机。

7.9.5.7　支持系统

应用该技术可能需要对灌溉系统进行调整。

7.9.5.8　发展阶段

该技术的发展经历了研究阶段、试验阶段，目前已进入商业化阶段。

7.9.5.9　技术提供者

许多大的公司例如 Netafim、NaandanJain、Toro 可提供该技术。

7.9.5.10　专利情况

该技术未获得专利，地下滴灌是一种通用技术。

7.9.6　竞争技术

地下滴灌是一种高科技、自动化的操作技术。然而在一些小规模农业生产中，低成本和简单的地下滴灌方法（如罐渗灌溉或埋瓶灌溉）同样有效。还有一些地下技术用于二级废水处理，也可为农田提供灌溉用水（不受控制），如沥滤场或蒸发床。

其他的节水技术对植物可以产生类似的影响，但也需要不同的管理方式，例如调亏灌溉或时空亏缺调控灌溉。

7.9.7　应用范围

该技术可以用于不同作物、气候条件和种植系统。与旱地农业相比，通过该系统灌溉可以显著增加作物产量和稳定农业收入，减少农业生产风险。该技术特别适合缺乏水资源的干旱、半干旱、炎热和多风地区的条播作物、果树及葡萄。

7.9.8　监管制约因素

7.9.8.1　欧盟标准的法令及对当地种植者的影响

该技术在欧洲没有相关的欧洲指令或监管制约因素。作为一种水分利用效率较高的系统，它被整合到欧洲指令中的有效灌溉利用中。

7.9.8.2　一级行政区域的执行情况

地下滴灌系统在遵守环境和公共卫生法规的条件下允许使用再生水，禁止使用再生水对某些作物进行高架灌溉。

7.9.9　社会经济制约因素

与一些替代灌溉系统相比，地下滴灌的初始投资成本较高，同时该系统没有转售价值或最低折旧价。如果市场前景不佳，或是在水资源和能源供应短缺的地区，可能无法得到如此大规模的投资。地下滴灌系统的使用寿命通常比替代灌溉系统短，这意味着必须增加每年的

折旧成本用来系统改造。

地下滴灌系统的管理时间比其他灌溉系统都长，特别是在投入应用前几年的学习比较困难。这主要由于地下滴灌系统需要定期的（如氯气处理和酸的注入）特殊维护。此外通过地下滴灌系统施用化肥和其他化学制剂需要深入的掌握相关知识。

7.9.10　衍生技术

地下滴灌是一种十分特别的滴灌设备，其中滴灌带或支管、带有过滤器的供水管道（向支管供水的管道）埋在土壤地表下以供多年使用。美国西南部率先出现了将 Bi-Wall 滴灌带埋在大田作物地下的技术，后来被研究人员和种植者采用。

7.9.11　主要参考文献

Abdulqader，A.，& Ali，M.（2013）. Anti-clogging Drip Irrigation Emitter Design Innovation. *European International Journal of Science and Technology*，2（8），2304-9693

Bordovsky，J. P.，& Engineer，A.（2009）. Hydrogen Peroxide Treatment of Manganese Clogged SDI Emitters Grand Sierra Resort and Casino. *Society*，300（9）. Retrieved from https：//elibrary. asabe. org/abstract. asp？aid＝27067

Camp，C. R.（1998）. Subsurface drip irrigation：A review. *Transactions of the ASAE*，41（5），1353

Choi，C. Y.，& Rey，E. S.（2004）. Subsurface drip irrigation for bermudagrass with reclaimed water. *Transactions of the ASAE*，47（6），1943-1951

Dukes，M. D.，Haman，D. Z.，Evans，R. O.，Grabow，G. L.，Harrison，K. A.，Khalilian，A.，...& Sorensen，R. B.（2009）. Considerations for subsurface drip irrigation application in humid and sub-humid areas，1-4. Retrieved fromhttp：//athenaeum. libs. uga. edu/handle/10724/12089 Enciso，J.（2014）. Clogging and maintenance of micro irrigation systems. *Management，Performance，and Applications of Micro*. Retrieved from https：//books. google. es/books？hl＝es&lr＝&id＝0ZpBBAAAQBAJ&oi＝fnd&pg＝PA83&ots＝Xmdt dyADyE&sig＝7C _ BPXpsBT3cOooEmeZpDe8xgik

Moyano，J.，Flor，E.，Soriano，T.，& Quesada，F.（2007）. Respuesta del cultivo de escarola（cichcorim endivia l.）al riego localizado combinado con acolchado plástico y cubiertas flotantes. *Riegos Y Drenajes*. Retrieved from https：//dialnet. unirioja. es/servlet/articulo？codigo＝2343235

Reich，D.，Broner，I.，Chavez，J.，& Godin，R.（2009）. Subsurface Drip Irrigation，SDI. Retrieved fromhttp：//fyi. uwex. edu/cropirrigation/files/2015/12/SDI-Colorado. pdf

Rogers，D.，& Lamm，F.（2005）. Key considerations for a successful subsurface drip irrigation（SDI）system. *Proceedings of the Central Plains Irrigation*. Retrieved from http：//www. ksre. k-state. edu/sdi/reports/2004/Rogers. pdf

Salvador，R.，& Aragüés，R.（2013）. Estado de la cuestión del riego por goteo enterrado：Diseño，manejo，mantenimiento y control de la salinidad del suelo. *ITEA Informacion Tecnica Economica Agraria*. Retrieved from https：//doi. org/10. 12706/itea. 2013. 023

Suarez-Rey，E.，Choi，C. Y.，Waller，P. M.，& Kopec，D. M.（2000）. Comparison of subsurface drip irrigation and sprinkler irrigation for Bermuda grass turf in Arizona. *Transactions of the ASAE*，43（3），631-640

Sciences College of Family and consumer Sciences.（2003）. Considerations for subsurface drip irrigation application in humid and sub-humid areas，903，1-4

http：//www. nm. nrcs. usda. gov/technical/handbooks/iwm/nmiwm. htmlSection 21 of 22（21c-Subsurface drip irrigation）Agronomy Tech Note 76

http：//www. eurodrip. gr/sdi-2/

http：//driptips. toro. com/subsurface-drip-irrigation-sdi/

Payero，J. O. ，Malvin，S. R. ，Irmak，S. ，Tarkalson，D. （2006）. Yield response of corn to deficit irrigation in a semiarid climate. *Agricultural Water Management*，84，101-112

第8章

水肥一体化设备——养分注入

（作者：Juan José Magán[9]，Ilse Delcour[19]）

8.1　概述

8.1.1　用途

养分注入设备为作物提供营养液。

8.1.2　适用地区

养分注入设备适用于欧盟地区。

8.1.3　适用作物

养分注入设备适用于所有作物。

8.1.4　适用种植模式

养分注入设备适用于所有种植模式。配置营养液对无土栽培系统十分关键（尤其是在封闭的系统中），因为该系统不具有土壤的缓冲能力。然而，在土壤栽培系统中进行优化水肥一体化时，必须考虑施肥注入的准确性。

8.1.5　技术概述

水肥一体化中，肥料是以水溶液的形式与灌溉水一同施用的。制备肥料溶液时，必须将肥料预先溶解配制成一种或几种浓缩液，然后通过不同的施肥系统注入灌溉系统中。早期的施肥系统以提供充足的营养元素为目的，而不注重提供稳定的营养液。然而，当前的现代施肥系统都需要测量 EC 和 pH，然后制成稳定的营养液，最终为根部提供浓度适宜的养分。该技术通常用于无土栽培系统，也适用于土壤栽培系统。无论哪种系统，都必须精准施肥，以保证为作物提供充足的营养，避免影响其生长。

与营养液制备有关的技术如下：

8.1.5.1　向灌溉水中准确添加养分

制备营养液时需要根据作物营养需求向灌溉水中添加一定数量的肥料，作物营养需求和实际供应量之间的偏差越小越好。如果养分用量控制不准，很可能造成较大的偏差。

8.1.5.2 作物需肥量的确定

水肥一体化主要是为作物提供均衡的营养液，营养液通常会先经过 EC 和 pH 检测设备，然后通过文丘里注射器注入系统。这种水肥一体化方式，无法确定每个部分提供的养分量，尽管可以为每个吸肥器安装一个流量计，但测量结果并不准确（若不是连续注入溶液，偏差量在 5%～10%）。如果想保证施肥量精准，基于吸肥泵的自动化系统更适合，但是其价格高昂，而且如果肥料溶解不充分，容易堵塞吸肥泵或影响肥效，增加维护成本。

8.1.5.3 低 EC 响应的自动施肥

有机种植中通常会选择对 EC 低的肥料。当使用基于 EC 测量的自动注射系统时，由于 EC 测量的精度不高，因此很难对肥料添加量进行定量管理。定量注入技术可以解决这个问题。但是，定量注射泵价格昂贵，而且原液中固体不充分溶解会对泵有损害，可采取过滤的方法避免肥料对泵的损害，如果使用的肥料溶解性差，这些过滤器也很容易堵塞。

8.1.5.4 有机农业水肥一体化的优质肥料制备

在有机种植中，因为肥料容易堵塞滴头，所以很少通过水肥一体化的方式施入。使用合适的滴头和过滤系统并经常冲洗灌溉管道，可以减少滴头的堵塞。但必须施用优质的肥料以保证施肥系统的顺利工作。

8.1.6 社会经济制约因素

施用养分不平衡的营养液会产生拮抗、盐害甚至毒害现象，对作物生长也会产生不良影响，特别是在封闭的无土栽培系统中更容易产生。营养液的制备是至关重要的环节，能够保持再循环溶液组分的稳定性。因此，充分了解作物的营养需求并控制肥料用量是十分必要的。

营养液养分不均衡，加上过量灌溉，势必会增加养分的淋溶风险，进而污染环境。

在水肥一体化中，肥料选择不当或管理不当都会引起堵塞问题，增加维护成本。

8.1.7 监管制约因素

关于营养液的制备设备没有具体规定。

欧洲硝酸盐指令中宣布的硝酸盐脆弱区，规定了作物施氮量的上限。种植者必须填写和保留氮肥施肥单以及购买肥料的发票，用以证明氮肥的施用情况。施用的氮肥量通常根据灌溉量和营养液的理论浓度来估算，而不是通过测量所得，因为农场没有相关技术。

关于施用的化肥产品，欧洲议会和理事会在 2003 年 10 月 13 日通过的第 2003/2003 号条例规定了这些产品必须满足的强制性技术要求。

8.1.8 现有技术

现有技术可分为以下几类：

手动控制设备：简单的施肥罐，包括密闭式加压罐和连接气泵的开放式施肥罐，文丘里施肥器、注射泵。

自动设备：基于 EC 和 pH 测定的文丘里效应自动注射设备，基于 EC 和 pH 测定的混合罐自动注射设备，基于定量注肥的自动注射设备。

溶液的储存：肥料的溶解度的测定、浓缩溶液的制备、液体与固体肥料制备。

8.1.9 目前无法解决的问题

现有的营养液制备技术尽管不是最佳的，但已被人们接受。然而，先进技术往往由于成本较高会限制其在利润较低的作物上和小型农场中应用。此外，考虑到注射泵会发生阻塞和肥效降低的问题，诸如文丘里注射器中一些简单和便宜的技术，尽管精度较低，也较受青睐。种植者缺乏对先进技术的认识也导致这些技术应用较少。

有机种植需要更高质量的肥料以保证滴灌施肥顺利进行。

8.1.10 主要参考文献

Bracy，R. P.，Parish，R. L. & Rosendale，R. M. （2003）. Fertigation uniformity affected by injector type. *HortTechnology*，13 (1)，103-105

Calder，T.，& Burt，J.，(2007). Selection of fertigation equipment. Farm note 35/2001. Department of Agriculture，Western Australia. Retrieved fromhttp://www. agric. wa. gov. au/objtwr/imported _ assets/content/hort/eng/f03501. pdf

Chen，L. H.，Tien，Y. S.，& Ho，J. H. （2010）. A study on the flow rate performance of line-type parallel arrangement Venturi injector of fertigation system. *Bulletin of Taichung District Agricultural Research and Extension Station*，107，13-23

Kranz，W. L.，Eisenhauer，D. E. & Parkhurst，A. M. （1996）. Calibration accuracy of chemical injection devices. *Applied Engineering in Agriculture*，12 (2)，189-196

Goyal，M. R. （2015）. *Sustainable Micro Irrigation：Principles and Practices*. Apple Academic CRC Press

8.2 技术清单

养分注入技术清单见表 8-1。

表 8-1 养分注入技术清单

技术名称	安装费用	运行成本	优点	缺点	限制因素
手动控制设备					
密闭式压力罐	每罐 60 L：600 欧元	灌溉前添加肥料的成本	成本低、技术简单 在水压足够时，无需电力 适合小型农场使用	肥料浓度前后不均，每次用前必须将肥料添加到罐中	不适合自动水肥一体化
开放式施肥罐	每罐 200 L：350 欧元	灌溉前添加肥料的成本	成本低、技术简单 适合小型农场使用	水肥被泵走后，施肥罐变空	必须使用水泵

（续）

技术名称	安装费用	运行成本	优点	缺点	限制因素
手动控制设备					
文丘里注射器	A/B 罐＋酸 1 500～2 000 欧元	需要调节流量的人工成本	在水压足够时，无需电力 技术便宜又简单 可以用于小型农场	注入比例不固定，必须通过手工调整理想的注射控制需要稳定的压力	手动文丘里注射器不适合自动水肥一体化 文丘里注射器会引起 15 000～20 000 Pa 的压力损失
注射泵	液压泵（0～350 L/h）：700 欧元 电子泵（相似特征）：1 000 欧元	定期校准成本（液压泵），能源成本（电动泵），泵的维护成本	如果使用液压泵，可以实现精准注肥	使用电动泵必须配有电源 必须定期对液压泵进行校准，以保证剂量的准确性	比例液压注射泵受灌溉流量的限制（低于 20 m³/h） 如果从灌溉系统开始投资，则高成本可能会限制该技术的推广应用
自动设备					
基于 EC 和 pH 测定的文丘里自动注射设备	配有 5 个注射器的设备：5 000～8 000 欧元	流量调节成本，pH、EC 传感器和电磁阀的维修/更换成本，能源成本	在压力能满足需要时，只需用电就可以启动控制器和电动阀 适合自动水肥一体化，且成本可接受	任何压力改变都会引起注入量的变化压力必须保持稳定 为确保肥料注入无误，需进行必要的监督	价格偏高，不适宜在小型农场应用 如果使用 A/B 储备溶液作为养分来源，施肥的灵活性降低
基于 EC 和 pH 测定的混合罐自动注射设备	配有 5 个注射器的设备：10 000～14 000 欧元	维修/更换 pH 和 EC 传感器成本，磁力驱动喷射泵和电磁阀成本，能源成本	比文丘里注射器和单独储备溶液的自动设备精度更高	需要用电，现有的压力可以进行灌溉，但不能用于注肥。 如果水用尽，磁力泵会燃烧 比使用文丘里注射器的自动水肥一体化设备更昂贵	
基于定量添加的自动注射设备	配有 5 个注射器的设备：15 000 欧元	修改/更换 pH 传感器，阀门、膜、过滤网、润滑油、过滤碟片、能源成本	技术精准 注肥与灌溉流量成比例。有利于保证注入的肥料对 EC 的影响小	必须用电。管网中的压力可用于灌溉，但不能用于注肥。 技术成本昂贵 注射泵的维修对于精准注肥至关重要 注射泵会受到难溶固体的损害	建议使用液体肥料以避免损坏注射泵 必须通过储备液有效的混合将固体肥料全部溶解
储存溶液					
肥料的溶解度			水肥一体化是一种非常有效的养分供给方式	需要掌握不同肥料溶解性方面的知识	在水肥一体化中必须使用 100% 的水溶性肥料

(续)

技术名称	安装费用	运行成本	优点	缺点	限制因素
制备浓缩溶液		肥料成本，制备浓缩溶液的劳动力成本，能源成本	与直接使用液体肥料相比，将固体水溶性肥料制备成浓缩溶液进行施肥，成本更低	混合器启动需要用电，储备溶液的制备需要时间	需要掌握肥料溶解性及相互影响方面的知识 低温会降低肥料的溶解度，并会引起沉淀
液体与固体肥料		肥料成本	使用预制浓缩液代替可溶性固体肥料时，劳动力需求降低，因为储备溶液不需要就地制备。液体溶液完全溶解，不会有沉淀物引起堵塞，但需避免结晶	预制浓缩液往往比购买可溶性固体肥料更昂贵	为了降低人工成本，大型农场比小型农场更倾向于选择液体肥料。冬季液体肥料的浓度必须降低约20%才能避免结晶。结晶点高的溶液在冬季无法存放

8.3 施肥罐

（作者：Juan José Magán[9]）

8.3.1 用途

向灌溉水中添加肥料。

8.3.2 适用地区

该技术适用于欧盟地区。

8.3.3 适用作物

该技术适用于所有需要施肥的作物。

8.3.4 适用种植模式

该技术适用于所有种植模式。

8.3.5 技术概述

8.3.5.1 技术目标
将肥料注入灌溉水中，用于土壤栽培作物的水肥一体化。

8.3.5.2 工作原理
简单施肥罐类型主要有密闭式压力罐和与气泵相连的开放式施肥罐。

密闭式压力罐：体积 40～250 L，与灌溉管平行连接，能够承受灌溉压力（图 8-1）。

图 8-1 密闭式压力罐

（来源：Juan Carreño Sánchez）

顶部有一个盖子，可以将肥料放在里面，然后密封。进水口靠近底部，而出水口位于上部（图 8-2）。阀门安装在入口和出口之间的灌溉管上，可产生 $0.2\sim0.5\ kg/cm^2$ 的压力差。该压力差使得水流将罐中的肥料带入灌溉管中。

与气泵相连的开放式施肥罐：容量为 $200\sim500\ L$，与气泵相连，通过产生负压吸入肥料溶液（图 8-3）。注入的流量可以通过位于罐和泵之间的阀门来调节（图 8-4）。如果将泵设置在水池上方，使用较为简单。如果相反，则必须通过关闭部分阀门来降低气泵中的压力损失。

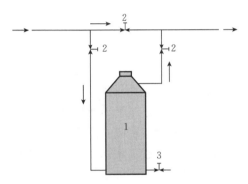

图 8-2 封闭加压罐安装原理

1. 施肥罐 2. 阀门 3. 排水阀

（Carreño et al.，2003）

图 8-3 开放式施肥罐与气泵的连接示意

（来源：Juan Carreño Sánchez）

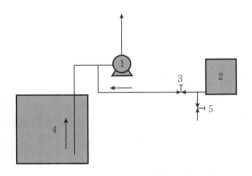

图 8-4 开放式施肥罐的安装示意

1. 泵 2. 肥料罐 3. 阀门 4. 水池 5. 排水阀

（Carreño et al.，2003）

8.3.5.3 操作条件

如果使用密闭式压力罐，$2\ 500\ m^2$ 的灌溉区域通常要选择体积为 $40\sim60\ L$ 的罐体，$5\ 000\ m^2$ 需要 $80\sim120\ L$，$1\ hm^2$ 区域则需要 $250\ L$。

如果使用开放式施肥罐，$5\ 000\ m^2$ 的灌溉区域通常选择体积为 $200\sim300\ L$ 的罐体，而

1 hm² 需要 500 L。

在密闭式压力罐中注入的肥料浓度不是恒定的，而是呈指数下降。在给定时间（t，单位 h）内密闭式压力罐排空所需的水流量（q，以 L/h 为单位）可以通过以下方程计算：

$$q=\frac{-V\times \ln A/A_0}{t}$$

式中，V 是施肥罐的体积（L）；A_0 是施肥罐中初始的肥料量；A 是灌溉后罐中残留肥料的量（例如初始量的 2%）。

为了提高肥料注入的均匀性，可以使用大体积的施肥罐或减少通过罐的水流量，也可以在施肥罐内加入固体肥料。使用这种方式因受溶解度的限制，其溶液浓度始终比较恒定，但该做法不值得推荐，因为固体颗粒可能会进入水肥一体化系统。

8.3.5.4　成本

常规 60 L 密闭式压力罐的成本为 600 欧元，包括配件和安装。200 L 连接气泵的开放式施肥罐，价格为 350 欧元。

8.3.5.5　技术制约因素

密闭式压力罐在水肥一体化期间，无法控制肥料的注入；施肥不是向作物提供平衡的营养液，而是提供足量的营养元素；由于必须在每次灌溉之前补充肥料，难以实现水肥一体化的自动化。因此，密闭式压力罐更适用于小型农场。

开放式施肥罐每次灌溉之前必须重新加入肥料，因此如果只有一个单元的话，需要配套不同的施肥装置。例如，可以通过安装多个容量足够的施肥罐，并且每个施肥罐安装流量计来调整肥料注入。

8.3.5.6　优势与局限性

优势：成本低、技术简单；如果压力能满足需要，则无需用电（带密闭压力罐）；能满足小型农场的使用。

局限性：溶液中的肥料浓度不固定（密闭式罐）；每次施肥前必须将肥料加入罐中（密闭式罐）；开放式施肥罐在水肥和空气进入气泵时，会发生空吸。为了避免这种情况的发生，需要安装浮阀以保证罐体内的最低水位或安装电动阀以便在施肥罐变空时防止抽吸气体。

8.3.5.7　支持系统

如果使用连接气泵的开放式施肥罐，则需要一个灌溉泵。

8.3.5.8　发展阶段

该技术已商业化。

8.3.5.9　技术提供者

公司进行水肥一体化系统的安装。

8.3.5.10　专利情况

该技术无专利授权。

8.3.6　竞争技术

文丘里注射器、注射泵的应用与该技术具有竞争关系。

8.3.7 应用范围

本技术不受气候和作物的影响，但也不适合无土栽培。

8.3.8 法规制约因素

该技术无法规制约。

8.3.9 社会经济制约因素

该技术无社会经济制约因素。

8.3.10 衍生技术

该技术衍生出了密闭式压力罐与脉冲泵或普通气泵的联合使用技术。

开放式施肥罐与气泵的联合使用，可以安装多个施肥罐，用于同时施用不相溶的肥料或不同配方的肥料。

8.3.11 主要参考文献

Carreño, J. & Magán, J. J. （2003）. El riegoporgoteo. Manejo, cálculos de fertirrigación y otrosproductos. In：Técnicas de producción en cultivosprotegidos, ed. F. Camacho. pp. 135－181. InstitutoCajamar, Almería, Spain

Troncoso, A., Magán, J. J., Cantos, M., Liñán, J. & Fernández, J. E. （2017）. Fertirrigación. In：El cultivo del olivo, eds. D. Barranco, R. Fernández-Escobar and L. Rallo. pp. 491 - 518. Mundi-Prensa, Madrid, Spain

8.4 文丘里施肥器

（作者：Alberto Alfaro[13], Carlos Campillo[5], Juan José Magán[9]）

8.4.1 用途

该技术用于向灌溉水中添加肥料。

8.4.2 适用地区

该技术适用于欧盟地区。

8.4.3 适用作物

该技术适用于所有需要施肥的作物。

8.4.4 适用种植模式

该技术适用于所有种植模式。

8.4.5 技术概述

8.4.5.1 技术目标

文丘里施肥器是将液体或可溶性肥料（水肥一体化中所应用的）和农业化学品施入到加

压灌溉系统中的装置。

8.4.5.2　工作原理

　　该施肥器是基于文丘里效应，根据质量连续性原理，当流体通过收缩的管道时，速度会增加，而其静压根据机械能守恒原理，则会降低。文丘里施肥器中的收缩足以促使压力降低到大气压以下，导致溶液从储液罐吸入施肥器并与水混合（图8-5）。文丘里施肥器的灌溉系统在施肥器首部形成低压区域，因此，可以在不使用注入泵的情况下将肥料和化学品溶液有效地供应到加压水路中。

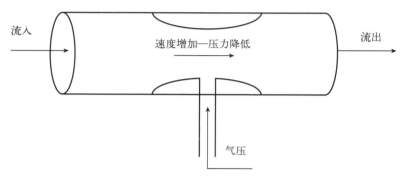

图8-5　文丘里施肥器的工作原理

　　文丘里施肥器可以通过两种方式轻松连接到灌溉系统（图8-6）：

图8-6　在灌溉系统中安装文丘里施肥器的方法：主线（左）和旁路（右）

（来源：Waldemar Treder）

　　主线：直接安装在主线上（通常用于极低容量的系统）。

　　旁路：从主线的旁路安装。在这种配置中，手动或液压减压阀用于降低通过施肥器的流量偏差。

8.4.5.3　操作条件

　　该系统要求入口和出口之间的最小压力差为15 000～20 000 Pa，否则，达不到注射要求。当使用泵进行灌溉时，可以将施肥器的出口连接到泵的吸入口，这理论上降低了施肥器入口处所需的绝对压力，但是由于通过施肥器会消耗一部分压力，所以实际上施肥器入口处所需压力更大（即须泵入更大流量）。

　　流量通常通过阀门进行调节，利用流量计进行检测，流量计一般用水进行校准。由于水密度为1 kg/L，所以1 kg/h的流量相当于1 L/h（流量计显示的单位）。然而，当注入的储备溶液密度不同时，流量须以千克/时（kg/h）表示，并且必须除以溶液密度，最后以升/时（L/h）表示流量。当注入液体肥料时，这种换算尤其重要。

8.4.5.4　成本

安装成本：文丘里施肥器的成本为 30～200 欧元。一套完整的系统，包括三个施肥器及其各自的储液罐、流量计、阀门、附件和人工成本为 1 500～2 000 欧元，可在 1 d 内手动完成安装。

维护成本：必须定期清洗吸滤器，并定期调节注射流量。

8.4.5.5　技术制约因素

流量对压力变化非常敏感，肥料注入与灌溉流量不成比例，因此，只要这些参数发生变化，就必须在非自动化安装设备中对其进行调整。

8.4.5.6　优势与局限性

优势：通过文丘里效应将肥料和化学品添加到加压灌溉系统中是一种经济有效的方法，由于其简单、可靠和低成本而深受欢迎，并且在压力能满足需要时，可以不用电源。因此，非常适用于小型农场。

局限性：肥料注入与灌溉流量不成比例，必须随时根据流量进行调整；注射量受压力影响，因此，必须保持压力稳定才可以有效地控制注入量。

8.4.5.7　支持系统

该技术可应用于任何农场。如果水路网络没有足够的压力，则需要安装一个泵，保证适当的压力和流量。在文丘里施肥器前面安装压力调节器，可以提供稳定的压力和注入流量。

8.4.5.8　发展阶段

该技术已商业化。

8.4.5.9　技术提供者

安装水肥一体化系统的公司可提供该技术。

8.4.5.10　专利情况

一些注入器已获得专利。

8.4.6　竞争技术

计量泵（电动或水动力）与该技术具有一定的竞争关系。

8.4.7　应用范围

除无土栽培系统外，不同作物、气候、种植系统均适用，但更适用于自动设备。

8.4.8　管理制约因素

该技术无管理制约因素。

8.4.9　社会经济制约因素

该技术无社会经济制约因素。

8.4.10　衍生技术

基于文丘里效应的自动注入设备是可商业化的。该设备包含至少三个文丘里施肥器，一个在测量 pH 的基础上用于注入酸，其余用于其他肥料注入（基于 EC 测量和各储备溶液之间的比例注入）。该设备可实现将不相溶的肥料储存在不同的肥料罐中，用于制备最终营养液。文丘里施肥器系统注入肥料是通过每个施肥器安装一个电磁阀来调节的，该电磁阀需要根据目标参数定期打开。

8.4.11 主要参考文献

Bracy, R. P., Parish, R. L. & Rosendale, R. M. (2003). Fertigation uniformity affected by injector type. HortTechnology, 13 (1), 103 – 105

Calder, T., & Burt, J., (2007). Selection of fertigation equipment. Farm note 35/2001.

Department of Agriculture, Western Australia. Retrieved from http: //www. agric. wa. gov. au/objtwr/imported _ assets/content/hort/eng/f03501. pdf

Chen, L. H., Tien, Y. S., & Ho, J. H. (2010). A study on the flow rate performance of line – type parallel arrangement Venturi injector of fertigation system. Bulletin of Taichung District Agricultural Research and Extension Station, 107, 13 – 23

Kranz, W. L., Eisenhauer, D. E. & Parkhurst, A. M. (1996). Calibration accuracy of chemical injection devices. Applied Engineering in Agriculture, 12 (2), 189 – 196

Goyal, M. R. (2015). Sustainable Micro Irrigation: Principles and Practices. Apple Academic CRC Press

8.5 注入泵

（作者：Claire Goillon[2], Georgina Key[1], Alberto Alfaro[13], Juan José Magán[9], Benjamin Gard[25]）

8.5.1 用途

该技术用于向灌溉水中添加肥料。

8.5.2 适用地区

该技术适用于欧盟地区。

8.5.3 适用作物

该技术适用于所有需要水肥一体化作物。

8.5.4 适用种植模式

该技术适用于所有种植模式。

8.5.5 技术概述

8.5.5.1 技术目标

注入泵或计量泵是一种将均衡的营养液施用于作物的设备，可精确、稳定地将肥料注入灌溉水中，从而得到所需浓度的营养液，实现自动化和持续的肥料供应。

8.5.5.2 工作原理

保持灌溉水稳定的养分浓度，需要在整个过程中维持恒定的灌溉水和浓缩肥液的体积比。根据流量比例打开阀门，浓缩营养液从肥料罐中注入灌溉系统。

灌溉系统里的水流以恒定流速进入注入泵的入口，启动计量活塞的同时逐渐注满泵内的腔室（图 8-7）。计量活塞可直接从浓缩液储存罐中吸收所需体积的浓缩溶液，操作人员通过使用编写的命令和计量泵上的刻度（％）控制每次活塞脉冲中的溶液吸收量。然后将清水和浓缩营养液在注入泵腔室中混合为所需浓度的溶液，通过水压（液压泵）或机械脉冲（电动泵）从泵的出口流出。

市场上有电动注入泵和液压注入泵两种不同类型的泵。

电动注入泵：溶液的注入依靠电动机，可直接在泵上设置注入水流。

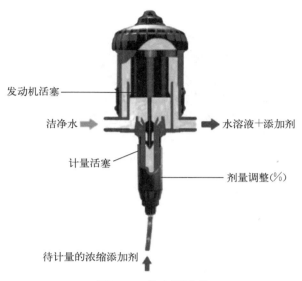

图 8-7　注入泵示意

液压注入泵：溶液的注入依靠灌溉系统的水压，用户可通过以下公式计算泵的注入速率。

8.5.5.3　操作条件

为了保证稀释后的营养液浓度适宜，必须控制好浓缩液的注入时间。为了避免植株养分失衡，稀释营养液的浓度必须低于 2 g/L，因此需要计算稀释后营养液的浓度（C_d）。

$$C_d\ (g/L) = \frac{\text{储备液中营养物的质量（g）} \times 60}{\text{进样时间（min）} \times \text{灌溉网流量（L/h）}}$$

8.5.5.4　成本

安装成本：比例注射泵：典型的液压注入泵，水流量范围为 10~2 500 L/h，注入率为 0.2%~2%，成本为 352 欧元。英国生产的水流量范围为 10~3 000 L/h，注入率为 1%~10% 的电动注入泵成本为 609 欧元。

非比例注射泵：西班牙生产的注入流量为 0~350 L/h 的液压泵的价格为 700 欧元，具有类似性能的电动泵的价格为 1 000 欧元。

维护保养成本：每年更换机油、膜和阀门，定期校准液压计量泵的成本。

8.5.5.5　技术制约因素

该技术无技术制约因素。

8.5.5.6　优势与局限性

优势：电动计量泵流量设定范围广，可以从多个营养液储备罐注入，浓度精准，流量稳定系统可完全自动化；液压计量泵为自动化（无需外部能源）设备，无压力过高及养分过量的风险，价格和设计具多样性，流量的设置范围广，可以从多个营养液储备罐注入，浓度精准，浓度和流量稳定。

局限性：电动计量泵需要电力供应，投资成本高；不同型号的液压计量泵存在泄漏的可能或压力损失，需要极小压力进行操作，对于大多数型号，只能为一个营养液储存罐注入，需要定期重新校准泵以保持剂量准确性。

8.5.5.7 支持系统

如果使用电动计量泵，则需要电力供应。

8.5.5.8 发展阶段

该技术已商业化。

8.5.5.9 技术提供者

出售水肥一体化系统的公司可提供该技术。

8.5.5.10 专利情况

部分注入泵已由制造公司申请专利。

8.5.6 竞争技术

文丘里注射器与该技术具有竞争关系。

8.5.7 应用范围

该技术适用于不同作物、气候、种植系统。

8.5.8 监管制约因素

该技术没有监管制约因素。

8.5.9 社会经济制约因素

一两个泵的成本投入不会成为该技术应用的障碍，但如果在起步阶段购买多个泵或整套灌溉系统，投资成本较高，可能会成为该技术应用的障碍。

8.5.10 衍生技术

目前市场上现有的基于注入泵的水肥一体化设备，可同时自动控制注入溶液的比例、EC 和 pH。

8.5.11 主要参考文献

Coullet, A., Izard, D., Boyer, I., Odet, J., Bouvard, F. & Ernout, H. (2007). Conduite de l'irrigation fertilisante. p. 8. ARDEPI. Retrieved fromhttp://www. ardepi. fr/fileadmin/images _ ardepi/Fiches _ EF/Fiches _ en _ pdf/07Irrig _ Fertil. pdf

Kafkafi, U. & Tarchitzky, J. (2011). Fertigation: A tool for Efficient Water and Nutrient Management. International Fertiliser Industry Association (IFA) and International Potash Institute (IPI), Paris, France. Retrieved fromhttp://www. ipipotash. org/en/publications/detail. php? i=327

Lajournade, M., Aymard, J., Bouvard, F., Charton, P., Izard, D., Leclercq, J. B., Piton, N. & Soing, P. (2002). Les appareils d'injection. p. 8. Retrieved fromhttp://www. ardepi. fr/les-fiches-eau-fertile. html

8.6 配备 EC 和 pH 传感器的文丘里自动注入设备

（作者：Rafael Baeza[11]，Milagros Fernández[11]，Elisa Suárez-Rey[11]，Juan José Magán[9]）

8.6.1 用途

该技术用于向灌溉水中添加肥料。

8.6.2 适用地区

该技术适用于欧盟地区。

8.6.3 适用作物

该技术适用于所有需要水肥一体化的作物。

8.6.4 适用种植模式

该技术适用于所有种植模式。

8.6.5 技术概述

8.6.5.1 技术目标

该技术可在每次灌溉脉冲时实现自动、匀质的灌溉营养液，管理简便。

8.6.5.2 工作原理

此类设备可以使用多个施肥罐，施肥罐中的肥料通过文丘里注入设备输送到主灌溉系统，电磁阀控制每次脉冲时肥料的注入，从而保持溶液中浓度、EC 和 pH 的稳定。该系统要求每次注入泵注入的流量相同，如果发生流量偏差，则必须通过与转子流量计连接的手动阀进行调节。安装方式有两种：一种是通过泵的上游吸入和排出设备之间平行连接（图 8-8）；另一种是泵的下游设备安装辅助泵以避免管道中的压力和流量变化（图 8-9）。

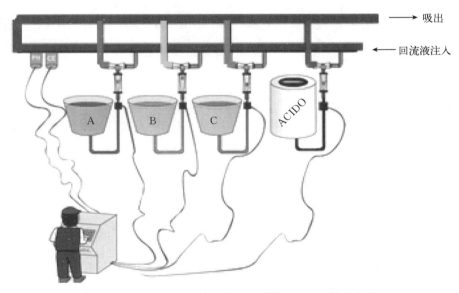

图 8-8 通过文丘里效应平行连接的自动注入设备的泵

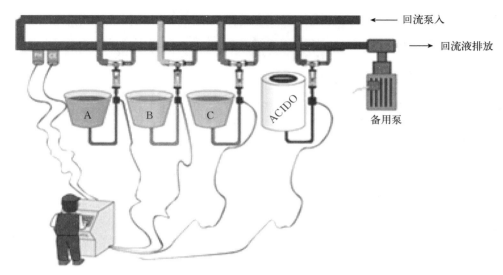

图 8-9 与流出管道平行连接

8.6.5.3 操作条件

泵上游设备的安装仅需要增加驱动泵的功率，增加幅度取决于设备的尺寸，但通常低于1.5 kW。泵下游设备则需要辅助泵。

注入量取决于安装的注入设备型号，其尺寸应根据储备溶液和目标水肥一体化溶液的浓度选择。

8.6.5.4 成本

安装成本：安装通常需要 1~2 周，安装费用取决于设备尺寸。标准设备包括 4~5 个容量为 1 000~2 000 L 的储罐，容量为 200~300 L/h 的注入泵，配备 10~20 个出口的模块化灌溉控制器，电磁阀，pH 和 EC 传感器，其成本为 3 000~15 000 欧元。

维护成本：灌溉和化肥消耗的日常管控；pH 和 EC 传感器的每月校准；每月检查文丘里注入器的流量，必要时进行清洁和调节；每 5 年更换一次电磁阀；日常维护（清洁过滤器、储罐等）。

8.6.5.5 技术制约因素

控制器和电动阀需要用电。此外，该技术的应用通常还需要安装灌溉泵。

系统正常运行必需保持恒压，任何压力变化都会引起注入流量的变化，进而影响注入肥料的剂量。

8.6.5.6 优势与局限性

优势：可信度高；初始投资相对较少；能耗和维护成本低；使用该技术不需要较多专业性知识；技术已开发成熟，可推广应用。

局限性：农场需要电力供应；如果供水系统压力不稳定则无法正常使用。

8.6.5.7 支持系统

该技术需要电力供应。

8.6.5.8 发展阶段

该技术已商业化。

8.6.5.9 技术提供者

安装水肥一体化系统的多家公司可提供该技术。

8.6.5.10 专利情况

该技术无专利授权。

8.6.6 竞争技术

注入泵（电动或液压）、带搅拌罐的自动化设备与该技术具有竞争关系。

8.6.7 应用范围

该技术可应用于不同作物、气候和种植系统，但成本可能是限制小农场应用的因素。

8.6.8 监管制约因素

该技术无监管制约因素。

8.6.9 社会经济制约因素

尽管成本相对较低，该技术在园艺领域小农场的使用依然会受到限制。

8.6.10 衍生技术

最典型的文丘里注入器安装在线性收集器中（图8-10），这种设计容易使注入泵之间产生压力差。另一种设计是将它们置于圆形配置中，可避免产生压力差（图8-11）。此外每个喷射器可以安装一个流量计，用于自动剂量调节和更精确的流量注入。

图8-10 安装插入线性收集器的文丘里注入器　　图8-11 安装文丘里注入器的圆形结构
（来源：J. Antonio Marhuenda）　　　　　　（来源：J. Antonio Marhuenda）

8.6.11 主要参考文献

Baeza, R., Fernández, M., García, C. & Gavilán, P.（2007）. Gestión del agua de riego en cultivos hortícolas bajo abrigo. Análisis del asesoramiento técnico a regantes en la provincia de Almería. XXXVII Seminario de Técnicos y Especialistas en Horticultura. Ministerio de Medio Ambiente y Medio Rural y Marino，Spain

Bracy，R. P.，Parish，R. L. & Rosendale，R. M.（2003）. Fertigation uniformity affected by injector type. *HortTecnology*，13（1），103－105

García García，M. C.，Céspedes López，A. J.，Pérez Parra，J. J. & Lorenzo Mínguez，P.（2016）. *El sistema de producción hortícola protegido de la provincia de Almería*. Instituto de Investigación y Formación Agraria y Pesquera. Consejería de Agricultura，Pesca y Desarrollo Rural

Huang，X.，Li，G.，& Wang，M.（2008，October）. CFD simulation to the flow field of Venturi Injector. In *International Conference on Computer and Computing Technologies in Agriculture*（pp. 805－815）. Springer，Boston，MA

Marhuenda，J. A.（2008）. Diseño y principios básicos de los programadores de riego para cultivo en sustrato. Sistemas abiertos y cerrados. In：*Relaciones hídricas y programación de riego en cultivos hortícolas en sustratos*. pp. 79－88. INIA and IFAPA，Spain

8.7　配备混合罐、EC 和 pH 传感器的自动注入设备

（作者：Juan José Magán[9]，Georgina Key[1]）

8.7.1　用途

该技术用于向灌溉水中添加肥料。

8.7.2　适用区域

该技术适用于欧盟地区。

8.7.3　适用作物

该技术适用于所有需要水肥一体化的作物。

8.7.4　适用种植模式

该技术适用于所有种植模式。

8.7.5　技术概述

8.7.5.1　技术目标

种植者可利用该设备自动配制足够的适合作物生长的营养液，并可在农场内通过电动阀来控制灌溉。

8.7.5.2　工作原理

混合罐是水肥一体化系统的要素之一，在混合罐内可配制稳定状态的营养液。它包括一个非加压罐，通过搅动和循环灌溉水将肥料与水有效混合为均匀的营养液。非加压罐通常安装在旁路配置中，其中只有一部分灌溉水流进混合罐，随后在功率较小的第二个泵驱动下进入灌溉管道，然后以高压状态进入到支路管道中。在旁路配置中，静态混合器安装在灌溉管

中，以实现对来自混合罐的溶液与主流水的充分混合。进入混合罐的水由液压阀调节，旁路配置和混合罐内均带有浮标。

相比文丘里注入设备，注入泵在混合罐安装过程中更为常见（图 8-12）。在使用注入泵时，通常与磁力驱动注入泵结合使用，能以较低的能耗输送高流速的水。

在灌溉期间，磁力驱动泵连续运行，从储罐吸取溶液并将其驱向电磁阀，电磁阀则默认将溶液转移回罐中。每隔几秒钟，控制器发送一个打开电磁阀的喷射信号，使溶液进入混合罐，电磁阀的启动频率由储备溶液注入的百分比和目标 EC 确定。该过程并不包括酸液的注入，酸液的注入取决于目标 pH。喷嘴的功能是产生阻力，该阻力能够提高设备中不同注入泵注入溶液的均匀性，减少浓缩溶液罐中水的高度对注入流量的影响。在最高的配置中，每个注射泵会安装一个流量计，用以检测并调节注入的浓缩溶液剂量，从而提高注入的准确度。

图 8-12 混合罐和磁力驱动注入泵的自动水肥一体化设备
（来源：J. Antonio Marhuenda）

在一些水肥一体化系统中，磁力泵不会将浓缩溶液直接输送到混合罐，而是输送到高于混合罐的垂直管道，这样管道内液体就会不断溢出并返回到储备罐中（图 8-13），放置在管道底部的电磁阀允许溶液落入混合罐中。该系统避免了储罐中水的高度对混合罐注入流量的影响。然而由于储备溶液是以低压状态排放到混合罐中，它们与水的混合过程较缓慢，调节溶液相对困难。

安装隔膜泵替代磁力泵可以更精确地控制注入肥料量（图 8-14）。这些泵包含一个负责注入溶液的活塞，可确定每次脉冲时注入的体积。因此可以在不安装流量计的情况下，通

图 8-13 带混合罐和垂直管道的自动水肥一体化设备

图 8-14 带混合罐和隔膜泵的自动水肥一体化设备
（来源：J. Antonio Marhuenda）

过计算脉冲数确定注入储备溶液的总体积。某些型号的隔膜泵可以调节脉冲的频率和单次注入流量。然而由于膜和阀门在输送肥料的过程中容易变脏、磨损，因此隔膜泵的价格和维护都比磁力泵昂贵。

8.7.5.3　操作条件

通常使用小型混合罐（流量为 $100\sim150\ m^3/h$，最高 $200\ m^3/h$），可实现营养液的快速调整。

当混合罐直接插入灌溉泵的吸入口时，如果没有加压供水网络，则必须用双重泵将混合罐填满。因此，该配置仅用于小型安装系统（流量通常为 $5\sim10\ m^3/h$，最大 $30\ m^3/h$）。在商业农场中，混合罐通常以旁路配置安装，仅为循环灌溉流量的 10%，这降低了投资成本，并且可以节能至少 30%。在园艺作物（使用浓缩营养液）上，如果减小通过混合罐的旁路流量，容易出现肥料沉淀。然而在水果作物（营养液浓度较低）上，流量可以减少到 5%。

根据灌溉流量和储备罐中溶液的浓度，注入泵通常提供 $400\sim600\ L/h$ 的流速。特殊型号的磁力泵材质更耐酸。安装在储备罐入口处的喷嘴内径通常为 $2\sim3\ mm$。高频率脉冲（至少 100 个脉冲/ L）可保证流量的准确性。另外，电磁阀的打开时间必须大于 1 s。

8.7.5.4　成本

安装费用：安装和连接水肥一体化设备需要 2 d 时间；带有 5 个磁力驱动注入泵和 1 个混合罐的标准设备的成本为 8 000～12 000 欧元，这明显高于基于文丘里效应（5 000～8 000 欧元）注入设备的同等设备。该成本不包括流量计（每个 250 欧元加上电子连接的 150～200 欧元）和人工费用（500～1 000 欧元）。具有模拟控制功能的隔膜泵的成本每个约为 700 欧元。

维护成本：pH 和 EC 传感器需要每月进行清洁和校准；pH 传感器每 1～3 年更换 1 次；磁力驱动注入泵每 3～4 年更换 1 次；电磁阀每 5 年更换 1 次。

8.7.5.5　技术制约因素

该技术需要供电系统。

8.7.5.6　优势与局限性

优势：可信度高；技术成熟，可推广应用。

局限性：农场需要电力供应；磁力驱动注入泵在缺水情况下会烧坏，因此需要避免储液罐排空；该技术比使用文丘里注入的自动化灌溉设备更昂贵。

8.7.5.7　支持系统

该技术必须配备用于储存营养液的储液罐及过滤器、管道和配件。

8.7.5.8　发展阶段

该技术已商业化。

8.7.5.9　技术提供者

安装水肥一体化系统的公司可提供该技术。

8.7.5.10　专利情况

该技术无专利授权。

8.7.6　竞争技术

注入泵（电动或液压）、使用文丘里注入的自动水肥一体化设备与该技术具有竞争关系。

8.7.7　应用范围

该技术可应用于不同作物、气候及种植条件。

8.7.8　监管制约因素

该技术无监管制约因素。

8.7.9　社会经济制约因素

价格是本技术应用的最主要限制因素，特别是对于小型农场。种植者安装自动水肥一体化设备，通常会选择较便宜的文丘里注入设备。

8.7.10　衍生技术

参见第 8.7.5.2 节。

8.7.11　主要参考文献

Marhuenda，J. A.（2008）. Diseñoy principios básicos de los programadores de riego para cultivo en sustra-to. Sistemas abiertos y cerrados. In：*Relaciones hídricas y programación de riego en cultivos hortícolas en sustratos*. pp. 79—88. INIA and IFAPA，Spain

8.8　可定量添加的自动注入设备

（作者：Juan José Magán[9]，Ilse Delcour[19]）

8.8.1　用途

该技术用于向灌溉水中添加肥料。

8.8.2　适用地区

该技术适用于所有欧盟地区。

8.8.3　适用作物

该技术适用于所有采用水肥一体化的作物。

8.8.4　适用种植模式

该技术适用于所有种植模式。

8.8.5　技术概述

8.8.5.1　技术目标
该技术将已知浓度的储备液按比例稀释为可直接灌溉的营养液，不考虑最终溶液的 EC。

8.8.5.2　工作原理
在许多水肥一体化系统中，由于 EC 测量可靠且易于操作，因而基于溶液 EC 向水中添加肥料以制备营养液的方法较为常见。然而该方法仅指示了营养液的盐度，而无法反映每种肥料的注入量。因此可在每个施肥器前安装一个流量计，但是精度有限，最小偏差为 5%～10%，原因主要在于储备液间歇性通过流量计增加了测量难度。

注入泵可以在不安装流量计的情况下获得注入储备液的体积，因为泵的容积（见 8.5.5.2）是已知的。基于注入泵的自动水肥一体化系统可以计算每个泵的注入次数。因此，灌溉期间可将注入次数乘以每个脉冲泵泵入液体的体积来自动计算总灌溉量。在灌溉管道中安装与水肥一体化系统连接的流量计，随后可将肥料注射与水流相接，根据注入的肥料量和灌溉量可以计算其比例，并且可以在线自动调节肥料注入量以达到所需的比例。图 8-15 为基于注入泵的自动水肥一体化系统示意，该系统能够按比例将储备液注入灌溉水中。

图 8-15　基于比例施肥注入泵的自动
水肥一体化系统设备

尽管在基于注入泵的自动水肥一体化系统中不需要 EC 和 pH 传感器，但为安全灌溉考虑也经常安装。

8.8.5.3　操作条件

注入泵的准确性非常好，偏差仅为 2%～5%，有可能达到 0.01% 的灵敏度。每个泵的注入流量可达到约 3 000 L/h（取决于型号）。对于大型灌溉系统，可以并行安装多台注入泵。

8.8.5.4　成本

安装成本：5 个活塞注入泵及其变频驱动器、灌溉流量计和一个压力变送器的总成本约 15 000 欧元。

维护成本：每月清洁和校准 pH 传感器；每 1～3 年更换 1 次 pH 传感器；每年对吸入阀和排出阀及活塞注射泵进行维护（膜式注射泵通常每 3 年更换 1 次膜）；每年更换注入泵的机油；每 5 年更换泵芯。

8.8.5.5　技术制约因素

用未完全溶解的肥料制备的储备液会堵塞注入泵的管道和阀门；可能会限制有机肥料的使用。

8.8.5.6　优势与局限性

优势：可以非常准确地测量供应给作物的肥料量；定量注入对 EC 影响较小的肥料（特别是有机生产）。

局限性：在小型农场使用投入过高；不适用于未完全溶解的肥料；维护成本高。

8.8.5.7　支持系统

使用注入泵时，优选液体肥料，固体肥料需完全溶解，以避免损坏泵。

8.8.5.8　发展阶段

该技术已商业化。

8.8.5.9　提供技术者

出售水肥一体化系统的一些公司提供该技术。

8.8.5.10　专利情况

注入泵已由制造公司申请专利。

8.8.6　竞争技术

基于 EC 和 pH 的文丘里自动注入灌溉设备与基于 EC 和 pH 的混合罐自动注入灌溉设备与该技术形成竞争关系。

8.8.7　应用范围

这项技术不受气候和种植类型所限，应用范围较广。

8.8.8　监管制约因素

该技术无监管制约因素。

8.8.9　社会经济制约因素

该技术的成本可能会限制其应用，特别是小型农场和种植利润较低的作物。

8.8.10　衍生技术

在市场上有一种基于注入泵的自动水肥一体化设备，易于安装，可固定在工作台上。

8.9　肥料的溶解度控制

（作者：Katarina Kresnik[3]，Juan José Magán[9]，Ilse Delcour[19]，Georgina Key[1]，Benjamin Gard[25]）

8.9.1　用途

该技术用于制备储备溶液。

8.9.2　适用地区

该技术适用于欧盟地区。

8.9.3　适用作物

该技术适用于采用水肥一体化的作物。

8.9.4　适用种植模式

该技术适用于所有种植模式。

8.9.5 技术概述

8.9.5.1 技术目标

肥料的溶解度是指在给定温度下可完全溶解在既定量蒸馏水中的最大肥料量。水肥一体化要求生产者熟知肥料溶解度状况。

8.9.5.2 工作原理

在水肥一体化中肥料必须溶解在水中，通常是将浓缩液（储备溶液）注入灌溉水中。为防止肥料结块，种植者在制备溶液时必须在水中添加肥料并使其溶解，而不是往肥料中添加水。如果已经验证了肥料液是可用的，那么，在实际应用中肥料罐中流出的肥料浓度应该与试验时的一致。如果试验时形成一些沉淀物或溶液呈乳状，则需要配置更低浓度的肥料溶液来进行重复试验。

当肥料混合液含有大量元素盐如硝酸钾和硫酸钾时，肥料的溶解度会降低。当溶解水中钙、镁或硫酸盐等矿物质含量较高时，肥料溶解度也会发生变化。此时溶液浓度的计算会因为水质中的矿物质发生化学反应而变得复杂。配制溶液的浓度无法在现场完成计算，而需要开展反复试验进行矫正。

8.9.5.3 操作条件

水肥一体化操作只能使用可完全溶解的水溶性肥料，任何不溶的部分都可能导致灌溉系统堵塞。为了避免灌溉系统的堵塞，种植者在制备储备液时必须考虑肥料的相容性（表8-2），需要将易产生沉淀的肥料添加到不同的储液罐中（表8-1）。

表8-2 用于制备储备溶液的肥料混合兼容性

	硝酸铵	硫酸铵	硝酸镁	硝酸钙	硝酸钾	硫酸钾	硫酸镁	磷酸铵	氯化钾
硫酸铵	是								
硝酸镁	是	是							
硝酸钙	是	否	是						
硝酸钾	是	是	是	是					
硫酸钾	是	是	是	否	是				
硫酸镁	是	是	是	否	是	是			
磷酸铵	是	是	是	否	是	是	是		
氯化钾	否	是	是	是	是	是	是	是	
氯化钙	—	否	是	是	是	否	否	—	是

注：这些肥料不能在干燥或碱性环境中混合。

肥料的溶解度很重要，原因有两个：一是评估肥料溶解所需的时间，因为肥料的溶解速度随着浓度的增加而减慢；二是明确应制备的储备液量，这与营养液储存和应用中的养分浓度和灌溉流量要求有关。

有些肥料（如尿素、硫酸铵、硝酸盐等）溶解时有吸热反应，会冷却储备溶液，从而降低肥料的溶解度。在制备储备溶液时必须确定好肥料的添加顺序。

制备原液的主要规则是在施肥罐中加水50%（保证水量充足）；将肥料逐渐加入水中搅

拌，最后加入剩余的水并搅拌直至肥料完全溶解。

表8-3中显示了不同温度下一些肥料在水中的溶解度。溶解度随温度降低急剧下降，在制备储备溶液时必须考虑到这一点。需要说明的是离子在浓缩溶液中并没有完全解离，而是在稳定的悬浮液中形成胶体。实际操作时生产者通常不会制备浓度非常高的溶液，而是采用浓度10%~20%的大量元素溶液。由于肥料溶解缓慢，浓缩溶液的制备是非常耗时的。

表8-3 不同温度下溶于1L水中的肥料最大量

化肥（N：P₂O₅：K₂O）	溶解度/(g/L)			
	0 ℃	15 ℃	20 ℃	30 ℃
尿素 46%（46：0：0）	680		1 060	1 330
硝酸钙（15.5：0：0）	1 020	1 130	1 200	1 526
硝酸铵（34：0：0）	1 180	2 400		3 440
硫酸铵（21：0：0）	706	742	750	780
焦磷酸铵（12：61：0）	227	333	370	480
焦磷酸钾（0：53：34）	148	197		285
氯化钾（0：0：60）	280		340	370
硝酸钾（13：0：46）	133	257	316	459
硫酸钾（0：0：50）	74	102	110	130
硫酸镁	260	332		409
硝酸镁（10.8：0：0）			423	

施肥中使用的肥料应具有以下特征：完全溶解（<0.2%不溶于水），可制成高养分含量的浓缩溶液，在灌溉水中能快速溶解，肥料与灌溉水之间没有化学反应，肥料中不含不需要的离子。

8.9.5.4 成本

安装费用：无。

维护费用：主要是肥料及水的费用。

8.9.5.5 技术制约因素

必须考虑肥料之间的相容性，生产者需要知道哪些肥料可以混合。

8.9.5.6 优势与局限性

优势：滴灌施肥是一种有效的肥料应用方式。

局限性：需要具备相关知识，了解不同肥料间混合的特性；生产者使用水溶性肥料时要非常小心，考虑好水肥配比。

8.9.5.7 支持系统

需要有可靠的加肥系统来准确地将储备溶液注入灌溉系统，以确保适合的肥料浓度并准确分配到作物。

8.9.5.8 发展阶段

该技术已商业化。

8.9.5.9 技术提供者

肥料供应商可提供该技术。

8.9.5.10 专利情况

该技术无专利授权。

8.9.6 竞争技术

不适合水肥一体化但可直接施用于土壤的肥料与该技术形成竞争关系。

8.9.7 应用范围

该技术不受作物、气候、种植系统限制，可以应用于所有滴灌施肥作物。

8.9.8 监管制约因素

水肥一体化中使用的肥料必须可溶于水，其标签必须标明"可溶，用于水肥一体化"。

8.9.9 社会经济制约因素

水肥一体化中必须使用优质高价肥料，以避免灌溉系统出现堵塞问题。

8.9.10 衍生技术

尚无。

8.9.11 主要参考文献

Cadahía，C.（2000）. Fertirrigación. Cultivos hortícolas y ornamentales. Mundi-Prensa，Madrid，Spain

Coullet，A.，Izard，D.，Boyer，I.，Odet，J.，Bouvard，F. & Ernout，H.（2007）. Conduite de l'irrigation fertilisante. Coll. L'eau fertile, ed. B. Laroche

Ministrtsvo za kmetijstvo，gozdarstvo in prehrano（2006）. Publikacija Fertirigacija. Retrieved from http://www. smart-fertiliser. com/articles/fertiliser-solubility

Pastor，M.（2005）. Cultivo del olivo con riego localizado. Mundi-Prensa and Junta de Andalucía

Polanec，A. R.，Košuta，M. & Jug，T.（2014）. Osnove prehrane rastlin. Retrieved from http://projects. ung. si/agriknows/

Rincón，L.（1993）. Equipamiento de la fertirrigación. *Hortofruticultura*，9，35-42

Wolf，B.，Fleming，J. & Batchelor，J.（1985）. Fluid fertiliser manual. National fertiliser solutions association，Peoria，Illinois，USA

8.10 浓缩溶液的制备

（作者：Alain Guillou[4]，Esther Lechevallier[4]，Georgina Key[1]，Juan José Magán[9]）

8.10.1 用途

制备浓缩溶液。

8.10.2 适用地区

该技术适用于所有欧盟地区。

8.10.3 适用作物

该技术适用于所有采用滴灌施肥的作物。

8.10.4 适用种植模式

该技术适用于所有种植模式。

8.10.5 技术概述

8.10.5.1 技术目标

用于制备浓缩营养液（大量元素、微量元素），将其混合稀释并注入灌溉网络系统。

利用水溶性肥料制成全营养溶液来对作物进行水肥一体化。可溶性肥料在 A 和 B 罐中分别配置取决于它们彼此的相溶性。

8.10.5.2 工作原理

配制营养液应遵循以下步骤：

① 考虑水源的矿物离子成分和 pH（元素含量通常以 mmol/L 表示）。

② 确定营养液配制成分目标：应考虑作物不同生长阶段目标（调整 K、Ca、Mg）。

③ 根据营养平衡需求而选择不同的肥料。

④ 计算电导率（EC，dS/m）。

⑤ 计算应添加的肥料量以达到所需的养分浓度。

为了在 A/B 罐系统中制备浓缩溶液，必须在不同的罐之间分配肥料，如表 8-4 所示。当稀释肥料时，首先将 2/3 的水加入罐中，然后加入肥料。在每次加肥之后用混合器将溶液充分混匀，为确保肥料溶解建议使用温水来调配（特别是对于硝酸钾和硫酸钾），最后添加剩余的水。

表 8-4 A/B 罐系统肥料分配

A 罐	B 罐	酸罐**
水 （硝酸） 硝酸钾（2/3） 磷酸二氢钾 硫酸镁 微量营养素 （氯化钾）* 水	水 硝酸钙*** 硝酸钾（1/3） 铁 （氯化钙）*	水 硝酸 将酸倒入水中（切忌将水倒入酸中）

注：* 对于限制氮肥用量的作物（如番茄），部分硝酸钾和硝酸钙可以用氯化钾、氯化钙或硫酸盐代替，以便向溶液中加入足够的钾和钙。回收尾液时应注意避免过多投入氯化物，以避免氯离子的过量积累。

** 根据供给水的情况不同，pH 的调节可能需要使用碱而不是用酸来调节，此时可以加入碳酸钾来调节 pH；对于非缓冲雨水也可以使用 Moerl 过滤器来调节。

*** 硝酸钙更多地作为液体肥料应用。

营养液配置完成后应进行检测分析，以验证其是否符合初始设定目标。监测尾液可以使种植者及时改变施肥方案，从而实现养分平衡。

目前几乎所有灌溉系统都是以溶液电导率为最终测定目标进行肥料配制，但在某些系统中仍以体积为依据进行肥料配制，此时配置适宜浓度的浓缩溶液至关重要。

8.10.5.3 操作条件

有些肥料不能混合在一起，因此应考虑分别使用 A 罐和 B 罐。

① 为防止沉淀，硝酸钙不能与硫酸盐（包括硫基微量营养素）和磷酸盐混合。

② 铁螯合物应加入 pH 为 4~6 的溶液中以避免降解。不同形式的铁螯合物（最常见的是 EDTA、DTPA、HEDTA、EDDHA）溶解的 pH 范围不同。如果 pH 很高，建议使用适用 pH 范围更广的 EDDHA。

③ 如果灌溉基于溶液体积，应精确调整浓缩液浓度。

8.10.5.4 成本

制备浓缩溶液的成本包括肥料成本和溶解肥料所需的劳动力。

8.10.5.5 技术制约因素

该技术需要考虑肥料之间的相溶性。

8.10.5.6 优势与局限性

优势：使用可溶性固体肥料制备浓缩液的成本低于直接使用液体肥料。

局限性：配置浓缩营养液需要一定时间；与液体肥料（特别是直接注入）相比，如果溶液浓度与所需不符则需要更长时间进行校正和调整。

8.10.5.7 支持系统

所需的支持系统有 A 和 B（或多个）肥料罐、施肥设备单元、混合罐、微温水。

8.10.5.8 发展阶段

该技术已商业化。

8.10.5.9 技术提供者

有数家公司如 PRIVA、Hoogendoorn、Hortimax 等可提供该技术。

8.10.5.10 专利情况

该技术无专利授权。

8.10.6 竞争技术

可直接注入的液体肥料与该技术形成竞争关系。

8.10.7 应用范围

该技术可应用于不同作物、气候和种植系统。

8.10.8 监管制约因素

该技术无监管制约因素。

8.10.9 社会经济制约因素

该技术没有社会经济瓶颈，但种植者在混合肥料时应小心肥料爆炸等危险。

8.10.10 衍生技术

如前所述，为作物提供全营养液所需的不同肥料需要分配在两个浓缩溶液 A /B 罐中，以便分离不相溶的肥料。因此通常按照此方式制造设备，不同肥料罐必须以相同比例注入，从而更易在视觉上控制注入精度。

一些种植者喜欢准备两种以上浓缩液以便单独溶解肥料，由此发展的多罐技术将不同肥料添加到不同的罐中，从而更方便配置浓缩溶液，并可以制备不同组成的营养液。其缺点是较难在视觉上控制注入量的精准度，因此建议在该水肥一体化系统中加入自动控制注入的装置，例如注入泵或流量计。

8.10.11 主要参考文献

Letard，M.，Erard，P. & Jeannequin，B.（1995）. Maî trise de l'irrigation fertilisante. Tomate sous serre et abris en sol et hors sol. CTIFL，Paris，France

Sonneveld，C. & Voogt，W.（2009）. Plant Nutrition of Greenhouse Crops. Springer，ISBN 9048125316，New York，USA

8.11 液体与固体肥料

（作者：Valme González[5]，Esther Lechevallier[4]，Juan José Magán[9]）

8.11.1 用途

该类肥料可提供作物所需养分。

8.11.2 适用地区

该类肥料适合欧盟地区。

8.11.3 适用作物

该类肥料适用于所有应用水肥一体化的作物。

8.11.4 适用种植模式

该类肥料适用于所有种植模式。

8.11.5 技术概述

8.11.5.1 技术目标

至少含有 5% 的三种主要营养素 [氮、五氧化二磷（P_2O_5）、氧化钾（K_2O）] 中的一种或多种的天然或工业材料可称为肥料。肥料含有可被植物吸收的营养元素，根据植物所需的量，营养元素被分类为大量元素（氮、磷和钾）、中量元素（钙、镁、钠和硫）和微量元素（硼、氯、钴、铜、铁、锰、钼和锌）。与大量和中量营养素相比，所需微量元素数量很少，但对植物生长非常重要。

8.11.5.2　工作原理

肥料可以维持或增加土壤中营养元素的含量，从而改善基质的营养状况，促进植物生长并提高产量和质量。

肥料根据形态分为固体、液体和气体，最常用的是固体肥料和液体肥料。液体肥料可以直接施用或溶解在水中，播种之前或之后都可施用，能被作物快速吸收并且起效快。液体肥料可以是悬浮液也可以是清液。将固体肥料分散在液体介质中获得悬浮液或混合液。肥料溶液含有均匀分散在水中的营养元素。这些溶液通常是在没有压力的情况下制备的，但也可以在压力条件下制备，然后利用专门的设备来施用。

固体肥料可以有多种剂型，如粉剂、颗粒肥、大颗粒、片剂、棒剂等。粉剂更适用于传统种植和水培。它们可直接施用或在水中溶解后施用。粉末的大小通常由肥料的类型决定。颗粒肥能精确控制剂量，可以缓慢释放营养元素，施用更简便，可以人工撒施或使用设备，以便施用更加均匀大颗粒肥为直径 2～3 cm 的颗粒，可逐渐释放营养元素。棒剂是一种浓缩肥料的棒状物，在施入土壤后可逐渐将养分释放到土壤中。

常用的施肥方式有如下几种：

施入土壤或根部：直接施用肥料以尽快发挥作用。

叶面喷施：将肥料溶于水后施用于作物叶片上，可使作物立即吸收养分，短时间内可见效。

水肥一体化：将肥料溶解在用于灌溉的水中。

8.11.5.3　操作条件

在制订施肥方案时，如需混合肥料，必须考虑肥料的溶解度及多种肥料间的相溶性，营养液的最大浓度。此外，以下建议非常重要：

① 进行土壤测试，以确定其肥力水平和可能影响肥料有效性的物理化学特征。

② 测定灌溉水，以确定其营分浓度、有毒离子含量、电导率，盐度等。

③ 灌溉水中肥料的总浓度不应高于 0.1%（每 1 000 L 灌溉用水含 1 kg 总肥料）。

④ 除非确保肥料彼此完全相溶并与灌溉水完全相溶，否则不宜混合肥料。

⑤ 使用可溶性肥料时，建议使用搅拌器或罐底带通气的混合系统以促进溶解。

⑥ 不建议使用含有可产生泡沫的添加剂。

⑦ 对于土培作物，建议在灌溉开始和结束时仅使用不含肥料的水，以减少养分淋失（在灌溉开始时仅提供水，防止水分淋洗带走养分）和滴头堵塞（在灌溉结束时用最少量的水清洗灌溉系统）

⑧ 磷肥不应与含钙、镁或铁的肥料，以及含硫酸盐的钙肥、氨基肥混合。

⑨ 钾肥施用前必须溶解。

⑩ 低温下使用液体肥料时必须非常小心，可能会由于过饱和而产生沉淀物（不溶性化合物）。

不溶性固体肥料可以逐渐释放养分，使用可溶性固体肥料时，首先要知道其溶解度，但溶解度也取决于温度，以及溶解过程引起的反应类型。许多肥料在溶解时会增加溶液的温度（放热反应）或降低溶液温度（吸热反应）。因此，当制备混合不同肥料的浓缩溶液时，必须首先溶解发生放热反应的肥料，以促进其他肥料的溶解。此外，还必须知道各种肥料对最终溶液 pH 和电导率的影响。

8.11.5.4　成本

安装成本：选用固体（可溶性和不溶性）或液体肥料取决于农场的资金。肥料成本取决于其物理形态和化学成分。对于不溶性固体肥料，必须使用带有配料设备的拖拉机，而对于水肥一体化中使用的液体和可溶性固体肥料，必须有用于储存或用于制备浓缩液的罐子。肥料的价格依据配方有所变化，固体肥料为 300～350 欧元/t，液体肥料每 1 000 L 为 200～320 欧元。

维护成本：年度维护成本取决于作物需求。施肥所需设备的安装取决于肥料种类，液体和可溶性固体肥料可以通过滴灌系统或叶面喷施施用，而不溶性固体肥料必须通过农机具直接施入土壤。

8.11.5.5　技术制约因素

肥料必须合理使用，以避免污染和过量使用。

8.11.5.6　优势与局限性

优势：肥料提供养分，促进植物生长，提高作物产量；可以实现自动化施用不溶性固体肥料，以提高施肥效率和均匀性；液体肥料易于施用，可减少劳动力投入。此外，液体肥料可以直接输入到储肥罐内，以避免运输中存在的法律问题。液体肥料具有溶解分散快、pH 适宜以及可根据消费者需求调整出作物适宜的养分浓度，因而可以提高养分的有效性。预制液体储备溶液可完全溶解，没有沉淀物引起堵塞（如果能避免结晶）。

局限性：施肥需要一定的成本（尽管通常有利可图）；不恰当的施用会污染环境并导致健康问题；水溶性固体肥料必须在使用前溶解，这需要时间；预制液体储备溶液比使用水溶性固体肥料成本更高。

8.11.5.7　支持系统

一些地区提供推荐施肥技术服务，农民通过一个软件应用程序可以获得有关其农场施肥、浇水的信息，包括施肥建议以及根据当地气象条件提出的优化施肥方案，以提高肥料有效性。此外，一些肥料公司也可以提供有关养分浓度、形态和施用时间的建议。

8.11.5.8　发展阶段

研究阶段：了解肥料使用方面的最新知识非常重要。在相关研讨会及大型会议上，来自世界各地的研究人员一般都会介绍施肥方面的最新进展，以安全可靠的施肥研究为目的，尽可能减少对环境、公共卫生的影响，减少耕作成本、减少产量损失等风险。

实验阶段：通过在不同作物体系中施用不同用量的肥料来研究测试。

田间测试：田间试验一般在研究中心的实验田或肥料公司的商业地块中进行。

目前该技术已商业化。

8.11.5.9　技术提供者

肥料由从事肥料开发、配方研制和营销的公司提供。

8.11.5.10　专利情况

许多公司已经申请了肥料产品专利。

8.11.6　竞争技术

有机农业与化学肥料存在竞争。有机农业被定义为一种最佳利用自然资源的作物系统，不使用合成化学品或转基因生物，同时保持土壤肥力和环境友好，维持可持续和平衡发展。

有机农业的主要目标是获得健康食品，营养物质含量更高，不含化学合成物质，并通过可持续方式获得。有机农业是一种全球生产管理系统，有利于农业系统的健康，包括生物多样性、生物循环和土壤生物活性。其宗旨是尽可能应用农学、生物和机械方法，而不是使用合成材料来实现系统的任何特定功能。有机农业除考虑生态方面外，其理念包括改善其从业者的生活条件，使其目标与实现农业生产系统的整体可持续相结合，也就是说，有机农业是一个社会、生态和经济方面可持续发展的农业系统。

8.11.7　应用范围

液体或固体肥料可以在所有作物、各种气候条件和种植系统中应用。

8.11.8　监管制约因素

8.11.8.1　欧盟层面
2003 年 10 月 13 日欧洲议会和理事会关于化肥的第 2003/2003 号条例（EC）确定了作为肥料销售产品的技术特征。

8.11.8.2　国家层面
欧盟建议性法规已在欧盟内国家层面进行了落实。例如，关于化肥的皇家法令第 506/2013 号法令已于 6 月 28 日在西班牙生效。

8.11.8.3　区域层面
在区域层面，已有立法促进化肥的充分合理使用。例如，西班牙埃斯特雷马杜拉自治区于 2000 年 4 月 14 日通过第 87/2000 号法令，确定了该地区农产品的综合生产规则。该法令规定了综合生产的一般规则，即农业系统的生产、加工和销售，通过引入与环境保护和农业生产力相适应的生物、化学和其他技术，最大限度地利用自然资源和生产机制，并确保长期可持续农业发展。该法令为不同作物（核果、番茄等）的综合生产制定了具体的技术标准，规定了最大肥料施用量。

8.11.9　社会经济制约因素

为减少施肥不足造成的减产风险，当前存在过量施肥的趋势，特别是在环境脆弱区域或特殊保护区域附近施用过量的氮肥，会加剧环境污染问题。因此，为保证肥料的合理使用，种植者的认识必须提高。

8.11.10　衍生技术

衍生的技术有过滤设备和变量施肥设备，以及施肥设备的改进和基于区域层面的传感器（冠层反射传感器）的技术集成。

8.11.11　主要参考文献

Cadahía，C.（2000）. Fertirrigación. Cultivos hortícolas y ornamentales. Mundi-Prensa，Madrid，Spain
FAO & IFA.（2002）. Los fertilizantes y su uso. Retrieved fromhttp://www.fao.org/3/a-x4781s.pdf
Ministerio de Medio Ambiente y Medio Rural y Marino.（2010）. Guía práctica de la fertilización racional de los cultivos en España

第 9 章

水肥一体化设备——无土栽培系统

（作者 Juan José Magán[9]，Elisa Suárez-Rey[11]，Ilse Delcour[19]）

9.1 概述

9.1.1 用途

供应作物的所需营养；高效利用水分和肥料；通过灌溉系统更高效利用其他化学投入品；最大限度地减少营养物质的排放对环境造成影响。

9.1.2 适用地区

该系统适用于欧盟地区。

9.1.3 适用作物

该系统适用于蔬菜作物、观赏植物和浆果类作物。

9.1.4 适用种植模式

该系统适用于保护地和露地无土栽培。

9.1.5 技术概述

无土栽培系统是一种替代土壤栽培的方法，在这种栽培系统中，植物根系生长在基质或营养液等不同于土壤的介质中。这种种植系统可以更好地控制土传病害，优化作物的水分和营养供应，具有更高的生产潜力。在水培系统（不使用基质的系统）中，营养液必须被回收和再循环利用，如果使用基质作为生长介质，这些则不是必需的。然而，越来越多的开放系统转变为闭环系统，通过使营养液和污染物的排放最小化或尽可能实现零排放，来减轻甚至避免环境污染。在这种情况下，营养液必须回收，在大多数情况下要进行消毒、重新补充和再次循环利用（图 9-1）。与开放系统相比，封闭系统需要更精确和频繁地对营养液进行调控；必须对回收的营养液进行营养补充，以恢复其原始营养组成，并清除杂质。此外，由于根传病害可能会传播，因此，必须对再循环营养液进行消毒，以大幅度降低患病风险。营养液通常循环使用，直到达到特定的参数阈值为止，这些参数包括电导率、潜在有毒离子、其

271

他风险物质或微生物的浓度，如病原数量、根分泌物、农药的残余物等。一旦达到一定阈值，则必须更换营养液，至少是部分更换。"半封闭"一词就是用来描述这种系统的。

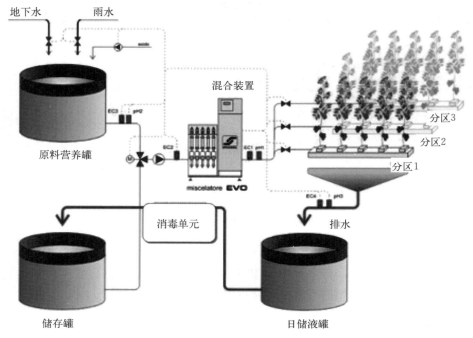

图 9-1　半封闭无土栽培系统
(Pardossi，2012)

关于无土栽培系统，有如下不同问题：

9.1.5.1　基质

基质常用于保护地栽培，能减少栽培成本，减少水分和养分的投入，降低土传病害和土壤退化的影响，并提高作物生长群体的一致性。岩棉、珍珠岩和椰糠是最常见的基质，它们各有优缺点。与椰糠相比，岩棉的成本高，缓冲能力低，但未经缓冲的椰糠需要先进行冲洗，去除多余的 Na^+ 和 K^+，然后在硝酸钙溶液中浸泡，以提高钙的生物有效性。珍珠岩是一种具有复杂结构和水分保持特性的基质。为了提高水分管理和作物产量，需对复合基质进行一些检测。根部疾病的预防控制，可以通过使用添加堆制的改良型培养基质来解决这个问题。与以泥炭为基础材料的基质相比，这种生长基质在经济上更可行。

9.1.5.2　无土栽培系统中特定的水分和养分管理

在许多欧盟成员国，使用化学产品对土壤进行消毒面临很大压力，因此人们更加致力于从传统土壤栽培转向更经济的无土栽培。此外，涉及回流尾液的再利用，基质栽培的特点是从开放到封闭循环栽培系统转变，它可大大减轻水中硝酸盐、磷和农药的残留，并大幅度减少水和肥料消耗。然而，在闭环系统中，大多数作物的最优经济管理要求灌溉用水的质量较好。这一因素限制了开放栽培系统向封闭栽培系统的转变，特别是在水质较差的地区（例如灌溉水电导率较高的沿海地区），如果没有预处理来降低盐度，排水再循环利用是很困难的，甚至是不可能的，这个问题在地中海地区尤其突出。

在使用基质时，必须考虑其基质类型和组成。基质的化学特性可能对溶液中营养物质的浓度有着重要影响。对于有机基质来说，如具有较高阳离子交换能力的椰糠和泥炭，这一点需要特别关注。此外，基质的物理性质对灌溉管理也有着决定性的影响。

根系生长在营养液中的栽培系统，如营养液膜技术（NFT）、深流技术（DFT）、潮汐技术（Ebb-Flood），直接与水分、氧和营养物接触。虽然每个系统的设计和管理各不相同，但都可以用于一些蔬菜和观赏植物的栽培。这些系统在商业运转上可行，并能很好地应用于环境气候条件可控的温室中。尽管已有小规模的营养液膜系统，但其缺点之一是通常需要自动化管理，而初始投资很高，且缺少管理受到污染的大量营养液的方法。此外，使用这类技术的优点之一是土传病害的发生率低，减少了植保产品的使用。

9.1.5.3　封闭无土栽培系统中循环营养液的调控

在密闭无土栽培系统中，需要添加水和肥料来保证营养液组成的稳定性，从而使得作物生长在均衡的营养液中，以促进作物对营养的吸收。为了实现这一目标，最好是在施肥设备中安装经济（且维护费用低）和适用的选择性离子传感器，用于营养监测和再循环溶液中离子浓度的自动调控。然而，目前此类系统还没有应用，仍需要采用频繁的化学分析。

9.1.6　社会经济制约因素

使用（半）封闭式栽培循环系统面临着一些社会经济瓶颈问题。其中之一是在大多数封闭循环系统中实现作物最佳管理需要优质的灌溉用水。解决这个问题的办法有使用脱盐植物，减少水分和硝酸盐的排放，利用人工湿地清理渗滤污水，或模拟栽培中再循环营养液的盐度积累，赋予废弃物以新的生命。

水培系统（NFT、DFT 和 Ebb-Flood）的主要瓶颈是安装专业自动化系统所需的高额资金投入，亦有一些低成本的系统供小规模种植者使用。由于 DFT 系统在管理和设计上的局限性，这些系统只限定于某些特定的蔬菜作物，不允许种植者去冒险尝试一些新的作物。营养液栽培中，藻类大量繁殖或病害传播，以及氧气的管理都是值得关注的问题。

在选用基质时，种植者往往会考虑价格、消毒方式、使用基质的经验、监测工具（如湿度传感器）、是否拥有小而精确频繁灌溉的系统、水源和系统类型等（开放、半封闭或完全封闭系统）。在多数欧洲国家中，大多数使用基质栽培的种植者，都要考虑基质的循环利用，以避免产生废弃物，废弃物管理问题被认为是重要的经济和环境问题。

9.1.7　监管制约因素

欧盟法规规定，当营养液中的硝酸盐（NO_3^-）含量超过 50 mg/L 时，不允许排入地表水体。这就强制要求在半封闭栽培系统中，如 Ebb-Flood 系统、DFT 和 NFT 系统，若有大量的营养液排放，则必须寻找处理方案。一些成员国规定了如何清除这些排水，如比利时佛兰德规定，排放的废水必须喷施在草地上或经过净化处理（除去营养物质）。在露天无土栽培系统中，由于强降水造成的大量的排水需要引起足够的重视。

在欧洲，已有适用于国家或区域层面的废物管理法令。

9.1.8　现有技术

现有技术可分为以下几种类型：无土栽培基质、岩棉、椰糠、珍珠岩、病害控制的有机栽培介质（堆肥改性基质）。

封闭系统（设计和水分/养分管理）：排水再利用的自动混合系统、半封闭式无土栽培系统、营养液膜技术、深液流水培技术、潮汐式（淹排）水培系统。

9.1.9　目前无法解决的问题

基质的回收处理有时是一个问题，例如，有可能产生岩棉废弃物的地方远离能够处理岩棉废弃物的企业。此外，在一些国家已有对基质标识的法律规定，但没有关于基质回收方面的规定。

像使用 DFT 这种无土栽培系统的种植者正在寻找排水的解决方案，这些水应该喷施在草场上或经过净化处理（去除养分）。然而，由于需要有足够面积的草场才能接纳这些大量富含营养的排水，故在草场上推广并非总是可行的。此外，在现阶段也没有能够从每 1.5~2 年才产生一次的大量排放水中去除营养物质的技术。

基于选择性离子传感器的自动化系统的可用性，对于封闭系统的最佳管理是很有意义的。此外，在缺乏优质水的地区，为了能实现营养液的再循环，则必须提供替代水源。

9.1.10　主要参考文献

Cooper，A. (2002). *The ABC of NFT，Nutrient Film Technique*. Casper Publications. 171 pages

Pardossi，A. (2012). *Management of soilless cultivation of greenhouse and nursery crops*. Masters Course taught at University of Almeria，Spain

Raviv，M. & Lieth，J. H. (eds.) (2007). *Soilless Culture：Theory and Practice*. Elsevier. 608 pages

Resh，H. M. (2012). *Hydroponic Food Production：A Definitive Guidebook for the Advanced Home Gardener and the Commercial Hydroponic Grower*. CRC Press. 560 pages

Savvas，D. & Passam，H. (eds.) (2002). *Hydroponic production of vegetables and ornamentals*. Embryo Publications. 463 pages

9.2　技术清单

无土栽培系统的技术清单见表 9-1。

表 9-1　无土栽培技术清单

技术名称	成本	工艺要求	优点	缺点	局限性
无土栽培基质					
岩棉	安装： 　每 15 L 1.75 欧元（45 kg/m³）~2.36 欧元（75 kg/m³）		惰性、排水性良好，所固持的水大部是有效的	成本比椰糠高，需要放置在完全平整的地面上，由于缓冲能力低，易受 pH 变化影响，需要精确的灌溉管理，不能生物降解，必须回收	在远离岩棉处理工厂的地区，回收成本很高

（续）

技术名称	成本	工艺要求	优点	缺点	局限性
无土栽培基质					
椰糠	安装： 　块状，每7～9 L 0.25～0.35欧元 　袋装，每30 L 1.3～1.85欧元		具有优良的空气孔隙度和保水性能，与岩棉相比，水分吸收快，发芽时间快，秧苗轮换快，基质可持续利用，与其他有机基质相比，降解率低，无土传病害	需要充分的预处理，清洗钠离子以及要避免钙、镁缺乏，由于基质松散，需要少量多次灌溉	基质中含有细小颗粒（尘屑）时，可能会让基质紧实和根系因缺氧窒息
珍珠岩	安装： 　37 L 的袋装，2欧元 　100 L 的袋装，6.8欧元		具有良好的保水和排水能力，降解率低	与岩棉相比，保水率低，体积大；若基质中充满空气而非水时，由于存在小的空隙，基质则具有疏水性；具有吸入颗粒的潜在危险	有粉尘存在时，会导致固持水分过多和营养液浑浊，使用前必须用水冲洗干净
具有抑制病害的堆肥改性基质	安装： 10～15 欧元/t		若能有效对抗病原菌，可减少杀菌剂的使用，残留物可以在农场使用	仅预防病害使用，产品保质期有限，基材的制备耗时长	堆肥改性基质的稳定性、有效性稍差，使用期限短，堆肥性质差异大
封闭系统：设计和水分养分管理					
排水循环利用的自动混合系统	安装： 　不可更新的水肥一体化软件，基本安装：3 500欧元 　包括软件的再循环利用混合系统：10 500 欧元 维护： 　EC 传感器、阀门和泵的维修或更换，能源成本	作物养分吸收知识 作物对盐度的反应知识	排水的再利用可以节约大量的水和肥料，大大减少污染	电是必需的 必须与消毒技术相结合。节约的水和肥料并不总能在经济上补偿总成本 需要精确和频繁地控制营养液	高质量的水对保证营养液的完全再循环是必需的
半封闭式无土栽培系统	安装： 　42 500～57 500 欧元/hm²（不包括消毒系统）	相关技术知识，计算机技能	更高效地利用水和肥料，减少养分排放，对环境产生积极影响	安装成本高，最优管理模式下需要水质好，对所需营养液要进行更加精准频繁控制，要求有消毒技术	不溶物容易在再循环营养液中积累

（续）

技术名称	成本	工艺要求	优点	缺点	局限性
封闭系统：设计和水分养分管理					
营养液膜技术	安装： 100～230 欧元/m² 维护： 更换塑料原件，清洁水管及循环使用的产品、电子产品及相关链条（自动化系统）	相关技术知识，计算机技能	更有效地利用水、肥料和化学品，可提前制备灌溉用水，可减少营养物质的排放，使工作符合人体工程学，自动化潜力巨大，更有效地利用空间，使人工补光在经济上可行	安装成本非常高，如果消毒方案失败，很容易将污染的水扩散到整个系统，对于水流系统的任何破损都非常敏感	初始投资非常高（但是已经存在低成本的NFT系统） 温度和溶解氧有时会受到限制，尤其是在夏天
深液流技术	安装： 37～60 欧元/m²	相关的技术知识	能更高效地利用水、肥料和化学品，可提前制备灌溉用水，产量更高，对环境有积极影响，营养成分、水温等的波动都低于NFT	该系统耗费劳动力，雨水会导致室外栽培作物的营养液不稳定，需要监测一些营养物质的缺乏情况，生菜容易感染炭疽病	当排出营养液时，会产生大量的水。目前，还没有从这些水中去除营养物质的技术 在这个系统中测试新技术或新产品是一种风险，因为必须从一开始就大规模地进行测试
潮汐式水培系统	安装： 80～85 欧元/m²	相关的技术知识	更有效地利用水、化肥和化学品，对环境产生积极影响，不需要大量劳动力，植物生长更均匀，通气效果好，可根据需要间隔种植，湿度低、病害少	安装成本高，维修要求高（泵失效，自动调节虹吸管），混凝土潮汐系统出现的小裂缝会引发水分的渗漏，需要一个较大的水池，根系会堵塞管道，随着时间推移，会造成泥沙在蓄水池中的沉积	亚硝酸盐积累会影响植物生长 存在营养液的大量排放问题

9.3 岩棉的应用

（作者：Esther Lechevallier[4]，Alain Guillou[4]，Elisa Suarez-Rey[11]）

9.3.1 用途

该系统有利于实现水资源的高效利用。

9.3.2 地区

该系统适用于整个欧洲。

276

9.3.3 适用作物

该系统适用于蔬菜（番茄、茄子、黄瓜、甜椒）、水果（甜瓜、草莓）和切花作物。

9.3.4 适用种植模式

该系统适用于保护地条件下的无土栽培。

9.3.5 技术概述

9.3.5.1 技术目标

岩棉又称石棉或矿棉，是商业化无土栽培中应用最广泛的基质之一。它是一种惰性（矿物）基质，可以为根系的发育提供适宜的环境。

9.3.5.2 工作原理

岩棉由玄武岩经高温液化后离心成纤维，然后再经硬化、压缩和切割而成。成型产品有各种尺寸和形状可供选择，适用于多种应用场合。

市场上有各种各样的生长板、播种和繁殖方块体，用途广泛，通常用聚乙烯箔包裹，也可以使用松散的岩棉。

关于生长板的长度，取决于作物种类和预期种植密度。最常见的尺寸是 120 cm（或其他长度）×20 cm×7.5 cm。最近出现了更高的板，规格为 120 cm（或其他长度）×15 cm×10 cm。此类基质具有更好的排水能力，最大限度地减少了土壤杆菌属微生物的繁殖，基质的结构更适合于保水。

生长介质的属性，如持水能力、通气性（或充气孔隙度）、从基质顶部到底部的水分梯度等，取决于熔融纤维的岩石堆积方式（垂直或水平）和岩棉基质内纤维的密度。通常，纤维之间空气体积达 95%，体积密度是 70~80 kg/m³（图 9-2）。

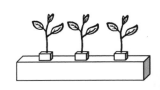

图 9-2 岩棉基质实例

（来源：Cultilène，荷兰格露丹）

通过改变岩棉的性能，为种植者提供了不同用途的产品。具有水平方向纤维的产品排水速度较慢，但更有利于根的侧向生长（通常是平板状）；具有垂直纤维方向的产品，植物可以更快地排水并促进根的向下生长（通常是块状的，是生根扦插的最佳选择）。采用垂直纤维结构可以获得最佳的抗压实效果。岩棉基质的排水特性取决于纤维的密度和结构，但优于椰糠。随着根系的发育，岩棉基质的保水能力逐渐增强。

9.3.5.3 操作条件

灌溉应根据岩棉基质的排水特性进行管理。少量多次灌溉更适合岩棉基质。标准岩棉产品灌水后可自由排水，它通常含有 80% 的营养液、15% 的空气孔隙空间和 5% 的岩棉纤维，不过在不同岩棉品牌和产品之间比例略有差异。基质类型应适应作物和气候（温度、光照等）的具体需要。

岩棉的一个最重要特征是，岩棉所固持的水分对植物而言大部分为有效水。这意味着，岩棉板相当干燥时，水分即使损失高达 70%～80%，植物也可以很容易地吸收水分，而在其他生长介质中同样的情况就会导致作物严重萎蔫。

岩棉板的使用寿命有限，因为结构会随着时间的推移而损坏。当介质结构损坏，介质中氧的有效性也降低。

和其他基质栽培一样，对岩棉栽培根区电导率的检测是很重要的。尽管岩棉不含任何可能影响电导率水平的天然矿物或盐类，但由于植物从根区吸收水分和养分的比例不同，生长基质中营养液的电导率也会发生变化。

岩棉的一个重要特征是 pH 高。所有岩棉基质在种植前都需将 pH 调整为 5.5，应在 pH 调解液或温和营养液中浸泡至少 24 h。pH 在最初几周仍会高于预期，但会逐渐稳定下来。储水池中的 pH 应显著低于介质中的 pH。如果储水池中水的 pH 维持在 5.5 左右，那么根区营养液的 pH 应该接近于 6.3。

9.3.5.4　成本

安装成本：一个规格为 100 cm×15 cm×10 cm 的岩棉板（6 株番茄）成本取决于板的类型，价格范围为 1.75 欧元（密度 45 kg/m³）～2.36 欧元（密度 75 kg/m³）。

维护成本：在西班牙，为了降低成本，较高密度的岩棉（75 kg/m³）通常重复使用 3 年。然而，岩棉基质重复使用有传播病害的风险，所以许多种植者在每个种植季节都会更新基质，因此，使用密度较低的岩棉板。种植者可以在两个种植季节期间用蒸汽对基质进行消毒。

9.3.5.5　技术制约因素

岩棉的缓冲容量比保水性较好的基质（如椰糠）低。这取决于基质的结构类型，例如岩棉通常比珍珠岩具有更强的保水能力。

基质的持水能力较低，这就迫使种植者必须进行精确少量的灌溉，调整灌溉系统，使其具有更频繁地灌溉作物的能力。

9.3.5.6　优势与局限性

优势：惰性，对提供的营养液 pH/EC 无影响；不含易与营养物质发生反应的有机物，亦不会进入排水系统或造成排水系统（过滤器及消毒系统堵塞）；良好的排水性能；可用紫外线消毒；100% 再循环利用；岩棉作为一种"无菌"产品（仅在生产后直接使用），在首次种植时不含任何自然产生的有益微生物种群；消毒后可重复使用；该基质的管理众所周知，并得到了广泛的应用。

局限性：成本高于椰糠；不可生物降解，必须回收利用，且必须考虑到此项成本；一些岩棉供应商负责回收过程，或者专业公司可以提供这项服务；对水的缓冲能力低于椰壳基质；需要放置在完全平整的表面上，以使基质内部的水分分布均匀，防止饱和或过干斑块的形成；纤维会刺激皮肤，如果处理颗粒状岩棉或处理旧岩棉产品，建议使用面罩；岩棉的pH 很高，这意味着必须调整营养液，使根部区域保持中性；受 pH 变化的影响，这意味着需要更多的日常维护来保持合适的 pH。

9.3.5.7　支持系统

岩棉基质是由聚乙烯箔制成的立方体或平板，并置于悬浮的水沟或平整的表面（地面或泡沫立方体）上（图9-3）。

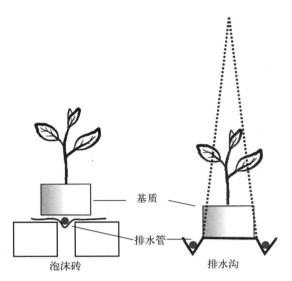

基质

排水管

泡沫砖　　　　　　排水沟

图9-3　基质可以放在地面或系统上收集排水
（来源：CATE）

一些公司开发了适用于岩棉板灌溉监测的湿度计：如 GroSens（GRODAN）、WET sensor（Delta-T 装置）、30MHz Substrate 水分传感器（30MHz）。

9.3.5.8　发展阶段

该系统已商业化（并广泛用于温室生产）。

9.3.5.9　技术供应者

一些岩棉供应商占领了市场，如 Grodan、Cultilene、BVB、Rockwool、Delta。

9.3.5.10　专利情况

有的系统已取得专利，这取决于技术类型和公司。

9.3.6　竞争技术

椰糠和珍珠岩基质是与岩棉基质竞争最为激烈的，因为它们适用于同一类型的栽培作物如辣椒、番茄、黄瓜等。

9.3.7　应用范围

岩棉基质适用于无土系统。由于其具有惰性，可以在保护地条件下，适用于多种作物和气候。水果、蔬菜（如番茄、胡椒等）和切花都能很好地适应岩棉基质。

9.3.8　监管制约因素

在许多欧洲国家，基质的回收是强制性的。一些供应商提供收集和回收岩棉板的解决方案，但采购价格较高。在一些国家，当地公司致力于农业基质的回收。

在西班牙，有关于基质标识的立法，而没有关于基质回收的立法（Real 法令第 868/2010 号和 1039/2012 号）。

在法国，岩棉基质的回收是强制性的。

9.3.9　社会经济制约因素

岩棉基质比其他材料贵，但这并不是主要的经济瓶颈。废弃物的管理（某些国家强制回收）则被视为一个重要的社会经济问题。

9.3.10　衍生技术

岩棉是一种排水良好的基质。灌溉方案必须与基质特性相适应。使用岩棉时，建议进行短时间灌溉。

9.3.11　主要参考文献

Acuña，R.，Bonachela，S.，Magán，J. J.，Marfà，O.，Hernández，J. & Cáceres，R.（2013）. Reuse of rockwool slabs and perlite grow-bags in a low-cost greenhouse：Substrates' physical properties and crop production. *Scientia Horticulturae*，160，139-147

CTIFL（2002）. Gestion des effluents des cultures légumières sur substrat

Da Silva，F. F.，Wallach，R. & Chen，Y.（1995）. Hydraulic properties of rockwool slabs used as substrates in horticulture. *Acta Horticulturae*，401，71-75

De Rijck，G. & Schrevens，E.（1998）. Distribution of water and nutrients in rockwool slabs. *Scientia Horticulturae*，72，277-285

Marfa，O.（2000）. *Recirculación en cultivos sin suelo*. *Compendios de Horticultura*，14. Ediciones de Horticultura S. L.，Spain，p. 177

Sonneveld，C.（1991）. Rockwool as a Substrate for Greenhouse Crops. In：Bajaj，Y. P. S.（ed.）*High-Tech and Micropropagation* I. *Biotechnology in Agriculture and Forestry*，17. Springer，Berlin，Heidelberg

Comparing different growing media. Retrieved fromhttp：//www. grodan101. com/knowledge-center/comparing-different-growing-media on 19 October 2017

Growing in Rockwool：Tips from the Pros. Retrieved fromhttp：//www. just4growers. com/stream/hydroponic-growing-techniques/growing-in-rockwool-tips-from-the-pros. aspx on 20 October 2017

Soilless cultivation-What makes a good medium? Retrieved fromhttp：//www. canna-uk. com/what _ makes _ good _ quality _ soilless _ growing _ medium on 19 October 2017

9.4　椰糠的应用

（作者：Eleftheria Stavridou[15]，Esther Lechevallier[4]，Alain Guillou[4]，Elisa Suarez-Rey[11]，Juan Del Castillo[13]）

9.4.1　用途

椰糠基质可实现水资源的有效利用。

9.4.2 适用地区

椰糠基质适用于北欧、西北欧、地中海地区。

9.4.3 适用作物

椰糠基质适用于蔬菜（如番茄、辣椒、小胡瓜、茄子）、水果（如甜瓜、草莓、覆盆子、黑莓）和切花作物（如玫瑰、兰花）。

9.4.4 适用种植模式

椰糠适用于设施无土栽培。

9.4.5 技术概述

9.4.5.1 技术目标

椰糠是设施生产条件下可替代泥炭的一种可再生有机栽培基质。椰糠栽培可降低种植成本，减少水肥使用，减少土传病害和土壤退化影响，提高作物群体生长一致性。

9.4.5.2 工作原理

椰糠是椰子壳纤维加工而成。由于椰壳在来源、水分含量和压缩度等方面存在差异，因此，不同椰糠产品的性质有所不同。向椰糠中加入水，椰壳体积能膨胀到其压缩体积的 5～9 倍。椰糠的 pH 介于 5.7～6.5，有着较强的阳离子交换能力（图 9-4）。

图 9-4 椰糠丝状与块状结构（左）及商品椰糠基质块（右）

（来源：图森仙人掌和多肉植物协会）

9.4.5.3 操作条件

椰糠通常以袋装或块状方式出售，在用于种植或育苗前需先加水泡发。椰糠泡发水分含量的控制对于获取最佳的基质泡发度和提升椰糠含钙水平至关重要。

9.4.5.4 成本

购置成本：

块状（7～9 L）0.25～35 欧元，袋装（30 L）1.3～1.85 欧元。

运行成本：与其他基质相比，椰糠维持其物理完整性的时间更长，需要置换的频次更少。此外，椰糠也易于回收和再利用。

9.4.5.5 技术制约因素

椰糠基质的缓冲能力较差,其富含 Na^+ 和 K^+,并能吸附 Ca^{2+} 和 Mg^{2+},所以椰糠基质栽培的植物易发生阳离子缺素症状。因此,椰糠在作为栽培基质前,需要先进行泡发清洗处理,以洗去多余的 Na^+ 和 K^+,然后再用硝酸钙溶液浸泡处理,以增加椰糠基质中钙的含量,改善栽培植物对钙的吸收。泡发后的椰糠,硝酸钙溶液浸泡处理的浓度为 0.9 g/L。此外,椰糠作为基质进行无土栽培时,必须通过施肥来补充营养物质。椰壳非常疏松,毛管运输能力较弱,需增加灌水的次数。椰糠的细颗粒物(粉尘)的沉积可能增加基质的紧实度,不利于根系呼吸。

9.4.5.6 优势与局限性

优势:减少水分和养分使用;良好的孔隙度和保水性能;与岩棉相比,能快速吸水。因此,椰糠栽培的植物更易从干旱逆境中恢复,出芽快,生产周期短;可持续;有机基质降解率低;无土传病害。

局限性:需要灌溉和施肥;需要经常灌溉;首次使用在基础设施、覆盖物、管路和水肥设备方面的投入成本较高。

9.4.5.7 支持系统

椰糠需要放在盆子或袋子里。

9.4.5.8 发展阶段

椰糠的应用已实现商业化。

9.4.5.9 技术提供者

在英国,最大的技术提供方是 Botanicoir 和 Cocogreen。在西班牙,主要提供方是 project、Pelemix、Ispemar。

9.4.5.10 专利情况

椰糠是椰子生产的副产物,无专利授权。

9.4.6 竞争技术

主要有泥炭、珍珠岩和岩棉。

9.4.7 应用范围

椰糠可应用于不同作物、气候和种植系统,用途很广。

9.4.8 监管制约因素

椰糠很容易回收再用,目前未发现监管制约因素。

9.4.9 社会经济制约因素

目前,基质的使用主要与其投入成本或作物适应性有关,技术的影响较小。

从供应角度来看,恶劣的天气和降雨会限制椰糠的自然风干,从而影响斯里兰卡和印度的整个椰糠产业。椰糠通常需要自然通风干燥,然而,连续的降雨使得椰糠干燥不充分,并影响到其英国种植者的椰糠栽培生产。不可预测的天气条件会因供货量需求和干燥成本增加而导致椰糠销售价格增加。

9.4.10 衍生技术

椰糠中添加外源功能性物质，以提高水肥利用效率，如 Cocogreen 的 H_2CoCo。

将椰糠以盘状或块状形式提供，加入适量的椰糠泡发至适宜体积，可直接用于盆栽栽培。

9.4.11 主要参考文献

Canna（2016）. How to use coco coir as a concept. Retrieved fromhttp://www. canna-uk. com/how _ use _ coco _ coir _ as _ concept

Cocogreen（2016）. Coco Peat Products for Professional Growers. Brochure.

Dimmitt，M.（2016）. Coir（Coconut Husk Fiber）：A Universal Potting Medium? Retrieved fromhttp:// www. tucsoncactus. org/html/growing _ in _ the _ desert _ column _ June _ 2013. html

Horticultural Coir Ltd（2016）. Why use coir? Retrieved fromhttp://www. coirtrade. com/whyusecoir. html

Nichols M.（2016）Coir：Sustainable Growing Media. Retrieved fromhttp://www. hydroponics. com. au/ coir-sustainable-growing-media/

9.5 珍珠岩的应用

（作者：Eleftheria Stavridou[15]，Esther Lechevallier[4]）

9.5.1 用途

珍珠岩基质有利于实现水分高效利用。

9.5.2 适用地区

珍珠岩基质适用于北欧、西北欧、地中海地区。

9.5.3 适用作物

珍珠岩基质适用于蔬菜（如番茄、黄瓜、甜椒、茄子、夏南瓜、生菜）、水果（如西瓜、草莓）和切花作物（玫瑰、非洲菊、满天星、康乃馨、翠菊）。

9.5.4 适用种植模式

珍珠岩基质适用于设施无土栽培。

9.5.5 技术概述

9.5.5.1 技术目标

设施栽培中采用这种基质可以降低种植成本，减少水肥使用，减少土传病害，缓解土壤疲劳，提高作物的生长整齐度。

9.5.5.2 工作原理

珍珠岩来自火山岩，白色、质轻，经常作为土壤添加剂使用，可以增加土壤的透气性，改善土壤的排水性能。在组分上，珍珠岩含钾、钠、铝和硅成分。珍珠岩 pH 呈中性，排水性好，呈多孔结构，化学惰性，没有阳离子交换能力。珍珠岩有不同粒度，其中 0～5 mm 粒度（无尘）最常见。珍珠岩可以单独使用，也可以添加在椰糠、蛭石、泥炭或土壤中使用，用于改善栽培基质的通透性（图 9-5）。

图 9-5　松散的珍珠岩（左）和珍珠岩栽培的番茄（右）

9.5.5.3　操作条件

珍珠岩含有大量的粉尘，在使用前必须用水反复冲洗。冲洗时应佩戴护目镜和防尘面罩。在打开珍珠岩包装袋之前，可向袋中加入水，以此来降低珍珠岩粉尘颗粒物对操作者及环境的影响。由于珍珠岩基质中有很多小孔隙存在，所以种植作物前必须用水将基质充分浸润，否则珍珠岩会表现出疏水性。

9.5.5.4　成本

材料成本：每袋珍珠岩 2 欧元（37 L/袋）。用 100 L 珍珠岩补充植株拔出时损失的基质成本为 6.8 欧元。

维护成本：珍珠岩可重复使用，使用期长。珍珠岩可冲洗后干燥储存，并能恢复 pH 7.0 的水平。建议在珍珠岩使用前，对其进行蒸汽消毒处理，以防控可能的病原菌污染。此外，也可用高压热水对珍珠岩进行搅动、清洗和消毒处理。

9.5.5.5　技术制约因素

由于珍珠岩含有大量的小孔隙，强烈吸持水分，所以珍珠岩基质可利用的水很少。此外，一些闭合的孔隙，也不利于水分的保持。因此，与其他矿物基质相比，珍珠岩基质用作栽培基质时，其用量相对更大。

珍珠岩含有大量的粉尘，必须对其进行清洗去除粉尘后方可使用。粉尘会导致过多的水分滞留和营养液混浊，促进有害菌的繁殖。珍珠岩粉尘也会引起水培系统中灌溉管路和通道的堵塞。

9.5.5.6　优势与局限性

优势：多孔物质，持水性和排水性好；通透性好，有利于根系健康发育；避免土传病害；pH 中性，对酸性或碱性营养液具有良好的缓冲性；降解率低；有利于增强植物对温度的适应能力。

局限性：珍珠岩栽培中需要进行灌溉和施肥；需要高频灌溉；质量太轻，在水培体系中的应用不理想；珍珠岩从采石场获取，存在环境污染问题；潜在的颗粒物吸入风险；在灌溉时会浮起来；珍珠岩中小的孔隙如果被空气而不是被水填充的话，基质就会表现出疏水性，影响灌溉管理。

9.5.5.7　支持系统

珍珠岩需装在盆里或袋中，在开孔的容器、尤其是无纺布袋里使用效果更好。潮汐灌溉和滴灌较适合用珍珠岩作基质。

9.5.5.8　发展阶段

珍珠岩的应用已商业化。

9.5.5.9　技术提供者

西班牙的 Otavl !berica S L 和 Europerlita Espanola S A 可提供珍珠岩。

9.5.5.10　专利情况

该技术没有专利授权。

9.5.6　竞争技术

椰糠、岩棉和泥炭与珍珠岩形成竞争关系。

9.5.7　应用范围

珍珠岩可用于不同作物，气候条件和作物系统，应用比较广泛。

9.5.8　监管制约因素

珍珠岩在达到使用期限后必须循环再利用，可以与土壤混合使用，以增加通气性。

9.5.9　社会经济制约因素

珍珠岩来自火山岩，虽然火山岩在地球上的分布广泛，但属于非可再生资源。

珍珠岩影响人类呼吸系统。它被列入粉尘，可使眼部、口腔、喉咙和肺部感到不适。长期暴露在这类粉尘环境中，可引起尘肺病。

9.5.10　衍生技术

珍珠岩既可以装在盆中，也可以装在塑料袋中使用。

9.5.11　主要参考文献

Canna (2017). Soilless cultivation-What makes a good medium? Retrieved fromhttp://www.canna-uk.com/what _ makes _ good _ quality _ soilless _ growing _ medium

Grillas, S., Lucas, M., Bardopoulou, E., Sarafopoulos, S. & Voulgari, M. (2001). Perlite based soil-less culture systems: current commercial application and prospects. *Acta Horticulturae*, 548, 105-114

Grodan (2017). Comparing different growing media. Retrieved fromhttp://www.grodan101.com/knowledge-center/comparing-different-growing-media

Hanna, H. Y. (2010). Reducing time and expense to recycle perlite for repeat use in greenhouse tomato operations. *HortTechnology*, 20 (4), 746-750

Olympios, C. M. (1992). Soilless media under protected cultivation rockwool, peat, perlite and other substrates. *Acta Horticulturae*, 323, 215-234

9.6 抑菌的堆肥栽培基质的应用

9.6.1 用途

该基质通过减少杀虫剂使用，最大程度降低环境风险。

9.6.2 适用地区

该基质适用于整个欧洲。

9.6.3 适用作物

该基质主要适用于蔬菜和花卉，产投比原因限制其在其他作物上的应用。

9.6.4 适用种植模式

该基质适用于设施条件下的土壤栽培和无土栽培。

9.6.5 技术概述

9.6.5.1 技术目标

基质中添加堆肥具有抑制病害的作用，特别是抑制根系病害，因此可降低土传病害引起的作物减产风险。

9.6.5.2 工作原理

基质中添加堆肥能迅速提高土壤微生物和真菌活性，增加微生物群落多样性。其改良作用涉及一系列复杂的机制：与其他微生物竞争养分、空间位点和浸染位点。通过哈茨木霉菌进行重寄生，然后裂解。抗生机制，如通过绿粘帚霉产生抗生素。堆肥滤液模拟根系分泌物，抑制病原体滋生。病原菌在无宿主情况下不会萌发，在含堆肥的介质中，病原菌接触到活体植物之前会大量繁殖，现存接种液被消耗。在根际细菌和真菌菌株的作用下产生诱导抗性。控制这个技术的病原菌主要是镰刀菌、丝核菌、腐霉菌和疫霉菌。而且，为了改善抑制效果，堆肥可以对拮抗细菌或真菌的选择性菌株进行富集（图 9－6）。

图 9－6　泥炭基质（左）和泥炭与堆肥混合的基质（右）

9.6.5.3 操作条件

堆肥用量应该占泥炭基质体积的 20%～30%，增加用量时应该检查与目标作物的匹配度。

用于盆栽植物的堆肥基质须具备的特性：pH 5.5～8，水分含量 35%～55%，粒径大小为通过 0.5 目或者更细的筛，可接受的粒径大小要根据盆子或容器的大小而定，要具有高度稳定性，保证为植物提供养分，且体积没有明显的收缩，必须经过成熟度测试或者能够展示它在促进种子萌发和植物生长方面的作用，混合介质的 EC 值为 300 μS/cm。

9.6.5.4 成本

堆肥平均成本 10～15 欧元/t。

9.6.5.5 技术制约因素

堆肥的稳定性和质量以及商品堆肥的保质期都是有限的。此外，原料以及辅料的性质一般也不确定。而且堆肥也存在一定的变异性和不可预测性。因此，相似的堆肥施用效果可能是不一样的。

堆肥的降解程度会显著影响对病害的抑制效果，没有腐熟以及过度腐熟的堆肥对病害的抑制率较低。对病害抑制的效果与有益微生物的存活率有关。

9.6.5.6 优势与局限性

优势：如果能有效控制病菌的话，可减少杀虫剂的使用；可开发农业废弃物来制备堆肥。

局限性：仅具有预防病原菌的作用；产品保质期有限；继续加工的可能性较小；栽培基质的准备耗时较长。

9.6.5.7 支持系统

需要的支持系统有堆肥生产设备，把基质材料运送给生产者的运输网络，堆肥与栽培基质的混合设备。

9.6.5.8 发展阶段

该基质的应用已实现商业化。

9.6.5.9 技术提供者

有几家专门提供堆肥产品的公司，如意大利的 AgriNewTech（www.agrinewtech.com）。

9.6.5.10 专利情况

抗性菌株不是专利产品，最终的堆肥产品可以申请专利。

9.6.6 竞争技术

该技术是使用杀虫剂或生物制剂来控制土传病害的一项替代技术。

9.6.7 应用范围

堆肥作为基质材料主要用于作物栽培（主要是蔬菜，也有观赏植物），一般不用于较大规模的种植。

9.6.8 监管制约因素

堆肥产品质量须符合意大利的相关法规规定，2010 年 4 月 29 号的第 75 号令规定堆肥产品质量应该符合栽培基质的标准要求，也应该符合肥料有关的标准要求。这一规定主要阐述的问题：根据原料划分堆肥类别，生产方法，具备一定的物理与化学特征，营养元素的含量。

9.6.9 社会经济制约因素

该基质无社会经济制约因素。

9.6.10 衍生技术

该基质无衍生技术。

9.6.11 主要参考文献

Chet，I. & Baker，R. （1980）. Induction of suppressiveness to *Rhizoctonia solani* in soil. *Phytopathology*，70，994-998

Hadar，Y. & Mandelbaum，R. （1986）. Suppression of *Pythium aphanidermatum* damping-off in container media containing composted liquorice roots. *Crop Protection*，5，88-92

Lockwood，J. L. （1990）. Relation of energy stress to behaviour of soil borne plant pathogens and to disease development. In：*Biological Control of Soil borne Plant Pathogens*，ed. D. Hornby，pp. 197-214. CAB International，Wallingford，UK

Lumsden，R. D.，Locke，J. C.，Adkins，S. T.，Walter，J. F. & Ridout，C. J. （1992）. Isolation and localization of the antibiotic gliotoxin produced by *Gliocladium virens* from alginate prill in soil and soilless media. *Phytopathology*，82，230-235

Termorshuizen，A. J.，van Rijn，E.，van der Gaag，D. J.，Alabouvette，C.，Chen，Y.，Lagerlöf，J.，Malandrakis，A. A.，Paplomatas，E. J.，Rämert，B.，Ryckeboer，J.，Steinberg，C. Zmora-Nahum，S. （2006）. Suppressiveness of 18 composts against 7 pathosystems：Variability in pathogen response. *Soil Biology and Biochemistry*，38，2461-2477

van Loon，L. C.，Bakker，P. A. H. M. & Pieterse，C. M. J. （1998）. Systemic resistance induced by rizosphere bacteria. *Annual Review of Phytopathology*，36，453-483

9.7 排水再利用的自动混合系统

（作者：Evangelina Medrano[11]，Elisa Suárez-Rey[11]）

9.7.1 用途

该系统用于配制作物生长所需的营养液，有利于实现水分和肥料的高效利用，降低营养液排放的环境效应。

9.7.2 适用地区

该系统适用于整个欧洲地区。

9.7.3 适用作物

该系统适用于蔬菜和观赏植物。

9.7.4 适用种植模式

该系统适用于露地和设施无土栽培

9.7.5 技术概述

9.7.5.1 技术目标

这项技术可以把排水与新鲜水自动混合以便再利用。图9-7展示的是将淡水补充到排水收集池中和通过灌溉控制阀将淡水补充到循环液中混合（图9-8）的两种策略。

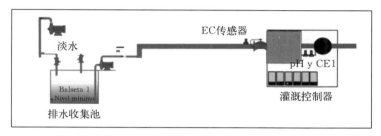

图9-7 将淡水补充到排水收集池中的自动混合系统

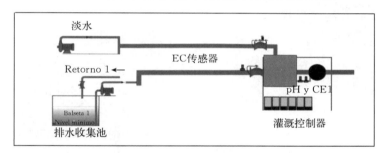

图9-8 通过灌溉控制阀将淡水补充到循环液中的自动混合系统

9.7.5.2 工作原理

近年来，基质栽培已从开放的栽培系统发展为排水液可再利用的密闭循环栽培系统。与开放的非循环系统相比，密闭系统需要对营养液进行更精确和频繁的调控。回收的营养液必须经过处理才能恢复其原有的营养元素组成，这可以通过不同的处理策略来实现。

将淡水补充到排水收集池中的策略，排放出的溶液在设置有上、下两个传感器的收集池中与淡水混合。在灌溉时，排水与淡水的混合水位逐渐下降，当传感器感应到水位下限时，开始往收集池中补充淡水，直至水位上线，这样可以避免水的外溢。通过补充淡水，排放出的水得到稀释。与初始营养液相比，混合液的EC和营养液浓度下降。图9-9显示的是排水的EC以及淡水与排水混合后的EC（采集的收集池中的溶液）。

将排出的水溶液收集到有一个传感器的排水收集池中，每次灌溉时，灌溉控制阀会自动通过补充淡水的方式将收集池中排水的EC调整到适宜的目标EC。如果需要增加排水溶液的EC，设备将按照设定的阈值注入肥料。如果储罐溶液在灌溉过程中耗尽，则继续补充新的营养液进行灌溉。该系统能更好地利用回收的营养液，并维持溶液适宜的pH、EC和营养物质平衡。为了调整肥料的添加量和保持养分供应平衡，必须对养分浓度进行定期监测（图9-10）。

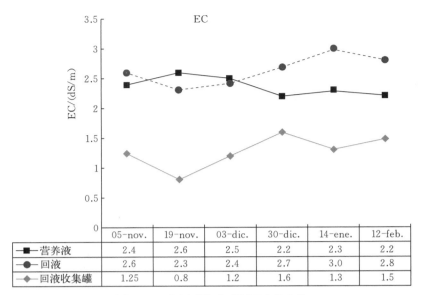

	05-nov.	19-nov.	03-dic.	30-dic.	14-ene.	12-feb.
■ 营养液	2.4	2.6	2.5	2.2	2.3	2.2
● 回液	2.6	2.3	2.4	2.7	3.0	2.8
◆ 回液收集罐	1.25	0.8	1.2	1.6	1.3	1.5

图 9-9 密闭系统中采用 EC 的变化

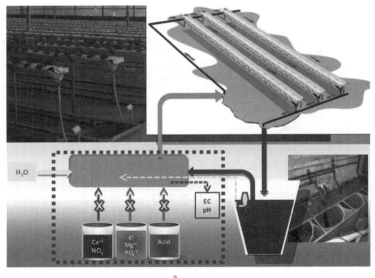

a

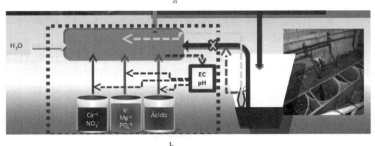

b

图 9-10 将淡水输入施肥设备制备营养液的方法

a. 当液位传感器检测到收集池中的排水时，灌溉控制阀将向排水中补充淡水

b. 当液位传感器检测到没有排水时，灌溉控制阀开始通过向淡水中添加肥料来配制新的营养液

9.7.5.3　操作条件

密闭种植系统管理，存在根部病原菌侵染的风险，也存在灌溉水盐度控制的困难。当循环营养液中营养物质的浓度高于植物可吸收利用的浓度时，会发生 Na^+ 和 Cl^- 盐害风险。这时，为避免根区盐分过度积累及引起的作物产量下降，必须排出部分循环液。再循环系统中排放水的比例（"We"即排水与再循环水的百分率之差）可以通过下式来计算（Magán，1999）：

$$We = \frac{Wa \times (Cw - Cu)}{Cm - Cw}$$

式中，We 为排水与再循环水的百分率之差；Wa 为作物吸水百分率；Cw 为淡水中条件限制型离子的浓度；Cu 为作物需要的该离子的浓度；Cm 为排放水中允许的该离子最大浓度。

9.7.5.4　成本

专用的软件、传感器、储罐、额外的阀门和泵成本在 3 500～10 500 欧元，费用高低取决于 A 和 B 两种策略在项目实施中的复杂性。

9.7.5.5　技术制约因素

密闭的种植系统一般情况下不会限制作物产量或品质。但实际应用中，循环营养液中盐分离子的累积可能是一个不得不考虑的因素。

9.7.5.6　优势与局限性

优势：即使系统需要冲洗或存在水分外渗，仍可以节水 20％～30％；节约养分投入 40％～50％；减少肥料和化学品对地下和地表水的污染。

局限性：增加集水池、泵、管道等的投资；使用必要消毒方法。

9.7.5.7　支持系统

与开放的非循环系统相比，该技术需要对营养液进行更加精确和频繁的调控。必须有收集排水的管道和池子及动力泵，以及避免植物检疫性病害的消毒设备。

9.7.5.8　发展阶段

该系统已商业化。

9.7.5.9　技术提供者

安装水肥一体化控制设备的公司可提供该系统。

9.7.5.10　专利情况

该系统没有专利产品。

9.7.6　竞争技术

使用任何策略均是用来配制理想的营养液。在荷兰使用的一种替代方法是将更新的营养液与排出的水溶液混合来达到最终要求的 EC。

9.7.7　应用范围

该技术可应用于任何的水培系统，如深水栽培、浮法水培、营养液膜技术、深液流技术，以及空气培和基质培（砾石、沙、袋或容器栽培）。

9.7.8　监管制约因素

自 2002 年起荷兰环境法就规定，在大多数情况下，必须强制性收集地上排水并再次用作灌溉用水。在西班牙安达卢西亚，2015 年 12 月 15 日的法令规定了园艺保护作物综合生产的具体规则，建议在无土栽培中对营养液进行再循环利用。

9.7.9　社会经济制约因素

温室封闭式栽培对灌溉水质有一定的要求。但水质要求过高的话，灌溉成本又会大幅增加，使得灌溉系统无法实现循环。考虑到对环境的影响，在发展园艺作物的区域，应以合理的价格购置高质量的灌溉水，或采用脱盐植物对水进行原位处理或其他控制污染的措施，尽量避免选用劣质水。

9.7.10　衍生技术

该技术衍生出可用于营养液再循环的策略 A 与策略 B。

9.7.11　主要参考文献

Gallardo，M.，Thompson，R. B.，Rodríguez，J. S.，Fernández，M. D.，Sánchez，J. A. & Magán，J. J. (2009). Simulation of transpiration, drainage, N uptake, nitrate leaching, and N uptake concentration in tomato grown in open substrate. *Agricultural Water Management*，96，1773-1784

Magán，J. J. (1999). Sistemas de cultivo en sustrato：a solución perdida y con recirculación del lixiviado. In：*Cultivos sin suelo* Ⅱ. *Curso superior de especialización*，eds. M. Fernández and I. M. Cuadrado. pp. 173-205

Pardossi，A. (2012). *Management of soilless cultivation of greenhouse and nursery crops*. Master Course presented at Almeria University

Stanghellini，C.，Kempkes，F.，Pardossi，A. & Incrocci，L. (2005). Closed water loop in greenhouses：effect of water quality and value of produce. *Acta Horticulturae*，691，233-241

9.8　半密闭无土栽培系统

（作者：Evangelina Medrano[11]，Miguel Giménez[11]，Elisa Suárez-Rey[11]）

9.8.1　用途

该系统用于准备作物需求的营养液，有利于实现水分和肥料的高效利用，降低营养液排放的环境效应。

9.8.2　适用地区

该系统适用于整个欧洲地区。

9.8.3　适用作物

该系统适用于蔬菜和观赏植物。

9.8.4　适用种植模式

该系统适用于露地和设施无土栽培。

9.8.5　技术概述

9.8.5.1　技术目标

半密闭的无土栽培系统可实现排水再利用。采用半密闭系统的目的是大幅减少排水中硝酸盐和磷酸盐对水的污染，并减少水肥消耗，同时避免减产。

9.8.5.2　工作原理

半封闭系统排出的营养液需要进行消毒、补充和再循环。营养液 EC 和某些潜在有毒离子的浓度达到可接受的最大阈值后，应将其完全或部分替换。在荷兰，营养液钠浓度达到某些作物特定的限制阈值时，如番茄为 8 mmol/L 或切花玫瑰为 4 mmol/L 时，就需要对系统中的营养液进行处理。

循环水的管理以混合液 EC 为控制标准，来确定肥料、排水和新注水的混合比例，来确保新配制营养液的电导率在适宜的范围。

9.8.5.3　操作条件

密闭系统中，营养液循环可能带来根系病菌扩散的风险，营养液 EC 调控也非常困难。密闭系统需要考虑营养液中 Na^+ 和 Cl^- 的累积，考虑基质类型对营养液离子浓度的影响；选用阳离子交换量（CEC）较高的有机基质时，最初几周应避免营养液再循环。

密闭系统中，为避免病菌侵染，有必要配置消毒设备。但消毒会干扰溶液中的营养物质，尤其对微量元素有很大影响。如氧化消毒（UV-C、臭氧氧化、氯化）会破坏部分铁螯合物，因此，最好使用适宜于密闭系统的微量元素配方。

9.8.5.4　成本

安装成本：开放式的无土栽培系统需要用到水肥一体化设备，以下专用装置可用于半封闭系统。1 hm^2 基质栽培园艺作物的投入成本：收集排水的管道 30 000 欧元，收集池 5 000 欧元，排水泵 4 000～12 000 欧元（取决于所选择的循环技术）。

运行成本：专用软件和传感器成本 3 500～10 500 欧元（取决于系统的复杂性）包括泵、收集池、营养液输送管道的费用。要特别注意收集池中藻类的繁殖。

9.8.5.5　技术制约因素

封闭种植系统一般不会影响作物产量与品质。但需要格外注意的是循环营养液中盐离子的累积。原水质量是该技术实施的重要因素。原水矿化度高的话，如果不进行降低矿化度的预处理，离子积累效应可能会限制营养液的再循环。

9.8.5.6　优势与局限性

优势：即使系统需要冲洗或存在水分外渗，仍旧可以节水 20％～30％；节约养分投入 40％～50％；减少肥料和化学品对地下和地表水的污染。

局限性：增加集水池、泵、管道等的投资；使用必要的消毒方法。

9.8.5.7　支持系统

与开放的非循环系统相比，该技术需要对营养液进行更加精确和频繁的调控以及必要的技术培训。再循环过程的管理必须是由计算机协助进行自动控制。软件的兼容性（灌溉、水肥一体化、气候、再循环等）也需要考虑。

9.8.5.8　发展阶段

该系统已实现商业化。

9.8.5.9　技术提供者

出售水肥一体化控制器的公司可提供该系统。

9.8.5.10　专利情况

该系没有专利产品。

9.8.6　竞争性技术

水培种植系统如营养液膜技术等与该系统形成竞争关系，较高的灌溉频率须采用密闭系统。

9.8.7　应用范围

该技术可应用于水培系统如深水栽培、浮法水培、营养液膜技术、深液流技术，以及空气培和基质培系统，如砾石、沙、袋或容器栽培。

9.8.8　监管制约因素

硝酸盐限令（欧盟理事会，91/676/EEC）的实施，将欧洲许多受 $NO_3^- - N$ 污染影响的地区被确定为硝酸盐易发区（NVZs）。NVZs 制定了行动计划，并采取了一系列措施，以解决农牧业生态系统中的 $NO_3^- - N$ 损失。

西班牙的安达卢西亚地区，2008 年第 36 号令明确了 20 个来源于农业生产的硝酸盐易发区，其中有 7 个是温室农业生产区。

9.8.9　社会经济制约因素

参见 9.7.9。

9.8.10　技术描述

温室番茄无土栽培系统减少废水和硝酸盐排放的方法（Massa et al.，2010）：采取减少水肥投入和氮排放但不影响产量的养分管理技术，通过调整 EC 和短期营养饥饿，延长营养液的再循环过程，溶液 EC 和 $NO_3^- - N$ 容易测定。

再循环营养液盐度模型的建立（Carmassi et al.，2005）：模型表征密闭无土栽培番茄所用的循环营养液 EC 的变化。模型以植物对养分的均衡吸收理论为基础，植物需求量较大的阳离子（如 K^+、Mg^{2+} 和 Ca^{2+}）的浓度与作物水分吸收线性相关。非必需离子如 Na^+，则与植物水分吸收非线性相关。该模型适宜于密闭的水培系统，认为作物蒸腾失水量可通过向混合池中注入营养液来补偿。该系统中，大量元素尤其是 Na^+ 这样非必需离子的积累使溶液 EC 逐渐升高，还会导致其表现及吸收浓度低于灌溉水中的浓度。

模型校准借助文献及前期工作基础实现，但模型最终验证需要借助不同季节不同 NaCl 浓度的溶液培养番茄获得的数据来实现。验证表明，模型能很好地模拟密闭水培系统用劣质灌溉水配制循环水营养液时的盐分累积规律，而且该模型可估测管道冲洗导致 EC 变化时的作物蒸腾失水量，因此能预测半密闭无土栽培系统中水分和氮素的淋失情况。

9.8.11　主要参考文献

Carmassi, G., Incrocci, L., Maggini, R., Malorgio, F., Tognoni, F. & Pardossi, A. (2005). Modeling salinity build-up in recirculating nutrient solution culture. *Journal Plant Nutrition*, 28, 431-445

Gallardo, M., Thompson, R. B., Rodríguez, J. S., Fernández, M. D., Sánchez, J. A. & Magán, J. J. (2009). Simulation of transpiration, drainage, N uptake, nitrate leaching, and N uptake concentration in tomato grown in open substrate. *Agricultural Water Management*, 96, 1773-1784

Massa, D., Incrocci, L., Maggini, R., Carmassi, G., Campiotti, C. A. & Pardossi, A. (2010). Strategies to decrease water drainage and nitrate emission from soilless cultures of greenhouse tomato. *Agricultural Water Management*, 97, 971-980

Pardossi, A. (2012). *Management of soilless cultivation of greenhouse and nursery crops*. Master Course implanted in Almeria University

Stanghellini, C., Kempkes, F., Pardossi, A. & Incrocci, L. (2005). Closed water loop in greenhouses: effect of water quality and value of produce. *Acta Horticulturae*, 691, 233-241

9.9　营养液膜技术

（作者：Elise Vandewoestijne[17]，Els Berckmoes[21]，Elisa Suárez-Rey[11]）

9.9.1　用途

该技术用于灌溉水准备，有利于实现水肥高效利用，减少养分排放对环境的影响。

9.9.2　适用地区

该技术适用于整个欧盟地区。

9.9.3　适用作物

该技术适用于叶菜、小根菜（例如甜菜）、草药、草莓、水果型蔬菜（仅限少数）、番茄（处于研究阶段）。

9.9.4　适用种植模式

该技术适用于露地和设施无土栽培。

9.9.5　技术概述

9.9.5.1　技术目标

营养液膜技术（NFT）是为植物提供水、氧气和营养的水培系统。

9.9.5.2　工作原理

植物生长所需的溶解态养分经浅水流在作物根部循环。适当的通道斜率、长度和液体流速使营养液达到理想的厚度，可使主要根系能接触到水、氧气和营养。以这种方式实时和持续供应植物健康生长所需的基本营养。

图 9-11 显示营养液膜技术系统的基本组分。系统底部的营养池里，营养液浓度、酸碱度和 EC 皆比较适中。该营养液被泵输送到营养液膜通道最高点的一侧，在压力和重力作用下，营养液从通道顶部流到底部，经过通道从植物根部流过。植物根系充分发育，方便吸收养分和水分。

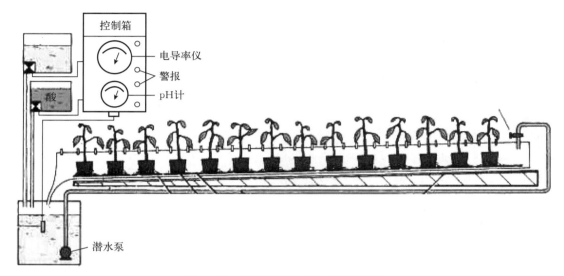

图 9-11　营养液膜技术系统实例模式

通道末端剩余的排水被收集起来并送回营养池。作物根区介质不管是土壤还是泥炭，都需先将收集到的排水送到滤网或砂滤器中，清除漂浮的污垢颗粒。莴苣的管理，排水通过活性炭过滤器过滤掉根部渗出物。番茄的管理，排水经过紫外线处理来清除细菌、孢子或病毒。现有的许多技术都能对排水同时进行物理过滤和生物过滤。

收集到的排水中，营养物质已经消耗，不能直接用于植物栽培。需将雨水或地下水与营养物质混合的溶液补充灌水。营养物质为根据目标作物特性配制的浓缩营养液。园艺作物的收获部分不同，其养分需求特征亦不同。

为配制出理想的营养液，向水中添加营养物质时，必须对溶液的 EC 和 pH 进行检测和调节，以此开始溶液的下次循环。

9.9.5.3　操作条件

限度：流量不超过 1 L/min。

通道斜率：理想状况为 1∶100，必须保持至少 1% 的斜率。通道长度应小于 10～15 m。夏季使用时，较长的通道长度会使营养液温度升高、氧气含量降低；营养液适用于大部分作物。

容量：总容量取决于作物类型，与种植密度也有关，不过，种植密度也可通过采用立体种植来增加。

9.9.5.4　成本

安装成本：种植莴苣和草药的移动营养沟槽系统，成本约 100 欧元/m²（始于 2003年）。包含温室、补光灯和移动沟槽的系统，成本约 230 欧元/m²。

维护成本：更换塑料连接件/封盖；净化水和渠道持续利用的部件；自动系统中的水泵、

电子设备和可能用到的连接部件。

9.9.5.5 技术制约因素

营养泵异常停机；滴管或龙头易出现断开或堵塞；温室被分为不同的较大区域。每个区域都有各自的水分管理方法。一旦沟槽需要特殊的水分管理方法，沟槽必须手动移位。例如，莴苣种植的移动沟槽系统中一旦出现植体感染，如果种植者想切断供水，就必须手动移动沟槽。

营养液的温度在流经沟槽时会增加，这导致溶液氧气浓度降低。这一问题可通过使用一种新型的沟槽来解决。

9.9.5.6 优势与局限性

优势：符合工程学的工作方式；自动化潜力巨大；节约水肥并提升作物品质；更有效地利用空间；可获得更高的利润。

局限性：如果消毒方案失败，病害会扩散到整个系统；水流系统的破坏会影响该技术的实施。

9.9.5.7 支持系统

沟槽需支撑来达到适合的斜率，从而使营养液在重力作用下通过通道流经作物根部。系统主要依赖自动化、框架结构和电动化，也需要手动控制。

9.9.5.8 发展阶段

该技术已进入商业化阶段。

9.9.5.9 技术提供者

园艺水肥一体化的技术供应商有园艺计划、新型种植系统（NGS）。

9.9.5.10 专利情况

该技术无专利授权，但目前有这种技术的专利版本，如园艺公司的移动沟槽系统。

9.9.6 竞争技术

其他类型的半封闭水培系统如深液流技术、潮汐灌溉系统和雾培种植技术与该技术形成竞争关系。

9.9.7 应用范围

无土特性及极大的灵活性，该技术具有广阔的应用潜力，气温适宜时可在室外实施，气温偏冷时宜在棚室内实施。同时也需要其他支持系统，如在室外应用该技术时，阳光直射导致水分蒸发加快，排水槽中应使用更多的有机材料。实践表明，该技术可转移到其他蔬菜和水果生产系统。

9.9.8 监管制约因素

作为再循环系统，该技术应符合水框架指令（2000）和地下水指令（2006）。

9.9.9 社会经济制约因素

这项技术的主要瓶颈是安装专业、自动化的营养液膜技术系统需要大量的资金投入。低成本的营养液膜版本也确实存在，并已被世界各地的小规模种植者所使用。

9.9.10 衍生技术

园艺公司的移动沟槽系统：承载作物的通道被自动地从种植点移动到收获点。不同栽培阶段设定成不同种植密度，随着作物的生长，沟槽之间的空间增大，植株密度达到最佳。在初始阶段，植物以 40 株/m² 的密度移植到沟槽。随着植物的生长，沟槽之间的距离增加。最终，植株密度降至 14 株/m²。移动沟槽系统已实现高度自动化。例如，通过自动化手段把作物从塑料板条箱移植到沟槽上（图 9 - 12、图 9 - 13）。

图 9 - 12 从塑料板条箱到沟槽自动移植的生菜
（来源：Isabel Vandevelde）

图 9 - 13 营养液通过小管在沟槽中流动
（来源：Es BelkMees）

城市作物公司的 FarmFlex 集装箱：一个长度 12 m 配备绿叶生长架的气候控制货运集装箱（图 9 - 14）。该系统提供营养液膜系统四层立体栽培方案，营养液全自动供应管理。

园艺构建：该系统以固定沟槽为基础。创新点在于沟槽构造由三条管道（营养液、作物和排水管道）组成（图 9 - 15）。新鲜营养液通过营养液管道直接输送到作物，将营养液通过薄板输送给植物。多余的营养液被收集在排水管道中，并被输送到水箱。这种设计能向沟槽中的所有植物提供

图 9 - 14 FarmFlex 集装箱

养分均匀、氧浓度适宜的营养液。与其他系统相比，该系统仅产生少量排水。这样，可以缩小过滤器和消毒系统的尺寸。

图9-15 园艺建设公司的沟槽结构

新种植系统（NGS）：NGS系统以柔性塑料袋为基础。这些袋子被放置在斜坡即所谓的"钢格子"上（图9-16）。新种植系统提供不同类型的袋子，以确保根部获得足够的水。根可能对水造成阻碍，导致袋子下部流水障碍而缺水。由于不同层的分离，当水流入新的隔间时，一旦水在第一隔间被阻塞，后续隔间的植物根部就无法获取到足够的水分。

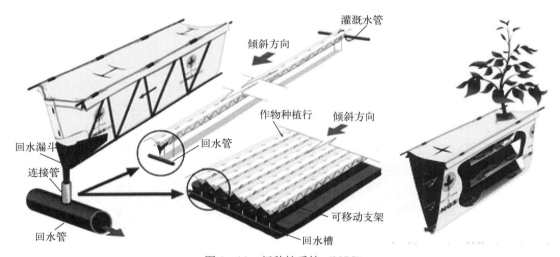

图9-16 新种植系统（NGS）

9.9.11 主要参考文献

Cooper，A.（2002）.*The ABC of NFT*，*Nutrient Film Technique*. Casper Publications. 171 pages.

http://www.hortiplan.com/nl/mgs/

https://www.urbancrops.be/farm-systems/farm-flex/

http://horti-technology.com/nl/

http://ngsystem.com/en/ngs/multibanda

9.10 深液流技术

（作者：Els Berckmoes[21]，Elisa Suárez-Rey[11]）

9.10.1 用途

该技术用于高效利用水分和养分，减少养分排放对环境的影响。

9.10.2 适用地区

该技术适用于欧洲西北部及中东部。

9.10.3 适用作物

该技术适用于蔬菜。

9.10.4 适用种植模式

该技术适用于露地和设施无土栽培。

9.10.5 技术概述

9.10.5.1 技术目标

自 1973 年日本开发和应用以来，深液流技术就被作为一种改良的水培方法，用于种植莴苣和其他蔬菜。作为无土栽培方式，深液流技术系统旨在减少种植作物对环境的影响，减少生产过程的水肥消耗及对化学药物的需求。

9.10.5.2 工作原理

在深液流系统中，将幼苗放在漂浮板上，漂浮板放在大营养池中，营养池中营养液的高度保持在 18～30 cm 深。幼苗被放在漂浮板上的特殊孔隙中，幼苗根系接触水，并从水中获取营养。随着植物的生长，漂浮载体从营养池的一端移动到另一端（图 9-17）。

图 9-17 深液流装置

一般情况下，营养液深度保持 18～30 cm，以维持稳定的水温。按照种植规模划分，深液流有两种系统：较小的系统，营养物质直接添加水到容器中；较大的系统，营养液先被存放在可调浓度的蓄水单元，再从蓄水单元用泵输送到不同的水箱。

一个农场应配备几个独立的水池，以作为营养液配制失误和疫病暴发等问题的补救措施，进而将种植风险降至最低。为增加营养液的均一度，需将氧气泵入水中，产生水运动，并使氧气浓度维持在 2.1 mg/L 以上。

深液流系统可使用几种类型的漂浮板。漂浮板的选择影响叶菜栽培。漂浮载体上的空气室和种植密度影响叶菜植株的布设。载体类型不同，则深液流循环不同阶段植株的布设不同。

幼苗/育苗阶段：如 Botman Hydroponics 公司提供了一种漂浮板，可在深液流系统上培育莴苣幼苗（图9-18）。装有基质的浮板被放置在特定支架上，从而使基质与营养液接触。这种漂浮板可布设 100 株/m^2 的幼苗。

图9-18 深液流系统上的莴苣育苗阶段

生产阶段：幼苗长至预期大小或根系充分发育时，将幼苗移至漂浮板上（图9-19）。生产阶段存在连续系统与不连续系统。连续系统精选的幼苗以收获时的密度移植到漂浮板上。如 Viscon 系统中，作物直接以 20 株/m^2 的密度移植。带有幼苗的漂浮板被放置在水池的一端，每当有一批新的漂浮板被放入系统中时，之前的一批就移向水池的另一端。当漂浮板到达水池的另一端时，作物已经完全成熟，把漂浮板从水里取出，收获作物。不连续系统第一阶段，幼苗放在叶菜漂浮板上。植株密度由基质尺寸和漂浮载体决定，如选用边长为 4 cm 的正方形泥炭块时，密度为 48 株/漂浮板或 52 株/m^2；选用边长为 5~6 cm 的正方形泥炭块时，密度为 35 株/漂浮板或 42 株/m^2。在欧洲西北部，植物移栽至可放置 12 株苗的单个漂浮板上，或 14 株/m^2 的漂浮板上。带有幼苗的漂浮板被放置在水池的一端。每当有一批新的漂浮板时，之前的一批就向水池的另一端漂移。当漂浮板到达水池的另一端时，作物完全成熟，把漂浮板从水里取出，收获作物。

图9-19 把莴苣幼苗移栽到漂浮板上

9.10.5.3 操作条件

深液流系统对作物类型有特定的要求。如牛油莴苣按照比利时的要求，单株成熟质量为

450～500 g 很难种植。像 Lollo Bionda 和 Lollo Rossa 品种，一般成熟时质量为 300～500 g/株，可在深液流系统种植。

9.10.5.4 成本

浮板安装成本为 12～25 欧元/m²，深液流池的安装成本为 15～20 欧元/m²。种植有关的采暖、收获系统等的安装成本为 10～15 欧元/m²。

9.10.5.5 技术制约因素

需自动化：该系统仍然相当费力，包括 1～2 次移植、取出漂浮板、收获等。为使系统经济可行，亟须自动化。

雨水导致营养液不稳定：深液流技术应用于户外作物时，降水可能导致营养液稀释，引起植物尖端烧伤、脉间黄化等问题。Botman 水培公司开发了一种特殊的漂浮板，用来收集落在漂浮板上的雨水，并将其导流到雨水储存池（图 9-20）。

图 9-20　雨水收集专用漂浮板（左）连接到雨水储存池（右）

营养液中的营养元素如铁和锰的浓度需要进行监测（Blind，2014）。

深液流系统栽培的莴苣对炭疽病更敏感（Blind，2014），主要原因是长时间暴露在感染源（雨滴）附近，引起炭疽病的真菌能在－9 ℃的温度下存活（图 9-21）。

图 9-21　莴苣感染炭疽病

(Blind, 2014)

9.10.5.6 优势与局限性

优势：与土壤种植相比，生产周期更短（对于莴苣）；每年种植茬口更多；作物密度更高；与土壤病原菌（如丝核菌种）隔离，防护措施减少；大量的水可起到缓冲作用。与营养液膜系统相比，营养成分和水温（一般保持在 14 ℃）的波动较小；与移动沟槽系统相比，投资成本显著降低，并且能增加产量（表 9-2）。

表9-2 深液流系统与土壤栽培作物的年产量比较（De Haan et al.，2013）

	土壤栽培	深液流系统	产量倍数（渗流系统产量/土壤栽培产量）
韭菜	65 t/hm²	286 t/hm²	4.4
莴苣	163 000 株/hm²	684 000 株/hm²	4.2
菠菜	52 t/hm²	229 t/hm²	4.4
花椰菜	21 000 株/hm²	40 000 株/hm²	1.9

局限性： 由于水量巨大，营养液配制的一个小错误就可能引起巨大的损失；该系统不允许种植者做试验，不能用于测试新产品；作物产量低（牛油莴苣），产量在1.5~2年后显著下降，需更换营养液，这也意味着原营养液的排放；劳动密集型的生产模式，移栽、收获等环节需付出较多劳动力；系统可能会出现藻类繁殖的问题（移除漂浮板时）。

9.10.5.7 支持系统

该技术需要自动喷杆、营养供应、水体氧气分散、收获和驱动净化系统等支持。

9.10.5.8 发展阶段

田间试验阶段：对不同作物进行筛选，以确定其深液流系统种植的可能性。

商业化阶段：种植莴苣。

9.10.5.9 技术提供者

有很多公司都可以提供该技术。

9.10.5.10 专利情况

漂浮板获得了专利，但生产系统没有；种植和收获机器均获得了专利。

9.10.6 竞争技术

移动沟槽系统与该系统形成竞争关系。

9.10.7 应用范围

该技术可应用于不同作物、气候及种植系统，现在正调查深液流系统种植韭菜的可能性。在许多欧洲成员国，使用化学品对土壤进行消毒的压力很大，将土壤栽培改为低成本的无土栽培的趋势更明显。此外，消费者需要更洁净的食物。因此对无土栽培产品需求也显著增加。

9.10.8 监管制约因素

在欧洲现行的水和营养立法下，种植者正在调整适应新的生产形势。在荷兰、德国、比利时等国，为适应国家和区域对土壤氮残留的控制标准，种植者被迫减少施肥用量，随着以上标准逐年提高，种植者找到了可替代传统土壤栽培的无土栽培方式。此外，考虑到禁止排放硝态氮含量超过50 mg/L的废水，深液流等无土栽培种植者正在寻求改善排水的方法，如用排水浇灌草坪，或者对其进行养分去除处理。但排水的量非常大，没有足够大的草坪来消纳这些废水，所以目前还没有可用的技术能够处理定期产生的大量营养水。

9. 10. 9 社会经济制约因素

鉴于对种植风险的担心，种植者一般不愿意测试和应用新产品和新技术。

消费者要求蔬菜没有或低农药残留，这驱动种植者找到无土栽培这种可满足市场需求的种植方式；但消费者又不愿意支付无土栽培蔬菜上浮的销售价格。

9. 10. 10 衍生技术

栽培系统为生菜提供特定的漂浮板，在栽培基质和营养液之间设置空气室是由该技术衍生出来的（图 9 - 22、图 9 - 23）。

图 9 - 22 具有特定漂浮板的栽培系统在基质和营养液之间有空气室

图 9 - 23 直接定位收获密度的 Viscon 水培种植系统

9. 10. 11 主要参考文献

Blind，M.（2014）. Research results for crops grown on DFT. Presentation during symposium Hydroponics 24th of September 2014，Zwaagdijk，the Netherlands

De Haan, J., van Dijk, S., Spruijt, J., Blind, M. & Breukers, A. (2013). Soilless cropping systems for outdoor vegetable production. Presentation at Nutrihort, 17th of September 2013, Ghent, Belgium. Retrievedfrom

http://www. teeltdegronduit. nl/upload _ mm/b/4/1/a760dc97-8be7-4ac9-bc9c-b50bfb50b432 _ 25.% 20Soilless%20cultivation%20systems%20presentation%20Nutrihort%2 017-09-13. pdf

Goto, E. (1996). Effect of dissolved oxygen concentration on lettuce growth in floating hydroponics. *Acta Horticulturae*, 440, 205-210

Tesi, R., Lenzi, A. & Lombardi, P. (2003). Effect of salinity and oxygen level on lettuce grown in a floating system. *Acta Horticulturae*, 609, 383-387

Vandevelde, I. (2014). New technologies for growing lettuce. Presentation during symposium Salads in (r) evolution, 18th of September 2014

http://www. teeltdegronduit. nl/upload _ mm/3/6/1/ae02317b-d436-4db5-9b63-8ff39a5cbdf2 _ Presentatie% 20Botman%20Hydroponics%20Nederland. pdf)

9.11 潮汐灌溉（涨退潮）系统

（作者：Ilse Delcour[19]，Els Berckmoes[21]，Elisa Suárez-Rey[11]）

9.11.1 用途

该技术有利于实现水肥的高效利用，减少养分排放对环境的影响。

9.11.2 适用地区

该技术适用于整个欧盟地区。

9.11.3 适用作物

该技术适用于设施盆栽作物及番茄、辣椒、观赏植物、草药。

9.11.4 适用种植模式

该技术适用于设施无土栽培。

9.11.5 技术概述

9.11.5.1 技术目标

最大限度地为根系提供氧气，并保证介质中营养液和水的充足供应。该技术可减少劳动力，适合于水和养分的循环利用。

9.11.5.2 工作原理

潮汐灌溉是一种灌溉技术，让水交替淹没作物根部区域，再让水退去。该系统可由浅模塑料台或混凝土台建成，涨潮深度达 5 cm，所有排水被净化和再循环之前返回到水箱或营养池。潮汐灌溉系统可直接在温室地面上建造，也可在地面上放置托盘或在带有支架的台面上安装托盘。

灌溉涨潮区容纳营养液。当该区涨潮时，种植钵获得营养液。当营养液以毛细流形式进入种植钵时，排出空气。当营养液从钵中退去时，基质通气性增强，根区富含氧气，促进根系健康生长。

大部分水在潮汐灌溉的前 5 min 内被吸收。为了充分灌溉和改善根区氧气，应频繁地进行涨潮和退潮。按照一次持续 5 min 涨潮频率供应足够的水和养分。

基质栽培潮汐灌溉和排水系统为最简单的水培系统类型，在营养池上有一个托盘，托盘中填充培养基质（最常见的是黏土颗粒），可直接种植，或者在托盘中放置盛有培养基质的盆钵。采用简单的计时器让水泵每隔一段时间将营养液注入托盘，然后营养液再流回营养池。使培养基质有规律地充满营养和空气。一旦托盘充满并超过排水停止位，水泵停止动作，托盘内的水排回营养池（图 9 - 24、图 9 - 25）。

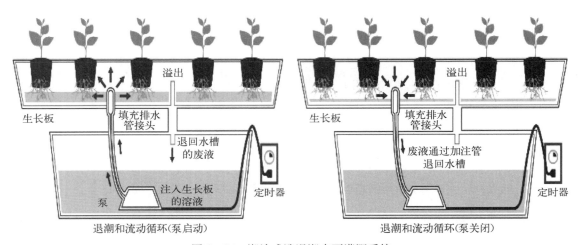

图 9 - 24　潮汐或涨退潮水下灌溉系统

图 9 - 25　不同类型的潮汐灌溉产品

9.11.5.3　操作条件

潮汐灌溉系统对作物类型有一定的要求。使用混合基质可取得良好的种植效果，基质的关键特性是：中低持水量和高气孔率。潮汐灌溉系统的理想栽培基质（不需要添加或混合其他物料）是轻质膨胀黏土聚集体，其多孔结构方便吸收和释放养分溶液，可频繁进行涨潮灌溉，降低淹没风险，有助于根区保持充足氧气和吸收新鲜营养物质。

为使潮汐灌溉取得预期效果，须尽量使潮汐循环正常运行。这需控制好三个要素：①涨潮频率，指多长时间让水没过营养钵一次，这在很大程度上取决于所使用培养基质的类型及种植环境；②涨潮高度，指每个营养钵的水位，一般情况下，建议让水涨到最高水位；③涨潮持续时间，指每次涨潮的时间，这取决于系统拥有的营养钵数量和选择的培养基质。营养元素的充分及均衡供应至关重要，须在灌溉策略中对相关参数进行精准控制。在营养钵外可安装过滤装置，用螺钉将其固定在钵体外侧，以防根系堵塞营养管道系统。

9.11.5.4　成本

安装成本：图9-26所示的多钵系统大约花费640欧元，具体费用取决于营养钵的数量和大小。一个现代化的潮汐灌溉系统，包括排水管和泵，成本为80～85欧元/m^2。

图9-26　多钵系统

9.11.5.5　技术制约因素

如果是混凝土潮汐灌溉系统，可能会发生小裂缝。当地面被涨潮淹没时，营养液有可能会透过这些裂缝浸湿下层土壤。潮汐灌溉面积大时，可能引起严重的土壤侵蚀环境问题。如果营养液存在问题，必须大批量排放置换，存在资源浪费问题。营养液硝酸盐积累对作物生长有影响。

9.11.5.6　优势与局限性

优势：非劳动密集型；可能是基质及水分均一性的原因，植株均一度较好；良好的通气性及氮硝化作用；肥料消耗少；无淋溶损失；排水循环利用，无地下水污染（地面无裂缝处，托盘系统更可靠）；具灵活性，可随意摆放作物；作物可在任何基质中（土壤、黏土、椰糠或马皮树屑）生长，可种在营养钵或有泥卵石的托盘里；低湿度降低病害发生率；易实现病虫害综合防治；设置合理的潮汐周期，每次供应适量的营养和水，最大程度保障植物生长。

局限性：营养池或集水箱存在水位波动；需要的集水箱容量较大；需调整和维护自动虹吸管；由于连续启停，水泵故障率较高；营养和灌溉依赖于种植环境；营养钵中长出的根系可能堵塞管道；常年种植，营养池或母液罐可能会有沉积物和碎片；水泵可能有空气进入而被锁死或堵塞；营养池中的反虹吸阀可能被淹没或堵塞。

9.11.5.7　支持系统

该技术需要排水泵、消毒系统支持。

9.11.5.8　发展阶段

该技术发展已进入商业化阶段，是用于盆栽植物灌溉的主流技术。

9.11.5.9　技术提供者

建造温室的许多公司可提供该技术。

9.11.5.10　专利情况

该技术已获得专利授权（美国专利）。

9.11.6　竞争技术

滴灌和喷淋灌与该技术形成竞争关系。

9.11.7　应用范围

该技术适用于无土栽培的不同作物及种植系统。

9.11.8   监管制约因素

该技术应符合水框架和地下水指令。然而，裂缝可能会引起环境中营养物质的严重富集。对大公司来说，要使整个系统完全关闭是很困难的。

9.11.9   社会经济制约因素

尽管该技术成本显著低于移动沟槽系统，但系统成本也是不得不考虑的问题（参见9.9.5.4）。

新的潮汐灌溉水培系统由重型钢壁安装控制模块组成。该模块由微处理器控制，内部没有运动部件，是目前市场上最可靠的涨退潮系统。智能模块在最大涨潮高度持续 20 s，保证所有植物盆内水位相等。系统只在灌水结束时排水。系统特点：无浮动开关、电子水平传感、涨潮退潮快、可折叠水箱、32 mm 管道＋配件、无声操作。

9.11.10   主要参考文献

http://www.growell.co.uk/blog/2014/03/optimising-the-iws-flood-and-drain-system

http://www.iwssystems.co.uk/

http://www.cannabis.info/us/abc/10007191-flood-and-drain-technique

https://www.maximumyield.com/ebb-and-flow-hydroponic-systems/2/1192

https://ag.umass.edu/greenhouse-floriculture/fact-sheets/subirrigation-for-greenhouse-crops

http://www.usgr.com/benches/about_ebb_flow_benches.php

https://horticulture.ahdb.org.uk/project/protected-ornamentals-efficiency-water-use-different-production-systems-4

OUMENG SHUIFEI
YITIHUA JISHU

水肥一体化管理
与环境保护篇

第 10 章

水肥一体化管理——优化灌溉技术

10.1 概述

10.1.1 用途

该技术用于估算灌溉水量，可实现更有效地利用水，降低养分流失对环境的影响，确定需水量。

10.1.2 适用地区

该技术适用于欧盟地区。

在所有地区采取有效的灌溉管理策略是必要的，但是对于个别地区，尤其是某一地区内的特定地点，最有效的策略可能因情况不同而有所不同。

在地中海地区，由于降水量有限和对水资源的竞争日益加剧，急需采取各种策略、方法和技术来优化提高灌溉用水的利用效率。

在欧洲其他地区，水资源短缺并非始终是限制因素。但是，在夏季或干旱期间，灌溉必不可少的；水资源的竞争及对水资源日益严格的控制，有效灌溉技术需求带来越来越大的压力。

10.1.3 适用作物

该技术适用于所有作物。

10.1.4 适用种植模式

该技术适用于所有种植模式。

由于许多基质的持水能力有限，无土栽培系统的根系体积较小，无土栽培作物的灌溉管理与土壤栽培作物的灌溉管理截然不同。此外，由于果树根系在土壤中体积要大得多，果树的灌溉管理与蔬菜作物的灌溉管理也不尽相同。在作物类型和生长系统中，灌溉要求可能会有明显不同，特别是在灌溉频率方面。

10.1.5 工作原理

有效利用有限的水资源面临着越来越多的社会压力。来自旅游、工业和家庭用水等其他领域的竞争日益激烈。维持水资源的娱乐价值和生态系统服务能力的压力越来越大。而且，与灌溉管理不当息息相关的环境问题，例如含水层枯竭、盐水侵入含水层、含水层硝酸盐污染等，也逐渐被人们所关注，并越来越多地受到立法的控制。因此，园艺种植者面临的压力越来越大，这就要求他们尽可能有效地使用灌溉用水。第1章详细描述了与灌溉和减少环境污染有关的问题和议题，其与第7章和第8章（水肥一体化设备）以及第11章（水肥一体化管理）所述议题有关。

优化农田灌溉需要在适当的时间提供适当的水量，以满足作物的实时需求。这些需求因作物生长、气候条件、土壤类型和其他特定场地因素而异。灌溉管理不善可能会导致产量和品质下降，这可能是由于作物在关键生长阶段出现水量过剩或缺水。

了解作物的需水量是初步的要求。土壤或作物的监测技术可以在灌溉时间和灌溉量方面为灌溉管理提供重要的指导信息。作物需水量监测技术可用于实施作物非充分灌溉的灌溉管理策略。

种植者在灌溉时面临着较多的不确定因素，其中包括估算作物的需水量，确定灌溉策略，寻找监测作物和土壤水分状况的更好方法及作物和土壤水分状况的灌溉策略调整。

10.1.5.1 作物需水量的合理估算

采用程序化灌溉制度有助于确保灌溉时结合当地的气候条件和作物不同生长阶段等因素。水分平衡估算和作物蒸散量（ETc）是用于估算作物需水量的方法。水分平衡估算考虑了计算的 ETc 和与特定作物有关的水分输入和输出，如土壤水分的变化、有效降水量、径流、排水等。

气候和作物生长参数会对这些计算产生影响。考虑气候因素对于调整不同地区作物的需水量至关重要。种植者和顾问输入来自农田和温室的气候传感器、国家和地区的气候监测服务或天气预报服务的气候数据。

ETc 是参考蒸散量（ETo）和作物系数（Kc）的乘积。利用经验方程计算潜在蒸散量，其中有多个方程正在使用；最适合的方程取决于种植制度和气候数据的可用性。ETo 是特定种植条件下大气需求的函数。作物系数根据作物种类、生长阶段和种植季节决定。标准值可以从表中获取；特定植物或地区的具体数值可以通过不同作物模拟模型计算，最近还可以通过遥感或图像分析技术计算。

10.1.5.2 适用于不同作物的灌溉策略

一旦确定了作物需水量，就必须考虑灌溉量对不同作物物候期的影响。作物用水总量可能因当地供水有限而受到限制。

种植者可以使用能满足作物需水量的灌溉制度，或一些作物可以采用节水策略，如控制性非充分灌溉，即供水量小于作物的需水量。在某些物种的特定生长阶段，特别是果树，非充分灌溉不会对产量产生负面影响。如果管理得当，在不敏感生长阶段使用控制性非充分灌溉可以节省大量的灌溉用水而不会减低产量。在某些情况下，它可以提高果实质量或产量。

不同的作物采用不同的非充分灌溉策略，例如，持续非充分灌溉、控制性非充分灌溉及部分根部灌溉。

可使用需水量和灌溉策略信息开发决策支持系统（DSS），该系统可为种植者的灌溉进度提供建议。

10.1.5.3 根据植物和土壤水分状况调整灌溉方案

在很多情况下，理论灌溉制度和灌溉策略可能会导致过量灌溉或水分亏缺，从而降低水分利用效率。

应用于灌溉管理的新技术有助于制定适合不同作物要求的灌溉方案。传感器能够监测作物或土壤水分状况，可以通过测量植物或土壤，提供关于作物在特定时间可用供水是否充足的信息。土壤传感器是用直接或间接的方法确定土壤水分含量。植物传感器是利用与植物生理学有关的参数进行测量，如光合作用、蒸腾作用、水势或生物量变化。

10.1.6　经济社会制约因素

对于种植者来说，提升灌溉管理技术的主要问题可能是成本。考虑到使用这些技术直接产生的经济回报较慢，种植者可能不认为这些技术是一项有价值的投资。就减少购水量及使用滴灌施肥的肥料而言，种植者的经济利益很可能是间接的。

另一个影响种植者采用这些技术的因素是他们对信息和通信技术的态度和熟悉程度。许多改进的灌溉管理技术都涉及智能技术，如电脑、网络、智能手机、传感器等。年龄较大和教育程度较低的种植者可能不愿意采用此类技术。但目前有关公司正在尽可能制造用户友好的工具。

减少园艺用水，可以将更多的水用于其他用途，从而使当地社区受益。采用新的灌溉管理技术可以降低用水量，这肯定会帮助树立当地园艺产业的形象，表明这是一个现代、有效和对环境负责的社区。

10.1.7　监管制约因素

除了使用放射性材料的中子仪以外，灌溉管理的工具和技术一般没有管理上的限制。使用和运输中子仪的规定非常严格，并且可供选择的方法很多，所以目前在农业操作中很少使用用中子仪。

10.1.8　操作条件

优化园艺作物灌溉的方法和技术有很多种。它们可以归类为几种广义的方法，灌溉量的估算（作物需水量）、灌溉测量、灌溉管理的信息工具、灌溉管理的作物测量、灌溉管理的土壤测量、无土栽培系统的工具，以及气象测量和预测的使用。

灌溉量的估算：常用到水分平衡方法、灌溉管理与土壤湿度传感器。

灌溉策略：包括部分根部灌溉、非充分灌溉。

灌溉管理的植物测量：需要用到植物生长平衡分析系统、热红外传感器、干径测量仪、叶膨压传感器、植物水势测定仪。

灌溉管理的土壤测量用到的仪器有中子仪、水分、EC、温度复合传感器、螺旋土钻、湿润锋探测器、张力计、颗粒介质传感器、时域反射仪、电容探测器、数字探地雷达。

无土栽培系统工具：平板称、排水传感器、需求托盘系统。

气象测量的使用需要用到气象传感器。

10.1.9　技术制约因素

影响现有方法和技术使用的问题：同一农田土壤的不均匀性，灌溉均匀性的缺失，传感器或技术设备损坏（偷盗或故意毁坏），向种植者介绍复杂技术的困难。一些种植者需要技

术支持来安装设备和解读数据。

10.1.10　主要参考文献

Kriedemann，P. E.，& Goodwin，I.（2003）. Regulated Deficit Irrigation and Partial Rootzone Drying. *Irrigation Insights*，4，107

Fereres，E.，& Soriano，M. A.（2007）. Deficit irrigation for reducing agricultural water use. *Journal of Experimental Botany*，58（2），147-159

Doorenbos，J.，& Pruitt，W. O.（1977）. *Crop Water Requirements. FAO Irrigation and Drainage Paper* 24，United Nation Food and Agriculture Organisation，Rome

Jones，J. W.，Hoogenboom，G.，Porter，C. H.，Boote，K. J.，Batchelor，W. D.，Hunt，L. A.，... & Ritchie，J. T.（2003）. The DSSAT cropping system model. *European Journal of Agronomy*，18（3），235-265

Fernández，J. E.，& Cuevas，M. V.（2010）. Irrigation scheduling from stem diameter variations：a review. *Agricultural and Forest Meteorology*，150（2），135-151

http：//www. soilmoisture. com/let _ the _ plant _ tell _ you/

Dobriyal，P.，Qureshi，A.，Badola，R.，& Hussain，S. A.（2012）. A review of the methods available for estimating soil moisture and its implications for water resource management. *Journal of Hydrology*，458，110-117

Guide to meteorological instruments and methods of observation. World Meteorological Organisation，（2008），Geneva，Switzerland

Allen，R. G.，Pereira，L. S.，Raes，D.，& Smith，M.（1998）. *Crop evapotranspiration. Guidelines for computing crop water requirements*，*Irrigation and Drainage Paper No. 56.*

FAO，Rome，Italy. Retrieved fromhttps：//doi：10. 1016/j. eja. 2010. 12. 001

Gallardo，M.，Thompson，R. B.，& Fernández，M. D.（2013）. Water requirements and irrigation management in Mediterranean greenhouses：the case of the southeast coast of Spain，at：*Good Agricultural Practices for Greenhouse Vegetable Crops. Principle for Mediterranean Climate Areas*. FAO，Rome，pp. 109-136

Thompson，R. B.，& Gallardo，M.（2003）. Use of soil sensors for irrigation scheduling. In：Fernández，M.，Lorenzo-Minguez，P.，Cuadrado López，M. I.（Eds.），*Improvement of Water Use Efficiency in Protected Crops*. Dirección General de Investigación y Formación Agraria de la Junta de Andalucía，Seville，Spain，pp. 375-402

10.2　技术清单

优化灌溉技术清单见表 10 - 1。

表 10 - 1　优化灌溉技术清单

技　　术		成　　本		要求	劣势	优势	限制
		安装	维护				
灌溉量的估算	水分平衡方法	2 500 欧元	是	中等水平的计算机技能	使用实时气候数据非常耗时，管理维护时需要技术支持	良好的决策协助	提供合适的软件、气候数据和技术支持

（续）

	技　术	成　本		要求	劣势	优势	限制
		安装	维护				
灌溉量的估算	灌溉管理与土壤湿度传感器	500～1 500 欧元	120 欧元	为传感器的安装、SWC 阈值的确定和数据解读提供技术支持	大数据集管理困难（时间间隔短）	灌溉管理中的问题识别数据收集	粗纹理土壤
灌溉策略	部分根区浇灌	不适用	是	需要管理技能劳动力和控制灌溉系统成本	营养生长的较慢	节省水和化肥	需要很好的土壤湿度控制
	非充分灌溉	不适用	否	识别植物生长阶段	实施需要有力的技术支持	改善硝酸盐的利用率，尽量减少养分的流失	仅限于供水有限的地区
灌溉管理的信息工具	DSS 需水量	0～2 000 欧元	200 欧元	计算机技能和技术培训	种植者的获取途径有限	如果校准良好，可以准确地调整用水需求	通常由顾问使用
	用于灌溉管理的 DSS 集成传感器	见技术"DSS 需水量"和"灌溉管理与土壤湿度传感器"					
	天气预测相关工具	一般无成本	否	采集数据并处理、校准和评估，计算机技能较强	获取这些技术的途径有限且复杂	气象数据可用 ETo 预测，可以预测灌溉量	不是所有的种植者都有权获取
	遥感技术	700 欧元	否	精通 GIS 计算机技能	在计算机使用方面具备较多专业知识	易于发现问题和了解作物异质性	操作条件中的一些限制，图像处理成本高
灌溉管理的作物测量	生长分析系统	25 000 欧元	1 490 欧元	掌握计算机技能	价格昂贵 数据解读困难 需要技术支持 无实时数据	能实现对作物的不断监测	全天候网络连接
	热红外传感器	500～1 000 欧元	不适用	计算机技能和技术知识	数据解读和管理困难	确定作物含水量的非破坏性方法	热成像摄影机价格较昂贵（10 000～20 000 欧元）处理图像和作物水分状况的成本为 20～30 欧元/hm²
	干径测量仪	34～475 欧元	不适用	中等水平的计算机技能需要技术支持	数据可能受到气候（雾、雨、阴天）、作物生产阶段、果实负荷和其他诸如昆虫、鸟类等因素的影响	通常可靠、坚固、价格相对较便宜	绝对 SDV 值必须归一化至非限制性土壤水分条件 在快速生长的植物中，需要重新定位传感器

（续）

技术	成本		要求	劣势	优势	限制
	安装	维护				
叶膨压传感器	4 150~6 200 欧元	100 欧元	中等水平的计算机技能使软件适应特殊需求	装置需要经常维护、重新定位和校准	非破坏性测量，易于操作	种植者借助这些仪器获取数据必须进行网络连接
植物水势测定仪	1 000~6 000 欧元	否	需要技术培训	监测检查、解读测量和作出农业决定所需的时间较长	可了解作物水分状况的重要信息	每种作物和灌溉策略的确定需要参考值
中子仪	14 000 欧元	3 500 欧元	需要获得许可证并遵守有关放射源使用、运输和储存的所有规定	数据不可即时获得 通常由灌溉顾问提供	提供含水量且数据易于解读	使用放射性设备需要获得许可证
水分、EC 和温度复合传感器	2 660~3 220 欧元	否	电子学知识 中等水平的计算机技能	每个传感器必须得到校准，在石质土壤中须小心放置探测器	易于使用和解读数据 可用于多种土壤和非土壤生长介质的校准	土壤盐分和质地对测量有影响
螺旋土钻	50~250 欧元	否	不相关	手动方法	简易性	某些类型的土壤中难以提取
湿润锋探测器	两台探测器 150 欧元	是	频繁阅读材料	安装困难	非常简单和直观的系统，适合没有传感器使用经验的农户	应在土壤干燥时安装，以避免过度压实 获取的是排水溶液，不是土壤溶液
张力计	300~3 000 欧元	是	中等水平的计算机技能	安装和栽培过程中易碎，需要维护	易于使用，能很好地说明不同作物和土壤需要灌溉的阈值	粗粒土、土壤基质和陶瓷杯之间需要良好的接触
颗粒介质传感器	40~200 欧元	不相关	中等水平的计算机技能	传感器使用寿命较短，需要维护和支持	软件易于使用	对于土壤湿度的变化反应相对缓慢
时域反射仪	1 200~1 900 欧元	40~200 欧元	高水平的计算机技能	首次使用期间需要进行技术评估，在很多情况下解读数据需要有计算机技能的人帮忙解读	精准	在盐渍土的应用有限 土壤和探测器之间需要良好的接触

灌溉管理的土壤测量

（续）

技 术		成 本		要求	劣势	优势	限制
		安装	维护				
灌溉管理的土壤测量	电容探测器	2 000 欧元	100 欧元	技术咨询和数据记录	盐度会影响测量结果	读取速度快	在无土系统中，应考虑温度对水分测量的影响
	数字探地雷达	15 000~20 000 欧元	无	解读雷达图需要经验	体型庞大且复杂，价格昂贵，通常用于土壤表面 需要技术支持	快速 高分辨率 大面积测量克服了点采样技术的局限性	大型复杂系统
无土栽培的灌溉管理工具	板坯平衡	3 600 欧元	不适用	中等计算机技能设备的技术知识培训	安装后无法移动位置	可实时监测	作物水分需求的准确信息
	排水传感器	2 345 欧元	否	中等水平的计算机技能	与手动测量相比价格较贵 维护频率高	可转移至带有排水收集系统的所有无土系统	需要与控制器连接
	需求托盘系统	800 欧元	130 欧元	与滴灌施肥控制器连接，实现自动灌溉	需水量的点测量	操作简单	不提供基质水分状况的信息
气象测量	气象传感器	2 500~6 000 欧元	是	中高等水平的计算机技能	为确保结果可靠需要定期维护和校准	可预测病虫害 自动气象站节省人力，从偏远地区可以从自动气象站获取数据，节省人力	成本

10.3 水分平衡法

（作者：Marisa Gallardo[23]、Jadwiga Treder[12]）

10.3.1 用途

该技术用于提高水分利用效率，减少养分输出对环境的影响。

10.3.2 适用地区

该技术适用于所有欧盟地区。

10.3.3 适用作物

该技术适用于蔬菜、果树、观赏植物。

10.3.4 适用种植模式

该技术适用于露地和保护地栽培。

10.3.5 技术概述

10.3.5.1 技术目标

水分平衡是一种用于作物灌溉制度的既定方法。通过这种方法，使用者可以获得在特定气候和土壤条件下，对特定作物灌溉量和频率的建议。

10.3.5.2 工作原理

水分平衡方法计算了根区每日土壤水分含量（SWC）的变化，作为水分的得失之差。该方法的目的是使 SWC 保持在阈值之上，如果在阈值之下，则植物缺水。水分含量一般表达为消耗水深（单位为 mm），与田间持水量消耗有关。允许消耗量（来自田间持水量）也称为可消耗量。在水分平衡的计算中，降雨和灌溉增加了根区的水分。蒸散把作物根区水分带走，从而增加了水分消耗。在第 i 天结束时消耗的水分计算公式如下：

$$D_i = D_{i-1} + ETc - NI - Re$$

其中 D_i 和 D_{i-1} 分别为第 i 天和第 i-1 天结束时的水分消耗，ETc 为第 i 天的作物蒸散量，NI 为净灌溉量，Re 为第 i 天的有效降水量。ETc 根据气候和作物数据估算得出。Re 是减去渗漏和径流流失的水分，留在根区的雨水量；可以根据降雨数据来简便估算 Re。为了计算水分平衡，可以用传感器测量初始消耗量。一般来说，使用者在大雨后或第一次灌溉后开始计算水分平衡，并假设田间持水量和初始消耗为零。

每次灌溉应在可用土壤水分（RAW）耗尽（$D_i \leqslant RAW$）之前进行（图 10-1）。RAW 是土壤含水量的临界值，低于该临界值，则土壤水分含量不足以满足蒸散要求，作物开始缺水。当累积水分消耗接近 RAW 时，计划的灌溉量应等于 RAW，使土壤恢复至田间持水量，从而使亏缺恢复到零，既 $D_i = 0$。也可以选择小于 RAW 的灌溉量并增加灌溉频率，或者在需要将盐从根区浸出时，选择更大的灌溉量。关于计算水分平衡不同成分公式的更多信息，请参阅联合国粮食及农业组织 FAO56 手册。

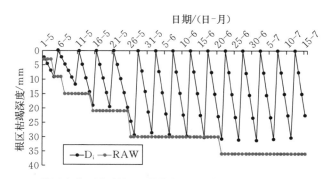

图 10-1 利用水分平衡制订番茄作物在土壤中生长的灌溉计划的示例

当使用高频率灌溉系统时（例如滴灌），可以通过忽略土壤成分来简化水分平衡的计算过程，并假设土壤一直保持在接近田间持水量的水平。因此，单次灌溉量相当于后续灌溉期间累积的 ETc（或 ETc 除以灌水效率）。使用水分平衡方法的灌溉制度适用于生长在地中海温室土壤中的作物。

10.3.5.3　操作条件

灌溉制度的水分平衡方法可用于非常小规模的温室、农场。

10.3.5.4　成本

水分平衡方法的使用需要电脑及网络连接，用于下载气候数据。在某些情况下，如温室或周围没有官方气象站，ETc 可以通过种植者在现场测量的实时数据计算得出。一般来说，计算水分平衡方法的软件免费，由当地灌溉推广服务商提供。实施这项技术所需的时间取决于是否使用历史（每周 2 h）或实时气候数据（每周 4 h）。

10.3.5.5　技术制约因素

影响水分平衡方法应用的技术制约因素包括：是否有计算 ETc 和土壤水分平衡的软件，是否有计算 ETc 的气候数据，以及是否有帮助使用软件和实施水分平衡方法的技术支持。

10.3.5.6　优势与局限性

优势：该方法帮助种植者根据作物需求来决定灌溉量和时间。这样可以节约灌溉用水，同时减少过度灌溉对环境的影响。优化灌溉避免了灌溉不足或过度灌溉引起的生长减缓，以及降低了由于过度灌溉引起的病理问题的风险，提高作物的性能。

局限性：在使用实时气候数据的情况下，收集气候数据并将其输入灌溉制度软件所涉及的时间问题，以及最初学习该系统的困难问题。

10.3.5.7　支持系统

为种植者提供实施水分平衡方法的技术支持很有必要。当学习如何从最近的气象站或农场站下载气象数据而开始使用相关软件包时，并在首次使用该方法在种植季进行数据解读时，可能需要在最初阶段提供帮助。

10.3.5.8　发展阶段

研究阶段：根据适合特定作物和系统的水分平衡方法，对灌溉制度所开发的新 DSS 不断进行研究。

试验阶段：在研究的同时进行应用试验工作。

田间试验：为了使这项技术适合特定作物或种植制度，应经常进行田间试验。

商业化：在国际和区域或地方，都提供基于水分平衡方法的灌溉制度软件。

10.3.5.9　技术提供者

由 FAO 提供国际范围内可用的软件 CROPWAT 8.0。本软件可为不同种植情况提供水分平衡计算方法。

通常，在当地范围内，开发对应软件，用于处理特定的种植情况。例如，在西班牙安达卢西亚，地方政府为橄榄树和草莓的灌溉制度和使用水分平衡方法提供网上服务。

10.3.5.10　专利情况

一般来说，公共部门免费提供软件和相关信息。虽然软件可以注册，但通常相关信息为公开状态。

10.3.6　竞争技术

其他采用水分平衡方法的灌溉制度是利用土壤和植物传感器。土壤传感器测量土壤水分含量或土壤基质势，并且可用来计划灌溉量和灌溉频率。或者，土壤传感器可以用作水分平衡方法的补充，以验证建议。测量植物水分状态的植物传感器仍处于研究阶段，并没有多少实际应用。

10.3.7 应用范围

利用水分平衡方法调整的灌溉制度可应用于所有作物类型、气候和种植系统。FAO关于灌溉和排水系列出版物，第56号"作物蒸散——计算作物需水量指南"包括关于在不同情况应用该方法的信息。

10.3.8 管理制约因素

在欧洲国家或地区，并没有出现管理制约因素问题。

10.3.9 社会经济制约因素

社会经济制约因素与时间要求相关。下载气候数据并将其输入软件是需要一定的时间。此外，对于种植者来说，尤其是年龄较大的种植者，他们普遍不愿采用新方法，也不愿改变做事的习惯。

10.3.10 衍生技术

① FAO为基于水分平衡方法的灌溉制度免费提供CROPWAT 8.0软件。

② Windows CROPWAT 8.0是一个基于土壤、气候和作物数据并利用水分平衡方法计算作物需水量和灌溉需求的电脑程序。此外，该程序允许为不同的管理条件制定灌溉制度。CROPWAT 8.0还可以用于评估农户的灌溉方式，并在灌溉的条件下判断作物性能。该软件还可与FAO的气候数据库CLIMWAT结合使用。CLIMWAT 2.0提供来自全球5 000个气象站的农业气候数据。

③ FAO还提供使用Penman-Monteith公式计算蒸散量的ETo计算工具。

④ FAO的作物模型AQUACROP还可应用于基于水分平衡方法的灌溉制度。

⑤ 在加利福尼亚，CropManage是一种用于管理生菜灌溉和氮的网络应用程序。

⑥ 在意大利，IRRINET是一种由CER（渠灌协会）开发并免费提供的网络服务，该服务为使用水分平衡方法的几种作物提供灌溉建议。

⑦ 在西班牙，ISS-ITAP（阿尔瓦塞特）是一种创建于1988年并可为约33 500 hm² 土地提供灌溉建议。

⑧ 在澳大利亚，IrriSAT是一种基于气候的灌溉管理技术，它使用遥感技术在大的空间区域内为特定的作物提供水分管理建议。

10.3.11 主要参考文献

Allen, R. G., Pereira, L. S., Raes, D., & Smith, M. (1998). *Crop evapotranspiration. Guidelines for computing crop water requirements*, Irrigation and Drainage Paper No. 56. FAO, Rome, Italy. Retrieved from https：//doi：10.1016/j.eja.2010.12.001

Cahn, M., Smith, R., & Hartz, T. (2013). Improving irrigation and nitrogen management in California leafy greens production. In：*Nutrient management*，*innovative techniques and nutrient legislation in inten-sive horticulture for an improved water quality*：book of abstracts. D′Haene，C.，Vandecasteele，B.，De Vis，R.，Crapé，S.，Callens，D.，Mechant，E.，Hofman，G.，De Neve，S.（Ed.）. Nutrihort conference，September 16-18，2013. Ghent

Gallardo，M.，Thompson，B.，& Fernández，M. D.（2013）. Water requirements and irrigation manage-ment in Mediterranean greenhouses：the case of the southeast coast of Spain，in：*Good Agricultural Prac-tices for Greenhouse Vegetable Crops. Principles for Mediterranean Climate Areas*. FAO，Rome，pp. 109-136

10.4　灌溉管理与土壤湿度传感器

（作者：María Dolores Fernández[9]、Rodney Thompson[23]）

10.4.1　用途

该技术有利于更有效地用水。

10.4.2　适用地区

该技术适用于所有欧盟地区。

10.4.3　适用作物

该技术适用于灌溉作物。

10.4.4　适用种植模式

该技术适用于保护地栽培和露地栽培。

10.4.5　技术概述

10.4.5.1　技术目标

利用传感器监测土壤水分状况可以根据作物特点进行灌溉。此外，这些传感器为作物管理提供了一定信息，例如为产品质量考虑施加控制应力，以及为盐度管理提供精确的排水控制。

10.4.5.2　工作原理

最普遍的灌溉制度是以确定土壤水分平衡为基础的，这意味着要估算作物蒸散量。另一种灌溉制度需要使用传感器获取土壤水分状况，并将生长介质中的水分补充到预先设定的水平。在灌溉管理中使用土壤水分传感器需要将土壤水分含量维持在上限和下限之间。

土壤水分的最大允许量被称为灌溉终点或上限，其定义为根区之外的水分向下移动达到最低速率时的水分含量。土壤水分的最低允许量被称为灌溉起始点或下限，其定义为首次出现轻微干旱胁迫的水分含量。灌溉起始点确定开始灌溉的时间，而灌溉终点确定停止的时间；两个极限之间的距离表示灌溉最大量。将土壤水分维持在该范围之间可以确保作物的水分充足，避免明显的排水。

实际上，根据土壤水分含量变化的速率，干燥土壤中的水分含量可以分为三个明显的阶段。

在阶段 1，由于排水和蒸散过程，土壤体积含水量的变化相对较快。在阶段 2，变化速率主要源于蒸散，而且此时已经停止排水，由于作物吸收水分，土壤水分含量以阶梯状下降并在白天出现急剧下降，而在夜间没有或出现很少排水时，土壤水分含量相对稳定。在此阶段，作物很容易获取土壤水分。在阶段 3，土壤连续水分动态的下降斜率发生变化。随着土壤逐渐干燥，土壤水分含量在白天的减少量逐渐降低。土壤水分含量每日减少量较少，并且由于作物蒸散量逐渐减少出现更陡的斜率，因为土壤中的有效水分不足以满足作物要求（图 10-2）。

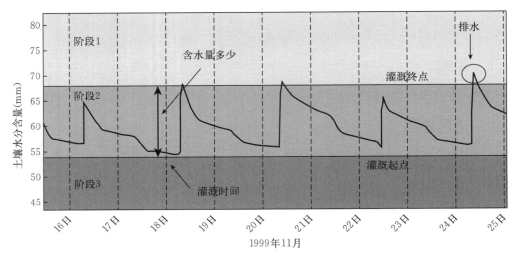

图 10-2　灌溉制度中土壤水分的三个重要阶段

10.4.5.3　操作条件

当使用灌溉制度的土壤传感器时，土壤传感器的位置以及每种作物的灌溉终点和灌溉起始点数值很重要。传感器必须在活动根的最大密度范围内进行空间定位。传感器的深度取决于物种的根深和土壤特点。传感器可以位于根区底部的深处。深处的传感器可以控制湿润的深度，确保根区得到充分的润湿，同时也可以控制排水。

可通过以下方法设置极限：使用建议的数字阈值（定值）或数据的目视解译。定值一般适用于土壤基质电位传感器，但应与体积土壤含水量传感器一起谨慎使用。定值或阈值可能不可用，实验室测定的数值可能不会准确反应现场情况。另一种方法是根据土壤水分动力学的解读，现场确定上限和下限。

建议用如下方法定义土壤水分含量数值下限：首先确定亏缺开始出现的土壤水分含量，然后选取一个较高值。在日常失水率逐步降低的过程中，用于作物生长的土壤供水从充足过渡到不足。干化土壤中土壤水分含量的降低分两个阶段：较快阶段和随后当土壤水分强烈限制作物吸水时的较慢阶段。这两个阶段之间的过渡点称为"拐点"，可用于确定作物缺水的开始时间（图 10-3）。

在灌溉和降水后，利用根区排水中断情况可以现场测定土壤水分含量的上限；根区下方排水数据可以帮助进行此类评估。

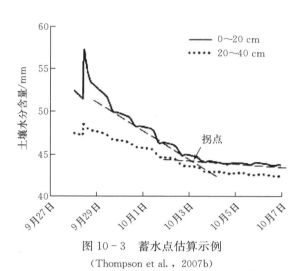

图 10 - 3　蓄水点估算示例

(Thompson et al.，2007b)

注：直虚线表示较快和较慢土壤干化时期；二者的交叉点即为"拐点"

在图 10 - 4 的示例中，Decagon 5TE 水分含量传感器安装于葡萄园中 0.5 m 和 1 m 深的粉沙壤土中。随着 11 月 12 日和 17 日的两次显著降水，两处的水分含量均有所增加。在 11 月 17 日的第二次降水后，土壤水分可能会减少。该现象主要由排水导致，因为此时处于一年中蒸发蒸腾作用最弱的时期。自 12 月开始，水分含量水平基本停止变化，表明排水已经中断，此时土壤水分含量达到上限。

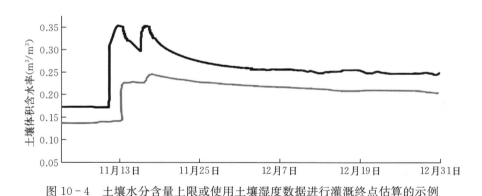

图 10 - 4　土壤水分含量上限或使用土壤湿度数据进行灌溉终点估算的示例

10.4.5.4　成本

传感器的成本可变（100～1 000 欧元）。更复杂的传感器包括用于采集和传输数据的数据记录器，并且需要额外购买用于处理多个传感器的软件（400～500 欧元）。

通过移动设备访问数据记录器需要租用一条移动电话线，成本约为 10 欧元/月。种植者必须每日查看数据以做出决策（约 0.5 h/d）。

10.4.5.5　技术制约因素

所有传感器必须按照建议的程序准备、安装和维护。用户需要有关传感器安装、土壤水分含量阈值（灌溉终点和灌溉起始点）测定和数据解读的技术支持和帮助。此外，用户必须学会如何管理软件、下载数据和使用记录器。

灌溉终点和灌溉起始点可根据各安装点变化，尤其是容积土壤水分含量传感器。通常需要使用容积土壤水分含量传感器对灌溉终点和灌溉起始点进行现场测定。如果土壤水分不是很均匀，可能需要在所有位置进行现场测定。

一些电容式传感器的测量值可能受到盐度变化的影响。一些传感器的有效使用寿命不超过 4 年。

农场作业可能对传感器和连接线造成干扰或损害。

10.4.5.6 优势与局限性

优势： 自动读数；可观察短期发生的变化；传感器持续记录数据，可提供详细的历史记录；帮助发现灌溉用水管理方面存在的问题（灌溉间隔过长、润湿不足、灌溉过于频繁以及土壤水分提取模式差异和管道破损）；提高水分利用率。

劣势： 使用容积式土壤水分含量传感器时，土壤水分含量限值外推法受限；需要与土壤基质紧密接触；生成大量数据；数据管理困难。

10.4.5.7 支持系统

除了传感器外，使用传感器制定灌溉制度至少需要一个数据记录器、一台计算机和少数信息显示软件。建议还应测定太阳辐射、温度、风速等气候数据，以协助进行数据分析。

10.4.5.8 发展阶段

该技术已进入商用阶段：传感器供应商通常会提供可以显示从传感器收集的信息的软件。用户可以使用云处理器的传感器存储数据和显示系统。这些系统可以将警报、限制、舒适区、预测和添加索引、建立模型的可能性，以及不同电子设备的信息显示结合起来。

10.4.5.9 技术提供者

有多家公司提供土壤水传感器，如 Sentek、Delta-T、Decagon Devices 等。这些公司通常提供信息显示软件。

10.4.5.10 专利情况

传感器和软件一般获得专利。

10.4.6 竞争技术

基于作物蒸散量估算的灌溉制度与该技术形成竞争关系，但这两种方法可以同时使用。

10.4.7 应用范围

该技术可用于不同作物、气候及耕作制度。

10.4.8 监管制约因素

该技术不受法规制约。

10.4.9 社会经济制约因素

许多种植者对这种技术感兴趣，但由于他们认为目前可用的传感器过于昂贵，导致该项技术推广利用受到一定的制约。

在农场层面采用该技术的主要障碍是其总体成本较高以及缺乏有效的推广和技术转让途径，包括种植者培训等。但是随着电子和信息技术领域的持续发展，成本将进一步下降，这些技术将更多地纳入集约化园艺种植。

就农场用途而言，潜在使用者须考虑几个实际问题：传感器系统的使用、安装和维护培训；数据解释、设备使用和维护的持续支持；软件必须是用户友好和易于使用的；为解释数据提供清晰的指南。

10.4.10　衍生技术

不同类型的土壤水分含量传感器可用于灌溉管理，如时域反射仪土壤剖面水分监测系统或电容传感器。所描述的用于确定灌溉制度的土壤湿度限值的方法，应用过程可以独立于所使用的传感器。

10.4.11　主要参考文献

Buss，P.（1994）. Continuous monitoring of moisture in hardwood plantations irrigated with secondary treated effluent. *Proceedings of Recycled Water Seminar*，Newcastle，19-20 May. Australian Water and Wastewater Association，pp. 183-189

Campbell，G. S.，& Campbell，M. D.（1982）. Irrigation scheduling using soil moisture measurements：theory and practice. *Advances in Irrigation Science*，1，25-42

Gallardo，M.，Thompson，B.，& Fernández，M. D.（2013）. Water requirements and irrigation management in Mediterranean greenhouses：the case of the southeast coast of Spain，in：*Good Agricultural Practices for Greenhouse Vegetable Crops. Principles for Mediterranean Climate Areas*. FAO，Rome，pp. 109-136

Hanson，B. R.，Orloff，S.，& Peters D.（2000）. Monitoring soil moisture helps refine irrigation management. *California Agriculture*，54（3），38-42

Pardossi，A.，Incrocci，L.，Incrocci，G.，Malorgio，F.，Battista，P.，Bacci，L.，Rapi，B.，Marzialetti，P.，Hemming，J.，& Balendonck，J.（2009）. Root Zone Sensors for Irrigation Management in Intensive Agriculture. *Sensors*，9，2809-2835

Starr，J. L.，& Paltineanu，I. C.（1998a）. Real-time soil water dynamics over large areas using multisensor capacitance probes and monitoring system. *Soil Tillage Research*，47，43-49

Starr，J. L.，& Paltineanu，I. C.（1998b）. Soil water dynamics using multisensor capacitance probes in non-traffic interrows of corn. *Soil Science Society of America Journal*，6，115-122

Thompson，R. B. B.，& Gallardo，M.（2003）. Use of soil sensors for irrigation scheduling，in：Fernández，M.，Lorenzo-Minguez，P.，& Cuadrado López，M. I.（Eds.），*Improvement of Water Use Efficiency In Protected Crops*. Dirección General de Investigación y Formación Agraria de la Junta de Andalucía，Seville，Spain，pp. 375-402

Thompson，R. B.，Gallardo，M.，Valdez，L. C.，& Fernández，M. D.（2007a）. Using plant water status to define soil water thresholds for irrigation management of vegetable crops using soil moisture sensors. *Agricultural Water Management*，88（1-3），147-158

Thompson，R. B.，Gallardo，M.，Valdez，L. C.，& Fernández，M. D.（2007b）. Determination of lower limits for irrigation management using in situ assessments of apparent crop water uptake made with volumetric soil water content sensors. *Agricultural Water Management*，92，13-28

10.5　分根交替灌溉

（作者：Eleftheria Stavridou[15]，Carlos Campillo[5]）

10.5.1 用途

该技术用于提高用水效率，使营养物排放对环境的影响降到最低。

10.5.2 适用地区

该技术适用于欧盟地区。

10.5.3 适用作物

该技术适用于所有的作物。

10.5.4 适用种植模式

该技术适用于所有种植模式。

10.5.5 技术概述

10.5.5.1 技术目标

分根交替灌溉（PRD）是一种灌溉技术，旨在减少使用灌溉用水，控制营养生长，增加植物中抗氧化剂的含量。

10.5.5.2 工作原理

通过该技术，植物根系的两个不同部分从湿润状态交替到干燥状态，从而使芽和叶同时获得水分和水分胁迫信号化合物。在科学文献中，PRD 也称为（受控的）交替分根区灌溉。

PRD 要求双滴灌带铺设在每一行树木或葡萄藤间，每个滴灌带都可以独立使用。为了实现这种独立性，必须有重复的副水管和调节流向副水管水的阀门。有必要直接测量根区土壤含水量，以便控制灌溉的持续时间。同时需要对土壤剖面进行有效的监测，以确定干湿交替影响的深度（即根深）。

土壤湿润的频率会随季节而变化，但灌溉量通常是固定的。润湿频率根据作物蒸散量（ETc）随作物生长季节的变化而调整。干燥和润湿的交替周期，在温和条件下为 10～14 d，在湿热条件下为 3～5 d（图 10 - 5）。

图 10 - 5 只有一半的根系灌溉（湿区），另一半则产生信号化合物（干燥区），当灌溉被转换到干燥区时，将被"推"到枝条上

（Credit to Mark E. Else）

10.5.5.3 操作条件

在草莓中，当提供 80% 的 ETc 进行 PRD 处理时，抗坏血酸和鞣花酸的含量和总抗氧化

能力增加，而产量保持不变。然而，当灌溉量达到田间持水量的 60% 时，与全量灌溉相比，产量将有所下降。

深层多孔沙壤土利于局部根区干燥灌溉。已经建立了滴灌系统的果园和葡萄园很可能已经有了限制性的根区，因此更适合局部的根区干燥灌溉。

10.5.5.4　成本

该技术成本取决于使用的灌溉系统。在滴灌的情况下，其成本会增加一倍。管理此技术需要增加劳动力投入。

10.5.5.5　技术制约因素

确定通过灌溉转换干湿地区之间状态灌溉的时间是很困难的。农场的灌水决定可能基于经验或土壤含水率读数（如果有的话）。

10.5.5.6　优势与局限性

优势：提高水果质量和保质期；减少营养生长；在一定程度上节约水和肥料。

局限性：劳动力投入和灌溉系统成本相应增长；管理较为复杂，需要高水平的管理技能。

10.5.5.7　支持系统

灌溉系统可能需要进行调整以便应用该技术。

10.5.5.8　发展阶段

商业化：在澳大利亚、新西兰、西班牙、以色列、美国和南非的葡萄栽培和水果生产中已得到应用。到目前为止，大多数装置都使用地面或地下的第二滴灌带。灌溉设备制造商正在努力避免独立安装两条滴灌带。

PRD 在各种蔬菜、水果作物，包括草莓、覆盆子、罗勒、芫荽或加工番茄的生产应用是研究活跃的领域。

10.5.5.9　技术提供者

PRD 是一种由种植者实施的管理策略，通常由顾问实施或协助实施。

10.5.5.10　专利情况

该技术没有相关专利。

10.5.6　竞争技术

其他节水技术，如调亏灌溉或瞬态亏水灌溉与该技术形成竞争关系，会对植物产生类似的影响，但管理技术不同。

10.5.7　应用范围

该技术可应用于不同作物、气候、耕作制度。

10.5.8　监管制约因素

该技术没有相关的指令或监管制约因素。

10.5.9　社会经济制约因素

应用该技术劳动力成本增加，管理具有一定的挑战性，需要高水平的管理技能。

10.5.10　衍生技术

固定部分根区干燥是 PRD 的一种变化，通过这种变化，湿区和干区不再交替进行 PRD 处理，可以应用于不同的应力水平状况。

10.5.11　主要参考文献

Dodds，P. A. A.，Taylor，J. M.，Else，M. A.，Atkinson，C. J.，& Davies，W. J.（2007）. Partial root-zone drying increases antioxidant activity in strawberries. *Acta Horticulturae*，744，295-302

Gonzalez-Dugo，M.，Neale，C.，& Mateos，L.（2009）. A comparison of operational remote sensing-based models for estimating crop evapotranspiration. *Agricultural and Forest Meteorology*，149，1843-1853

Kriedemann，P. E.，& Goodwin，I.（2003）. Regulated Deficit Irrigation and Partial Rootzone Drying. *Irrigation Insights*，4，107

Liu，F.，Savić，S.，Jensen，C. R.，Shahnazari，A.，Jacobsen，S. E.，Stikić，R.，& Andersen，M. N.（2007）. Water relations and yield of lysimeter-grown strawberries under limited irrigation. *Scientia Horticulturae*，111（2），128-132

McCarthy，M. G.（2005）. Regulated deficit irrigation and partial rootzone drying as irrigation management techniques for grapevines. *Deficit Irrigation Practices*，79-87

10.6　非充分灌溉

（作者：Carlos Campillo[5]，Bozena Matysiak[12]）

10.6.1　用途

该技术有利于更有效地利用水资源。

10.6.2　适用地区

该技术适用于地中海地区。

10.6.3　适用作物

该技术适用于果树和蔬菜作物。

10.6.4　适用种植模式

该技术适用于保护地栽培和露地栽培。

10.6.5　技术概述

10.6.5.1　技术目标

这是一种灌溉方式，在植物生长和果实发育的关键阶段对作物施加水分胁迫，在不影响产量的情况下限制用水量。

10.6.5.2　工作原理

非充分灌溉（DI）是灌水量少于基于全作物蒸散量（ETc）条件下的灌水量。DI 是一种灌溉制度，可以应用于不同类型的灌溉方法。正确应用 DI 需要彻底了解作物产量对水的响应（作物对干旱胁迫的敏感性）以及减产对收入的影响。在 DI 中，整个根区都进行灌溉。每一种作物应用该技术都需要确定 ETc，通常用于草本作物，在乔木和藤本作物上应用较为复杂。对于 DI，可能有两种情况。要么通过储存在土壤包气带中的水来补偿灌溉水的减少，要么由于有效土壤水供应有限而减少土壤水供应。

基于作物对水分胁迫的响应衍生出两种技术，调节亏缺灌溉（RDI）和部分亏缺灌溉〔也称为部分根区干燥（PRD）〕，其机制是根系干旱并产生脱落酸，这是一种抗胁迫的根系化学信号，在木质部中传递到地上茎部。在枝条中，增加脱落酸会减少叶片气孔开放和蒸腾作用。

在不同文献中，对农作物"缺水"的定义有很大的差异。为了便于分析和总结已发表的研究成果，将农作物缺水定义为以下 5 个水平：

（1）严重缺水：土壤水分不足田间持水量的 50%。

（2）适度缺水：土壤水分保持在田间持水量的 50%～60%。

（3）轻度缺水：土壤水分保持在田间持水量的 60%～70%。

（4）无缺水或全量灌溉：在关键植物生长期，土壤水分一般大于田间持水量的 70%。

（5）过度灌溉：灌溉水量可能大于植物最佳生长所需的水量。

在临界生长阶段灌溉水量满足作物蒸散量（ET），在非临界生长阶段应用较少的水分。这种方法背后的原理是，植物对 RDI 诱导的水分胁迫响应随着生长阶段的不同而不同，在非临界阶段，对植物较少的灌溉可能会延缓作物的生长，但是并不会对作物产量造成显著的负面影响。为了更有效地应用这种方法，必须预先确定特定作物品种及其临界生长阶段，并评估作物在生命周期的不同阶段对水分亏缺的相对敏感性。

RDI 的应用提高了单位灌溉产量（单位灌溉产量通常称为水分生产率）。在 RDI 的作用下，桃树的水分生产率从 4.9 增加到 8.0 t/hm²，产量为 48 t/hm²（图 10-6）。水分生产率的提高主要是由于蒸腾作用的减少，蒸腾作用占比可达 50%。

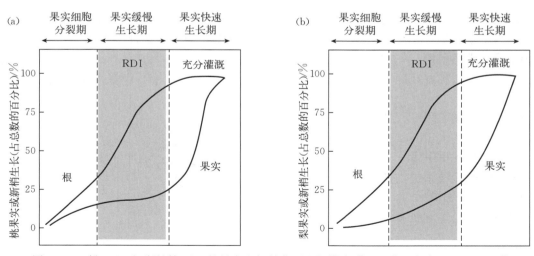

图 10-6　桃（a）和欧洲梨（b）的果实和新梢典型生长模式〔调亏灌溉实践（FAO. org）〕

10.6.5.3　操作条件

该技术目前主要应用于高密度种植的果树（苹果、梨、桃），以及需要平衡营养生长和生殖生长的其他作物。由于植物在不同生长阶段对干旱的耐受性不同，因此，调亏灌溉以植物生长阶段为基础，在发芽和开花过程中需要充分灌溉，避免对产量产生负面影响。为了预测下次灌溉的时间，可以使用预测模型。模型建立在脱落酸的产生以及土壤-植物-大气水动力学模拟的基础上。然而，这些模型（如 DAISY）需要改进以便用于商业推广，也可以直接使用土壤-植物-大气迁移模型，如 AquaCrop。

DI 研究主要针对多年生作物，但一些一年生作物也可能受益。RDI 已在许多树种和葡萄树上进行了测试，结果总体较好，特别是在品质方面。RDI 可以控制营养生长，延长果期的时间，促进果实成熟，提高果实的早熟性和可溶性固形物含量。RDI 成功的关键是对所有水分（灌溉或降雨）的良好控制，通过控制土壤水量，进而控制作物营养生长。但是，整个生长季节必须有足够的水分供应。土壤水量的控制有两个原因，一是实现高频率灌溉的能力，二是通过控制灌溉量和土壤湿润比的大小实现谨慎地控制土壤水分的能力。在实践中，许多地区很难实施这些技术，因为通常这些技术的实施需要在水资源最丰富季节的早期开始。

10.6.5.4　成本

应用 PRD 的成本可能更高，因为增加了灌溉装置的成本。

10.6.5.5　技术限制因素

在沿地中海地区等炎热干燥的环境中，极高温并不罕见。对于蔬菜来说，在短时间的热浪中，灌水不足的植物会受到严重的胁迫。在这种情况下，有必要暂停临时性的调亏灌溉，以充分灌溉取代。在实践中，设置调亏灌溉是困难的，因为它需要将植物的水分需求保持在较窄的范围内。

10.6.5.6　优势与局限性

优势：灌溉期间节约用水；提高氮素利用效率；最大限度地减少养分溢出；提高水果品质，如增加水果干重、总可溶性固形物含量、颜色强度、糖含量、总酸度和总抗氧化物含量。

局限性：具有水果产量下降的风险（不适销水果和小型水果的增加）和花败育风险，并可能使结果率下降；具有使土壤盐分增加的风险；PRD 的双重安装成本较高。

10.6.5.7　支持系统

需要模型来更好地确定灌溉周期。仅对少数土壤进行了校准。设置需要强有力的技术支持。

10.6.5.8　发展阶段

该技术已进入田间试验与商业化阶段。

10.6.5.9　技术提供者

该技术暂无技术提供者。

10.6.5.10　专利情况

该技术不是专利技术，是在研究中心开发的。

10.6.6　竞争技术

该技术无竞争性技术。

10.6.7　应用范围

对于非充分灌溉，建议加强不同环境条件下对不同作物的研究。

10.6.8　监管因素

该技术暂时没有法规限制因素。

10.6.9　社会经济制约因素

潜在收益的损失风险较高。该技术仅适用于缺水地区。在调亏灌溉中，仍然缺乏确定灌溉最佳时机的数据和程序。

10.6.10　衍生技术

该技术衍生出的技术是分根交替灌溉（欧盟 SAFIR 项目）。

10.6.11　主要参考文献

Costa，J. M.，Ortuño，M. F.，& Chaves，M. M.（2007）. Deficit irrigation as a strategy to save water：physiology and potential application to horticulture. *Journal of Integrative Plant Biology*，49（10），1421-1434

English，M.（1990）. Deficit irrigation. I：Analytical framework. *Journal of Irrigation and Drainage Engineering*，116（3），399-412

Fereres，E.，& Soriano，M. A.（2007）. Deficit irrigation for reducing agricultural water use. *Journal of Experimental Botany*，58（2），147-159

Jensen，C. R.，Battilani，A.，Plauborg，F.，Psarras，G.，Chartzoulakis，K.，Janowiak，F.，...& Liu，F.（2010）. Deficit irrigation based on drought tolerance and root signalling in potatoes and tomatoes. *Agricultural Water Management*，98（3），403-413

Kirda，C.，Cetin，M.，Dasgan，Y.，Topcu，S.，Kaman，H.，Ekici，B.，...& Ozguven，A. I.（2004）. Yield response of greenhouse grown tomato to partial root drying and conventional deficit irrigation. *Agricultural Water Management*，69（3），191-201

Sadras，V. O.（2009）. Does partial root-zone drying improve irrigation water productivity in the field? A meta-analysis. *Irrigation Science*，27（3），183-190

Sepaskhah，A. R.，& Ahmadi，S. H.（2012）. A review on partial root-zone drying irrigation. *International Journal of Plant Production*，4（4），241-258

10.7　决策支持系统

（作者：José Miguel de Paz[14]，Carlos Campillo[5]）

10.7.1　用途

该技术用于灌溉时间和水量的准备；有利于水资源的高效利用；该技术可减少养分排放对环境的影响。

10.7.2　适用地区

该技术适用于欧盟地区。

10.7.3　适用作物

该技术适用于木本植物及一年生植物中蔬菜和花卉等经济价值较高的作物。

10.7.4　适用种植模式

该技术适用于所有种植模式。

10.7.5　技术概述

10.7.5.1　技术目标

应用该技术提供灌溉措施及建议，在特定情况下也提供营养管理建议。

10.7.5.2　工作原理

10.7.5.3　操作条件

该技术用于提供灌溉和施肥建议。决策支持系统（DSS）通常包含各种复杂度的仿真模型。为了获得更准确的建议，这些模型参数应根据当地情况进行校准。农民使用这些系统，需要一段时间的培训来理解和管理系统。为了更容易使用，许多系统现在可以在诸如 Web 系统、智能手机、平板电脑等平台上工作。虽然目前已经开发了一些通用的 DSS，但 DSS 通常是为特定条件、特定作物而开发的，当条件改变时，应校准和调整设备（图 10 - 7）。

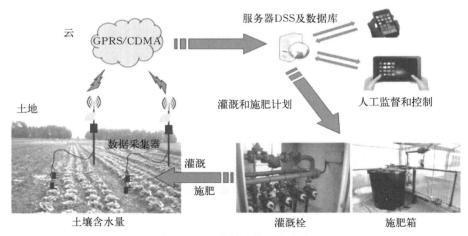

图 10 - 7　决策支持系统方案

(Visconti et al.，2011)

10.7.5.4　成本

大多数互联网上可免费提供 DSS，因此，该技术只需要一台计算机或其他合适的操作平台。

10.7.5.5　技术制约因素

该技术的制约因素有：开发成本高（资金、时间）；通常不够人性化；软件的稳健性较差；模型参数需要校准；对于农场用户来说，操作通常过于复杂；需要培训技术使用者和持续的技术支持。

10.7.5.6　优势与局限性

优势：节约用水，提高灌溉效率，减少硝酸盐污染，帮助制定耕作制度。

局限性：许多系统要求用户具备计算机相关知识；可能耗时较长；在许多情况下需要技术支持；需要定期维护。

10.7.5.7　支持系统

需要技术援助，特别是在第一次使用期间。

10.7.5.8　发展阶段

商业化程度弱。一般来说，它们是由研究机构出于当地使用目的开发出来的。

通用 DSS 已经被联合国粮食及农业组织开发。

10.7.5.9　技术提供者

公共机构和部分人可提供该技术。

10.7.5.10　专利情况

该技术的专利情况未知。

10.7.6　竞争技术

商业、合作社和顾问提出的建议技术与该技术形成竞争关系。

10.7.7　应用范围

一般来说，这种技术在所有的种植区都很受欢迎。DSS 可以适应当地的作物、土壤、气候、作物管理等。

10.7.8　监管制约因素

该技术无监管制约因素。

10.7.9　社会经济制约因素

一个主要的制约因素是 DSS 的用户友好性较低。其他制约因素是操作这些系统要输入的信息量较大，所以通常具有大量数据需求的复杂 DSS 往往很少有种植者使用。

10.7.10　衍生技术

（1）VegSyst：一种用于了解蔬菜作物水分和氮肥需求的 DSS。

（2）SigAgroasesor：一种地理信息系统（GIS）平台，用于优化 GIS-PAC 中每个田地的作物管理。

（3）EU-ROTATE_N：该 DSS 是由几个欧洲研究小组开发的，可为蔬菜作物提供氮肥施用技术推荐，此外，它还可以估计作物灌溉需求。

（4）FIGARO：一种基于遥感和土壤传感器测量的精密农业战略，旨在提供大量的水分和能源储蓄，同时引导增加生产和产量。

（5）WATER-BEE：智能灌溉和水管理系统。该系统基于传感器测量土壤含水量与作

物模型结合进行灌溉管理。

（6）FAO-AQUACROP：AquaCrop 是联合国粮食及农业组织模拟几种草本作物产量对水分反应的作物模型。

（7）DSS-SALTIRSOIL：该 DSS 建议根据土壤盐度和作物耐盐性进行灌溉管理。

（8）DSSAT：农业技术转让决策支持系统，是一个软件应用程序，包括超过 42 种作物的模拟模型。

10.7.11　主要参考文献

Acutis M., Provolo G., & Bertoncini G. (2009) An expert system for the nitrate issue in Lombardian agriculture. In: Grignani C, Acutis M, Zavattaro L, Bechini L, Bertora C, Marino Gallina P, Sacco D (eds) *Proceedings of the 16th nitrogen workshop: connecting different* scales of nitrogen use in agriculture. *Turin, Italy,* pp 465-466

Djodjic, F., Montas, H., Shirmohammadi, A., Bergström, L., & Ulén, B. (2002). A decision support system for phosphorus management at a watershed scale. Journal of *Environmental Quality,* 31, 937-945

Gallardo, M. (n. d.). *VegSyt-DSS: herramienta para la toma de decisiones en el manejo* de la fertilización N en cultivos hortícolas de invernadero, www. fundacioncajamar. es

Gallardo, M., Thompson, R. B., Giménez, C., Padilla, F. M., & Stöckle, C. O. (2014). Prototype decision support system based on the VegSyst simulation model to calculate crop N and water requirements for tomato under plastic cover. *Irrigation Science,* 32 (3), 237-253

Gallardo, M., Giménez, C., Martínez-Gaitán, C., Stöckle, C. O., Thompson, R. B., & Granados, M. R. (2011). Evaluation of the VegSyst model with muskmelon to simulate crop growth, nitrogen uptake and evapotranspiration. *Agricultural Water Management,* 101 (1), 107-117

Hoogenboom, G., Jones, J. W., Porter, C. H., Wilkens, P. W., Boote, K. J., Batchelor, W. D., Hunt, L. A., & Tsuji, G. Y. (2003). *A Decision Support System for Agrotechnology Transfer Version 4. 0. University of Hawaii,* (Vol. 1)

Jones, J. W., Hoogenboom, G., Porter, C. H., Boote, K. J., Batchelor, W. D., Hunt, L. A., ... & Ritchie, J. T. (2003). The DSSAT cropping system model. *European Journal of Agronomy,* 18 (3), 235-265

Linker, R., Ioslovich, I., Sylaios, G., Plauborg, F., & Battilani, A. (2016). Optimal model-based deficit irrigation scheduling using AquaCrop: A simulation study with cotton, potato and tomato. *Agricultural Water Management,* 163, 236-243

Visconti, F., De Paz, J., Molina, M., Ingelmo, F., Sanchez, J., & Rubio, J. (2011). Progress towards DSS-SALTIRSOIL: monthly calculation of soil salinity, sodicity and alkalinity in irrigated, well-drained lands. *Proceedings of the Global Forum on Salinization and Climate Change*

10.8　决策支持系统的集成传感器

（作者：Carlos Campillo[5]，Dolors Roca[8]）

10.8.1　用途

该技术用于提高水资源利用率。

10.8.2　适用地区

该技术适用于欧洲中东部地区及地中海地区。

10.8.3　适用作物

该技术适用于所有作物。

10.8.4　适用种植模式

该技术适用于所有种植模式。

10.8.5　技术概述

10.8.5.1　技术目标

这项技术旨在特定的农业条件下，通过对土壤水分和其他环境条件进行实地测量，然后对作物生长状态和水分有效性进行评估，从而为种植者和灌溉管理人员决定具体的灌溉时间和灌溉量提供决策。

10.8.5.2　工作原理

DSS（决策支持系统）是一款基于计算机的信息系统，该系统能够支持有组织的决策行为，通常在一系列方案中进行排序、分类或选择。一款设计合理的 DSS 借助于交互式软件系统，帮助决策者在综合原始数据、文档资料和个体知识等信息后，甄别和解决相关问题，进而做出决策。

DSS 系统一般会内嵌一个模型，模型在不同类型的传感器（如土壤湿度和植物水分传感器）实测数据的基础上对初始估计值进行实时修正。该系统可用于作物需求模型的开发和运作，根据历史农业气象资料或从附近农业气象观测站得到的气象数据计算作物需水量，并借助作物系数进行修正，通过作物生长发育曲线予以评估，也可以基于数字图像在田间实测。

有一些模型能够非常精确地确定对灌溉至关重要的与作物水分需求评估相关的参数，从而在作物生命周期的任一时刻均可提供合理的灌溉决策。系统能够自动将田间数据整合，然后基于作物需水模型对灌溉制度进行实时调整。作物需水模型与安装在田间的许多传感器是相互连接的，这些传感器通过数据采集器将数据发送到中央决策系统（计算机），随后中央决策系统会删除有错误的或超出阈值的数据，从而为需水模型提供有效可靠的数据。这些数据随后被模型利用，通过一系列的算法后修正灌溉初始参数以调整灌溉量（图 10-8）。

10.8.5.3　操作条件

操作条件取决于制造商，但是无论有没有远程控制和访问，范围通常都是 1～60 个输入项和 1～35 个输出项。根据覆盖区域的大小和输入端到输出端的最大距离两个控制因素，系统可以通过扩充数据采集器数量来进行扩展。

大多数具有决策支持传感器的模型可以很简便地为种植者提供关于灌溉时间和灌溉量的建议。最新的模型能够通过直接控制喷头系统中电动阀门的开启和关闭，进而控制灌溉。灌溉阈值的设定需要根据输入值（需水量、含水量等）而定，传感器读数会根据输入值的具体

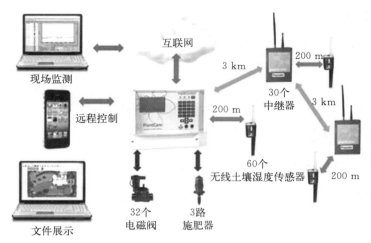

图 10 - 8　集成支持灌溉系统输入与输出

情况发送打开或关闭阀门的信号。当通过流量计的水量高于系统计算的数值时，系统会自动关闭电阀，停止灌溉。

10.8.5.4　成本

安装费 2 000 欧元，包括基本设备和劳动力成本。每年维护成本及其他投入 200 欧元。

10.8.5.5　技术制约因素

该技术的限制因素：需要连接网络；仪器需要电源；安装和使用需要一定的专业知识。

10.8.5.6　优势与局限性

优势：自动化，使用方便；精准的水分管理；减少灌溉管理失误；在灌溉支持下提高产量收益；减少安排和监督灌溉的时间投入；可靠性好；易于快速发现问题；具有更好的控制性（重复性、可靠性等）。

局限性：难以适应特定的生长条件；大面积栽培的作物间需求差异较大；需要根据不同的土壤条件设置参数；有效供水取决于灌溉系统的可靠性，因此，管道、滴头、喷头等都必须符合制造商的相应规范。

10.8.5.7　支持系统

尽管某些系统可独立工作，但仍需连接网络。为了使电源稳定，需定期更换太阳能电池板或电池。

10.8.5.8　发展阶段

该技术已经实现商业化。

10.8.5.9　技术提供者

Smartfield、Waterbee 系统（MAC 有限公司）可提供该技术。

10.8.5.10　专利情况

该技术有相关专利。

10.8.6　竞争技术

该技术暂无竞争性技术。

10.8.7　应用范围

该技术可应用于不同的作物、气候及种植制度，但需要进行具体的安装设置以及输入相关参数阈值。

10.8.8　监管制约因素

DSS 涉及的传感器使用没有相关的法规制约因素。

10.8.9　社会经济制约因素

该系统的高成本会限制种植者使用。使用该系统还需要对种植者进行软件和仪器操作方面的培训，使该技术推广不易。

10.8.10　衍生技术

利用这些装置可对大多数灌溉措施进行完善和控制，如控制 DI、局部根系干燥、精确灌溉等。

灌溉模型和调度系统的某些实例如下：

WaterBee 系统采用机器学习的方法，结合土壤水分模型优化水分利用，不断地自我调节以适应每位用户的情况和商业目标。该系统集成了颗粒水传感器，以确定何时需要进行灌溉（图 10 - 9）。

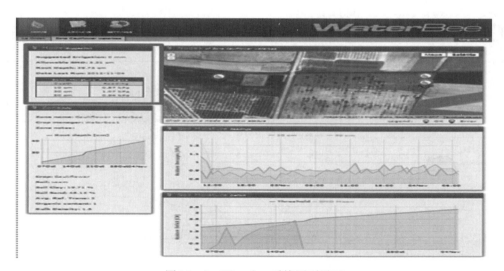

图 10 - 9　Waterbee 系统网页界面

DSS Figaro 系统能够集成传感器与系统所提供的信息。FarmConnect 是基于网络的软件，与之连接的设备包括可进行远程监控的土壤湿度传感器、气象站和雨量计。

大多数灌溉系统使用土壤湿度传感器来调整具体的灌溉需求。也有一些系统利用植物传感器确定作物的水分需求，Smartfield™系统已在美国和世界的多个国家的不同环境条件下使用。Smartfield™为用户提供了大量的作物监测手段和分析服务，使用户能够做出更准确和及时的决策。Smartfield™基站能从多个产品中连续收集数据，然后将数据打包并通过移动网络发送至 CropInsight™ 进一步分析。Smartfield™基站也能够测量环境温度、相对湿度和降水量，核心是 SmartCrop® 系统，其能够通过红外技术测量作物的冠层温度来确定作物的胁迫程度（图 10 - 10），评估的胁迫程度可以有效且精准地用于作物灌溉管理，并获得最大投资回报。

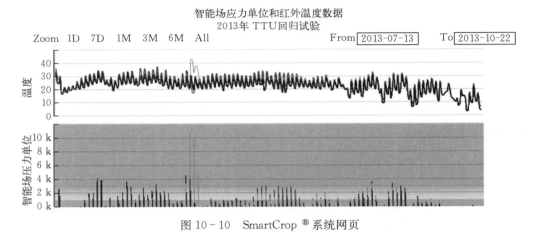

图 10 - 10　SmartCrop® 系统网页

此外，还可以针对具体作物将田间获得的不同植物测量指标进行整合，开发其他系统，例如，Campillo 和他的同事在 2016 年开发了用于番茄生产的灌溉决策系统，并通过测量地表覆盖度（图 10 - 11a，b）和叶水势（图 10 - 11c）以修正作物系数。所有这些信息都允许用户根据联合国粮食及农业组织推荐值和水量平衡做出调整。

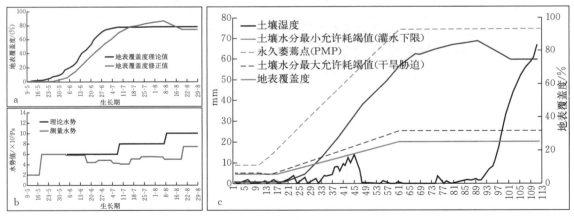

图 10 - 11　番茄生产需水系统，作物参数测量与估算（A，B）以及水量平衡（C）

EFFIDRIP 是一种支持水肥一体化监管的信息技术工具。虽然灌溉系统的应用可以扩展到其他情况，但它是针对 3 种本地作物所创建的系统（图 10 - 12），其总体目标是提供一种经济有效的工具，为终端用户（农民或技术人员）提供可靠的灌溉和施肥帮助，并对灌溉系统的简便性和可靠性进行监督。EFFIDRIP 系统是对现有水肥一体化控制设备功能的补充，是基于信息通信技术（ICT）的高端系统的一部分。

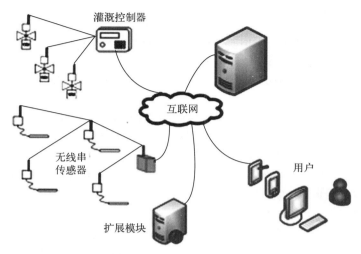

图 10 - 12　EFFIDRIP 系统

　　该高级系统的作用是集成多种来源的数据和信息，以便实现数据信息的自动调度决策和监督。它还能够方便用户与系统的交互和沟通。灌溉控制器仍是自主制定和实施灌溉和施肥制度的关键组分，但不同的是，时间表将为每个灌溉区域每天远程更新一次。在随后的应用中，精确的作物用水和肥料需求将根据天气条件、传感器评估的土壤和作物水分状况以及农民的生产和环境目标来预测。为实现该目的，需依据先进的农业知识对天气数据和传感器测量数据进行整合。

　　IRRIX 系统（图 10 - 13）根据安装在田间的传感器收集的数据和气象数据与地块可用水资源相结合开展工作。有了这些信息，该平台可以有效地进行灌溉，并根据具体情况进行调整，而不需要人员的直接参与。系统每天会根据传感器的指示在允许范围进行自我调节。每天的数据都通过传感器采集，系统也会自动调整灌溉的需求。由西班牙加泰罗尼亚农业食品研究和技术研究所（IRTA）开发的用于自动化灌溉监控的 IRRIX 网络平台将被应用于西班牙莱里达市（Lleida Badajoz）和阿尔梅里亚（Almeria）的多个地区，这些地区为由国家农业与食品研究和技术研究所（INIA）rta2013 - 00045 c04 资金支持的"集成土壤水传感器的自动滴灌重排季节策略"项目的实践区。

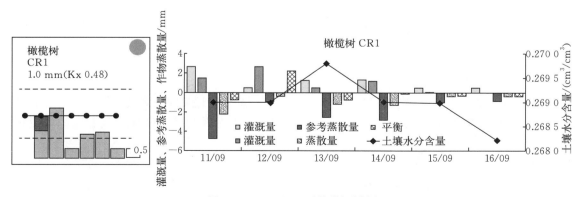

图 10 - 13　IRRIX 系统灌溉计划

10.8.11 主要参考文献

Doron，L. (2017). Flexible and Precise Irrigation Platform to Improve Farm Scale Water Productivity. *Impact*，2017（1），77-79

FarmConnect ® Software （2016，September 30th） Retrieved fromhttp：//www. rubiconwater. com/catalogue/farmconnect-software-usa

WATER-BEE："Smart Irrigation and Water Management system". This system recommends irrigation management based on soil water content measurements by sensors and crop modelling. http：//waterbee. iris. cat/

SMARTFIELD http：//www. smartfield. com

Campillo，C.，Gordillo，J.，Santiago，L. M.，Cordoba，A.，Martinez，L.，Prieto，M. H. & Fortes，R. （2017）. Development of an efficient water management system in commercial processing tomato farms. *Acta Horticulturare*，1159，23-30

EFFIDRIP. Enabling next generation commercial service-oriented，automatic irrigation management systems for high efficient use of water，fertilisers and energy in drip irrigated tree crops：http：//effidrip. eu

IRRIX system. INIA-RTA2013-00045-C04：http：//vps240490. ovh. net/IrriSensWeb0

10.9 气象预测相关工具

（作者：María Dolores Fernández[9]，Carlos Campillo[5]）

10.9.1 用途

该技术用于提高水资源利用率。

10.9.2 适用地区

该技术适用于欧盟地区

10.9.3 适用作物

该技术适用于需要灌溉的作物。

10.9.4 适用种植模式

该技术适用于保护地栽培和露地栽培。

10.9.5 技术概述

10.9.5.1 技术目标

作物需水量取决于气候条件和作物特征（类型、发育阶段、种植间距等），可通过参考蒸散量（ETo）乘以作物系数（Kc）值来估算。ETo 的预测在用于设计灌溉制度的气象资料不足的地区是有价值的。

10.9.5.2 工作原理

ETo 通常是根据邻近气象站观测到的气象数据估算得到，其变化随天气而异。

最常用的估算 ETo 的方法是联合国粮食及农业组织的 Penman-Monteith 方程，该方程在不同气候区应用良好，需要太阳辐射、温度、相对湿度和风速等数据。世界各地的许多灌区都安装了农业气象观测站网络，均可以获得计算 ETo 所需的气候数据。然而，这些观测站建设及其数据下载的高成本限制了技术的推广。因此，有些地区没有可用的数据，或者这些数据的精度不足以用于估算 ETo 的时候，本系统提供了一种替代方法来估算 ETo。

根据方法和所需数据的不同，预测 ETo 可以分为直接法和间接法。

直接法利用当前和以往相关数据来预测 ETo，所用到的方法是时间序列法或人工或计算机神经网络模型，可对 ETo 进行中长期预测。最早的也是最简单的预测 ETo 的方法是对历史的 ETo 数据取均值，利用以往的 ETo 数据可以对整个生长季节（最多一年）进行灌溉规划，是一种简便易行的方法。然而，当目前的气候条件决定的作物水分需求量高于历史平均的水分需求量时，会时常诱发水分胁迫，从而导致作物产量降低。由于这个原因，时间序列模型和人工或计算机神经网络模型得到了发展，使得每周和每月的 ETo 预测成为可能，这比使用历史平均数据更好。

间接法通过数值天气预报（NWP）获得所需的相关天气数据进而预测 ETo。一些公共和私人机构提供在线每日天气预报，通常包括数字化的日最高和最低气温、风速和相对湿度，以及非数字化的天空云层覆盖度。在欧洲，提供每日天气预报数据的两个主要机构是 HIRLAM 和 ALADIN。2006 年，这两个欧洲的机构合作开发了高分辨率系统（HAR-MONIE）。

10.9.5.3　操作条件

世界各地的农业生产者和技术顾问可通过公共咨询服务免费在线获得实时或历史 ETo 数据，也可以获得灌溉地区的农业气象站测量的气候数据。最著名的公共咨询服务系统是加利福尼亚州灌溉管理信息系统，已为其他服务提供了典范。例如，在西班牙，农业气象信息灌溉系统（SIAR）负责收集、记录和报告分布于全国各地 468 个站的农业气象数据。

通过 NWP 来预测 ETo 是近年来才开始的。美国国家气象局（National Weather Service）的天气预报自 2014 年起为该国提供 ETo 预测结果。

ETo 也可以由国家气象局提供的 NWP 计算获得。通常，NWP 预报数字化的日气温、相对湿度和风速以及非数字化的云层覆盖度。然而，在使用这些变量进行 ETo 的估计前，必须对其进行加工处理。由于气象学的风速值一般指的是 10 m 高度时的值，因此必须根据 Allen 等（1998）提供的公式换算为 2 m 处的风速：

$$u_2 = u_z \frac{4.87}{\ln(67.8z - 5.42)}$$

其中 u_2 为农业气象研究的参考高度风速值，u_z 为离地高度 z m 处的风速（m/s）。

10.9.5.4　成本

种植者可以通过咨询国家气象局的互联网服务部门，在不同电子设备上（个人电脑、智能手机、平板电脑等）下载天气预报数据。

可从国家气象局相关服务网站上下载天气预报数据，这也需要一定的时间成本，所以，一些公司以发送电子邮件或应用程序的形式提供天气预报服务。

10.9.5.5　技术制约因素

目前提供 ETo 预测的机构非常少。在世界许多地区，可以通过公共和私营机构获得预测气象数据，虽然这些数据可以用于评估 ETo，但利用 Penman-Monteith 模型对数据进行

预处理从而计算 ETo 的过程比较复杂。一些简单的用于预测 ETo 的方法在不同气候条件下有较好的效果，比如 Hargreaves 模型。

气象数据和 ETo 的预测准确性随着预测期的延长而逐渐下降。

10.9.5.6　优势与局限性

优势：公共机构提供的在线天气预报大部分是免费的；ETo 预测用于预计灌溉量，从而有效利用水资源和能源；在无法获得实测数据的地区可获取气象数据。

局限性：并非所有种植者都能使用这些方法；对数据采集、处理、校准和评估需要进行深入的了解；NWP 只能提供预测期较短（1～7 d）的天气预报；预测效果取决于 NWP 模型、预测周期、地点和气候；使用 NWP 模型输出对 ETo 预测的量化仅适用于美国、欧洲、中国、澳大利亚和智利等少数特定地区，而且预测周期相对较短（图 10-14）。

图 10-14　根据西班牙安达卢西亚 IFAPA 的气象预报提出的草莓灌溉建议

10.9.5.7　支持系统

该技术的支持系统包括数据采集所需要的网络连接和电子设备。

10.9.5.8　发展阶段

该技术已应用于某些商业农场，新版本正在开发中。

10.9.5.9　技术提供者

公共机构和私人机构提供气象预测数据。

10.9.5.10　专利情况

该技术没有专利。

10.9.6　竞争技术

根据以往或实时气象数据估算 ETo 的技术与该技术形成竞争关系。

10.9.7 应用范围

该技术可应用于不同作物、气候及种植制度。

10.9.8 监管制约因素

该技术不存在监管制约因素

10.9.9 社会经济制约因素

使用者必须有足够的知识、时间，坚持每天查阅或下载天气预报、进行计算和更改灌溉制度。

当灌溉计划在非常短的时间内（1～3 d）实施时，ETo 预测是有用的。对于最长达 7 d 的中期计划，必须考虑到 ETo 预报的准确性低于实时 ETo。

10.9.10 衍生技术

该技术的衍生技术有公共机构根据天气预报免费提供可用的灌溉建议（美国加州灌溉管理信息系统）和西班牙安达卢西亚的 IFAPA，以及 Irristrat 等能够对不同的作物给出针对性建议的商业软件。

10.10 遥感

（作者：Juan del Castillo[13]，Carlos Campillo[5]）

10.10.1 用途

该技术用于提高水资源利用率。

10.10.2 适用地区

该技术适用于整个欧洲地区。

10.10.3 适用作物

该技术适用于蔬菜、果树作物。

10.10.4 适用种植模式

该技术适用于露地栽培，板结性土壤也适用。

10.10.5 技术概述

10.10.5.1 技术目标

遥感提供了能够改善水分利用的信息，该信息被集成到决策支持系统中（DSS），该决策支持系统可根据气象站数据和对地块行为的监测估算相应区域的蒸散量。

10.10.5.2　工作原理

遥感技术利用多光谱植被指数，通过计算作物基础系数来协助估算植物蒸散量，多光谱植被指数和作物基础系数对植物地面覆盖度都敏感。多光谱植被指数来源于不同平台采集的遥感数据，这些平台包括卫星、飞机或无人机（UAV）。这项技术中使用的多光谱指数主要是土壤调整植被指数（SAVI）和归一化植被指数（NDVI）。

遥感在光谱、空间和时间分辨率方面的发展，使其能够用于探测农作物生长相关特性。由欧洲航天局（ESA）开发的哥白尼计划提供了有关地球观测的准确、及时和容易获得的信息。哨兵2号卫星的13个波段覆盖了从可见光波段到短波红外光谱，可以有效地绘制10～20 m分辨率的植被图。

FAO-56的方法是计算参考蒸散量和作物系数的一种方法。其中参考蒸散量代表大气的蒸发能，双重作物系数（Kc）代表植被发育状态。在DSS灌溉管理系统中，采用区分土壤蒸发和植物蒸腾的双重作物系数（Kc），分别采用蒸发系数（Ke）和基本作物系数（Kcb）。

DSS根据作物和物理气候状态采用理论Kcb曲线，该技术利用SAVI、NDVI等多光谱植被指数（VI）对各作物小区的Kcb进行估计，与理论曲线进行对比修正后，为农户提供准确的信息。

卫星根据每种作物在入射阳光下的反射率，提供多光谱图像（表10-2）。这些图像采集可见光和红外光谱不同波长的信息，利用数学方程计算各种植被指数，这些指数与作物覆盖度的相对光合作用大小密切相关，该作用表现出植被冠层吸收光合活性太阳辐射的能力。

表10-2　不同的卫星平台

平　台	多光谱分辨率（m/像素）	图像更新频率（d）	最小图像覆盖面积	成本（欧元/km²）
地球之眼1	2.00	3	25 km²	15.25
地球之眼3	1.24	1	25 km² 2.5 hm²	27.87 （0.278 8欧元/hm²、697欧元/图像）
昂宿星团	2.80	1	25 km²	11.33
快鸟卫星	2.40	3	25 km²	15.25
阿里郎3A	2.20	4	25 km²	6.97
哨兵2A	10.00	3 当哨兵2B可用时		免费
陆地卫星7和8	20～30	15		免费
无人机	<0.5	根据需求	根据需求	取决于公司和服务

利用植被指数（SAVI或NDVI）与覆盖度分数之间的关系来估算Kcb地块的水平，在图的每个像素中，计算从图像中导出的植被覆盖度值（fc值），输入Kcb公式中，其中VI值来自卫星图像，其余参数将按照每种作物列表获得。

10.10.5.3　操作条件

根据灌溉单元的大小确定空间分辨率更合适农田地块有多个不可控条件或多种因素影响，如缺少养分、灌溉设备故障、病虫害等；图像量化值受一些因素影响，如云、像素误差等；时间分辨率不足以做出决策。成本较高，有必要将图像的原始成本与经过专业服务公司处理的最终产品成本区分开来。种植者将使用处理后获得的最终产品。

10.10.5.4　技术制约因素

因为需要对地理信息系统（GIS）有深入的了解，需要运用专业技术。

10.10.5.5　优势与局限性

优势： 易于作物跟踪显示；可检测作物中出现的问题和特异性；提供用以比较策略的信息。

局限性： 需要操作者具备丰富的计算机工作经验。

10.10.5.6　支持系统

DSS（决策支持系统）使用遥感指数来提供灌溉建议。

10.10.5.7　发展阶段

该技术已实现商业化

10.10.5.8　技术提供者

涉及图像服务领域的既有公营企业，也有私营企业。

10.10.5.9　专利情况

卫星技术没有获得专利，但图像访问平台或分析软件获得了专利。

10.10.6　竞争技术

基于近端作物和土壤传感来提供灌溉策略的技术与该技术形成竞争关系。

10.10.7　应用范围

该技术应用于不同作物、气候及种植制度。

10.10.8　监管制约因素

该技术不存在法规制约因素。

10.10.8.1　欧洲指令及对种植者的影响

2010 年 9 月 22 日欧洲议会和理事会颁布第 911/2010 号条例（欧盟），内容与欧洲地球监测计划（GMES）及其初始运行（2011—2013 年）相关。

2014 年 4 月 3 日欧洲议会和理事会颁布第 377/2014 号条例（欧盟），建立哥白尼计划并废止第 911/2010 号条例（欧盟）。

2007 年 3 月 14 日欧洲议会和理事会颁布关于在欧洲共同体建立空间信息基础设施的 2007/2/EC 指令。

10.10.8.2　国家层面履行情况

欧洲所有的立法都是在国家层面上实施的。

10.10.9　社会经济制约因素

该技术需要良好的地理信息系统知识。在利用遥感数据并结合作物跟踪数据进行灌溉时，种植者需要通过信息通信技术（ICT）参与。因此，服务应该依照种植者运用 ICT 的水平进行调整。但是，信息通信技术在这一领域的发展缓慢，仅限于支持机械性的操作。

一些卫星如 Sentinel（免费使用），不能处理某些任务所需的特定波长，例如热波长。用于灌溉和施肥的平台并非适合所有作物，必须针对每种作物进行局部调整。

卫星给出的反射率值并不能说明所有问题，但它们一定与植物参数相关。

10.10.10 衍生技术

根据联合平台（如卫星、飞机、无人机）的冠层反射率测量结果提供灌溉建议的公司有 sigAGROasesor、Farmstar、Agrisat。

10.10.11 主要参考文献

Allen，R. G.，Pereira，L. S.，Raes，D.，& Smith，M.（1998）. *Crop evapotranspiration. Guidelines for computing crop water requirements*，*Irrigation and Drainage Paper* No. 56. FAO，Rome，Italy. Retrieved from https：//doi：10.1016/j. eja. 2010. 12. 001

Campos，I.，Calera，A.，Martínez-Cob，A.，& Casterad，M. A.（2010）Aplicación de la teledetección a la mejora del manejo y gestión del agua de riego en Aragón. En：Incorporación de la teledetección a la gestión del agua en la agricultura（*Riegos del Alto Aragón. Boletín monográfico*），pp. 16-18

Gonzalez-Dugo，M.，Neale，C.，& Mateos，L.（2009）. A comparison of operational remote sensing-based models for estimating crop evapotranspiration. *Agricultural and Forest Meteorology*，149，1843-1853

10.11 植物生长平衡分析系统

（作者：Eleftheria Stavridou[15]）

10.11.1 用途

该技术用于提高水资源利用率。

10.11.2 适用地区

该技术适用于欧洲西北部。

10.11.3 适用作物

该技术适用于番茄作物。

10.11.4 适用种植模式

该技术适用于无土栽培及保护地栽培。

10.11.5 技术概述

10.11.5.1 技术目标

该技术能够实现监测和分析植株（果）重量的每日累积过程。

10.11.5.2 工作原理

该系统对温室内的单个植株进行称重。利用专门开发的软件，每隔 20 min 将数据通过无线电传送到计算机上，然后再传送到服务器上进行处理。处理后的数据在第二天通过互联网传送给种植者。气候和灌溉数据来自种植者的气候和灌溉控制系统（图10-15）。

该系统能够帮助种植者监控温室内植物每日的生长情况，观察生长模式，分析生长模式与气候和灌溉数据之间的关系；处理带来的效果进行对种植不同品种、不同种植间隔、新技术或者已使用技术、不同作物管理方式（砧木、肥料、灌溉等）带来的效果进行比较。

该系统不仅可以比较作物不同区域之间的差异，还可以比较"称重单位"之间的差异。有了这些信息，就可以在更精细的层次上跟踪农作物。

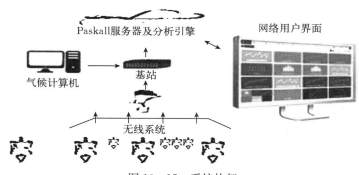

图10-15 系统构架

10.11.5.3 操作条件

称重装置的数量和分布取决于现场条件，如温室的尺寸和结构、均匀性因素、传感器位置等。

以Paskal系统为例，1种作物每8 hm² 作为一个典型的单元，包括100个称重装置。对于较小的区域，这个数字可以更小。一个系统至少需要32个装置，每个区划至少需要16个装置。

10.11.5.4 成本

安装成本：每个系统最小单元需要25 000欧元。

每年维护或投入的其他成本：用于数据分析而订阅的服务和软件需要1 490欧元。

10.11.5.5 技术制约因素

因为数据需要一定时间来处理，所以不能提供实时数据，24 h后才可以被种植户访问。

10.11.5.6 优势与局限性

优势： 自动化管理，使用方便；计算机处理数据，无须人工；可持续监控。

局限性： 成本高；非实时数据访问；依靠其他监测系统如EC、pH、板坯重量等的使用状况来解释数据。

10.11.5.7 支持系统

为了能够解释生长分析数据，系统数据需要与辐射、水分、EC、pH等其他数据相结合，从温室接收数据的计算机必须连续而稳定地接入互联网。

10.11.5.8 发展阶段

该技术已实现商业化。

10.11.5.9 技术提供者

Paskal-tech. 可提供该技术。

10. 11. 5. 10　专利情况

该技术获得了专利。

10. 11. 6　竞争技术

Gremon 系统的 Turtina Hydro 技术与该技术形成竞争关系。

10. 11. 7　应用范围

该技术适用于不同的作物、气候及种植制度，但应用于不同条件可能需要对软件进行调整。

10. 11. 8　监管制约因素

该技术不存在相关的法规制约因素。

10. 11. 9　社会经济制约因素

设备和软件年度许可证产生的高成本将阻碍种植户的购买。

10. 11. 10　衍生技术

该技术没有衍生技术。

10. 11. 11　主要参考文献

http://www.hortidaily.com/article/11380/Special-series-of-articles-on-Hortidaily-featuring-Paskals-Plant-Growth-Analysis.

Plant Growth Analysis-System structure and capabilities brochure

10. 12　热红外传感器

（作者：Carlos Campillo[5]，Elisa Suárez-Rey[11]）

10. 12. 1　用途

该技术用于提高水资源利用率，确定用水需求。

10. 12. 2　适用地区

该技术适用于中东欧及地中海地区。

10. 12. 3　适用作物

该技术适用于木本作物及一年生作物。

10. 12. 4　适用种植模式

该技术适用于所有种植模式。

10.12.5　技术概述

10.12.5.1　技术目标

热红外传感器可以提供植物水分状况、某一时期用于果园的水量、灌溉水的分布、水分参数评估和植物胁迫分析等方面的信息。

10.12.5.2　工作原理

热图像或热分析图是一个物体发射、传输和反射的红外能量的可视化显示。由于红外能量有多种来源，利用这种方法很难得到物体的准确温度。热图像相机可以通过执行算法来解释这些数据并构建图像。尽管这幅图像向观看者展示了一个物体温度的近似值，但相机使用基于物体周围区域的多个数据源来确定该值，而不是检测实际温度。热感相机（Thermographic cameras）通常通过探测电磁波谱（9~14 μm）在长红外范围的辐射而生成图像，该技术可用于农业植物水分状况的测定。

该仪器的光学仪器从待测的热辐射物体上采集红外辐射样本，将其聚焦在小红外辐射传感器上，该传感器将其转换成与入射红外辐射类似的比例电信号（即物体的温度），通过将辐射比转换成一个完美的线性电压-温度关系，这个信号被放大和线性化，并将温度显示在显示器上。

在植物体上，当太阳辐射被吸收时，冠层温度升高，但当这种能量用于水分蒸发（潜在能量或蒸腾作用）而不是加热植物表面时，冠层温度降低（图 10-16）。冠层温度通常遵循日变化曲线，由于太阳辐射，白天的温度会上升。缺水的植物会减少蒸腾作用，所以通常会比不缺水的作物温度更高，这一效应也被认为是对营养和疾病胁迫的一种反应。基于冠层温度的算法与作物产量、水分利用效率、季节蒸散量、正午叶水势、灌溉速率和除草剂损害等重要的可量化输出参数密切相关。冠层温度的变化已经被用来指示水分胁迫。冠层温度取决于空气温度，蒸发的水越多，冠层温度就越低于周围空气的温度。

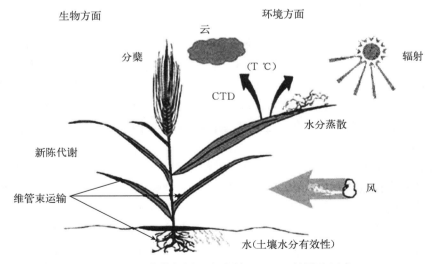

图 10-16　植物冠层温度降低（CTD）的影响因素

（Reynolds et al.，2001）

位于美国亚利桑那州的水资源保护实验室开发的作物水分胁迫指数（CWSI）测定方法就依赖于上述理论。由此理论得到 CWSI 的主要判据是冠层叶片与空气的温差。如果作物缺水并因此无法蒸发，叶子和空气之间的温度几乎没有区别，上基线表示这种情况。对于无水分胁迫的作物，蒸腾作用取决于空气的相对湿度，相对湿度越低，作物的蒸腾量越大，叶子的温度就越低。较低的基线（图 10 - 17）代表蒸腾充分、无水分胁迫作物的情况。上、下基线之间的垂直距离定义了叶片和空气之间的温度跨度的差异，这种差异出现在非蒸腾作物和完全蒸腾作物之间的比较。

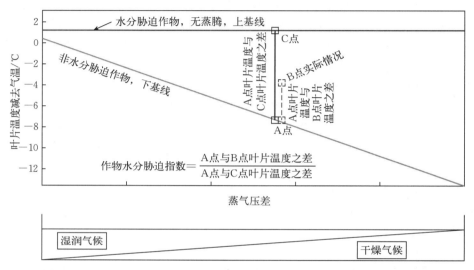

图 10 - 17   作物水分胁迫指数（CWSI）的图释
(Heege and Thiessen，2013)

作物温度是用红外线温度计或热照相机测量的，空气温度和蒸气压差是用干湿球温度计测量的，或用公式转换相对湿度计算得出的。

CWSI 是蒸腾减少的度量，以十进制的 CWSI 单位表示。CWSI 的范围从 0（无胁迫）到 1（最大胁迫）。当需要灌溉时 CWSI 将位于 0.25~0.35，某些作物在不同物理气候阶段的基准线是不同的，对于冬小麦，应该在穗前和穗后阶段制定不同的基线。基线与作物产区具有很密切的关系，还与物种和品种有关。为了确定一个无水分胁迫的基线，涉及在一系列水气压差（VPDs）范围内测量一种无胁迫作物冠层温度的问题。这可以通过监测无胁迫作物冠层温度在一天内的变化来实现，也可以通过测定日正午时分不同的 VPD 来实现。

10.12.5.3　操作条件

红外温度计（IRTs）可以在生长季节连续使用而且可靠性强，设备现场维护较少。红外温度计的安装是实施该安装方案需要考虑的一个重要因素。对于典型的滴灌系统，两个红外温度计在最低点查看冠层，该视角可产生一个直径为 10 cm 的查看区域。设置在田间的红外温度计在某种程度上提供了田间冠层温度信息，当与中心枢轴或线性驱动灌溉系统一起使用时，红外温度计面向前端被安装在灌溉系统上。通过这种安装方式，红外温度计可以观测田间最为干燥的部分。红外温度计高度调节器需要定期检查，镜头也需要定期清洗。通常每 6 s 监测一次温度，每 15 min 上传一次温度均值用于灌溉决策。

无人机在飞行前安装了热成像摄像机。图像和飞行数据（位置）记录在存储卡上。这些图像由专门的软件以马赛克的形式保存下来。在飞行过程中，每个像素的温度值通过田间局部实测校准。系统需要进行年度维护或投入。

红外温度计准确并且具有很宽泛的测量范围（－30～100 ℃）。测量对象之间存在不同的距离/尺寸比关系，如 50∶1、60∶1、12∶1，远距离测量将测量更大的面积，但有时这是不需要的，因此最好使用更大的距离/尺寸比。在一些手册中，这一特性被表示为视场，它是以顶点与传感器相重合圆锥的角度测量的，视场角度随不同的模型在 0.1°和 50°之间变化。在测量植物过程中，温度计使用的视场角度在 4°～15°。存在可选择性发射率模型和固定发射率（0.95）模型等多种模型。

10.12.5.4　成本

红外温度计成本 500～1 000 欧元，具体价格取决于准确度或生产商，此外，通常需要一个记录器来保存数据。热成像摄影机更昂贵（10 000～20 000 欧元）。不同的公司对农场采用无人机和热影像两种不同技术开展工作，处理图像和农场作物水分状况成本为 20～30 欧元/hm²。

10.12.5.5　技术制约因素

作物温度变异性大、传感器安装的准确性难统一、信息解读不当、易用友好软件的普适性差、适用于不同作物及其生长阶段临界值等都是该技术的制约因素。

10.12.5.6　优势与局限性

优势：节约水资源；在不造成作物损伤的情况下测定作物含水量；可实现长期监测；允许使用灌溉制度；无线网络技术成本低；可自动化操作；可提供整个田块或农场的图片；利用相机或远程传感器可实现一个仪器测量多个区域。

局限性：安装需要帮助；数据解释和管理困难；成本较高；需要对航拍图像进行拼接、校正、土壤消除（减少植物温度计算中的误差）等处理；航拍图像必须用获取的数据进行校准；温度数据不能直接表明是否存在胁迫，必须与现场其他传感器测量的数据（如气压差、水势、土壤湿度等）进行比较；温度的变化取决于冠层和测量角度；热成像摄影机价格较高。

10.12.5.7　支持系统

需要在第一次使用期间进行技术评估。

10.12.5.8　发展阶段

该技术已实现商业化。

10.12.5.9　技术提供者

红外传感器可由 Apogee 和 Smartfield 公司提供。热成像摄影机（无人机或手动）可由 FLIR 和 Sensefly 公司提供。

10.12.5.10　专利情况

这项技术获得了专利。

10.12.6　竞争技术

植物传感器和遥感技术与该技术形成竞争关系。

10.12.7　应用范围

该技术可应用于不同作物、气候及种植制度。

10.12.8　监管制约因素

关于无人机航拍图像的立法：

在欧盟各国关于无人机使用的立法是不同的，欧盟委员会正在制定一项共同的立法。在一些国家，对人们如何使用无人机、无人机的种类、飞行高度、飞行地点、禁飞区、可以开展什么类型的工作、需要什么飞行许可、国家数据库等方面的法律限制较少。

在西班牙驾驶无人机需要特殊的许可证和无人机操作的官方程序。无人机不能在公共场所使用。无人机不可在禁飞区飞行。无人机必须始终能被操作员看到。

10.12.9　社会经济制约因素

在西班牙的许多地方，农民节水的意识仍然较为薄弱。

果园规模往往太小，负担不起传感器和遥感技术的成本。

10.12.10　衍生技术

大多数灌溉策略，如控制非充分灌溉、根区交替灌溉等，都可以通过先进设备进行改进。

基于测量冠层温度的原理，可以使用以下几种传感器：

红外测温仪：该传感器运用点测量的方式测量冠层温度。测量的比例（目标面积）取决于传感器与作物之间的距离和测量角度。最终温度表示测量区域的平均值。该传感器可以连接到记录器，并进行连续测量（预设一个时间间隔）。全球定位系统技术允许使用传感器和记录器，将传感器安装在拖拉机上可对农场所有区域进行测量（图 10-18）。

(a)

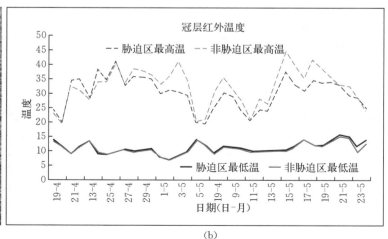

(b)

图 10-18　IR 温度计（a）和作物冠层温度变化（b）

热成像摄像机：这种相机可以用像素来表示作物区域的温度。这样就可以知道作物冠层特定区域的温度。传感器可以与农场特定地点的图像一起使用，也可以安装在无人机上，实现对农场内的一个大区域甚至所有地块进行测量。无人机系统可以获得不同的图像，并通过拼接技术获得农场的连续图像，图像中的每个像素都包含温度信息（图10-19）。

图10-19　无人机及其采集获得的番茄作物热图像

无人机对农作物的空中监测是其应用的另一个例子，其结果可以确定灌溉可能遗漏的地区，以及缺水或缺肥的地区，以帮助改变农场特定地块的用水计划。

10.12.11　主要参考文献

Colaizzi，P. D.，O'shaughnessy，S. A.，Evett，S. R.，& Howell，T. A.（2012，February）. Using plant canopy temperature to improve irrigated crop management. In *Proceedings of 24th Annual Central Plains Irrigation Conference*，pp. 21-22

Gardner，B. R.，Blad，B. L.，& Watts，D. G.（1981）. Plant and air temperatures in differentially-irrigated corn. *Agricultural Meteorology*，25，207-217

González-Dugo，M. P.，Moran，M. S.，Mateos，L.，& Bryant，R.（2006）. Canopy temperature variability as an indicator of crop water stress severity. *Irrigation Science*，24（4），233-240

Hatfield，P. L.，& Pinter，P. J.（1993）. Remote sensing for crop protection. *Crop Protection*，12（6），403-413

Heege，H. J.，& Thiessen，E.（2013）. Sensing of Crop Properties. In*Precision in Crop Farming*（pp. 103-141）. Springer Netherlands

Idso，S. B.，Jackson，R. D.，Pinter，P. J.，Reginato，R. J.，& Hatfield，J. L.（1981）. Normalizing the stress-degree-day parameter for environmental variability. *Agricultural Meteorology*，24，45-55

Idso，S. B.（1982）. Non-water-stressed baselines：a key to measuring and interpreting plant water stress. *Agricultural Meteorology*，27（1-2），59-70

Jackson，R. D.，Idso，S. B.，Reginato，R. J.，& Pinter，P. J.（1981）. Canopy temperature as a crop water stress indicator. *Water Resources Research*，17（4），1133-1138

Lin，L.，Chen，J.，& Cai，C.（2012）. High rate of nitrogen fertilization increases the crop water stress index of corn under soil drought. *Communications in Soil Science and Plant Analysis*，43（22），2865-2877

Monasterio，J. O.（2001）. *Application of physiology in wheat breeding*. M. P. Reynolds，& A. McNab（Eds.）. CIMMYT

Zhou，C. J.，Zhang，S. W.，Wang，L. Q.，& Miao，F.（2005）. Effect of fertilization on the canopy temperature of winter wheat and its relationship with biological characteristics. *Acta Ecologica Sinica*，25（1），18-22

10.13　植物干径测量仪

10.13.1　用途

该技术用于提高水分利用率。

10.13.2　适用地区

该技术适用于所有欧洲地区。

10.13.3　适用作物

该技术适用于蔬菜、果树、观赏植物。

10.13.4　适用种植模式

该技术适用于所有种植模式。

10.13.5　技术概述

10.13.5.1　技术目标

植物干径测量仪，也称为线性可变位传感器，以非常高的分辨率测量茎（或茎干）直径变化（SDVs），是植物水分状态的敏感指示器。

按照正确的使用方法，植物干径测量仪可用来确定作物的灌溉时间。该设备最适合在葡萄和果树上应用。

10.13.5.2　工作原理

植物在昼夜交替过程中，由于蒸腾和吸水作用产生水分含量差异，植物茎干或树干会收缩和膨胀。随着早晨蒸腾需求增加，植物开始利用储存在茎干等组织中的水分，导致茎干收缩，在中午前后达到最小值。在下午和晚上，根系吸水逐渐大于蒸腾作用，所有组织的吸水量在日出前逐渐达到最大值。在水分胁迫条件下，植物干径白天收缩快，晚上膨胀慢（图10-20）。

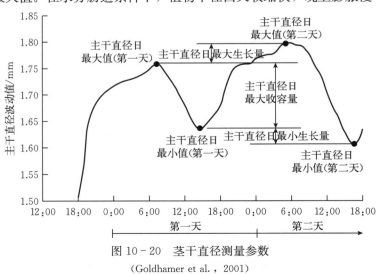

图10-20　茎干直径测量参数

（Goldhamer et al.，2001）

植物干径在水分胁迫和水分充足条件下的变化是植物干径测量仪用于表征植物水分状况的基础。

植物干径测量仪可以连续测量植株茎干直径的变化。植株干径测量仪可以与数据记录器连接，进行数据自动收集。

茎干生长缓慢的植物，干径日最大收缩量是灌溉调度中最敏感的参数，即日出前干径最大值与中午前后干径最小值之间的差值。

对于幼树来说，茎干生长速率是最敏感的参数，即连续两天干径最大值的差值，因为树干生长的减少是对水分胁迫的快速反应。

一些成熟果树制定的灌溉方案包括：选择某一物种特定生长阶段和负载量最适合时的衍生参数，将测定数值与灌溉良好作物的参考值联系起来，并根据气候条件进行标准化，例如测量空气湿度的饱和度参数 VPD（水气压差）。在日收缩量最大的情况下，根据气象数据模拟的预测方程可用于几种木本作物的灌溉调度。

10.13.5.3　操作条件

干径变化率（SDV）在不考虑蒸发量的情况下很难解释。因此，通常将 SDV 与具有相同蒸发量的非限制性土壤水分条件下的 SDV 进行标准化，即 SDV 除以灌溉良好情况下的植物 SDV。使用此方法还需要考虑其他问题，即植物间的高度变异性，以及其他生物胁迫（如疾病、营养问题）和非生物胁迫（如高温和低温）对 SDV 测量的影响。通常情况下，操作范围不超出果园内的田间水平，在作物水分状况变化较大的大型果园中，SDV 测量可与航空或卫星成像相结合。

10.13.5.4　成本

植物干径测量仪在线购买需 475 欧元，也有较低成本的产品，例如，BEI 9605 传感器相对便宜，这样自动生长测量仪（点和带）的总成本将低于 34 欧元。

收集和存储数据的记录器、气象站和分析数据的软件等成本将使总成本增加。

使用此技术，新用户首先需要接受培训。建议种植者与提供传感器安装和数据解释的咨询公司签订合同；对于缺乏经验的用户来说，用植物干径测量仪进行数据解释是具有挑战性的。安装使用植物干径测量仪过程中需小心，并且用绝缘的反射材料对传感器进行良好的保护，使导热和雨水的影响达到最小化。农场工人对传感器的意外接触也可导致数据错误。经验丰富的技术人员可为新用户进行传感器安装和数据解释，但其中的服务费增加了使用总成本。

10.13.5.5　技术制约因素

相同蒸发量下，绝对 SDV 必须与土壤水分非限制性条件下的 SDV 进行标准化比较。

SDV 数据受气候、作物发育阶段、果实负荷等因素的影响，在灌溉调度中必须考虑这些因素。这可能会限制其自动灌溉的潜力，因为在制定灌溉计划时需要考虑其他数据和种植者对这些因素的影响。

SDV 数据在雾天、下雨和多云天气，以及在田间进行农事活动的人、鸟类、昆虫等与传感器或电缆发生物理接触时，对监测数据可能造成影响。

适当的遮蔽传感器上可减少对 SDV 测定值的影响，如主茎每日最大收缩率和茎生长率，不仅受植物水分状况的影响，还受作物营养胁迫及盐度等其他因素的影响。必须确保干径测定仪数据除了作物水分状况外没有其他因素的影响。

在快速生长的植物如蔬菜或幼树中，在不同生长期，干径测量仪需要多次更换测量部位。

植物之间测定值高变异性是主要限制因素，因此，需要设置许多传感器。

10.13.5.6 优势与局限性

优势：坚固耐用；将作物对土壤供水和大气蒸发的需求反应结合起来；自动测量，使用方便；可及时检测作物水分胁迫，敏感度高；特别适合木本植物。

局限性：数据解释和决策具有一定难度；除了植物水分状况之外，其他因素会影响数据的准确性；所需数据需标准化；必须正确安装；使用前需要校准；植物之间的测量值具有高度变异性。

10.13.5.7 支持体统

植物干径测量仪需要适合的野外作业辅助设备来收集、存储和传输数据。建议使用传感器所在地区相同作物的气候数据；这些气候数据有助于数据解释和灌溉调度的实施。

新用户必须与专业咨询服务部门签订合同。服务部门指导用户进行安装，数据管理，尤其是灌溉计划的数据解释。

10.13.5.8 发展阶段

研究阶段：在过去 15 年中，就新的传感器和数据传输系统进行了开发，对各种 SDV 衍生指数与不同物种水分胁迫敏感性的关系进行了大量研究。此外，在这期间，在基于 SDV 测量的灌溉调度协议方面也进行了大量研究。

商业化阶段：数家公司生产不同类型的干径测量仪，其他公司以此提供灌溉调度服务。

10.13.5.9 技术提供者

数家公司提供使用生长测量仪进行灌溉调度的服务，包括销售 Pepista 系统的法国农业技术公司、西班牙 Verdtech 公司、以色列 Phytech 公司、比利时 Phyto-sense 公司，这些公司已经开发出带有多种植物、土壤和气候传感器（包括树木密度计）的自动监测系统。这些公司提供完整的土壤、植物和气候的连续测量记录，用于早期检测水分胁迫和提供更合理的灌溉调度。公司为传感器的销售、安装、校准和数据解释提供服务。公共资助的研究人员还参与公司（spin-off 公司）的技术研发，如西班牙 CEBAS 研究中心（CSIC、西班牙国家研究理事会）和比利时根特大学植物生态学实验室。

10.13.5.10 专利情况

据推测，一些技术已经获得了专利，用于数据分析的软件已取得著作权。

10.13.6 竞争技术

该技术可替代其他灌溉调度程序或与其结合使用，例如使用水量平衡法、土壤湿度传感器（张力计、水位标志传感器、电容传感器）或红外传感器等植物监测仪。

10.13.7 应用范围

该项技术已在葡萄园和果园上进行了商业化应用。在以色列和比利时，干径测量仪与其他传感器结合用于温室作物灌溉调度和气候控制的商业应用。

10.13.8　监管制约因素

该技术无监管因素制约。

10.13.9　社会经济制约因素

社会经济制约因素主要是购买或租用传感器和相关设备的成本较高，以及帮助进行传感器安装、校准和数据解释的咨询服务公司的成本较高。此外，这些传感器将被视为一种高科技方法。对高科技感兴趣的种植者和对水分敏感的高价值作物由于先进技术的成本较高和认知不足，将限制该设备的使用。

10.13.10　衍生技术

Agro-Technologie 公司生产的 Pepista 4 000，通过固定在树干的传感器自动测量和评估树干对水的需求，公司拥有 INRA 认证。

西班牙 Verdtech 公司提供具有若干植物、土壤和气候传感器的自动监测系统，包括用于优化灌溉调度的测量仪。

以色列 Phytech 公司提供自动监测系统，该系统具有若干植物、土壤和气候传感器，包括用于优化灌溉调度的测量仪。

比利时 Phyto-sense 公司提供具有若干植物、土壤和气候传感器的自动监测系统，包括用于优化灌溉调度的测量仪。利用作物模型对数据进行解释。

10.13.11　主要参考文献

Fernández, J. E., & Cuevas, M. V. (2010). Irrigation scheduling from stem diameter variations: a review. *Agricultural and Forest Meteorology*, 150 (2), 135-151

Cohen, M., Goldhamer, D. A., Fereres, E., Girona, J., & Mata, M. (2001). Assessment of peach tree responses to irrigation water ficits by continuous monitoring of trunk diameter changes. *The Journal of Horticultural Science and Biotechnology*, 76 (1), 55-60

Goldhamer, D. A., & Fereres, E. (2001). Irrigation scheduling protocols using continuously recorded trunk diameter measurements. *Irrigation Science*, 20 (3), 115-125

Moriana, A., & Fereres, E. (2002). Plant indicators for scheduling irrigation of young olive trees. *Irrigation Science*, 21 (2), 83-90

Moriana, A., & Fereres, E. (2003, September). Establishing reference values of trunk diameter fluctuations and stem water potential for irrigation scheduling of olive trees. In *IV International Symposium on Irrigation of Horticultural Crops*, 664, pp. 407-412

Gallardo, M., Thompson, R. B., Valdez, L. C., & Fernández, M. D. (2006). Use of stem diameter variations to detect plant water stress in tomato. *Irrigation Science*, 24 (4), 241-255

Gallardo, M., Thompson, R. B., Valdez, L. C., & Fernández, M. D. (2006). Response of stem diameter variations to water stress in greenhouse-grown vegetable crops. *The Journal of Horticultural Science and Biotechnology*, 81 (3), 483-495

Steppe, K., De Pauw, D. J., & Lemeur, R. (2008). A step towards new irrigation scheduling strategies using plant-based measurements and mathematical modelling. *Irrigation Science*, 26 (6), 505-517

Wang J., & Sammis T. W. (2008). New inexpensive dendrometers for monitoring crop tree growth. Presented at the 2008 Irrigation Show, *Innovations in Irrigation Conference*, November 2-4 in Anaheim, CA. Available from: http://irrigationtoolbox.com/ReferenceDocuments/TechnicalPapers/IA/2008/2124translate d. pdf

10.14 叶片膨压传感器

(作者: Sandra Millán[5], Carlos Campillo[5], Luis Bonet[14])

10.14.1 用途

该技术用于提高水分利用率。

10.14.2 适用地区

该技术适用于所有地区,最适合在地中海地区应用。

10.14.3 适用作物

该技术适用于果树和橄榄树及蔬菜作物。

10.14.4 适用种植模式

该技术适用于土壤栽培。

10.14.5 技术概述

10.14.5.1 技术目标

叶片膨压传感器用于评估植物的水分状况。在某些情况下,读数可以指示灌溉时间。

10.14.5.2 工作原理

叶片传感器技术通过测量叶片的膨压来指示水分亏缺,在叶片脱水开始时,压力急剧下降。植物水分亏缺胁迫的早期监测可为精准灌溉提供参数。例如,一个由几个传感器及无线传输信息采集器组成的基础系统,适当地分布在有中心支点灌溉系统的圆形农田的各个部分,可以准确地告诉灌溉操作员需要灌溉农田的具体时间和区域。

膨压是指流体在植物细胞壁上所产生的压力,能保持植物的刚性,以便植物能够站立,并维持细胞的正常功能。膨压与蒸腾作用和水分状态有关,当叶片在蒸腾和干旱条件下脱水时,细胞和叶片膨压下降。随着胁迫程度的增加,叶片膨大势减小。

10.14.5.3 操作条件

探针反映了叶片水合作用的相对变化。如果需要更详细的信息,如预测绝对膨压值,则需要校准。叶片的体积弹性与温度有关,但也与细胞壁的吸水和细胞膨胀压力有关。

10.14.5.4 成本

传感器及其部件的价格:Yara 水分传感器 290 欧元,信号交换机(用于连接至多三个 Yara 水分传感器或微型气候传感器)535 欧元,基站(包括天线和安装装置,不包括 SIM-card)2 750 欧元,用户数据中心每年 100 欧元。

总成本取决于农场上使用多少个探针。在 20~30 hm² 的土地上,至少需要 6 个探测器,总成本约为 6 200 欧元。

10.14.5.5   技术制约因素

设备需要频繁的维护、重新定位和校准（风、树叶造成损坏、信号质量下降等情况下需校正），即使这样，测量的高变异性也是可能的。此外，阈值并不总是容易获得。需要互联网进行远程访问数据。严重水分胁迫条件下，叶片海绵组织中空气的增加减弱了叶片组织水分压力的传递，从而减弱了传输给传感器的信息。

10.14.5.6   优势与局限性

优势：传感器灵敏度高；多功能性；无损测量；传感器易于移动；结果立即可得；节水节能 20％以上；减少树木养护；产量增加 15％以上。

劣势：需要探测器与叶表面密切接触，才能进行可靠的测量；不适合有等氢离子行为的植物，用户需要一定程度的专业知识，在第一阶段需要对信息的解释提供一定程度的建议。

10.14.5.7   支持系统

该技术需要网络连接。

10.14.5.8   发展阶段

该技术已实现商业化。

10.14.5.9   技术提供者

Yara 公司可提供该技术。

10.14.5.10   专利情况

该技术已获得专利授权。

10.14.6   竞争技术

该技术与相关竞争技术。

10.14.7   应用范围

以前有许多测量植物水分利用情况或水量平衡的方法。其中最标准的技术是使用压力室测定叶片水势。然而，这种方法具有破坏性。气孔导度和蒸腾作用通常是用气孔测量和气体交换设备测量的，虽然这些测量可以在完整的叶片上进行，但它们具有破坏性，存在着与叶水势测量相同时间和空间分辨率问题。利用红外热成像技术测量叶片和冠层温度，作为气孔导度的代用品。热成像在从叶片到整个农田的测量上有着明显的优势，而膨压可提供了解气孔行为对植物适应和生长速率的影响所需的额外信息。

10.14.8   监管制约因素

该技术无监管制约因素。

10.14.9   社会经济制约因素

目前该技术还没有相关的制约因素。

10.14.10   衍生技术

磁膜片钳压力传感器用于监测叶片吸水作用，利用这些传感器优化灌溉水量，从而保证获得较高品质和产量的农产品。

叶片膨大传感器技术是通过磁铁将微型压力传感器夹持到叶片上。磁铁对叶片施加恒定的夹紧压力，以便压力传感器检测叶片膨胀度的相对变化（图 10 - 21）。

安装：探头的两个焊盘（直径 10 mm）夹在完整的叶片两侧，每个焊盘都与磁铁连接。探头测量的压力由两个磁体通过叶片贴片传递，叶贴片与周围未被覆盖的叶组织液压接触，由集成到垫片之一的压力传感器感测输出压力信号（即所谓的贴片压力）。通过改变两个磁体之间的距离，调节两个磁铁贴片施加到叶片的夹紧压力，使叶片保持直立，并且在测量期间保持恒定。本质上，叶片膨胀压与贴片夹持压力相反，压力传感器通过监测与磁力（即膨胀器）相对的压力变化来检测叶片膨

图 10 - 21　Yara 水传感器

压的变化。因此，贴片压力与叶片膨大压力成反比，当叶片在气孔打开脱水时，以及响应水分亏缺时，贴片压力增加，反之，当叶片重新吸水时，贴片压力又减少（图 10 - 22）。

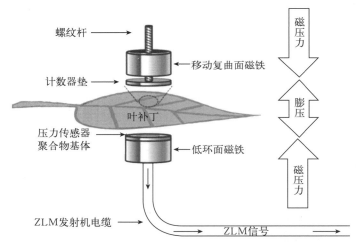

图 10 - 22　水传感器实时测量叶片膨胀压力的变化

（Zimmermann et al.，2013）

10.14.11　主要参考文献

Ehrenberger，W.，Rüger，S.，Rodríguez-Domínguez，C. M.，Díaz-Espejo，A.，Fernández，J. E.，Moreno，J.，& Zimmermann，U.（2012）. Leaf patch clamp pressure probe measurements on olive leaves in a nearly turgorless state. *Plant Biology*，14（4），666-674

Kramer，P. J.，& Boyer，J. S.（1995）. *Water relations of plants and soils*. Academic Press

Murphy，R.，& Ortega，J. K.（1996）. A study of the stationary volumetric elastic modulus during dehydration and rehydration of stems of pea seedlings. *Plant Physiology*，110（4），1309-1316

Munns，R.，James，R. A.，Sirault，X. R.，Furbank，R. T.，& Jones，H. G.（2010）. New phenotyping methods for screening wheat and barley for beneficial responses to water deficit. *Journal of Experimental*

Botany，erq199

O'Toole，J.C.，Turner，N.C.，Namuco，O.P.，Dingkuhn，M.，& Gomez，K.A. （1984）. Comparison of some crop water stress measurement methods. *Crop Science*，24（6），1121-1128

Rascio，A.，Cedola，M.C.，Sorrentino，G.，Pastore，D.，& Wittmer，G. （1988）. Pressure- volume curves and drought resistance in two wheat genotypes. *Physiologia Plantarum*，73（1），122-127

Scholander P. F.，Bradstreet E. D.，Hemmingsen E. A.，& Hammel H. T. （1965）Sap pressure in vascular plants. *Science*，148，339-346

Steudle，E.，Zimmermann，U.，& Lüttge，U. （1977）. Effect of turgor pressure and cell size on the wall elasticity of plant cells. *Plant Physiology*，59（2），285-289

Woodward，F.I.，& Friend，A.D. （1988）. Controlled environment studies on the temperature responses of leaf extension in species of Poa with diverse altitudinal ranges. *Journal of Experimental Botany*，39（4），411-420

Zadoks，J.C.，Chang，T.T.，& Konzak，C.F. （1974）. A decimal code for the growth stages of cereals. *Weed Research*，14（6），415-421

Zimmermann，D.，Reuss，R.，Westhoff，M.，Geßner，P.，Bauer，W.，Bamberg，E.，& Zimmermann，U. （2008）. A novel，non-invasive，online-monitoring，versatile and easy plant-based probe for measuring leaf water status. *Journal of Experimental Botany*，59（11），3157-3167

Zimmermann，U.，Rüger，S.，Shapira，O.，Westhoff，M.，Wegner，L.H.，Reuss，R.，... & Schwartz，A. （2010）. Effects of environmental parameters and irrigation on the turgor pressure of banana plants measured using the non-invasive，online monitoring leaf patch clamp pressure probe. *Plant Biology*，12（3），424-436

Zimmermann，U.，Bitter，R.，Marchiori，P.E.R.，Rüger，S.，Ehrenberger，W.，Sukhorukov，V.L.，... & Ribeiro，R.V. （2013）. A non-invasive plant-based probe for continuous monitoring of water stress in real time：a new tool for irrigation scheduling and deeper insight into drought and salinity stress physiology. *Theoretical and Experimental Plant Physiology*，25（1），2-11

10.15　植物水势测定仪

（作者：Henar Prieto[5]，Benjamin Gard[25]）

10.15.1　用途

该技术用于提高水分利用率。

10.15.2　适用地区

该技术适用于欧盟地区。

10.15.3　适用作物

该技术适用于所有作物。

10.15.4　适用种植模式

该技术适用于所有种植模式。

10.15.5　技术概述

10.15.5.1　技术目标

植物水势测定仪用于评估植物的水分状况。测量结果不仅反映压力情况的存在，而且可以量化压力的强度。

10.15.5.2　工作原理

该测定仪的原理很简单。如果你切开树枝或叶柄，在其横截面上就会发现木质部，通过木质部可将富含养分的水从根部运输到地上部。木质部周围是韧皮部运输管道，糖类通过这些管道向下输送到根部。

植物内部的水主要通过非常小且相互连接的细胞流动，这些细胞统称为木质部，它实质上是从根到叶之间输送水的管道网络。木质部中的水处于张力状态，通过叶中水蒸发产生的吸力来推动水的流动。随着土壤干、湿状态的变化，通风或热量的增加，根系吸水越来越难，这导致水的张力加剧。这种张力是可以测量的，通常显示为负数。水分压力越大，植物就越缺乏水分。这一压力差值的科学名称为植物的"水势"。

测定仪只是对叶子（或枝芽或任何其他植物部分）施加气压的装置，其中大部分叶子在压力室内，但叶柄的一小部分（叶柄）是暴露在压力室外的。在叶柄的切割表面会出现水分所需的压力，这表明叶子在水中的张力有多大：压力的数值越高意味着越高的张力和水分压力。事实上水在叶子上移动的这种物理过程要比从叶子中挤出水，或者仅仅把水带回到叶子被切割时的位置要复杂得多。然而，在实践中，唯一重要的是，操作员能够意识到水是何时第一时间出现在叶柄末端的。

设备的基本部件：一个能够承受压力的密闭室，一个可移动的能够放置样品的头部（由叶柄支撑）；一个可在室内产生压力的气源和一个可读数的压力计。选择一个小树枝剪掉，修剪整齐，然后插入到压力缸的盖子下，压力缸充满压缩空气或氮气。观察计量器并记录水分开始向木质部流动过程中的压力，以确定植物是否需要水。

不同空气来源的压力可用不同的模型，可以是一个压缩氮气罐或一个简单的泵系统，使设备更便于携带（图 10 - 23），其他差异则与仪器的设计有关，如控制台、数据处理器或不同部件的特点。

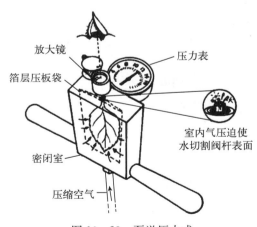

放大镜
箔层压板袋
压力表
室内气压迫使水切割阀杆表面
密闭室
压缩空气

图 10 - 23　泵送压力式

10.15.5.3　操作条件

测量的精度取决于所选的模型，最精确的是控制台或数据处理器。在泵送模式中（图 10 - 24a），泵的每一次冲程都会使压力室增加 50 000 Pa，这是该仪器精度的极限。此外，这台仪器被限制在 2 000 000 Pa。因此，为了能在非常严格的压力条件下实现高精度测量，需要槽内控制室系统（图 10 - 24b）。压力罐的使用增加了测量的成本，此外还增加了操作高压源对操作者的风险。精确度也与工人的技能有关，由于测量依赖于视觉感知，所以存在主观因素。因此，训练有素的操作员测量结果的准确性有保障。

图 10 - 24　采用泵送系统测量番茄生长过程中的水势（a）和采用槽内控制室系统测量水势（b）
（来源：西班牙埃斯特雷马杜拉科技研究中心）

10.15.5.4　成本

这是一个便携式系统，需要一个固定装置填充压力罐（如果需要选择）。测量的时间取决于被检测的叶片、作物的数量以及田地或温室的大小。每次测量大约需要 1 min，但选择作物和叶子所需的时间也应考虑进去。

成本取决于系统型号和供应商，在 1 500～6 000 欧元。

每年的维护或投入取决于使用情况，但都很低。无需固定的维护或投入。

10.15.5.5　技术制约因素

因为作物和叶（或作物其他部分）的选择、测量的时间和气象条件都是重要的因素，为获得对决策支持有价值的信息，有必要建立抽样程序和培训团队，否则，这些数据必须与特定作物的参考值进行比较，有时也需要与品种及物候状态的适当参考值进行比较。在生长季节相对湿度发生变化时，可能还需考虑蒸气压不足的情况，若出现该情况需及时修正。

10.15.5.6　优势与局限性

优点：提高水分利用率；可以获取关于作物水分状况有价值的信息；技术简单；可进行便携式测量。

局限性：建立采样和测量程序非常耗时；需要合格员工投入时间进行监测检查并确定解决办法；需要特定作物的参考值。

10.15.5.7　支持系统

该技术不需要支持系统。

10.15.5.8　发展阶段

该技术已进入商业化阶段。

10.15.5.9　技术提供者

许多制造公司出售不同型号的植物水势测定仪。

10.15.5.10　专利情况

每家公司都开发了自有模型，其中一些设计虽有可能会获得专利，但这项技术可能还未获专利。

10.15.6　竞争技术

该类技术都追求同一目标：量化作物的水分状况。其中一些方法间接测量作物某些部位的水势，但不同技术之间存在明显差异。此类技术的示例一般表现在测量植物冠层或温度，气孔导度，树干或果实的收缩，非侵入式叶片膨胀传感器，树液流量等。

10.15.7 应用范围

该技术可以应用于不同作物、气候及种植系统。

10.15.8 监管制约因素

该技术没有相关监管限制因素。

10.15.9 社会经济制约因素

社会经济限制因素主要是关于培训、设置和启动仪器所需的时间较长以及设备的费用较高。关于使用此技术提高经济方面无相关资料，因此很难评价投资的回报。

10.15.10 衍生技术

节水亏缺灌溉策略，可提高灌溉水利用率和作物品质，此技术还可控制作物主导水分胁迫的持续时间和强度。

10.15.11 相关引用.

http://www.pmsinstrument.com/products/? c=01-pressure-chamber-instruments.

http://www.pmsinstrument.com/products/pump-up-pressure-chamber.

http://www.pmsinstrument.com/research/.

http://www.pmsinstrument.com/resources/.

Shackel K，2020. The Pressure Chamber（The Bomb）. University of california Agrlcalture and Natural Resources.

10.16 中子仪

（作者：Eleftheria Stavridou[15]，Mike Davies[15]，Carlos Campillo[5]，Javier Carrasco[5]）

10.16.1 用途

该技术用于制备灌溉水及提高水分利用率，降低养分排放对环境的影响。

10.16.2 适用地区

该技术适用于所有欧盟地区。

10.16.3 适用作物

该技术适用于水果及蔬菜作物。

10.16.4 适用种植模式

该技术适用于保护地栽培和露地栽培。

10.16.5　技术概述

10.16.5.1　技术目标

中子探针用于测定土壤剖面的体积含水量和质量含水量。它帮助种植户制定作物灌溉方案。

10.16.5.2　工作原理

中子仪由放射源（由锒和铍组成的小球）、快中子探测器、慢中子探测器和脉冲计数器组成。中子仪工作原理是向土壤发射快中子，快中子与土壤水中的氢原子发生碰撞，失去能量而减缓速度变成慢中子，由慢中子探测器探测到，转换成计数率。计数率越大，被减慢的中子数就越多，土壤湿度就越高。

测量土壤含水率，为避免空气间隙，铝插管通过比其直径略小的预制孔洞垂直插入土壤中。插入管的深度取决于土壤和根区的深度，但通常需要安装 1.2 m 深插入管，但也可使用更深或更浅的管子。插入管底部用塞子塞上防止水分渗入，顶端用盖子来防止雨水进入（图 10 - 25）。

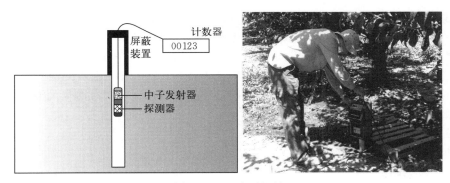

图 10 - 25　中子探针

一旦插管应用在作物上，整个生育期的同一位置就可以读取相应的数据。为了测量土壤含水量，中子探头安装在接入管上，将探头深入到所需的深度，激活计数探头，显示中子"计数"。每次测量时间可以由用户设定，通常为 16 s，也可通过加大时间间隔获得更高精度。读数需由已知含水率的土壤样本校准，以便将计数率转换为土壤含水率。应用对应土壤类型的校准曲线将读数转换为体积含水量。然后将探头进一步深入到管中进行测量，测量深度可以根据需求决定，通常每 10～20 cm 测量一次。获得不同深度土壤的总含水量，确定土壤某一深度可供作物吸收的水量，计算田间持水量亏缺情况。

作物日用水量可以估算：确定土壤田间持水量的亏缺量（单位为 mm），并计算土壤恢复田间持水量或亏缺所需的灌溉量。

当土壤达到田间持水量时需测量，以便计算土壤水分亏缺情况。

10.16.5.3　操作条件

该技术需要使用放射源。使用该设备的经营者需要符合使用、运输和储存放射源的规章制度，且经过批准。

中子仪除了日常检查确保正常运行外，几乎无需维护。一般应检查预埋管道内是否有水或其他异物。最常见的故障是连接源管和电子读出设备的电缆损坏。中子仪维修后需要重新校准。技术人员需每 2 年重新认证一次。

10.16.5.4 成本

根据公司报价，设备需 10 755 欧元，培训和文件编制需 2 440 欧元，标牌需 200 欧元，辐射监测仪需 400 欧元甚至更多。

每年的维护费用主要包括国家税收 2 500 欧元，关于辐射强度的医疗检查 900 欧元。

需要安装插入管。在整个作物生育期需要由专业灌溉顾问进行每周一次的测量和数据分析工作。

10.16.5.5 技术制约因素

探头不能原位连续测量，不能记录数据。不能使用自动灌溉系统。由于一些中子容易脱离土壤/空气界面，造成获得 10~15 cm 土层的精确读数比较困难。如果在 10 cm 土层进行详细标定能够提高精度。

只有获得操作许可证的人员才能使用该装置，通常由提供中子探测技术的灌溉顾问提供。

10.16.5.6 优势与局限性

优势：提高水分和养分利用效率；数据通俗易懂；土壤总含水量可与水分亏缺一同计算；可计算作物每天/周的用水量；可测定不同土壤深度的体积含水量及其随时间的变化量；数据准确，测量的土壤表面积大，是目前最大的土壤水分传感器。

局限性：成本高；存在使用限制，同时放射性物质需使用许可证；中子探头每周几次的测量数据不足以优化养分利用效率；数据时效性不强；10~15 cm 土层剖面的测量精度不能保证；无论对温带气候是否进行野外详细校准，中子探头都无法精准测量灌溉和降雨的入渗量，严重影响灌溉调度。

10.16.5.7 支持系统

该技术不需要支持系统。

10.16.5.8 发展阶段

该技术已实现商业化。

10.16.5.9 技术提供者

中子仪设备通常由 CPN 公司供给 503 型精密湿度探测器；Troxler 公司提供 Troxler 型水分监测仪。

灌溉顾问通常为种植户提供技术服务。

10.16.5.10 专利情况

该技术的专利情况不清楚。

10.16.6 竞争技术

各种土壤水分传感器、土壤剖面探头、基质电位传感器与该技术形成竞争关系。

10.16.7 应用范围

该技术可应用于不同作物、气候及种植系统。

10.16.8 监管制约因素

放射性物质的使用、运输和贮存等各项管理法例，例如《1999 年电离辐射规例》（简称

IRR99)《2009 年欧洲道路运输危险品协定》（ADR）等对该技术的使用有限制。

10.16.9　社会经济制约因素

技术昂贵、放射性物质使用许可难以获得及放射性物质运输和储存相关监管，都使经济状况较差的种植户望而却步。社会瓶颈是辐射源的泄露风险，要求技术监测人员能检测出任何可能暴露的辐射源。

10.16.10　衍生技术

该技术无衍生技术。

10.16.11　主要参考文献

Bell，J. P.（1987）. *Neutron probe practice*.

Else，M.，& Atkinson，C.（2010）. Climate change impacts on UK top and soft fruit production. *Outlook on Agriculture*，39（4），257 - 262.

10.17　水分-电导率-温度组合传感器

（作者：Eleftheria Stavridou[15]，Mike Davies[15]，Carlos Campillo[5]）

10.17.1　用途

该技术用于提高水分利用率。

10.17.2　适用地区

该技术适用于北欧、西北欧及地中海地区。

10.17.3　适用作物

该技术适用于浆果及蔬菜作物。

10.17.4　适用种植模式

该技术适用于所有种植模式。

10.17.5　技术概述

10.17.5.1　技术目标

组合传感器用于测量三个根区最重要的健康指标：含水量（%）、作物根系可用水分的电导率即孔隙水电导率（ECp）和温度。

该传感器特别适用于在园艺中施用控释肥料或有机肥时开展监测和校正。

10.17.5.2　工作原理

德尔塔-T 水分-电导率-温度组合传感器使用三个探针维持频率为 20 MHz 的电磁场。类似其他电容传感器，组合传感器主要测量与介电常数相关的电磁场变化。测量的原始数据包括土壤介电常数、电导率和温度，通过校准表转换为土壤含水量和体积电导率。传感器探针长 7 cm，测量半径 2 cm，测量体积约为 220 cm³（图 10-26）。

图 10-26　用于测量露天岩棉（左）和土壤的湿式传感器（右）

多数常见土壤类型使用通用校准，有些人工基质可提供专门校准，但成本需要单独计算。

孔隙水电导率的计算基于独特的公式，该公式将探针和土壤湿度对读数的影响降到最小。土壤温度是利用内置在中心柱中的微型传感器来测量的。

该组合传感器主要设计用于 HH2 湿度计，也可连接到施肥控制系统。

10.17.5.3　操作条件

组合传感器起初设计用于电导率低于 2 dS/m 的土壤中，然而，在园艺栽培基质中，电导率可能高达 10 dS/m。德尔塔-T 设备有限公司提供的扩展校准曲线最高可达 5 dS/m。在高盐土壤中，组合传感器的准确性无法保证。

10.17.5.4　成本

组合传感器探针价格约 1 200 欧元，手持仪价格约为 620 欧元。传感器可以连接到一个记录器上进行连续测量，如 GP1 或 GP2 连续数据记录器，其价格为 840～1 400 欧元。

每次测量需要约 30 s；除了时间成本外，无任何经济成本，传感器也无需任何维护。

10.17.5.5　技术制约因素

组合传感器（20 MHz）中的振荡频率相对较低，使得测量结果过于依赖土壤盐度，因此削弱了土壤含水率（θ）和土壤水电导率（ECp）的估算准确率；每人只能操作一个传感器；每个传感器必须校准；混合介质无校准表，测量不准确；石质土壤中探针使用需小心；在较低介电常数的介质中，电容率易被低估（ε＞40，黏土和有机土壤）；饱和介质中测量易失准。

10.17.5.6　优势与局限性

优势：节水节肥；3 个参数可快速测量（约 5 s）；便于使用和数据解释；可用于多种土壤和生长介质（草炭、椰糠、岩棉）的校准；轻巧的人体工程学设计，坚固耐用。

局限性：成本高；传感器自动记录需高水平的电子常识。

10.17.5.7　支持系统

该技术需要用于手持式测量的 HH2 仪表或用于连续记录的 GP2 数据记录器。

10.17.5.8 **发展阶段**

该技术已实现了商业化。

10.17.5.9 **技术提供者**

一些公司出售传感器，包括水分-电导率-温度组合传感器。

10.17.5.10 **专利情况**

该技术已获得了专利。

10.17.6 竞争技术

TDR、中子仪、水势传感器等土壤/基质水监测传感器可替代组合传感器。

10.17.7 应用范围

该组合传感器可用于各种作物、气候及耕作制度，如保护地土壤或基质中以及露地栽培的作物。但是在基质上使用时，需要对传感器的每个应用程序进行校准。

10.17.8 监管制约因素

该技术无相关的欧盟指令或监管制约因素。

10.17.9 社会经济制约因素

手动设备使用需考虑取样时间。购买设备相关成本较高。

10.17.10 衍生技术

Grodan B. V. 修改了水分、EC 和温度组合传感器的原始设计，并将其 WCM 值校准至 10 dS/m，用在岩棉生产系统上。同时开发了 WCM 控制器（手持式仪表）和 WCM 连接器（连接到气候控制计算机），专门开发了温室生产中测量岩棉基质的含水量、电导率和温度的 GroSens。

该技术还衍生出了 5TE（Decagon 设计公司）和氢原子探针（史蒂文斯公司）。

10.17.11 主要参考文献

Charlesworth, P. (2005). Soil Water Monitoring, An Information Package. *Irrigation* Insight No 1

Pardossi, A., Incrocci, L., Incrocci, G., Malorgio, F., Battista, P., Bacci, L., ... & Balendonck, J. (2009). Root zone sensors for irrigation management in intensive agriculture. *Sensors*, 9 (4), 2809-2835

Delta-T2005, WET Sensor User Manual v1.3 (2005), Hydraprobe (Stevens Water) http://www.stevenswater.com/resources/datasheets/hydraprobe_brochure_web.pdf

10.18 螺旋土钻

（作者：Claire Goillon[2], Carlos Campillo[5], Rodney Thompson[23], Benjamin Gard[25]）

10.18.1 用途

该技术用于提高水分利用率。

10.18.2　适用地区

该技术适用于所有欧盟地区。

10.18.3　适用作物

该技术适用于所有蔬菜和水果作物。

10.18.4　适用种植模式

该技术适用于保护地和露地栽培。

10.18.5　技术概述

10.18.5.1　技术目标

用螺旋钻在不同地点和深度取样来评估土壤类型和土壤湿度。利用该方法可以估算土壤的保水性能和有效含水量（AWC）。这种估算的主要依据是土壤的外观和触感。

10.18.5.2　工作原理

用金属螺旋土钻在田地的不同地点和深度采集土壤样品。采样深度取决于作物根区，但一般取样深度为 10～40 cm。要准确了解 1 hm^2 土地的土壤湿度，至少需采集 15～20 个土壤样本。选择具有代表性的地块是非常重要的。选择均匀的区域，避免靠近田地、拖拉机和农机通道压实的区域及洼地和土丘。

螺旋钻采样后，根据其触感和外观分析样品（图 10-27）。实践证明，该方法能较好地反映土壤墒情，有助于灌溉决策（表 10-3）。

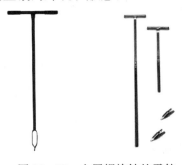

图 10-27　金属螺旋钻的零件

表 10-3　根据触感估计土壤质地和有效含水量的近似百分比的指南

土壤质地				有效含水量的百分比
粗沙质	粗粉质	中粉质	中细粉质	
当土壤在手中捻时，出现游离水	揉捏释放出游离水	游离水可以被挤出	表面形成水坑和出现游离水	超过最大持水量，通过渗透流失
挤压后，土壤中没有自由水，只留下湿球的轮廓				100%的有效含水量
易粘在一起，在压力下形成脆弱易碎的球	形成易碎的球；不粘	形成球，非常柔韧；黏土含量较高时容易粘住	拇指和手指之间的可捻成丝带；有一种圆滑的感觉	70%～80%的有效含水量
看起来很干；在压力下不形成球	看起来很干；在压力下不形成球	易碎，在压力下能粘在一起	有点柔软；受压起球	25%～50%的有效含水量
干燥，疏松，单颗粒可流过手指缝	干燥，疏松，可流过手指缝	粉状干燥，有时有轻微硬皮，易分解成粉末	坚硬、开裂；有时表面有松散的碎屑	0～25%的有效含水量

10.18.5.3　操作条件

有些土壤类型，取样比较困难，例如土壤中含有大量石头以及土壤被压实的情况。

10.18.5.4　成本

螺旋钻是一种价格低廉的工具；手动钻价格范围在 50～100 欧元。此外，手工制作的螺旋钻低于 30 欧元。螺旋钻用于土壤取样部分必须是圆的，以便于穿透土壤。石头含量高的土壤可以采用机械钻孔机，价格要上涨 150～250 欧元。螺旋钻非常耐磨损不需要维护。

10.18.5.5　技术制约因素

螺旋钻无技术制约因素。农户去田里必须随身携带，但经常被遗忘。

10.18.5.6　优势与局限性

优势：简单，便宜。

局限性：非自动，耗时，需熟悉土壤的外观和触感。

10.18.5.7　支持系统

该技术无支持系统。

10.18.5.8　发展阶段

该技术已实现了商业化。

10.18.5.9　技术提供者

零售商和手工制作者可提供该技术。

10.18.5.10　专利情况

该技术未获得专利。

10.18.6　竞争技术

所有测量土壤湿度的方法（压力计、电容传感器等）与该技术形成竞争关系。

10.18.7　应用范围

该技术可应用于不同作物、气候及种植系统，但无土栽培作物不可应用。

10.18.8　监管制约因素

该技术无监管制约因素。

10.18.9　社会经济制约因素

该技术无社会经济制约因素。

10.18.10　衍生技术

该技术无衍生技术。

10.18.11　主要参考文献

Morris, M., & Energy, N. C. A. T. (2006). Soil moisture monitoring: low-cost tools and methods. *National Center for Appropriate Technology*（NCAT），1-12

Delaunois，A.，Boucher，G.，&. Plence，A.（2014）. Le sondage des sols à la tarière. Caractérisation de la réserve en eau des sols à partir des sondages pédologiques à la tarière.

Chambre d'Agriculture du Tarn. Retrieved fromhttp://www. tarn. chambagri. fr/fileadmin/documents _ca81/DocInternet/filieres/agronomie _ environnement/2014-methode _ sondage _ tariere-v2. pdf

10.19　湿润锋探测器

（作者：Juan José Magán[9]，Benjamin Gard[25]）

10.19.1　用途

该技术用于提高水分利用率。

10.19.2　适用地区

该技术适用于地中海地区。

10.19.3　适用作物

该技术适用于蔬菜作物。

10.19.4　适用种植模式

该技术适用于保护地栽培和露地栽培。

10.19.5　技术概述

10.19.5.1　技术目标

湿润锋探测器是一种通过检测土壤作物是否存在灌溉不足或过量的现象，来帮助农户对土壤作物进行灌溉调度的设备。此外，它还可以用于协助指导肥料和盐分的管理。

10.19.5.2　工作原理

明确湿润锋位置对于改进灌溉管理具有重要意义。该设备是一个能够探测湿润锋的位置且埋在地下的漏斗形容器（图10-28）。当设备探测到湿润锋时，呈非饱和线性流向漏斗底部，土壤含水量达到饱和时，出现游离水。这些水流经沙子过滤，积累在一个小的储水器中，当湿润锋到达一定的土壤深度时，激活浮标，管子顶部会升起一个可视指示器，当收集到20 mL水时，浮标上升。如果浮标是向上的，表明湿润锋已通过埋在地下的漏斗，如果浮标是向下的，表明设备未探测到湿润锋。当设备周围的土壤比漏斗内的土壤干燥时，管1将起到"灯芯"的作用，在灌溉结束后将水从漏斗中抽出。指示器可在任意时间段内激活使用，无须在灌溉之后立即使用。但如果指示器已经弹出，则需要在下一次灌溉之前重置，此时如果指示器立即再次弹出，则表明设备周围的土壤仍然非常湿润。

利用4 mm的软管将储水器连接到土壤表面，使用注射器将储水器中积聚的水抽出，这种抽滤液含有土层中迁移的离子，因此，可用来分析土壤盐分或养分离子浓度。

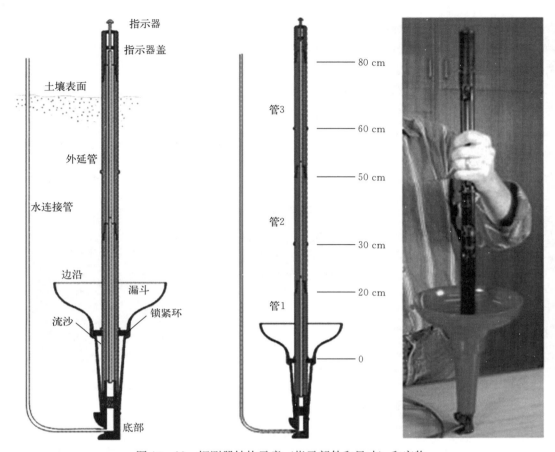

图 10-28　探测器结构示意（指示部件和尺寸）和实物

10.19.5.3　操作条件

制造商建议成对安装湿润锋探测器，将其中一台埋在活动根区下方 1/3 处，另一台埋在活动根区下方 2/3 处。

最优安装深度取决于灌水方式、灌水频率、作物和土壤类型。推荐安装深度见表 10-4 所示，在实际操作时应根据当地情况和管理方式进行调整。

表 10-4　制造商基于所使用的灌溉系统推荐的探测器安装深度表

灌溉类型	注　解	浅探测器（cm）	深探测器（cm）
滴灌	单次每个滴头的灌溉量通常少于 6 L（例如行栽作物）	30	45
滴灌	单次每个滴头的滴灌量通常超过 6 L（如多年生作物）	30	50
喷灌	每次灌溉量通常小于 20 mm（例如中心支点灌溉系统微喷）	15	30
喷灌	每次灌溉量通常超过 20 mm（例如喷灌和牵引）	20	30
漫灌	比不经常灌溉或很长的灌溉沟的灌溉量更大	20	40

灌溉后湿润锋探测器激活的不同情况如图 10-29 所示。如果两个指示器都没有被触发（图 10-29a），表明灌溉水太少；如果埋藏较浅的指示器被触发，较深的指示器下降（图 10-29b），表明水已经通过浅探测器到达根区较低的部分，这一般是最好的情况；如果两个指示器都被激活（图 10-29c），那么湿润锋的位置位于底部或根部以下，如果这种情况经常发生，表明灌溉过量，具体见表 10-5。

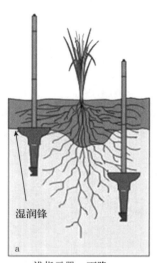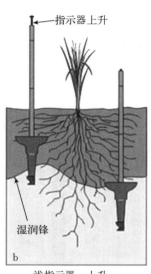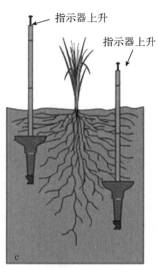

图 10-29　灌溉后湿润锋探测器激活的不同情况

表 10-5　设备激活的不同情况

浅探测器	深探测器	代表意义	操作方法
		作物缺水	对于幼苗或施肥后的作物来说，消除淋溶是非常重要的 在每次灌溉时多浇水，或者缩短两次灌溉的间隔
		湿润锋已经渗透到根部的下部区域	大多说情况下这是最好的结果 在炎热的天气或作物处于敏感生长期时，应增加灌溉 深层探测器应偶尔做出响应，显示整个根部区域是湿润的
		湿润锋已向底部或根区下方移动	当灌溉很好地达到了需求水量时，两个指示器都会做出响应。但如果这种情况定期发生，特别是在喷灌的情况下，有可能就是浇水过多 减少灌溉量或增加灌溉间隔时间
		土壤或灌溉不均匀或土壤表面不平坦	确保土壤水平超过探测器，水没有流向或离开安装地点 检查灌溉均匀性或滴灌位置

此设备还可用于检测是否渍水。由于从漏斗底部到边缘的垂直距离大于 20 cm，因此需要大于 20 cm（＞2 kPa）的吸力将水吸出，当土壤干燥水势超过 2 kPa 时，外部的土壤开始从漏斗中吸水。漏斗清空的时间取决于土壤类型和漏斗中的水量。如果指示器长时间不重置，就会造成土壤淹水。

分析设备中收集到的溶液可帮助养分管理，此设备收集的是自由排水中的土壤溶液，而陶土头可从存在时间较长的土壤孔隙中取出土壤溶液，所收集的溶液特别是在非饱和流动条件下，可以在植物营养研究中更好地代表有效元素的浓度。Cabrera 等（2016）在西班牙阿尔梅里亚进行的一项研究中发现，在两个不同的番茄生长周期中，从 0.25 m 深的漏斗中获得的电导率（EC）与从陶土头中获得的电导率之间的对应关系相同（81%）。此外，两种作物的钠和氯浓度的对应关系在 85% 左右，钙和镁的对应关系分别为 73% 和 77%。然而，硝酸盐和钾的关系变化较大，这使得该设备不能用于营养监测。

10.19.5.4　成本

安装时间 1~2 小时/台。两个探测器的成本是 150 欧元。

每次灌溉后需检查设备的激活情况，便于更好地调整灌溉。

收获后，土壤需要翻耕时需要将装置移除，平时可以保留在作物之间的土壤中。

然而，为了避免太阳辐射或者意外损坏，可以把管子从土壤中取出，避免土壤进入装置，还可以盖住连接管口。

10.19.5.5　技术制约因素

设备的安装对其运转效果起到重要作用。最好在土壤干燥时安装，避免过度压实，否则会妨碍水进入漏斗。滴灌时，必须将滴管置于漏斗上的边缘处。

10.19.5.6　优势与局限性

优势：非常简单、直观，适用于没有使用传感器经验的农民；初始投资低；维护成本低；技术成熟。

局限性：没有给出关于土壤水分状况的数值信息；灌溉后需要花时间进行设备检查；设备的安装是一项相当艰巨的工作；设备内部的土壤比其他地方更湿润；有时回收水会出现问题；回收的溶液不是土壤溶液，而是排水，两者是有区别的。

10.19.5.7　支持系统

该技术没有支持系统。

10.19.5.8　发展阶段

该技术已实现商业化。

10.19.5.9　技术提供者

FullStop 是由 CSIRO Land and Water 公司开发的技术。

10.19.5.10　专利情况

该技术拥有专利。

10.19.6　技术竞争

测量土壤水分状况的传感器（张力计、电容传感器）、蒸渗仪、陶土头与该技术形成竞争关系。

10.19.7 应用范围

这项技术可以应用在土壤中种植的任何作物。

10.19.8 监管制约因素

该技术没有监管制约因素。

10.19.9 社会经济制约因素

这种技术的劣势是农户对于检查设备是否激活可能会感到厌烦。

10.19.10 衍生技术

在西班牙阿尔梅里亚，一些农户已经去掉了这种设备的磁铁，以便观察指示器所达到的高度来估计容器中积聚的水量。此外，通过这种方式，农户在重新吸收水分后不必取下指示器。在阿尔梅里亚的大棚中，滴灌的安装深度通常浅于正常水平，因为常用的覆膜（ena-renado）会导致作物根系更易在浅层发育。此外，在原始土壤（通常岩石太多）上，常常只有 30 cm 的客土层（可耕层）。

10.19.11 主要参考文献

Cabrera，F. J.，Bonachela，S.，Fernández-Fernández，M. D.，Granados，M. R.，& López-Hernández，J. C.（2016）. Lysimetry methods for monitoring soil solution electrical conductivity and nutrient concentration in greenhouse tomato crops. *Agricultural Water Management*，128，171-179

Stirzaker，R. J.（2003）. When to turn the water off：scheduling micro-irrigation with a wetting front detector. *Irrigation Science*，22，177-185

Stirzaker R. J.，& Hutchinson，P. A.（2005）. Irrigation controlled by a wetting front detector：field evaluation under sprinkler irrigation. *Australian Journal of Soil Research*，43（8），935-943

10.20 张力计

（作者：Claire Goillon[2]，Carlos Campillo[5]，María Dolores Fernández[9]，Benjamin Gard[25]）

10.20.1 用途

该技术用于提高水分利用率。

10.20.2 适用地区

该技术适用于所有欧盟地区。

10.20.3 适用作物

张力计广泛应用于果蔬作物中。

10.20.4　适用种植模式

该技术适用于保护地栽培和露地栽培。

10.20.5　技术概述

10.20.5.1　技术目标

张力计的目的是直接测量土壤水分基质势（SMP），即根部系统从土壤中提取水分时所产生的力。这是一种测量植物水分有效性的可靠方法。

10.20.5.2　工作原理

张力计是一个充满水的密封管，其一端带有与土壤接触的多孔陶土管（图10-30）。管内的水与土壤溶液平衡。当植物和外界环境从土壤中提取水分时，水从陶土管中抽出，在管中形成低压。这种低气压可以用压力计或与数据记录器相连的压力表来测量。它与土壤水分基质势直接相关，以千帕（kPa）表示。

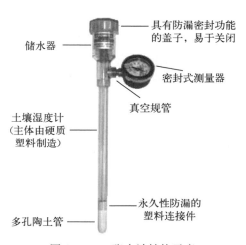

图10-30　张力计结构示意

（图注）具有防漏密封功能的盖子，易于关闭；储水器；密封式测量器；真空规管；土壤湿度计（主体由硬质塑料制造）；永久性防漏的塑料连接件；多孔陶土管

10.20.5.3　操作条件

土壤张力计的功能是测量0～85 kPa的土壤水分基质势。张力计测量农田某一点（多孔探针周围几厘米处）的水势时，为了更好地测量土壤中的水分有效性，必须在不同的土壤深度（例如20 cm、40 cm和60 cm处）放置多个张力计，并在不同的位置重复测量。为了管理灌溉，张力计的放置位置必须考虑土壤差异性。通常土壤水分基质势可以测量土壤水分对植物的有效性。使用张力计进行灌溉管理是指在土壤水分基质势达到一个较低值（干燥值）或阈值时进行灌溉。用于露地和温室蔬菜作物的阈值（表10-6），参考值因作物种类、作物发育阶段、土壤质地和蒸发条件而异。

表10-6　农田和温室蔬菜作物土壤水分基质势阈值

（Thompson et al.，2007）

单位：kPa

作　物	露地栽培	温室栽培
辣椒	40～50	58
甜瓜	30～40	35
番茄	40～60	60（在低蒸发条件下：ETo≈0.8 mm/d） 40（在高蒸发条件下：ETo=2～3 mm/d）

10.20.5.4　成本

安装方式：6个张力计共同安装。人工数据采集：300～400欧元。自动数据采集：600～1 000欧元。自动数据采集和远程数据传输：1 400～3 000欧元。

每年的维护投入：每周或每天需要检查管道内的水位，检查土壤和陶土头之间的良好接触和保持水柱内部真空。

10.20.5.5　技术制约因素

张力计是可持续使用的工具，使用后需要拆卸。当陶土头尖端浸入水中时，它可能显示0 kPa（饱和度），但是在多次安装之后，出现上述情况则表示张力计需要更换。电力连接经常中断或数据记录器出现故障时，需要进行换新。在蒸发量大的情况下，灌溉频率不高的作物存在水分亏缺的风险。因此，如果不能将农作物需水量考虑在内，它就不能有效管理灌溉（如利用亏缺灌溉来促进作物生根或作物的生殖生长，增加果实含糖量等）。

10.20.5.6　优势与局限性

优势：性价比高；可进行连续测量；可进行远程数据传输；可了解不同作物和土壤类型的灌溉阈值；安装简单。

局限性：要做好准备工作；需要维护；在安装和种植过程中可能会被折断。

10.20.5.7　支持系统

供应商或推广服务者可以帮助农户更好地使用该技术，并了解作物的阈值。如果与计算机系统兼容，张力计可以方便地使用数据记录和远程传输功能。

10.20.5.8　发展阶段

该技术已实现商业化。

10.20.5.9　技术提供者

多个供应商可提供该技术。

10.20.5.10　专利情况

该技术没有获得专利。

10.20.6　竞争技术

颗粒介质传感器、电容探测器、石膏块法与该技术形成竞争关系。

10.20.7　应用范围

这项技术很容易转让，并可应用于不同作物、气候及种植系统。

10.20.8　监管制约因素

该技术没有监管制约因素。

10.20.9　社会经济制约因素

主要的社会经济制约因素可能是缺乏对技术和成本的了解，以及缺乏使用指南。此外，在没有数据记录器的系统中数据测量可能成为劣势。

10.20.10　衍生技术

该技术可衍生使用作物的灌溉制度。

10.20.11　主要参考文献

Zazueta，F. S.，& Xin，J.（1994）. Soil moisture sensors. *Soil Science*，73，391-401

Shock, C. C., & Wang, F. X. (2011). Soil water tension, a powerful measurement for productivity and stewardship. *HortScience*, 46 (2), 178-185

Dukes, M. D., Zotarelli, L., & Morgan, K. T. (2010). Use of irrigation technologies for vegetable crops in Florida. *HortTechnology*, 20 (1), 133-142

Gallardo, M., Thompson, R. B., & Fernández, M. D. (2013). Water requirements and irrigation management in Mediterranean greenhouses: the case of the southeast coast of Spain, in: *Good Agricultural Practices for Greenhouse Vegetable Crops*. Principle for Mediterranean Climate Areas. FAO, Rome, pp. 109-136

Hanson, B., Orloff, S., & Peters, D. (2000). Monitoring soil moisture helps refine irrigation management. *California Agriculture*, 54 (3), 38-42

Thompson, R. B., & Gallardo, M. (2003). Use of soil sensors for irrigation scheduling, in: Fernández Fernández, M., Lorenzo-Minguez, P., Cuadrado López, M. I. In: (Eds.), *Improvement of Water Use Efficiency in Protected Crops*. Dirección General de Investigación y Formación Agraria de la Junta de Andalucía, Seville, Spain, pp. 375-402

Thompson, R. B., Gallardo, M., Valdez, L. C., & Fernández, M. D. (2007). Using plant water status to define threshold values for irrigation management of vegetable crops using soil moisture sensors. *Agricultural Water Management*, 88 (1), 147-158

Réseau d'Appui Technique aux Irrigants, Pilotage de l'irrigation de l'asperge par tensiomètre. *Fiches techniques du réseau ATIA des* Chambres d'Agriculture d'Aquitaine

Kati W. Migliaccio, Teresa Olczyk, Yuncong Li, Rafael Muñoz-Carpena, and Tina Dispenza. Using tensiometers for vegetable irrigation scheduling in Mimi-Dade County. Retrieved fromhttp://edis.ifas.ufl.edu/tr015

10.21 颗粒介质传感器

(作者:Rafael Granell[14], Luis Bonet[14], Mike Davies[15], Eleftheria Stavridou[15])

10.21.1 用途

该技术用于提高水分利用率,减少养分释放对环境的影响。

10.21.2 适用地区

该技术适用于地中海地区。

10.21.3 适用作物

该技术适用于木本作物及一年生作物。

10.21.4 适用种植模式

该技术适用于所有的种植模式。

10.21.5 技术概述

10.21.5.1 技术目标

颗粒介质传感器(GMS)可以用来指导在一定时期内果园的灌溉量(图 10-31)。

10.21.5.2 工作原理

颗粒介质传感器技术利用金属壳内的颗粒阵减少石膏块堵塞的问题（即溶解后与土壤失去接触，孔径分布不一致）。颗粒介质传感器的电阻原理与石膏块相同，颗粒阵中含有石膏晶片。颗粒介质传感器内部的电极嵌入在石膏晶片上方的粒状填充材料中。石膏片缓慢溶解，以缓冲土壤溶液的盐度对电极之间电阻的影响。

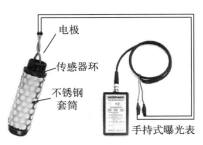

图 10-31　颗粒介质传感器

颗粒介质传感器类似于张力计，因为它是由多孔材料制成的，能够与土壤水分达到平衡。多孔介质中电极间的电阻与其含水量成正比，含水量与周围土壤水分基质势有关。电阻随着土壤和水分的流失而增加。

10.21.5.3 操作条件

充足的准备和正确的安装对颗粒介质传感器的操作至关重要。传感器应浸泡一夜，在保持湿润状态下安装。如果时间允许，对传感器进行多次湿、干循环：将传感器浸泡在灌溉水中一夜，风干 1～2 d，然后再浸泡一夜。安装传感器应该使用 PVC 管将入口孔制成所需深度。用水填充入口孔，然后用 PVC 管将传感器牢固地固定在入口孔底部。再次填土，夯实，应避免压实土壤。该技术适用于土壤基质势较高的干燥土壤或黏土。由于颗粒介质传感器在生长季节不需要定期维护，因此它可以方便地测定土壤水势，从而自动启动灌溉。颗粒介质传感器在测定 -10 kPa 以下湿润土壤的水势和对粗质地土壤的响应方面存在局限性。

灌溉的阈值和参考值取决于作物类型、土壤类型（质地和结构）甚至灌溉系统，因此以下值仅作为一般参考指标：

0～10 kPa：饱和土壤（田间持水量）。

10～20 kPa：土壤充分湿润（除了粗沙，开始流失水）。

30～60 kPa：灌溉范围（重黏土除外）。

60～100 kPa：重黏土灌溉常用范围。

100～200 kPa：为了最大限度地提高产量，土壤正变得非常干燥。

在传感器的商业应用中，最简单的步骤是根据饱和期（如暴雨）确定磁场容量的相对值。根据这些数值，并考虑到前 4～5 d 土壤含水量的变化趋势，制定适当的灌溉制度。

10.21.5.4 成本

颗粒介质传感器具有与张力计相似的低成本和安装简单的优点。每年的费用是 40～200 欧元，这取决于公司和数据上传频率。

10.21.5.5 技术制约因素

该技术的制约因素有变异性大、需正确安装、需进行数据分析、软件的实操性差、传感器寿命相对较短。

10.21.5.6 优势与局限性

优势：节水节肥；设备成本低；所需的准备很少；易于维护；提供信息直观。

局限性：在许多情况下安装和数据分析需要指导；传感器寿命短；对土壤水分变化的响应相对缓慢。

10. 21. 5. 7　支持系统

该技术首次使用期间需要进行技术评估。

10. 21. 5. 8　发展阶段

该技术已实现商业化。

10. 21. 5. 9　技术提供者

Irrometer 公司可提供该技术。

10. 21. 5. 10　专利情况

用于电子测量土壤水分的颗粒介质传感器已经获得专利（Larson，1985；Hawkins，1993），并且作为土壤水分传感器销售（Irrometer Co.，Riverside，CA）。

10. 21. 6　竞争技术

植物传感器、遥感技术、土壤湿度传感器与该技术形成竞争关系。

10. 21. 7　应用范围

这项技术可以应用于不同作物、气候及种植系统。

10. 21. 8　监管制约因素

该技术没有监管制约因素。

10. 21. 9　社会经济制约因素

在西班牙的许多地方，仍然没有鼓励农民节约用水。对于果园规模太小的农户，支付不起传感器的费用。

10. 21. 10　衍生技术

大多数灌溉制度都可以通过此设备得到改善，如亏缺灌溉系统、分根灌溉系统等。

10. 21. 11　主要参考文献

Chard，J.（2002）.Watermark soil moisture sensors：characteristics and operating instructions，Utah State University

Shock，C. C.（2003).Soil water potential measurement by granular matrix sensors. *The Encyclopedia of Water Science*，899

Shock，C. C.，Barnum，J. M.，& Seddigh，M.（1998）.Calibration of Watermark Soil Moisture Sensors for Irrigation Management

Muñoz-Carpena，R.，Shukla，S.，& Morgan，K.（2004）.Field devices for monitoring soil water content. University of Florida Cooperative Extension Service，Institute of Food and Agricultural Sciences，EDIS

El Marazky，M. S. A.，Mohammad，F. S.，& Al-Ghobari，H. M.（2011）.Evaluation of soil moisture sensors under intelligent irrigation systems for economical crops in arid regions. *American Journal of Agricultural and Biological Sciences*，6（2），287-300

Leib，B. G.，Jabro，J. D.，& Matthews，G. R.（2003）.Field evaluation and performance comparison of soil moisture sensors. *Soil Science*, 168（6），396-408

Chow, L., Xing, Z., Rees, H. W., Meng, F., Monteith, J., & Stevens, L. (2009). Field performance of nine soil water content sensors on a Sandy Loam soil in New Brunswick, Maritime region, Canada. *Sensors*, 9 (11), 9398-9413

Shock, C. (2017). Granular Matrix Sensors. Oregon State University. Available from: http://www. cropinfo. net/water/granularMatrixSensors. php

Thompson, R. B., Gallardo, M., Agüera, T., Valdez, L. C., & Fernández, M. D. (2006). Evaluation of the Watermark sensor for use with drip irrigated vegetable crops. *Irrigation Science*, 24，185-202

10.22 时域反射法

（作者：Luis Bonet[14]，Dolors Roca[8]，María Dolores Fernández[9]）

10.22.1 目标

该技术用于实现水分高效利用，减少养分投入对环境的影响。

10.22.2 适用地区

该技术适用于地中海地区。

10.22.3 适用作物

该技术适用于木本作物和一年生作物。

10.22.4 适用种植模式

该技术适用于所有土壤栽培。

10.22.5 技术概述

10.22.5.1 技术目标

提供土壤含水量信息，以此确定作物某一生长时期的灌溉量。

10.22.5.2 工作原理

时域反射法（TDR）是基于电磁波通过介质的时间长短来计算土壤含水量的技术。电磁波的传播速度取决于其通过介质和环境的介电常数（ε_a），该参数与其在介质中往返传播时间的平方成正比。土壤由空气、矿物质、有机质和水组成，这些介质的 ε_a 差异很大，空气为1，水为80，矿质颗粒为2~3。由于水的 ε_a 远大于其他介质，电磁波在土壤中的传播速度主要取决于土壤含水量，可以根据已知介质的 ε_a 反推获得土壤含水量。Topp 等（1980）在 1~100 MHz 的频率范围内，建立了一个介质 ε_a 和土壤体积含水量（VWC）之间的关系公式：

$$VWC = -5.5 \times 10^{-2} + 2.92 \times 10^{-2} \times \varepsilon_a - 5.5 \times 10^{-4} \times \varepsilon_a^2 + 4.3 \times 10^{-6} \times \varepsilon_a^3$$

信号从示波器向探头的导波棒移动，到探头的末端被反射（图 10-32）。时域反射法探针可使用 4~50 cm 不同长度的导波棒。过去导波棒数量多为 2 个，但现在有些设计为 3 个或者更多。

测量时导波棒垂直或水平插入土壤中，测量值为沿着导波棒读取的平均值。

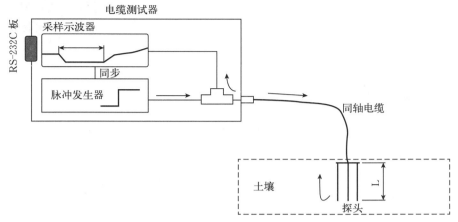

图 10-32　时域反射法探针示意

(Noborio, 2001)

10.22.5.3　操作条件

该技术测量精度约在 1%，而且可以连续测量，同时可以测量土壤电导率。该传感器特别适用于浅根系作物。用于临时测样或监测表层土壤时，时域反射法与其他土壤含水量测定技术（如烘干法测土壤湿度或其他需要永久安装土壤湿度传感器装置的技术）相比是一种无损的、劳动强度相对较低的技术；仪器方便携带，探头安装方便，操作安全。该技术可以在短时间内精确测量土壤体积含水量，而无须因土壤的差异而进行特别校准。

10.22.5.4　成本

一个探针成本约 400 欧元，加上便携式显示器成本为 500 欧元。根据不同的数据记录器，价格可能会从搭载手动传输装置的 300 欧元到利用 GPRS 传输和多通道的 1 000 欧元不等。

每年的传输数据成本取决于公司和上传频率，在 40~200 欧元之间变动。

10.22.5.5　技术制约因素

该技术的瓶颈主要包括价格高，测量范围小，安装必须正确，很多情况下需要解释信息，软件使用不方便，测量受电缆长度限制。时域反射法探头对环境敏感，探头长度影响土壤含水量测量的准确性。测量时土壤和探针之间的空隙，可能会导致测量结果错误。此外，该技术不适用于高盐度土壤。

10.22.5.6　优势与局限性

优势：节水节肥。

局限性：价格昂贵；安装（特别是在含砂石的土壤）和数据解释在许多情况下都需要技术支持。

10.22.5.7　辅助支持系统

第一次使用时需要技术鉴定。

10.22.5.8　发展阶段

该技术已经商业化。

10.22.5.9　技术提供者

HydroSense（Campbell Scientific）公司、Trime（Imko）公司可提供该技术。Field-Scout 公司生产 TDR 300 土壤水分测量仪。提供作物管理技术的专业公司也可提供该技术。

10.22.5.10　专利情况

该技术的专利情况尚不清楚。

10.22.6　竞争技术

植物传感器、遥感传感器、其他土壤水分传感器（电容传感器）与该技术形成竞争关系。

10.22.7　应用范围

该项技术可以应用于不同作物、气候及种植系统。

10.22.8　监管制约因素

该技术不存在监管制约因素。

10.22.9　社会经济制约因素

在西班牙等国家，许多种植者不会最先考虑优化灌溉技术。

作为土壤水分传感器，应用时域反射法是比较昂贵的。由于电容式传感器相比时域反射法成本低，目前在灌溉管理中应用更为广泛。

10.22.10　衍生技术

利用时域反射法可以实现或帮助实现亏缺灌溉，如用于调亏灌溉、分根区灌溉等系统。

10.22.11　主要参考文献

Chow，L.，Xing，Z.，Rees，H. W.，Meng，F.，Monteith，J.，& Stevens，L.（2009）. Field performance of nine soil water content sensors on a Sandy Loam soil in New Brunswick，Maritime region，Canada. *Sensors*，9（11），9398-9413

Dobriyal，P.，Qureshi，A.，Badola，R.，& Hussain，S. A.（2012）. A review of the methods available for estimating soil moisture and its implications for water resource management. *Journal of Hydrology*，458，110-117

Leib，B. G.，Jabro，J. D.，& Matthews，G. R.（2003）. Field evaluation and performance comparison of soil moisture sensors. *Soil Science*，168（6），396-408

Muñoz-Carpena，R.，Shukla，S.，& Morgan，K.（2004）. Field devices for monitoring soil water content. University of Florida Cooperative Extension Service，Institute of Food and Agricultural Sciences，EDIS

Noborio，K.（2001）. Measurement of soil water content and electrical conductivity by time domain reflectometry：a review. *Computers and Electronics in Agriculture*，31（3），213-237

Paige，G. B.，& Keefer，T. O.（2008）. Comparison of Field Performance of Multiple Soil Moisture Sensors in a Semi‐Arid Rangeland1. *Journal of the American Water Resources Association*，44（1），121-135

Ragni，L.，Berardinelli，A.，Cevoli，C.，& Valli，E.（2012）. Assessment of the water content in extra virgin olive oils by Time Domain Reflectometry （TDR） and Partial Least Squares （PLS） regression methods. *Journal of Food Engineering*，111 （1），66-72

Thompson，R. B.，Gallardo，M.，& Vegetal，D. P. （2005）. Use of soil sensors for irrigation scheduling. *Improvement of Water Use Efficiency in Protected Crops*，（Eds Fernández-Fernández M.，Lorenzo-Minguez P. and Cuadrado Gómez Mª I）. Dirección General de Investigación y Formación Agraria de la Junta de Andalucía，Hortimed，FIAPA，Cajamar，España，351-376

Topp，G. C.，Davis，J. L.，& Annan，A. P. （1980）. Electromagnetic determination of soil water content：Measurements in coaxial transmission lines. *Water Resources Research*，16 （3），574-582

10.23　电容探针法

（作者：Krzysztof Klamkowski[12]，Benjamin Gard[25]）

10.23.1　用途

该技术于用实现水分高效利用。

10.23.2　适用地区

该技术适用于欧盟地区。

10.23.3　适用作物

该技术适用于一年生蔬菜、果树（果园及浆果种植园）及观赏作物。

10.23.4　适用种植模式

该技术适用于所有耕作模式。

10.23.5　技术概述

10.23.5.1　技术目标

电容探针通过测量土壤体积含水量，指导灌溉时间及灌溉量。

10.23.5.2　工作原理

该探针用于测定土壤或生长基质的介电常数，而介电常数与含水量密切相关。由土壤颗粒组成的干物质的介电常数相对较小（2～5），而水中的介电常数约为 80（室温）。介电常数是通过测量插入土壤中的两个电极之间的电容来确定的。电容探针在谐振频率 10～100 MHz 的范围内测量介质的介电常数（图 10-33）。

10.23.5.3　操作条件

电容探针法测量含水量受几个因素的影响：土壤结构、土壤质地、温度、盐度，以及土壤与传感

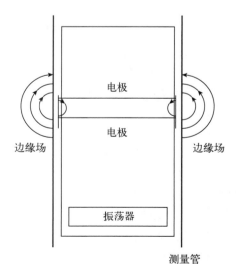

图 10-33　测量管中电容探头的原理示意
（White et al.，1994）

器之间的接触。该探头需要校准，可以提供任意土壤深度的含水量，以及利用多个传感器获得土壤剖面含水量。选择合适的传感器取决于许多因素，如土壤或生长基质类型、所需的精度、成本和易用性。探头的安装方式取决于探头的设计和种植类型。小型传感器可以直接插入不同深度（如 20 cm、40 cm、60 cm）的土壤中，并与记录器相连，适用于果树和浅根系作物（如浆果、蔬菜）。该方法还可以自动测量所需深度的含水量。在土壤中预先安装测量管，利用不同长度的探针通过管壁读取土壤含水量数据。

建议将探头或测量管置于受灌溉影响的作物根区内，而不是直接放置在灌溉出水口下方。

对于盆栽作物，传感器可直接安装在距盆壁几厘米（受盆壁对传感器的影响）的土壤或生长基质中。

测量结果可以用体积分数（%）、m^3/m^3 或 mm 等表示。

10.23.5.4　成本

该传感器价格昂贵，且有校准要求，长期测量的准确性有待评估。例如一个长 60 cm，带有 4 个传感器的电容探针，成本为 1 000 欧元。数据记录和远程传输需要 2 000 欧元。在中东欧（波兰），一个单独的电容传感器的成本大约是 150 欧元，多参数传感器（湿度、温度、EC）为 340 欧元，手持传感器读数装置为 700 欧元，数据记录器为 700（标准）～1 400 欧元（GPRS 模块）。不同制造商的传感器成本差异很大。

每年维护费用。需根据土壤特性进行校准，确保传感器和土壤之间的良好接触。每个记录器（5 通道）一年的数据传输成本（如果使用无线传输）为 100 欧元。

10.23.5.5　技术制约因素

需考虑温度对电容探针法测量含水量的影响，特别是在无土栽培系统中，原因有两个：一是基质体积有限，温度随时间变化大，二是保护地微气候变化大。土壤盐度的变化也会影响某些传感器的读数。

10.23.5.6　优势与局限性

优势： 瞬时响应；高精度；可远程连续读取数据；精准指导灌溉；适用于保护地的无土栽培；制造商提供的仪器校准服务通常可以确保监测到土壤含水量的变化；可以使用多参数探头（可测量含水量、温度，某些传感器还可以测量 EC）；适用于直接控制灌溉阀门（正在开发中）；比张力计更可靠；测量土壤含水量的范围比张力计（15～180 kPa）大得多。

局限性： 价格昂贵；精度低于 TDR；需要校准；受盐度（在现代传感器中不太明显）和温度的影响（在盆栽种植中尤为重要）。

测量位置的选定对于获得具有代表性的信息至关重要，由于成本的原因，通常只使用一个探头来监测一个田块；对于特定介质可能需要校准。

10.23.5.7　辅助支持系统

来自供应商或推广服务商的建议有助于种植者更好地利用该项技术，并确定作物灌溉的阈值。数据记录和远程传输技术的应用可促进电容探头的使用。

10.23.5.8　发展阶段

田间测试：利用电容探针直接控制灌溉阀门的灌溉控制系统正在田间测试和研发。

商业化开发：市面可见多种电容传感器。

10.23.5.9　技术提供者

零售商如 Sentek、John Deere、Aquacheck、Buddy、Gopher、Decagon Devices、Spectrum Technologies 等可提供该技术。

10.23.5.10 专利情况

该技术为通用技术。供应商自行研发，部分供应商的解决策略有可能获得专利授权。

10.23.6 竞争技术

所有测量土壤水分状况的技术，如张力计（测量土壤水势）、电阻传感器、数字探地雷达、TDR 探头、中子仪（目前很少使用）、烘干法（破坏性取样、用于校准其他方法的实验室方法等与该技术形成竞争关系。

10.23.7 应用范围

电容探头广泛应用于各种农作物、气候和种植系统。

10.23.8 管理制约因素

在欧洲国家该技术没有相关的管理制约因素。

10.23.9 社会、经济制约因素

主要的社会经济制约因素包括成本高，需要技术培训，对获得的结果需要适当的解释，需要了解植物、土壤、水三者间的基本关系，在某些情况下需要校准，电容传感器在市场上几乎没有（在波兰，大多数情况下灌溉公司没有这种类型的设备），以及缺乏良好的使用建议。

该传感器被澳大利亚和美国等国家的商业种植者广泛使用。当地供应商也经常提供持续的技术支持。一般而言，大多数种植者需要学习该项技术，然后才可以自如地使用。

10.23.10 衍生技术

基于电容探针法的推荐灌溉系统。

10.23.11 主要参考文献

Biswas，T.，Dalton，M.，Buss，P.，& Schrale，G.（2007）.Evaluation of salinity-capacitance probe and suction cup device for real time soil salinity monitoring in South Australian irrigated horticulture. *from Transactions of 2nd International symposium on soil water measurement using capacitance and impedance and time domain transmission*，28

Dobriyal，P.，Qureshi，A.，Badola，R.，& Hussain，S. A.（2012）. A review of the methods available for estimating soil moisture and its implications for water resource management. *Journal of Hydrology*，458，110-117

Gallardo，M.，Thompson，R. B.，& Fernández，M. D.（2013）.Water requirements and irrigation management in Mediterranean greenhouses：the case of the southeast coast of Spain，in：*Good Agricultural Practices for Greenhouse Vegetable Crops.Principle for Mediterranean Climate Areas*.FAO，Rome，pp. 109-136.

Gaudu，J. C.，Mathieu，J. M.，Fumanal，J. C.，Bruckler，L.，Chanzy，A.，Bertuzzi，P.，& Guennelon，R.（1993）.Mesure de l'humidité des sols par une méthode capacitive：analyse des facteurs influençant la mesure. *Agronomie*, 13 (1), 57-73

Miller, G. A., Farahani, H. J., Hassell, R. L., Khalilian, A., Adelberg, J. W., & Wells, C. E. (2014). Field evaluation and performance of capacitance probes for automated drip irrigation of watermelons. *Agricultural Water Management*, 131, 124-134

Ley, T. W., Stevens, R. G., Topielec, R. R., Neibling, W. H. (1994). Soil water monitoring and measurement, Pacific-Northwest *Cooperative Extension Publ*. 475, 1-36

Thompson, R. B., & Gallardo, M. (2003). Use of soil sensors for irrigation scheduling, in: Fernández, M., Lorenzo-Minguez, P., Cuadrado López, M. I. (Eds.), *Improvement of Water Use Efficiency in Protected Crops*. Dirección General de Investigación y Formación Agraria de la Junta de Andalucía, Seville, Spain, pp. 375-402

Thompson, R. B., Gallardo, M., Valdez, L. C. C., Fernandez, M. D., & Fernández, M. D. (2007a). Determination of lower limits for irrigation management using in situ assessments of apparent crop water uptake made with volumetric soil water content sensors. *Agricultural Water Management*, 92, 13-28

Thompson, R. B., Gallardo, M., Fernandez, M. D., Valdez, L. C., & Martinez-Gaitan, C. (2007b). Salinity effects on soil moisture measurement made with a capacitance sensor. *Soil Science Society of America Journal*, 71, 1647-1657

White, I., & Zegelin, S. J. (1994) Electric and dielectric methods for monitoring soil-water content. In: *Vadose Zone Characterisation and Monitoring: Principles, Methods, and Case studies*. 1994

Zazueta, F., & Xin, J. (1994). Soil Moisture Sensors. Bulletin 292, Florida Cooperative Extension Service, Institute of Food and Agricultural Sciences, University of Florida, pp 1-11. http://irrigation.wsu.edu/Content/Fact-Sheets/Soil-Monitoring-and-Measurement.pdf

10. 24　探地雷达

（作者：Claire Goillon[2]，Carlos Campillo[5]，Benjamin Gard[25]，Javier Carrasco[5]）

10. 24. 1　用途

该技术用于水分高效利用。

10. 24. 2　适用地区

该技术适用于欧盟地区。

10. 24. 3　适用作物

该技术适用于所有土壤栽培作物。

10. 24. 4　适用种植模式

该技术适用于保护地栽培、露地栽培。

10. 24. 5　技术概述

10. 24. 5. 1　技术目标

通过测量电磁波来测算土壤湿度。

10.24.5.2　工作原理

测量原理基于电磁波在土壤中的传播和反射。探地雷达（GRP）的发射天线产生在宽波束中传播的无线电波。接收器通过检测反射回来的部分传输信号来判断地下电磁波传输的变化。电学性质主要受土壤含水量的影响，因此电磁波的透射和反射的差异与土壤湿度相匹配。差异越小，土壤中的水分就越多。测量系统有两种：一种是将天线置于土壤表面（地面模式），另一种是将天线置于空中（机载模式）。测量系统必须在大平面上进行校准，这个平面应该是事先已经过测量，反射信号信息是已知的（图 10 - 34）。

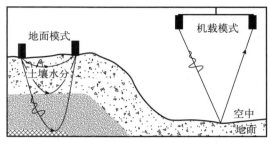

图 10 - 34　探地雷达的工作原理

10.24.5.3　操作条件

这是一种非常适合大面积获取土壤水分数据的方法。但该技术的应用有限，因为许多土壤类型是雷达不可穿透的，并耗散雷达能量（具有高导电性 EC）。由于电磁波会被反射，测量区域不能存在浅水地层或地层转换。对于冠层较大的作物，因为具有反射作用，测量结果也是有误的。对于地面模式，需要移动设备以方便雷达测量特定介质组成的区域。

10.24.5.4　成本

完整的系统包括发射天线、接收天线、控制装置、显示装置、动力装置、软件和 GPS，不同制造商的成本在 15 000～20 000 欧元。

10.24.5.5　技术制约因素

电磁波（Hz）频率的选择很重要。低频（几兆赫兹）具有较好的深度穿透能力，但分辨率较低，根据土壤类型和湿度，一般选择电磁波的频率在 200～1 000 MHz。

10.24.5.6　优势与局限性

优势：快速；非破坏性测样；高分辨率；可大面积测量，克服按点取样的局限性。

局限性：测量系统大而复杂；价格昂贵；常用于土壤表层测试；数据分析需要经验；设计、实施和解释探地雷达探测需要很强的专业知识；在黏土含量高和盐度高的土壤中不能进行自动测量。

10.24.5.7　辅助支持系统

需要有测量电磁波的设备（发射天线、接收天线和控制单元，如脉冲 EKKO IV 探地雷达）。只有受过探地雷达分析培训的人才能解释测量结果。

10.24.5.8　发展阶段

该技术已经商业化。

10.24.5.9　技术提供者

Mala、Leica、Radio detection 等公司提供该项技术。有几家专门从事探地雷达分析的公司提供土壤分析和水文调查服务。

10.24.5.10　专利情况

该项技术没有获得专利，但是相关的不同设备获得了专利。

10.24.6　竞争技术

时域反射仪、电容传感器与该技术形成竞争关系。

10.24.7　应用范围

该项技术可以应用于不同作物、气候及种植系统。

10.24.8　监管制约因素

该技术没有管理制约因素。

欧洲议会和理事会在 2014 年 4 月 16 日召开的关于协调成员国在无线电设备市场化的法律会议上出台了 2014/53/EU 指令并废除了与欧盟制定的 1999/5/EC。该指令自 2016 年 6 月 13 日生效。

欧盟委员会（EC）在 1999/5/EC 决定将 GPR/WPR 纳入无线电和电信终端设备（R&TTE）范围。

使用者要遵守有关低电压指令 73/23/EEC 中的安全规定目标，但没有电压限制，该规定保护使用者及其他人的健康及安全。

需遵守 89/336/EEC 中关于电磁兼容性（EMC）的保护要求。

10.24.9　社会经济制约因素

该项技术价格较为昂贵，且进行探地雷达数据分析需要丰富的经验。探地雷达由于可以获得清晰的土壤含水量或土层图像，更适用于土壤水文调查，但不适用于灌溉管理。该项技术目前更适用于实验研究，而不是农田灌溉管理。

10.24.10　衍生技术

该技术衍生出了农场的土壤图绘制技术。

10.24.11　主要参考文献

Chanzy, A., Tarussov, A., Bonn, F., & Judge, A. (1996). Soil water content determination using a digital ground-penetrating radar. *Soil Science Society of America Journal*, 60 (5), 1318-1326

Zazueta, F.S., & Xin, J. (1994). Soil moisture sensors. *Soil Science*, 73, 391-401

Dobriyal, P., Qureshi, A., Badola, R., & Hussain, S.A. (2012). A review of the methods available for estimating soil moisture and its implications for water resource management. *Journal of Hydrology*, 458, 110-117

10.25　平板天平

（作者：Alain Guillou[4]，Esther Lechevallier[4]，Jadwiga Treder[12]，Waldemar Treder[12]）

10.25.1　用途

该技术用于提高水分利用率。

10.25.2　适用地区

该技术适用于欧盟地区。

10.25.3 适用作物

该技术适用于番茄、黄瓜、叶类蔬菜及草莓作物。

10.25.4 适用种植模式

该技术适用于设施及无土栽培。

10.25.5 技术概述

10.25.5.1 技术目标

自动称量系统可连续测量种有植物的基质体或容器的质量，实时连续监测其质量变化，当质量达到设定阈值时即启动灌溉系统工作。质量随时间的降低量反映了蒸腾、蒸发和淋溶损失的水量。根据减少的质量可以确定应向土壤或基质补充的水量，从而实现简单而直接的灌溉控制。称量装置可以量化每天的水分损失，经校准后可以用来估算生长介质的水分，有助于确定每天灌溉的次数与水量。

10.25.5.2 工作原理

该技术的原理比较简单：首先假定称量平板和植株的质量是相对恒定的，所测得的质量变化即是基质中有效水的变化。称量平板或容器的质量在每次灌溉完成后达到最高值，随后由于水分的蒸发和植株的蒸腾作用而逐渐降低。当容器质量达到预设的质量阈值时则启动灌溉。

最简单的称量装置由安装在底座上、带有一个称量平台的负载单元，或悬挂在负载单元处的平台构成（图 10-35、图 10-36）。立式平台适用于番茄、黄瓜、辣椒等作物的无土栽培系统和容器苗圃；悬挂式平台适用于种植草莓和观赏性植物。

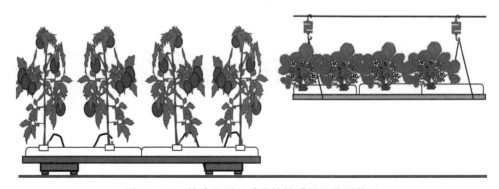

图 10-35 精确监测基质或植株质量的称量装置

一个称量系统通常包括两块基质袋平板（可种植 8～12 株番茄）。专用软件可直接、连续的记录现场测量的数据（约每 5 min 一次），并在控制计算机上显示出来。

该称量装置可配备一台用于测量基质排水量的设备。这样既可连续称取供水量、排水量以及基质质量，还有助于利用专用软件进行灌溉优化。

该软件根据蒸腾作用，以及测定的基质质量和排水量来计算并确定灌溉时间。称量装置也可不直接用于灌溉程序，而仅作为一个简单的控制和调整工具。

图 10-36　番茄作物生长基质的称量

（来源：CATE）

10.25.5.3　操作条件

通过精确计算植物需水量、基质含水量以及排水量，就可以精确确定灌溉量和灌溉时间。通过连续测量来确定最佳灌溉方式，确保作物最佳的水分状况及良好的根部通气状态，避免过度灌溉和施肥及由此产生的不必要投入。

该装置用于温室无土栽培，适用于蔬菜作物和观赏性植物等。

平板天平的大小取决于制造商，例如，PRIVA 平板天平排水量 10 L/h，排水沟长度为 2.0~2.8 m，最大负荷可达 200 kg。

10.25.5.4　成本

1 台天平及配套的软件程序 3 600 欧元。

10.25.5.5　技术制约因素

选址十分重要。需避免将天平置于温室的非代表性区域。天平一旦安置好，则不能再移动。装置中种植的植株一旦死亡则不易处理。

10.25.5.6　优势与局限性

优势：可获得植物需水量的精确信息，实现精确灌溉；直接、实时监测数据；基于蒸腾速率实现自动灌溉控制。

局限性：种植季开始时，设备一旦安装好，就不能再移动；成本高；需要掌握基本知识才能解释结果；需要定期监测操作效果。

10.25.5.7　其他支撑系统

终端控制计算机上需要安装数据收集和支持系统。使用该设备需要基本的培训和技术支持。该天平需要与排水测量装置联动使用。

10.25.5.8　发展阶段

该技术已商业化。

10.25.5.9　技术提供者

PRIVA（Groscale）、HORTIMAX（Prodrain，Newton）、Hoogendoorn（HGM Balance/Aquabalance)等公司可提供该技术。

10.25.5.10　专利情况

该技术已授权专利。

10.25.6　竞争技术

配备了水分传感器的灌溉控制设备以及基于土壤水分蒸散量来计算灌溉量和灌溉频率的

灌溉控制装置与该技术具有竞争关系。

10.25.7　应用范围

该技术可用于不同作物、气候及种植系统；可转移到使用基质承台/盆的无土栽培系统。

10.25.8　监管制约因素

该技术无监管制约因素。

10.25.9　社会经济制约因素

该设备及支撑软件较为昂贵；种植人员使用前须接受一定的培训。

10.25.10　技术效果

作物监测：使用该天平有助于确定灌溉次数和用水量，使基质质量在早晨达到预设的最大质量。有助于种植者确定灌溉起始时间及结束时间，其主要考虑夜间质量损失（例如，对于种植在椰壳基质中的番茄植株，从 D 天的最后一次灌溉到 $D+1$ 天的第一次灌溉，基质质量减少 10%～15%）（图 10-37）。有助于检验灌溉是否将基质水分保持在最佳范围内。此外，还有助于种植者观察基质的保水性，从而决定采取何种措施。

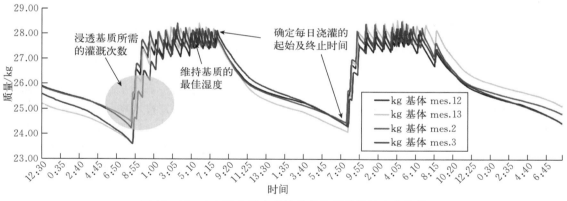

图 10-37　4 个温室无土栽培番茄基质质量的变化趋势

（来源：CATE）

10.25.11　主要参考文献

Baille, M., Laury J.C., & Baille. A. (1992). Some comparative results on evapotranspiration of greenhouse ornamental crops, using lysimeter, greenhouse H_2O balance and LVDT sensors. *Acta Horticulturae*, 304, 199-208

Beeson, R.C.Jr. (2011). Weighing lysimeter systems for quantifying water use and studies of controlled water stress for crops grown in low bulk density substrates. *Agricultural Water Management*, 98, 967-976

Boukchina, R., Lagacé R. & Thériault R. (1993). Automation de l'irrigation d'un module de culture à deux niveaux. *Canadian Agricultural Engineering*, 35 (4), 237-244

Van Meurs, W. & Stanghellini C. (1992). Use of an off-the shelf electronic balance for monitoring crop evapotranspiration in greenhouses. *Acta Horticulturae*, 304, 219-225

10.26　排水传感器

（作者：Alain Guillou[4]，Esther Lechevalier[4]）

10.26.1　用途

该技术用于提高水资源利用率。

10.26.2　适用地区

该技术适用于欧盟地区。

10.26.3　适用作物

该技术适用于所有作物。

10.26.4　适用种植模式

该技术适用于所有种植模式。

10.26.5　技术概述

10.26.5.1　技术目标

该技术的目标是测量一个或几个基质平板或整个温室的排水量。

10.26.5.2　工作原理

排水定量监测由排水收集装置实现，该装置通常由一个或两个基质平板（2～3 m）或整个排水沟构成。托盘以轻微的斜度进行安装，以便让排出的水进入排水槽，然后由测量单元测出水的体积（图 10 - 38）。测量单元由机械式容积传感器组成：使用预先校准过的倒勺测定排水量，倒勺每倾倒一次均代表一定的体积量。软件可将数据发送至终端控制计算机并不断更新。通过相应的软件，计算机根据同一区域测出的供排水量，可以计算出已供水量的排出百分比。每天早上灌溉开始前将设备重新归零。为了掌握更多的信息用于控制灌溉和营养液组成，通常该装置还会测量水温和电导率。

图 10 - 38　配有排水测量系统的平板天平（PRIVA 排水传感器）

（来源：CAT）

整个种植区的排水量可以在排水收集容器入口处安装水表来测量。

10.26.5.3　操作条件

为了将排水测量与作物供水进行比较分析，该装置需连接到计算机上。通常，该装置应与平板天平结合使用，使种植者能够将质量变化与排水测量联系起来。这种装置通常具有最大量程，超过这一量程（以 L/h 计），倒勺可持续负载，但有些排水可能无法测量到。

10.26.5.4　成本

安装成本：2 345 欧元（法国 PRIVA 公司 DSS）。

年均维护或投入成本：常规维护，无需额外投入。

10.26.5.5　技术制约因素

该技术尚未发现技术制约因素（至少在法国如此）。

10.26.5.6　优势与局限性

优势：可将作物供水和排水进行对比，以判断作物是否处于胁迫或过度灌溉等。

可预测需要管理的排水量（消毒、处理、排放）。

局限性：这些装置（倾斜桶）往往只放在温室的一个或几个地点，因此数据可能无法代表整个温室，监测结果与实际情况可能存在偏差（平衡承台亦有相同问题）；排水管可能被椰丝或叶片堵塞，造成测量不准确，从而可能引发过度灌溉和施肥。

10.26.5.7　支持系统

该技术需要使用计算机及软件。

10.26.5.8　发展阶段

该技术已商业化。

10.26.5.9　技术提供者

PRIVA、Hoogendoorn Aquabalance、Hortimax 公司可提供该技术。

10.26.5.10　专利情况

此项技术没有专利，但特定的传感器可能受专利保护。

10.26.6　竞争技术

综合考虑排水量和植物生长的灌溉方案（如 Hortimax、Prowell、Priva Root Optimizer）与该技术具有竞争关系。

此外还有人工排水测量，一些种植者每天收集单个平板的排水量，并用一个测量罐来测量排水量，但这种方法准确度和可持续性较差。

10.26.7　应用范围

排水传感器可用于所有带有排水收集系统的无土栽培系统。

10.26.8　监管制约因素

该技术无监管制约因素。

10.26.9　社会经济制约因素

相比人工测量，该装置成本较高。

10.26.10　技术效果

根据排水目标来监控灌溉情况：种植者根据作物类型、生长期、天气等因素确定排水目标。对排水的即时测量有助于种植者调整下次的灌溉量。

10.26.11　主要参考文献

Drain sensor system DSS Manual，PRIVA，2015

Fabre，R.，& Jeannequin，B.（1993）. Management of water supply in soilless tomato crop influence of drip flow rate on substrates humidity run-off. *Acta Horticulturae*，408，91-100

10.27　灌溉指示托盘系统

（作者：Juan José Magán[9]，Rodney Thompson[23]）

10.27.1　用途

该技术用于提高水资源利用率。

10.27.2　适用地区

该技术适用于地中海区域。

10.27.3　适用作物

该技术适用于蔬菜作物。

10.27.4　适用种植模式

该技术适用于无土栽培及设施栽培。

10.27.5　技术概述

10.27.5.1　技术目标

灌溉指示托盘法是一种可在无土栽培中开启自动灌溉的简单方法。

10.27.5.2　工作原理

这项技术包括一个由玻璃纤维或金属制成的托盘，其通常包含一个或两个作物单元（基质袋）。来自基质的排水积聚在托盘内的一个通道中，其中有两个垂直安装、高度不同的可调螺钉，作为启动灌溉的电极（图 10-39）。该贮水池的水压通过吸水性夹层与基质连接（图 10-40），从而使基质内的水消耗引发相对于储水层的水势差，进而促进水向基质转移，并降低通道的水位。当水不与上螺杆接触时，则电路打开，产生的电信号被灌溉控制器检测到，自动引发一次固定时长的灌溉。调节上螺杆高度可优化灌溉频率，上螺杆过高时灌溉会过于频繁，过低时灌水频率则不足。使用另外一个托盘可获得调节螺杆高度的经验性信息，在此托盘中测量排水量，并确定排水的电导率和 pH。

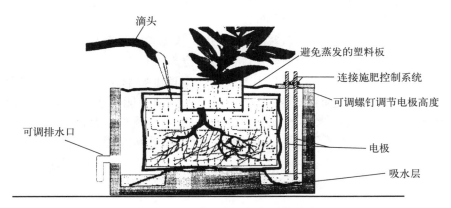

图 10-39　灌溉指示托盘系统设计
(Urrestarazu，2004)

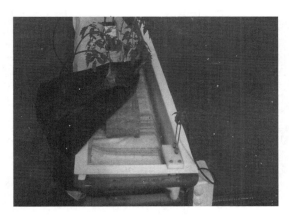

图 10-40　灌溉指示托盘

10.27.5.3　操作条件

每个灌溉区域需要一个托盘。不建议将 4 个以上的灌溉指示托盘连接到同一个施肥控制器上，因为连接区域过多可能难以保证高需水量时期单个区域足够的灌溉频率。

该系统需要托盘中的植物具有代表性，或至少是该区域的代表性作物，并具有统一的生长状态。

10.27.5.4　成本

具体成本取决于制作托盘所用的材料以及与施肥控制器的距离。成本为 500~800 欧元，包括托盘、螺丝、电线、配件和人工费用。其他成本如下：

在作物栽培时安装新的吸水性包层：5 欧元。

种植期间，当作物叶片面积和蒸腾面积逐渐增加时，须定期调整螺杆高度，特别是在营养期。

必要时须更换螺丝（有些模块可能会受到诸如雷暴期发生的电压过高的影响）：约 125 欧元。

必要时清洗螺钉，以确保良好的电接触（每年）。

10.27.5.5　技术制约因素

当使用该系统进行自动化灌溉时，灌溉开始时土壤的基质势是变化的，这个值会随着需水量升高而增加（图10-41）。（编者注：请注意，基质势实际上是负值，但通常如本例中一样使用正值来计算。在这种情况下，实际测量单位为- 10^2 Pa，当有高蒸发需求时，基质势在开始时可能较低）。该作用可能受到系统的响应速度影响，而响应速度与吸水性包层的导水率有关。如果用水量很高，透过吸水层的水流动可能太慢，而无法迅速平衡底物和水库的水势，从而推迟需求盘的响应，进而推迟启动灌溉。此外，与其他作物相比，灌溉指示托盘中的植株有一个额外的储水库；这也会影响灌溉指示托盘上底物袋的水供应。

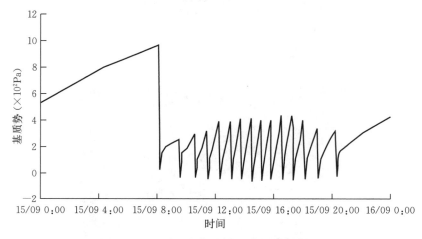

图10-41　晴天岩棉番茄基质势的变化情况

(Terés et al.，2000)

10.27.5.6　优势与局限性

优势：操作简便；可靠性高；原始投入成本低；低维护成本；技术开发成熟并易于掌握。

局限性：由于根系发育不充分，该设备不能在植株移栽后使用；无法提供基质水分状况的信息；在种植周期中，若托盘中生长的植物死亡，则无法继续使用该装置。

10.27.5.7　支持系统

灌溉指示托盘必须与用于自动启动灌溉的水肥一体化控制器联用。

10.27.5.8　发展阶段

该技术已商业化。

10.27.5.9　技术提供者

很多安装灌溉和施肥系统的公司均可提供该技术。

10.27.5.10　专利情况

该技术未授权专利。

10.27.6　竞争技术

测量基质水分状况的传感器（如张力计、电容传感器）、基于辐射测量的灌溉控制系统

（通常与自动测量排水量相结合）、作物蒸散模型、称量天平与该技术具有竞争关系。

10.27.7　应用范围

该技术可用于不同作物、气候及种植系统。

10.27.8　监管制约因素

该技术无监管制约因素。

10.27.9　社会经济制约因素

该技术无社会经济制约因素。

10.27.10　衍生技术

在作物生长初期通过程序化灌溉系统来控制作物灌溉，当作物根系发育较好后使用灌溉指示托盘进行控制。需求周期通常是日出后 1～2 h 到日落前 1～3 h。该盘可与高需水量时段夜间的程序化灌溉相关联。

10.27.11　主要参考文献

Lorenzo，P.，Medrano，E.，& García，M.（1996）. Estudio comparativo de la eficiencia hídrica de dos sistemas de control de riego en sustrato. *XIV Congreso Nacional de Riegos*，*D. G. I. A. Congresos y Jornadas*，37，668-672

Medrano，E.，& Alonso，F. J.（2008）. Programación del riego en cultivos en sustrato. In：*Relaciones hídricas y programación de riego en cultivos hortícolas en sustratos*. Edited by INIA and IFAPA，pp. 37-48

Terés，V.，Artetxe，A.，Beunza，A.，Pereda，J.，& Majada，J.（2000）. Utilización del laptómetro para el control de riego en sustratos de cultivo. *Actas de Horticultura*，32，69-84

Urrestarazu，M.（2004）. Bases y sistemas de los cultivos sin suelo. En：*Tratado de cultivo sin suelo* (M. Urrestarazu)，Ediciones Mundi-Prensa，pp. 3-47

Gallardo，M.，Thompson，R. B.，& Fernández，M. D.（2013）. Water requirements and irrigation management in Mediterranean greenhouses：the case of the southeast coast of Spain. In：*Good Agricultural Practices for Greenhouse vegetable crops. Principle for Mediterranean climate areas*. FAO，Rome，pp. 109-136

10.28　气象传感器

10.28.1　用途

该技术用于提高水分利用率，减少养分流失对环境的影响。

10.28.2　适用地区

该技术适用于所有欧盟地区。

10.28.3　适用作物

该技术适用于多种作物类型：水果、蔬菜、园林及其他农作物。

10.28.4 适用种植模式

该技术适用于所有种植模式。

10.28.5 技术概述

10.28.5.1 技术目标

气象传感器用于测量气候基本参数（温度、湿度、大气压、降水、太阳辐射、风速和风向）。获取气候数据，对于估算露地和温室作物的用水需求至关重要，利用气象资料数据可以计算作物蒸散量，进而计算和确定不同灌区作物需水量。正确评估作物蒸散量可以提高水的利用率，充分了解当地降水情况有助于减少灌溉量。

饱和水汽压差（简称VPD，是表示温度与相对湿度关系的参数）等参数会影响不同传感器的阈值。例如，植物水分状况相同的条件下，植物水势阈值随着VPD的变化而变化。

构建作物水分参数（如水胁迫指数）需要用到气温、VPD等指标，以明确作物是否处于水胁迫状态。

从气象传感器获得的数据可用于模拟模型，预测疾病和害虫暴发风险，以及预测农产品储存期间生理病害发生的风险。监测温度是防止春霜危害的关键。气象传感器也用于支持温室小气候控制系统运行。为优化温室作物生长条件，需要有效调整光照、温度、空气湿度。同时，监测外部条件（风、降水）对温室内部气候的影响也是至关重要的。

10.28.5.2 工作原理

蒸散作用（ET）是指水分经由土壤蒸发和植物蒸腾过程的损失总和，其可以基于气象数据估算出来。参考蒸散量可用来确定灌溉量。为了计算作物实际蒸散量（ETc）（即作物需水量），需要将参考蒸散量乘以作物系数。实践中，需要为很多作物提供系数值，而作物生长季节这些系数随着作物冠幅大小的变化而变化。人们已经建立了各种各样的方程来计算参考蒸散量。简单的方程只需要输入一个或两个气象参数（如格拉巴奇克方程）。Penman-Monteith方程计算结果在多种气候条件下都是最稳定的，被视作参考蒸散量计算的国际标准方程。但Penman-Monteith方程需要输入大量的气象数据，包括辐射、气温、空气湿度和风速数据，这个数据收集和计算过程很麻烦。该公式最常用于气象站软件中计算参考蒸散量。

工作站获取气象数据，并利用各种（目前适用于露地作物的）方程来计算参考蒸散量的状况。这些当地气象数据输入计算机DSS系统，用来计算作物ETc或需水量，可视作介于参考蒸散量和作物系数（Kc）之间的一个结果。

温室条件下，计算参考蒸散量需要用到太阳辐射数据，通常是通过放置在室外的太阳辐射计或日射强度计获得，而透射率（覆盖材料传输的太阳辐射百分比）用于估算温室内的太阳辐射强度。太阳累积辐射量数据用来触发灌溉。当太阳累积辐射量达到用户设定的某个值时，控制命令被传送到灌溉控制器。

10.28.5.3 操作条件

市面上有许多类型的传感器。根据其结构有不同的操作方法、耐久性、操作范围和灵敏度（例如，太阳辐射传感器的光谱灵敏度）。

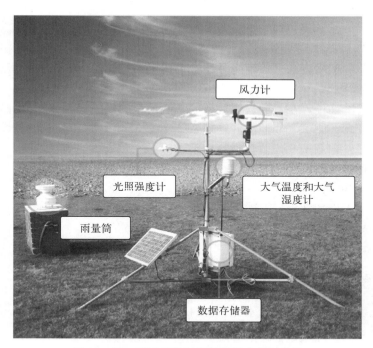

图 10-42　测量各种气象数据的农业气象站

　　在一些国家，农业气象数据可以从互联网上下载。例如，西班牙农业部 1998 年与地方政府合作创建了 SIAR 农业气象站网络。它的网页上为 SIAR 网络的每个农业气象站每日更新农业气象信息（图 10-42）。公布的信息包括标准化的蒸散量参考值，这些值是基于 Penman-Monteith 方程估算得到的（Allen et al.，1998）。

10.28.5.4　成本

　　安装成本： 气象站的成本取决于制造商，带基本传感器的简单数据记录器 2 500 欧元，带气象传感器的自动气象站和向计算机传输的 GPRS 数据成本为 6 000 欧元。Decagon 气象站的成本为 3 500～5 000 欧元，Imetos ® 气象站（Fieldscan）的成本为 4 500～5 000 欧元。

　　每年保养维护投入： 应考虑数据传输（GPRS 卡）和维护（传感器校准）的成本。日射强度计应时常清洗，以确保可靠性。建议对装备每年进行校正。

10.28.5.5　技术制约因素

　　市场上的不同传感器的工作范围、灵敏度、响应时间和精度各不相同。传感器正确的曝光、调平和定位是获得准确天气数据的关键。

　　传感器性能应定期校验。应进行适当的校准和调整，消除传感器的误差。错误的数据输入会导致 ETo 计算错误。

10.28.5.6　优势与局限性

　　优势： 提高作物生产系统的用水效率、预测病害和虫害、监测和控制温室气候。自动气象站（带有自主电源）可节省人力，并可远程（无线通信）测量，确保快速访问天气数据。

　　局限性： 启动费用高（传感器成本、站点选建）；定期维护和校准对于确保可靠的结果和最大限度延长传感器寿命至关重要。

10.28.5.7　支持系统

如果考虑无线传输数据（GSM/GPRS 网络），则可访问互联网，在大多数情况下，数据可从供应商网站上获得。

获取参考仪器和使用方法（校准服务通常由传感器供应商或独立实验室提供）。

10.28.5.8　发展阶段

研究：为提高准确性，在不同气候区开展蒸散模型的比较、验证和改进工作。

实验阶段：开发和测试气候监测和管理系统。

现场测试：开发和测试气候监测和管理系统。

商业化：多种传感器可用于农业生产系统。

10.28.5.9　技术提供者

很多供应商可提供该技术。

10.28.5.10　专利情况

该技术无专利。

10.28.6　竞争技术

灌溉决策也可以通过监测土壤水分状况（含水量/水势）确定。测含水量和电位的传感器在市场上有售。最好的解决方案是将这两种方法结合起来，使用天气数据计算植物需水量（蒸散量），并通过土壤湿度传感器控制灌溉的有效性。蒸散量（植物需水量）也可以用蒸渗计估算。

10.28.7　应用范围

这项技术可以应用于不同作物、气候及种植系统。

10.28.8　监管制约因素

该技术没有监管制约因素。它是安全的，不产生废物。

10.28.9　社会经济制约因素

没有具体的社会经济制约因素。在许多国家，气象数据的可获得性存在问题。由于这种数据的局限性，我们使用了更简单（不太准确）的模型来进行 ETo 计算。

10.28.10　衍生技术

有许多供应商可提供不同结构和工作原理的气象传感器。

露地：有不同的决策支持系统使用 ETo 来进行灌溉管理。这些系统通常采用 Penman-Monteith 方程计算 ETo 并结合 Kc 的方法来确定灌溉时间和灌溉量。在西班牙，所有地区都装有 DDS 模型，可以通过 SIAR 为绝大多数重要农作物计算出 ETc 等信息。图 10-43 显示了 Extremadura 咨询网络（Web of Extremadura Advisory Network，REDAREX）基于 SIAR 推荐给灌溉公司（REDAREX）的灌溉计划。

温室：开发了基于太阳累积辐射量的灌溉调度决策支持系统。为了使基质充足供水，灌溉调度通常是基于上午中晚些时候的太阳辐射累积量数据来启动，而更早的灌溉通常是通过

Fecha	D.ciclo	h	Zr	Fw	CRDC	Eto	Kc	ETc	P	P.eff	NN	NB	DASP	DR	DR_min	DotR_min
15-05-2014	31	2.5	0.5	100	100	7.09	0.18	1.28	0	0	1.28	1.6	30	30.48	263	0
16-05-2014	32	2.5	0.5	100	100	6.56	0.21	1.38	0	0	1.38	1.73	30	32.21	278	0
17-05-2014	33	2.5	0.5	100	100	6.04	0.24	1.45	0	0	1.45	1.81	30	34.02	294	0
18-05-2014	34	2.5	0.5	100	100	5.98	0.27	1.62	0	0	1.62	2.03	30	36.05	311	0
19-05-2014	35	2.5	0.5	100	100	5.03	0.3	1.51	0	0	1.51	1.89	30	37.94	328	0
20-05-2014	36	2.5	0.5	100	100	3.64	0.33	1.2	1.2	0	1.2	1.5	30	39.44	347	0
21-05-2014	37	2.5	0.5	100	100	3.57	0.35	1.25	6.3	2.9	-1.63	-2.04	30	37.4	323	0
22-05-2014	38	2.5	0.5	100	100	4.8	0.38	1.82	0	0	1.82	2.28	30	39.68	341	0
23-05-2014	39	2.5	0.5	100	100	4.65	0.41	1.9	0	0	1.9	2.38	30	42.06	362	0
24-05-2014	40	2.5	0.5	100	100	5.1	0.44	2.24	0	0	2.24	2.8	30	44.86	368	0

图 10-43 由 Extremadura 咨询网向灌溉者网页推荐的番茄灌溉计划

计时器启动。灌溉调度方案启动灌溉时综合考虑了作物类型、生长阶段、基质类型、目标排水量等参数信息，基于以上具体信息可调节灌溉剂量和灌溉阈值。

10.28.11 主要参考文献

Allen, R.G., Pereira, L.S., Raes, D., & Smith, M. (1998). *Crop evapotranspiration-guidelines for computing crop water requirements. FAO Irrigation and drainage paper* 56. Food and Agriculture Organisation, Rome

Bakker, J.C., Bot, G.P.A., Challa, H., & van de Braak, N.J. (1995). Greenhouse Climate Control. An integrated approach. *Wageningen Pers*-ISBN 9789074134170-279 p

Bogawski, P., & Bednorz, E. (2014). Comparison and validation of selected evapotranspiration models for conditions in Poland (Central Europe). *Water Resources Management*, 28, 5021-5038

World Meteorological Organisation, (2008). *Guide to meteorological instruments and methods of observation*. Geneva (Switzerland)

Letard, M., Erard, P., & Jeannequin, B. (1995). Maîtrise de l'irrigation fertilisante. *Tomate sous serre et abris en sol et hors sol*. Paris, FRA: CTIFL, 220 p. http://prodinra. inra. fr/record/117682

Treder, J., Matysiak, B., Nowak, J., & Treder, W. (1997). Evapotranspiration and potted plants water requirements as affected by environmental factors. *Acta Horticulturae*, 449, 235-239

Treder, J., & Nowak, J. (2001). Evapotranspiration of osteospermum "Denebola" and New Guinea impatiens "Timor" grown on ebb-and-flow benches as affected by climate conditions and soil water potential. *Acta Agrobotanica*, 54, 47-57

Waller, P., & Yitayew, M. (2008). Irrigation and Drainage Engineering. *Guide to Meteorological Instruments and Methods of Observation*, (*seventh edition*)

第 11 章

水肥一体化中养分高效利用和盐分控制

11.1　概述

11.1.1　用途

该技术用于最大限度减少养分流失对环境的影响。

11.1.2　适用地区

该技术适用于所有欧盟地区。

11.1.3　适用作物

该技术适用于所有蔬菜、水果及观赏植物。

11.1.4　适用种植模式

该技术适用于所有种植模式。

11.1.5　技术概述

11.1.5.1　地下水硝酸盐污染

在现代集约化农业系统中，为获得高产，常常大量施用化学氮肥和有机氮肥。在传统管理方法中，所施用的氮肥很大一部分不能被农作物吸收而从土壤（或基质）中流失到环境中，导致一系列环境问题。这些问题包括：①气态损失，包括氨气（NH_3）挥发和反硝化作用和硝化作用带来的氧化亚氮（N_2O）排放，进而导致温室气体浓度升高和全球变暖；②地表径流导致地表水体富营养化（这将在后面的章节中进行讨论）；③从作物根区淋失的硝酸盐对地下水（蓄水层）的污染。

地下蓄水层的硝酸盐污染通常与集约化园艺种植方式有关。饮用水中的硝酸盐对人类健康存在一定风险，浓度升高时会引起人类高铁血红蛋白血症，即蓝色婴儿综合征，这会对婴儿和胎儿造成不良影响。婴儿或哺乳母亲在饮用硝酸盐浓度超标的水后，会引发体内亚硝酸盐浓度升高。有人担心水中存在的一定量硝酸盐会在水中转化为亚硝酸盐，或者在儿童体内或哺乳期母亲体内转化为亚硝酸盐。亚硝酸盐通过易感儿童的消化系统进入血液循环系统，阻止血红蛋白输送氧气，病情严重者可能致命。但在年龄较大的儿童和成人中，亚硝酸盐不会阻止氧气的输送。

由于担心硝酸盐浓度引发的问题，欧盟制定了地下和地表水体中硝酸盐的上限浓度，即 50 mg/L。因为大部分进入地下水的硝酸盐来自农业活动，为减少农业活动对地下水带来的硝酸盐污染，欧盟于 1991 年制定了硝酸盐框架指令。地下水易发生硝酸盐污染的农业区被定义为硝酸盐脆弱区（NVZ），需要改善管理措施以减少污染。目前，约 40% 的欧盟地区已被宣布为 NVZ，而改进的管理措施包括施肥和灌溉管理，通过这种措施降低硝酸盐在土壤中的积累和淋失到地下水中的可能性。

在欧洲北部和西北部的几个国家或地区，在政府施压后硝酸盐框架指令正在被严格执行，而随着时间的推移，南欧和东欧国家也将面临越来越大的压力。

11.1.5.2 地表水的富营养化

在集约化以及其他农业种植制度中施肥导致内陆和沿海表层水体的富营养化，这包括大型藻类的快速繁殖与增长。藻类的死亡和分解导致水中溶解氧浓度降低，从而对水生生物的数量和多样性产生不利影响。此外，藻类还可产生毒素，进而对动物和鱼类产生不利影响。

藻类的生长是由农业带来的氮肥或与磷肥共同引起的。氮素以硝酸盐形态进入地表水，也可以铵根离子（NH_4^+）形态从土壤表层水进入地表水，而磷主要通过径流形式进入地表水。另外，铵态氮和磷都可通过质流在细土颗粒间运移。富营养化与养分过量施用有关，也与养分施用的时间不合理有关，例如在大雨或灌溉之前施用。

11.1.5.3 增加肥料成本

过量施肥会给农业生产者带来额外的成本。

11.1.6 社会经济制约因素

水质下降的后果可造成的主要社会经济影响包括：受硝酸盐污染的地下水不能直接用于人类生产生活；必须找到替代的水源或必须使用消减硝酸盐后的水源以确保符合人类消费的标准。这些均会提高人类的用水成本。

富营养化的地表水体令人不适，降低了其对人类舒适活动的价值。除此之外，还会对旅游等活动产生负面影响。水生生物的损失也会明显影响经济活动。

此外，随着消费者特别是东北欧国家的消费者，对环境问题的日益关注，他们可能要求所购买的商品对环境产生的负面影响最小。

减少施肥量将减少种植者的经营成本，进而提高企业的盈利。

11.1.7 监管制约因素

11.1.7.1 欧洲层面

相关的欧盟立法是指硝酸盐框架指令（理事会指令 91/676/EEC）和水框架指令（条例 2000/60/EC）。硝酸盐指令要求成员国确定硝酸盐浓度超过 50 mg/L 或地表水富营养化等有风险的区域，这些地区被宣布为硝酸盐脆弱区。政府有义务实施"行动计划"以改进作物管理措施，进而减少硝酸盐污染。此外，需每 4 年进行一次监测，以跟踪该地区地下水中硝酸盐浓度的变化。

水框架指令是一个被广泛关注的法规，涉及水质的各个方面，它旨在确保地表和地下水的良好生态质量，并在流域层面上实施。

11.1.7.2 国家层面

欧盟的每个成员国都进行了国家立法，以便在本国内实施欧盟硝酸盐框架指令和水框架指令。通常情况下，与硝酸盐指令相关的立法适用于流域层面，水框架指令的立法适用于国家层面。

硝酸盐框架指令在不同国家的执行情况不同。在一些西北欧国家或地区（如荷兰、德国），这项指令执行得较为严格，而在欧洲南部和东部，该指令的执行较为宽松。

11.1.7.3 区域层面

硝酸盐框架指令在区域层面普遍适用。

11.1.8 解决问题的现有技术

现有技术一般可以分为以下几类：

肥料建议：用于园艺作物的氮肥推荐方法及磷肥推荐方法。

土壤和基质监测：土壤测试、土壤：水＝1∶2的提取方法（适用于荷兰）、土壤溶液测试，使用传感器在土壤中进行EC的测定，基质排水中EC的测定，通过常规方法测量土壤EC，根区溶液和无土栽培尾液的养分测试。

作物监测：植物组织分析、树木木质部液分析、叶绿素仪、冠层反射率、荧光传感器。

养分分析：快速的农场养分分析。

计算机技术：土壤种植作物的决策支持系统（DSS）、养分吸收模型、硝酸盐淋溶模型。

肥料种类：缓控释肥、有机肥。

11.1.9 主要参考文献

Burt, C., O'Connor, K., & Ruehr, T. (1995). *Fertigation.* Irrigation Training and Research Center, California Polytechnic State University, San Luis Obisbo, CA, USA

Fox, R. H., & Walthall, C. L. (2008). Crop monitoring technologies to assess nitrogen status. In J. S. Schepers & W. R. Raun (Eds.), *Nitrogen in Agricultural Systems* (pp. 647-674). American Society of Agronomy, Madison, WI, USA

Gianquinto, G., Muñoz, P., Pardossi, A., Ramazzotti S. & Savvas D. (2013). Soil fertility and plant nutrition. In Baudoin W. et al., (Eds.), *Good Agricultural Practices for Greenhouse Vegetable Crops：Principles for Mediterranean Climate Areas* (pp. 205-270), FAO, Rome, Italy

Granados, M. R., Thompson, R. B., Fernández, M. D., Martínez-Gaitán, C., & Gallardo, M. 2013. Prescriptive-corrective nitrogen and irrigation management of fertigated and drip-irrigated vegetable crops using modeling and monitoring approaches. *Agricultural Water Management*，119 (1)，121-134

Hartz, T. K., (2006). Vegetable production best management practices to minimize nutrient loss. *HortTechnology*，16 (3)，398-403

Hartz, T. K., & Hochmuth, G. J. (1996). Fertility management of drip-irrigated vegetables. *HortTechnology*，6 (3)，168-172

Hartz, T. K., & Smith, R. F. (2009). Controlled-release fertilizer for vegetable production：The California experience. *HortTechnology*，19 (1)，20-22

Incrocci，L.，Massa，D.，& Pardossi，A.（2017）. New Trends in the Fertigation Management of Irrigated Vegetable Crops. *Horticulturae*，3（2），37

Jordan-Meille，L.，Rubaek，G. H.，Ehlert，P. A. I.，Genot，V.，Hofman，G.，Goulding，K.，Recknagel，J.，Provolo，G.，& Barraclough，P.（2012）. An overview of fertilizer-P recommendations in Europe：soil testing，calibration and fertilizer recommendations. *Soil Use and Management*，28（4），419-435

Peña-Fleitas，M. T.，Gallardo，M.，Padilla，F. M.，Farneselli，M.，& Thompson，R. B.（2015）. Assessing crop N status of vegetable crops using simple plant and soil monitoring techniques. *Annals of Applied Biology*，167（3），387-405

Samborski，S. M.，Tremblay，N.，& Fallon，E.（2009）. Strategies to make use of plant sensors-based diagnostic information for nitrogen recommendations. *Agronomy Journal*，101（4），800-816

Schröder，J. J.，Neeteson，J. J.，Oenema，O.，& Struik，P. C.（2000）. Does the crop or the soil indicate how to save nitrogen in maize production? Reviewing the state of the art. *Field Crops Research*，66（2），151-164

Sonneveld，C.，& Voogt，V.（2009）. *Plant Nutrition of Greenhouse Crops*. Springer，Germany

Thompson，R. B.，Martínez-Gaitán，C.，Giménez，C.，Gallardo M.，& Fernández，M. D.（2007）. Identification of irrigation and N management practices that contribute to nitrate leaching loss from an intensive vegetable production system by use of a comprehensive survey. *Agricultural Water Management*，89（3），261-274

Thompson，R. B.，Tremblay，N.，Fink，M.，Gallardo，M.，& Padilla，F. M.（2017a）. Tools and strategies for sustainable nitrogen fertilisation of vegetable crops. In：F. Tei，S. Nicola，& P. Benincasa（Eds），*Advances in Research on fertilization Management in Vegetable Crops*（pp 11-63）. Springer，Heidelberg，Germany

Thompson，R. B.，Incrocci，L.，Voogt，W.，Pardossi，A.，& Magán，J. J.（2017b）. Sustainable *irrigation and nitrogen management of fertigated vegetable crops. Acta Horticulturae*，1150，363-378

Tremblay，N.，& Bélec，C.（2006）. Adapting nitrogen fertilization to unpredictable seasonal conditions with the least impact on the environment. *HortTechnology*，16（3），408-412

Tremblay，N.，Scharpf，H-C，Weier，U.，Laurence，H.，& Owen，J.（2001）. *Nitrogen Management in Field Vegetables*：*A Guide to Efficient Fertilization HorticulturalResearch and DevelopmentCentre*，*Canada. Retrieved from* http://publications. gc. ca/collections/Collection/A42-92-2001E. pdf

Tremblay，N.，Fallon，E.，& Ziadi，N.（2011）. Sensing of crop nitrogen status：Opportunities，tools，limitations，and supporting information requirements. *HortTechnology*，21（3），274-281

11.2　技术清单

养分高效利和盐分控制相关技术见表 11-1。

表 11-1　养分高效利用和盐分控制相关技术清单

技术分类	技术说明	用　　途	成　　本	需要的外部服务和额外信息	需要获取的技术知识
推荐施肥	园艺作物氮肥推荐方法	确定氮肥施用量和时间	土壤取样约花费20 欧元	用于土壤测试和对测试结果进行评估的公共或私人实验室，建议由区域咨询服务部门提供	有些方法需要基本的农艺知识和计算机技能

（续）

技术分类	技术说明	用　　途	成　　本	需要的外部服务和额外信息	需要获取的技术知识
推荐施肥	园艺作物磷肥推荐方法	确定磷肥施用量	土壤取样约花费20欧元	用于土壤测试和对测试结果进行评估的公共或私人实验室，建议由区域咨询服务部门提供。如果没有，可以考虑使用速测方法，然后对土壤类型和作物给出指导建议	有些方法需要基本的农艺知识和计算机技能
土壤和基质监测	土壤测试	确定肥料是否包含各种营养元素，适当地标明施用量	约50欧元	用于土壤测试和对测试结果进行评估的公共或私人实验室，通常由与推荐施肥方法相关的区域咨询服务部门提供	基本的农艺知识
	土壤：水＝1：2的提取方法（荷兰）	对于需肥量较大的作物，确定是否需要施肥，并注明各种元素施用量	110～140欧元/hm²	溶液提取和分析实验室。当地咨询服务部门提供解释指南，适用于荷兰和意大利	基本的农艺知识
	土壤溶液分析	提供根区养分供应的信息，主要用于氮肥施用	每个采样器30～75欧元；泵的价格为91～120欧元；此外，还需加上溶液分析的成本	如果没有快速分析的实验室，可用本地通用的参考值作为参考	基本的农艺知识
	使用传感器测量土壤的电导率	根区盐分管理	每个传感器400～1 000欧元	通常需要一些参考信息，由供应商提供	基本的农艺知识，熟悉传感器的使用，传感器使用培训
	基质尾液中的电导率测量	根区盐分管理	每个传感器测量花费200～500欧元	通常情况下相关信息是公开的，专业知识会有所帮助	具备基质管理方面的专业知识
	常规方法测量土壤电导率	根区盐分管理	参照用于土壤溶液分析的抽吸采样器的价格	对于某些方法需要专业实验室，解释信息是公开的	基本的农艺知识
作物监测	无土栽培系统基质根区溶液或尾液的营养分析	基质栽培系统的养分管理	全养分分析需要花费40～50欧元	通常情况下相关信息是公开的	具备基质管理方面的专业知识
	叶绿素测定	作物氮素状况评价	AtLEAF：300欧元；叶绿素测定仪：3 000欧元	由研究人员、技术人员、供应商提供	传感器使用培训

（续）

技术分类	技术说明	用　途	成　本	需要的外部服务和额外信息	需要获取的技术知识
作物监测	氮素管理的冠层反射率	作物氮素状况评价	一般为 3 000～6 000欧元；但有简单、便宜的传感器，约 400 欧元，也可以买到	由研究人员、技术人员、供应商提供	传感器操作专业知识；通常需要良好的计算机技能
	荧光传感器	作物氮素状况评价	高于 3 000 欧元	仍处于研究阶段	传感器操作专业知识；通常需要良好的计算机技能
	自助分析平台的分析	作物养分状况的评价，主要是氮和钾	实验室分析成本 50～60 欧元；快速分析系统 50～60 欧元	由研究人员、技术人员、供应商提供，一般值应谨慎使用	基本农艺知识
	植物组织分析	作物养分状况评价	一系列营养素分析花费 40～50 欧元	由研究人员、技术人员、供应商提供。从其他可用系统获得的数据，应谨慎使用	基本农艺知识
养分分析	农田养分快速分析	在将样本尽快送到相关实验室的时候，避免造成时间延迟	单个营养元素分析 500 欧元，多种营养元素分析 2 000 欧元	校准溶液和设备的供应商；需提供持续的支持	良好的农艺知识；基本化学技能
决策支持系统和养分管理模型	支持养分管理的决策支持系统（DSS）	计算施肥的数量和时间，主要是氮肥	一般没有成本，除非由私人公司提供	必须根据当地条件进行调整适应，通常需要技术和计算机支持	良好的农艺知识；需要良好的计算机技能
	养分吸收模型	决策支持系统的组成部分研究	一般没有成本	通常纳入决策支持系统或作为研究工具	良好的农艺知识；需要高级计算机技能
	养分淋溶模型	决策支持系统的组成部分研究，资源管理与研究	一般没有成本	通常作为研究手段或用于资源管理应用程序	良好的农艺知识；需要高级计算机技能
肥料种类	缓控释肥	减量施肥	比传统肥料更昂贵	适用性的客观建议	良好的农艺知识
	有机肥	允许接触特定的市场部门	变动的	适用性和可行性的客观建议	良好的农艺知识

11.3　园艺作物的氮肥推荐系统

（作者：José Miguel de Paz[14]，Rodney Thompson[23]，Eleftheria Stavridou[15]）

11.3.1　用途

该技术用于降低肥料施用对环境的影响。

11.3.2 适用地区

该技术适用于欧盟地区。

11.3.3 适用作物

该技术适用于所有蔬菜、水果和观赏植物。

11.3.4 适用种植模式

该技术适用于土壤种植。

11.3.5 技术概述

11.3.5.1 技术目标

本项技术的目的是以对环境影响小的最佳氮肥用量获得高产、高品质的农产品。在某些应用案例中，氮肥的管理策略就是单独施用。随后的校正可能基于叶片和汁液分析、土壤溶液分析和近端光学传感器等监测方法。

11.3.5.2 工作原理

氮素是农业生产中一个基本要素，为了获得作物高产，对氮进行科学的管理是十分必要的。为了建立一个良好的施肥方案，必须了解作物对氮的需求和土壤-水-作物系统中氮素的复杂变化。在氮转化动态中，土壤有机氮可矿化为植物可利用的无机氮形态，矿化过程受土壤性质、温度和含水量的影响。因此，对作物氮需求的认识存在不确定性，这取决于土壤条件、气候条件、作物管理以及难以评估的土壤中氮的转化和损失。

为了给农户提供有效的氮肥推荐方案，必须降低以下因素中的不确定性：作物需氮量、土壤供氮量、灌溉水中氮量、种植期土壤氮矿化量。

氮肥推荐系统有几种，种植者可以根据技术水平和当地信息情况进行选择：

（1）固定用量推荐系统。固定施氮量是在氮肥试验的基础上得出的。理想情况下，这些固定用量应该是在相似种植条件（作物、土壤、气候或管理）的试验中得出的。这类试验成本很高，所以往往根据从特定试验中获得的信息去推断其他种植条件。这些信息通常可以在公共机构、商业或合作顾问提供的技术报告中查到。

（2）基于土壤信息的推荐系统。这类推荐系统多是基于土壤测试（一般是土壤无机氮）的结果给出的。氮肥推荐系统是根据根区土壤无机氮含量和作物需氮量得出的。因此，需要进行土壤取样和实验室分析，以得出适宜氮肥用量。在几个不同的国家已经开发出了不同的系统：德国的无机氮法（N_{min}），美国的施肥前土壤硝态氮测试法，德国的"Kulturbegleitende N_{min} Sollwerte"（KNS）法，以及英国用于农业和园艺作物的 RB 209 化肥推荐指南。下文是其中一些系统更详细的说明：

① N_{min} 系统。该系统在测定作物生长季节开始时根区土壤无机氮含量后，根据植物所需总氮量（目标值）与根区土壤无机氮含量的差值建议最佳施肥量（N_{rec}）（图 11 - 1）。植株所需总氮量和作物的根系深度是通过施肥试验得出的，参考表 11 - 2。

$$N_{rec} = N_{target} - N_{min}$$

式中 N_{target} 是氮供应目标值，N_{min} 是指作物种植前土壤中的某一深度（取决于作物）的无机氮量。例如，花椰菜的目标值为 300 kg/hm², 种植前在 60 cm 土层中的无机氮量为 80 kg/hm²，推荐氮肥量如下：

$$N_{rec} \text{（kg/hm}^2) = (300-80) \text{ kg/hm}^2 = 220 \text{ kg/hm}^2$$

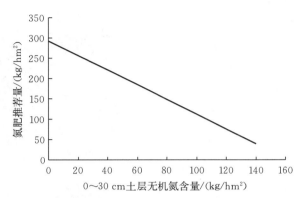

图 11-1 花椰菜种植期土壤中氮素推荐量与土壤 N_{min} 的关系

表 11-2 欧洲不同国家几种园艺作物的氮供应目标值（A）

作 物	目标值（A）/(kg/hm²)			土壤取样深度/cm
	荷兰	德国	西班牙	
洋葱	180	118	170~190	60
韭葱	270	142~225	150~190	60
花椰菜	300	297	260~300	60
胡萝卜	80	100	170~210	60
甘蓝	350	272~339	230~250	60
菠菜	290	166~182	140~160	30

N_{rec} 的估算没有考虑土壤有机氮的矿化、无机氮的挥发或反硝化所造成的气体损失，也没有考虑到氮的淋溶，确定氮供应目标值的试验考虑了这些因素。实际上，氮素供应目标值应该通过在区域内开展的代表性肥料试验来确定。

② KNS。该方法是 N_{min} 系统的一个演化，在该系统中氮素目标值不是固定的，会随作物的生长而发生变化。该方法中土壤无机氮的测定可以在种植前也可以在种植后，根据作物生长期的长短，可以设定 2 或 3 次。因此，与 N_{min} 系统相比，KNS 中矿化、淋溶和氮吸收的不确定性较低。由于氮供应目标值是在种植时计算的，在生育期的任何时候，农户都可以改变施肥计划，通过多次施氮实现更精确的施肥来满足作物所需。对于 KNS 系统，需要进行 2~3 次土壤无机氮的测试，有时农民不愿意去这样做。该系统已被开发为一个计算机应用程序，称为氮素专家决策支持系统（后有详细介绍）。KNS 广泛应用于西欧和中欧的部分地区，其中最常见的是比利时佛兰德地区。在德国，园艺作物的施肥方案要求必须使用氮素专家系统。

③ 农作物和园艺作物的推荐施肥（RB 209）：这是英国的推荐施肥方案手册（图 11-2）。

手册中的氮素推荐量是以 7 个土壤供氮指数（SNS）为基础的，每个指标都与每公顷的 SNS 相关。在作物土壤可矿化氮估算中，SNS 是土壤 N_{min}＋作物已吸收氮＋土壤矿化氮。在大多数情况下，SNS 将使用田间评估方法来确定，该方法是以对该田块前茬种植作物、前茬粪肥投入、土壤类型和冬季降雨信息等的了解为基础的。SNS 可以用以下两种方法来估算：一是直接从表格中读取，二是基于土壤取样和 N_{min} 分析。

（3）DSS。DSS 是在考虑作物品种、种植季节、管理方法和生长条件后计算出氮肥需求量，目前已经发展了许多的决策支持系统，其中包括 N-Index、N-Expert、Well _ N、Cropsyst、EU _ ROTATE-N、Azofert、和 VegSyst-DSS 等。最常用的蔬菜作物推荐施肥系统和模型如下：

① 氮素专家系统：由德国的蔬菜和观赏性

图 11-2 英格兰和威尔士的推荐施肥

植物研究所开发。计算园艺作物的氮需求量，并提供基于 KNS 系统的氮肥推荐量。计算的基础是简单的植物生长模型和土壤模型，模型所需的输入数据较少。

② 氮指数系统：该系统由比利时土壤调查服务部门开发，是一个经验模型，利用肥料试验的知识来进行施肥推荐，是在 N_{min} 系统上开发的。

③ WELL-N 系统：该模型由英国卫尔斯伯恩国际园艺研究所开发，计算了英国大多数园艺作物的氮肥需求量。除了土壤和作物数据外，该模型还利用了气象数据，计算不同类型肥料在土壤中的无机氮和硝酸盐的含量。

④ Azofert 系统：该系统由法国国家农业研究院 INRA（Laon-Reims-Mons Agronomy Unit）和法国分析研究实验室 LDAR（Aisne Agronomic Station）开发。这是一个用于作物氮肥推荐用量的决策软件。它采用完整的土壤无机氮平衡法，在测定土壤中残留无机氮的基础上，计算在田间施用氮肥的最佳用量。

（4）固定用量结合植物分析（叶或汁液）的推荐系统。在果树上，氮肥推荐量必须满足其全年作物生长所消耗的养分，既要考虑新器官（生殖和营养）所需的养分，又要考虑老器官所需的养分。考虑到果树生长的特殊性，其氮肥推荐一般是基于固定氮肥需求（取决于树种、树龄和生长条件）并根据营养诊断进行调节，以确保氮肥用量的合理性。固定用量的氮肥推荐基于试验获得，再根据叶片养分分析（叶、木质部汁液等）结果进行校正。种植者将叶片样本送到实验室进行测试分析，这种叶片汁液分析需要因树种不同而建立特定值。已经开发出几种方法或指标，如临界值、适当范围法和诊断和推荐综合系统（DRIS）等。种植者使用这些指标来监测作物的氮营养状况，对氮不足或营养失衡的状况进行调控。

① 临界值。该指标被定义为产量下降5％～10％时的养分状况。当养分浓度低于临界值时，症状通常是明显的，因此该指标更适合诊断严重缺乏的情况，而不适用于鉴别中度缺

乏。临界值在确定养分范围的下限方面起着重要作用。

② 适当范围法。与使用临界值相比具有更大的优势。首先，可以识别没有症状的缺素，因为养分适当范围的起始点明显高于临界值；适当范围也有上限，这也能判断一些营养过剩的迹象。

③ DRIS。Walworth 和 Sumner 1987 年开发的这项技术，强调了植物中必需营养元素之间的关系，而不是必需营养元素的浓度。简而言之，DRIS 按其有限的顺序排列必需营养元素。理论上，如果第一限制养分得到补充应用，那么第二限制养分就变成了最受限的养分。DRIS 评价比较了被分析样品中必需营养元素间的占比与高产作物中这些养分的已知占比。养分是按限制生长和发育程度的逆序排列的，即便最受限的营养元素不是主要问题也应按此顺序排列。该方法列出了一些重要经济作物高产时的养分比率。

11.3.5.3 操作条件

影响这些方法推广应用的主要因素是能否顺利获得相关信息及技术。例如，拥有信息较多和较高技术水平的农场可使用复杂的氮肥推荐系统，而技术水平较低的种植者可使用简单的氮肥推荐系统，比如固定用量推荐系统。氮肥推荐系统需要几项数据输入。

虽然有大量关于作物氮需求的数据，但它们通常不适于特定的土壤和气候条件以及当地的作物管理系统。因此，氮肥推荐系统通常是建立在不同条件下（土壤、品种、气候、管理等）作物试验结果的基础上。因此，在施肥推荐系统中引入了一些不确定因素。为了降低这些不确定性，需要对当地地块进行测试，并依此提出优化推荐方案。然而，地方部门信息不全是不确定性的主要来源之一，也是氮肥推荐系统应用中主要的限制之一。此外，氮肥需求量的评估一般是针对平均作物产量，应根据预期产量变化对氮肥推荐量进行调整。

土壤-水-植物系统氮源信息的获取是选择氮肥推荐系统的关键。主要氮源包括灌溉水中的氮、土壤有机质和作物残茬矿化出的氮、共生固氮和以无机和有机肥形态存在的氮。提供的信息越多，推荐施肥系统就越精确。

11.3.5.4 成本

大多数氮肥推荐系统需要在种植时或种植前对土壤的无机氮进行分析。KNS 系统至少需要两种土壤无机氮的测定。一般来说，进行土壤测试的实验室也会分析这些测试结果并进行推荐施肥，由此产生的费用由种植者或合作社支付。举个例子，比利时佛兰德要求必须测定土壤无机氮，而且通常使用 KNS 系统。此时，0~30 cm 土层采样和 N_{min} 分析的成本为 42 欧元，0~60 cm 土层为 55 欧元，0~90 cm 土层为 69 欧元，而仅进行 N_{min} 分析的成本为 16 欧元（含增值税）。

在英国，提供土壤和植物分析的实验室，每个样品 N_{min} 分析服务的价格为 16 欧元（含增值税）。在西班牙 N_{min} 分析的成本也大致如此，在 17~23 欧元的范围内，具体价格取决于样品数量。

对于农民协会或合作社，土壤取样和分析可以选快速的 N_{min} 分析方法进行，该方法需要的基本设备如下：

土钻：在植物根区采集土壤样本需要土钻。土钻的成本为 200~500 欧元。

实验室及相关设备：在简单的实验室内用快速测试设备（包括刻度试管、搅拌器、滤纸）测量浸提液中硝酸盐的浓度，可以使用 Horiba laquatwin 硝酸盐仪，成本约为 500 欧元。另一个系统是 Merck RQFlex Reflectoquant，费用约为 800 欧元，附加的实验材料约为

80 欧元，每次测定硝酸盐的试纸成本为 1 欧元。laquatwin 硝酸盐计和 Merck rqflx 反射仪分析，每个样品的总时间约为 1 分钟。如果是用默克公司的反射仪则需要一些额外的时间准备设备和稀释样品。

使用固定肥料用量所需的相关信息可在公共指南中免费得到。

在西班牙，叶片中大量和微量元素的分析费用约为 40 欧元，很多实验室可以开展对果树（柑橘、桃、柿子、橄榄等）叶片的测试分析。

11.3.5.5　技术制约因素

不同系统的技术局限性不同。

固定氮肥用量系统的技术局限性较少，而基于模型或实验室测定（土壤 N_{min}、叶片或茎汁液氮含量）的系统局限性则较多。

对于基于土壤测试分析的系统而言，需要使用土钻对土壤进行取样，并将不同地点的样品混合制备成混合土样，再由种植者使用包装材料把样品送到实验室，因此，实验室处理样品及检测的时间对于种植者来说十分重要。

对于基于模拟模型的系统而言存在以下几个限制：①模型应根据当地条件进行校准和验证；②模型界面应该是用户友好的，有时需要一段时间培训；③可能需要一些数据输入，这对种植者来说可能比较困难或耗时。

11.3.5.6　优势与局限性

优势：施肥推荐系统是以技术知识为基础的，而不是传统的农民经验方法，后者的施肥量往往过大。对种植者来说，另一个重要的优点是减少了化肥的成本和对环境的影响。

局限性：氮肥推荐系统的使用需要种植者掌握一定的技术知识。此外，需要一定的时间来采集土壤或植株样品并进行实验室测试，这通常是氮肥推荐系统的一部分。

11.3.5.7　支持系统

一些推荐系统是基于模拟模型的，并使用决策支持系统软件进行计算，例如氮专家、Azofert，这些系统可由实验室的技术人员使用，也可由种植者来使用。

11.3.5.8　发展阶段

研究阶段：正在研究不同的蔬菜品种，以确定作物的养分需求，并根据不同的条件使用不同的推荐系统。

试验阶段：新模型对新条件、新作物等的校准和验证正在进行。

商业化阶段：专业公司正在研发手机应用程序或计算机程序。

11.3.5.9　技术提供者

这项技术可以由科研机构、农业协会、化肥或咨询公司、大学等提供。例如，固定施氮量的推荐系统是由科研机构、化肥公司和农业协会提供，模拟模型或 DSS 通常由大学、科研院所等提供。例如：N-Expert 4、Vegsyst、PLANET、Azofert。PLANET 是一种规划土壤养分的应用，以提高效率和改善环境。PLANET 是英国用于农业和园艺作物的推荐施肥系统（RB 209）的计算机版本。

11.3.5.10　专利情况

固定用量推荐系统没有申请专利。模拟模型和 DSS 相关的决策系统已申请专利。用于土壤 N_{min} 和 KNS 系统及类似系统的参考信息是公开的，没有专利。

11.3.6　竞争技术

这项技术不直接与其他技术竞争。它旨在取代种植者直接或间接的传统经验，以及合作社或私营公司中技术顾问所建议的经验方法。

11.3.7　应用范围

为使本技术可以在开发地点以外的地方得到最佳利用，技术本身应该具有适应不同气候、土壤、耕作制度等条件的功能。这往往需要实地研究进行建议方案的调整，以便在新条件下使用。

11.3.8　监管制约因素

这类技术不存在监管和限制。实际上，根据欧盟硝酸盐框架指令，种植者是被鼓励使用这些推荐系统的。

11.3.9　社会经济制约因素

基于模型的复杂系统，因为需要较多数据和参数输入而变得较为烦琐，种植者往往不愿使用。相反，尽管需要知识和数据较少的简单系统建议的施肥方案可能不太准确，如固定用量推荐系统，应用也比较广泛。

虽然农民倾向于使用保守的传统做法来确定化肥用量，以避免产量降低和质量下降，但在一些欧洲国家（德国、荷兰、英国和比利时）越来越多的农民愿意采用基于土壤测试的推荐施肥系统，同时，在一些欧洲国家和地区（例如比利时佛兰德和德国），这些系统则是强制使用的。

11.3.10　衍生技术

正在使用的主要系统包括：KNS 系统、N_{min} 系统、基于 KNS 的氮素专家决策支持系统，以及农业和园艺作物推荐施肥（RB 209）系统。PLANET 软件可在个人计算机上运行，其对施肥量的推荐与 RB 209 技术手册是相同的。

在欧盟国家氮脆弱区的良性管理实践中，很多方法均涉及了氮肥推荐施用系统。

11.3.11　主要参考文献

Chen，Q.，Zhang，H.，Li X.，Christie，P.，Horlacher，D.，& Liebig，H. P.（2005）. Use of a Modified N-Expert System for Vegetable Production in the Beijing Region. *Journal of Plant Nutrition*，28，475-487

DEFRA，（2010）. *Fertiliser manual*（RB208）（8 edition）. Department for Environment，Food and Rural Affairs. http://www. ahdb. org. uk/documents/rb209-fertiliser-manual-11 0412. pdf

Fink，M.，& Scharpf，H. C.（1993）. N-Expert-A Decision Support System for Vegetable Fertilization in the Field. *Acta Horticulturae*，339，67-74

Feller，C.，& Fink，M.（2002）. Nmin target values for field vegetables. *Acta Horticulturae*，571，195-201

Gallardo，M.，Thompson，R. B.，Giménez，C.，Padilla，F. M.，& Stöckle，C.（2014）. Prototype decision support system based on the VegSyst simulation model to calculate crop N and water requirements for

tomato under plastic cover. *Irrigation Science*，32，237-253

Gallardo，M.，Giménez，C.，Martínez-Gaitán，C.，Stöckle，C. O.，Thompson，R. B.，& Granados，M. R.（2011）. Evaluation of the VegSyst model with muskmelon to simulate crop growth，nitrogen uptake and evapotranspiration. *Agricultural Water Management*，101，107-117

Neeteson，J，（1995）. Nitrogen management for intensively grown arable crops and field vegetables. In：*Nitrogen fertilization in environment*，PE Bacon（eds.）Marcel Dekker，Inc，New York pp 295-325

Rahn，C. R，Zhang，K.，Lillywhite，R.，Ramos，C.，Doltra，J.，de Paz，J. M.，Riley，H.，Fink，M.，Nendel，C.，Thorup-Kristensen，K.，Pedersen，A.，Piro，F.，Venezia，A.，Firth，C.，Schmutz，U.，Rayns，F.，& Strohmeyer，K.（2010）. EU-Rotate _ N-a European decision support system-to predict environmental and economic consequences of the management of nitrogen fertiliser in crop rotations. *European Journal of Horticultural Science*，75（1），20-32

Thompson，R. B.，Voogt，W.，Incrocci，L.，Fink，M.，& de Neve，S.（2018）. Strategies for optimal fertiliser management of vegetable crops in Europe. *Acta Horticulturae*（in press）. Proceedings of The 5th International Symposium on Ecologically Sound Fertilization Strategies for Field Vegetable Production，in Beijing，China. 18-21 May 2015.（in press）

University of California（DAVIS），California fertilizer guidelines，Fertilizer research and education program. https：//apps1. cdfa. ca. gov/fertilizerresearch/docs/Guidelines. html

Ramos，C，& Pomares，F.（2010）. Abonado de los cultivos hortícolas. In：Guía práctica de la fertilización racional de los cultivos en España. Ministerio de medio ambiente y medio rural y marino

Ramos，C.，Sepúlveda，J.，Berbegall，F.，& Romero，P.（2017）. Determinación rápida de nitrato en suelos agrícolas y en aguas. Nota técnica，Instituto Valenciano de Investigaciones Agrarias

http：//www. ivia. gva. es/documents/161862582/162455759/Nota＋t％C3％A9cnica _ D eterminaci％C3％B3n＋r％C3％A1pida＋de＋nitrato＋en＋suelos＋agr％C3％ADcolas＋y＋en＋aguas. p df/55388b7a-4ce5-4bc5-89c5-56ab429801af.

Vandendriessche，H. Bries，J.，& Geypens，M.（1996）. Experience with fertilizer expert systems for balanced fertilizer recommendations. *Communication in Soil Science and Plant Analysis*，27（5-8），1199-1209

Kenworthy，A. L.（1973）. Leaf Analysis as an aid in fertilizing orchards. In：*Soil Testing and Plant Analysis*，eds. L. M. Walsh and J. D. Beaton. pp. 381-392. Soil Science Society of America，Madison，WI，USA

11.4　园艺作物的磷肥推荐系统

（作者：Els Berckmoes[21]，Georgina Key[1]）

11.4.1　用途

该技术通过控制营养物排放最大限度地减少对环境的影响。

11.4.2　适用地区

该技术适用于所有欧盟地区。

11.4.3　适用作物

该技术适用于所有蔬菜、水果和观赏植物。

11.4.4　适用种植模式

该技术适用于土壤栽培。

11.4.5　技术概述

11.4.5.1　技术目标

磷肥推荐方案用于种植作物时对磷肥施用方法提出建议，以便确保磷素养分的供应满足作物对磷营养的需求，尽量减少磷在土壤水和底层土壤中的富集。

11.4.5.2　工作原理

磷肥推荐方案的制定必须遵循以下 3 个步骤：

（1）测定土壤有效磷含量。必须确定土壤中的有效磷含量，因为作物生长所需的磷 $80\%\sim90\%$ 直接从土壤中吸收。在评估了土壤有效磷含量之后，就可以推荐磷肥的施肥量了。各种测定土壤有效磷的方法包括：

① 化学提取方法：土壤有效磷通常用化学提取法来测定。将一定质量的土壤样品与提取剂充分混合，土壤中的不同磷组分发生溶解或解吸到溶液中（主要取决于提取剂类型），然后测定提取液中的磷组分，并把这一部分磷定义为有效磷。整个欧盟使用的磷提取方法超过了 10 种，基本可分为以下几类：

酸性溶液（乙酸、柠檬酸、盐酸、乳酸、硝酸、硫酸）：提取剂溶解磷酸钙并不同程度地溶解与铁铝氧化物结合态磷，导致吸附在氧化物表面的磷得以释放。

阴离子交换（乙酸、碳酸氢盐、柠檬酸、乳酸或硫酸）：提取液中的阴离子交换磷酸盐离子而将磷解吸到提取液中。

阳离子络合：磷酸铝和磷酸钙等与强活性的阴离子（氟化物、柠檬酸盐或乳酸盐）进行络合，即这些阴离子取代了磷酸根离子并与铝或钙离子形成化学键，从而使磷酸根离子（包括 HPO_4^{2-} 和 $H_2PO_4^-$）被释放。

磷酸铝和磷酸钙中的磷酸根可通过与碳酸氢钠发生沉淀得到释放：该过程的机制是碳酸氢根离子和碳酸根离子取代了上述盐中的磷酸根离子，形成碳酸钙或碳酸铝沉淀，因为这些化合物不溶于水，所以磷酸根离子被释放出来。

每种提取液需要在特定的 pH 下才能发生反应，pH 靠缓冲溶液得以维持。但较高的 pH 可诱导磷的额外解吸，而较低的 pH 则会发生磷沉淀。

② 磷库法：磷库法是化学提取方法的替代方法。这些方法更加近似地模拟了根际条件，因而其预测效果好于化学提取法。常用的有以下 2 种方法：

阴离子交换树脂：它是评估土壤中有效磷库的最常见方法。该方法的主要步骤是将氯化物饱和树脂与土壤混合物（1∶1）置于 $10\sim100$ mL 的水或弱电解液中 $16\sim24$ h；氧化铁浸渍纸条法（Fe-O 纸带）：该方法正日益受到关注。

（2）校准土壤的磷肥力水平。通过上述浸提法测定的土壤有效磷数值需要和植物磷营养作相关性校正。一般而言，提供磷肥推荐方案的机构不愿意提供有关此校准步骤的信息。

除了土壤中的有效磷，许多磷肥推荐方案还考虑了其他土壤参数，例如土壤质地、有机质含量、pH、碳酸盐含量或土壤类型。另外，磷肥推荐方案根据作物种类也可以进行磷肥推荐，但同一作物种类的区域性差异很大。

一般而言，对土壤磷肥力的校准结果是以分级的形式出现的，范围从非常低到非常高（表 11 - 3）。大多数情况下中级水平表示植物能从土壤中获得足够的磷用于正常生长。

表 11 - 3　估算推荐施肥量（Jordan-Meille et al.，2012）

土壤磷水平	建　议
E：很高	无需施用磷肥
D：高	施磷量<作物吸磷量
C：目标范围	施磷量=作物吸磷量
B：低	施磷量>作物吸磷量
A：很低	施磷量≫作物吸磷量

注：≫表示"远大于"。

（3）估计磷肥推荐量。为确保作物生长不受磷素限制，欧盟有一个总体策略来维持土壤磷肥力水平处于目标值范围内。为了保持这一目标值，需要建立作物收获后土壤的磷与施肥提供的磷之间的数量平衡（图11 - 3）。通常情况下，一旦土壤有效磷含量达到能保证植物生长不再受限制的水平，则只需保证通过施肥带入的磷能补充作物生长过程吸收的磷即可。估算这种平衡的方法很多，不同国家和地区之间有所不同。在某些国家（如爱尔兰和荷兰）会同时对土壤（达到目标值）和作物（补偿作物吸收）提出建议，以便土壤磷

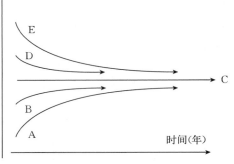

图 11 - 3　不同土壤磷水平的示意
（Jordan-Meille et al.，2012）

肥力水平达到目标含磷量和作物吸收带走的磷量得到补偿，而其他国家则将此合并为一种建议。

11.4.5.3　操作条件

大多数磷肥推荐方案只能在局部范围内应用，因为其同时考虑了其他土壤参数的特殊性，如土壤质地、有机质含量、pH、碳酸盐含量或土壤类型。因此采用这些方案前一定要了解上述因素。

11.4.5.4　成本

通常情况下磷肥推荐方案是完整土壤测试分析的一部分。在比利时，包括磷肥在内的施肥推荐方案成本约为 60 欧元（不含增值税）。该方案是针对 0~28 cm 表层土壤而言的，土壤采样时间应为移栽或播种作物之前。

11.4.5.5　技术制约因素

（1）土壤有效磷的测定。

化学提取方法：化学提取方法对磷的提取与植物根系对磷的吸收完全不同，因此有时化学测定的土壤有效磷含量和作物吸磷量之间的相关性很差。然而，化学提取方法快速且相对便宜，人们广泛采用。

当进行化学提取时，土壤孔隙中充满提取剂，因此该方法通常不考虑土壤含水量。但实

际上土壤含水量会影响土壤磷的作物有效性。

树脂：使用树脂时，为避免土壤磷扩散到树脂的过程成为限速步骤，树脂应该与土壤完全混合，而这种混合会增加后续磷测试时将树脂与土壤分离的难度。

（2）土壤磷水平的校准。一般而言，磷肥推荐方案提供机构不愿意提供土壤磷水平校准方面的信息，因此，这种推荐方案通常被视为一种"黑匣子"，而这种信息缺乏可能在评估和理解施肥推荐结果时带来不良影响。

最佳土壤磷水平因地区而异。即使使用相同的提取方法，相同的土壤最佳土壤磷水平也可能被归入不同的等级（图 11 - 4）。

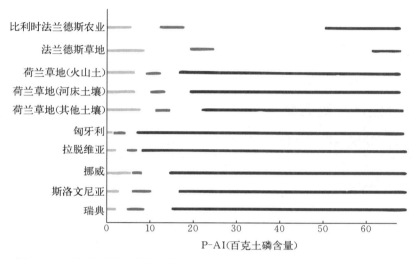

图 11 - 4　欧洲不同国家的土壤有效磷分级，基于 P-Al 法测定土壤有效磷

（3）估计推荐施磷量。在推荐施磷量计算方法方面同样存在着明显的区域差异。有时推荐量针对土壤情况确保土壤最佳磷供应，有时则针对作物情况以补偿作物吸收移走的土壤磷量。而在有些国家，这两种推荐量会组合在一起使用。此外，不同区域之间确保安全施用的最低施用量也存在显著差异。

（4）土壤样品的制备过程可能影响磷分析的结果，如土壤样品的干燥会增加土壤有效磷含量，土样过筛、储存土壤样本、土壤取样深度等。推荐方案所依据的信息可能是过时的。

11.4.5.6　优势与局限性

优势：种植者可获得有关土壤有效磷的信息；减少环境中作物可利用的养分数量，这些养分可能会迁移到水体中。

局限性：磷推荐方案的变异很大；测定土壤有效磷的方法差异大，数据不统一；建议的土壤有效磷临界值变异较大，低于此临界值则作物生长受限。

11.4.5.7　支持系统

应提供经认证或合格的土壤取样服务，以及具有土壤处理能力的认证实验室，并提供准确的分析。

11.4.5.8　发展阶段

该技术已商业化。

11.4.5.9 技术提供者

Bodemkundige Dienst Belgi、Requasud、Teagasc 公司可提供该技术。

11.4.5.10 专利情况

该技术未获得专利。

11.4.6 竞争技术

该技术无竞争技术。

11.4.7 应用范围

该技术可以应用到不同作物、气候及种植系统。

11.4.8 监管制约因素

该技术没有监管制约因素。

11.4.9 社会经济制约因素

磷库法能更好地模拟根际条件,其与作物响应的相关性通常与化学提取法相当或更好。然而,磷库法更耗时,因此成本较高,这也是化学提取法流行的原因。

11.4.10 衍生技术

(1)比利时佛兰德:Bemex-专家系统由 BodemkundigeDienstBelgië 提供(比利时土壤服务)。在 Bemex 系统中,土壤有效磷的化学提取液为 pH 为 3.75 的乙酸-乳酸铵溶液(P-All)。需要采集 0～23 cm(耕地)或 0～6 cm(草地)土层的土样。此外,种植者需要回答一些关于土壤施肥历史、前茬作物和当前作物种类等问题。土壤浸提测定的结果将被归入 7 种土壤磷肥力水平之一(表 11-4)。

表 11-4 比利时土壤服务机构建立的基于 P-Al 法的土壤磷肥力水平等级(适用于耕地和草地)

(Maes et al.,2012)

单位:mg/kg

土壤磷肥力等级	耕地 P-Al 法	草　　地
很低	<5	<8
低	5～8	8～13
较低	9～11	14～18
目标区间	12～18	19～25
较高	19～30	26～40
高	31～50	41～60
非常高	>50	>60

该系统的缺点是磷肥力分级中未考虑土壤类型的影响,缺乏对土壤速效磷典型值的估计。本方法的磷肥推荐阈值高于欧洲其他国家的最佳磷阈值,导致给出的磷肥施用量高于其他欧洲国家。

(2) 比利时瓦隆尼亚：土壤磷测试采用 pH 为 4.65 的醋酸铵＋EDTA 提取法，当种植者要求时，施肥建议同时由实验室提供。

(3) 荷兰：施肥推荐由大田作物和蔬菜作物施肥委员会以及草地和牲畜饲料作物委员会联合提供。这些委员会由研究人员、技术顾问和行业代表组成，他们的建议是免费提供的。

蔬菜作物的磷肥推荐方案：荷兰磷肥推荐方案包括土壤和作物导向的两个推荐系统。大多数情况下，这两个推荐系统提供的结果不同。以土壤为导向的推荐方案的目标是实现并保持良好的土壤磷状况，该状况是基于磷的水提取法（Pw 值）。当前的磷肥推荐是基于在 20 世纪 50～60 年代进行的大量关于 Pw 值和作物产量之间相关性的田间试验和盆栽试验的结果。对于磷需求较高的作物，Pw 值为 25～30 mg P_2O_5/L 土壤，具体数值则取决于土壤类型。对于磷需求量较低的作物，该 Pw 值为 20 mg P_2O_5/L 土壤。实际的施磷方案取决于土壤的磷肥力水平。如果土壤磷水平高于目标值，委员会建议施磷量应超过植株吸磷量，再加上不可避免的损失量（每年 5～20 kg P_2O_5/hm²）。

以作物为导向的方案基于 Pw 值，根据需磷量将作物分为 5 组，再根据作物类别和土壤磷值提供推荐表。土壤磷值为氯化钙法提取的磷和乳酸铵法提取的磷。

(4) 奥地利：磷测定基于乳酸钙和乳酸钙＋乙酸提取法。磷肥推荐方案由政府提供，包括土壤信息。

(5) 丹麦：磷分析基于 Olsen 磷法（醋酸钠，pH 8.5）研究中心根据土壤分析和作物的预期吸收量进行磷肥推荐。

(6) 爱尔兰：磷分析基于 Morgan 提取法（醋酸钠，pH 4.8）由政府提供的磷肥推荐（Teagasc）方案。

11.4.11　主要参考文献

Jordan-Meille, L., Rubaek, G. H., Ehlert, P. A. I., Genot, V., Hofman, G., Goulding, K., Recknagel, J., Provolo, G., & Barraclough, P. (2012). An overview of fertilizer-P recommendations in Europe: soil testing, calibration and fertilizer recommendations. *Soil Use and Management*, 28 (4), 419-435

Bai, Z. H., Li, H. G., Yang, X. Y., Zhou, B. K., Shi, X. J., Wang, B. R., Li, D. C., Shen, J. B., Chen, Q., Qin, W., Oenema, O., & Zhang, F. S. (2013). The critical soil P levels for crop yield, soil fertility and environmental safety in different soil types. *Plant and Soil*, 372 (1-2), 27-37

Bomans, E., Fransen, K., Gobin, A., Mertens, I., Michiles, P., & Vandriessche, H. (2005). *Addressing Phosporus related problems in farm practice*. Final report to the European Comission. Bodemkundige Dienst België

Maes, S., Elsen, A., Tits, M., Boon, W., Deckers, S., Bries, J., Vogels, N., & Vandendriessche, H. (2012). *Wegwijs in de bodemvruchtbaarheid van de Belgische akkerbouw-en weilandpercelen* (2008-2011). Bodemkundige Dienst van België

De Haan, J. J., & van Geel, W. C. A. (2013). *Adviesbasis voor de bemesting van akkerbouw-en vollegrondsgroentengewassen* 2013. Wageningen, Stichting Dienst Landbouwkundig Onderzoek (DLO) onderzoeksinstituut Praktijkonderzoek Plant & Omgeving

Amery, F., & Vandecasteele, B. (2015). *Wat weten we over fosfor en landbouw*? Deel 1: Beschikbaarheid van fosfor in bodem en bemesting, 2015, Ilvo Mededeling 195, ISSN 1784-3197

Olsen, S. R. (1954). *Estimation of available phosphorus in soils by extraction with sodium bicarbonate*. United States Department of Agriculture; Washington, nr 939

Huang，P. M.，Li，Y.，& Sumner，M. E.（Eds.）．（2011）．*Handbook of soil sciences：resource management and environmental impacts*．CRC Press．

11.5 土壤测试

（作者：Claire Goillon[2]，Benjamin Gard[25]，Rodney Thompson[23]）

11.5.1 用途

该技术使养分流失对环境的负面影响最小化。

11.5.2 适用地区

该技术适用于所有欧盟地区。

11.5.3 适用作物

该技术适用于土壤栽培的所有水果、蔬菜和观赏植物。

11.5.4 适用种植模式

该技术适用于土壤栽培（盆栽）。

11.5.5 技术概述

11.5.5.1 技术目标

土壤测试的目的：一是明确种植作物前土壤的物理和化学特性，进而评价土壤的农学生产潜力，二是确定作物的基本养分需求。

11.5.5.2 工作原理

对于农业土壤而言，土壤测试的主要对象包括氮、磷、钾、pH、土壤结构、颗粒大小分布（土壤质地）、保水能力、阳离子交换量和有机质含量。除上述土壤物理、化学指标外，一些土壤生物学指标也可以测定，作为补充指标一起参与土壤肥力状况的评测。这些生物学指标包括微生物量、酶活性、碳素氮素矿化水平、蚯蚓种类多样性及丰度等。当然，这些生物学指标不太常用。

土壤测试的频率取决于作物和土壤类型，通常情况下每2～4年测定1次即可。解释、评价土壤测试结果时，必须借鉴每种作物在当地的参考值。一般来说，从事专业土壤测试的实验室都掌握作物的当地参考值，并对土壤测试结果进行解释。

11.5.5.3 操作条件

最困难的是如何正确取样从而保证样品的代表性，进而客观反映出监测田块或田块局部的特性。这里，土壤的空间变异性是需要重点考虑的因素。为此，谨慎选择取样位置和采集到足够数量的重复样本是在田块上获得最具代表性样品的重要保证，有助于减少土壤空间异质性造成的误差影响的操作：选择田块中最具代表性的区域，避开被拖拉机和农业机械压实的相邻区域，以及陷坑和土墩等。当对某个区域进行取样时，必须了解该区域的一些历史情况，如是否发生过异常生长的情况。采集土样时要遵从根据 W 或 Z 形确定采样点的采样方法。露地采样时取样区不能超过 1 hm²；设施农业地块取样时样点应为温室或塑料大棚中的同一块地。

图 11-5 土钻取样和收集土样

采样区土样采集方法：用土钻或类似工具取 0～25 cm 土层的土壤，数量至少 25 个；将所有样品混合均匀，从中取出 1 kg 制成混合土样送实验室进行测试。对于果园土壤，分别取 0～20 cm 和 20～40 cm 土层样品进行测试（图 11-5）。

在种植前采样最好，这样的最佳采样时间可以确保测试结果的准确性。如果要与过往土壤测试结果进行对比，采样时间应与以往测试时的采样时间在同一月份。另外，应避免在施用有机肥、厩肥、石灰等后采样，以减少误差。

图 11-6 实验室的土壤样品

土壤样品的测试工作应在具有资质或经认证的实验室中进行（图 11-6），所有测试应遵从国家或国际标准，以确保结果的可靠性和实验室间的可重复性，同时，这些专业实验室须对测试结果进行解释。

11.5.5.4 成本

土壤测试的成本一般为 50～300 欧元，具体成本取决于测试指标。当然，不同国家、地区和实验室之间的测试价格差异很大。

11.5.5.5 技术局限性

唯一的局限性在于在种植者所在区域能否找到一个专业实验室。另外，在测试需求高峰期，当地实验室的测试能力往往难以满足需求，因而无法及时获得测试结果的情况。

11.5.5.6 优势与局限性

优势： 在种植作物之前为种植者提供土壤肥力和土壤特性参数等信息有助于施肥管理；有助于调整养分供应以满足作物需求；降低养分缺乏导致的减产风险；降低养分流失造成的环境污染，如硝酸盐淋溶；种植者采集土样方便；大多数实验室可提供土壤测试和对结果的解释。

局限性： 同一年多块土地需要测试时，样本数大，成本高；对该地区一些不常见作物的测试结果的解释存在不确定性；需要时间采集土壤样品、前处理并送到实验室。

11.5.5.7 支持系统

对测试结果的解释必须由受过土壤学培训的专业人员来完成，这些专业人士必须了解每个参数的数值，并能正确地为种植者提供最合适的施肥方案。

11.5.5.8 发展阶段

该技术已商业化（大规模使用）。

11.5.5.9 技术提供者

土壤分析实验室可提供该服务。

11.5.5.10 专利情况

该技术没有专利保护，但实验室必须使用经过认证或标准化的分析方法进行测试，如COFRAC 法国国家认可委员会、NF 法国标准化协会、AENOR 西班牙标准化和认证协会等。

11.5.6 竞争技术

土壤溶液分析与该技术具有竞争关系。

11.5.7 应用范围

该技术可以适用于土壤种植的所有作物。

11.5.8 监管制约因素

在硝酸盐污染敏感区，种植者必须定期进行土壤测试，以便更好地进行氮肥施用管理。

11.5.9 社会经济制约因素

土壤测试往往受到农业顾问和农业认证体系（有机、综合管理等）的鼓励。此外，一些客户（超市、经销商）也会要求或至少鼓励种植者定期进行土壤测试，并将此作为合同条件的一部分。

11.5.10 衍生技术

该技术衍生的技术有肥料推荐方案（见本章11.3节和11.4节）。

11.5.11 主要参考文献

Tits, M., Elsen, A., Vandendriessche, H., & Bries, J. (2013). Nitrate-N residues, soil mineral N balance and N fertilizer recommendation in vegetable fields in Flanders. In K. D'Haene, B. Vandecasteele, R. De Vis, S. Crappé, D. Callens, E. Mechant, ··· S. De Nev (Eds.), *NUTRIHORT Nutrient management, innovative techniques and nutrient legislation in intensive horticulture for an improved water quality*, p. 29, Ghent

D'Haene, K., Vandecasteele, B., De Vis, R., Crappé, S., Callens, D., Mechant, E. Hoffma, G., & De Neve, S. (2013). NUTRIHORT Nutrient management, innovative techniques and nutrient legislation in intensive horticulture for an improved water quality, (p. 74). Book of abstracts, September 16 – 18, Ghent, p. 74

Salata，A.，& Stepaniuk，R.（2013）.Growth，Yield and Quality of Zucchini "Soraya" Variety Fruits Under Drip Irrigation. *Acta Scientiarum Polonorum-Hortorum Cultus*，12（4），163-172

Thompson，R. B.，Tremblay，N.，Fink，M.，Gallardo，M.，& Padilla，F. M.（2017）.Tools and strategies for sustainable nitrogen fertilisation of vegetable crops. In：Tei，F.，Nicola，S.，Benincasa，P.，（Eds）.*Advances in Research on fertilization Management in Vegetable Crops*. pp 11-63. Springer，Heidelberg，Germany

Zuang，H.（1982）.*La fertilisation des cultures légumières CTIFL*，Paris：Centre Technique Interprofessionnel des Fruits et Légumes

11.6　荷兰土水体积比 1∶2 浸提法

（作者：Matthijs Blind[24]，Rodney Thompson[23]）

11.6.1　用途

该技术用于制备灌溉用水，高效用水，减少养分排放对环境的影响。

11.6.2　适用地区

该技术适用于所有欧盟地区。

11.6.3　适用作物

该技术适用于大多数蔬菜作物。

11.6.4　适用种植模式

该技术适用于土壤盆栽、保护地栽培及露地栽培。

11.6.5　技术概述

11.6.5.1　技术目标

土水体积比 1∶2 浸提法可以用来确定土壤中的有效养分，从而优化肥料用量，实现最高产量。

11.6.5.2　工作原理

土水体积比 1∶2 浸提法可以测定土壤中的有效养分和 EC 值（图 11-7）。方法是将 1 份体积的新鲜土壤加入到 2 份体积的水中，充分摇匀将悬浮液过滤，得到浸提液用于测定土壤中的有效养分和土壤 EC 值。土壤测试分析报告列出了土壤中有效养分的浓度和参考值。种植前用 W 形定点法用土钻采集土壤样品（图 11-8），在每个采样点采集 0～20 cm、20～40 cm、40～60 cm 土层的土壤。在温室里只采 0～20 cm 土层的土壤样品。一个生长季内每 2～3 周采土壤样品 1 次。

土水体积比 1∶2 浸提法在荷兰的应用非常广泛，它通常与全球定位系统联合使用。许多荷兰的种植者在他们的农场使用全球定位系统制作产量图或生物量图，并且土壤有效养分数据也会保存在这些生物量图中。这样，就有可能知道土壤能够向作物提供多少养分，田块局部的肥料用量就取决于该局部土壤的有效养分数量和目标生物量。

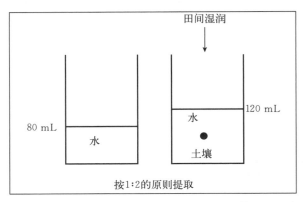

图 11-7　土、水比 1∶2 浸提法中土壤和水体积的示意　　　图 11-8　土钻取土样

11.6.5.3　操作条件

提取液的制备是向 2 份体积的水中加入 1 份体积的鲜土样。该浸提液的电导率及氯化物、氮、磷酸盐、钾和镁的含量与饱和泥浆法获得的相应数据高度相关。该方法是荷兰土壤测试实验室的常用方法。为了精确制备 1∶2 体积比的土壤、水浸提液，必须使用土壤含水量为田间持水量的土壤样品。荷兰的大多数土壤测试实验室有能力在短时间内处理大量样品。但该方法在评估土壤有效磷时存在一定问题，因而通常情况下用另一种浸提剂来测评土壤有效磷。

11.6.5.4　成本

一般来说，大量和中量营养元素的测试成本是 $110\sim140$ 欧元/hm^2，测试结果一般可在 1 周内得到。精确的自动化土壤测试设备价格昂贵，因此，测试主要由专业实验室完成。土、水体积比 1∶2 浸提法相对便宜，具体成本因种植者是否参与采样和所测试指标的数量而不同。如果种植者自己采集土壤样本，那他需要一根土钻和若干样品袋。当然，种植者的时间成本也应考虑在内。

11.6.5.5　技术制约因素

这类土壤测试方法的一个缺点是只能估算土壤养分对作物的有效度，而不能保证根区土壤中的有效养分均能被植物吸收。

11.6.5.6　优势与局限性

优势：通过节省化肥成本来提高利润；降低对环境的影响，减少养分淋失引起的地表水和地下水污染。有助于确定作物生长对养分的需求量。

局限性：有时候测定出的土壤有效养分不能被植物吸收。上述差异主要是由低温、病虫害、土壤水分过多或缺水等造成。含大量石膏的土壤，其电导率的测定结果并不可靠。这在干旱地区可能更严重。了解土壤有机质的含量可以更好地分析土壤测试结果。

11.6.5.7　支持系统

如果种植者自己采集土壤样品，则需要一根土钻和若干样品袋等工具。

11.6.5.8　发展阶段

该技术已商业化（大规模应用）。

11.6.5.9　技术提供者

种植者可以自己采集土壤样品，也可以聘请顾问采集土壤样品。为了采集土壤样品，需要一根土钻和若干样品袋。采集到土壤样品后种植者需要将土样送往实验室。土水体积比1∶2浸提法必须在设备完善的实验室中进行，例如荷兰的 Eurofins Agro 和 Groen Agro Control 实验室。测试结束后，种植者将会收到检测报告。

11.6.5.10　专利情况

土水体积比1∶2浸提法非专利技术，任何拥有设备和合格人员的经认证的实验室都可用这种方法进行样品分析。

11.6.6　竞争技术

土水体积比1∶2浸提法是一种土壤测试方法，也可以应用于基质测试。除了土壤和基质分析，组分分析和树液分析是评估养分供应是否充足的另一类方法。组分分析广泛用于园艺，与土壤测试相比，组分分析有其优点和缺点。

11.6.7　应用范围

土水浸提方法可以用于不同的土壤、水质、气候和耕作方法。然而，磷肥的最佳供应量必须用其他方法或与该方法相结合来估算。

11.6.8　监管制约因素

对于种植者来说没有监管局限性，监管主要针对研究型公司，如运用 ISO 规范来监管公司行为。

11.6.9　社会经济制约因素

在采集土壤样品时，种植者必须考虑所需的时间和设备。如需雇用顾问，则必须考虑费用。此外，需要成本将土壤样品运送到实验室。一般来说，这些成本不是限制性因素，因为最终肥料利用效率会提高，它们将得到回报。同时，养分淋溶损失对环境的影响也相应降低了。

11.6.10　衍生技术

在荷兰有两个实验室可以开展土壤测试实验：欧罗芬农业（Eurofins Agro）和格罗恩农业（Groen Agro Control），这两个实验室都采用土水体积比1∶2浸提法。在其他国家也有实验室开展这项工作，能否利用土水体积比1∶2浸提法测试土样主要取决于各个国家的条件。

11.6.11　主要参考文献

De Kreij, C. （2004）. Grondanalyse voor een optimale bemesting zonder emissie. *Deel I. Achtergronden*. Praktijkonderzoek Plant & Omgeving B. V. Glastuinbouw, PPO 590

De Kreij, C., Kavvadias, V., Assimakopoulou, A., & Paraskevopoulos, A. （2007）. Development of fertigation for trickle irrigated vegetables under Mediterranean conditions. *International Journal of Vegetable Science*，13（2），81-99

Kavvadias，V.，De Kreij，C.，Paschalidis，A.，Assimakopoulou，A.，Paraskevopoulos，D.，Lagopoulos，A.，& Genneadopoulou，A.（2005）. Fertigation：II. Experiments in Greece with greenhouse grown tomato and cucumber on two soil types. *Proc. Management，Use and Protection of Soil Resources*，（pp. 15-19）. Sofia，Bulgaria

Mohamed，S. B.，Evans，E. J.，& Shiel，R. S.（1996）. Mapping techniques and intensity of soil sampling for precision farming. *Precision Agriculture*，3，217-226

Sonneveld，C.，& Van Den Ende，J.（1971）. Soil analysis by means of a 1：2 volume extract. *Plant and Soil*，35（1），505-516

Sonneveld，C.，Van den Ende，J.，& De Bes，S. S.（1990）. Estimating the chemical compositions of soil solutions by obtaining saturation extracts or specific 1：2 by volume extracts. *Plant and Soil*，122（2），169-175

Sonneveld，C.，& Voogt，W.（2009）. Nutrient management in substrate systems. In *Plant Nutrition of Greenhouse Crops*，pp. 277-312. Springer Netherlands

Eurofins Agro. http：//www. eurofins. com/

Groen Agro Controlhttp：//www. agrocontrol. nl/en/

Penn State Agricultural Analytical Services Labhttp：//agsci. psu. edu/aasl/soil-testing

11.7 土壤溶液分析

（作者：Claire Goillon[2]，Benjamin Gard[25]，Rodney Thompson[23]，Juan José Magán[9]，Eleftheria Stavridou[15]）

11.7.1 用途

该技术用于实现水分高效利用，减少养分流失对环境的影响。

11.7.2 适用地区

该技术适用于整个欧盟地区。

11.7.3 适用作物

该技术适用于土壤上生长的所有蔬菜和果树。

11.7.4 适用种植模式

该技术适用于保护地栽培和露地栽培。

11.7.5 技术概述

11.7.5.1 技术目标

土壤溶液分析用于土壤盐分和养分的管理，以优化肥料施用，降低肥料成本，降低养分过量供应造成的环境污染。

11.7.5.2 工作原理

采用土壤溶液采样器直接从土壤中收集水溶液。主动式土壤溶液取样器（图 11 - 9）由多孔陶瓷杯和塑料导液管构成。用密封塞封住管后安装在土壤里，管内维持大约 -60 kPa 的负压，经过一段时间，土壤孔隙中的水分通过陶瓷孔隙进到取样器内，然后用注射器收集水溶液。被动式土壤溶液取样器在灌溉的情况下，将流下的土壤溶液收集到固定装置中，作为土壤溶液样品。被动式土壤溶液取样器只在湿润锋经过装置时才能采集到样品。采集的土壤溶液可用不同方法分析，方法的选择取决于所需信息及时限。例如，土壤盐度可以在农场用电导率仪快速测定，NO_3 浓度速测可采用 LaquaTwin NO_3 仪等离子选择电极，或者采用试纸条和 Nitracheck 系统或默克反射仪 Merck RQFlex Reflecoquant 等吸光度仪。

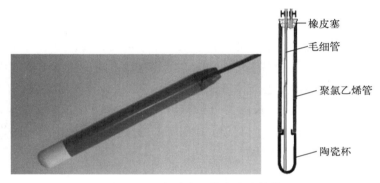

橡皮塞

毛细管

聚氯乙烯管

陶瓷杯

图 11 - 9　主动式土壤溶液取样器

土壤溶液分析通常用于氮素管理，适用于养分持续供应至作物根层、根际土壤大部分处于湿润状态的滴灌和水肥一体化系统。在作物生长期定期采集、分析土壤溶液，可监测根区土壤溶液中 NO_3 浓度（即植物有效氮）的动态变化。利用这些信息，实时调整氮素供应，可确保作物最佳的氮素供应。

11.7.5.3 操作条件

主动式土壤溶液取样器只能收集到湿润土壤的溶液。当陶瓷杯与周边土壤压力梯度为负压时，土壤溶液流入陶瓷杯。取样器要比土壤有更强的吸力。用科学术语来说，取样器的水吸力应比土壤基质势大。

采样器所能承受的最大吸力约为 -60 kPa，因此，土壤基质势必须大于 -60 kPa，也就是说，土壤水势必须在 -60～0 kPa 之间。原因有 2 个：①取样器的吸力有时会慢慢降低；②较大的吸力梯度有利于土壤溶液的收集，当土壤水势大于 -40 kPa（-40～0 kPa 范围）时，主动式取样器的效果会更好。使用小型手动泵尤其要注意这个问题，因为这类泵很难提供超过 -60 kPa 的吸力。

主动式土壤溶液取样器更适合滴灌蔬菜等频繁浇灌、根区土壤湿润的情况。设施蔬菜大棚土壤的基质势通常接近田间持水量（-30～-10 kPa，具体取决于土壤结构），可在整个生产季应用这种方法采集土壤溶液。使用主动式土壤溶液取样器，要求陶瓷杯和土壤紧密接触，两者间有大量空气会影响取样器吸力的维持，因此需要严格按照说明书上的步骤安装。

使用吸力取样器的一个重要问题就是如何降低土壤溶液养分浓度的空间变异性。土壤溶液采集时选取样点要非常慎重，必须有足够多的重复数以保障所采集土壤溶液样本的代表性。

有助于减少土壤溶液提取液的空间变异的建议：选择最具代表性的地块，避免靠近地块的边缘，靠近健康而不是生病的植物取样，避开农机具压实的地块以及空洞和土丘；了解目标地块的历史，如哪里曾出现过植物生长异常的情况。

土壤溶液采样器安装方便，安装过程对目标区土壤扰动不大。采样器要放置在作物主根区特定的深度，以提取根系可利用的土壤溶液样本。采样器和土壤充分接触才能采集到需要的样品。为获取具有代表性的土壤溶液信息，在田间或温室内应至少安装 3 个采样器。对于滴灌施肥的作物，土壤溶液抽吸采样器宜安装在深度为 $15 \sim 30$ cm 的土层、与作物平行、靠近作物和滴头（10 cm）的位置。正确安装后，采样器可以使用较长时间（如作物整个生长季）。

实际应用中，由于浓度存在空间变异，获取土壤浓度的绝对值及进行养分管理都存在一定难度。因此人们通常更注重动态变化。如硝态氮在土壤溶液中持续累积，可初步判断目标地块为过量施肥。通常使用的硝态氮浓度阈值是 5 mmol/L，当土壤溶液的硝态氮浓度超过 5 mmol/L 时，氮素不再是作物生长的养分限制因子。基于对土壤溶液中硝态氮浓度分析，采样器最常用于氮素的管理；用于阳离子分析时需要考虑土壤交换作用，因为磷会被土壤颗粒固定，这种方法不能用于磷素管理。

11.7.5.4 成本

土壤溶液抽吸采样器，取样管的价格是 30～75 欧元，手动真空泵的价格为 90～120 欧元。

11.7.5.5 技术制约因素

应用该技术的最大障碍是关于土壤溶液采集器的原理和使用方法的培训不足，设备价格偏高，另外，种植者对土壤溶液化验结果的解读存在困难。

11.7.5.6 优势与局限性

优势：简便快捷、经济；根区养分实时监测；植物营养问题的早期诊断；在作物受到严重影响之前采取有效措施。

局限性：只能测定溶解态养分；不能测定可交换态、可矿化态和其他可利用的养分数据；可能导致养分过量供应；缺乏对测定结果的有效解读；需要熟悉土壤溶液分析的技术顾问提供建议；空间变异可能会很大，需要增加样本重复数来减小测定误差。

11.7.5.7 支持系统

土壤溶液分析最好与叶片分析、土壤分析、作物视觉评测等其他监测工具结合使用。

11.7.5.8 发展阶段

该技术已商业化。

11.7.5.9 技术提供者

经营灌溉材料的公司如 SDEC、Sentek、ACMAS、Irrometer 的分销商及零售商，一般都提供土壤溶液采样器。

西班牙阿尔梅里亚的 Himarcan 公司提供商业化的设备，可用于土壤溶液自动提取，另外提供对提取液 EC 和 pH 的测定服务。测量频率可由用户设定，结果用软件显示。解决方案可在自动测量后恢复，以便随后进一步分析。Himarcan 公司还销售手动的土壤溶液提取设备（图11-10）。

11.7.5.10　专利情况

吸力采样器尚未获得专利。生产陶瓷杯的工艺可能获得了专利授权。Himarcan 公司的自动采样系统很可能有专利保护。

11.7.6　竞争技术

土壤分析与该技术存在竞争关系。

图 11-10　西班牙阿尔梅里亚 Himarcan
公司生产的土壤溶液自动抽吸
及 EC 和 pH 测定设备

11.7.7　应用范围

所有的土壤种植系统都可采用这种方法，尤其是高频滴灌体系根区土壤需要保持湿润的作物。但有报道指出，在重黏土中，很难采集到土壤抽提液样品。

11.7.8　技术制约因素

该技术无技术制约因素。

11.7.9　社会经济制约因素

该技术尚未发现社会经济方面的制约因素。

11.7.10　衍生技术

Zenith grille ® 可为 14 种蔬菜植物提供氮素需求指导。Quick Nitrachek ® 技术可在作物生长期测定土壤溶液中硝态氮的浓度。两种技术结合可以帮助种植者确定二次施肥的必要性。Grille Zenith ® 技术可分析滴灌施肥作物的氮养分状况，以进行必要的施氮管理。

11.7.11　主要参考文献

De Pascale, S., Rouphael, Y., Pardossi, A., Gallardo, M., & Thompson, R. B. （2017）. Recent advances in water and nutrient management of soil-grown crops in Mediterranean greenhouses. *Acta Horticulturae*, 1170, 31-44

Falivene, S. （2008）. *Soil Solution Monitoring in Australia. Irrigation Matters Series*
（NSW Department of Primary Industries and IF Technologies, Vol. 4）. CRC for Irrigation Futures

Fernaández Fernaández, M. M., Baeza Cano, R., Caánovas Fernaández, G., & Martín Expósito, E. （2011）.
Protocolo de actuación para disminuir la contaminación por nitratos en cultivos de pimiento y tomate bajoabrigo. IFAPA, Andalucía, Spain. http：//www. juntadeandalucia. es/agriculturaypesca/ifapa/servifapa/contenidoAlf? id=da076 140-e700-4166-8d69-74bed98e86de Accessed 23 August, 2017

Gallardo，M.，Thompson，R.B.，Lopez-Toral，J.R.，Fernandez，M.D.，& Granados，R.（2006）. Effect of applied N concentration in a fertigated vegetable crop on soil solution nitrate and nitrate leaching loss. In F. Tei & M. Guiducci（Eds.），*International Symposium Towards Ecologically Sound Fertilisation Strategies for Field Vegetable Production*（pp. 221-224）. Perugia（Italy）

Granados，M.R.，Thompson，R.B.，Fernández，M.D.，Martínez-Gaitán，C.，& Gallardo，M.（2013）. Prescriptive-corrective nitrogen and irrigation management of fertigated and drip-irrigated vegetable crops using modelling and monitoring approaches. *Agricultural Water Management*，119，121-134

Granados，M.R.，Thompson，R.B.，Fernández Fernández，M.D.，Gázquez Garrido，J.C.，Gallardo，M.，& Martínez-Gaitán，C.（2007）. Reducción de la Lixiviación de Nitratos y Manejo Mejorado de Nitrógeno con Sondas de Succión en Cultivos Hortícolas（Almeria，Spain：Fundación Cajamar）. Retrieved from http：//www. publicacionescajamar. es/pdf/seriestematicas/centros-experimentales-las-palmerillas/reduccion-de-la-lixivacion-de-nitratos. pdf on 23 August 2017

Peña-Fleitas，M.T.，Gallardo，M.，Thompson，R.B.，Farneselli，M.，& Padilla，F.M.（2015）. Assessing crop N status of fertigated vegetable crops using plant and soil monitoring techniques. *Annals of Applied Biology*，167，387-405

Penel，J.，& Vannier，S.（2002）. Etude comparative des analyses de terre "classiques" et des "extraits à l'eau" en maraîchage sous abri. Avignon

Pérennec，S.，& Guezennec，G.（2011）. Le NITRACHEK，un outil d'aide à la décision de terrain. *Terragricoles de Bretagne*，18

Raynal，C.，Le Quillec，S.，& Grassely D.（2007）. Fertilisation azotée des légumes sous abri. Eds Centre Technique Interprofessionnel des Fruits et Légumes，p101

Thompson，R.B.，Tremblay，N.，Fink，M.，Gallardo，M.，& Padilla，F.M.（2017）. Tools and strategies for sustainable nitrogen fertilisation of vegetable crops. In：F. Tei，S. Nicola & P. Benincasa（Eds），*Advances in research on fertilization management in vegetable crops*（pp. 11-63）. Springer，Heidelberg，Germany

11.8 无土栽培根区溶液和排水的养分分析

（作者：Rodney Thompson[23]，Els Berckmoes[21]）

11.8.1 用途

该技术有利于实现水分高效利用，降低养分损失引起的环境风险。

11.8.2 适用地区

该技术适用于欧盟地区。

11.8.3 适用作物

该技术适用于无土栽培的所有蔬菜和观赏作物。

11.8.4 适用种植模式

该技术适用于保护地栽培和露地栽培。

11.8.5　技术概述

11.8.5.1　技术目标

分析基质栽培排水中的养分，监测和调整营养液的成分，优化养分循环利用。

11.8.5.2　工作原理

通过养分分析，获得某种或几种营养物质的浓度（图 11 - 11）。完整的分析包括 EC、pH、大量元素和微量元素含量，如果需要也可以只分析某一特定元素。

	EC pH mS/cm	Si NH$_4$ K Na Ca Mg NO$_3$ Cl SO$_4$ P HCO$_3$ mmol/l	Fe Mn Zn B Cu Mo μmol/l
Analyseresultaten	4.4 6.7	0.3 0.0 13.6 1.0 8.8 5.1 31.7 2.9 4.2 0.9 1.7	22.8 4.9 10.2 88.7 1.2 1.9
Historisch overzicht bij ref. EC :	EC pH mS/cm	Si NH$_4$ K Na Ca Mg NO$_3$ Cl SO$_4$ P HCO$_3$ mmol/l	Fe Mn Zn B Cu Mo μmol/l
V0115570 15-11-16	6.2 6.7	0.6 0.1 5.0 0.8 11.4 8.4 29.4 3.0 6.2 0.7 1.9	9.7 1.3 4.6 13.0 0.6 1.2
V0115614 22-11-16	6.7 6.9	0.7 0.0 3.3 0.9 12.3 9.5 31.7 2.6 7.5 0.5 2.7	10.8 0.7 4.7 17.1 0.6 1.5
V0115625 29-11-16	5.3 6.6	0.5 0.1 5.0 0.9 11.1 7.9 32.0 1.2 6.2 0.8 1.8	21.1 2.1 7.0 44.5 0.8 1.6
V0115660 06-12-16	4.4 6.4	0.3 0.0 9.6 0.8 9.4 5.3 30.9 1.1 4.1 1.5 1.1	31.3 5.0 8.3 63.2 1.1 1.6
V0115673 13-12-16	4.4 6.6	0.4 0.0 11.3 1.0 8.6 5.1 29.7 1.9 4.1 1.0 1.5	32.0 3.5 8.9 67.2 1.1 1.7
V0115764 03-01-17	4.4 6.7	0.3 0.0 12.4 0.9 8.1 4.6 28.9 2.7 3.9 0.8 1.7	20.8 4.5 9.3 80.9 1.1 1.9
Streefwaarden	4.0 6.0	<0.0 9.0 <3.0 10.3 5.2 25.8 <3.0 4.5 1.7 <0.5	38.7 15.5 9.0 77.4 0.9

图 11 - 11　比利时基质栽培番茄排水中的养分分析结果（11 月定植，人工采光）

根据分析结果，种植者和技术顾问可调整营养液供应配方，确定是否排水及确定水放量。

11.8.5.3　操作条件

根区溶液样品主要从基质根区采集，使用注射器从基质板上抽取样品。从整个种植区域的不同基质板上均匀采集溶液样品，取样量至少达到 1 L。如果作物根系分布的区域没有基质，就从低洼处、有过量养分溶液聚集的地方取样。采集的溶液保存在冰箱中待测。分析可以在实验室或农场进行，在农场可以连续监测或手动测量。

11.8.5.4　成本

（1）具有资质的实验室的分析成本。

完整分析（不考虑咨询的成本）：比利时 39 欧元，荷兰 34 欧元。

将样品送至实验室：7 kg 的包裹额外收费约 15 欧元。

（2）农场分析的成本。

① 元素的连续监测：主要是氮磷分析试剂盒的成本。SC200 控制器（Hach Lange）1 520 欧元，N-ISE 硝酸盐电极 4 430 欧元，PHOSPAX P 电极 12 810 欧元。

② 单元素手动测量：主要是分析仪的成本：DR3900 光度计（Hach Lange）4 105 欧元（图 11 - 12）；DR1900 便携式光谱仪（Hach Lange）2 260 欧元；Hach-Lange 标样的 80/25 个标样，每个标样 3 欧元；分析仪测试 80/25 个样，每个标样 3

图 11 - 12　可用于现场分析的小型台式分光光度计，Hach DR3900

欧元。

11.8.5.5　技术制约因素

连续监测中，传感器需要经常校准。对于一些分析阈值比样品浓度低的手持式传感器，在测试前需要先将样品进行稀释，然后再进行分析校准。如 Merck RQFlex Reflectoquant 体系的硝态氮浓度可测定范围是 22～155 mg/L，而番茄根区排水硝态氮浓度则在 1 200 mg/L。许多阳离子选择电极体系（如 Horiba LaquaTwin 硝态氮传感器、Clean Grow 养分分析仪）可用于园艺作物营养液和基质尾水中养分的分析。

11.8.5.6　优势与局限性

优势：易操作、精准，可准确评估基质根区养分有效性。

局限性：实验室分析结果滞后，获得分析结果后，基质的养分状态可能已经改变；连续监测测试费用高（包括投资及运营维护费用）；需要频繁校准；传感器对部分营养元素的感应差；现场手动测定，测试前必须进行稀释，费时，增加误差风险。

11.8.5.7　支持系统

需要用到用于收集排出液的注射器和瓶子，用于储存样本的冰箱。

11.8.5.8　发展阶段

该技术已商业化。

11.8.5.9　技术提供者

认证或未认证分析实验室都可提供技术服务。比利时实验室有 Blgg、Groen Agro control、Bodemkundige Dienst België 等。能进行现场测定的有 Hach Lange、Hanna instruments。现场可分析多种养分的仪器：Clean Grow 养分分析仪可以同时测定 NH_4^+、NO_3^-、Ca、Cl、K、Na、Mg；NT 多离子传感器可以同时测定 NH_4^+、NO_3^-、Ca、Cl、K、Na、Mg。

11.8.5.10　专利情况

农场营养分析的许多体系都已经获得专利授权。

11.8.6　竞争技术

该技术无竞争技术。

11.8.7　应用范围

该技术可用于所有类型作物体系。

11.8.8　技术制约因素

欧洲水框架指令和硝酸盐框架指令正促使基质栽培种植户重新考虑管理方法。例如，比利时和荷兰不允许将含营养液的污水排入地表水体。将废水排至草地或从污水中去除营养成本不仅经济成本高，而且耗费时间。为优化尾水回用，比利时和荷兰的种植者越来越关注尾水养分组成。

营养元素与水相关法令的实施在不同国家和地区存在很大差异。

11.8.9　社会经济制约因素

一些种植者对钙和钾离子的在线监测很感兴趣。尽管有可用的传感器，但成本非常高。此外检测仪需要不断校准，这些原因使得种植者对该技术的接受度较低。

针对特定元素的手持式分析仪比较便宜，不需要经常维护。种植者越来越倾向于使用这类工具进行分析，特别是对氮、钾养分。对于接受过科学培训的技术顾问，这些工具也非常实用。

11.8.10　衍生技术

实验室可提供的咨询服务机构：Bodemkundige、Eurofins Agro。

现场测定养分的装置：Hach Lange 可现场测定养分种类。Horiba Laqua Twin 是针对特殊阳离子的选择性离子电极传感器，可测定 NO_3^-、K、Ca、Na。Clean Grow 养分分析仪同时可测定 NH_4^+、NO_3^-、Ca、Cl、K、Na、Mg。NT Sensors 多离子传感器可测定 NH_4^+、NO_3^-、Ca、Cl、K、Na、Mg。

11.8.11　主要参考文献

Personal communication Els Berckmoes & Isabel Vandevelde（January 2017）

Lee，A.，Enthoven，N.，& Kaarsemaker，R.（2016），Best Practice Guidelines for Greenhouse Water Management http://www.grodan.com/files/Grodan/News/2016/Collaborative%20approach%20results%2 0in%20Best%20Practice%20Guidelines%20for%20Greenhouse%20Water%20Management/15PRA043-Watermananagement_Guide_DEF3.pdf

Personal information Katrien Verbeeck from Hach Lange（8th of February 2017）

Maggini，R.，Carmassi，G.，Incrocci，L.，& Pardossi，A.（2010）.Evaluation of quick test kits for the determination of nitrate，ammonium and phosphate in soil and in hydroponic nutrient solutions.*Agrochimica* Vol. LIV（N. 4），1-10

Parks，S. E.，Irving，D. E.，& Milhamc，P. J.（2012）.A critical evaluation of on-farm rapid tests for measuring nitrate in leafy vegetables.*Scientia Horticulturae*，134，1-6

Thompson，R. B.，Gallardo，M.，Joya，M.，Segovia，C.，Martínez-Gaitán，C.，& Granados，M. R.（2009）.Evaluation of rapid analysis systems for on-farm nitrate analysis in vegetable cropping.*Spanish Journal of Agricltural Research*，7（1），200-211

Thompson，R. B.，Padilla，F. M.，Peña-Fleitas，M. T.，Gallardo M.，& Fernández Fernández，M. M.（2014）.Uso de sistemas de análisis rápidos para mejorar el manejo del nitrógeno en cultivos hortícolas.*Horticultura*，315，26-32

11.9　土壤电导率传统测定方法

（作者：José Miguel de Paz[14]，Rodney Thompson[23]）

11.9.1　用途

该技术用于减轻盐分对作物生产的影响，有利于实现水资源高效利用。

11.9.2　适用地区

该技术适用于所有欧盟地区，特别是干旱地区。

11.9.3　适用作物

该技术适用于所有蔬菜、果树和观赏作物。

11.9.4　适用种植模式

该技术适用于露地栽培和保护地栽培。

11.9.5　技术概述

11.9.5.1　技术目标

土壤溶液在 25 ℃下的电导率（EC_{25}）通常用来评价土壤盐分。该方法旨在通过测定土壤盐分为灌溉提出指导，以减小土壤盐分对作物的影响。

11.9.5.2　工作原理

通过测定土壤样品溶液的两个电极之间的电位差可得到电导率（EC）。水溶性盐会提高土壤溶液导电能力，EC 表征土壤的盐分浓度。由于水溶液的 EC 随温度升高而增大，因此同一设备中有用于测定温度的内置传感器。所有的 EC 测定设备都是在 25 ℃标定，被记为 EC_{25}。测定土壤溶液的 EC_{25} 在适宜环境条件下进行；土壤溶液可在实验室提取或从大田中的负压杯溶液提取器中提取。

（1）土壤 EC 测定的范例。评价土壤盐分的参考方法是测定饱和土壤提取液中的 EC_{25}。首先，在土样中加入分析纯去离子水，直到土壤饱和，以获取饱和水土壤样品。然后用真空泵抽取土壤溶液，最后用 EC 仪测定溶液的 EC_{25}。饱和浸提液不适合测定大量样本，大量土壤样品通常用 1∶5、1∶2 或 1∶1 的土水比得到土壤浸提液。$EC_{1:5}$ 测定是将 1 份土壤与 5 份去离子水混合。样品混合后，沉淀物沉降后，过滤或离心以获取上清液，然后用 EC 测量仪测定溶液的 EC_{25}。然而，这些方法并不能直接与土壤盐分或植物反应关联，因为土水比为 1∶5 或 1∶2 的土壤溶液样品要比正常田间的土壤溶液实际浓度小。此外，阳离子交换干扰、矿物溶解（碳酸盐、石膏等）和阴离子的排斥作用也会影响读数。

通过测定饱和提取液（EC_{se}）建立 $EC_{1:5}$ 与 EC_{25} 的关系很有意义，因为 EC_{se} 是一个标准方法，可以用作参考值。相关的经验公式可以用于 $EC_{1:5}$ 或其他土水比下的 EC 转换。

用于无石膏土壤的转换案例：

对于地中海壤质黏土，Visconti 等（2010）提出的转换公式：$EC_{se}=5.7×EC_{1:5}-0.2$

针对澳大利亚土壤，Shaw（1994）根据黏粒含量提出了 $EC_{1:5}$ 到 EC_{se} 之间的转换关系，见表 11-5。

表 11-5　基于黏粒含量的 $EC_{se}/EC_{1:5}$ 的转换因子与黏粒含量的关系

黏土含量（%）	5	6	8	13	25	33	38	43	50	60	70
$EC_{se}/EC_{1:5}$ 比值	12.4	12.1	11.7	10.7	8.9	8.0	7.4	6.9	6.2	5.3	4.5

（2）土壤溶液 EC 的测定。相对于实验室方法，一些田间原位监测方法可作为替代方法，以实现土壤溶液和 EC 的测定。在田间安装多孔负压取样器，可获得生长季不同时间、不同深度的土壤溶液。该方法简便，可减少对土壤剖面的干扰。土壤溶液可在土壤基质势接近田间持水量时抽取，当土壤的基质势在 $-50 \sim -10$ kPa 区间时，土壤取样器最为有效，可直接用手持 EC 测量仪测定土壤溶液的 EC。相比细质土壤，土壤大孔隙较多的粗质土壤能抽取出的水分较少。土壤基质势或负压越低（土壤越干燥）、从粗质土壤获取的溶液越少。当有准确的参考值帮助解释土壤水分（EC_{sw}）数据时，通过土壤溶液提取器获得的土壤溶液更能反映田间实际情况，测得的土壤溶液或 EC_{sw} 的电导率比饱和提取液的 EC 更能真实反映土壤实际的盐分状况。

对于 $EC_{1:5}$ 与 EC_{se} 的转换，当 $EC_{se} < 10$ dS/m 时，田间通过土壤溶液提取器得到的 EC 可以用 Biswasi 等（2007）的公式转换：

$$EC_{sw}（dS/m）= 2.1 \times EC_{se}（dS/m）$$

式中，EC_{sw} 是通过土壤溶液取样器获得的土壤提取液的 EC_{25}。

其他用于土壤盐度评价的单位有可溶解固体的总量（TDS，mg/L），该单位与 EC_{se}（dS/m）转换的比例是 1/640。

$$EC（dS/m）= 总可溶解固体含量（mg/L）/640$$

结果分析：

EC_{se} 可用于解释作物对土壤盐度的耐受度。计算作物盐度造成产量损失的公式为熟知的阈值-斜率函数（Maas et al.，1977）：

$$Yr（相对产量，\%）= 100 - b \times (EC_{se} - a)$$

式中，a 和 b 分别为特定作物种类的 EC_{se} 阈值和斜率。作物可根据以下指标分类，一是作物对盐度的耐受性阈值，即 a 值，表示引起产量下降的盐度；二是斜率，即 b 值，表示盐度增加时产量下降的程度。从图 11-13 可以看出，对于敏感型、中度敏感型、中度耐盐型和耐盐型的作物，相对产量随着盐度的增加而降低（EC_{se} 此处称为 ECe）。

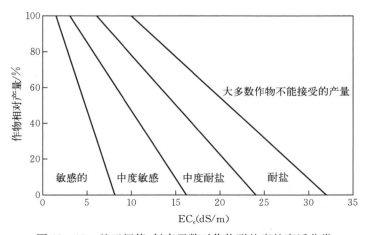

图 11-13　基于阈值-斜率函数对作物耐盐度的宽泛分类

表 11-6 列出了一些常见蔬菜品种的盐度敏感性/耐受参数（阈值-斜率函数的阈值和斜率值）和敏感性/耐受等级。

表 11 - 6　常见蔬菜的土壤盐度敏感性/耐受参数

种类	EC_{se}阈值（dS/m）	斜率 （每 dS/m 改变的百分比）	敏感/耐受等级
普通豆类	1.0	19.0	敏感
西兰花	2.8	9.2	中度敏感
甜瓜	1.0	8.4	中度敏感
辣椒	1.5	14.0	中度敏感
草莓	1.0	33.0	敏感
番茄	2.5	9.9	中度敏感
西葫芦	4.9	10.5	中度敏感

11.9.5.3　操作条件

饱和土壤水溶液的 EC 测定费时费力，会限制其在定期和频繁的 EC 监测中的应用，但更适合作物开始种植时土壤性质的测定。该方法是土壤 EC 的标准测定方法，对一般土壤特性描述有一定的参考价值。

对于在作物生长期定期和快速监测土壤 EC，更适合用负压式土壤溶液提取器抽取土壤溶液（EC_{sw}）样品。取样器一经安装，可定期获取土壤溶液样品，非常省时省力。每块田或温室应安装若干个取样器，以确保所获得的数值尽可能具有代表性。

负压式土壤溶液提取器的安装至关重要，必须确保陶瓷杯与土壤的接触。取样时土壤必须湿润，因为手动吸液泵的最大吸力大约只有 -60 kPa。在质地较轻的土壤中，可以施加较高的（即较小的负压）吸力。

11.9.5.4　成本

商业土壤取样器可自己制作，手动真空泵的价格为 90～120 欧元，自己制作更便宜。

11.9.5.5　技术制约因素

在盐度监测技术方面存在几个技术制约因素：

土壤样品中 EC 的测定：传统方法中确定 EC_{se}的步骤包括土壤取样、实验室分析和结果分析，EC_{se}测定冗长烦琐、耗时，且需要一个专业的土壤实验室。管理决策者有时要用更快捷的方法获取需要的信息。

土壤溶液中 EC 的测定（EC_{sw}）：使用吸杯法可能会出现一些问题，由于与土壤胶体的相互作用，靠负压提取土壤溶液可能会改变根区土壤溶液中盐的组成，导致土壤提取液与根际土壤溶液差异较大，基质势也可能影响土壤提取液中盐的浓度和成分，导致 EC_{sw}值的不确定性。

11.9.5.6　优势与局限性

优势：EC_{sw}可提供土壤盐分含量的实时信息，可作为土壤或灌溉管理的工具。

局限性：EC_{se}土壤溶液取样、数据获取、数据分析非常耗时；样品处理非常耗时；土样或可安装的土壤溶液提取器数量有限；不能反映土壤盐度的空间变异性；应考虑空间变异性，以确定土壤样本或安装吸杯的数量和分布。

11.9.5.7　支持系统

EC_{se} 的测定需要取样设备能在不同土壤深度采集样本，并且附近可进行土壤分析的实验室。负压土壤溶液提取器需要一个泵和一个手持式 EC 测量仪进行现场测量。

11.9.5.8　发展阶段

研究阶段：EC_{se} 的测量技术已经研究了很长时间，并得到了很好的发展。但是将 EC_{sw} 与 EC_{se} 联系起来还需要更多的研究。

实验阶段：为了进一步发展和适应这些方法，已经进行了大量的应用实验工作。

田间试验：这些技术在不同的土壤、气候和灌溉系统条件下得到了广泛的试验。

11.9.5.9　技术提供者

负压土壤溶液提取器可以从 SDEC France、Soil Moisture Equipment、DECAGON、Sentek 公司购买，或者在购买零部件后自制（表 11-7）。

表 11-7　商用土壤溶液采样器（预估价格）

名　　称	公　　司	价格（欧元）
陶瓷吸入溶度计	SDEC France	≈80
压力/真空土壤水样取样器	Soil Moisture Equipment	≈175
孔隙水取样器	DECAGON	≈170
Solu 取样器	Sentek	≈150

11.9.5.10　专利情况

该技术尚未申请专利。

11.9.6　衍生技术

同类技术有田间 EC 传感器法。传感器法要用传统的 EC_{se} 测定方法标定。传感器能更快和更及时地提供土壤溶液盐度信息，而传统测量方法更精确，但烦琐和耗时。用传感器法测量土壤 EC 需要标定，传感器测出的原状土壤的 EC 需转换为 EC_{se} 或 EC_{sw}。

11.9.7　应用范围

这项技术完全可以应用于其他土壤或种植系统。

11.9.8　监管制约因素

该技术无监管制约因素。

11.9.9　社会经济制约因素

EC_{se} 测量方法的瓶颈是土壤取样、样品运送到实验室、样品制备、测量数据分析耗时很长。

利用负压土壤溶液提取器测定 EC_{sw} 很大的问题是需要确定吸杯在田间放置的位置和土样的数量，土壤溶液提取器也可能妨碍正常的田间作业。

建议聘用专家顾问协助数据分析。

实验室分析的费用及安装的吸盘数量取决于分析样本的数量。

在田间快速测定土壤溶液，需要对农场工作人员进行相关测试方法的培训。

11.9.10　衍生技术

土壤或土壤溶液的 EC 测定结果会影响灌溉策略，例如，土壤中有盐积累时需要超量灌溉。该技术提供的信息可用于灌溉决策系统，为农民提供管理指导。

11.9.11　主要参考文献

Department of Environment and Resource Management（2011）. *Salinity management handbook：second edition*. The State of Queensland（Australia）. National Library of Australia Cataloguing-in-Publication data. Read from https：//publications. qld. gov. au/storage/f/ 2013-12-19T04％3A10％3A23. 754Z/salinity-management-handbook. pdf

Shaw，R. J.（1994）. Estimation of the electrical conductivity of saturation extracts from the electrical conductivity of 1：5 soil：water suspensions and various soil properties，*Project Report QO*94025，Department of Primary Industries，Queensland

Shaw，R. J.（1988）. Soil salinity and sodicity. In：*Understanding Soils and Soils Data*，（ed. I. F. Fergus）. Australian Society of Soil Science Incorporated. Queensland Branch，Brisbane

SoilMate NutriFact ECS-06. *Soil Electrical Conductivity*. Retrieved from http：//downloads. backpaddock. com. au/SoilMate _ Info _ Library/SoilMate _ NutriFacts/SOIL _ ELECTRICAL _ CONDUCTIVITY _ ECS 06. pdf

He，Y.，DeSutter，T.，Hopkins，D.，Jia，X.，& Wysocki D. A.（2013）. Predicting ECe of the saturated paste extract from value of EC1：5. *Canadian Journal of Soil Science*，93，585-594

Maas，E. V.，& Hoffman，G. J.（1977）. Crop salt tolerance-current assessment. *Journal of Irrigation and Drainage Division*，103（IR2），115-134

Biswas，T. K.，Dalton，M.，Buss，P.，& Schrale，G.（2007）. Evaluation of salinity-capacitance probe and suction cup device for real time soil salinity monitoring in South Australian irrigated horticulture. *Transactions of 2nd* International Symposium on Soil Water *Measurement Using Capacitance and Impedance and Time Domain Transmission*. 28 Oct-2 Nov 2007. Beltsville，Maryland，USA. PALTIN International Inc. Maryland，USA

Visconti，F.，de Paz，J. M.，& Rubio，J. L.（2010）. What information does the electrical conductivity of soil water extracts of 1 to 5 ratio（w/v）provide for soil salinity assessment of agricultural irrigated lands? *Geoderma*，154，387-397

Tanji，K. K.，& Kielen，N. C.（2002）. Agricultural drainage water management in arid and semi-arid areas. *FAO Irrigation and drainage paper* ♯61. Food and Agriculture Organization of the United Nations，Rome，2002

Richard，L. A.（1954）. *Diagnosis and improvement of saline and alkaline soils. Handbook*：60，U. S. Dept. of Agriculture. Retrieved from https：//www. ars. usda. gov/pacific-west-area/ riverside-ca/us-salinity-laboratory/docs/handbook-no-60/

11.10　利用传感器测定土壤电导率

（作者：José Miguel de Paz[14]，Rodney Thompson[23]）

11. 10. 1　用途

该技术用于降低盐分对作物的影响，降低养分排放对环境的影响，实现高效利用水资源。

11. 10. 2　适用地区

该技术适用于欧盟所有地区。

11. 10. 3　适用作物

该技术适用于所有蔬菜、果树及观赏作物。

11. 10. 4　适用种植模式

该技术适用于露地栽培和保护地栽培。

11. 10. 5　技术概述

11. 10. 5. 1　技术目标

电导率传感器技术用来测定土壤溶液的含盐量，以调整灌溉，将土壤盐度限制在作物耐受水平。

11. 10. 5. 2　工作原理

土壤溶液中的可溶性盐对植物生长的影响程度取决于其浓度。然而传统的实验室分析盐浓度比较费时，并且化验结果有延迟。

土壤中 EC 的测量可以使用不同类型的传感器，传感器测定方法按工作原理可以分为电阻率法、电磁感应法、反射法。反射法有三种：TDR、幅域反射法（ADR）和频域反射法（FDR）。

（1）电阻率法。测量基于材料电导率和电阻率之间的反比关系。通过测量已知体积的土壤或水的电阻率得到 EC。

（2）电磁感应。位于仪器一端的发射线圈对土壤施加磁场（图 11 - 14），这将在土壤中产生一个二次电磁场，后者被仪器中的接收线圈检测到。二次磁场强度与表现电导率（ECa）呈线性相关。

图 11 - 14　电磁传感器

（3）反射仪法测定的原理基于土壤对嵌入电极向土壤输入的初级交变电流的影响。反射法主要用于测定土壤含水量，由于传入土壤的电磁信号衰减的主要机制是传导，因此也可用于测定 EC。

TDR：见 10.22TDR 技术的相关描述（图 11-15）。

ADR：测量方法基于传输线中驻波电磁振荡幅值特征。由于信号发生器的频率范围在 10～100 mHz，远小于 TDR，因此仪器价格也相对较低。

FDR：FDR 传感器又称电容传感器，FDR 传感器（图 11-16）不是基于对反射电磁脉冲的分析，而是基于电阻、电感和电容电路的谐振特性，其中电容由两个电极及其周围和介于其间的土壤组成。

图 11-15　TDR 传感器

图 11-16　FDR 传感器

11.10.5.3　操作条件

未获取操作条件数据。

11.10.5.4　成本

比较常用的土壤 EC 传感器的大概价格见表 11-8。

表 11-8　比较常用的 EC 传感器的主要特点和大致价格

传感器	制造商	类型	可探测的土壤体积	土壤含水量测定	温度测定	土壤孔隙水的导电性	价格/欧元
EM38	Geonics Ltd.	电磁感应	约 1 m³	不适用	不适用	不适用	＞10 000
Dualem 1S	Dualem Inc.	电磁感应	约 1 m³	不适用	不适用	不适用	＞10 000
土壤盐分测量 EC 探测笔	Eijkelkamp	电阻	约 2 dm³	不适用	适用	不适用	≈5 000

（续）

传感器	制造商	类型	可探测的土壤体积	土壤含水量测定	温度测定	土壤孔隙水的导电性	价格/欧元
5TE	Decagon Devices	水溶性，盐度电阻率	约 100 cm³	适用	适用	不适用	390
GS3	Decagon Devices	水溶性，盐度电阻率	约 100 cm³	适用	适用	不适用	<500
WET	Delta-T Devices	频域反射	约 100 cm³	适用	适用	适用	>1 000
CS650	Campbell Scientific	时域反射	0.1~2 dm³	适用	适用	不适用	<500
CS655	Campbell Scientific	时域反射	0.1~2 dm³	适用	适用	不适用	<500
TriScan	SENTEK	频域反射	0.1~2 dm³	适用	适用	不适用	609
Hydraprobe Ⅱ	Stevens	频域反射	40 cm³	适用	适用	不适用	516

11.10.5.5　技术制约因素

传感器测量的是土壤介电常数，后者与土壤含水量密切相关，但也受土壤含盐量的影响。因此盐分含量读数受土壤含水量的影响，需要建立数学模型来估算土壤含盐量，而后者用土壤水溶液的 EC 来表示。

传感器安装的位置非常重要，应该具有代表性，并能够保护设备不受损，传感器和附件应不干扰正常的农事操作。

11.10.5.6　优势与局限性

优势：能够实时获得土壤盐度信息；适用于土壤或灌溉管理。

局限性：由于环境因素的影响，测量往往不够准确，为得到准确的结果，需要进行特定位置的校准；需要进行现场土壤取样和实验室分析。

11.10.5.7　支持系统

传感器与存储数据的数据采集器相连，这些设备经全球移动通信系统、通用分组无线电服务将信息发送到中央服务器处理，然后提供给终端用户（农民、灌溉顾问等）。因此，该技术需要一个记录器和一个服务器，将传感器在现场获得的信息进行存储和管理。

11.10.5.8　发展阶段

研究阶段：目前正在研究将传感器读数与土壤溶液 EC 联系起来的最佳算法。

实验阶段：在不同类型土壤上进行传感器校准。

田间测试阶段：目前在不同的土壤、气候和灌溉系统条件下进行传感器测试。

11.10.5.9　技术提供者

Decagon Devices、Delta-T、Dualem、Geonics、Campbell Scientific、Sentek Sensor Technologies 和 Stevens Water Monitoring Systems 等公司出售的 EC 传感器已在农业上商业化应用。

11.10.5.10　专利情况

所有商用传感器均获得了专利授权。

11.10.6　竞争技术

这项技术可与传统的土壤盐分测试技术相媲美。传统测试方法要进行土壤采样或在土壤实验室制备饱和土壤提取液或使用陶瓷杯采样器获得土壤溶液样本，然后在田间或实验室进行化验分析。在这两种情况下均需使用实验室工作台或便携式手持 EC 测量仪来测量溶液的 EC 值。

传统最成熟的饱和土壤提取液法测量样品的电导率，需要土壤采样和实验室操作，因此比传感器测量费时。另一种传统方法要使用吸入式取样器，这种方法比较快，但因为需要抽真空、取样和手工测量，需要大量人力。此外，两种传统的方法是对一个时间点的瞬时测量，而传感器则提供连续测量。本章技术说明部分还讨论了测定土壤中 EC 的传统方法。

11.10.7 应用范围

这项技术可以完全应用于不同土壤或种植系统。在这些情况下，为了精确测量，建议将传感器读数与参考方法进行校准。

11.10.8 监管制约因素

该技术无相关的法规制约。

11.10.9 社会经济制约因素

社会经济限制与时间和成本有关，传感器和数据采集器的安装及设备的维护都需要耗费时间。

传感器读数应直接解析或输入提供警报或决策支持系统的软件。软件设计应该用户友好，农民也可以很容易地理解传感器读数，并确定适当的管理策略。为校正而进行的化验分析的费用取决于样本数。

11.10.10 衍生技术

基于传感器测量的灌溉管理由该技术衍生而来。该技术提供的信息可以很容易地应用在为农民提供管理建议的决策支持系统中。

11.10.11 主要参考文献

Abdu, H., Robinson, D. A., & Jones, S. B. (2007). Comparing bulk soil electrical conductivity determination using the DUALEM-1S and EM38-DD electromagnetic induction instruments. *Soil Science Society of America Journal*, 71, 189-196

Buss, P., Dalton, M., Green, S., Guy, R., Roberts, C., Gatto, R., & Levy, G. (2004). Use of TriSCAN for measurement of water and salinity in the soil profile. *Engineering Salinity Solutions*: 1st National Salinity Engineering Conference, Barton, ACT, pp. 206-211

Corwin, D. L., & Lesch, S. M. (2005). Apparent soil electrical conductivity measurements in agriculture. *Computers and Electronics in Agriculture*, 46, 11-43

Hamed, Y., Persson, M., & Berndtsson, R. (2003). Soil solution electrical conductivity measurements using different dielectric techniques. *Soil Science Society of America Journal*, 67, 1071-1078

Nadler, A. (2005). Methodologies and the practical aspects of the bulk soil EC (σ_a)-soil solution EC (σ_w) relations. *Advances in Agronomy*, 88, 273-312

Noborio, K. (2001). Measurement of soil water content and electrical conductivity by time domain reflectometry：A review. *Computers and Electronics in Agriculture*，31，213-237.

Rhoades，J. D.，Chanduvi，F.，& Lesch，S.（1999）. Soil salinity assessment. Methods and Interpretation of electrical conductivity measurements. *FAO Irrigation and Drainage* Paper 57，Food and Agriculture Organization of the United Nations，Rome

Robinson，D. A.，Jones，S. B.，Wraith，J. M.，Or，D.，& Friedman，S. P.（2003）. A review of advances in dielectric and electrical conductivity measurement in soils using time domain reflectometry. *Vadose Zone Journal*，2（4），444-475

Serrano，J.，Shahidian，S.，& da Silva，J. M.（2014）. Spatial and temporal patterns of apparent electrical conductivity：DUALEM vs. veris sensors for monitoring soil properties. *Sensors*，14，10024-10041

Urdanoz，V.，& Aragüés，R.（2012）. Comparison of geonics EM38 and DUALEM 1S electromagnetic induction sensors for the measurement of salinity and other soil properties. *Soil Use and Management*，28，108-112

Visconti，F.，Martínez，D.，Molina，M. J.，Ingelmo，F.，& de Paz，J. M.（2014）. A combined equation to estimate the soil pore-water electrical conductivity：calibration with the WET and 5TE sensors. *Soil Research*，52，419-430

Visconti F. & de Paz，J. M.（2016）. Electrical Conductivity Measurements in Agriculture：In "*The Assessment of Soil Salinity*". Retrieved from http://www. intechopen. com/books/new-trends-and-developments-in-metrology/electrical-conductivity-measurements-in-agriculture-the-assessment-of-soil-salinity

11.11　基质渗滤液电导率的测定

（作者：Claire Goillon[2]，Benjamin Gard[25]，Rodney Thompson[23]）

11.11.1　用途

通过移除养分最大限度地减少养分流失对环境的影响。

11.11.2　适用地区

该技术适用于欧盟地区。

11.11.3　适用作物

该技术适用于蔬菜作物和观赏植物。

11.11.4　适用种植模式

该技术适用于露地栽培和保护性栽培。

11.11.5　技术概述

11.11.5.1　技术目标

该技术旨在通过测量电导率提供渗滤液盐分的信息，用于分析植物对肥料的吸收状况，监测基质中离子积累，并检查种植者施肥情况是否按计划进行，同时确认种植者施肥计划与实际发生的情况是否相符。

11.11.5.2　工作原理

工作原理是向浸没在溶液中的两个电极施加交变流电，通过测定产生的电压来测量电导率。电导率以每厘米西门子（S/cm）或每米分西门子（dS/m）为单位，表示溶液中的总盐分浓度。电导率可用于测定无土基质中根区溶液的总盐含量的，含盐分越多，电导率越高。电导率通常用电导率仪测量。

电导率值高表明作物生长存在潜在问题，总盐量增大可以抑制根系吸水。如果尾水渗滤液的电导率很高，则应该检查植物根系以确认是否有根死亡。氯和钠浓度过高会导致根死亡，而碳酸盐和碳酸氢盐浓度高会导致植物叶片变黄，但不会导致根部死亡。

尾水渗滤液电导率反映灌溉和施肥管理效果，会随季节变化。一般尾水渗滤液的电导率总是高于所施用营养液的10％～25％，当灌溉水质较差时，两者差值可能更高。在炎热的天气下，作物吸收水比营养物质相对要多，通常会测得较高的EC。在这种条件下，如果依旧维持习惯的施肥量，则尾水渗滤液中的离子浓度会更高，将导致作物生长底物基质中盐的积累，而尾水渗滤液电导率也会长时间维持在较高水平。所以为了避免这种情况，应施用浓度较低的营养液，同时需维持良好的排水，防止因排水而导致电导率增加。

11.11.5.3　操作条件

定期测量基质排出渗滤液电导率，可以为根区盐分累计风险提供早期预警。然而背景电导率取决于所使用的水源，且随地域变化。未受污染的雨水的电导率值接近0 S/cm，而英国自来水的电导率值普遍为0.5 S/cm。通过与雨水等具有较低背景电导率的水混合，可以降低背景电导率。除了使用电导率仪测试外，有必要进行全面的水质分析，因为有时尽管测得的电导率处于适当范围，但水中钠或氯含量可能已达到有害水平。

便携式电导率仪方便操作员在温室中点进行多点测量（图11-17、图11-18）。

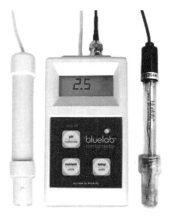 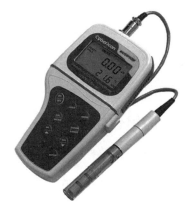

图11-17　用于水测定的电导率仪用于水的测定　　图11-18　手持式电导率仪

FDR传感器可以长久放置在基质板中自动高频率地测量电导率，测量结果可以远程自动传输至数据采集器。但是需要注意的是，利用FDR传感器测量的不是基质中根区溶液真实的电导率，而是在一定体积的基质和溶液中电导率的平均值，该数值偏低并且随含水量变化。溶液的温度也会影响电导率仪测量的精确度（表11-9），尽管大多数最新设备能够校正溶液的温度影响，但温度对其影响必须考虑在内。

表 11 - 9　电导率仪的校正系数电导率

单位：mS

温度/℃	校正因子	温度/℃	校正因子
14	1.152	20	1.000
15	1.123	21	0.979
16	1.096	22	0.958
17	1.070	23	0.938
18	1.046	24	0.919
19	1.023	25	0.902

　　无土栽培时电导率测量可以直接在平板中进行，这种测量方式可以评估根区环境，也可以通过测量尾水电导率来评估养分消耗和离子积累的风险。

　　电导率仪应使用标准溶液定期校准，通常仪表附带的说明有推荐的校准频率。基质尾水的电导率应以相同的方法并且由同一人测量。测量人员应该了解作物可接受的电导率范围以及当地水源的背景信息。

　　中度盐浓度下的作物产量响应遵循 Maas 和 Hoffman 模型。在该模型条件下，根据作物种类和天气条件，产量会线性地降低到某个阈值，在地中海气候条件下，温室种植番茄的平均阈值为 3.3 dS/m。

　　可将电导率测量值绘制在电子表格上，通过图表分析其变化趋势，根据变化趋势，对施用的营养物质浓度和电导率值进行微调。

11.11.5.4　成本

　　手持便携式电导率仪：知名品牌的传感器性能可靠，成本通常在 200～500 欧元，其他品牌便宜点的型号只需要 20 欧元，但是建议购买知名品牌。昂贵的型号一般用在化学实验室。所有便携式电导率仪都需要定期用缓冲溶液重新校准。便携式仪器可用来进行多时段多地点多频次测量。

　　一个配置齐全的电导率监测装置，通常由传感器、数据记录器和阅读器组成，在温室配套相应装备需花费 1 700～2 000 欧元。需要每年进行一次维护，传感器应每 5 年更换一次。此外，GSM 数据连接的年费约为 150 欧元。这些传感器适用在诸如基质板中的条件下，进行定点高频连续监测。

11.11.5.5　技术制约因素

　　电导率仪能提供溶液中总溶解离子的含量，应结合常规水质全面分析，以实现最佳水肥一体化管理。

11.11.5.6　优势与局限性

　　优势：简单快速；对水肥一体化中盐分的管理非常适用；能够精确控制水肥一体化和再循环水的质量；降低盐分累积风险。

　　局限性：缺乏溶液中单个离子浓度的测定信息；无法提供 pH 数据；设备安装和使用说明需要外部协助；校准和维护比较烦琐。

11.11.5.7　支持系统

　　该技术需要电导率监测站的技术支持和易于使用的可兼容性软件。

11.11.5.8 发展阶段

该技术已商业化应用。

11.11.5.9 技术提供者

大部分的便携式电导率仪和电导率监测站可从面向集约化园艺的农业设备供应商处购买，也可以从科学设备供应商，甚至亚马逊的当地分支机构购买，这些分支机构通常提供系列产品。Hanna Instruments、Delta Ohm、Thermofisher Scientific 和 Spectrum Technologies 等公司均生产便携式电导率仪。电导率监测站通常由 GRODAN、HORTAU 和 IRRO-LIS 等公司生产。

11.11.5.10 专利情况

部分电导率仪有专利保护。

11.11.6 竞争技术

测量溶液中总溶解离子浓度的装置与该技术形成竞争关系。

11.11.7 应用范围

该技术适用不同作物、气候和种植系统。

11.11.8 监管制约因素

该技术无监管制约因素。

11.11.9 社会经济制约因素

对于一些种植者来说，传感器的成本是需要考虑的问题。

11.11.10 衍生技术

全封闭性无土栽培番茄系统的水肥一体化与排水管理技术。

11.11.11 主要参考文献

AHDB（2016）. Understanding and measuring conductivity in soilless substrate grown soft fruit crops. Available fromhttps://horticulture. ahdb. org. uk/publication/understanding-and-measuring-conductivity-soilless-substrate-grown-soft-fruit-crops. Accessed on 24/01/17

Van Iersel，M. W.，Chappell，M.，& Lea-Cox，J. D.（2013）. Sensors for Improved Efficiency of Irrigation in Greenhouse and Nursery Production. *HortTechnology*，23（6），735-746

Maas，E. V.，& Hoffman，G. J.（1977）. Crop salt tolerance-Current assessment. *Journal of the Irrigation and Drainage Division*，103，115-134

Magán，J. J.，Gallardo，M.，Thompson，R. B.，& Lorenzo，P.（2008）. Effects of salinity on fruit yield and quality of tomato grown in soil-less culture in greenhouses in Mediterranean climatic conditions. *Agricultural Water Management*，95（9），1041-1055

Massa，D.，Incrocci，L.，Maggini，R.，Carmassi，G.，Campiotti，C. A.，& Pardossi，A.（2010）. Strategies to decrease water drainage and nitrate emission from soilless cultures of greenhouse tomato. *Agricultural Water Management*，97（7），971-980

Signore, A., Serio, F., & Santamaria, P. (2016). A Targeted Management of the Nutrient Solution in a Soilless Tomato Crop According to Plant Needs. *Frontiers in Plant Science*, 7 (March), 1-15

Sonneveld, C., Baas, R., Nijssen, H. M. C., & de Hoog, J. (1999). Salt tolerance of flower crops grown in soilless culture. *Journal of Plant Nutrition*, 22 (6), 1033-1048

Sonneveld, C., van den Bos, A. L., & Voogt, W. (2005). Modeling Osmotic Salinity Effects on Yield Characteristics of Substrate-Grown Greenhouse Crops. *Journal of Plant Nutrition*, 27 (11), 1931-1951

11.12　植物组织分析

（作者：Eleftheria Stavridou[15]，Ana Quiñones[14]）

11.12.1　用途

通过移除多余养分最大限度地减少养分流失对环境的影响。

11.12.2　适用地区

该技术适用于欧盟地区。

11.12.3　适用作物

该技术适用于全部作物。

11.12.4　适用种植模式

该技术适用于所有种植模式。

11.12.5　技术概述

11.12.5.1　技术目标

植物组织分析是用化学方法测定植物组织中必需营养元素的含量。在采样和收获之间，用于预测可能影响作物生产的营养问题；监测作物营养状况以实现最佳产量；评估肥效；确定难以用土壤测试精准分析的元素的有效性。

确定的主要营养元素间的比例通常会影响产品的货架期。此外还有其他不太常见的应用，包括农作物品质检测、区域营养状况评估、作物对动物和人类营养适宜度评估以及环境保护。

11.12.5.2　工作原理

建议在对作物进行分析测试时，将生长良好和出现问题区域的样本进行比较。经验和专业知识对于正确采集植物样品至关重要，因此这项工作通常由农业专家或顾问负责。

生长良好的植物体内必需元素浓度在一定范围内，该原理是对植物组织化验结果分析解读的基础。许多研究者制作了最大产量和必需元素浓度之间的关系图。通过比对测定值与特定植物品种相应营养物质的缺乏、适宜和过量水平的对应值，可以评估植物的营养健康状况，并以此预测和调整当季生长作物的营养物质的供应量和利用率，以最大限度地提高产量（图 11-19）。基于营养元素含量与作物产量之间的关系，建立分析系统。将确定的植株特定部位营养元素标准含量作为参考值，在特定的生长阶段取样，分析测试结果。

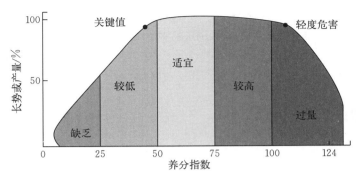

图 11-19　养分指数与作物长势或产量的关系示意

11.12.5.3　操作条件

植物体组成成分随生长年龄、采样部分、生长状况、品种、天气等因素而变化。因此，有必要遵循特定的抽样方法，通常选取完全展开的嫩叶。大多数提供植物组织分析服务的实验室都有每种作物的取样指导、样品处理和送检信息表及相应说明。

11.12.5.4　成本

采取代表性的叶柄/叶片样本需要 30～45 min；除了时间之外没有经济成本。

运输成本各不相同，但如果一次性分析大量样品，运输成本可由分析实验室支付。

分析测试成本取决于分析样品的养分元素数量。多元素分析（N、P、K、Mg、Ca、S、Mn、Cu、Fe、Zn、Mo、B）成本为 35～40 欧元，基本营养元素分析（N、P、K、Mg）成本为 25～30 欧元。但是不同国家的分析实验室的价格可能会有所不同。

11.12.5.5　技术制约因素

分析化验结果解读：除营养物质供应外，植物营养元素含量还受遗传、采样部位、气候、土壤特性和土壤改良剂等许多因素的影响。植物测试数据的分析必须考虑这些因素及其关系，以避免误导性解读。

植物样本：植物中的营养元素水平因取样部位、生长阶段和空间位置而不同，正确的采样方法是正确分析营养元素水平的关键因素。

气候：温度升高会刺激植物内营养物质的运移和利用，进而影响植物养分组成。

土壤特性：土壤 pH 影响植物营养元素的有效性。土壤 pH 较低时，铝、硼、铜、铁、锰和锌的有效性升高，但钼的有效性降低。

取样位置：即使在正常条件下，土壤中的养分供应足够的情况下，如有土壤紧实层也会限制根系生长，导致养分吸收效率降低。

技术进步的局限性：特定营养元素的含量可能受到另一种强烈限制植物生长的营养元素含量的影响。例如，氮胁迫可以限制磷和一些微量元素的吸收，使它们看起来也亏缺。

样品污染：植物样品中土壤颗粒或农药残留物会导致 Fe、Al、Mn、Zn 或 Cu 测试结果偏高。如使用洗涤剂或自来水清洗样品，则会引入其他污染物，此外，洗涤可能会洗掉部分钾离子。

样品变质：植物样品到达实验室之前，组织分解会导致碳的损失和其他元素的浓缩，从而导致测试结果偏高。

11.12.5.6 优势与局限性

优势：可获得作物营养状况的信息，取样时无需特殊设备，较为简单。

局限性：实验室测试大约需要一周时间才能完成；破坏性取样对观赏植物造成损伤；结果可能难以解释；收集代表性样本非常耗时；通常较难获得本地数据或经过验证有价值的数据。

11.12.5.7 支持系统

强烈建议每次植物分析都要进行土壤测试，土壤测试结果通常有助于解释植物中特定营养元素的含量。

11.12.5.8 发展阶段

研究阶段：有关植物养分供应充足数据范围及其他解释性数据匮乏，需加强数据库建设。

商业化阶段：有专门的实验室提供植物分析。

11.12.5.9 技术提供者

Yara 分析服务和 NRM 实验室等几家公司在英国提供分析服务。AGQ Labs&Technological Services 在全球范围内提供分析服务。许多农艺咨询公司提供养分管理服务，包括土壤和植物取样、营养元素分析、结果分析和确定施肥要求。大多数欧洲国家的许多实验室都具有测试资质。

11.12.5.10 专利情况

目前该技术没有专利授权。

11.12.6 竞争技术

植物组织分析的替代方法是用于评估作物营养状况的各种监测方法，包括树液分析、冠层反射率和叶绿素测定传感器（参见相关的 TD）等测定植物氮素营养状况的各种近端光学传感器。

11.12.7 应用范围

植物组织分析可用于不同作物、气候及种植系统。但是对于每种应用方式，都需要获得或验证用于分析所测的营养元素含量的参考值。

11.12.8 监管制约因素

该技术无监管制约因素。

11.12.9 社会经济制约因素

取样所需的时间。如果要将样品送到实验室，则需要时间来处理样品并运送到实验室。

将样本送实验室化验的相关费用包括样品运输、实验室化验和数据分析成本；成本和待测样品及其数量有关。

需建立针对每种作物在发育过程中养分含量参考值的图表。

11.12.10 衍生技术

该技术无衍生技术。

11. 12. 11　主要参考文献

Kelling, K. A., Combs, S. M., & Peters, J. B. (2000). Using plant analysis as a diagnostic tool. *New Horizons in Soil Science*, (6-2000)

Reference sufficiency ranges for plant analysis in the southern region of the United States Southern Cooperative Series Bulletin, Vol. 394 (2000) by C. R. Campbell Smith, P. F. (1962). Mineral analysis of plant tissues. *Annual Review of Plant Physiology*, 13 (1), 81-108

Bould, C., Bradfield, E. G., & Clarke, G. M. (1960). Leaf analysis as a guide to the fruit crops. I-General principles, sampling techniques and analytical methods. *Journal of the Science of Food and Agriculture*, 11 (5), 229-242

Embleton, T. W., Jones, W. W., Labanauskas, C. K., & Reuther, W. J. (1973). Leaf analysis is a diagnostic tool and guide to fertilization. In: *The Citrus Industry*, ed. W. J. Reuther, pp. 183-211. Berkeley, CA: University of California, Division of Agricultural Science

Hanlon, E. A., Morgan, K. T., Obreza, T. A., & Mylavarapu, R. (2012). Leaf Analysis in Citrus: Development in Analytical Techniques. In: *Advances in Citrus Nutrition*. AK Srivastava (Eds). Pp 81

Jones, J. B. (1985). Soil testing and plant analysis: Guides to the fertilization of horticultural crops. *Horticultural Reviews*, 7, 1-68

Lucena, J. (1997). Methods of diagnosis of mineral nutrition of plants: a critical review. *Acta Horticulturae*, 448, 179-192

Merino, R. (2012). Leaf Analysis in Citrus: Interpretation Tools. In: *Advances in Citrus Nutrition*. AK Srivastava (Eds). p 59

Hartz, T. K., & Hochmuth, G. J. (1996). Fertility management of drip-irrigated vegetables. *HortTechnology*, 6 (3), 168-172

Geraldson, C. M., & Tyler, K. B. (1990). Plant analysis as an aid in fertilizing vegetable crops. In: Westerman, R. L. (Ed.). *Soil Testing and Plant Analysis*, 3rd ed, Soil Science Society of America, USA, pp. 549-562

Hochmuth, G., Maynard, D., Vavrina, C., Hanlon, E., & Simonne, E. (1991). Plant tissue analysis and interpretation for vegetable crops in Florida. Gainsville, FL: Florida Cooperative Extension Service SS-VEC-42. http://edis.ifas.ufl.edu/ep081

11. 13　Sap 分析

（作者：Rodney Thompson[23]）

11. 13. 1　用途

通过该技术尽量减少养分流失对环境的影响。

11. 13. 2　适用地区

该技术适用于所有欧盟地区。

11. 13. 3　适用作物

该技术适用于所有蔬菜、水果及观赏植物。

11.13.4　适用种植模式

该技术适用于所有种植模式。

11.13.5　技术概述

11.13.5.1　技术目标

Sap 分析技术主要用以评估作物氮和钾养分状况，一些私营公司也将其用于评估作物其他养分状况。

11.13.5.2　工作原理

大多数 Sap 分析是针对收集的新鲜叶柄中提取的汁液，一般是最新完全展开叶（图 11 - 20 至图 11 - 23）。通常认为，新发育完全叶片汁液的有效养分含量（如 NO_3^-、K）能够反映作物的营养状况。

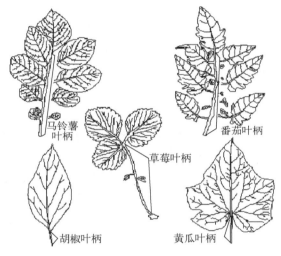

图 11 - 20　主要蔬菜品种的叶柄识别
（Hochmuth，2012）

图 11 - 21　切除多片完整番茄叶以备后期
选取叶柄

图 11 - 22　将叶柄切碎以备提取汁液

图 11 - 23　用压蒜器挤出碎叶柄中的汁液

荷兰的 Nova Crop Control 公司从叶片中提取汁液进行分析，因为叶片更容易获取，且提取汁液也更容易。

一般建议在整个生产单元（如农田或温室）中，从具有代表性的植物中采集 20～30 个饱满的叶柄用于汁液分析，且这些叶柄能够充分代表同时期取样作物状况。叶片分析也采用类似的取样方法。

汁液养分浓度的分析有两种方法：①将样本叶柄或叶片送到实验室进行汁液提取和分析来确定养分浓度；②在农场现场提取汁液后立即采用小型便携式快速分析系统分析养分浓度。

分析结束后，将养分浓度与参考值进行比较，以确定养分含量是否充足，再调整养分供应以确保最佳的养分浓度。

除了分析单一营养元素外，一些商业服务机构也可以测定汁液的 EC、pH 和含糖量，并将这些数据作为其养分管理服务的一部分。例如，荷兰公司 Nova Crop Control 虽然通常只使用近期完全展开的叶片，但是同时采集下部叶片，分别对上部和下部叶片样品进行分析。Nova Crop Control 的研究表明，下部老叶片有助于早期发现植物中可移动营养元素（如 N、P、K 和 Mg）的缺乏。关于 NO_3^-、K 的汁液分析方法的应用虽然有相当多的公开资料，但是私营公司对这些和其他养分分析的应用过程是非公开的，无法分别进行核实。

11.13.5.3　操作条件

一般来说，在农场取样和现场提取汁液受时间限制，参考值的适用性会限制这种方法对特定的作物和种植制度的适应性。

采集植物叶柄或叶片样品后应迅速提取汁液，若不能立即提取和测定，应迅速低温保存。新鲜完整的（未切碎的）叶柄可以在冰箱中或放有冰的泡沫箱中储存，最多储存 8 h，提取汁液后，应尽快进行分析。在已发表的指南中没有处理叶片样本的参考方法，可能叶片样本的处理方法和叶柄相似，公司利用自制的方法处理叶片样本并进行汁液分析。

11.13.5.4　成本

采样成本：取叶柄/叶片样品需 30～45 min，除时间外无经济支出。

汁液提取成本：如果在农场，需要 5～10 min，需要购买一个砧板，一把锋利的刀，将叶柄切成小块，用压力机挤压叶柄碎片提取汁液。总经济成本约为 10 欧元。

测试分析成本：现场分析需要 5 min，同时需要购买小型便携式快速分析设备。对于 N、P、K 和多种微量元素的实验室分析，约为 60 欧元（以英国价格计），若分析的元素较少，价格更便宜。

11.13.5.5　技术制约因素

影响汁液分析使用的技术制约因素包括多方面。有些种植者希望通过专门从事汁液分析和解释的实验室进行分析，但欧盟这样的实验室非常少；有些希望在农场现场分析的种植者，则需要充分的参考值来解释分析结果，理想情况下，这些参考值应该是在本地经过确定或验证过的，但通常没有本地相关信息可用。另外，可以参照其他已经公开发布的数值，但将这些数据用作参考值时应谨慎。通常 NO_3^- 或者 K 的参考值可在科学文献和推广文献中获取，对于其他营养元素，公开发布的可用参考值很少。影响现场分析的另一个技术制约因素是快速分析设备的实用性，市面上可用的分析设备数量有限。

11.13.5.6　优势与局限性

优势：可提供作物当前的养分状况信息；可迅速获得信息，并能及时采取改善措施。

局限性：采集足够数量的有代表性的叶柄或叶片需要耗费时间；当地的或者经充分验证过的参考值通常是缺失的；需要快速处理叶柄或叶片样品并快速分析提取汁液；实验室不会总是按照"先到先得"的顺序进行分析；需对每个样品都支付费用；委托实验室分析不能及时获取结果。

11.13.5.7　支持系统

样品需要专门的实验室进行汁液分析并提供结果说明。当叶柄或叶片样品被送往实验室时，需将其冷藏于密封袋中，通过快递（如连夜快递）送达。专业实验室需配有相应的程序，尽量缩短从收样到提取汁液和从提取汁液到检测分析的时间。

如果样品由种植者或技术顾问进行现场分析，则需要一个合适的快速分析系统。在田间提取汁液时，需要用压汁机从叶柄组织中提取汁液，通常可采用厨房大蒜压榨机。

11.13.5.8　发展阶段

研究阶段：关于分析方法灵敏性的评估，在新作物、新品种上和新地点拓展应用的价值性研究正在进行，这些评估也采用了新方法。

实验阶段：随着研究的深入，许多实验研究工作已经展开。

大田试验阶段：为了使汁液检测适用于特定的作物和区域，经常进行田间试验。

商业化阶段：有专门的实验室提供汁液分析服务，对于现场分析，可使用小型快速分析设备，该设备较容易购买。

11.13.5.9　技术提供者

荷兰公司 Nova Crop Control 专门从事叶片汁液分析，并提供全面服务，若想在实验室分析，可将样品送到这样的实验室。

对于现场分析，可借助一些公司生产的商业用小型快速分析系统。

11.13.5.10　专利情况

在荷兰，Nova Crop Control 用于解释的指导说明不对外公开。对于分析汁液的方法，有很多渠道可以获取。由公共机构制定的对于汁液检测结果的分析指南，也是比较容易获取的。

11.13.6　竞争技术

多种检测手段可以替代汁液分析技术，包括叶片分析，以及各种近端光学传感器的使用，如冠层反射率和叶绿素仪。叶片分析可用于各种营养物质的分析，近端光学传感器可用来评估作物氮素状况。

11.13.7　应用范围

尽管汁液分析的研究大部分都是关于蔬菜的，实际上汁液分析方法也可用于其他作物，在不同气候条件下使用，如在土壤或者基质中种植的作物，以及在露天或者温室中种植的作

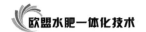

物。但是，对于每种作物的技术应用，都需要获得相关营养浓度比较可靠的参考值。

11.13.8　监管制约因素

该技术没有监管制约因素。

11.13.9　社会经济制约因素

该技术的社会经济制约因素与时间和成本有关。取样需要时间，如果样品要被送到实验室进行分析，则需要时间准确处理样品并运送到实验室；如果要在现场进行提取和分析，则需要时间将样品切成小块，用压榨机提取汁液，然后需要更多的时间来准备和校准分析设备，分析结束后还需要清洁所有使用过的设备。

实验室进行分析的相关费用包括样品运输、实验室分析和数据解释费用。快递（例如连夜快递）到实验室的费用要比普通快递昂贵。

实验室分析的费用根据测定的数量和分析的样品而有所不同。

11.13.10　衍生技术

将叶片或叶柄样品送到实验室进行分析，实验室会提供相应的结果分析。荷兰公司 Nova Crop Control 提供了多个指标的检测分析和数据解释，包括元素 Ca、Mg、K、Na、N（包括 NO_3^-、NH_4^+、总 N）、P、Cl、S、Si、Mn、Fe、Zn、Cu、B、Mo、Al、Co、Se 和 Ni，以及糖（糖分）、pH 和电导率。多种蔬菜作物、观赏植物、谷物和果树等都可以采用这类测定叶片汁液的技术服务。Nova Crop Control 声明，会在收到叶片样品后 24 h 内进行分析，并且已经与 15 个国家的客户进行了合作。

英国 OMEX UK 公司提供在现场提取分析叶柄汁液的服务。一些公司生产的便携式快速分析系统可用于现场汁液分析，最常用的有 Horiba 生产的 LaquaTwin 传感器，可测定 NO_3^-、K、Ca 和 Na。

11.13.11　主要参考文献

Hochmuth, G. J. (2012). *Plant Petiole Sap-Testing For Vegetable Crops*. University of Florida Extension Service. http://edis. ifas. ufl. edu/pdffiles/CV/CV00400. pdf

Nova Crop Control web page (http://www. novacropcontrol. nl/en)

Hortus Technical Services (Australian sap testing company) web page (http://public. hortus. net. au/Services/Analytical/PlantSapandDryTissue. aspx)

D. J. (1994). Petiole sap nitrate is better than total nitrogen in dried leaf for indicating nitrogen status and yield responsiveness of capsicum in subtropical Australia. *Australian Journal Experimental Agriculture*, 34 (6), 835-843

Farneselli, M., Simonne, E. H., Studstill, D. W., & Tei, F. (2006). Washing and/or cutting petioles reduces nitrate nitrogen and potassium sap concentrations in vegetables. *Journal of Plant Nutrition*, 29 (11) 1975-1982

Farneselli, E., Tei, F., & Simonne, E. (2014). Reliability of petiole sap test for N nutritional status assessing in processing tomato. *Journal of Plant Nutrition*, 37 (2), 270-278

Goffart, J., Olivier, M., & Frankinet, M. (2008). Potato crop nitrogen status assessment to improve N fertilization management and efficiency: Past-Present-Future. *Potato Research*, 51 (3-4), 355-383

Peña-Fleitas, M. T., Gallardo, M., Padilla, F. M., Farneselli, M., & Thompson, R. B. (2015). Assessing crop N status of vegetable crops using simple plant and soil monitoring techniques. *Annals of Applied Biology*, 167 (3), 387-405

Thompson, R. B., Tremblay, N., Fink, M., Gallardo, M., & Padilla, F. M. (2017). Tools and strategies for sustainable nitrogen fertilisation of vegetable crops In: F. Tei, S. Nicola and P. Benincasa (Editors), *Advances in research on fertilization management in vegetable crops Springer*, Heidelberg, Germany, pp. 11-63

11.14　叶绿素仪

（作者：Francisco Padilla[23]，Georgina Key[1]）

11.14.1　用途

应用该技术尽量减少养分流失对环境的影响。

11.14.2　适用地区

该技术适用于所有欧盟地区。

11.14.3　适用作物

该技术适用于所有园艺作物。

11.14.4　适用种植模式

该技术适用于所有种植模式。

11.14.5　技术概述

11.14.5.1　技术目标

叶绿素仪通过测量叶片叶绿素来评估作物氮素状况。了解了作物氮素状况可为获取最佳生长状态和最大产量提供参考。

11.14.5.2　工作原理

叶绿素仪通过测量叶片的透射光来间接测量叶片的叶绿素含量。现有的科学资料主要关注氮素，因为叶片叶绿素含量与作物的氮素含量密切相关。

叶绿素仪（图 11 - 24）通过测量叶片叶绿素含量，可对作物氮素状况进行无损的间接评价。用可见光和近红外光透过率（NIR）估算夹在仪器上的叶片叶绿素含量，利用这两种光的不同透射度计算数值或指数，即叶片中叶绿素浓度的比例。

利用叶绿素仪进行氮素管理，其基本原理是作物氮素含量影响叶片中叶绿素含量，进而影响红外光和近红外光的吸收和透射程度，叶绿素吸收红光（图 11 - 25）并传递近红外光，缺氮作物比氮充足作物传输的近红外光谱更红、更少。

图 11-24　不同型号叶绿素仪

通常，在作物氮素管理中，通过将作物主要部分具代表性的测量值与无氮素限制的标准图的测量值进行比较，用于分析和解释叶绿素仪测量值。当叶绿素测量值低于参考图中对应值的 90%～95% 时，则需要调整氮施肥，这种方法被认为是充分指数法（Suffiency Index）。另外，叶绿素仪的测量值可与科学文献或推广文献中发表的氮素充足时的数值（也称为参考值或阈值）进行比较，以评估作物达到最大产量所需的氮是否充足。

11.14.5.3　操作条件

在作物氮素管理中，叶绿素仪具有实用价值。在作物的整个生长过程中，可轻松、快速地在任何生育期进行测量，且很快得到结果。与实验室分析方法相比，不需要等待较长时

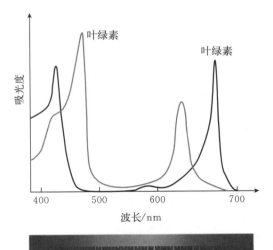

图 11-25　叶绿素 a 和 b 在不同波长下的吸光度
（Muon Ray，2016）

间，也没有后续问题。只要有相关的参考图或可靠的参考值，测量结束后就可以迅速对氮供应做出必要的调整。

使用叶绿素仪测量时，需要考虑测量的作物面积。用叶绿素仪单次可测量的叶片面积很小，需要有足够多的重复（即测量多个植株叶片），以确保测量的数据能代表被评估的农田或温室作物。随机选择 15～30 株具有代表性的植株（如 15～30 株，每株测量一片叶），在

近期完全展开的叶片上（通常是叶子最终大小的 3/4），选择叶片光照好的位置，如茎和叶尖之间、中脉和边缘之间进行测量。一般来说，叶片和植株的取样数量应该越多越好，因为植株之间存在很大差异，测量结束后计算所有测量值的平均值。应注意避免测量受损的或潮湿的叶片。测量叶片上部，只需一秒钟。建议在使用叶绿素仪测量时保证测量程序一致，例如，每天在同一时间测量。在追施氮肥前，可采用叶绿素仪进行测量然后调整氮肥追施量。对于灌溉施用氮肥的作物，可定期（如每 7～14 d）进行测量，以确保能持续了解作物氮素状况。

11.14.5.4　成本

叶绿素仪在测量前不需要进行安装。测量时间取决于测量的叶片或植株的数量以及需要评估的田块或温室的大小，每次测量大约需要 1 s，但选择最合适的植株和叶子也需要时间。在大的田块中，植株之间存在较大的差异，需要多长时间才能获得一次具有代表性的测量可能是一个问题。

多数叶绿素仪（如 SPAD，Yara N-Tester）成本在 3 000 欧元左右，但一些价格低于 300 欧元的比较实惠的测量仪（如 AtLEAF＋）目前也可购买到。

11.14.5.5　技术制约因素

影响叶绿素仪使用的制约因素有很多。不同商品化的叶绿素仪都可用来评估作物的氮素状况，如果不清楚在哪种波长下得到测量结果，很难对不同仪器的测量结果进行比较。当参考图不可用时，需要合适的参考值来解释结果。理想情况下，参考值应该经过本地确认或验证，一般来说，可靠的参考值信息是缺失的。另外，可以使用其他地方确定的已经发布的数值，但将其作为参考值时应谨慎。

11.14.5.6　优势与局限性

优势：迅速得到结果；便携，使用方便；在测量时就能获取作物当前的氮素状况的信息；自动存储数据；数据可以下载到计算机。

局限性：当田块较大时，测量会耗费时间；设备昂贵；本地确认或验证过的可靠参考值缺失；对于某些没有扁平叶片或者叶片较小的作物种类，测量时可能存在困难，如胡萝卜、洋葱和针叶树。

11.14.5.7　支持系统

大多数叶绿素仪会储存并计算测量值的平均值，但是，一些仪器的内存非常有限。若要多次测量，建议在野外工作记录本上记录测量值，用计算器计算平均值。

一些叶绿素仪可通过 USB 数据线连接到电脑并下载数据。如果种植者有兴趣下载并分析数据，需要一台计算机（台式电脑或笔记本电脑）。AtLEAF＋传感器可以存储多达 5 000 个测量值，并配有 Windows 软件来辅助数据管理。

11.14.5.8　发展阶段

研究阶段：关于评估测量的灵敏性，为新作物、新品种和新地点的测量提供有效参考值的研究正在进行，并将持续研究。

实验阶段：随着研究的深入，许多实验研究工作已经展开。

田间试验阶段：经常进行田间试验，以验证叶绿素仪的测量结果是否适合特定作物和地区。

商业化阶段：市面上有许多叶绿素仪，20 世纪 80 年代开发了第一个传感器，最近又开发了一些新的传感器。

11.14.5.9 技术提供者

有些制造公司向种植者出售便携式叶绿素仪。

11.14.5.10 专利情况

这项技术本身并没有专利保护。不同公司的叶绿素仪有各自的专利。

11.14.6 竞争技术

可替代叶绿素仪的检测手段有多种，包括叶片和汁液分析，以及各种近端光学传感器，如冠层反射率和荧光传感器，叶片分析可用于分析各种营养物质。

11.14.7 应用范围

尽管以前大部分叶绿素仪检测的对象是谷物，但叶绿素仪也可用于其他作物，目前大部分是在蔬菜作物和观赏植物上应用。这项技术可在不同气候条件下使用，也可用于不同种植类型的作物，例如在土壤或者基质中种植的作物，以及在露天或者温室中种植的作物。但在不同作物上的应用，都需要获得对应用于解释所测定的作物氮情况的参考值。

11.14.8 监管制约因素

叶绿素仪的应用没有监管制约因素。

11.14.9 社会经济制约因素

社会经济制约因素与时间有关，尤其与传感器的成本有关。在较大的田块和农场中使用叶绿素仪测量需要耗费较多时间。传感器比较昂贵是主要的制约因素。叶绿素测量仪对于种植者来说是昂贵的（例如3 000欧元），但是一些更经济的反射传感器（300欧元）可以购买得到。

11.14.10 衍生技术

市场上可购买的叶绿素仪有SPAD－502Plus、N-Tester、MC-100 ChlorophyⅡ Concentration Meter、AtLeaf＋、CCM-200plus、CL-01 ChlorophyⅡ Content System。

11.14.11 主要参考文献

SPAD-502Plus http://www. konicaminolta. com/instruments/download/catalog/color/pdf/spad502plus ＿ catalog ＿ eng. pdf

Yara N-Tester http://www. yara. co. uk/crop-nutrition/knowledge/literature/n-tester-brochure/

MC-100 http://www. apogeeinstruments. co. uk/content/MC-100-spec-sheet. pdf

atLeaf http://www. atleaf. com/Download/atLEAFplus. pdf

Fox，R. H. ，& Walthall，C. L. （2008）. Crop monitoring technologies to assess nitrogen status. In：J. S. Schepers and W. R. Raun （Editors），*Nitrogen in Agricultural Systems*，*Agronomy Monograph*，*No*. 49. American Society of Agronomy，Crop Science Society of America，Soil Science Society of America，Madison，WI，USA，pp. 647-674

Gianquinto，G. ，Orsini，F. ，Sambo，P. ，& D' Urzo，M. P. （2011）. The use of diagnostic optical tools to assess nitrogen status and to guide fertilization of vegetables. *HortTechnology*，21（3），287-292

Monje，O. A.，& Bugbee，B.（1992）. Inherent limitations of nondestructive chlorophyll meters：a comparison of two types of meters. *HortScience*，27（1），69-71

Olivier，M.，Goffart，J. P.，& Ledent，J. F.（2006）. Threshold value for chlorophyll meter as decision tool for nitrogen management of potato. *Agronomy Journal*，98（3）：496-506.

Padilla，F. M.，Peña-Fleitas，M. T.，Gallardo，M.，& Thompson，R. B.（2015）. Threshold values of canopy reflectance indices and chlorophyll meter readings for optimal nitrogen nutrition of tomato. *Annals of Applied Biology*，166（2），271-285

Padilla，F. M.，Peña-Fleitas，M. T.，Gallardo，M.，& Thompson，R. B.（2014）. Evaluation of optical sensor measurements of canopy reflectance and of leaf flavonols and chlorophyll contents to assess crop nitrogen status of muskmelon. *European Journal of Agronomy*，58，39-52

Samborski，S. M.，Tremblay，N.，& Fallon，E.（2009）. Strategies to make use of plant sensors-based diagnostic information for nitrogen recommendations. *Agronomy Journal*，101（4），800-816

Schepers，J. S.，Blackmer，T. M.，Wilhelm，W. W.，& Resende，M.（1996）. Transmittance and reflectance measurements of corn leaves from plants with different nitrogen and water supply. *Journal of Plant Physiology*，148（5），523-529

Thompson，R. B.，Tremblay，N.，Fink，M.，Gallardo，M.，& Padilla，F. M.（2017）. Tools and strategies for sustainable nitrogen fertilisation of vegetable crops In：F. Tei，S. Nicola and P. Benincasa（Editors），*Advances in research on fertilization management in vegetable crops Springer*，Heidelberg，Germany，pp. 11-63

11.15　冠层反射技术在氮素管理中的应用

11.15.1　用途

该技术旨在尽量减少养分流失对环境的影响。

11.15.2　适用地区

该技术适用于所有欧盟地区。

11.15.3　适用作物

该技术适用于所有蔬菜、果树和观赏植物。

11.15.4　适用种植模式

该技术适用于各种种植模式。

11.15.5　技术概述

11.15.5.1　技术目的

田间采样时，测量冠层反射率可从作物反射光的测量数据中来间接评价作物氮素状况。冠层反射率可以用手持式传感器、近端冠层反射传感器以及安装在无人机上、小飞机或卫星上的多光谱反射传感器来测量。

11.15.5.2 工作原理

冠层反射属于遥感技术范畴，使用冠层反射率传感器（图 11-26 至图 11-30）可进行无损测试，进而对氮素状况做出间接评估。当使用无人机或小型飞机时，传感器需放在靠近作物 40～100 cm 处，或在作物上方 30～100 m 之外。传感器不能直接测试作物的含氮量，而是通过测量作物敏感的光学指标，如利用冠层反射率来实现对氮素的监测。

图 11-26 圆形作物反射传感器

图 11-27 YARA 公司氮素传感器

图 11-28 移动式 GreenSeeker 反射传感器

图 11-29 手持式 GreenSeeker 传感器

图 11-30 使用反射传感器进行作物测量

植物组织具有吸收可见光而反射近红外光的特性。在可见光（390～750 nm）和近红外光（750～1 300 nm）范围内，不同氮素含量的组织对某个特定波长光的吸收和反射有所不同。当作物缺氮时常常反射更多的可见光，同时减少反射近红外光。因为某个波长的光对缺氮叶片的叶绿素含量、叶密度和生物量的变化敏感，因此可以利用冠层反射率进行氮素评价，其中绿光（495～570 nm）、红光（620～710 nm）、红外光（710～750 nm）及近红外光四个波段最为常用。在实际应用中，往往使用 2～3 个波段光的反射率数据组合在一起，用方程计算出的植被指数来表示反射率，其中最常用的是归一化差分植被指数（NDVI）。

通常以正常生长的供氮充足的地块作为对照，测定拟管理地块的 NDVI 值，当测定值小于对照值的 90%～95% 时，进行施肥。如果没有合适的地块作为对照时，可与文献中报告的正常生长作物的 NDVI 值进行对比，来评估作物氮素水平是否充足，根据评估结果进行施肥，保证作物较好的生长以获得高产。

根据光源条件，将近端冠层反射传感器分为有光源传感器和无光源传感器两类。无光源传感器使用太阳作为光源，而有光源传感器由于自带光源，因此可以避免自然光变化带来的影响。目前大多数现代近端冠层反射传感器为有光源传感器。

11.15.5.3 操作条件

应用冠层反射技术进行氮素管理具有重要的现实意义。首先，使用近端光学传感器，在作物整个生育期可以定期、快速、简便地进行测定，能够迅速获得测定结果，不存在结果延迟或任何逻辑上的问题。根据反射测定结果可以对施氮量进行快速调整，从而避免实验室测定花费太长时间产生施肥指导滞后的问题。在使用近端光学传感器时，反射测量应定期进行，如每隔 7～14 d 测定一次。测定时传感器的移动速度通常按步行或拖拉机移动的速度进行。如果使用无人机或小型飞机，则需要沿着作物种植方向进行多次高速度的反射测量，传感器应位于作物冠层的上部以水平方向移动。无论传感器安装在小型拖拉机上，或无人机以及小型飞机上，还是使用手持式传感器，测量中传感器角度定位必须保持一致，因为传感器与被测量的冠层或叶片之间的高度或距离对测量结果影响非常大。

其次，反射传感器可以在较大的视野范围内连续测定进而实现大面积冠层的快速监测。根据传感器的视野范围和通过冠层的次数能够决定测量的面积，一般而言，用冠层反射传感器每次可以测量几平方米的叶片面积。

光源传感器本身具有光源，因此不受外界环境光照条件变化的影响。目前大多数近端冠层反射传感器都有自己的光源，可以在任何光照条件下进行稳定的测量。但对一些无光源的传感器，尤其是安装在无人机或小飞机上的多光谱传感器，则需要相对一致的光照条件（通常应是晴朗的天气），以避免冠层反射率测量随时间变化产生误差，同时方便与参考值比较。

注意事项：测定前需要根据作物生长的环境条件以及作物品种进行校准；飞机或卫星等遥感技术不适用于小规模生产，但手持式可应用于小面积作物管理；水分胁迫或病虫害等会产生不利影响；天空云量、像素误差等会影响卫星云图测定数据的准确性。此外，卫星拍摄的时间相对较短，难以做出施肥决策。

11.15.5.4 成本

该技术为无损测试，无需田间取样，也不需要预先在作物上安装反射传感器。其测量时间取决于所用传感器种类和测定时通过作物冠层的次数。在无人机和小型飞机上安装的传感器比手持式传感器或拖拉机上安装的近端光学传感器测定的速度更快一些。采用视野为 34 cm×6 cm 的近端光学传感器测试时，按照步行速度（约 1.5 km/h）沿 4 个通道（每道

4 m 长）连续测量，完成 16 m 宽的直线叶片冠层测试时间大约为 40 s。近端光学传感器成本较高，售价十分昂贵，一般每台的价格往往在 3 000～6 000 欧元。售价低于 1 000 欧元的反射率传感器也开始出现，且应用效果也不错。在较大的地块上，可用近端光学传感器安装在农用拖拉机上进行测试，也可选择使用安装在无人机或小型飞机上的遥感反射传感器。目前已有一些商业公司在提供借助无人机和小型飞机的作物冠层反射测量服务，同时负责对所测定的数据进行解释并指导施肥。

11.15.5.5 技术制约因素

影响冠层反射率技术应用的难题较多。一是当使用无光源反射传感器时，需要所测定的环境内有较为均匀的光照条件。这一点对于北欧、西北欧、中东欧是一个不小的挑战，尤其在评估整个生长周期作物氮素状况时困难较大。二是可以使用不同的商业传感器来评估作物的氮素状况，但无法直接对不同传感器测定的数据进行比较。三是如果农户希望应用反射技术进行测量，需要充分生长作物的准确参考值来解释最终结果并指导生产。能在本地获得该参考值是比较理想的状况，然而该参考值常常无法获得。遇上这种情况时，可以使用相邻的其他地方已经发布的参考值，但应用这些参考值时要十分谨慎。

11.15.5.6 优势与局限性

优势：即时获得作物氮素状况；与单株测定叶绿素的方法相比，该技术更加快速。

局限性：测量需要耗费一定的时间；当区域内或田块之间存在较大变异时，如在大型农场，需要对多个区域分别进行采样，以提高测定的准确性；需要当地提供一个正常生长作物的相关参考值，但这一数值通常难以获得。

测定不同样品时，需要在相似的光照条件下和相同的时间段进行。

11.15.5.7 支持系统

当使用手持式传感器或在拖拉机上安装的近端光学传感器时，除了用到传感器和拖拉机之外，还需要用电脑分析处理反射率数据。

当使用无人机、飞机或卫星进行反射率测量时，常常由专业的公司提供完整的服务，用户无需购买传感器和飞行器，仅需付费给公司来完成相关测试任务。

如果采用自动变量施肥技术，则需要有变量施肥设备以及合适的接口。同时，需要数学模型或方程把反射传感器测量的数据换算为肥料用量。

11.15.5.8 发展阶段

研究阶段：目前大量研究集中在评价仪器的敏感性并为新的作物种类、新品种或新应用地区提供正常生长作物的参数值方面。这些评价中，研究人员采用了一些最新的方法。

试验阶段：随着研究的深入，更加侧重于应用性试验工作的开展。

田间试验阶段：采用田间试验，验证和调整特定作物和特定区域的反射测量技术。

商业化阶段：目前有许多市场化的冠层近端反射传感器。有专业的公司可以提供无人机或小型飞机作物冠层反射测量服务，在飞行器上装有无人机和小型飞机专用的多光谱或高光谱相机（例如 AgroCam、Norward Expert LLC、Debrecen、Hungary）。

11.15.5.9 技术提供者

目前手持式或装在拖拉机上的近端光学传感器已经完全市场化，已有多家公司在生产。另外一些公司可以提供无人机或小型飞机冠层反射测量服务。除此之外，还有一些公司在代理销售近端冠层反射传感器，如英国的 Soil Essentials 公司。

11.15.5.10　专利情况

光学传感器由公司生产，是其专有产品，但传感器应用技术属于非专利技术。

11.15.6　衍生技术

各种监测评估作物氮素状况的应用程序均可替代本技术，如叶片测试和冠层 Sap 分析，以及叶绿素计和荧光传感器等其他近端光学传感器。叶片测试可用于分析多种营养物质，几种近端光学传感器（如反射仪、叶绿素计和荧光传感器）均可用于评估作物氮素状况。

11.15.7　应用范围

理论上冠层反射技术可用于各种作物。以往在禾谷类作物上应用较多，目前也在蔬菜上进行大量研究。该技术可用在不同气候条件下的不同种植系统中，如土壤或基质栽培系统，露地或温室生产系统中。需要注意的是，每项应用技术必须有正常生长作物的对应参考值。

11.15.8　监管制约因素

目前还没有相关的欧洲指令或监管上的限制。

11.15.9　社会经济制约因素

传感器测量数据和处理数据需要一段固定的时间。除时间成本之外，传感器价格是最主要的推广制约因素。近端光学传感器比较昂贵，价格一般都在 3 000～6 000 欧元，但也有一些价格低廉的传感器（小于 1 000 欧元），其性能越来越好。在大面积生产中，近端光学传感器可以安装在拖拉机上，一些专业公司也可以提供无人机或小型飞机进行作物冠层的反射测量，但技术服务的收费价格目前不清楚。

11.15.10　技术提供者

市场化的近端光学传感器主要有：Yara 氮素传感器 ALS、红外扫描仪 CS‑45、作物圆周传感器 ACS‑430、GreenSeeker。

可以提供应用飞行器进行冠层反射测量的公司有：Crop-Scan 公司、SenseFly 公司、QuestUAV 公司、Falcon UAV 公司、Agribotix 公司。

可以通过大型联合平台（如卫星、飞机、无人机）进行冠层反射测量并提供施肥建议的公司有：Farmstar 公司、Smartrural 公司、Hemav 公司。

11.15.11　主要参考文献

Precision Agriculture. Retrievedfrom https：//en. wikipedia. org/wiki/Precision _ agriculture

Vegetation Analysis. Retrievedfrom http：//www. harrisgeospatial. com/Learn/WhitepapersDetail/TabId/802/ArtMID/2627/ArticleID/13742/Vegetation-Analysis-Using-Vegetation-Indices-in-ENVI. aspx

Normalized Difference Vegetation Index. Retrieved from https：//en. wikipedia. org/wiki/Normalized _ Difference _ Vegetation _ Index

Bannari, A., Morin, D., Bonn, F., & Huete, A. R.（1995）. A review of vegetation indices. *Remote Sensing Reviews*，13（1-2），95-120

Fox, R. H., & Walthall, C. L.（2008）. Crop monitoring technologies to assess nitrogen status. In：

J. S. Schepers and W. R. Raun（Editors），*Nitrogen in Agricultural Systems*，*Agronomy Monograph*，*No. 49*. American Society of Agronomy，Crop Science Society of America，Soil Science Society of America，Madison，WI，USA，pp. 647-674

Hatfield，J. L.，Gitelson，A. A.，Schepers，J. S.，& Walthall，C. L.（2008）. Application of spectral remote sensing for agronomic decisions. *Agronomy Journal*，100（3 SUPPL.），S117-S131

Padilla，F. M.，Peña-Fleitas，M. T.，Gallardo，M.，& Thompson，R. B.（2014）. Evaluation of optical sensor measurements of canopy reflectance and of leaf flavonols and chlorophyll contents to assess crop nitrogen status of muskmelon. *European Journal of Agronomy*，58，39-52

Padilla，F. M.，Peña-Fleitas，M. T.，Gallardo，M.，& Thompson，R. B.（2015）. Threshold values of canopy reflectance indices and chlorophyll meter readings for optimal nitrogen nutrition of tomato. *Annals of Applied Biology*，166（2），271-285

Padilla，F. M.，Peña-Fleitas，M. T.，Gallardo，M.，& Thompson，R. B.（2017）. Determination of sufficiency values of canopy reflectance vegetation indices for maximum growth and yield of cucumber. *European Journal of Agronomy*，84，1-15

Samborski，S. M.，Tremblay，N.，& Fallon，E.（2009）. Strategies to make use of plant sensors-based diagnostic information for nitrogen recommendations. *Agronomy Journal*，101（4），800-816

Thompson，R. B.，Tremblay，N.，Fink，M.，Gallardo，M.，& Padilla，F. M.（2017）. Tools and strategies for sustainable nitrogen fertilisation of vegetable crops In：F. Tei，S. Nicola and P. Benincasa（Editors），*Advances in research on fertilization management in vegetable crops*. Springer，Heidelberg，Germany，pp. 11-63

11.16　荧光传感器应用技术

11.16.1　用途

该技术旨在尽量减少养分流失对环境的影响。

11.16.2　适用地区

该技术适用于所有欧盟地区。

11.16.3　适用作物

该技术适用于所有蔬菜、果树和观赏植物。

11.16.4　适用种植模式

该技术适用于各种种植模式。

11.16.5　技术概述

11.16.5.1　技术目标

通过荧光传感器间接测定叶片内对氮素敏感的指示化合物如叶绿素和黄酮醇的含量，进而实现作物氮素评价。

11.16.5.2　工作原理

植物体内存在两种对氮素敏感的化合物，分别是叶绿体内的叶绿素和黄酮醇物质。荧光传感器（图11-31，图11-32）可以随时对叶片进行无损测试，间接地完成氮素状况评估。

荧光传感器通过光学手段分析叶绿素和黄酮醇两个氮敏感指示化合物的含量，进而对氮素状况做出评价。叶片叶绿素含量受叶片氮的影响很大，因为叶片中的氮在光合作用中扮演重要角色。黄酮醇是一种积聚在叶片表皮中的多酚类物质，属于碳基次生代谢物，在氮利用率较低的情况下其含量会增加。叶绿素含量与叶片氮含量呈正相关，黄酮醇含量与叶片氮含量呈负相关，因此通过叶片氮素状况分析可以对作物体内的氮素做出综合评价。

图 11-31　传感器　　　　图 11-32　多路传感器

　　叶绿素荧光法的测定原理。叶片的叶绿素在接受紫外线和红光照射后，会在红色光谱区至远红外区发出荧光。在叶片表面积聚的黄酮醇可以吸收一定数量的紫外线，并发出大部分红光，这些红光发出后被叶绿体中的叶绿素吸收产生红色荧光。黄酮醇在紫外线照射下可减少远红外光发出的叶绿素荧光，但在红色光照射下不会减少远红外光发出的叶绿素荧光，因此通过比较两种波长下的远红外叶绿素荧光，可以估算出黄酮类化合物的含量。荧光传感器就是利用远红外叶绿素荧光和红色叶绿素荧光在可见光照射下的叶绿素荧光反射率来间接测定叶片叶绿素含量。叶绿素和黄酮醇的比值称作氮平衡指数（NBI），采用这一比值作为作物氮素状况评价指标比单独考虑叶绿素或黄酮醇含量时更加可靠。

　　以正常生长的施氮小区为对照，比较作物叶片中叶绿素和黄酮醇含量以及 NBI 指数间的差异，为作物氮素管理提供依据。当传感器测量值低于参考地块的 90%～95% 时，应进行施肥，补充氮素营养。如果没有参考地块时，也可与已有的参考值进行比较，已有文献报道了一些能够作为参考值的数据，根据比较结果来评估作物的氮素丰缺状况，进而明确作物是否缺氮。

11.16.5.3　操作条件

　　应用荧光传感技术进行氮素管理具有重要的现实意义。该技术在作物整个生育期可以定期、快速、简便地进行测定，而且能迅速获得测定结果，不存在结果延迟或任何逻辑上的问题。根据荧光测定结果可以对施氮进行快速调整，从而避免因实验室测定时间太长产生施肥指导滞后的问题。

　　应用荧光传感器测试作物时，必须要保证足够的测量面积。因为单次测量的叶片面积往往较小，因此需要对不同植株进行多次测量，以确保测样有足够的代表性。应选择完全展开的新叶（如倒三叶）且有光照射的叶片进行测定，测定位置在叶柄和叶尖之间，以及叶缘和中脉之间的部分。随机选择 15～30 株，每株测定一片叶子。一般来说，在大面积地块取样时，样本数量应尽可能多，以此减少因株间差异产生的误差，损坏或潮湿的叶片不能作为样本。测试在叶片中上部进行，每次测定大约需要 1 s。测定应有规律地进行，如每天在同一时间段测量。当采用人工行走或使用拖拉机进行连续测量时，应确保所测试的作物叶片是连续的，并且不包括提供错误测量值的开放空间。

理论上，叶片黄酮醇含量随太阳辐射的增加而升高。所以在作物整个生育期间，当太阳辐射度出现较大波动时，仅用黄酮醇含量来监测作物氮素状况具有一定的风险。如果同时采用叶绿素含量和 NBI 指数则可降低风险，当然与对照地块比较也能达到同样的目的。

11.16.5.4　成本

荧光传感器不需要安装在作物上，测量所需时间取决于测量叶片或植株的数量，以及地块或温室的大小。每次测量大约需要 1 s，但不包括选择最合适的植株和叶片所花费的时间。大田作物单株之间往往有很大的差异，需要较长时间来决定如何取样才能最具有代表性。目前，荧光传感器的价格都比较高，常常在 3 000～25 000 欧元。

11.16.5.5　技术制约因素

荧光传感器与其他近端光学传感器相比，属于相对较新的产品。一些荧光传感器结构复杂，成本高昂，被认为更适合做科学仪器，而不太适合作为种植者的日常管理工具。目前市场上已经有一些结构更简单、价格更便宜的荧光传感器，随着技术的发展，预计成本会有所降低。

最后，如果种植者希望应用荧光传感器技术进行测量，需要正常生长作物比较准确的相应参考值来解释最终结果。如果能在本地获得该参考值是比较理想的状况，然而在本地常常无法获得该数据。当本地该信息无法获得时，可以使用相邻的其他地方已经发布的参考值，但应用这些参考值时应十分谨慎。

11.16.5.6　优势与局限性

优势： 实时测量，快速获得结果，快速了解作物胁迫信息。

局限性： 传感器价格昂贵；获得具有代表性的样本并完成测试比较耗时；需要当地提供正常生长作物的可靠参考值，但这一数据通常难以获得。

11.16.5.7　支持系统

荧光传感器本身可以存储测量的数据，但在野外作业时，建议将数据记录在笔记本上，同时用计算器来计算平均值。

用户可以从荧光传感器上下载数据，下载时需要连接电脑来完成。

11.16.5.8　发展阶段

研究阶段：目前大量研究集中在仪器敏感性评估，以及为新作物种类、新品种和新应用地区提供对应参考值方面。也有一些研究正在为这些评估提供新的办法。

实验阶段：当前也在进行一些仪器的实验测试工作。

田间试验阶段：正在开展一些大田试验，以验证和调试相关作物和地区的荧光测量结果。

商业化阶段：市场上已有两种荧光传感器在售。

11.16.5.9　技术提供者

目前仅有一家制造公司可以提供两种商业化的荧光传感器，分别为手持式传感器和安装在拖拉机上使用的传感器。

11.16.5.10　专利情况

传感器均为所属公司的专利产品。

11.16.6　竞争技术

各种监测作物氮素状况的程序或仪器均可替代荧光传感器，主要包括两类技术，一类是叶面分析及相关软件分析，另一类是冠层反射技术及冠层反射传感器等近端光学传感器。叶片分析主要用于分析各种营养物质，近端光学传感器包括荧光传感器，主要用于评估作物的氮素状况。

11.16.7　应用范围

目前，该技术已用于监测玉米、水稻、草坪草和黄瓜的氮素状况，还没有应用于其他农作物的报道。荧光传感器可以用于多种作物，可以在不同的气候条件下使用，例如种植在土壤或基质中的作物，以及种植在露地或温室中的作物。但应用在不同的作物上，都需要获得作物氮素充分条件下的相应参考值。

11.16.8　监管制约因素

荧光传感器应用技术没有监管制约因素。

11.16.9　社会经济制约因素

社会经济制约因素与时间有关，特别是与传感器的成本有关。在大田、温室或农场用荧光传感器进行测量需要一定的时间。荧光传感器价格多在 3 000～25 000 欧元，目前没有更便宜的型号。

11.16.10　技术提供者

市面上现有的一些荧光传感器包括：DUALEX Scientific、MULTIPLEX Research。

11.16.11　主要参考文献

DUALEX Scientific. Retrieved from http://www.force-a.com/wp-content/uploads/Plaquette-DUALEX-SCIENTIFIC%E2%84%A2. pdf

MULTIPLEX Scientific. Retrieved from http://www.force-a.com/wp-content/uploads/PLAQUETTE-MULTIPLEX-RESEARCH%E2%84%A2. pdf

Agati, G., Foschi, L., Grossi, N., & Volterrani, M. (2015). In field non-invasive sensing of the nitrogen status in hybrid bermudagrass (Cynodon dactylon × C. transvaalensis Burtt Davy) by a fluorescence-based method. *European Journal of Agronomy*, 63, 89-96

Cartelat, A., Cerovic, Z. G., Goulas, Y., Meyer, S., Lelarge, C., Prioul, J. L., Barbottin, A., Jeuffroy, M. H., Gate, P., Agati, G., & Moya, I. (2005). Optically assessed contents of leaf polyphenolics and chlorophyll as indicators of nitrogen deficiency in wheat (Triticum aestivum L.). *Field Crops Research*, 91, 35-49

Padilla, F. M., Peña-Fleitas, M. T., Gallardo, M., & Thompson, R. B. (2014). Evaluation of optical sensor measurements of canopy reflectance and of leaf flavonols and chlorophyll contents to assess crop nitrogen status of muskmelon. *European Journal of Agronomy*，58，39-52

Padilla，F. M.，Peña-Fleitas，M. T.，Gallardo，M.，& Thompson，R. B.（2016）.Proximal optical sensing of cucumber crop N status using chlorophyll fluorescence indices. *European Journal of Agronomy*，73，83-97

Thompson，R. B.，Tremblay，N.，Fink，M.，Gallardo，M.，& Padilla，F. M.（2017）.Tools and strategies for sustainable nitrogen fertilisation of vegetable crops In：F. Tei，S. Nicola and P. Benincasa（Editors），*Advances in research on fertilization management in vegetable crops Springer*，Heidelberg，Germany，pp. 11-63

Tremblay，N.，Wang，Z.，& Cerovic，Z. G.（2012）.Sensing crop nitrogen status with fluorescence indicators. A review. *Agronomy for Sustainable Development*，32，451-464

11.17　养分原位现场快速检测

（作者：Juan José Magán[9]，Rodney Thompson[23]）

11.17.1　用途

通过该技术尽量减少养分流失对环境的影响。

11.17.2　适用地区

该技术适用于所有欧盟地区。

11.17.3　适用作物

该技术适用于所有蔬菜、果树和观赏植物。

11.17.4　适用种植模式

该技术适用于所有种植模式。

11.17.5　技术概述

11.17.5.1　技术目标

该技术可以原位测定农场的营养液、尾液、土壤溶液或者是植物汁液中的一种或几种离子浓度，无须再将样品送到实验室。

11.17.5.2　工作原理

依据不同工作原理，原位快速检测技术划分为两种：一种是便携式的选择性离子计，另一种是基于比色法的便携式设备。

便携式选择性离子计：这些装置（也称为离子选择性电极，ISE）选择性地对溶液中存在的离子做出响应，通常只测量一种离子，个别设备可同时测定几种营养元素。这些离子计通常有将待测样品和离子计内部分隔开的一层薄膜，而离子计内部溶液通常是已测定的离子浓度，这样就产生了跨膜的电位差，这种电位差与膜内外的浓度差有关，从而能确定测定样品中目标离子的浓度。

一种改进的方法是采用一个与参考浓度相当的电场，这种方法受不同表面现象的影响小于其对电位差的影响。当测量溶液中含有其他离子时，这种方法得到的结果更准确。例如，LaquaTwin 选择性离子计采用了该技术后，可在水肥一体化中用于水肥一体化的营养液、吸盘、空吸杯提取的土壤溶液和植物汁液样品上使用（图 11 - 33）。

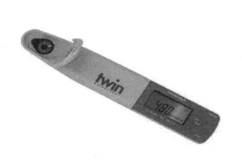
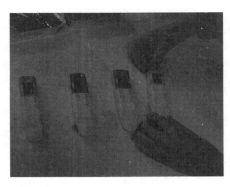

图 11 - 33　单参数选择性离子计 LaquaTwin

多通道离子计是一种基于多离子探针测量方式的便携式仪器，可以同时测定高达 7 种不同的离子（铵、钙、氯、硝酸盐、钾、钠和镁）浓度（图 11 - 34）。而且，该仪器由纳米碳化合物制成，允许同时将多个小型离子计安装在同一个探针上面，如 Cclean GgrowN nutrition 分析传感器和 NT 多离子探针传感器。

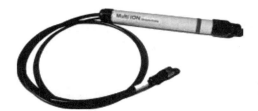

图 11 - 34　多通道离子计及其探针

基于比色法的设备：该类装置应用浸渍在特定试剂中的条带与待测化合物发生颜色反应（图 11 - 35），试纸条颜色的强度与化合物的浓度有关，据此判断物质浓度。许多仪器可以定量测量试纸条颜色的强度，例如默克公司的 RQ Reflectoquant。另一种方式是使用简单的彩色条带与参考色标进行视觉比较，这种方式专业性和严谨性不足。

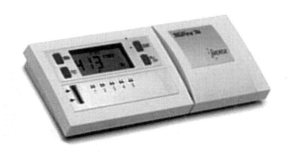
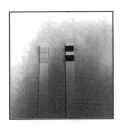

图 11 - 35　基于比色法的快速分析装置和试纸条

11.17.5.3 操作条件

不同的选择性离子计可以测定不同离子（硝酸根离子、钾离子、钙离子、钠离子等）。使用一个或两个校准溶液即可快速校准；使用两个校准溶液校准后的离子计测定的结果更精确，测量范围通常比较大（Horiba LaquaTwin 硝酸盐传感器的测量范围为 1～100 mmol/L），非常适合园艺领域相关的营养液测定，可以直接使用未稀释的样品进行测量。将 LaquaTwin 离子计测定的读数与实验室法测定的读数进行比对，决定系数接近 0.9，然而钙离子传感器的测定结果偏差较大。测量时，可以直接将传感器浸入样品中，加入几滴溶液覆盖离子计表面进行测定（图 11-36）。

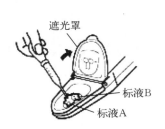
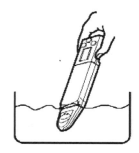

图 11-36　LaquaTwin 离子计的两种测定方法

对于多通道探头，常采用一种预校准调节溶液和三种校准标准溶液。该传感器在透明澄清营养液中进行测量，取得了较好的效果；用钾离子传感器测定到的效果最好，用铵根离子传感器测得到的结果最差（图 11-37）。钙离子和氯离子传感器的准确性随着营养浓度的增加而增加。然而，有机物质的存在会影响测量结果。多通道探头计是一种相对比较新的仪器，需要进一步开展独立的科学评价。

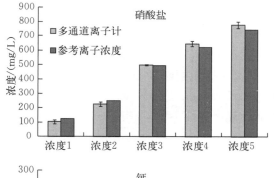
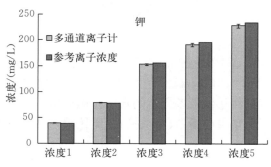
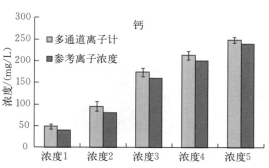
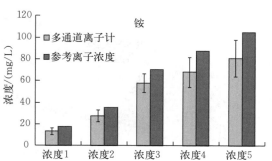

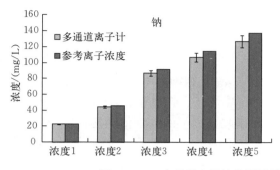
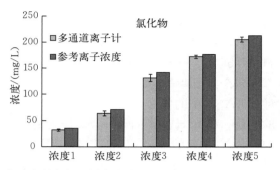

图 11-37 多通道离子计检测效果与实验室制备的不同参考浓度的比较

有些测量装置的测量范围受限，例如，Merck RQ Flex Reflectoquant 系统的硝酸盐测定范围为 1～3.6 mmol/L，由于测定范围有限，样品需要先稀释，稀释环节需谨慎，避免出现错误。

该施肥设备应用于园艺时，主要的问题就是测量范围。例如 Merck RQ Flex Reflecto-quant，通常是针对自然水域而设计的，而自然水域的养分浓度比园艺生产用的营养液浓度要低得多。RQ 柔性 FLEX 反射定量仪是一种通用型仪器，可用于测量钾离子、钙离子、镁离子、铵根离子、硝酸根离子、磷酸根离子和铁离子的浓度。许多指标需要在测定前添加试剂，并在测量前等待一定时间。有时，用于样品上色的胶体会影响测量结果。

11.17.5.4 成本

LaquaTwin 选择性离子计的价格大约是 500 欧元，而多通道离子计价格为 1 500～2 000 欧元，基于比色法的 RQ Flex Reflectoquant 设备价格大约是 900 欧元。

11.17.5.5 年度维护

对于离子选择电极系统，无论是单通道系统还是多通道系统，制造商都建议在测定 1 000 次左右后更换离子选择电极。在实际应用过程中，有些情况下需要在测量 500 次后更换电极。对其他系统而言，每次更换电极的成本是 180～200 欧元。对于 LaquaTwin 系统，估算每次测量的成本约 0.65 欧元。

11.17.5.6 技术制约因素

像 Merck RQ Flex Reflectoquant 这样基于比色法的设备，需要先稀释园艺样品才能获得可靠的数据，这是农场原位现场测量的一个缺点，因为农场的工作条件不适合样品处理。

相比之下，选择性离子计在测量园艺样品时不需要稀释，建议用于植物汁液样品（尤其是钾元素的测定）的测定。

11.17.5.7 优势与局限性

优势：便携，可在农场现场原位测量；检测迅速，有利于及时调整养分管理；操作简单，尤其是对单一营养元素的分析；无需将样品送到分析实验室，避免了包装和运输成本，更重要的是，避免时间上的延误。

局限性：设备精准度低于实验室测定方法；有些选择性离子计受表面现象的影响显著，例如溶液中胶体存在干扰；使用基于比色法的设备时，必须先稀释样品。

11.17.5.8 支持系统

该技术需要校准设备的标准液，用于测量体积的实验室耗材，用于稀释样品的蒸馏水或去离子水。

11.17.5.9 发展阶段

该项技术已商业化。

11.17.5.10 技术提供者

多个公司拥有这项技术。Horiba 生产的 LaquaTwin 系列中具有最著名的选择性离子计；HANNA 的仪器，如 ISEs，适用于硝酸根离子、钾离子、钙离子、氯离子、钠离子等的测量；HACH 生产的 AN-ISE 是测量铵根离子和硝酸根离子的组合传感器；METTLER TOLEDO 生产的 perfectiONTM、ISEs，适用于硝酸根离子、钾离子、钙离子、钠离子和氯离子化物的测量；CleanGrow 生产多通道养分分析仪；Merck 公司销售用于颜色分析的 RQ Flex 反射定量仪；Eijkelkamp 销售用于硝酸盐颜色分析的 Nitracheck 反射计。

11.17.5.11 专利情况

部分零部件获得了专利。

11.17.6 竞争技术

化学实验室分析与该技术形成竞争关系。

11.17.7 应用范围

该项技术在不同作物、气候和种植模式方面都有应用。

11.17.8 监管制约因素

该技术没有监管制约因素。

11.17.9 社会经济制约因素

设备成本较高，不适合个体种植者大量使用，适合在不同农场开展测量服务的技术顾问使用。

11.17.10 衍生技术

在试验条件下，每天对循环溶液中离子浓度的测量，对于在半封闭系统中减少水分和养分流失有很好的效果。

11.17.11 主要参考文献

Cabrera, F. J., Bonachela, S., Fernández-Fernández, M. D., Granados, M. R., & López-Hernández, J. C. (2016). Lysimetry methods for monitoring soil solution electrical conductivity and nutrient concentration in greenhouse tomato crops. *Agricultural Water Management*, 128, 171-179

Crespo, G. A., Macho, S., & Rius, F. X. (2008). Ion-selective electrodes using carbon nanotubes as ion-to-electron transducers. *Analytical Chemistry*, 80 (4), 1316-1322

Hartz, T. K., Smith, R. F., Lestrange, M., & Schulbach, K. F. (1993). On-farm monitoring of soil and crop nitrogen status by nitrate-selective ion-meter. *Communication in Soil Science and Plant Analysis*, 24, 2607-2615

Hartz, T. K., Smith, R. F., Schulbach, K. F., & Lestrange, M. (1994). On-farm nitrogen tests improve fertilizers efficiency, protect groundwater. *California Agriculture*, *July-August*, 29-32

Maggini, R., Carmassi, G., Incrocci, L., & Pardossi, A. (2010). Evaluation of quick test kits for the determination of nitrate, ammonium and phosphate in soil and in hydroponic nutrient solutions. *Agrochimica* Vol. LIV (N. 4), 1-10

Massa, D., Incrocci, L., Maggini, R., Carmassi, G., Campiotti, C. A., & Pardossi, A. (2010). Strategies to decrease water drainage and nitrate emission from soilless cultures of greenhouse tomato. *Agricultural Water Management*, 97, 971-980

Ott-Borrelli, K. A., Koenig, R. T., & Miles, C. A. (2009). A comparison of rapid potentiometric and colorimetric methods for measuring tissue nitrate concentrations in leafy green vegetables. *HortTechnology*, 19 (2), 439-444

Parks, S. E., Irving, D. E., & Milhamc, P. J. (2012). A critical evaluation of on-farm rapid tests for measuring nitrate in leafy vegetables. *Scientia Horticulturae*, 134, 1-6

Thompson, R. B., Gallardo, M., Joya, M., Segovia, C., Martínez-Gaitán, C., & Granados, M. R. (2009). Evaluation of rapid analysis systems for on-farm nitrate analysis in vegetable cropping. *Spanish Journal of Agricultural Research*, 7 (1), 200-211

11.18　养分管理的决策支持系统

（作者：Rodney Thompson[23]，Marisa Gallardo[23]，José Miguel de Paz[14]）

11.18.1　用途

应用该技术尽量减少养分流失对环境的影响。

11.18.2　适用地区

该技术适用于所有欧盟地区。

11.18.3　适用作物

该技术适用于所有作物。

11.18.4　适用种植模式

该技术适用于所有种植模式。

11.18.5　技术概述

11.18.5.1　技术目标

养分管理的决策支持系统（DSS）是一款用户友好的软件程序，用于作物养分管理，为养分供应的数量和时间提供建议。该软件为种植者或技术顾问设计，实操性强。DSS 软件可为特定区域和作物提供详细的养分建议。

DSS 提供的养分管理建议综合考虑了作物的自身需求和其他养分来源（如土壤储备），其目的是使养分的供应与作物需求相匹配，避免养分的过度施用。

11.18.5.2　工作原理

处理有关作物的数据后，DSS 可以输出施肥所需的养分量作为输出，也可以输出包含有各种肥料用量和施用时间的完整计划（图 11-38、图 11-39）。有些决策支持系统只适用于化学肥料管理，有些既适用于化学肥料又适用于有机肥料，有些仅适用于有机肥料。DSS 的养分管理一般是在个人电脑或笔记本电脑上操作的。

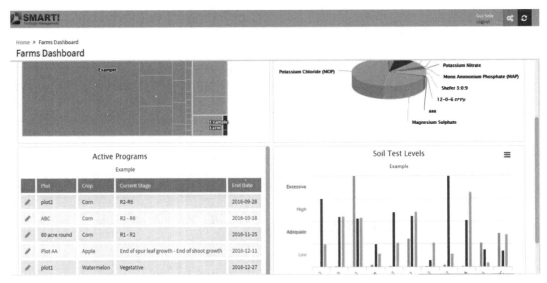

图 11-38　智能施肥软件使用界面

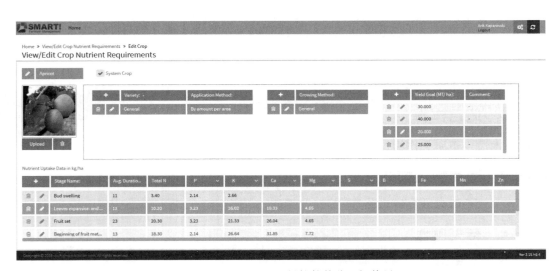

图 11-39　SMART! 肥料软件养分目标值界面

DSS 也越来越多的在平板电脑和智能手机上应用，基于网络的 DSS 可以从任何具有互联网连接的设备中查阅，并且可以访问程序所在的网页。

DSS 拥有用于输入描述作物和种植情况的数据接口，以及根据作物日期和预期或实际气候条件计算作物养分需求的模型。

该数学模型先考虑土壤中提供的可用速效养分，其中包括土壤剖面中的可用速效养分、有机物料中提供的可用速效养分以及作物残茬等，再计算需要供应的养分量，以满足作物的

476

养分需求。

不同的 DSS 输出形式有所不同。可能是所需的养分总量，可能是单一养分的用量和施用时间，或特定形式的肥料、有机-无机肥料的数量。通常输出信息可以存储在用于操作 DSS 的设备上，可作为常用文件类型保存和传输，也可打印。

一般情况下，信息可以存储在 DSS 内部的数据库中，日后可检索使用，比如土壤信息、土壤检测结果、有机物料信息等。作物养分管理计划通常可以保存，以供后续修改使用。

通过电脑来计算作物的养分需求，有利于进行大量且频繁的计算；有利于统筹各种输入因素；有利于在田间将储存的数据录入数据库，并且进行记录保存。肥料运筹对于经常施用肥水的作物是必不可少的环节。计算机技术的使用使大量的计算得以完成，否则将是非常困难的。

许多计算养分需求的决策支持系统有一个共同的关键特征：使用模型计算作物生育期（干物质积累）的日期和作物生长状况。对于园艺作物来说，DSS 是日常应用的系统。作物生长过程中，养分吸收量经常要计算，特别是氮。通常需要使用与作物养分含量和作物干物质累积量有关的养分稀释曲线。生长模型的替代方法是输入目标产量，然后 DSS 从内部数据库估算养分吸收量和时间。

现有用于养分管理的 DSS 大多用于氮养分管理，因此接下来的讨论部分都和氮有关。氮养分的 DSS，综合考虑了其他来源的氮，如根区土壤矿质氮和土壤有机质、作物残茬和有机肥的矿化氮。在不同的 DSS 中，对不同氮源的处理方法是有区别的。VegSyst-DSS 计算每日作物氮素需求量，即作物氮素吸收量减去各种土壤氮源的总和，两者之差即为作物氮肥需求量。N-Expert DSS（网页）在德国蔬菜作物中广泛应用，以 KNS 方法为基础，即总氮供应（来源于肥料和土壤）必须满足作物氮素吸收需求和确保作物最优生长和最高产量所必需的土壤缓冲氮素需求。DSS 在养分管理方面的一个共同特点是结合土壤分析。DSS 还可以解释土壤分析结果与预期生长或产量的关系。

11. 18. 5. 3　操作条件

用于作物养分管理的 DSS 适用于任何作物或种植类型，但不同作物和种植类型都需要进行校准，或者至少需要验证后才能使用。所有这些 DSS 都有数据需求，以便操作。为了方便种植户和技术顾问使用，在给定作物上使用 DSS 所需输入的数据量应该很小，而且种植户和技术顾问应该随时可以获得这些数据。DSS 可直接在计算机设备（台式电脑、笔记本电脑、平板电脑、智能手机）上运行，也可以使用计算机设备访问因特网站点进行操作。如果 DSS 直接在计算机设备上操作，则该设备应该具备有足够的运算性能和适宜的操作系统。这些 DSS 通常是针对特定作物和条件开发的，在其他条件下使用时，应调整以适应新的条件。

11. 18. 5. 4　成本

大多数养分管理决策支持系统由公共机构制作，并免费提供，协助养分管理。私营公司 SMART! 可提供一种 DSS，$50\ hm^2$ 的单一作物的全养分管理费用每年是 539 欧元，农场面积增大，相应的成本也会增加。

11. 18. 5. 5　技术制约因素

在软件工作正常的情况下，技术制约因素可能是数据的有效性以及用户的技术支持力。此外，所使用的设备必须具有合适的运算性能和适当的操作系统。一个需要考虑的重要因素是，软件是否已经针对作物和种植类型进行了校准或验证。如果未执行这一步骤，DSS 可以谨慎地用于在类似条件下校准过的作物上。

11.18.5.6　优势与局限性

优势：减少化肥使用；减少过度施肥对环境的影响；友好的用户界面；快速浏览大量数据。

局限性：学习新软件存在一定的困难；使用软件需要时间；获取数据需要时间。

11.18.5.7　支持系统

在第一次使用期间需要技术援助，还需要一个承载 DSS 的服务器。

11.18.5.8　发展阶段

研究阶段：正在开发养分管理的决策支持系统（一般为氮）。

实验阶段：开发和测试 DSS 的应用实验工作一直在进行中。

大田试验阶段：进行田间试验以适应特定的作物和种植类型。

商业化阶段：一些私营企业生产的 DSS 在商业上是可用的，SMART！肥料管理公司提供全面的养分管理决策支持系统的付费服务。

11.18.5.9　技术提供者

由公共机构和公司提供该技术。

11.18.5.10　专利情况

通常新软件是注册的。

11.18.6　竞争技术

没有直接竞争的技术。有几种方法可与该技术互补，例如根区土壤溶液的养分分析、植物汁液分析；使用近端光学传感器，如冠层反射仪率和叶绿素仪。土壤分析等技术应与这些模型结合使用，把它们构成决策支持系统的一部分，以计算作物养分需求。

11.18.7　应用范围

DSS 的养分推荐可以针对所有作物类型、不同气候条件和种植地区开发。

11.18.8　监管制约因素

该技术无监管制约因素。

11.18.9　社会经济制约因素

主要的社会经济制约因素是农户缺乏动机，从而无法采用技术来优化营养物质的使用以及减少对环境的影响，特别是在法律执行不到位的国家。

许多种植户年纪较大，不愿或没有兴趣学习新的软件程序。

11.18.10　衍生技术

N-Expert：在德国，N-Expert 软件帮助种植户和肥料顾问计算不同蔬菜的氮、磷、钾和镁肥需求。

Azofert：在法国，Azofert DSS 广泛应用在园艺作物上，可提供氮素施用指导，它通常用于向商业种植户提供建议。该数据支持系统由国家农艺研究所和法国农业部分析与研究实验室（Aisne 农艺站）编制。

VegSyst and VegSyst-DSS：VegSyst 模拟模型是西班牙阿尔梅里亚大学开发的一种较为简单的模型，用于计算无水胁迫或无氮胁迫作物的氮素吸收量、生物量和蒸散量。该模型已对西班牙东南部温室中种植的主要蔬菜作物，如番茄、甜椒、甜瓜、黄瓜、西葫芦、茄子、西瓜，进行了校准和验证。VegSyst 模型是 vegsystem-Dss 的组成部分，该模型用于计算西班牙东南部温室中种植的肥育蔬菜的每日灌溉量、氮肥需求量和营养液浓度。

CropManage：该软件开发于加州中部海岸地区，该模型基于农田尺度估算氮肥和灌溉需求。根据作物氮素吸收、土壤硝酸盐现状和土壤氮素矿化估计值提出氮肥施用建议。

EU-Rotate _ N：是一个综合的模型，可用于模拟多种蔬菜品种的许多过程（如产量、生长、氮素吸收和损失），缺乏用户友好的界面限制了它在科学研究中的应用。

WELL _ N DSS：是英国开发的一种较为实用的 DSS，用于确定氮肥推荐量。它已被蔬菜种植者和技术顾问用于商业生产。WELL _ N 沿用之前开发的研究模型 N _ ABLE，它考虑了气候、土壤矿物质氮、作物残茬和土壤有机质氮素矿化作用的综合情况，计算了 25 种不同蔬菜最大产量所需的最低无机氮肥总量。

SMART! FERTILISER SOFTWARE 软件由 SMART! 肥料管理公司开发，这是一家私人公司，拥有各种软件产品来协助施肥管理。

11. 18. 11　主要参考文献

Gallardo，M.，Thompson，R. B.，Giménez，C.，Padilla，F. M.，& Stöckle，C. O. （2014）. Prototype decision support system based on the VegSyst simulation model to calculate crop N and water requirements for tomato under plastic cover. *Irrigation Science*，32（3），237-253

Gallardo，M.，Fernández，M. D.，Giménez，C.，Padilla，F. M.，& Thompson，R. B. （2016）. Revised VegSyst model to calculate dry matter production，critical N uptake and ETc of several vegetable species grown in Mediterranean greenhouses. *Agricultural Systems*，146，30-43

VegSyst-DSS for water and N requirements in vegetables crops. Available at：http://www. ual. es/Grupos-Inv/nitrogeno/VegSyst-DSS. shtm

Cahn，M.，Smith，R.，& Hartz，T. K. （2013）. Improving irrigation and nitrogen management in California leafy greens production. In：D' Haene，K.，Vandecasteele，B.，De Vis，R.，Crapé，S.，Callens，D.，Mechant，E.，Hofman，G.，De Neve，S. （Eds. ），*Proceedings of the NUTRIHORT*，*Nutrient Management Innovative Techniques and Nutrient Legislation in Intensive Horticulture for an Improved Water Quality Conference*. Ghent，Belgium，16-18 September 2013. pp. 65-68

Rahn，C. R.，Greenwood，D. J.，& Draycott，A. （1996）. Prediction of nitrogen fertilizer requirements with HRI WELL _ N Computer model. In：Van Cleemput O.，Hofman，G.，Vermoesen，A. （Eds. ），*Progress in Nitrogen Cycling*. Proc. of the 8th Nitrogen Workshop，Ghent，Belgium. pp. 255-258

Thompson，R. B.，Tremblay，N.，Fink，M.，Gallardo，M.，& Padilla，F. M. （2017）. Tools and strategies for sustainable nitrogen fertilisation of vegetable crops. In：F. Tei，S. Nicola & P. Benincasa （Eds），*Advances in research on fertilization management in vegetable crops* （pp. 11-63）. Springer，Heidelberg，Germany SIDDRA：Recommendation system developed by commercial company "Fertiberia" to fertilize different crops. http：//siddra. fertiberia. es/

11. 19　营养吸收模型

（作者：Marisa Gallardo[23]，Rodney Thompson[23]）

11. 19. 1　用途

应用该技术可降低养分释放对环境的影响。

11. 19. 2　适用地区

该技术适用于欧盟所有地区。

11. 19. 3　适用作物

该技术适用于所有作物。

11. 19. 4　适用种植模式

该技术适用于所有的耕作制度。

11. 19. 5　技术概述

11. 19. 5. 1　技术目标

目前，得到实际应用的营养吸收模型通常是作物氮素吸收模型，它可用于估算作物对氮肥的需求量，情景分析，以阐明氮素管理对作物生长的影响和氮素流失对环境的影响。在某些情况下，其他养分如磷、钾和镁也被考虑在内。鉴于灌溉在园艺作物中普遍应用，加之水肥一体化技术被越来越多地使用，许多涉及蔬菜氮素管理的模拟模型也考虑了灌溉因素。

11. 19. 5. 2　工作原理

就本节而言，营养吸收模型涉及一系列数学计算，用于估算作物对养分的吸收。其复杂程度因应用情况而有所不同，例如是否用于研究或实际农事耕作。本节指的是在农业中有应用的模型。

模型中计算营养吸收的复杂程度取决于应用情况。最初，使用简单的生长模型利用气候参数（如温度和太阳辐射）来模拟干物质生产，使用经验函数估算农作物截获的辐射量，然后利用辐射使用效率值计算植物从截获的辐射量中生产的干物质量。这些计算是按每日或更小的时间间隔进行的。一旦模拟了干物质生产（例如每天干物质生产量），农作物的氮素含量也就被模拟了。通常应用氮素稀释曲线将农作物氮素含量与累积干物质生产联系起来。

最常用的估算氮素吸收量的方法是模拟临界氮素含量，即农作物获得最大生物量的氮素最低含量；较高的作物氮素含量与过量吸收有关。根据 Greenwood 等（1990 年）的临界氮素稀释曲线 $N = a \times DMP \times b \times 100\%$ 来计算，其中 N 是临界氮素含量，即农作物生物量最大化的氮素需求最低含量，a 和 b 是描述该曲线的参数，DMP 是农作物的干物质生产量。图 11-40 展示了温室番茄临界氮素稀释曲线的一个例子，还提供了番茄的临界氮素稀释曲线（Tei et al.，2002），以及温带草本作物的通用方程（Greenwood et al.，1990）。

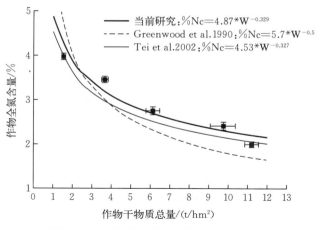

图 11-40 温室番茄的临界氮素稀释曲线

以干物质的生物量和农作物临界氮素含量的乘积来计算主要农作物的临界氮素吸收量，通常每天都需要估算。

一旦计算出农作物的临界氮素含量，某些模型就能模拟每天的氮素平衡。这种平衡考虑了各种（种植时的土壤无机氮，从有机物和土壤有机质中矿化的氮）的氮素供应和氮素损失（氮淋失或其他氮损失，如反硝化、挥发等）之间的平衡。在某些模型中，氮肥日需求量是根据作物对氮素的吸收需求量与不同来源氮素供给之间的差异来进行计算的，利用效率系数来避免各种氮素损失过程中的复杂建模。当氮素吸收模型是 DSS 的一部分时，通常 ETc 的计算也应考虑在内。通过 ETc 和作物氮素吸收量的估算，计算出氮素吸收含量，有助于无土栽培作物的氮素管理。某些模型还有土壤模块，模拟根系生长和根系对养分的吸收。在这些情况下，需要土壤物理、化学和水动力特性的相关信息。这些通常是为科学研究而不是实际农业应用而开发的复杂模型。

估算农作物氮肥需求量的模拟模型可与易于使用的 DSS 相结合，以便为种植者和技术顾问提供实用工具来制定氮肥施用计划。DSS 有一个方便用户使用的界面，并结合模型和其他数学功能，提供实用的系统以协助种植者做出决策。用于氮素管理的 DSS 通常用于计算短时间间隔内的农作物氮素需求量，尤其是会考虑其他氮素来源并计算氮肥需求量，以改善作物的氮素需求水平。

进行情景分析的模型对于示范推广非常有用，如种植者、顾问、管理者和决策者。一般来说，相对简单的模型（如 DSS）具有较少且容易获得的输入项，多用于实际应用，而复杂的模型，具有较多的输入项，往往被用于情景分析。

11.19.5.3 操作条件

营养吸收模型一般用于单个农田或温室中的单一农作物。当与地理信息系统结合使用时，有些模型可在区域级别上使用。

通常这些模型包含在 DSS 中。DSS 提供了一个易于用户使用的界面，通常需要电脑来运行营养吸收模型或包含营养吸收模型的 DSS。通常，需要上网下载气候数据。在某些情况下，例如在温室中或在没有获得当地的气候数据的情况下，可以利用农作物内部或与当地气候条件非常相似的气候数据，以运行模型。在这种情况下，需要一个简单的、低成本的带有数据记录器的气象站。用户在使用计算机方面需要一定的技能。如果养分吸收模型是用于计算农作物化肥需求量的复杂模型或 DSS 的一部分，则需要在种植前进行土壤分析（例如土壤无机氮），以提供输入数据。

11.19.5.4　成本

一般来说，由公共研究所或推广中心提供的相关模型的软件是免费的。一些商业公司生产的 DSS 软件或应用程序必须付费。SMART! 肥料管理公司提供不同的 DSS 系统安装包和服务，以确定不同营养需求，底价是每年 539 欧元。

11.19.5.5　技术制约因素

主要的技术制约因素是该模型仅可在易于使用的 DSS 中应用。这是因为该模型一般是用电子表格或代码编写的，并没有打算让种植者直接使用；可用性（是否有适合特定种植情况的模型）也是限制因素之一；需要根据种植情况对模型进行校验也会制约该模型的应用，或者作物特性和种植环境应该与模型先前经过校验的条件相似。种植者很可能需要技术支持来实施和继续使用基于营养吸收模型的 DSS。种植者在学习使用该软件时很可能需要帮助。

11.19.5.6　优势与局限性

优势：可以增强 DSS 系统；能够计算作物对肥料的需求量；有助于改善作物养分管理，从而减少化肥施用量和成本；减少养分损失对环境的影响。

局限性：数据收集非常耗时；气候和土壤数据并非总是可用；将数据输入到模型或 DSS 中较为困难；学习该系统较难。

11.19.5.7　支持系统

对于农民使用营养吸收模型，有必要将模型纳入简单的、易于用户使用的 DSS 中，提供技术支持，帮助种植者学习使用基于这些模型的 DSS，并将其纳入营养管理计划。

11.19.5.8　发展阶段

研究阶段：已经开展相关研究，以建立并开发营养管理（一般是氮）模型和 DSS 系统。一般来说，这些模型适用于特定的作物和系统。

试验阶段：随着研究的深入，更多的应用性试验工作已经展开。

大田试验阶段：大田试验旨在使该技术与特定作物和种植系统相适应。

商业化阶段：大多数模型（如包含营养吸收模型的 DSS）是由公共资助的研究机构建立的，而且模型是免费的。而一些软件程序和应用程序是由私人公司生产的，是需要购买后才可使用的。

11.19.5.9　技术提供者

一般来说，研究所、推广中心或大学等公共机构开发了这些模型。有时这些机构将它们加入到 DSS 系统中。一些软件程序和应用程序则是由私人公司生产，如 SMART! 肥料管理公司。

11.19.5.10　是否有专利授权

使用该模型制作的软件需要按照当地或国家的规定进行注册。

11.19.6　竞争技术

根区土壤溶液养分分析、汁液分析、层光谱反射特性光谱仪和叶绿素仪等近端光学传感器的使用等可替代该模型。当上述模型作为 DSS 的一部分时，土壤分析应该与这些模型结合使用。

11.19.7 应用范围

养分吸收模型可以扩展到所有类型的作物、气候以及种植区域。

11.19.8 管理制约因素

该技术没有管理制约因素。

11.19.9 社会经济制约因素

主要的社会经济制约因素是缺乏激励措施，来促使农民去使用该技术，尤其是在那些相关法律并没有严格施行的国家。

11.19.10 衍生技术

EU-Rotate＿N 模型：该模型是由一个欧盟资助的研究项目开发的，旨在优化欧洲多种蔬菜作物的氮肥管理，以及优化不同轮作作物生长的氮肥管理。EU-Rotate＿N 模型已经被用来模拟多种蔬菜生产体系中作物生长等过程中的氮吸收，以及土壤氮和水动力学进行模拟。EU-Rotate＿N 模型已被证明是一种有效的情景分析工具，可用于不同环境下不同种类蔬菜作物生长的氮肥和灌溉管理。

N-Expert：N-Expert 软件帮助种植者和肥料顾问计算德国不同蔬菜作物的氮、磷、钾和镁肥的需求量。N-Expert 软件是一种 DSS。

VegSyst：VegSyst 模拟模型是西班牙阿尔梅里亚大学开发的一种较为简单的模型，用于计算在水分或氮肥充足的条件下，作物的氮素吸收量和作物生长量等的日均值。该模型已在西班牙东南部温室中种植的主要蔬菜作物（如番茄、甜椒、甜瓜、黄瓜、西葫芦、茄子、西瓜）的生长过程中进行了校验。VegSyst 模型是 VegSyst-DSS 的一个组成部分。VegSyst-DSS 模型用于计算在西班牙东南部大棚中种植的施肥蔬菜作物的日灌溉、氮肥需求量和营养液氮浓度（图 11－41 至图 11－44）。

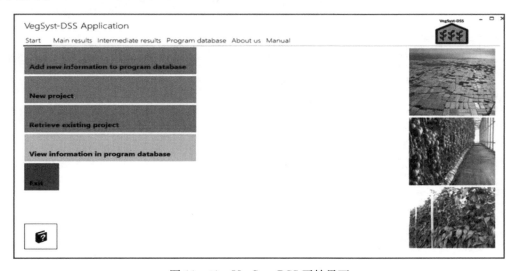

图 11－41 VegSyst-DSS 开始界面

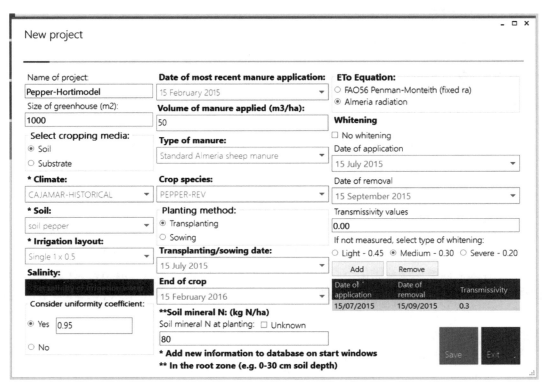

图 11 - 42　VegSyst-DSS 输入界面示例

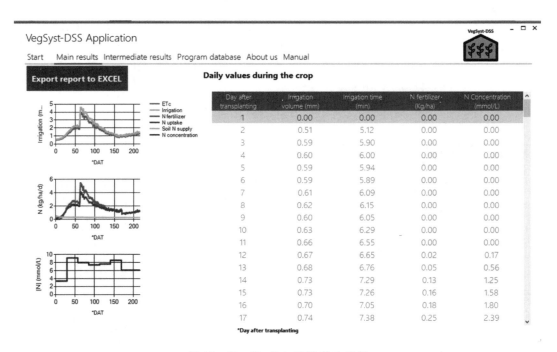

图 11 - 43　VegSyst-DSS 输出示例

VegSys-DSS

07/05/2017

Pepper-Hortimodel

Project:	Pepper-Hortimodel	Climate:	CAJAMAR-HISTORICAL
		Latitude:	36º 43' N

Sumary

rrigation Volume	(mm)	392.27
oil mineral N	(kg/ha)	79.26
Aineralized N	(kg/ha)	44.21
I crop uptake	(kg/ha)	348.9
I fertilizer requirement	(kg/ha)	411.7
otal amount of irrigation	(m3)	392.27
otal amount of N fertilizer	(kg)	41.17

IRRIGATION REQUIREMENTS

	Date	DAT	Weeks	ETo (mm/d)	kc	ETc (mm/d)	Daily volume (mm/d)	Cumulative volume (mm)	Weekly irrigation volume (mm/w)	Daily irrigation time (min)	weekly irrigation time (min/w)
1	15/07/2015	0	1								
2	16/07/2015	1		2	0.22	0.44	0.51	0		5.12	
3	17/07/2015	2		2.14	0.24	0.51	0.59	0.51		5.9	
4	18/07/2015	3		2.15	0.24	0.52	0.6	1.1		6	
5	19/07/2015	4		2.11	0.24	0.51	0.59	1.7		5.94	
6	20/07/2015	5		2.07	0.25	0.51	0.59	2.3		5.89	
7	21/07/2015	6	2	2.11	0.25	0.53	0.61	2.88	3.49	6.09	34.94
1	22/07/2015	7		2.11	0.25	0.53	0.62	3.49		6.15	
2	23/07/2015	8		2.04	0.26	0.52	0.6	4.11		6.05	
3	24/07/2015	9		2.08	0.26	0.54	0.63	4.71		6.29	
4	25/07/2015	10		2.13	0.27	0.57	0.66	5.34		6.55	
5	26/07/2015	11		2.12	0.27	0.57	0.67	6		6.65	
6	27/07/2015	12		2.11	0.28	0.58	0.68	6.66		6.76	
7	28/07/2015	13	3	2.22	0.28	0.63	0.73	7.34	4.57	7.29	45.75
1	29/07/2015	14		2.15	0.29	0.63	0.73	8.07		7.26	
2	30/07/2015	15		2.02	0.3	0.61	0.7	8.79		7.05	
3	31/07/2015	16		2.06	0.31	0.64	0.74	9.5		7.38	
4	01/08/2015	17		2.08	0.32	0.67	0.77	10.24		7.75	
5	02/08/2015	18		2.08	0.33	0.69	0.8	11.01		8.01	

Date	N UPTAKE: Daily crop N uptake (kg/ha/d)	Cumulative crop N uptake (kg N)	N SOURCES: Daily soil mineral N (kg/ha/d)	Cumulative soil mineral N (kg/ha)	Mineralized N (daily) (kg/ha/d)	Mineralized N (cumulative) (kg/ha)	Total Net N supply (kg/ha/d)	FERTILIZER REQUIREMENTS: Daily N fertilizer requirements (kg/ha/d)	Cumulative N fertilizer requirements (kg/ha)	Weekly fertilizer requirements (kg/ha)	Weekly N concentration (mmol N/L)	Average four weekly N concentration (mmol N/L)
15/07/2015												
16/07/2015	0.1	0.1	0.3687	0.3687	0.2896	0.2896	0.3291	0	0			3.38
17/07/2015	0.19	0.28	0.3687	0.7373	0.2882	0.5778	0.5598	0	0			3.38
18/07/2015	0.2	0.48	0.3687	1.106	0.2869	0.8647	0.4694	0	0			3.38
19/07/2015	0.21	0.69	0.3687	1.4747	0.2856	1.1503	0.4567	0	0			3.38
20/07/2015	0.21	0.9	0.3687	1.8433	0.2843	1.4346	0.4478	0	0			3.38
21/07/2015	0.23	1.14	0.3687	2.212	0.283	1.7176	0.4382	0	0	0	0	3.38
22/07/2015	0.25	1.38	0.3687	2.5806	0.2817	1.9993	0.4184	0	0			3.38
23/07/2015	0.26	1.64	0.3687	2.9493	0.2804	2.2797	0.4022	0	0			3.38
24/07/2015	0.28	1.92	0.3687	3.318	0.2792	2.5589	0.3921	0	0			3.38
25/07/2015	0.31	2.23	0.3687	3.6866	0.2779	2.8368	0.3656	0	0			3.38
26/07/2015	0.33	2.56	0.3687	4.0553	0.2767	3.1136	0.3355	0.02	0.02			3.38
27/07/2015	0.36	2.92	0.3687	4.424	0.2755	3.3891	0.3221	0.05	0.07			3.38
28/07/2015	0.41	3.33	0.3687	4.7926	0.2743	3.6634	0.3215	0.13	0.2	0.2	0.31	3.38
29/07/2015	0.43	3.77	0.3687	5.1613	0.2731	3.9365	0.3209	0.16	0.36			3.38
30/07/2015	0.44	4.21	0.3687	5.53	0.272	4.2085	0.3203	0.18	0.53			3.38
31/07/2015	0.49	4.7	0.3687	5.8986	0.2708	4.4793	0.3197	0.25	0.78			3.38
01/08/2015	0.55	5.25	0.3687	6.2673	0.2696	4.7489	0.3192	0.32	1.11			3.38
02/08/2015	0.6	5.85	0.3687	6.6359	0.2685	5.0174	0.3186	0.4	1.5			3.38

图 11－44　VegSyst-DSS 输出的详细数据

CropManage：在线 DSS 软件，开发于加州中部海岸地区，是一个基于可以估算农田氮肥和灌溉需求模型的 DSS 系统。能够根据作物氮素吸收量、土壤硝态氮现状和土壤氮素矿化估计值提出相应的建议。

WELL _ N DSS：WELL _ N DSS 是由英国开发的一种实用的 DSS，用于确定氮肥的推荐量。它已被种植者和顾问用于商业蔬菜生产。WELL _ N 是基于之前的 N _ ABLE 模型研究开发的，通过参考气候、土壤无机氮、作物残留物和土壤有机质的氮矿化作用来计算 25 种不同蔬菜作物实现最大产量所需的最低氮肥总量。

SMART！肥料软件：是由 SMART！肥料公司研发的软件，该公司是一家私营企业，拥有各种软件产品来协助施肥和水肥一体化管理。

11.19.11　主要参考文献

Rahn，C.，Zhang，K.，Lillywhite，R.，Ramos，C.，Doltra，J.，de Paz，J. M.，Riley，H.，Fink，M.，Nendel，C.，Thorup-Kristensen，K.，Pedersen，A.，Piro，F.，Venezia，A.，Firth，C.，Schmutz，U.，Rayns，F.，& Strohmeyer，K.（2010）. EU-Rotate _ N-a decision support system-to predict environmental and economic consequences of the management of nitrogen fertiliser in crop rotations. *European Journal of Horticultural Science*，75（1），20-32

Gallardo，M.，Thompson，R. B.，Giménez，C.，Padilla，F. M.，& Stöckle，C. O.（2014）. Prototype decision support system based on the VegSyst simulation model to calculate crop N and water requirements for tomato under plastic cover. *Irrigation Science*，32（3），237-253.

Gallardo，M.，Fernández，M. D.，Giménez，C.，Padilla，F. M.，& Thompson，R. B.（2016）Revised VegSyst model to calculate dry matter production，critical N uptake and ETc of several vegetable species grown in Mediterranean greenhouses. *Agricultural Systems*，146，30-43

Nendel，C.（2009）. Evaluation of Best Management Practices for N fertilisation in regional field vegetable production with a small-scale simulation model. *European Journal of Agronomy*，30（2），110-118

Doltra，J.，& Muñoz，P.（2010）. Simulation of nitrogen leaching from a fertigated crop rotation in a Medi-

terranean climate using the EU-Rotate _ N and Hydrus-2D models. *Agricultural Water Management*，97，277-285

Soto，F.，Gallardo，M.，Giménez，C.，Peña-Fleitas，T.，& Thompson，R. B.（2014）. Simulation of tomato growth，water and N dynamics using the EU-Rotate _ N model in Mediterranean greenhouses with drip irrigation and fertigation. *Agricultural Water Management*，132（1），46-59

Cahn M.，Smith，R.，& Hartz，T. K.（2013）. Improving irrigation and nitrogen management in California leafy greens production. In：D'Haene，K.，Vandecasteele，B.，De Vis，R.，Crapé，S.，Callens，D.，Mechant，E.，Hofman，G.，De Neve，S.（Eds.），*Proc. of the NUTRIHORT*，*Nutrient Management Innovative Techniques and Nutrient Legislation in Intensive Horticulture for an Improved Water Quality Conference*. Ghent，Belgium，16-18 September 2013. pp. 65-68

Rahn，C. R.，Greenwood，D. J.，Draycott，A.（1996）. Prediction of nitrogen fertilizer requirements with HRI WELL _ N Computer model. In：Van Cleemput O.，Hofman，G.，Vermoesen，A.（Eds.），*Progress in Nitrogen Cycling*. Proc. of the 8th Nitrogen Workshop，Ghent，Belgium. pp. 255-258

Greenwood，D. J.（2001）. Modeling N-response of field vegetable crops grown under diverse conditions with N _ ABLE：A review. *Journal of Plant Nutrition*，24（11），1799-1815

Greenwood，D. J.，Lemaire，G.，Gosse，G.，Cruz，P.，Draycott，A.，& Neeteson，J. J.（1990）. Decline in percentage N of C3 and C4 crops with increasing plant mass. *Annals of Botany*，66，425-436

Tei，F.，Benincasa，P.，& Guiducci，M.（2002）. Critical nitrogen concentration in processing tomato. *European Journal of Agronomy*，18，45-55

Thompson，R. B.，Tremblay，N.，Fink，M.，Gallardo，M.，& Padilla，F. M.（2017）. Tools and strategies for sustainable nitrogen fertilisation of vegetable crops. In：F. Tei，S. Nicola & P. Benincasa（Eds），*Advances in research on fertilization management in vegetable crops*（pp. 11-63）. Springer，Heidelberg，Germany

Shaffer，M. J.，Ma，L.，& Hansen，S.（2001）. Modeling carbon and nitrogen dynamics for soil management. *Lewis publishers*，Boca Raton，London，New York，Washintong DC.

Salo，T. J.，Palosuo，T.，Kersebaum，K. C.，Nendel，C.，Angulo，C.，Ewert，F.，Bindi，M.，Calanca，P.，Klein，T.，Moriondo，M.，Ferrise，R.，Olesen，J. E.，Patil，R. H.，Ruget，F.，Takac，J.，Hlavinka，P.，Trnka，M.，& Rötte，R. P.（2016）. Comparing the performance of 11 crop simulation models in predicting yield response to nitrogen fertilization. *The Journal of Agricultural Science*，154（7），1218-1240

11.20 硝酸盐淋溶模型

（作者：Els Berckmoes[21]，José Miguel de Paz[14]，Rodney Thompson[23]）

11.20.1 用途

该技术用于减少肥料养分排放对环境的影响。

11.20.2 适用地区

该技术适用于所有欧盟地区。

11.20.3 适用作物

该技术适用于所有园艺作物。

11.20.4　适用种植模式

该技术适用于所有种植模式。

11.20.5　技术概述

11.20.5.1　技术目标

硝酸盐淋溶模型旨在模拟和预测氮养分淋溶到地下水体的过程。这些模型可量化某些情况下的施肥量、土壤管理、土壤类型等与淋溶的养分量之间的关系。模拟所得结果为选择最佳实践提供依据，从而可以实现为种植者和种植顾问提供施肥建议和策略。这种方法和模拟结果也可为相关政府和权威管理机构提供重要信息参考。

11.20.5.2　工作原理

硝酸盐淋溶模型是基于数学算法的软件程序，用以模拟硝酸盐在土壤中向底层移动的过程。这些算法主要以水流、溶质传输和土壤氮动力学的知识和研究经验为理论基础。此类模型可参考不同标准的多种模型算法：经验型、逻辑型或者更偏物理的算法。但是针对估算氮淋溶的模型选择，还是应该将模型复杂程度和满足数据要求作为重要的考虑因素。

11.20.5.3　操作条件

目前可供选择的氮淋溶模型有很多种，其复杂程度、数据和参数要求各异。选择合适模型的首要考虑因素是应用目的和操作条件。复杂模型对数据要求较高，往往更适用于小规模的研究目标；而简单模型对数据要求相对较低，则更适用于广泛的筛查分析，后一种简单模型更适用于估算区域的硝酸盐淋溶，其中缺乏足够的实测数据是限制这种方法应用的主要原因。另一方面，如果研究的主要目的是为农民提供施肥的建议，以尽量减少硝酸盐淋溶的损失（图 11-45），那采用中间级模型是最合适的，因为这类模型对细节和数据要求中等，数据精度更能符合要求（图 11-46）。

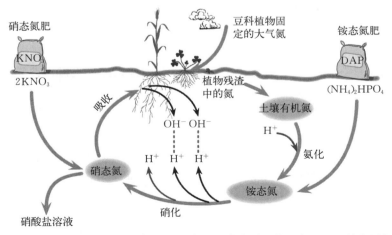

图 11-45　不同氮肥影响的氮循环示意（西澳大利亚第一产业和区域发展部）

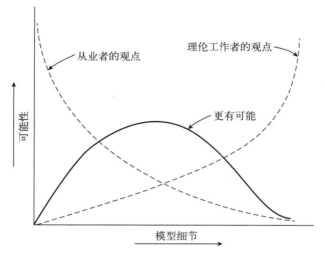

图 11 - 46　田间试验最佳模型选择方法

(Shaffer et al. ，2001)

11.20.5.4　成本

一般来说，硝酸盐淋溶模型都是免费开放的。安装模型需要一些时间，并需要一段培训时间来学习如何使用它。

模型也需要不时更新版本，因此需要进行维护升级。

11.20.5.5　技术制约因素

由于排水模型、不同土壤深度的氮浓度以及土壤中水流优先级等多方面的不确定性，模拟硝酸盐淋溶过程极具挑战性。为了减少这些不确定性的影响，模型在使用前都应进行校验。但是，模型的校验过程是很复杂的，需要花费大量的精力获得足够的数据，这也是使用模型估算硝酸盐淋溶的主要限制因素之一。硝酸盐淋溶的精确测量也是必要前提条件。这些测量结果有时具有相似的不确定性，因为排水和水流优先流动都可能难以精确测量，另外土壤无机氮浓度在空间和时间上变化很大。

目前，用于预测农业和园艺活动所产生的养分淋溶模型已有很多。评估这些活动对地下水体的非点源污染贡献，有一系列从简单到复杂的模型工具。一般而言，简单模型不考虑天气的年度变化，并且很少能将管理效果结合在内。这些简单模型通常不描述土壤和养分运输过程，并可能将某些因素忽略。高级模型则通常需要大量数据来支撑，搜集这些数据往往需要花费大量精力，并且运行这些模型也需要特定技能。

模型放大问题：通常，模型在小范围内（例如田间、温室）运行良好，但大规模应用时，很多困难就随之出现。对于土壤、气候、作物管理等景观因素空间变异较小的区域，可直接运用模型模拟局部范围内氮素淋失。如在大空间变量的复杂区域内，一般需要结合足够详细和广泛的地理分布信息来应用模型，而这些信息在绝大多数情况下极难采集到。

11.20.5.6　优势与局限性

优势：可以考虑到环境中各种要素之间的相互作用，以及农业系统的各种特征；有助于田间管理策略的制定；帮助政策制定者实现环境目标（欧洲、国家和地区层面）；估算田间规模的硝酸盐淋溶损失；减少肥料损失。

局限性：可能存在一些因模拟理论导致的不确定性；往往需要校验准确性。

11.20.5.7 支持系统

模拟硝酸盐淋溶的模型通常被应用于其他各种更复杂的模拟模型中，如 EU-ROTATE _ N、NLEAP（硝氮淋洗与环境影响评估法）、STICS、LEACHN、N-index、WELL _ N、NITIRSOIL 等。根据这些模型的不同输出能力，它们可以被集成到 GIS 中用于评估局部范围内的硝酸盐淋溶，也可以被结合到 DSS 中用于形成氮肥管理推荐方案。

11.20.5.8 发展阶段

研究阶段：包括已经完成的研究和正在进行的氮素淋溶模型研究。研究目的是实现更低的数据要求，更准确的模拟结果，并可以适用于更多样化的条件和对象，例如可拓展到蔬菜和水果类作物，漫灌和局部灌溉系统，新型缓释氮肥应用等。

试验阶段：需要持续不断进行更多的应用试验工作。

田间试验：田间试验通常是为了确保模型可以适应特定条件和种植系统。

商业化阶段：大多数模型由公共研究机构开发，并免费开放使用；大多数结合养分淋溶模型的 DSS 一般也是来自基础研究项目，所以也是免费的；部分由企业开发的软件和应用程序，可能需要有偿使用。

11.20.5.9 技术提供者

多所大学、研究中心、推广中心、公共机构提供了不同的硝酸盐淋溶浸出模型。这些模型通常被整合到更复杂的模拟模型中，用以模拟农业系统中各种养分的传输途径。有时它们也会被研究机构纳入 DSS 用于设计肥料推荐方案，或将它们与局部空间内的 GIS 氮素淋溶估算相关联。

11.20.5.10 专利情况

由于大部分模型是由公共研究机构或大学开发的，所以很少见硝酸盐淋溶模型申请专利的情况。

11.20.6 竞争技术

土壤或土壤溶液取样和实验室分析法被认为是与硝酸盐淋溶模型相竞争的技术，而实际上它们彼此也是互为补充的研究方法。

11.20.7 应用范围

模拟模型是为了预测各种条件下硝酸盐淋溶而开发的工具，其实际使用条件往往与它们被开发时使用的条件大不相同。通过适当的校验，这些模型也可用于不同作物、气候或种植系统。

11.20.8 监管制约因素

许多欧洲成员国，已实施相关政策以降低农业和园艺业的氮和磷排放，包括向地下水和地表水的排放。到目前为止，大多数举措其实都只是针对硝酸盐淋溶的粗略风险评估。综合来看，这些举措的短期和长期影响并不是特别明确。

11.20.9 社会经济制约因素

氮淋溶模型的主要用户是研究人员和大学工作人员，也有少部分政府行政人员和农民用户。现在人们越来越倾向于开发简单、易于用户使用以及基于网络的模型，便于智能手机应用。一般来说，使用这些工具需要特定的技能。所以这项技术在农民、种植顾问以及公职人员的推广中存在一定的限制。

11.20.10 衍生技术

常用模型举例：

ANIMO 模型：开发者为荷兰的 Alterra Wageningen UR（1985）。ANIMO 模型旨在量化不同土壤类型和水文条件下，施肥水平、土壤管理和养分向地下水和地表水系统淋溶之间的关系。该模型包含大量简化的工艺配方。本模型适用于田间规模。

硝酸盐流失及环境评估包（NLEAP）：

开发者为美国农业部农业研究局。它是一种田间规模的计算机模型，旨在提供一种快速有效的方法来确定与农业实践相关的潜在硝酸盐淋溶路径。模拟的过程包括水和硝酸盐的移动、作物吸收、反硝化、氨挥发、土壤有机质矿化，以及与作物残体、粪肥和其他有机废弃物相关的硝化作用和矿化固定化。它利用有关农场管理实践、土壤和气候的基本信息来预测氮吸收和硝酸盐淋溶指数。NLEAP 计算根区以下的潜在硝酸盐淋溶和地下水供应量。此外，NLEAP 5.0 版本还包含了一个 GIS 链接。

EU-ROTATE_N：由一个欧洲联合体项目开发，名为"开发基于模型的决策支持系统，以优化欧洲园艺作物轮作中的氮肥使用"，QLRT－2001－01100。EU-ROTATE_N 模型由若干子程序组成，用于模拟地下和地上的作物生长、土壤和作物残留物的氮矿化、随后的氮吸收以及供需平衡以调节生长。这些都将受到降水、温度和辐射等天气因素的影响。常用于模拟日常情况下水和氮素进入作物的流向，以及后续的蒸发或淋溶。

农业管理系统的地下水负荷效应：

开发者为美国蒂夫顿农业部东南流域实验室。旨在模拟复杂的气候-土壤-管理相互作用下，水、沉积物、农药以及作物养分在田间和根区底部的区域负荷。从 1984 年开始到现在的 3.0 版本，它经历了几个版本的演变，并在世界不同气候条件下和地区进行了评估。由于一些特殊需要，本模型需要进行不断修正。通常，学术研究的不断深入也是新版本发布的推动因素。

反硝化-分解模型：由美国新罕布什尔大学地球海洋和空间研究所开发。该研究所位于新罕布什尔州达勒姆，邮编03824。

该模型是针对农业生态系统中碳和氮的生物地球化学原理，基于过程导向的计算机模型。

DAISY：由丹麦哥本哈根大学的植物和环境科学系开发。DAISY 是一个经过充分测试的动态模型，用于模拟农业生态系统中水和氮动态以及作物生长。该模型旨在模拟在交替管理策略下的水平衡、氮平衡及损失、土壤有机质变化情况，以及轮作作物的生长情况和产量。

标准文化多学科模拟（STICS）：开发者为法国国家农业研究所（INRA）。它是一种以天为时间周期的作物模型，由 INRA 于 1996 年开发完成。其主要目的是在田间条件下，模拟物理介质和作物管理计划变化对作物生产力和环境的影响。从气候、土壤、物种和作物管理的特点出发，计算与生产力相关的产量、质量，与环境相关的排水和硝酸盐淋溶，以及耕作制度下与土壤特性演变相关的产量变量。

CROPSYST：开发者为美国华盛顿州立大学

CropSyst 是一个易于用户使用、概念简单、可靠的模型，可用于多年、多作物、以天为时间步长的模型。该模型已被开发作为分析工具，以研究种植系统管理对生产力和环境的影响。该模型模拟了土壤水分收支、土壤-植物氮收支、作物冠层和根系生长、干物质生产、产量、残渣生成以及分解和侵蚀。可调控管理选项包括品种选择、作物轮作（包括休耕年）、灌溉、氮肥施用、耕作操作（超过 80 个选项）以及残留物管理。

WELL _ N：开发者为英国华威大学华威作物中心。该模型提供了对作物干重、鲜重、残留物中氮含量的预测。它还提供了自模型运行以来的浸出和收获时土壤无机氮状态的估算，以评估不同的氮肥施用量。这些额外信息可以制定替代施肥策略。

氮肥规划程序（NDICEA）：开发者为荷兰路易斯博克研究所。NDICEA 提供了一种对作物氮利用率的综合评估方法。这不仅是对每种作物氮收支的简单估算，还考虑到了作物养分需求，化肥和粪肥、作物残体、绿肥以及土壤中养分的氮素预期可用性。根据土壤类型、温度和降水量计算土壤中不同类型有机物矿化带来的氮释放量。计算了由淋溶和反硝化引起的氮肥损失；在生长期间，将一周时间内作物所得净有效氮与作物需求进行对比。

11.20.11　主要参考文献

Abrahamsen，P.，& Hansen，S.（2000）.Daisy：an open soil-crop-atmosphere system model*Environmental Modelling & Software*，15，313-330

Burns，I. G.（2006）.Assessing N fertiliser requirements and the reliability of different recommendation systems. *Acta Horticulturae*，700，35-48

Brisson，N.，Mary，B.，Ripoche，D.，Jeuffroy，M. H.，Ruget，F.，Nicoullaud，B.，Gate，P.，Devienne-Barret，F.，Antonioletti，R.，Durr，C.，Richard，G.，Beaudoin，N.，Recous，S.，Tayot，X.，Plenet，D.，Cellier，P.，Machet，J. M.，Meynard，J. M.，& Delecolle，R.（1998）.STICS：a generic model for the simulation of crops and their water and nitrogen balances. I. Theory and parameterization applied to wheat and corn. *Agronomie*，18（5-6），311-346

Brisson，N.，Gary，C.，Justes，E.，Roche，R.，Mary，B.，Ripoche，D.，Zimmer，D.，Sierra，J.，Bertuzzi，P.，Burger，P.，Bussière，F.，Cabidoche，Y. M.，Cellier，P.，Debaeke，Gaudillère J. P.，Hénault，C，Maraux，F.，Seguin，B.，& Sinoquet，H.（2003）.An overview of the crop model STICS. *European Journal of Agronomy*，18（3-4），309-332

Delgado，J. A.，Gagliardi，P.，Shaffer，M. J.，Cover，H.，Hesketh，E.，Ascough，J. C.，& Daniel，B. M.，（2010）.New tools to assess nitrogen management for conservation of our biosphere. In：*Advances in Nitrogen management for water quality*.Delgado，J. A.，Follett，R. F.（Eds）.Chapt 14，373-409. Soil and water conservation society

De Paz，J. M.，Delgado，J. A.，Ramos，C.，Shaffer，M. J.，& Barbarick，K. K.（2009）.Use of a new GIS nitrogen index assessment tool for evaluation of nitrate leaching across a Mediterranean region. *Journal of Hydrology*，365，183-194

De Paz，J. M.，Ramos，C.，&. Visconti，F.（2012）. NITIRSOIL：a new N-model to estimate monthly nitrogen soil balance in irrigated agriculture. 17th *International N workshop*，*Innovations for sustainable use of nitrogen resources*，Wexford，Ireland

Groenendijk，P.，Renaud，L. V.，&. Roelsma，J.（2005）. Prediction of Nitrogen and Phosphorus leaching to groundwater and surface waters. *Alterra-Report*，983，ISSN 1566-7197，Retrieved from http：//www. wur. nl/upload _ mm/e/a/9/aca36e57-f1be-483e-bdaa-181414534a89 _ Report%20983. pdf

Hansen，S，Jensen，H. E.，Nielsen，N. E.，&. Svendsen，H.（1991）. Simulation of nitrogen dynamics and biomass production in winter-wheat using the Danish Simulation-Model Daisy. *Fertilizer Research*，27（2-3），245-259

Rahn，C. R，Zhang，K.，Lillywhite，R.，Ramos，C.，Doltra，J.，de Paz，J. M.，Riley，H.，Fink，M.，Nendel，C.，Thorup-Kristensen，K.，Pedersen，A.，Piro，F.，Venezia，A.，Firth，C.，Schmutz，U.，Rayns，F. &. Strohmeyer，K.（2010）. EU-Rotate _ N-a European decision support system to predict environmental and economic consequences of the management of nitrogen fertiliser in crop rotations. *European Journal of Horticultural Science*，75（1），20-32

Salo，T. J.，Palosuo，T.，Kersebaum，K. C.，Nendel，C.，Angulo，C.，Ewert，F.，Bindi，M.，Calanca，P.，Klein，T.，Moriondo，M.，Ferrise，R.，Olesen，J. E.，Patil，R. H.，Ruget，F.，Takac，J.，Hlavinka，P.，Trnka，M. T.，&. Rötter，R. P.（2016）. Comparing the performance of 11 crop simulation models in predicting yield response to nitrogen fertilization. *The Journal of Agricultural Science*，154（7），1218-1240

Shaffer，M. J.，Ma L.，&. Hansen，S.（2001）. *Modelling carbon and nitrogen dynamics for soil management*. Lewis publishers，Boca Raton，London，New York，Washington DC.

Shaffer，M. J.，Delgado，J. A.，Gross，C. M.，Follet，R. F.，&. Gagliardi，P.（2010）. Simulation processes for the nitrogen loss and environmental assessment package. In：*Advances in Nitrogen management for water quality*. Delgado，J. A.，Follett，R. F.（Eds）. Chapter 13，361-372

Stöckle，C. O.，Donatelli，M.，&. Nelson，R.（2003）. CropSyst，a cropping systems simulation model. *European Journal of Agronomy*，18（3-4），289-307

11. 21 缓释肥和控释肥的使用

（作者：Federico Tinivella[7]，Rodney Thompson[23]）

11. 21. 1 用途

该技术旨在减少养分流失对环境的影响。

11. 21. 2 适用地区

该技术适用于所有欧盟地区。

11. 21. 3 适用作物

该技术适用于所有的蔬菜、水果和观赏性作物。

11.21.4　适用种植模式

该技术适用于保护地种植、露天种植。

11.21.5　技术概述

11.21.5.1　技术目标

此类肥料可以根据作物生长介质（如土壤）的特定环境条件或介质（如土壤）中的微生物活性，在一定的时间（数月）内不断释放养分。随着时间的推移，养分的释放速度会变慢，一般认为此类肥料一次施用就足以满足植物整个或相当一部分生长时期对养分的需要。此外，施用这类肥料有望提高作物对养分的吸收率，同时减少养分在环境的损失。

11.21.5.2　工作原理

缓释肥和控释肥这两个术语一直被混淆。缓释肥被定义为养分释放速率比常规化肥要慢，但其释放的速度、模式和持续时间没有得到很好控制的肥料。控释肥的定义是在肥料制备过程中，通过某些工艺制备出释放速率、释放方式和释放时间可控的肥料。这些肥料被统称为缓控释肥（SCRF）。

（1）控释肥：是由半渗透和可生物降解的树脂膜包裹的粒状肥料。这种膜随温度控制养分的释放。渗透压的作用导致水分渗入颗粒肥料中，从而溶解肥料中的养分，激活释放养分的过程（图 11-47）。膜的厚度决定了控释肥养分释放期，在释放期内肥料能持续提供养分。养分释放时间是参比 21 ℃的温度测定的；温度的升高或降低分别导致释放周期的缩短或延长（图 11-48）。

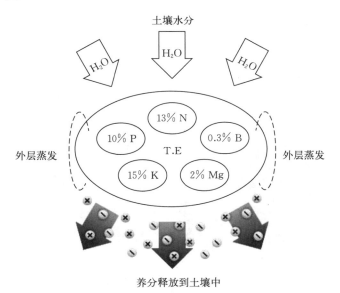

图 11-47　主流控释肥的养分释放机制

最近，市场上推出了覆双膜的颗粒肥料；与内膜相比，外膜具有不同的化学性质，能进一步延缓养分的释放。

（2）缓释肥：基本上是颗粒状肥料，可以慢慢把氮素释放到生长介质（如土壤）中

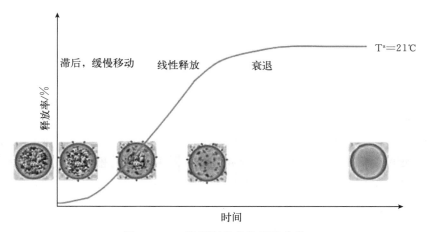

图 11－48 控释肥的养分释放曲线

（图 11－49）。缓释肥是通过尿素和不同复杂性的醛发生缩合反应获得的，主要类型有如下几种：

脲甲醛：氮的释放是由微生物活性控制的，在 pH 低时释放速度较快。当温度达到 5 ℃时开始释放养分，并在 32 ℃内随着温度升高释放速度逐渐递增。通常要求肥料的粒径较小（<2 mm），以确保原料能均匀分布，并且平均养分释放时间保持在 2～3 个月。

异丁烯二脲：其释放机制更多的是化学作用而不是微生物作用。首先，异丁烯二脲被溶解，然后与尿素发生水解作用，最后尿素被分解。在低 pH（5～6）条件下，小尺寸颗粒肥料水解速度最快。

环氧二脲：氮素释放速度取决于微生物的降解能力，并受温度、湿度和 pH 影响。当 pH 不高于 6，并且温度低于 10 ℃时，氮素的释放基本停止。

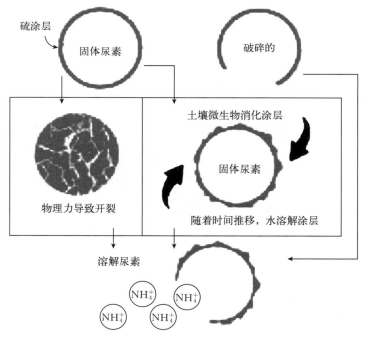

图 11－49 缓释肥的作用机制

　　缓控释肥：通常用于种植多年生植物，如草坪草、果树。至于盆栽植物，基质的生产商或供应商通常根据客户要求的剂量，将缓/控释肥与培养基混和备用。

　　混合剂量：平均每立方米基质混入肥效为 3～4 个月的控释肥 1～3 kg，或者肥效为 12～14 个月的控释肥 3～5 kg。

　　缓释肥每立方米基质混入 1～3 kg。这些肥料通常以 5～25 kg 的袋装供应。

11.21.5.3　成本

　　控释肥大约 2.5 欧元/kg；缓释肥大约 1 欧元/kg。

11.21.5.4　技术制约因素

　　如果肥料（混合之前）或原料袋没有妥善储存，肥料的释放可能会受到与温度有关的极端环境条件的强烈影响。

　　为了避免作物毒性作用，了解作物品种对化肥盐度的不同耐受性是至关重要的。

11.21.5.5　优势与局限性

　　优势：在整个种植过程中更好地控制养分的释放；能在作物生长的某个阶段集中释放养分；减少化肥用量；减少氮素淋洗损失；可随时施用于基质。

　　局限性：售价高；制备生长介质较为费时。

11.21.5.6　支持系统

　　在种植盆栽所用的基质和设备中，能够方便肥料与基质混合时才适用此技术。

11.21.5.7　发展阶段

　　该技术已商业化。

11.21.5.8　技术提供者

　　很多公司生产缓控释肥，比如 ICL、Eurochem Agro、Haifa，Bottos 提供草坪专用产品。

11.21.5.9　专利情况

　　控释肥和缓释肥所用的包膜技术通常都有授权专利。

11.21.6　竞争技术

　　硝化抑制剂、改性铵基氮肥可以延长氮素的释放时间，通常认为与缓控释肥料存在竞争关系。

11.21.7　应用范围

　　缓控释肥非常适合多年生作物（例如草坪草、果树），在这些作物上使用缓控释肥能减少肥料施用量，从而获得经济效益。对于蔬菜生产而言，由于蔬菜种植周期短，种植者可能无法通过减少氮肥的施用量来获得足够的经济效益，以使缓控释肥的额外成本合理化。蔬菜种植的另一个重要问题是在蔬菜氮素需求高峰期需确保氮素的充足供应，而控释肥可能无法持续提供数量充足的有效氮。

　　在蔬菜作物中施用缓控释肥的研究表明，施用缓控释肥的产量水平与常规氮肥相当，但并未超过常规氮肥的产量。迄今为止，通过施用缓控释肥减少施用氮肥的经济效应并没有使众多蔬菜种植者信服。基于环境原因，相关的法规也许会鼓励农民使用缓控释肥。如果基于环境的考虑要增加缓控释肥在蔬菜生产中的使用，则应该有合理的科学研究，并证明在不同的种植条件下使用缓控释肥减少了氮的损失。缓控释肥在蔬菜生产中的潜在应用可能受到种植系统特征的影响。Hartz 和 Smith（2009）指出，基于环境考虑使用缓控释肥最合适的条件包括，当季硝酸盐淋洗量较大，而且可能会超出种植者的控制范围。更适合使用缓控释肥的区域是种植期间发生暴雨事件的地区和沙质土壤。

11.21.8　监管制约因素

与肥料有关的第 2003/2003 号《管理瓶颈条例》（EC）规定，将所有欧盟国有关适用肥料的规则纳入了一项立法。它确保这些先进技术在整个欧盟得到统一实施。

11.21.9　社会经济制约因素

缓控释肥比常规化肥更昂贵。

11.21.10　衍生技术

缓控释肥通常用于特定的情况，在这种情况下，减少化肥施用量具有经济优势。此外，它们也可适用于养分流失较高的环境条件，如沙质土壤。这些肥料在苗圃、观赏植物生产和家庭花园中也很受欢迎。

11.21.11　主要参考文献

Hartz，T. K.，& Smith，R. F.（2009）. Controlled-release fertilizer for vegetable production：The California experience. *HortTechnology*，19（1），20-22

Morgan，K. T.，Cushman，K. E.，& Sato，S.（2009）. Release mechanisms for slow-and controlled-release fertilizers and strategies for their use in vegetable production. *HortTechnology*，19（1），10-12

Shaviv，A.（2001）. Advances in controlled-release fertilizers. *Advances in Agronomy*，71，1-9

Thompson，R. B.，Tremblay，N.，Fink，M.，Gallardo，M.，& Padilla，F. M.（2017）. Tools and strategies for sustainable nitrogen fertilisation of vegetable crops. In：F. Tei, S. Nicola & P. Benincasa（Eds），*Advances in research on fertilization management in vegetable crops*. pp. 11-63. Springer，Heidelberg，Germany

Ozores-Hampton，M.，Dinkins，D.，Wang，Q.，Liu，G.，Li，Y.，& Zotarelli，L.（2017）. Controlled-Release and Slow-Release Fertilizers as Nutrient Management Tools. https://edis.ifas.ufl.edu/hs1255

11.22　有机肥料

（作者：Georgina Key[1]，Dolors Roca[8]）

11.22.1　用途

该技术用于减少养分流失对环境的影响。

11.22.2　适用地区

该技术适用于所有欧盟地区。

11.22.3　适用作物

该技术适用于所有蔬菜、水果和观赏作物。

11.22.4　适用种植模式

该技术适用于所有种植模式。

11.22.5　技术概述

11.22.5.1　技术目标

在提供养分、减少对环境的影响和提高可持续性的背景下，有机肥料为整个作物生长期间提供均匀的养分供应，并且还能够从土壤物理和化学特性两方面提高土壤质量。

11.22.5.2　工作原理

有机营养管理涉及使用动物粪肥、堆肥、有机肥料以及覆盖作物。有机肥料在分解过程中能稳定的释放养分供给作物生长（图 11-50）。不易降解的有机肥料能增加土壤有机质的含量，从而改善土壤化学和物理性质，进而提高土壤质量。通过适当的管理，每年产生的大量作物残体和动物粪便可以成为宝贵的作物养分来源，并可以改善土壤质量。

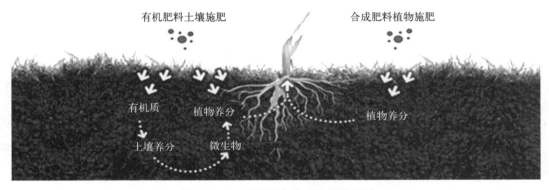

图 11-50　有机肥和合成化肥的差异

提高土壤物理特性可以促进根系生长，提高养分吸收效率。据观察，补充施用粪肥可以提高作物对化肥的吸收效率。此外，施用有机肥料（图 11-51）可以增加农业土壤的碳固持量。

11.22.5.3　操作条件

有机肥应用中的主要问题包括：有机肥的质量较重、体积较大、用工量大、实际用量小、运输和施用成本高、容易滋生杂草、卫生条件差以及缺乏用于维持粪肥质量的储存设施等。

良好的贮藏和堆肥都需要严格的管理。规模较大的企业可能需要定期从现场移除肥料，而堆肥可能是小企

图 11-51　有机化肥包装

业或当地市场常用的处理方法。在所有情况下，储存设施必须就位，设计上能满足马厩处理粪肥的特殊要求，必须考虑车辆通行的需要，并避免造成污染。

堆肥管理不善造成的径流，既会导致养分的流失，也存在着严重污染环境的可能。因此，尽量提高粪肥的营养价值与减少给环境造成的不良影响是同步的。

此外，考虑到堆肥来源、有机改良剂或肥料的多样性，需要分析养分含量，以便根据作物需要、土壤肥力和施肥次数调整施肥用量。避免施肥量超过作物的需求量，尤其对常年施用粪肥的田地，要特别注意防治氮素投入过量。除粪肥外，生物固体、食品加工废料、动物副产品、庭院废物、海藻等堆肥材料也是农田的营养来源。生物固体含有大多数作物所必需的养分，同时比20年前的生物固体更加清洁，但必须遵守农业施用规定，以防止痕量金属积累。值得注意的是，有机认证农产品也不能使用生物固体作为养分来源。

11.22.5.4 成本

随着有机肥生产新技术的发展，农民可以采用与化肥成本接近的有机肥施用技术。

11.22.5.5 技术制约因素

产业发展：主要是生产可用于水肥一体化的可溶性液体有机肥的技术。

11.22.5.6 优势与局限性

优势：可用于生产优质的有机农产品；化肥的替代品；与化肥相比，能降低地表水和地下水污染的风险；改善土壤质量。

局限性：养分含量的不确定性；养分浓度低；有机肥体积大；使用某些原料的有机肥（如泥浆、粪肥和生物固体），需特别注意病原菌的控制；需要专用设备，如撒肥机。

11.22.5.7 支持系统

施用有机肥需用到专用设备，如撒肥机。可能需要在实施的第一阶段调整生产技术和技术评估；同时，可能需要实验室来鉴定所要应用的有机材料。

11.22.5.8 发展阶段

研究阶段：以同步作物对养分的需求与有机肥的养分供应的相关研究正在进行。需要有新的方法去评估不同来源的有机肥对不同作物、不同品种在不同地点的作用。

实验阶段和田间试验阶段：为获得正确的管理方法，正在进行更多的应用性试验工作和田间测试。

商业化阶段：有专门生产不同有机肥料的公司。

11.22.5.9 技术提供者

专门从事生产肥料的公司，特别是那些专门生产有机肥料的公司可提供这些产品。然后，有机肥料通过肥料分销链或专门销售有机产品的批发商点销售。粪肥由专门的公司提供给园艺种植者，这些公司把粪肥送到农场并施用。

11.22.5.10 专利情况

一些相对新型的有机肥料涉及藻类、植物和粪肥等材料的加工，可能被生产公司申请了专利。一些生产工艺将被注册专利。

11.22.6 竞争技术

替代施肥管理与有机肥生产（化肥施用）相竞争；然而，这两种技术可以结合使用。

11.22.7　应用范围

该技术可用于不同作物类型、气候及种植系统。

11.22.8　监管制约因素

11.22.8.1　欧洲层面

法规（EC）No 834/2007 的设立是为了规范内部市场和保护消费者权益，描述了有机肥生产标准、控制和标签要求。

有机肥料是通过明确定义的有机生产方法生产的（即 EC 法规 834/2007）。遵守这些方法的种植者由权威机构授权的独立组织予以认证。

11.22.8.2　国家层面

一般来说，关于有机肥料的使用有国家规定，这些规定通常基于欧盟的规定。

11.22.8.3　区域层面

在一些地区，经常有基于欧盟法规的区域性法规。

11.22.9　社会经济制约因素

有机农业种植面积有限，将成为建立有机农业系统具体规划的经济制约因素。

通常用作有机肥料的残留物管理成本是一个问题。此外，由于有机肥料的养分含量一般低于矿物肥料，因此运输和储存大量的有机肥料成本很高。

11.22.10　衍生技术

该技术无衍生技术。

11.22.11　主要参考文献

Regulations：Regulation（EC）No 2003/2003 of the European Parliament and of the Council of 13 October 2003 relating to fertilisers. This Regulation shall apply to products which are placed on the market as fertilisers designated "EC fertiliser"

Commission Regulation（EU）2016/1618 of 8 September 2016 amending Regulation（EC）No 2003/2003 of the European Parliament and of the Council relating to fertilisers for the purposes of adapting Annexes I and IV（Text with EEA relevance）

REGULATION OF THE EUROPEAN PARLIAMENT AND OF THE COUNCIL laying down rules on the making available on the market of CE marked fertilising products and amending Regulations（EC）No 1069/2009 and（EC）No 1107/2009

Council Regulation（EC）No 834/2007 of 28 June 2007 on organic production and labelling of organic products and repealing Regulation（EEC）No 2092/91. Like its predecessor, Council Regulation（EEC）No 2092/91，Regulation（EC）No 834/2007 set up primarily as an internal market and consumer protection regulation，describes the organic production standards and the control and labelling requirements

Including amendment：COUNCIL REGULATION（EC）No 967/2008 of 29th September 2008 amending Regulation（EC）No 834/2007 on organic production and labelling of organic products

Orden 30/2010 transposition to Comunidad Valenciana Legislation

Baldi, E., Toselli, M., Eissenstat, D. M., & Marangoni, B. (2010). Organic fertilization leads to increased peach root production and lifespan. *Tree Physiology*, 30, 1373-1382

Baldi, E., Toselli, M., Marcolini, G., Quartieri, M., Cirillo, C., Innocenti, A., & Marangoni, B. (2010). Compost can successfully replace mineral fertilizers in the nutrient management of commercial peach orchard. *Soil Use and Management*, 26 (3), 346-353

Barakat, M. R., Yehia, T. A., & Sayed, B. M. (2012). Response of newhall navel orange to bio-organic fertilization under newly reclaimed area conditions I: Vegetative growth and nutritional status. *Journal Horticultural Science and Ornamental Plants*, 4 (1), 18-25

Canali, S., Rocuzzo, G., Tittarelli, F., Ciaccia, C., Fiorella, S., & Intrigliolo, F. (2012). Organic Citrus: Soil fertility and plant nutrition management. In: *Advances in Citrus Production*. AK Srivastava (Ed)

Gamal, A. M., & Ragab, M. A. (2003). Effect of organic manure source and its rate on growth, nutritional status of the trees and productivity of Balady mandarin trees. *Assiut Journal of Agricultural Sciences*, 34 (6), 253-264

Polat, E., Demiri, H., & Erler, F. (2010). Yield and quality criteria in organically and conventionally grown tomatoes in Turkey. *Scientia Agricola*, 67 (4), 424-429

Thomsen, I. K., Kjellerup, V., & Jensen, B. (1997). Crop uptake and leaching of 15N applied in ruminant slurry with selectively labelled faeces and urine fractions. *Plant Soil*, 197 (2), 233-239

第 12 章

尾液排放环境控制——养分回收再利用

（作者：Wildred Appelman[22]，Els Berckmoes[21]，Alejandra Campos[10]，Jennifer Bilbao[10]，Ilse Delcour[19]）

12.1 概述

12.1.1 用途

通过养分回收再利用来降低对环境的影响。

12.1.2 适用地区

该技术适用于所有欧盟地区。

12.1.3 适用作物

该技术不针对具体作物，而是与废水管理以及从废水中回收再利用养分等方面密切相关。

12.1.4 适用种植模式

该技术适用于所有种植模式。

12.1.5 技术概述

采用滴灌施肥是在提高园艺作物对水和养分的利用效率上十分重要的进步，然而在广泛使用滴灌施肥的地区已发现了明显的环境影响。例如，在比利时佛兰德和荷兰的无土栽培温室地区，附近地表水体的硝酸盐含量经常超过阈值（50 mg/L）。

FERTINNOWA 项目中的一项调查结果显示，在一些欧洲成员国，尤其是像比利时、荷兰和法国这样地处欧洲西北部的国家，无土栽培的排水系统普遍采用集流方式。在最近几十年里，为发展回收再利用废水中某些养分的技术而开展了大量的研究。因此，滴灌施肥明显降低了对环境的影响。

养分排放涉及的主要问题是含水层的富营养化和硝酸盐污染，养分从无土栽培系统进入到地表水造成的地表水富营养化情况尤其严重。图 12-1 概括介绍了养分释放到地表水中以及从封闭的无土栽培系统中回收养分的途径。

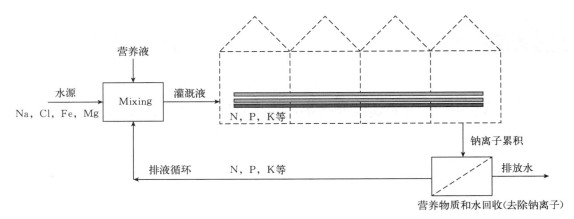

图 12-1 （温室）园艺作物栽培封闭式水系统运行示意

12.1.5.1 关于营养元素回收利用的具体立法

氧化铁涂层石英砂（IOCS，铁盐溶液蒸发法在石英砂上负载氧化铁颗粒）可以用于吸附排放水中的磷，而 IOCS 是水处理厂的副产品，若要作为特殊用途的资源使用，需要进行原料申报［废物框架指令（2008-98-EC）］。

12.1.5.2 商业模式需求

该技术需要关于管道末端解决方案的业务模型。去除养分花费高昂，通常需要较多的投资和运营成本。因此，建立健全的商业模式，让种植者了解使用这些技术的成本和效益，如额外成本、养分回收节省的肥料成本，以及探索固定式、移动式或复合式管道末端的选择，是非常有用的。

12.1.5.3 养分回收技术需要长期示范

提高养分回收率的技术大多仍处于研究阶段，需要长期的田间试验和示范，以评估获得的再生肥料。由于回收肥料的运输费用昂贵，而且有特定的法规限制，回收的养分基本会施用于回收它们的农场。

12.1.5.4 其他污染物和一体化方案的需求

在欧洲地区，除了水的使用，其他营养物质和农药的排放对环境的影响也是重要的问题之一。大多数用于回收养分和植物保护制品的技术是管道末端解决方案，其一般侧重于去除特定的养分，例如 N、P 或植物保护制品。除了管道末端解决方案，还需要更有益、更全面的方法，因为通常农用污水排放必须满足一系列排放标准，以确保水质良好，例如化学需氧量、植物保护制品、N、P、Na、Cl 等。

可以采用不同类型的处理方法来限制植物保护制品的排放及对环境的影响，这些处理基于氧化、吸附或保留的原理。根据实际情况，在温室或农场使用不同的系统和技术时，应全面考虑其有效性、安全性和经济性。一些非常有效的系统价格高、使用不便捷，并且需要专业的人员来进行安装和维护。

在一些欧盟成员国，如荷兰《水资源框架指令》（WFD）中的处理与法逐渐推广，其中的处理方法似乎已经为污水排放提供了有效的解决办法。从 2018 年初开始，荷兰强制要求农场使用相关处理技术，从排水系统中去除 95%～99% 的植物保护制品。预期比利时等其他成员国也将采取这种做法。在 FERTINNOWA 项目正在研究采用新的集成技术从排水中去除植物保护制品的问题。

随着针对排放水的法规和标准日益严格，相关种植者对综合方法的需求也更加显著。种植者获得的管道末端处理方案理想情况下会符合所有的排放标准。一体化的解决方案中，排放水被收集并且再循环，使得养分被保留，避免了农药的排放。而且一体化的解决方案如果成功实施会比管道末端处理方案更加可取。

12.1.6　社会经济制约因素

露地种植作物过度灌溉和施用氮肥会造成地下水的硝酸盐污染。在作物进行无土种植营养液循环利用的情况下，也有大量废液排出。比利时佛兰德和荷兰的出版者指出，每年有 5%～10% 的营养液从再循环的无土系统中排出。当废弃的再循环营养液排放到地表水中时，会造成明显的环境影响。荷兰的一项研究表明，荷兰无土温室部门每年会排放 1 300 t N、200 t P 和 1 134 kg 植物保护制品（Beerling et al.，2013）。

近几十年来，人们开展了一系列研究活动，以研究管道末端解决方案和经济可行性。实施管道末端解决方案将涉及一系列社会经济问题：种植者需要进行"思想转变"，因为种植者必须额外关注废水的处理；目前，种植者对排水的潜在价值知之甚少，排水中剩余的养分和水本身仍有利用价值，具体价值取决于水源的类型；废水的净化需要较多的投资，回收的养分和水会抵偿部分投资。

12.1.7　监管制约因素

一些指导和政策要求是由欧盟制定的，这些指导和政策的要求影响到了欧盟园艺中化肥的使用和灌溉。表 12-1 列出了最重要的指令和策略。

表 12-1　影响园艺肥料使用和灌溉最重要的指令和政策要求

一般立法和政策	目标和评论
水资源框架指令，包括硝酸盐框架指令	达到水体良好的定性和定量状态 硝酸盐指令通过防止农业来源的硝酸盐污染地下水和地表水，推广正确的耕作方法，来保护整个欧洲的水质
硝酸盐框架指令	减少农业氮素污染
饮用水指令	规定用于饮用水的最低卫生标准，并与其他与水有关的政策联系起来

12.1.8　现有技术

各种管道末端解决方案可从排水中回收再利用特定营养物质。营养物的回收再利用技术包括磷吸附介质、电化学磷沉淀、移动床生物膜反应器（MBBR）、改性离子交换等理化过程，以及人工湿地营养物去除、浮萍利用等生物方法。

12.1.9　目前无法解决的问题

12.1.9.1　关于使用回收营养素的具体立法
这些应根据回收利用的营养物质和材料的具体情况进行评估。在某些情况下，运输或使

用这些材料的法律背景可能不清楚。

12.1.9.2　商业模式需求

需要特定的商业模式。通常可以利用工具提供的商业模式。

12.1.9.3　养分回收技术需要进行长期的验证

许多示范点已经在欧洲各地建立。欧洲的项目或倡议（如 FERTINNOWA、Nuredrain等）以及许多国家项目［Apropeau（Be）、SOSpuistroom（Be）、Glastuinbouw Waterproof（NL）等］正在研究和示范管道末端处理解决方案。

12.1.9.4　需要统筹兼顾

大多数元素都可以进行统筹兼顾。这些元素应该作为一个整体在商业模式中进行评估。

12.1.10　主要参考文献

van Os，E.，Jurgens，R.，Appelman，W.，Enthoven，N.，Bruins，M.，Creusen，R.，Feenstra，L.，Santos Cardoso，D. Meeuwsen，B.，& Beerling，E.（2012）Technische en economische mogelijkheden voor het zuiveren van spuiwater. Wageningen UR Report GTB-1205

Balendonck，J.，Feenstra，L.，Van Os，E. A.，& Van der Lans，C. J. M.（2012）. *Glastuinbouw Waterproof*：*Haalbaarheidsstudie valorisatie van concentraatstromen*（WP6）*Fase 2-Desktop studie afzetmogelijkheden van concentraat als meststof voor andere teelten*（No. 1204）. Wageningen UR Glastuinbouw.

Berckmoes，E.，Van Mechelen，M.，Mechant，E.，Dierickx，M.，Vandewoestijne，E.，Decombel，A.，& Verdonck，S.（2013）Quantification of nutrient rich wastewater flows in soilless greenhouse cultivations. https：//www. researchgate. net/publication/263354011 _ Quantification _ of _ nutrient _ rich _ wastewater _ flows _ in _ soilless _ greenhouse _ cultivations

Lee，A.，Enthoven，N.，& Kaarsemaker，R.（2016）Best practice guidelines for greenhouse water management. Brochure of Grodan & Priva

Beerling，E. A. M.，Blok，C.，Van der Maas，A. A.，& Van Os，E. A.（2013，June）. Closing the water and nutrient cycles in soilless cultivation systems. In *International Symposium on Growing Media and Soilless Cultivation*，1034（pp. 49-55）

Morin，A.，Katsoulas，N.，Desimpelaere，K.，Karkalainen，S.，& Schneegans，A.（2017）Starting paper：EIP-AGRI Focus Group Circular Horticulture Retrieved fromhttps：//ec. europa. eu/eip/agriculture/sites/agri-eip/files/eip-agri _ fg _ circular _ horticulture _ starting _ paper _ 2017 _ en. pdf

Ruadales，R. E.，Fisher，R. P.，& Hall，C. R.（2017）The cost of irrigation sources and water treatment in greenhouse production. *Irrigation Science*，35，43-54

Stijger，H.（2017，December 04）. Leren omgaan met oplopend natriumgehalte in de teelt. Retrieved fromhttps：//www. glastuinbouwwaterproof. nl/nieuws/leren-omgaan-met-oplopend-natriumgehalte-in-de-teelt/

Voogt，W. Retrieved from Verzilting in de zuidwestelijke delta en de gietwatervoorziening glastuinbouw. http：//edepot. wur. nl/13084

12.2　技术清单

养分回收再利用技术清单见表 12-2。

表 12 - 2 养分回收再利用技术清单

技术（TD）	营养回收原理	成本	优势	弱势	备注
磷吸附介质	间接去除磷（需研究确认）	未知	去除磷，与理化过程相比，几乎不需要后处理 没有额外的用于吸附的氯化物处理水	如果磷的浓度不高，则不满足 1 mg PO_4 - P/L 的标准 饱和颗粒不能用作肥料时形成废物	这项技术还处于研究阶段 磷饱和颗粒作为肥料的潜力需要调查，可能需要制定具体的立法
电化学磷沉淀（ePhos®）	采用沉淀法在废水中将磷转化为鸟粪石沉淀	磷具体生产成本 3~4欧元/kg 能量消耗为 0.25~5 kW·h/m³	模块化配置（易于扩展） 现场安装	需要磷浓缩步骤（离子交换） 需要关于鸟粪石交易的具体规定	这项技术还处于研究阶段
小叶浮萍（浮萍）	去除氮、磷等营养物质。浮萍生长在水面上，利用水面上的营养物质生长，因此，消耗了大量的氮和磷	未知	通过营养和光照竞争预防藻类生长	具体水质要求严格 有过滤器堵塞的风险 在过度生长的情况下需要收获	目前，没有浮萍培养基出售，但可以从野外获取
移动床生物膜反应器	去除氮和有机物	每天 13 m² 需 5 000~10 000 欧元	移动床生物膜反应器结合了活性污泥法和固定膜法的优点。它基于生物膜原理，活性生物膜生长在一种小型特殊设计的塑料载体上，阈值为每升 50 mg 臭氧 紧凑的安装 简单的操作	3 m³ 的移动床生物膜反应器处理 2~3 hm² 废水需花费 4 000 欧元，最大流量为 13 m³/d 额外需要考虑的成本是计量部件（C/N/P）、吸入泵，系统和 pH 调节器和绝缘材料，添加 5 000 欧元 土方工程，排水供应移动床生物膜反应器成本约 2 000 欧元 对植物保护制品残留敏感 需要水中的溶解氧	商业的
人工湿地	为治理人为排放污水的如工业废水或雨水径流而建造的湿地，去除氮、磷、重金属	大型表流湿地成本 25 欧元/m²，小规模、充气湿地 1 000 欧元/m² 投资费用：25~1 000 欧元/m² 运营成本：每年 150 欧元	商业化高效去除第一年的刀菌、疫霉菌和霉菌	需要设计合理，施工精细 在冬季（温度<15℃）效率不理想 6 年后效率下降，需要额外的大量碳源（m²）	特殊条件需求：氧气含量最低 4 mg/L，pH 5.5~9

12.3　磷吸附法

（作者：Ilse Delcour[19]，Joachim Audenaert[19]，Elise Vandewoestijne[17]）

12.3.1　用途

该技术旨在尽量减少养分排放对环境的影响。

12.3.2　适用地区

该技术适用于所有欧盟地区。

12.3.3　适用作物

该技术不针对特定的作物，是基于磷的整体消除考虑。

12.3.4　适用种植模式

该技术适用于所有种植。

12.3.5　技术概述

12.3.5.1　技术目标
该技术用于从废水中回收磷。

12.3.5.2　工作原理
这项技术依赖于铁对磷的吸附。采用含砂芯的颗粒状铁，称为氧化铁涂层石英砂（IOCS），作为吸附材料（图 12-2）。氧化铁涂层石英砂用于从地下水中制备饮用水，使用后是饮用水工业的一种副产品。除了磷酸盐外，氧化铁涂层石英砂还可以吸附废水中的其他污染物。

磷酸盐的去除可在缺氧移动床生物膜反应器的反硝化步骤之后进行（见 12.6 节）。

图 12-2　氧化铁涂层石英砂

12.3.5.3　操作条件

700 L 的磷酸盐过滤器，填充 1 000 kg 铁颗粒，每天可以处理 1 m³ 废水（磷酸盐含量 20 mg/L）。

磷酸盐过滤器的穿透时间为 4~6 个月。监测水的电导率可以预测穿透时间，当 EC 下降明显减缓时，需要更换石英砂。废水 pH 应在 7 左右。间歇性使用（每天工作 16 h，休息 8 h）可以显著提高吸附能力，其原因是在休息期磷酸盐颗粒间向石英砂核心扩散，形成自由吸附位点。

12.3.5.4　成本

目前还没有这方面的信息。

12.3.5.5　技术制约因素

目前还没有这方面的信息。

12.3.5.6　优势与局限性

优势：与传统的对形成的磷酸盐污泥进行高效分离的物理化学脱磷工艺相比，后处理更少。使用氯化铁时，无需额外处理氯化物。适用于废水量有限的小公司，生物去除过程需要更大的装置。磷饱和颗粒可以作为磷肥再利用。比利时佛兰德正在进行多项从颗粒中提取磷（PCS 观赏植物研究）的研究。

局限性：关于磷酸盐饱和铁颗粒作为植物肥料再利用的可能性，还需要进一步的研究。受到明确的法规限制。

12.3.5.7　支持系统

需要安装一个泵将通过覆膜砂床的水抽出。

12.3.5.8　发展阶段

需要进一步研究磷酸盐饱和铁颗粒作为植物肥料再利用的可能性。

12.3.5.9　技术提供者

目前它还没有用于商业用途。

12.3.5.10　专利情况

该技术不是专利技术。

12.3.6　竞争技术

目前还没有这方面的信息。

12.3.7　应用范围

该技术可用于园艺（温室）、奶牛场、屠宰场和使用地下水灌溉的大田作物，还可以与人工湿地或机械系统结合使用，以清洁生活污水。

12.3.8　管理制约因素

若要将氧化铁涂层石英砂等副产品用作特殊应用资源，则需要原材料声明［依据 Waste Frame Directive（2008-98-EC）条文］。氧化铁涂层石英砂也被认为是一种资源［原材料申报、废物框架指令（2008-98-EC）］，可用于各种工业，如砖工业、水泥工业、发酵厂（去除硫化氢）、水处理（吸附磷酸盐）和饮用水处理（去除砷）等。

12.3.9　社会经济制约因素

目前还没有这方面的信息。

12.3.10　衍生技术

目前没有这方面的信息。

12.3.11　主要参考文献

Berckmoes，E.，Decombel，A.，Dierickx，M.，Mechant，E.，Lambert，N.，Vandewoestijne，E.，Van Mechelen M.，& Verdonck，S.（2014）.Telen zonder spui in de glastuinbouw. ADLO-project. Retrieved from：http://www. proefstation. be/wp-content/uploads/2015/07/BROCHURE-Telen-zonder-spui-26032014，pdf on 18/01/2017

Lambert，N.，Van Aken，D.，& Dewil，R.（2013）.Anoxic Moving-Bed BioReactors（MBBR）and phosphate filters as a robust end-of-pipe purification strategy for horticulture. Extended abstract 108，Nutrient management，innovative techniques and nutrient legislation in intensive horticulture for improved water quality（Nutrihort），September 16-18，2013，Ghent. Retrieved fromhttp://www. ilvo. vlaanderen. be/Portals/69/Documents/Book _ proceedings _ NUTRIHORT. pdf on 18/01/2017

12.4　电化学沉淀法除磷

（作者：Alejandra Campos[10]，Jennifer Bilbao[10] Iosif Mariakakis[10]）

12.4.1　用途

该技术用于降低营养排放对环境的影响。

12.4.2　适用地区

该技术适用于欧盟地区。

12.4.3　适用作物

该技术适用于所有作物。

12.4.4　适用种植模式

该技术适用于所有种植模式。

12.4.5　技术概述

12.4.5.1　技术目标

回收废水中的磷，尽量减少养分排放对环境的影响。

12.4.5.2　工作原理

ePhos ®技术是一种电化学的磷沉淀工艺。它发生在由阴极和镁牺牲的阳极组成的电解槽中。被处理的上清液在反应槽中的两个电极之间流动。当接通直流稳压电源时，电解反应发生。阴极发生还原反应，水电解产生 OH^- 离子，pH 升高，同时产生氢气。结果表明，ePhos® 过程不用额外添加化学物质来调节 pH。在阳极，金属镁发生氧化反应：产生的 Mg^{2+} 和水里磷酸盐和 NH_4^+ 离子或者 K^+ 离子发生反应形成磷-盐，磷-盐主要由鸟粪石或六水磷酸钾镁组成。重力的作用将磷-盐分离出来（图 12-3）。

$$Mg(s) \rightarrow Mg^{2+} + 2e^-$$

$$2H_2O + 2e^- \rightarrow H_{2(g)} \boxed{+2OH^-} \Longrightarrow 未调整 pH 的碱用量$$

$$Mg^{2+} + NH_4^+ + PO_4^{3-} + 6H_2O \rightarrow \boxed{MgNH_4PO_4 \cdot 6H_2O}$$
Struvite

图 12-3　电化学方法除磷工作原理

12.4.5.3　操作条件

由于模块化配置，对废水处理厂的规模没有任何限制。

在可行性研究过程中，在德国北部的一个生物法去除磷污水处理厂，用一个流量不超过 $1 m^3/h$ 的试验装置对该工艺进行了测试。经证明，可以在客户的处理厂使用 ePhos® 工艺使磷沉淀和从上清液中回收（上清液是经过离心机或者玻璃瓶去除掉大部分固体杂质之后的液体）。所以，在实际污水处理的工厂里，就可以解决因磷酸盐浓度波动而引起的主要操作问题。

所有的试验都进行得非常成功。消化污泥脱水的上清液的平均磷去除率和磷转化为鸟粪石的转化率均达到 80% 以上。上清液中磷的浓度平均从 180 mg/L 减低到 20.8 mg/L。滤液再循环时不再需要处理的磷总量减少了 7%。

污水处理厂的这种设计显示，采用电化学法沉淀磷，阳极镁棒每年大概需要 10 t 镁。根据这个计算，大概每年会产生 73 t 的鸟粪石，这些鸟粪石可以直接用作肥料。处理厂必须使用的化学品总量将减少 40 t，即每年减少 20%。

关于该技术在灌溉排水系统中养分回收方面的应用，必须根据这些条件进行调整。改进的 ePhos® 技术将在 FERTINNOWA 项目内采用。

12.4.5.4　成本

以 50 万人口当量的污水处理厂来核算的费用情况见表 12-3。每千克鸟粪石的资本支出是 0.23 欧元。

表 12-3　成本概述

类　别	费用（欧元）
每年投入成本	179 000
每年运营	455 300
总金额	634 300
每千克磷规定成本	3.4

每年的运营和投入如下：

镁电极费用：镁大概 3 000 欧元/t。大概每小时的镁消耗量为 0.25 kg/m² 电极面积，相

对应的 Mg∶P 的化学计量是 1.1∶1。镁的回收没有限制，除非是以粉末形式。

能源和电力费用：$0.25 \sim 5 \, kW \cdot h/m^3$，根据磷浓度和动力学变化而变化。

12.4.5.5　技术制约因素

对于灌溉用水来说，由于含磷量很低（$<80 \, mg/L$），该系统未达到成本效益目标。因为磷必须先浓缩再使用，如离子交换技术。

同时，欧洲各国对回收的磷盐的使用规定也不尽相同。这就使生产的鸟粪石很难销售。

12.4.5.6　优势与局限性

优势：多余的营养元素可以从排水中去除；回收的营养物质可以当作肥料使用；对任何规模的工厂都适用；营养物质被回收再利用，减少了浪费；不用添加化学物质；反应槽和管道可以根据需求通过控制系统进行开启和关闭。

局限性：若处理的排水用于灌溉则需要对 ePhos® 技术进行改造；沉淀物必须用螺旋输送机从澄清器底部清除；除了污水泵外，还需要其他能源。

12.4.5.7　支持系统

用离子交换进行预处理可能适合于浓缩磷。

12.4.5.8　发展阶段

该技术已进入实地测试阶段。

12.4.5.9　技术提供者

德国 Fraunhofer IGB 可提供该技术。

12.4.5.10　专利情况

该技术有专利授权，反应过程和反应堆都获得了专利，专利号为 DE102010050691B3 和 DE102010050692B3。

12.4.6　竞争技术

化学沉淀法除磷、除氮和回收磷的工艺与该技术形成竞争关系。

12.4.7　应用范围

这项工艺不会受作物和气候影响，应用范围较广。

12.4.8　监管制约因素

该技术监管方面没有制约。但欧洲出台了一些新法规，以促进养分的恢复和有效利用，例如，新的欧盟化肥法规将包括回收化肥内容。

12.4.9　社会经济制约因素

目前还没有这方面的资料。

12.4.10　衍生技术

该技术衍生出了 ePhos® 弗劳恩霍夫界面工程生物技术。

12.4.11　主要参考文献

Bilbao，J.（2014）. Phosphorus Recovery from Wastewater Filtrates through a Novel Electrochemical Struvite

Precipitation Process. Berichte aus Forschung und Entwicklung Nr. 064，Fraunhofer Verlag

Mariakakis，I.，Bilbao，J.，Egner，S.，& Hirth，T.（2015）. Pilot Testing of Struvite Recovery from Centrate of a German Municipal WWTP through Electrochemical Precipitation（ePhos ® Technology）. Proceedings at the WEFTEC Nutrient Symposium 2015，San Jose，California，USA

Mariakakis，I.，Bilbao，J.，& Egner，S.（2016）. Pilot Testing of Struvite Recovery through Electrochemical Precipitation with the ePhos ® Technology. Effect of Cell Geometry. Proceedings at the WEFTEC 2016，New Orleans，USA

http：//www1，igb. fraunhofer. de/englisch/annual-reports/2015-16-annual-report/page27，html♯/112

http：//www. igb. fraunhofer. de/content/dam/igb/en/documents/brochures/PT/1605 ＿ BR-pt ＿ naehrstof-frueckgewinnung ＿ en. pdf

12.5　小莱姆纳法（浮萍）

（作者：Elise Vandewoestijne[17]，Ilse Delcour[19]，Vanessa Bolivar Paypay[10]）

12.5.1　用途

该技术旨在尽可能减少养分排放对环境的不利影响。

12.5.2　适用地区

该技术适用于所有欧盟地区。

12.5.3　适用作物

该技术适用于所有作物。

12.5.4　适用种植模式

该技术适用于所有种植模式。

12.5.5　技术概述

减少废水中的氮、磷等营养物质，限制藻类生长。

12.5.5.1　工作原理

浮萍生长在水面上，利用水中的营养物质生长，因此，它消耗了水中相当数量的氮和磷。一段时间后，浮萍完全覆盖了水面，减少了进入水中的光量，从而减少了藻类的生长。水中残留的营养物质的减少也限制了藻类的生长（图 12 - 4）。

12.5.5.2　操作条件

水环境：水的组成对浮萍的生长和质量有影响。浮萍不能在废水中生长。表 12 - 4 总结了适合浮萍生长的水相关参数情况。

图 12 - 4　利用富营养化废水种植浮萍

表 12 - 4　浮萍生长的营养限值

参　　数	下　　限	上　　限
pH	3.5	10.4
EC	10 $\mu S/cm$	10 900 $\mu S/cm$
氮	0.003 mg/L	345 mg/L
磷	0 mg/L	135 mg/L
钾	0.5 mg/L	100 mg/L
镁	0.1 mg/L	230 mg/L
碳酸氢根	8 mg/L	500 mg/L
硫	0.03 mg/L	350 mg/L
需氧量	0 mg/L	600 mg/L
钙	0.1 mg/L	365 mg/L
钠	1.3 mg/L	1 000 mg/L
氯	0.1 mg/L	4 650 mg/L

　　这些数据均来自文献，需谨慎参考。首先，没有考虑各种参数之间的相互作用。pH 会影响各种矿物质的溶解度，进而影响矿物质对于浮萍生长的有效性。此外，pH 也会影响氮的存在形式。硝酸盐、铵和氨是浮萍消耗氮的形式。在高 pH 下，氨铵平衡有利于氨的生产，随着 pH 的降低，平衡状态转变为铵离子形式。8 mg/L 的铵根离子浓度可导致浮萍的死亡。铵根离子浓度高，pH 较低的条件下，浮萍也能生长。

　　温度环境：浮萍对于接近冰点的温度比较敏感，这个温度下浮萍会沉到水底进入冬眠状态。因此，该方法不适合室外环境温度接近和低于 0 ℃的条件下使用，因为此条件下浮萍无法减少水中的营养水平。

　　浮萍种类：自然界中的浮萍有多种，有的较大有的较小。这些物种具有良好的生长性能和在废水中生长的潜力。当环境对两种物种中的一种更为有利时，两种物种之间的平衡会发生变化。多种浮萍共同生长，有利于浮萍群体的发展。

　　水产养殖业的尾水和温室的排水均适合浮萍的种植。浮萍生长的最适条件是 26～28 ℃，10～50 mg/L 的氮含量，以及 300 $\mu mol/(m^2 \cdot s)$ 的光辐射。

12.5.5.3　成本

　　目前，还没有商品化的浮萍出售。野生的种群通常包含多个物种，其中最有效的一种会迅速生长。从收集到的污水表面，可以获得自然选择的无性系。当浮萍太多的时候，浮萍也会死亡，这样营养物质就会重新回到水中。为了彻底去除水中的营养物质，必须收割浮萍。

　　一方面，这可以通过撇去水面的浮物来实现。另一方面，采用潜水泵从表面吸水的方法，水和浮萍一起被泵吸出来，通过一个容器后，水从容器底部流回湖中，出口前的网眼可以将浮萍留在容器内。当浮萍层达到一定厚度时，可以启动泵。在这种情况下，成本将相当于一个潜水泵、一个容器和一些管道。

12.5.5.4　技术制约因素

在户外生长的浮萍易受风、昆虫、蚜虫等危害。睡莲上的蚜虫若虫会对浮萍有一定的伤害。真菌类漆斑菌属是水生蕨类植物满江红的寄生虫，它对浮萍也有一定的危害。封闭的栽培系统可以避免这些问题，但成本相对较高。

12.5.5.5　优势与局限性

优点：浮萍可以减少废水中氮、磷和金属元素的含量；污水或动物粪便中生长的浮萍通常不含有毒污染物，可以喂给鱼或牲畜，也可以作为肥料撒农田里；浮萍可以从野外获取，成本较低；生态环保；劳动强度低。

局限性：浮萍生长取决于水中的营养成分、pH、温度、光照以及其他生物因子；水处理操作产生的浮萍生物量必须通过撇水等方式从水中去除；如果浮萍要喂给动物，必须在干净的水中保持一段时间，以确保生物量不受水生病原体的影响；浮萍还没有商品化上市。

12.5.5.6　支持系统

该技术需要用泵、容器和管道清除水面的浮萍。

12.5.5.7　发展阶段

目前还没有这方面的信息。

12.5.5.8　技术提供者

目前还没有技术提供者。

12.5.5.9　专利情况

这项技术并非专利技术。

12.5.6　竞争技术

人工湿地、移动床生物膜反应器与该技术形成竞争关系。

12.5.7　应用范围

这项技术与作物无关，气候可能有重要影响，因为低温可能会限制浮萍的生长，甚至会使浮萍冬眠。

12.5.8　监管制约因素

该技术不存在监管制约因素

12.5.9　社会经济制约因素

该技术无社会经济制约因素。

12.5.10　衍生技术

该技术无衍生技术。

12.5.11　主要参考文献

Maréchal，T.（2016）. Haalbaarheid van eendenkroosteelt：selecteren van klonen geschikt voor mestverwerking，waterzuivering en nutriëntrecuperatie. Gent，België.

http：//www. biobasedeconomy. nl/2014/06/16/eindeloze-mogelijkheden-met-eendenkroos/.

http：//www. mobot. org/jwcross/duckweed/practical _ duckweed. htm♯Bioremediatin

12.6 移动床生物膜反应法

（作者：Ilse Delcour[19]，Vanessa Bolivar Paypay[10]）

12.6.1 用途

该技术旨在尽量减少养分排放对环境的影响。

12.6.2 适用地区

该技术适用于所有欧盟地区。

12.6.3 适用作物

该技术适用于所有作物。

12.6.4 适用种植模式

该技术适用于无土栽培及保护地栽培。

12.6.5 技术概述

12.6.5.1 技术目标

这项技术主要用于去除生活或工业废水中的硝酸盐，也用于处理小规模养殖业的尾水。

12.6.5.2 工作原理

移动床生物膜反应器结合了活性污泥法和固定膜法的优点。它基于生物膜原理，活性生物膜生长在特殊设计的小型塑料载体上（图12-5、图12-6）。携带微生物的载体在水中通过好氧系统中的鼓风喷射或厌氧系统中的搅拌器保持运动（图12-7）。由于这种运动，水中的杂质被运送到生物膜中，进而减少，具体操作如图12-8所示。

图12-5 生物膜生长的初始载体（800 m²/m³）

（PCS，比利时）

图 12 - 6　移动床生物膜反应器（PCS，比利时）

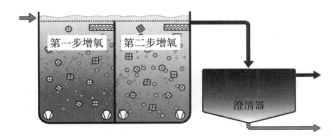

图 12 - 7　两步生物处理法的移动床生物膜反应系统示意

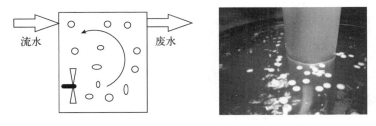

图 12 - 8　生物膜介质通过反应器，产生过滤后的废水
（PCS，比利时）

12.6.5.3　操作条件

生物膜需要溶解氧才能使微生物存活，这种生物膜可以很好地扩大使用规模，但受限于植保产品的使用，植保产品可能对微生物有害。然而，通过增加生物膜载体的填充率，就可以很容易地提高其容量。

12.6.5.4　成本

移动床生物膜反应器的成本取决于规模和容量。下面是具体情况。

安装费用：一个 3 m³ 的移动床生物膜反应器成本为 4 000 欧元而且应该填入 2 m³ 的载体（通常能添加 30%～40%）。AnoxKalnes ® K5 的成本是 300 欧元。这个移动床生物膜反应器足以处理 2～3 hm² 的排水，而且最大流量是 13 m³/d。

另外要考虑的成本是定量加料器（C、N、P），它会影响系统的泵、pH 调节器和绝缘材料系统，加起来成本 5 000 欧元。移动床生物膜反应器的土木工事和排水供应花费约 2 000

欧元。

如果移动床生物膜反应器用于农业领域减少排水的养分负荷，则应提供离网能源（太阳能电池板）和配电盘（1 000 欧元）。

下面是一个移动床生物膜反应器运作成本的例子，假设要去除 313 m³ 排放水中的 NO_3^-，平均浓度应该为 193 mg/L。NO_3^-/年的 313 m³ 排放水中所有的 NO_3^-，具体成本如下：

固定成本：折旧（10 年以上）每年成本 2 606 欧元。

可变成本：维持生物膜的碳源（例如碳水化合物等）为 3.85 欧元/kg NO_3^-。

能源成本：每年固体载体的成本为 46 欧元。

悬浮载体：每年为 220 欧元。

固定床上的载体材料耗能：0.025 kW·h/m³。

悬架上的载体材料耗能：0.12 kW·h/m³。

预估能源成本：5.85 欧元/kW·h。

最大可变成本总额每年为 452 欧元/年，初步总成本平均每年为 3 000 欧元。

重要说明：如果必须符合立法，反硝化只需要达到 50 mg/L 的水平（比利时就是这样的情况）。在这种情况下，净化成本可能会降低 2%。

12.6.5.5　技术制约因素

该技术只能处理废水中的硝酸盐和一些生物因子。同时，植保产品会对性能产生负面影响。

12.6.5.6　优势与局限性

优势：从排水中减少硝酸盐和其他氮源。安装简便；增加对毒性的耐性；加载可变；操作简单；膨胀污泥对系统不敏感。

局限性：泵和气泵需要额外的电力；一些植保产品可能会对移动床生物膜反应器的性能产生不良影响。

12.6.5.7　支持系统

过滤出口以分离的方式处理槽中的载体。

12.6.5.8　发展阶段

研究阶段：目前有几个关于提炼和改进技术的研究项目正在进行中，这些项目可能对农业使用技术有好处。

商业化阶段：目前用于废水处理（个别）。

12.6.5.9　技术提供者

提供这种技术的供应商有 Lenntech（荷兰）、Veolia（Anoxkaldnes，瑞典）。

12.6.5.10　专利情况

基于该技术的专利有几种，但基本原理没有获得专利。

12.6.6　竞争技术

有几种可用的生物反应器技术与该技术形成竞争关系，特别是填充床生物膜反应器，其工作原理相同，但没有移动介质。与该技术竞争的非生物技术有改性离子交换和反渗透。

12.6.7　应用范围

这项技术可以应用于不同作物、气候及耕作制度。

12.6.8　监管制约因素

该技术没有相关的监管制约因素。

12.6.9　社会经济制约因素

由于担心生物膜或水体会滋生害虫，有些种植者可能不会使用该技术。

12.6.10　衍生技术

AnoxKaldnes™移动床生物膜反应器技术结合了活性污泥和其他生物膜系统的优点（如生物过滤器、biorotors 等），没有被他们的缺点限制。载体的设计目的是为生物膜的生长提供一个大的平台，并为载体悬浮于水中时的细菌培养提供最佳条件。

12.6.11　主要参考文献

Kazmi，A.，& Roorkee，T.（2013）. Moving Bed Biofilm Reactor for Sewage Treatment.

Lenntech（2017）. http://www. lenntech. nl/processes/mbbr. htm

Odegaard（1989）. http://technomaps. veoliawatertechnologies. com/mbbr/en/

12.7　人工湿地

（作者：Ilse Delcour[19]，Evangelina Medrano[11]）

12.7.1　用途

该技术用于储备灌溉用水，尽量减少养分排放对环境的影响。

12.7.2　适用地区

该技术适用于所有欧盟地区。

12.7.3　适用作物

该技术适用于所有作物。

12.7.4　适用种植模式

该技术适用于保护地栽培及露地栽培，包括无土栽培。

12.7.5　技术概述

12.7.5.1　技术目标

该技术旨在去除污水中的有机物和营养物质。

12.7.5.2　工作原理

人工湿地（图 12-9）又称人造湿地，用于处理人为排放的污水如市政和工业废水，或雨水径流。它也经常用来处理从温室排出的尾水。

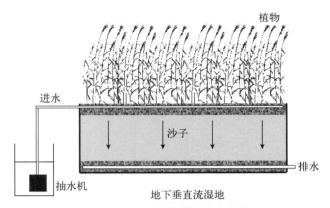

图 12-9　地下垂直流湿地示意

　　人工湿地是利用植物、土壤和生物的自然功能来处理不同水流的生态工程系统（图 12-10）。根据需要处理的废水类型，系统必须进行相应的调整，这意味着可能需要进行预处理或后处理。

　　人工湿地可以模拟天然湿地的特征，例如作为生物过滤器清除水中的沉积物和污染物。一些人工湿地还可以作为本地和迁徙野生动物的栖息地。

图 12-10　人工湿地
（PCS，比利时）

　　（1）渗流场（螺旋砂滤器）：建造面积 30 m²（PCS）。其他设备及材料如下：

　　铝箔：应光滑，不透水，坚固和厚实。

　　粗沙砾：（尺寸 8～16 mm）用作进水和排水管道的底物。

　　排水系统：采用聚丙烯纤维涂层排水管道。两端连接到地面以上的冲洗线，以便能够清洗排水管。废水被收集在检查池里。沙砾层的上部铺上滤布，防止沙砾层被堵塞。

　　沙：粒度最好在 0.06～0.63 mm。沙子中的黏土含量不应超过 10%，以防堵塞。

　　聚氯乙烯。

　　管道：主流管（PVC，直径 75～110 mm）与分配管（PVC，直径 32～40 mm）连接。在这些末端封闭的配水管中，每米至少提供一个 6～10 mm 的出口开口。这些管子位于粗砾石层中，相互间隔 1 m。

植物使用的植物通常是普通芦苇（芦苇）。

渗流场规格：渗流场深达 1.25 m。

作用方式： 水通过分支管道系统被带到湿地上，这样就可以用芦苇对其进行渗透。每天用泵加两次水（没有漂浮的物质），在富氧和贫氧之间切换，这是去除氮所必需的。

氧化反应：硝化单体对有机氮进行氨化，硝化杆菌对铵进行硝化。

厌氧反应：假单胞菌反硝化。

（2）根区阶段：建设 55 m² 的生产控制系统：最小长度 5～6 m。入口深度 60 cm，出口深度 80 cm。理想斜率为 1%。填充粗沙粒径为 0.63～2 mm。扩散管水平放置在砾石层中。

作用方式：连续供水，因此，用于硝化的氧气是限制因素。主要反应是反硝化，如假单胞菌，反硝化。

（3）二段式湿地：上述两个阶段的组合。可用于富含氮和磷的污水，建议用于氮的去除。

（4）清洁系统：人工湿地是一种特殊形式的清洁过滤系统。

系统的第一部分是慢砂过滤器，其主要功能是过滤排水，排水中可能含有固体颗粒。排水的收集、过滤和回收是通过一个水平床组成的系统完成的，该水平床充当慢速砂滤器，被放置在生长区域之下。

人工湿地是通过模仿自然湿地而建立，在自然湿地中，硝酸盐等污染物通过反硝化过程被去除。人工湿地是一项简单、可持续的技术，因为所需要的能源需求低，所以该技术被用于净化不同的污水。在系统的第二部分，从再循环系统中排出的污水，可以通过水平地下水流湿地进行处理（图 12-11、图 12-12）。湿地处理系统由浅水池塘或湿地植被沟渠组成，在这些系统中，净化过程是通过水、土壤、植物和微生物之间的相互作用进行的，清洁过滤项目的试验证实，可以把硝酸盐含量降低到50 mg/L 以下，可溶性磷含量降低 80%。

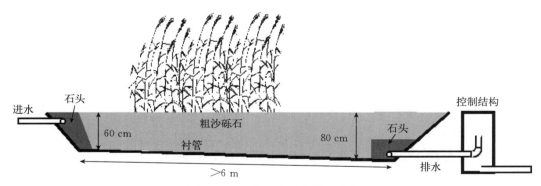

图 12-11　人工水平流湿地示意

（来源：Nico Lambert）

鸢尾科的黄菖蒲是湿地处理系统中常用的植物之一，它原产于欧洲、西亚和非洲西北部；然而，在许多地区，黄菖蒲被认为是一种入侵植物，它比较喜欢生长在荫蔽的土壤中，能够很好地适应水生环境，以及低 pH 和不太板结的缺氧土壤。黄菖蒲通过根状茎和种子在

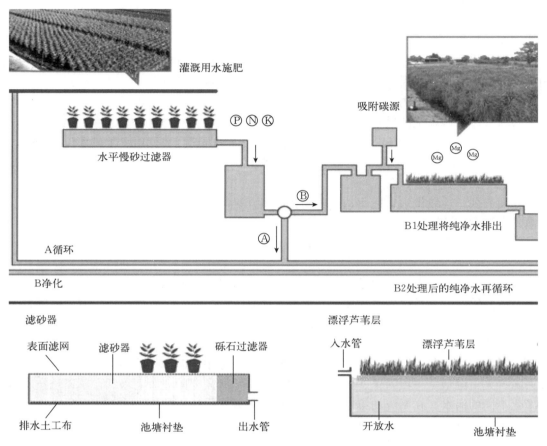

图 12-12　清洁过滤系统

水中迅速蔓延。

它因根部可吸收重金属离子而被应用在水处理系统中。

12.7.5.3　操作条件

如果湿地在排水前用于提取磷，那么富含钙的沙应该被过滤掉，水回收再利用时应该添加不含钙的沙。

过滤阶段：在 PCS 中，测得排泄水中的 NO_3^- 平均含量为 40 mg/L；每平方米湿地每天可以处理 60 L 污水，或 100 L 的排泄水。硝化作用要求温度 15 ℃以上（>12 ℃也有效果），水中氧含量>4 mg/L，pH 5.5~9。

在比利时，湿地从 6—8 月净化水的效果较好，在一年中的其他时间，效果则取决于天气状况。

12.7.5.4　成本

建造地区和表面积决定着价格，比如在波兰华沙附近的生命科学学院打造了这样一个人工湿地，大约花了 4 000 欧元。

在比利时，一个大型流湿地每平方米建造成本大约是 25 欧元。一个很小的充气湿地，成本也可以达到每平方米 1 000 欧元。在 PCS 观赏植物研究中，渗流场成本每平方米约 350

欧元，根区田成本大约是每平方米 200 欧元。

据比利时某公司报价，一个 20 m² 渗流场的总成本是1 950 欧元（不含增值税），渗流场包括铝箔（EPDM 1.15 mm）、排水系统和连接管道、滤布、芦苇植物、配电系统及配件、检查池和调整池。

额外费用包括购买基质（沙子和砾石）和建井（化粪池和泵）、购买及安装潜水泵和挖掘种植芦苇的费用。每年维护费用约为 150 欧元；6 年后，由于湿地中厌氧微生物缺乏碳投入，氮运移减少。最佳的解决方案是加入糖蜜，剂量为 0.32 L/d（适用于 PCS 湿地尺寸）；此外还有清理淤塞的排水管、清除杂草、泵的控制和维护费用，以及每半年对管道和喷嘴进行一次检查的费用。

12.7.5.5　技术制约因素

到目前为止还没有发现技术制约因素。

12.7.5.6　优势与局限性

优势：可使用年限较久，长达 15 年；经过湿地处理的排水沟污水 pH 保持在 7～7.5；第一年可以非常有效地去除水中的养分（表 12-5）。

表 12-5　水处理阶段的养分含量

单位：mg/L

养分	水库		过滤湿地		芦苇根系区	
	2002 年	2003 年	2002 年	2003 年	2002 年	2003 年
硝酸盐	57.1	16.6	26.6	3.3	1.5	0
磷	1.2	0.4	0	0	0	0
钾	7.8	12.1	5.9	3.4	6.3	0.1

芦苇的生物净化能力较强，在安装当年就可以进行水净化，可去除污水中的大部分氮和磷，有效抑制腐霉科细菌生长，不需要进行割草。对镰刀菌属真菌有过滤作用；能保留疫霉菌和霉菌的孢子。

根区阶段可有效除氮。二段式湿地可有效清除梭菌、脓杆菌和疫霉菌孢子（降低感染的条件下）

局限性：需要合理的设计和精心的施工；处理后的水不能再用于对盐敏感的作物（比如杜鹃花）；处理后的水富含钙和盐，对水质有影响（硬度和 EC）；需要较大的表面积；无法替代再循环系统中的消毒环节，容量太小，真菌清除能力有限；气温低的时候，效果不理想（氮无法去除）；5 年后，湿地的磷去除效果消失；细菌生存离不开碳；排水管道可能淤塞；在过滤阶段，硝酸盐含量会增加。

12.7.5.7　支持系统

负责处理水中磷和氮还原的真菌和细菌的活性受碳元素的制约，因为系统涉及的许多微生物是异养的，因此反硝化反应需要碳源。为湿地提供足够碳源，是保持湿地微生物活性的必要条件。因此，湿地建造在接近廉价碳源的地方（比如糖蜜等农业副产品生产区）是很重要的。

12.7.5.8　发展阶段

该技术已商业化。

12.7.5.9　技术提供者

比利时 Rietland Rietec 可提供该技术。利用慢速砂滤器和人工湿地相结合的方法回收和处理排水的方式，是一种特殊的、商业化的清洁过滤方案。该清洁过滤解决方案由 IRTA（西班牙加泰罗尼亚食品与农业研究与技术研究所）、Bures Innova、Salix（英国）和 Naturalea 提供。

12.7.5.10　专利情况

该技术没有专利。

12.7.6　竞争技术

紫外线消毒、加热消毒、加氯消毒、生物过滤与该技术具有竞争关系。

12.7.7　应用范围

在当地气候条件下可以正常生长的湿地植物，都可以应用本项技术。

12.7.8　管理制约因素

在比利时佛兰德，水处理必须符合相关法律要求。佛兰德政府 1995 年 6 月 1 日颁布的《弗拉伦二世法令》是关于环境安全的规定，该命令规定了水在排放前必须达到的各项标准，地表水和地下水的标准存在区域性差异，在不同地区，对排水系统中不同营养物质含量的限制略有不同。

12.7.9　社会经济制约因素

人工湿地的消毒效率低于生物过滤等其他生物技术，但是在污水排到环境中之前，人工湿地可以有效去除污水中多余的氮和磷等营养物质。在无土栽培中，人工湿地不是与再循环系统一起使用，而是与直接排放水的开放系统配套使用，在开放式无土栽培模式下这项技术非常有效。恰当的水池尺寸才可以保证系统的有效运行，但是因为种植者靠近温室的地方空间有限，导致人工湿地表面积不充足，可能会阻碍这种技术的采用。

12.7.10　衍生技术

该技术目前没有衍生技术。

12.7.11　主要参考文献

PCS research：http://www.pcsierteelt.be/hosting/pcs/pcs_site.nsf/0/24813838411a0776c125726700328828/$FILE/De%20toekomst%20van%20rietvelden%20in%20de%20tuinbouw.pdf

https://www.epa.gov/sites/production/files/2015-10/documents/constructed-wetlands-handbook.pdf

https://engineering.purdue.edu/~frankenb/NU-prowd/cwetfact.htm

Antón, A., Marfá, O., de Lamo, D., Sorolla, A., Figuerola, M., Viñas, M., Burés, S., López, A., Penafreta, F., Holland, D., & Cáceres, R. (2015). Providing new life to waste: cleaning of drain water and recycling industrial materials in wetland construction. Bordeaux Mainstreaming Life Cycle Management for sustainable value creation. LCM2015

Guivernau，M.，Viñas，M.，Prenafeta，F. X.，Marfá，O.，& Cáceres，R.（2015）. Microbial Community Assessment in a Pilot scale Construted Wetlan for Trating Horticultural Drain water. VI International Conference on Environmental，Industrial and Applied Microbiology. BioMicroWold 2015

缩写	名　称
$	美元
€	欧元
℃	Celsius 摄氏度
μg	Microgram 微克
μm	Micrometre 微米
μmol	Micromole 微摩尔
μS	Microsiemens 微西门子
Al	Aluminium 铝
AOP	Advanced Oxidation Process 高级氧化法
ASR	Aquifer Storage And Recovery 地下水储存与回补
ATEX	Atmospheres Explosibles 易爆炸环境
B	Boron 硼
BPR	Biocidal Products Regulation 生物灭杀剂产品法规
Ca	Calcium 钙
$CaCO_3$	Calcium Carbonate 碳酸钙
CAP	Common Agricultural Policy（欧盟）共同农业政策
CapDI	Capacitive Deionisation 新型电容脱盐法
CAPEX	Capital Expenditures 资本支出
Cd	Cadmium 镉
C_d	Concentration of the Diluted Nutrient Solution 稀释营养液的浓度
CDI	Capacitive Deionisation 常规电容脱盐
Cl	Chloride 氯
cm	Centimetre 厘米
cm^2	Square Centimeters 平方厘米

（续）

缩写	名　　称
Co	Cobalt 钴
CO_2	Carbon Dioxide 二氧化碳
COD	Chemical Oxygen Demand 化学需氧量
Cu	Copper 铜
CV	Coefficient of Variation 变异系数
CWSI	Crop Water Stress Index 作物水分胁迫指数
DFT	Deep Flow Technique 深液流技术
DI	Deficit Irrigation 非充分灌溉
dm	Decimetre 分米
dm^3	Cubic Decimetre 立方分米
DMP	Dry Matter Production 干物质生产量
DNA	Deoxyribonucleic Acid 脱氧核糖核酸
DRIS	Diagnosis and Recommendation Integrated System 诊断与推荐集成系统
dS	Decisiemens 分西门子（十分之一西门子）
DSS	Decision Support System 决策支持系统
DTPA	Diethylenetriaminepentaacetic Acid 二乙烯三胺五乙酸
EC	Electric Conductivity 电导率
EC	European Commision 欧盟委员会
ECA	Electrochemically Activated 电化学激活
EC_p	Electrical Conductivity in Soil Pore Water 土壤水的电导率
EC_{se}	Electrical Conductivity of the Saturation Extract 饱和提取液电导率
EC_{sw}	Electrical Conductivity of the Soil Water 土壤水分的电导率
ED	Electrodialysis 电渗析
EDDHA	Ethylene diamine-N，N′-Bis（2－Hydroxyphenyl）acetic Acid 乙二胺二邻羟苯基乙酸
ED－R	Electrodialysis Reversal 反向电渗析
EDTA	Ethylenediaminetetraacetic Acid 乙二胺四乙酸
EMI	Electromagnetic Induction 电磁感应

缩写	名　　称
EPDM	Ethylene Propylene Diene Monomer（M-Class）Rubber 三元乙丙橡胶
EpF	Electrophysical Precipitation 电物理沉淀
ET	Evapotranspiration 蒸散量
ET_c	Crop Evapotranspiration 作物蒸散量
ET_o	Reference Evapotranspiration 参考蒸散量
EU	European Union 欧盟
excl.	Excluding 不包括
FAO	Food and Agriculture Organisation 联合国粮食及农业组织
FDR	Frequency Domain Reflectometry 频域反射法
Fe	Iron 铁
$Fe(OH)^+$	Ferrous Hydroxide 氢氧亚铁离子
$Fe(OH)_3$	Ferric Hydroxide 氢氧化铁
Fe^{2+}	Ferrous Iron 亚铁离子
Fe^{3+}	Ferric Iron 三价铁离子
FO	Forward Osmosis 正向渗透
g	Gram 克
GIS	Geographic Information System 地理信息系统
GMS	Granular Matrix Sensor 颗粒介质传感器
GPR	Ground Penetrating Radar 地面穿透雷达
GPS	Global Positioning System 全球定位系统
h	Hour 小时
H	Hydrogen 氢
H_2O	Water 水
H_2O_2	Hydrogen Peroxide 过氧化氢
H_2SO_4	Sulfuric Acid 硫酸
hm^2	Hectare 公顷
HDDW	Horizontal Directional Drilled Well 地下水平渗滤井
HEDTA	Hydroxyethyl ethylenediaminetriacetic Acid 羟乙基乙二胺三乙酸

缩写	名　　称
HOCl	Hydrochlorite Acid 盐酸
I	Iodine 碘
INRA	National Institute for Agronomic Research 法国国家农业研究院
IOCS	Iron Oxide Coated Sand 氧化铁涂层砂
IRT	Infrared Thermometer 红外线温度计
ISE	Ion Selective Electrodes 离子选择电极
ISO	International Organization for Standardization 国际标准化组织
K	Potassium 钾
K_2O	Potassium Oxide 氧化钾
K_c	Crop Coefficient 作物系数
K_{cb}	Basal Crop Coefficient 基本作物系数
K_e	Evaporation Coefficient 蒸发系数
kg	Kilogram 千克
KNS	Kulturbegleitende N_{min} Sollwerte 基于作物生长与 N_{min} 目标值的氮肥推荐系统
kW	Kilowatt 千瓦
kW·h	Kilowatt Hour 千瓦·时
L	Litre 升
LDAR	French Departmental Analysis and Research Laboratory 法国农业研究院分析研究实验室
LP	Low Pressure 低压
Ltd	Limited Company 有限公司
m	Metre 米
m^2	Square Metre 平方米
m^3	Cubic Metre 立方米
MD	Membrane Distillation 膜蒸馏
mg	Milgram 毫克
Mg	Magnesium 镁
MHz	Megahertz 兆赫

缩写	名　称
min	Minute 分钟
MIX	Modified Ion Exchange 改性离子交换
mJ	Millijoule 毫焦耳
mL	Millilitre 毫升
mm	Millimetre 毫米
mmol	Millimole 毫摩尔
Mn	Manganese 锰
Mo	Molybdenum 钼
MP	Mid Pressure 中压
MPa	Megapascal 兆帕斯卡
mS	Millisiemens 毫西门子
mV	Millivolt 毫伏
N	Nitrogen 氮
Na	Sodium 钠
NaClO	Sodium Hypochlorite 次氯酸钠
NBI	Nitrogen Balance Index 氮平衡指数
NDVI	Normalised Difference Vegetation Index 标准化植被指数
NF	Nanofiltration 纳米过滤
NFT	Nutrient Film Technique 营养液膜技术
ng	Nanogram 纳克
NGS	New Growing System 全新生长系统
NH_4^+	Ammonium 铵根离子
Ni	Nickel 镍
NIR	Near-Infrared Light 近红外线
NLEAP	Nitrate Loss and Environmental Assessment Package 硝氮淋洗与环境影响评估法
nm	Nanometre 纳米
N_{min}	Mineral Nitrogen 无机氮

缩写	名　称
NO_2^-	Nitrite 亚硝酸根
NO_3^-	Nitrate 硝酸根
Not avail.	Not Available 不可用
N_{rec}	Recommended Nitrogen 推荐施氮量
NVZs	Nitrate Vulnerable Zones 硝酸盐污染脆弱区
NWP	Numerical Weather Prediction 数值天气预报
O_3	Ozone 臭氧
ClO^-	Hypochlorite Ions 次氯酸根
$-OH$	Hydroxyl Radical 羟基自由基
OPEX	Operational Expenditures 业务支出
P	Phosphorous 磷
P_2O_5	Phosphorus Pentoxide 五氧化二磷
Pb	Lead 铅
PCO	Photocatalytic Oxidation 光催化氧化
PE	Polyethylene 聚乙烯
pH	Potential of Hydrogen（Acidity）酸度
PLANET	Planning Land Applications of Nutrients for Efficiency and the Environment 养分管理与环境影响评估工具
PO_4^-	Phosphate 磷酸根
PPP	Plant Protection Products 农药
PRD	Partial Root Drying 分根交替灌溉
PVC	Polyvinyl Chloride 聚氯乙烯
RAW	Readily Available Soil Water 土壤有效水
RDI	Regulated Deficit Irrigation 调亏灌溉
RNA	Ribonucleic Acid 核糖核酸
RO	Reversed Osmosis 反渗透
RTK	Real-Time Kinematic 实时动态
s	Second 秒

缩写	名 称
S	Siemens 西门子
SAF	Automatic Self-Cleaning Filter 自动清洗过滤器
SAV	Submerged Aquatic Vegetation 沉水植物群
SAVI	Soil Adjusted Vegetation Index 土壤调节植被指数
SCRF	Slow and Controlled Release Fertilisers 缓控释肥
SDI	Subsurface Drip Irrigation 地下滴灌
SDV	Stem or Trunk Diameter Variations 干径变化率
Se	Selenium 硒
SiAR	Agroclimatic Information System For Irrigation 农业气象信息灌溉系统
SNS	Soil Nitrogen Supply 土壤氮供应
SO_4^-	Sulfate 硫酸根
SRU	Sodium Removal Unit 脱钠装置
SWC	Soil Water Content 土壤水分含量
SWRO	Desalination of Seawater 海水淡化
TD	Technology Description 技术说明
TDR	Time Domain Reflectometry 时域反射法
TDS	Total Dissolved Solids 总溶解性固体物质
TiO_2	Titanium Dioxide 二氧化钛
ton	Tonnes 吨
TRL	Technology Readiness 技术成熟度
UAV	Unmanned Aerial Vehicle 无人机
UK	United Kingdom 英国
US	United States 美国
USA	United States of America 美国
UV	Ultra Violet 紫外线
VAT	Value Added Tax 增值税
VLAREM	Flemish Regulation Regarding Environmental Permit 佛兰德地区环境许可证条例

（续）

缩写	名　　　称
VPD	Vapor Pressure Deficit 水汽压差
w	Watts 瓦
WFD	Water Framework Directive（欧盟）水资源框架指令
WHO	World Health Organisation 世界卫生组织
wt％	Mass Fraction 质量分数
WUR	Wageningen University 瓦赫宁根大学
Zn	Zinc 锌
ε_a	Dielectric Permittivity 介电常数

图书在版编目（CIP）数据

欧盟水肥一体化技术 /（澳）罗德尼·汤普森
（Rodney Thompson）等主编；邹国元，杨俊刚主译. —
北京：中国农业出版社，2020.12
　　ISBN 978-7-109-27186-9

　　Ⅰ.①欧⋯　Ⅱ.①罗⋯ ②邹⋯ ③杨⋯　Ⅲ.①欧洲联
盟—肥水管理　Ⅳ.①S365

中国版本图书馆 CIP 数据核字（2020）第 146335 号

The Fertigation Bible
Edited by Rodney Thompson，Ilse Delcour，Els Berckmoes，Eleftheria Stavridou
Original English edition © 2018 by FERTINNOWA project
Simplified Chinese edition © 2020 by China Agriculture Press
This work is a translation of part of the original version of The Fertigation Bible，which was an outcome
of the FERTINNOWA (Transfer of INNOvative techniques for sustainable WAter use in FERTigated crops)
project (European Union's Horizon 2020，No 689687). The FERTINNOWA project and its partners are not
responsible for any errors or incorrect information in the Chinese translation. The European Community or
Agency is not responsible for any use that may be made of the information included in English or Chinese
edition of the Fertigation bible. The original English version of the Fertigation Bible was published with ISBN
number 978-1-5272-2377-1.

中国农业出版社出版
地址：北京市朝阳区麦子店街 18 号楼
邮编：100125
责任编辑：魏兆猛　　文字编辑：谢志新
版式设计：王　晨　　责任校对：赵　硕
印刷：北京通州皇家印刷厂
版次：2020 年 12 月第 1 版
印次：2020 年 12 月北京第 1 次印刷
发行：新华书店北京发行所
开本：787mm×1092mm　1/16
印张：34.75　　插页：2
字数：800 千字
定价：298.00 元

北京普瑞瓦科技有限公司

　　荷兰PRIVA（普瑞瓦）成立于1959年，在园艺温室控制系统领域有着悠久的历史，是温室园艺领域的先驱者。PRIVA在全球有17家分公司，遍布世界多个国家和地区。这些分公司与全球合作伙伴以及各地经销商组成了一个密切的沟通网络，可以让PRIVA随时保持竞争性、因地制宜，为客户及种植者量身定制最适合的服务方案。北京普瑞瓦科技有限公司是PRIVA在中国的全资子公司，于2006年成立，负责PRIVA在中国及东南亚市场的业务拓展。PRIVA北京是园艺环境控制、水肥一体化设备供应商中最早进入中国的荷兰公司，致力于温室和楼宇内部气候的研究控制，提供处于国际领先地位的可持续发展技术。

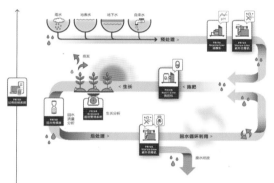

Priva水管理系统

Priva NutriFlex施肥机

　　Priva水管理系统包含对水源的中和以及消毒等预处理操作，施肥机的配肥和施肥操作，施肥后回水的消毒后处理等操作。根据不同需求，Priva可以提供不同机型的调酸机、消毒机、施肥机，并定制安全且经济的灌溉施肥解决方案。

中国高效肥倡导者

科技创新

△ 三大基地布局全国　　　　△ 国家企业技术中心

△ 国家高新技术企业　　　　△ 中国氮肥工业(心连心)技术研究中心

△ 国家认可实验室　　　　　△ 氮肥高效利用创新中心

△ 博士后科研工作站　　　　△ 水肥一体化工程技术研究中心

心连心智能水肥一体化

心连心响应国家政策，积极探索一种高效、节约、生态、增产、提质的新型智能水肥一体化施肥模式。

三大核心优势

测土化验	科学配肥	满足作物营养需求
远程控制	智能托管	解放双手省时省力
含腐植酸	生根壮苗	农化服务全程跟踪

明星产品系列

河南心连心化学工业集团股份有限公司

地　址：河南新乡经济开发区

尿素硝酸铵溶液全国试验示范推广

尿素硝酸铵溶液（Urea Ammonium Nitrate Solution，UAN）指原料以合成氨与硝酸中和形成的硝酸铵溶液按比例与尿素溶液混配而成的液体水溶肥料，含有酰胺态氮、铵态氮和硝态氮三种氮形态。20世纪中期UAN在美国开始生产和推广，现已成为美国、加拿大、法国等国家的重要氮肥产品。2013年UAN被列入我国肥料登记目录后逐渐开始发展，但由于国内试验数据缺乏以及储运、包装和相关配套设施等问题，UAN在我国农业应用上相对滞后。2016年中国氮肥工业协会与中国农业科学院农业资源与农业区划研究所联合发起"尿素硝酸铵溶液（UAN）试验示范推广"项目，历时三年，会同16家省级科研、推广协作单位在北京、内蒙古、新疆、安徽、河北、河南、山东、四川、湖南、黑龙江等10省区的马铃薯、棉花、玉米、小麦、水稻、油菜、番茄、大蒜、苹果、桃等10种作物上安排了UAN及其与磷、钾、中微量元素、脲酶抑制剂（NBPT）、聚磷酸铵（APP）配施的试验示范，研究探索潮土、灰漠土和红壤上UAN与NBPT配施后对氨挥发、氮转化的规律，以及对作物应用UAN的增产效果。

潮土玉米、红壤水稻UAN配施NBPT、APP盆栽及^{15}N示踪试验（中国农业科学院农业资源与农业区划研究所）

河北玉米、内蒙古马铃薯UAN试验（河北省农林科学院、内蒙古农牧业科学院）

北京番茄、黑龙江水稻UAN配施NBPT、APP试验（北京市农林科学院、黑龙江省农业科学院）

试验结果表明，在我国北方具备灌溉施肥条件的区域，UAN具有优于或等同于尿素的肥效。UAN与APP、中微量元素、NBPT配施能提高作物产量并改善品质，减少氨挥发，提高氮肥利用率。项目研究探索形成了适合我国主要农区的"UAN⁺"液体肥料组合技术。